逆向分析实战

（第2版）

冀　云　杜琳美◎编著

人民邮电出版社
北　京

图书在版编目（CIP）数据

逆向分析实战 / 冀云，杜琳美编著. -- 2版. -- 北京 : 人民邮电出版社，2022.9（2024.2重印）
ISBN 978-7-115-59070-1

Ⅰ. ①逆… Ⅱ. ①冀… ②杜… Ⅲ. ①软件工程 Ⅳ. ①TP311.5

中国版本图书馆CIP数据核字(2022)第053792号

内 容 提 要

黑客编程和逆向分析是计算机安全从业者需要掌握的两项基本功，随着各大企业对安全技术的日益重视，工程师在这方面的学习需求也在持续增长。

本书共11章，既包括黑客编程的内容，如数据的存储及表示形式、汇编语言入门；又包括逆向分析的知识，如熟悉调试工具OD、PE工具详解、PE文件格式实例（包括加壳与脱壳工具的使用）、十六进制编辑器与反编译工具、IDA与逆向、逆向工具的原理及实现、安卓逆向分析。此外，本书还介绍了计算机安全的新技术，如DEX文件格式解析和Dalvik指令解析等。

本书既可以作为网络编程人员、安全技术研究人员和安全技术爱好者的参考书，又可以作为大专院校计算机相关专业的教学用书或相关培训机构的教材。

◆ 编　著 冀　云　杜琳美
责任编辑 张　涛
责任印制 王　郁　焦志炜
◆ 人民邮电出版社出版发行　　北京市丰台区成寿寺路11号
邮编 100164　　电子邮件 315@ptpress.com.cn
网址 https://www.ptpress.com.cn
北京七彩京通数码快印有限公司印刷
◆ 开本：787×1092　1/16
印张：23.75　　2022年9月第2版
字数：597千字　　2024年2月北京第5次印刷

定价：99.80元

读者服务热线：(010)81055410　印装质量热线：(010)81055316
反盗版热线：(010)81055315
广告经营许可证：京东市监广登字20170147号

备受关注的逆向工程是什么

也许你想知道什么是软件逆向工程，也许你已经听说过软件逆向工程，从而想要学习软件逆向技术。不管你抱着什么目的翻开本书，编者还是想在你阅读本书之前，先来介绍一下软件逆向工程的相关知识！

什么是“软件逆向工程”

“逆向工程（reverse engineering）”这个术语源自硬件领域，在软件领域目前还没有明确的定义。就编者个人的理解而言，软件逆向工程指通过观察分析软件或程序的行为（软件的输入与输出的情况）、数据和代码等，来还原其设计实现，或者推导出更高抽象层次的表示。

软件工程与软件逆向工程的区别

对于软件工程而言，软件的设计讲究封装，对各个模块进行封装，对具体的实现进行隐藏，只暴露一个接口给使用者。对于模块的使用者而言，封装好的模块相当于一个“黑盒子”，使用者使用“盒子”时，无须关心“盒子”的内部实现，按照模块预留的接口进行使用即可。

相对于软件工程而言，软件逆向工程却正好是相反的。对软件进行逆向工程时要查看软件的行为；要查看软件的文件列表，即软件使用了哪些动态链接库（哪些动态链接库是开发者编写的，哪些动态链接库是系统提供的），有哪些配置文件，甚至还要通过一系列工具查看软件的文件结构、反汇编代码等。

对比软件工程与软件逆向工程可以发现，软件工程是在封装、实现一个具备某种功能的“黑盒子”，而软件逆向工程是在分析“黑盒子”并尝试还原被封装的实现与设计，后者对于前者而言是一个相反的过程。

本书的主要内容

本书讲解了软件逆向工程的知识，既包括主流的技术，如加壳与脱壳、数据的存储等；又有实用的工具，如主流的调试工具 OD、PE 工具、十六进制编辑与反编译工具；还讲解了计算机安全的新技术，如 DEX 文件格式解析和 Dalvik 指令解析等。

本书的目的

本书的目的是帮助读者快速地熟悉软件逆向工程方面的相关知识和软件逆向工具的使用。本书以讲解软件逆向工程的知识为主线，以介绍软件逆向工具的使用为重点，对软件逆向工程的相关知识进行全面介绍。

无论是学习黑客编程，还是学习逆向分析，学习的都是技术，掌握技术的重点在于练习和实践，因此，希望读者在学习本书的过程中不断地练习与实践，从而能够真正达到快速入门的效果。

读者若具备C语言的编程基础，将有助于学习本书。建议无任何编程基础的读者先学习C语言。

免责声明

本书中的内容主要用于教学，指导新手入门软件安全知识，以掌握逆向分析的技术。请勿使用所学知识做出有碍公德之事，读者如若使用本书所学知识做出有碍公德之事，请自行承担法律责任，与编者和出版社无任何关系，同时，再一次提醒读者自觉遵守国家法律。

本书的第5章、第6章和第9章由杜琳美写作，其他章节由冀云写作。

由于编者水平有限，加之技术发展日新月异，书中难免存在疏漏和错误之处，敬请广大读者批评指正。

本书编辑联系邮箱：zhangtao@ptpress.com.cn。

祝大家学习愉快！

编　者

目录

第1章 数据的存储及表示形式

学习过计算机的读者都知道，在计算机中，无论是文本文件、图片文件，还是音频文件、视频文件、可执行文件等，都是以二进制形式存储的。我们学习计算机基础时都学习过进制转换、数据的表示形式等，大部分人在学习这部分知识时会觉得枯燥、无用，但是对于学习软件逆向工程相关知识和使用逆向工具而言，数据的存储及表示形式是必须要掌握的。

本章将借助 OllyDbg（一款调试工具）介绍数据的存储及表示形式，让读者可以更加具体地学习计算机的数据存储及表示形式，从而脱离纯粹理论性的学习。

本章内容较为枯燥，但是软件逆向工程的基础，对于从未接触过软件逆向工程或者刚开始接触软件逆向工程的读者而言，认真阅读并掌握本章所讲知识点非常有用。

本章关键字：进制 数据的表示 数据转换 数据存储

1.1 进制及进制的转换

进制及进制的转换是软件逆向工程的基础，因为计算机使用的是二进制，它不同于人们现实生活中使用的十进制，所以必须学习不同的进制及进制之间的转换。

1.1.1 现实生活中的进制与计算机中的二进制

人们在现实生活中会接触到多种多样的进制，通常包括十进制、十二进制和二十四进制等。下面分别对这几种进制进行举例说明。

十进制是每个人从上学就开始接触和学习的进制表示方法。所谓的十进制，就是逢十进一，最简单的例子就是 9+1=10。

十二进制也是人们日常生活中常见的进制之一。所谓的十二进制，就是逢十二进一，例如，12 个月为 1 年，13 个月就是 1 年 1 个月。

二十四进制同样是人们日常生活中常见的进制之一。所谓的二十四进制，就是逢二十四进一，例如，24 小时为 1 天，25 小时就是 1 天 1 小时。

介绍了以上现实生活中的例子后，再来说说计算机中的二进制。根据前面各种进制的解释可以想到，二进制就是逢二进一。

在计算机中为什么使用二进制呢？简单地说就是计算机用高电平和低电平来表示 1 和 0 最为方便和稳定，高电平被认为是 1，低电平被认为是 0，这就是所谓的二进制的来源。

由于二进制在阅读上不方便，计算机又引入了十六进制来直观地表示二进制。所谓的十六进制，就是逢十六进一。

因此，在计算机中，常见的数据表示方法有二进制、十进制和十六进制。

1.1.2 进制的定义

在小学数学课本中我们就学习了十进制，十进制一共有十个数字，从 0 到 9，9 再往后数一个数字时要产生进位，也就是逢十进一。十进制的定义总结如下：由 0 到 9 十个数字组成，且逢十进一。

二进制的定义是由 0 到 1 两个数字组成，且逢二进一。十六进制的定义是由 0 到 9 十个数字和 A 到 F 共 6 个字母组成，且逢十六进一。

由此，衍生出 N 进制的定义：由 N 个符号组成，且逢 N 进一。

表 1-1 所示为上述 3 种进制的数字表。

表 1-1 二进制、十进制和十六进制数字表

数制	基数	数字
二进制	2	0、1
十进制	10	0、1、2、3、4、5、6、7、8、9
十六进制	16	0、1、2、3、4、5、6、7、8、9、A、B、C、D、E、F

1.1.3 进制的转换

在软件逆向工程当中，我们直接面对的通常是十六进制，而很多情况下，需要将其转换为十进制或二进制，当然，也有可能需要将二进制转换成十六进制或十进制。因此，需要掌握进制之间的转换。

1．二进制转十进制

二进制整数的每个位都是 2 的幂次方，最低位是 2 的 0 次方，最高位是 2 的（N–1）次方。例如，把二进制数 10010011 转换成十进制数，计算方式如下：

$10010011 = 1 \times 2^7 + 0 \times 2^6 + 0 \times 2^5 + 1 \times 2^4 + 0 \times 2^3 + 0 \times 2^2 + 1 \times 2^1 + 1 \times 2^0 = 128 + 0 + 0 + 16 + 0 + 0 + 2 + 1 = 147$

我们得出的结果是，二进制 10010011 转换成十进制后是 147。这里使用计算机进行验算，如图 1-1 和图 1-2 所示。

从图 1-1 和图 1-2 中可以看出，我们的计算结果是正确的，因此读者计算二进制时按照上例进行转换即可。

注意：

- 当读者打开计算器时，其界面可能与本书中的不尽相同。为了能够计算不同进制，可以选择“查看”→“程序员”选项。
- 在刚开始学习的时候，建议读者自行进行进制之间的转换，熟练以后再使用计算器进行转换。

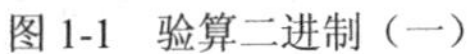
图 1-1　验算二进制（一）

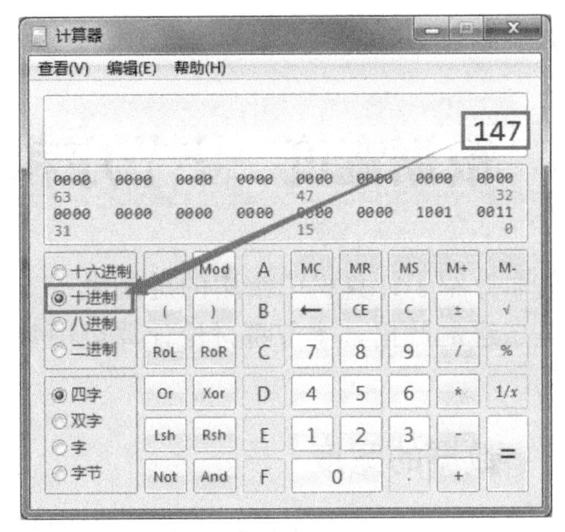

图 1-2　验算二进制（二）

2．十六进制转二进制

由于一个简单的数值用二进制表示需要很长的位数，这样阅读起来很不方便，因此汇编和调试器常用十六进制表示二进制。十六进制的每个位可以代表 4 个二进制位，因为 2 的 4 次方刚好是 16。这样，在二进制数与十六进制数之间就产生了一个很好的对应关系，如表 1-2 所示。

表 1-2　　二进制数对应的十六进制数与十进制数

二进制数	十进制数	十六进制数	二进制数	十进制数	十六进制数
0000	0	0	0110	6	6
0001	1	1	0111	7	7
0010	2	2	1000	8	8
0011	3	3	1001	9	9
0100	4	4	1010	10	A
0101	5	5	1011	11	B
1100	12	C	1110	14	E
1101	13	D	1111	15	F

根据此表可以快速地把二进制数转换为十六进制数。把上例的二进制数 10010011 转换成十六进制数，转换过程如下：

第一步，把 10010011 从最低位开始按每 4 位分为一组，不足 4 位前面补 0，划分结果为 1001 0011；

第二步，按划分好的组进行查表，1001 对应的十六进制数是 9，0011 对应的十六进制数是 3。

那么，二进制数 10010011 转换成十六进制数后就是 93。读者可以通过计算器自行进行验算。

在软件逆向工程中常用到二进制与十进制之间，或者二进制与十六进制之间的转换，其他的转换方式读者可以自行查找资料进行学习。在进行十六进制和二进制转换时，要牢记，1

位十六进制数可以表示为4位二进制数。

1.2 数据宽度、字节序和ASCII

前面介绍了计算机中常用的进制表示方法和它们之间的转换，我们知道了计算机存储的都是二进制数据。本节将讨论计算机中数据存储的单位，以及数据是如何存储在存储空间中的。

1.2.1 数据的宽度

数据的宽度指数据在存储器中存储的尺寸。在计算机中，所有数据的基本存储单位都是字节（byte，B），一字节占8位（位是计算机存储的最小单位，而不是基本单位，因为在存储数据时几乎没有按位进行存储的）。其他的存储单位还有字（word）、双字（dword）和八字节（qword）。

图1-3给出了常用存储单位所占位数与字节数。

单位	所占位数	所占字节数
字节(byte)	8位	1字节
字（word）	16位	2字节
双字（dword）	32位	4字节
八字节（qword）	64位	8字节

图1-3　常用存储单位所占位数与字节数

在计算机编程中，常用的3个重要数据存储单位分别是byte、word和dword。这3个存储单位稍后会使用到。

1.2.2 数值的表示范围

在计算机中存储数值时，也要依据前面介绍的数据宽度进行存储，在存储数据时，由于存储数据的宽度限制，数值的表示也是有范围限制的。那么byte、word和dword分别能存储多少数据呢？我们先来计算一下，如果按位存储，能存储多少数据，再分别计算以上3种单位能够存储多少数据。

计算机使用二进制进行数据存储时，一位二进制最多能表示几个数呢？二进制数只存在0和1，所以一位二进制数最多能表示两个数，分别是0和1。那么，两位二进制最多能表示几个数呢？因为一位二进制数能表示两个数，所以两位二进制数能表示2的2次方个数，即4个数，分别是0、1、10、11。进一步来说，3位二进制数能表示的就是2的3次方个数，即8个数，分别是0、1、10、11、100、101、110、111。

对上述过程进行整理后，如表1-3所示。

表1-3　*N*位二进制位能够表示的数

二进制位数	表示数的个数	表示的数	2的*N*次方
1	2	0、1	2的1次方
2	4	0、1、10、11	2的2次方
3	8	0、1、10、11、100、101、110、111	2的3次方

根据表 1-3 计算的 byte、word 和 dword 这 3 种数据存储单位能表示的无符号整数的范围如表 1-4 所示。

表 1-4 无符号整数的表示范围

存储单位	十进制数范围	十六进制数范围	2 的 *N* 次方
byte	0～255	0～FF	2 的 8 次方
word	0～65535	0～FFFF	2 的 16 次方
dword	0～4294967295	0～FFFFFFFF	2 的 32 次方

2 的 8 次方是 256，为什么数值只有 0～255 呢？因为计算机计数是从 0 开始的，从 0 到 255 同样是 256 个数，这里的 2 的 8 次方表示能够表示数值的个数，而不是能够表示的数值的最大数。

这里只给出了无符号整数的表示范围，那么什么是无符号呢？数值分为有符号数和无符号数，有符号数又分为正数和负数，而无符号数只有正数没有负数。计算机中表示有符号数时借助最高位来实现，如果最高位是 0，那么表示正数，如果最高位是 1，则表示负数。关于有符号数和无符号数大可不必过多纠结，因为计算机表示数据是不区分有符号还是无符号的，有符号还是无符号是人在进行区分。这里就不做过多的解释了。

1.2.3 字节序

字节序也称为字节顺序，计算机中对数据的存储有一定的标准，而该标准随着系统架构的不同有所不同。字节序是软件逆向工程中的一项基础知识，在动态分析程序时，往往需要观察内存数据的变化情况，这就需要我们在掌握数据的存储宽度、范围之后，进一步了解字节序。

通常情况下，数据在内存中存储的方式有两种，一种是大尾方式，另一种是小尾方式。关于字节序的知识，下面举例进行说明。

例如，数据 0x01020304（C 语言中对十六进制数的表示方式），如果用大尾方式存储，则其存储方式为 01 02 03 04；而如果用小尾方式进行存储，则是 04 03 02 01。下面用更直观的方式展示其区别，表 1-5 所示为大尾方式和小尾方式的字节顺序对比。

表 1-5 大尾方式和小尾方式的字节顺序对比

大尾方式		小尾方式	
数据	地址值	数据	地址值
01	00000000h	04	00000000h
02	00000001h	03	00000001h
03	00000002h	02	00000002h
04	00000003h	01	00000003h

从两个“地址值”列可以看出，地址的值都是一定的，没有变化，而数据的存储顺序却是不相同的。由表 1-5 可以得到以下结论。

大尾方式：内存高位地址存放数据低位字节数据，内存低位地址存放数据高位字节数据。

小尾方式：内存高位地址存放数据高位字节数据，内存低位地址存放数据低位字节数据。

通常情况下，Windows 操作系统兼容的 CPU 采用小尾方式，而 UNIX 操作系统兼容的 CPU 多采用大尾方式。网络中传递数据时采用大尾方式。

1.2.4 ASCII

计算机智能存储二进制数据，那么计算机是如何存储字符的呢？为了存储字符，计算机必须支持特定的字符集，字符集的作用是将字符映射为整数。早期字符集仅仅使用 8 个二进制数据位进行存储，即美国标准信息交换码（American Standard Code for Information Interchange，ASCII）。后来，由于全世界语言的种类繁多，又产生了新的字符集——Unicode 字符编码。

在 ASCII 字符集中，每个字符由唯一的 7 位整数表示。ASCII 仅使用了每个字节的低 7 位，最高位被不同计算机用来创建私有字符集。由于标准 ASCII 仅使用了 7 位，因此十进制数表示 0～127 共 128 个字符。

在软件编程与软件逆向工程中都会用到 ASCII，因此有必要记住常用的 ASCII 字符对应的十进制数和十六进制数。部分常用的 ASCII 表如表 1-6 所示。

表 1-6　　部分常用的 ASCII 表

字符	十进制数	十六进制数	说明
LF	10	0AH	换行
CR	13	0DH	回车
SP	32	20H	空格
0～9	48～57	30H～39H	数字
A～Z	65～90	41H～5AH	大写字母
a～z	97～122	61H～7AH	小写字母

Unicode 字符编码是为了使字符编码进一步符合国际化而进行的扩展，Unicode 使用一个字（也就是两字节，即 16 位）来表示一个字符，这里不做过多的介绍。

1.3 在 OllyDbg 中查看数据

在逆向分析中，调试工具非常重要。调试器能够跟踪一个进程的运行时状态，在逆向分析中也称为动态分析工具。调试工具应用十分广泛，如漏洞的挖掘、游戏外挂的分析、软件加密及解密等。本节将介绍应用层下流行的调试工具 OllyDbg。

OllyDbg 简称 OD，是一款具有可视化界面的运行在应用层的 32 位反汇编逆向调试分析工具。OD 是逆向者的必备工具之一。其具有操作简单、参考文档丰富、支持插件功能等特点。

OD 的操作非常简单，但是由于软件逆向是一门实战性和综合性非常强的技术，所以要真正熟练掌握 OD 的使用也并非一件容易的事情。OD 单从操作来看似乎没有太多的技术含量，但是其真正的精髓在于配合逆向的思路来达到逆向者的目的。

1．OD 的选型

为什么先介绍 OD 的选型，而非直接介绍 OD 的使用呢？OD 的主流版本是 1.10 和尚待崛起的 2.0。虽然它的主流版本是 1.10，但是拥有众多修改版。所谓修改版，就是由用户自己对 OD 进行修改而产生的版本，类似于病毒的免杀。OD 虽然是动态调试工具，但是它经常被很多人用于软件破解等方面，导致很多软件制作者的心血付诸东流。软件制作者为了防止软件被 OD 调试，加入了很多专门针对 OD 调试的反调试功能来保护自己的软件不被调试，从而不被破解；而破解者为了能够继续使用 OD 来破解软件，不得不对 OD 进行修改，从而达到反反调试的效果。

调试、反调试、反反调试，对于新接触调试的爱好者来说容易混淆。简单来说，反调试是阻止使用 OD 进行调试，而反反调试是突破反调试继续进行调试。OD 的修改版本之所以如此之多，就是为了能够更好地突破软件的反调试功能。

因此，如果从学习的角度来讲，建议选择原版的 OD 进行使用。在 OD 使用过程中，我们除了会掌握很多调试技巧外，还会学到很多反调试技巧，从而掌握反反调试技巧。如果从实际应用的角度来讲，可以直接使用修改版的 OD，避免 OD 被软件反调试，从而提高逆向调试分析的速度。

2．熟悉 OD 主界面

OD 的发行版是一个压缩包，解压缩后即可运行使用。运行 OD 解压目录中的 ollydbg.exe 程序，即可进入 OD 主界面，如图 1-4 所示。

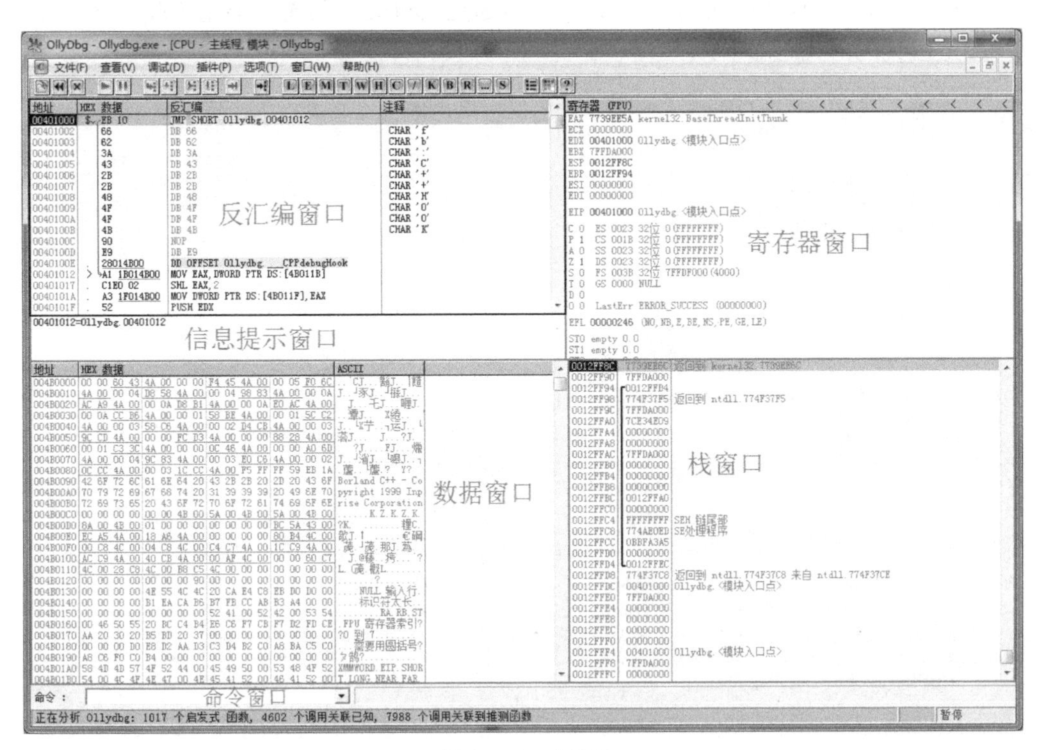

图 1-4 OD 主界面

OD 主界面中的工作区大致可以分为 6 个部分，按照从左往右、从上往下的顺序划分，这 6 部分分别是反汇编窗口、信息提示窗口、寄存器窗口、数据窗口、栈窗口和命令窗口。下面分别介绍它们各自的作用。

反汇编窗口：用于显示反汇编代码，调试分析程序主要在该窗口中进行。

信息提示窗口：用于显示与反汇编窗口中上下文环境相关的内存、寄存器或跳转来源、调用来源等信息。

寄存器窗口：用于显示各个寄存器的内容，包括通用寄存器、段寄存器、标志寄存器、浮点寄存器等。另外，还可以在寄存器窗口的右键菜单中选择显示 MMX 寄存器、3DNow! 寄存器和调试寄存器等。

数据窗口：用于以多种格式显示内存中的内容，可使用的格式有 HEX、文本、短型、长型、浮点型、地址和反汇编等。

栈窗口：用于显示栈内容、栈帧，即 ESP 或 EBP 寄存器指向的地址部分。

命令窗口：用于输入命令以简化调试分析工作，该窗口并非基本窗口，而是由 OD 插件提供的功能，由于几乎所有的 OD 使用者都会使用该插件，因此有必要把它列入主界面。

3．在数据窗口中查看数据

前面已经介绍过，OD 是一款应用层下的调试工具，它除了可以进行软件的调试以外，还可以帮助我们学习前面介绍的数据宽度、进制转换等知识，甚至能帮助我们学习汇编语言。本节主要介绍通过 OD 的数据窗口来观察数据宽度。

为了能够直观地观察内存中的数据，我们将通过 RadAsm 创建一个无资源汇编工程，并编写一段汇编代码，代码如下：

```
    .386
    .model flat, stdcall
    option casemap:none

include windows.inc
include kernel32.inc
includelib kernel32.lib

    .data
var1     dd  00000012h  ; 十六进制
var2     dd  12         ; 十进制
var3     dd  11b        ; 二进制
; 字节
b1       db  11h        ; 十六进制
b2       db  22h
b3       db  33h
b4       db  44h
; 字
w1       dw  5566h      ; 十六进制
w2       dw  7788h
; 双字
d        dd  12345678h  ; 十六进制

    .code
start:
    invoke ExitProcess, 0

    end start
```

上面的代码定义了 10 个全局变量。var1、var2 和 var3 分别定义了一个 dword 类型的变量，其中 var1 的值是十六进制的 12，var2 的值是十进制的 12，var3 的值是二进制的 11；

b1～b4 分别定义了一个字节类型的变量；w1 和 w2 分别定义了一个字类型的变量；d 定义了一个 dword 类型的变量。

注意：在汇编代码中定义变量时，db 表示字节类型，dw 表示字类型，dd 表示双字类型。而在表示数值的时候，以 h 结尾的表示十六进制数，以 b 结尾的表示二进制数，结尾处没有修饰符的默认为十进制数。

这 10 个全局变量就是我们要考察的重点。在 RadAsm 中进行编译连接后，直接按 Ctrl + D 快捷键，即可在 RadAsm 安装时自带的 OD 中运行该程序。在 OD 调试器中运行该程序后，观察它的数据窗口，查看变量，如图 1-5 所示。

地址	HEX 数据	ASCII
00403000	12 00 00 00 0C 00 00 00 03 00 00 00 11 22 33 44	■....... ...■"3D
00403010	66 55 88 77 78 56 34 12 00 00 00 00 00 00 00 00	fU坧xV4■........
00403020	00 00 00 00 00 00 00 00 00 00 00 00 00 00 00 00	....
00403030	00 00 00 00 00 00 00 00 00 00 00 00 00 00 00 00	....
00403040	00 00 00 00 00 00 00 00 00 00 00 00 00 00 00 00	....
00403050	00 00 00 00 00 00 00 00 00 00 00 00 00 00 00 00	....
00403060	00 00 00 00 00 00 00 00 00 00 00 00 00 00 00 00	....

图 1-5 在数据窗口中查看变量

在图 1-5 中，数据窗口一共有 3 列，分别是“地址”列、“HEX 数据”列和“ASCII”列。在地址 0x00403000 处开始的 4 字节 12 00 00 00 是十六进制的 12，也就是在汇编代码中定义的 var1；在地址 0x00403004 处的 4 字节 0C 00 00 00 是十六进制的 0C，也就是在汇编代码中定义的 var2（var2 变量定义的值是十进制的 12，也就是十六进制的 0C）；在地址 0x00403008 处的 4 字节 03 00 00 00 是十六进制的 03，也就是在汇编代码中定义的 var3（var3 变量定义的值是二进制的 11，也就是十六进制的 03）。

这 3 个变量都定义为 dword 类型（表示为 dd），各自占用 4 字节，因此，在内存中前 3 个变量分别是 12 00 00 00、0C 00 00 00 和 03 00 00 00。

在地址 0x0040300C 处的值是 11 22 33 44，这 4 个值对应定义的 b1、b2、b3 和 b4 这 4 个字节型的变量，这 4 个变量按照内存由低到高的顺序显示分别是 11、22、33、44。

在地址 0x00403010 处显示的值是 66 55 88 77，这 4 个值对应定义的 w1 和 w2 两个字型变量，但是定义的变量 w1 的值是 5566h，w2 的值是 7788h，在内存中为何显示的是 6655 和 8877 呢？这就涉及前面提到过的字节序的问题。我们的主机采用小尾方式存储数据，也就是数据的低位存放在内存的低地址中，数据的高位存放在内存的高地址中，因此，在地址 0x00403020 中存放的是 5566h 的低位数据 66，在地址 0x00403021 中存放的是 5566h 的高位数据 55，查看内存时，其顺序是相反的。

在地址 0x00403014 处存放的是 78 56 34 12，这是定义的最后一个变量 d，它也是按照小尾方式存储在内存中的。因此，在查看内存时其顺序也是相反的。

OD 提供了多种查看内存数据的方式，在数据窗口中右键单击，会弹出图 1-6 所示的快捷菜单。

当在数据窗口中选择数据时，右键快捷菜单中提供了备份、复制、二进制、标签、断点、查找等选项，如图 1-7 所示。

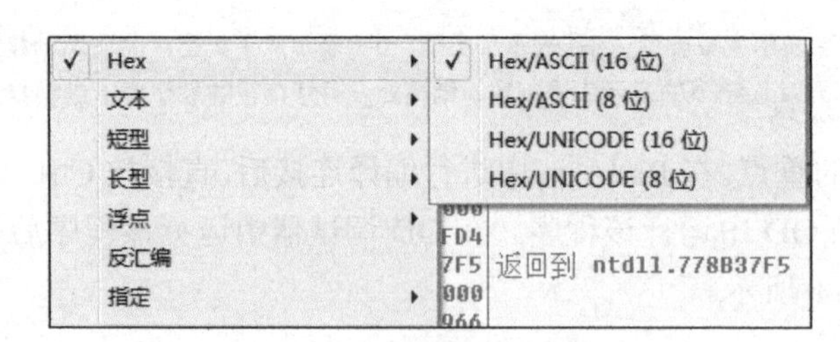

图 1-6 查看数据方式的快捷菜单

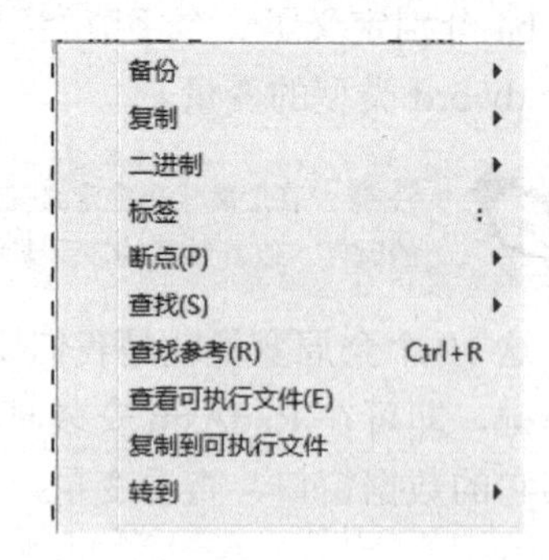

图 1-7 OD 中对数据操作的快捷菜单

4．通过命令窗口改变数据窗口显示方式

在图 1-4 的最下方可以看到一个输入命令的编辑框，在此处可以输入 OD 的相关命令以提高调试的速度。下面将介绍通过命令窗口改变数据窗口的显示方式。

在前面的代码中定义变量时，使用了 db、dw 和 dd 这 3 个命令，在 OD 的命令窗口中同样可以使用这 3 个命令，其格式分别如表 1-7 所示。

表 1-7 通过命令窗口改变数据窗口显示方式的命令和格式

命令	格式	说明	举例
db	db address	按字节的方式查看	db 403000
dw	dw address	按字的方式查看	dw 403000
dd	dd address	按双字的方式查看	dd 403000

将表 1-7 中的命令在命令窗口中进行输入，数据窗口的变化和数值显示的变化分别如图 1-8、图 1-9 和图 1-10 所示。

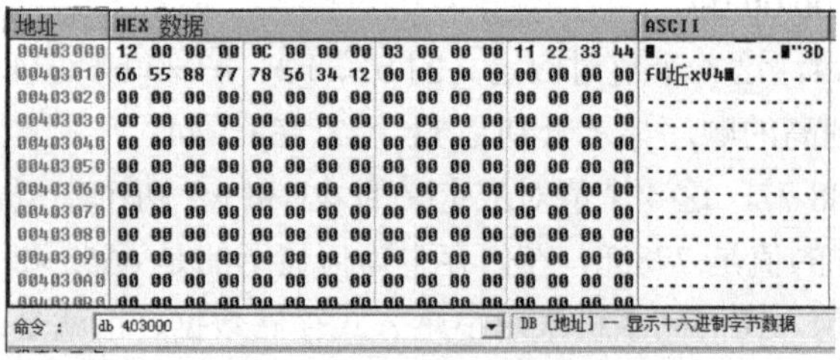

图 1-8 db 命令显示的数据窗口

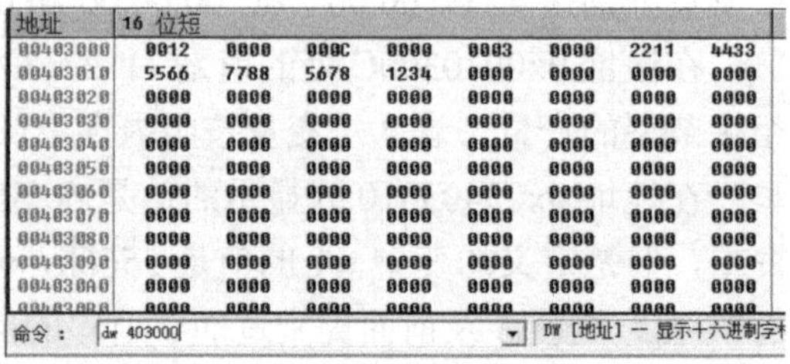

图 1-9 dw 命令显示的数据窗口

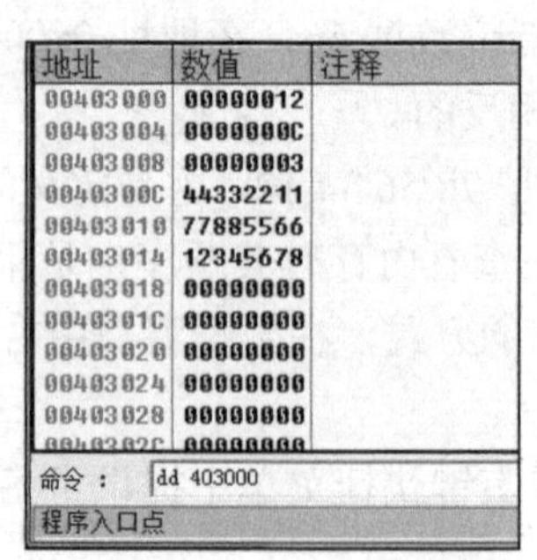

图 1-10 dd 命令显示的数据窗口

从这 3 张图中可以看出不同方式下数据窗口显示也有所不同，但是无论使用哪种方式显示数据，“地址”列总是显示在最前列。因此，只要我们知道数据的地址，就可以直接在命令窗口中输入数据格式查看指定内存中的数据。

1.4　编程判断主机字节序

编程判断主机字节序是进一步掌握字节序的方式，本节给出了两种判断主机字节序的方式。

1.4.1　字节序相关函数

在 TCP/IP 网络编程中会涉及字节序相关函数。在 TCP/IP 协议中，数据是按照网络字节序进行传递的，网络字节序指网络传递相关协议所规定的字节传递的顺序，TCP/IP 协议所使用的网络字节序与大尾方式相同。而主机字节序包含大尾方式与小尾方式，因此，在进行网络传递时会进行相应的判断，如果主机字节序是大尾方式，则无须进行转换即可传递，如果主机字节序是小尾方式，则需要转换成网络字节序（也就是转换成大尾方式）后再进行传递。

常用的字节序涉及的函数有以下 4 个：

```
u_short htons(u_short hostshort);
u_long htonl(u_long hostlong);
u_short ntohs(u_short netshort);
u_long ntohl(u_long netlong);
```

在这 4 个函数中，前两个函数用于将主机字节序转换成网络字节序，后两个函数用于将网络字节序转换为主机字节序。

1.4.2　编程判断主机字节序

“编程判断主机字节序”是很多杀毒软件公司或者安全开发职位的一道基础面试题。通过前面的知识，相信读者能够很容易地实现该程序。这里，编者将给出实现该题目的两种方法，第一种是“取值比较法”，第二种是“直接转换比较法”。

注意：上述两种方法是编者自己总结并命名的，是否有第三种方法请读者自行考虑。

1. 取值比较法

所谓取值比较法，指先定义一个 4 字节的十六进制数（这是因为使用调试器查看内存最直观的就是十六进制），而后通过指针方式取出这个十六进制数在“内存”中的某字节，最后与实际数值中相对应的数进行比较。由于字节序的原因，内存中的某字节与实际数值中对应的字节可能不相同，这样即可确定采用的是哪种字节序。

代码如下：

```
#include <windows.h>
#include <stdio.h>

int main(int argc, char *argv[])
{
```

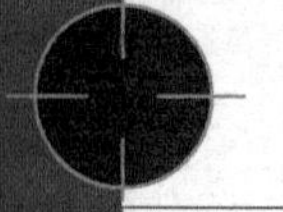


```
        DWORD dwSmallNum = 0x01020304;

        if ( *(BYTE *)&dwSmallNum == 0x04 )
        {
            printf("Small Sequence. \r\n");
        }
        else
        {
            printf("Big Sequence. \r\n");
        }

        return 0;
    }
```

在以上代码中，定义了十六进制数0x01020304，其在小尾方式内存中的存储顺序为04 03 02 01。取*(BYTE *)&dwSmallNum内存中的低位地址的值，如果使用小尾方式，那么低位地址存储的值为0x04；如果使用大尾方式，则低位地址存储的值为0x01。

注意：这段代码的关键就是*(BYTE *)&dwSmallNum取出来的值。

2．直接转换比较法

所谓直接转换比较法，指利用字节序转换函数对所定义的值进行转换，并用转换后的值与原值进行比较。这种方式比较直接，如果原值与转换后的值相同，则说明主机字节序采用大尾方式，否则采用小尾方式。

代码如下：

```
#include <stdio.h>
#include <winsock2.h>
#pragma comment(lib, "ws2_32")

int main(int argc, char *argv[])
{
    DWORD dwSmallNum = 0x01020304;

    if ( dwSmallNum == htonl(dwSmallNum) )
    {
        printf("Small Sequence. \r\n");
    }
    else
    {
        printf("Big Sequence. \r\n");
    }

    return 0;
}
```

1.5 总结

本章对内存中存储基础数据的方式进行了阐述，并在最后介绍了如何使用OD调试器来查看内存中的数据。很多编程入门图书都会从数据类型开始介绍。数据都是以二进制的方式存储在内存中的，只是不同类型的数据存储方式也有所不同，或者是存储的宽度有所不同。因此，在学习软件逆向工程时，先讲解了数据的基础类型及数据的存储方式。

第2章 汇编语言入门

第 1 章介绍了基础的数据存储及表示形式，并在 OD 中具体地查看了数据在内存中的存储和表示形式。

本章主要结合 OD 介绍汇编语言相关知识。不同于在脑海中的模拟想象，在 OD 中可以直观地观察寄存器、内存及堆栈的变化。

通过本章的学习，读者将学习常用的汇编指令、堆栈的相关操作等知识。关于更多汇编语言相关知识，读者可以查询指令手册或帮助文档进一步深入学习。

本章关键字：汇编　指令

2.1　x86 汇编语言介绍

读者若希望在软件逆向工程方面有一定发展的话，则编者建议最好专门学习汇编语言。许多计算机相关专业的学生都学过汇编语言，但是大部分人认为学的只是 Intel 8086 下的汇编指令，枯燥、乏味、不具备实用性。其实，作为汇编语言的入门，8086 的汇编指令已经基本上够用了。目前的硬件都是 x86 兼容架构的，无论多复杂的程序，最终都将转变成 x86 指令。作为软件逆向工程的入门，掌握 80x86 的常用指令、寄存器的用法、堆栈的概念和数据在内存中的存储，基本上就够用了。

如果希望在软件逆向工程方面有深入的发展，则最好对汇编语言进行更深入的研究。本章站在软件逆向工程入门的起点，抛开各种复杂的原理及理论知识，只简单讲述 x86 常用汇编指令的用法。

2.1.1　寄存器

任何程序的执行，归根结底，都是存放在存储器中的指令序列执行的结果。寄存器用来存放程序运行中的各种信息，包括操作数地址、操作数、运算的中间结果等。下面就来介绍一下本书将会用到的各种寄存器。

1．CPU 工作模式

x86 体系的 CPU 有两种基本的工作模式，分别是实模式和保护模式。

实模式也称为实地址模式，实现了 Intel 8086 处理器的程序设计环境。该模式被早期的 DOS 和 Windows 9x 所支持，可以访问的内存为 1MB，可以直接访问硬件，如直接对端口进行操作、对中断进行操作等。目前的 CPU 仍然支持实模式，一是为了与早期的 CPU 架构保持兼容，二是因为所有的 x86 架构处理器都是从实模式引导起来的。

保护模式是处理器主要的工作模式，Linux 和 Windows NT 内核的系统都工作在 x86 的保护模式下。在保护模式下，每个进程可以访问的内存地址为 4GB，且进程间是隔离的。

2．寄存器概述

寄存器（Register）是 CPU 内部用于高速存储数据的小型存储单元，访问速度比内存快很多，价格也高很多，但是两者都是用来存储数据的。CPU 访问内存中的数据时有一个寻址的过程，因此访问内存花费的时间较长。寄存器集成在 CPU 内部，数量较少，每个寄存器有独立的名称，访问速度很快。

在 x86 寄存器中，与逆向相关的寄存器有基本寄存器、调试寄存器和控制寄存器 3 种。本章主要介绍基本寄存器。基本寄存器分为 4 类，分别是 8 个通用寄存器、6 个段寄存器、1 个指令指针寄存器和 1 个标志寄存器，如图 2-1 所示。

3．通用寄存器

通用寄存器主要用于各种运算和数据的传递。由图 2-1 可以看出，通用寄存器一共有 8 个，又分为数据寄存器和指针变址寄存器。数据寄存器一共有 4 个，每个都可以作为一个 32 位、16 位或 8 位的存储单元来使用，如图 2-2 所示。

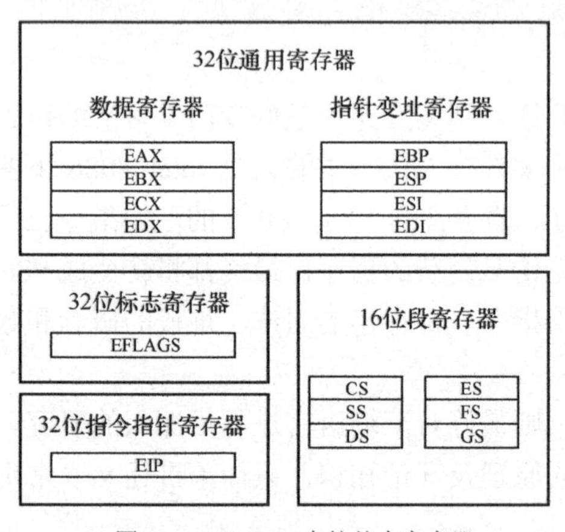

图 2-1　x86 CPU 中的基本寄存器

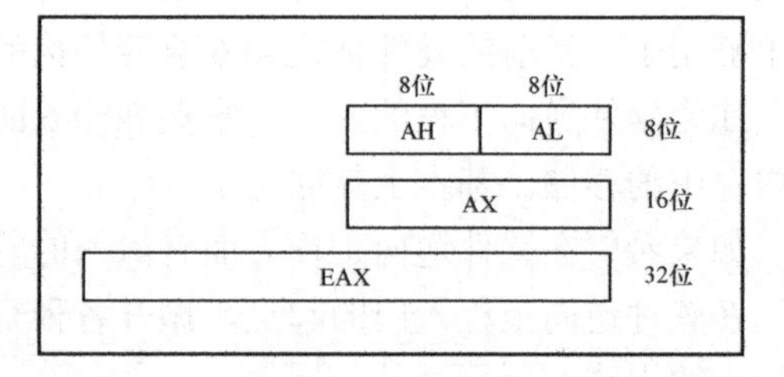

图 2-2　通用寄存器（数据寄存器）

对于图 2-2 来讲，可以将一个寄存器分别作为 8 位、16 位或 32 位来使用。EAX 寄存器可以存储一个 32 位的数据。EAX 的低 16 位又称为 AX，可以存储一个 16 位的数据。AX 寄存器又分为 AH 和 AL 两个 8 位的寄存器，其中，AH 对应 AX 寄存器的高 8 位，AL 对应 AX 寄存器的低 8 位。

只有数据寄存器可以按照上述方式进行使用。由图 2-1 可知，数据寄存器一共有 4 个，分别是 EAX、EBX、ECX 和 EDX 寄存器。

指针变址寄存器可以按照 16 位或 32 位进行使用，如图 2-3 所示。

对于图 2-3 来讲，只可以将一个寄存器分为 16 位或 32 位进行使用。ESI 寄存器可以存储 32 位指针，其中低 16 位可以表示为 SI 来存储 16 位指针，但是无法像 AX 那样能拆分成高 8 位和低 8 位的 8 位寄存器。

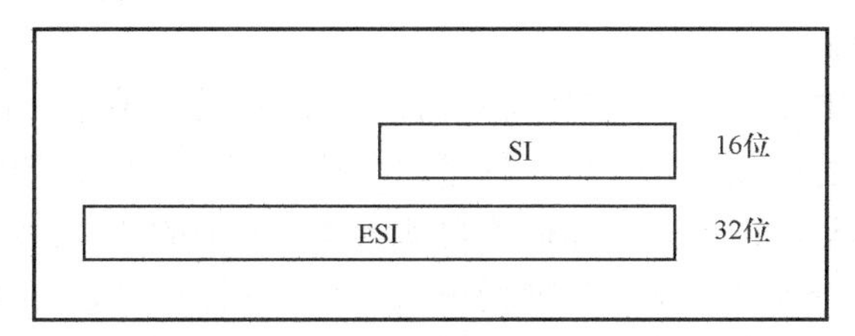

图 2-3 通用寄存器（指针变址寄存器）

通用寄存器表如表 2-1 所示。

表 2-1 通用寄存器表

32 位	16 位	高 8 位	低 8 位
EAX	AX	AH	AL
EBX	BX	BH	BL
ECX	CX	CH	CL
EDX	DX	DH	DL
ESI	SI		
EDI	DI		
ESP	SP		
EBP	BP		

关于上述 8 个通用寄存器的解释如下。

- EAX：累加器。其在乘法和除法指令中被自动使用；在 Win32 中，一般用在函数的返回值中。
- EBX：基址寄存器，DS 段中的数据指针。
- ECX：计数器。CPU 自动使用 ECX 作为循环计数器，常用于字符串和循环操作，在循环指令（LOOP）或串操作中，ECX 用来进行循环计数，每执行一次循环，ECX 都会被 CPU 自动减一。
- EDX：数据寄存器。

以上 4 个寄存器主要用在算术运算与逻辑运算指令中，常用来保存各种需要计算的值。

- EBP：扩展基址指针寄存器，SS 段中堆栈内的数据指针。EBP 由高级语言用来引用参数和局部变量，通常称为堆栈基址指针寄存器。
- ESP：堆栈指针寄存器，SS 段中的堆栈指针。ESP 用来寻址堆栈中的数据，ESP 寄存器一般不参与算数运算，通常称为堆栈指针寄存器。
- ESI：源变址寄存器，字符串操作源指针。
- EDI：目的变址寄存器，字符串操作目标指针。

以上 4 个寄存器主要用作保存内存地址的指针。

ESI 和 EDI 通常用于内存数据的传递，因此才被称为源变址寄存器和目的变址寄存器。ESI 和 EDI 与特定的指令 LODS、STOS、REP、MOVS 等一起使用时，主要用于内存中数据的复制。

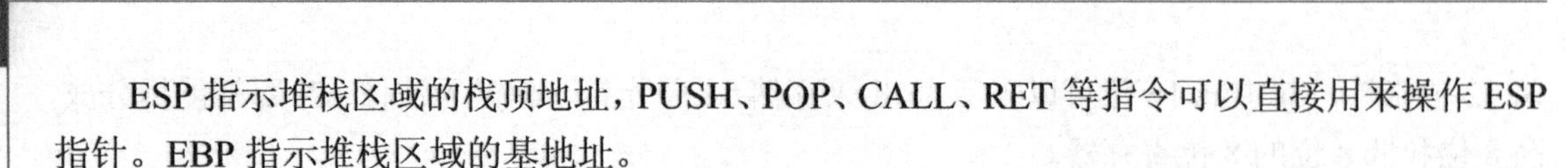

ESP 指示堆栈区域的栈顶地址，PUSH、POP、CALL、RET 等指令可以直接用来操作 ESP 指针。EBP 指示堆栈区域的基地址。

4．指令指针寄存器

指令指针寄存器 EIP 是一个 32 位的寄存器，在 16 位的环境中，它的名称是 IP。EIP 寄存器保存着下一条要执行的指令的地址。程序运行时，CPU 会读取 EIP 中一条指令的地址，传递指令到指令缓冲区后，EIP 寄存器的值自动增加，增加的值即读取指令的长度，即下一条指令的地址为当前指令的地址加上当前指令的长度。这样，CPU 每执行完一条指令后，都会通过 EIP 寄存器读取下一条指令给 CPU，从而让 CPU 继续执行。

特殊情况（其实也算不上通常与特殊，因为存在向上或向下的跳转，所以程序的执行并不是依次往下执行的）下，当前指令为一条转移指令，如 JMP、JE、LOOP 等指令时，会改变 EIP 的值，导致 CPU 执行指令产生跳跃性执行，从而构成分支与循环的程序结构。

EIP 寄存器的值在程序中是无法直接修改的，只能通过影响 EIP 的指令间接地进行修改，如上面提到的 JMP、CALL、RET 等指令。此外，通过中断或异常也可以影响 EIP 的值。

EIP 中的值始终在引导 CPU 的执行。

5．段寄存器

段寄存器用于存放段的基地址，段是一块预分配的内存区域。有些段存放程序的指令，有些则存放程序的变量，还存在其他的段，如堆栈段存放函数变量和函数参数等。在 16 位 CPU 中，段寄存器只有 4 个，分别是 CS（代码段）、DS（数据段）、SS（堆栈段）和 ES（附加数据段）。

在 32 位的 CPU 中，段寄存器从 4 个扩展为 6 个，分别是 CS、DS、SS、ES、FS 和 GS。其中，FS 和 GS 也属于附加的段寄存器。

注意：在 32 位 CPU 的保护模式下，段寄存器的使用与概念完全不同于 16 位的 CPU。由于该部分较为复杂，读者可参考 Intel x86 手册和相关知识。

注意：在软件逆向工程中经常使用 FS 寄存器，用于存储 SEH、TEB、PEB 等重要的操作系统数据结构。

6．标志寄存器

在 16 位 CPU 中，标志寄存器称为 FLAGS（也称为程序状态字（Program Status Word，PSW）寄存器）。而在 32 位 CPU 中，标志寄存器也扩展为 32 位，被称为 EFLAGS。

关于标志寄存器，16 位 CPU 中的标志寄存器已经基本满足日常的程序设计及逆向所需，因此这里主要介绍 16 位 CPU 中的标志位。16 位的标志寄存器如图 2-4 所示。

15	14	13	12	11	10	9	8	7	6	5	4	3	2	1	0
				OF	DF	IF	TF	SF	ZF		AF		PF		CF
				溢出	方向	中断	陷阱	符号	零		辅助进位		奇偶		进位

图 2-4　16 位的标志寄存器

图 2-4 说明标志寄存器中的每一个标志位只占 1 位，且 16 位的标志寄存器并没有全部使用。16 位的标志寄存器可以分为条件标志位和控制标志位两部分。

条件标志位说明如下：

- OF（OverFlow Flag）：溢出标志位，用来反映有符号数加减法运算所得结果是否溢出。如果运算结果超过当前运算位数所能表示的范围，则称为溢出，该标志位被置为 1，否则为 0。
- SF（Sign Flag）：符号标志位，用来反映运算结果的符号位。运算结果为负时，符号标示位为 1，否则为 0。
- ZF（Zero Flag）：零标志位，用来反映运算结果是否为 0。若运算结果为 0，则该标志位被置为 1，否则为 0。
- AF（Auxiliary carry Flag）：辅助进位标志位。在进行字操作时，发生低字节向高字节进位或借位时，该标志位被置为 1，否则为 0（注意，在进行字节操作时，发生低 4 位向高 4 位进位或借位时，该标志位被置为 1，否则为 0）。
- PF（Parity Flag）：奇偶标志位，用于反映结果中“1”的个数的奇偶性。如果“1”的个数为偶数，则该标志位被置为 1，否则为 0。
- CF（Carry Flag）：进位标志位。若运算结果的最高位产生了一个进位或借位，则该标志位被置为 1，否则为 0。

控制标志位说明如下：

- DF（Direction Flag）：方向标志位，用于串操作指令中，控制地址的变化方向。当 DF 为 0 时，存储器地址自动增加；当 DF 为 1 时，存储器地址自动减少。DF 可以使用指令 CLD 和 STD 进行复位及置位。
- IF（Interrupt Flag）：中断标志位，用于控制外部可屏蔽中断是否可以被处理器响应。当 IF 为 1 时，允许中断；当 IF 为 0 时，不允许中断。IF 可以使用指令 CLI 和 STI 进行复位和置位。
- TF（Trap Flag）：陷阱标志位，用于控制处理器是否进入单步操作方式。当 TF 为 0 时，处理器在正常模式下运行；当 TF 为 1 时，处理器单步执行指令。调试器可以逐条执行指令就是使用了该标志位。

在日常使用的过程中，以上的标志位都是常用的。在学习标志位时要掌握各标志位的作用，以及它们的位置。

注意： 16 位 CPU 中的标志位在 32 位 CPU 中依然继续使用，32 位 CPU 扩展了 4 个新的标志位。

2.1.2 在 OD 中认识寄存器

在前面介绍寄存器时，编者介绍了很多相关概念，寄存器是软件逆向工程的基础，需要重点记忆。下面将通过 OD 调试器带领大家具体认识寄存器。

1．寄存器窗口

打开 OD 调试器，加载任意一个可执行文件后观察寄存器窗口，如图 2-5 所示。

我们在图 2-5 中选中了 4 个部分，最上方是通用寄存器，中间是指令指针寄存器，左下是标志位寄存器，右下是段寄存器。

当将可执行文件加载到 OD 中时，各个寄存器都是有值的，这些值是在进程创建的过程中所赋予的。有的寄存器的值是红色，有的寄存器的值是黑色，在调试过程中，寄存器的值在发生改变时会变成红色，未发生改变时为黑色。

2．寄存器窗口的操作

寄存器窗口是 OD 调试器的基础窗口，也是调试过程中需要实时观察的窗口。通过寄存器窗口不但可以将当前的值或状态显示出来，而且可以修改某个寄存器中的值，这一点对于调试非常有帮助。

在调试时，修改较多的是通用寄存器和标志寄存器。修改通用寄存器和标志寄存器的方法类似，双击通用寄存器的值或者标志寄存器的值即可，如图 2-6、图 2-7 和图 2-8 所示。

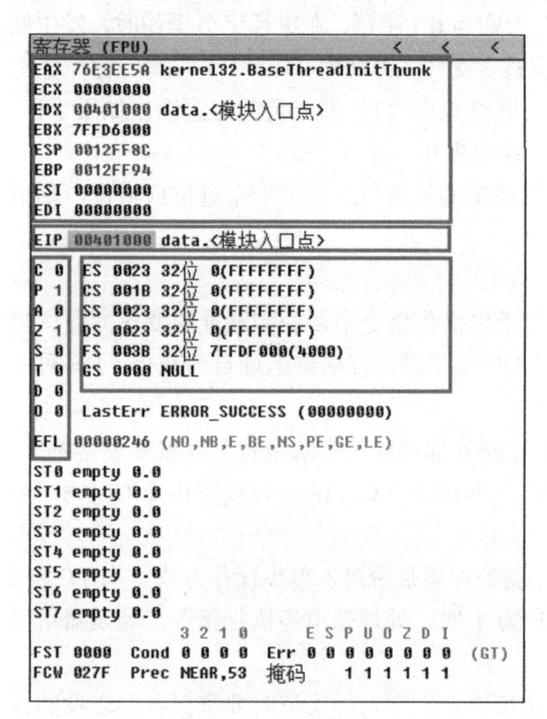

图 2-5 寄存器窗口

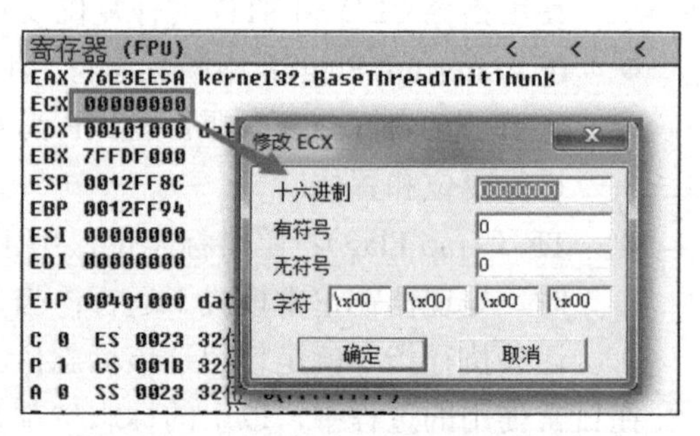

图 2-6 修改 ECX 寄存器的值

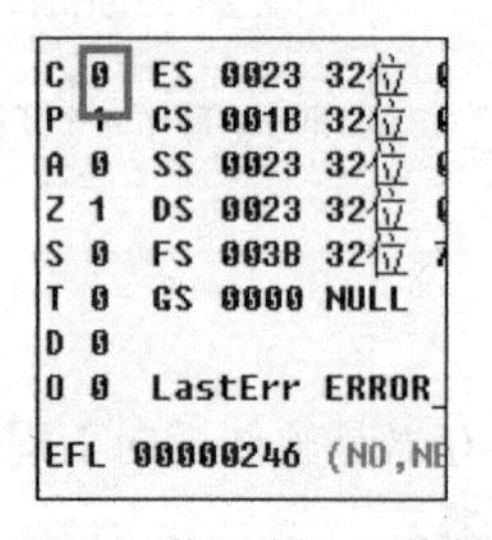

图 2-7 修改前的 CF 的值

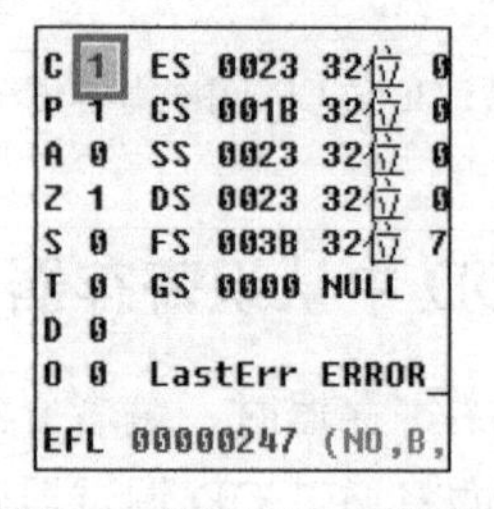

图 2-8 修改后的 CF 的值

在图 2-6 中，双击 ECX 寄存器的值，会弹出“修改 ECX”对话框，修改后单击“确定”

按钮即可完成对 ECX 寄存器的修改。

在图 2-7 中，双击 CF 标志寄存器的值“0”，CF 标志寄存器的值就会切换为图 2-8 中的“1”。标志寄存器的值只有 0 和 1 两个值，因此只要在相应标志位上双击就可以将值切换为另一种状态。

选中某个寄存器，可以通过右键快捷菜单对寄存器的值进行加减操作，或者使标志寄存器置位或复位，或者撤销对寄存器的修改，恢复为修改前的值，等等。寄存器右键快捷菜单如图 2-9 所示。

递增(I)	Plus
递减(D)	Minus
置 0	
修改	Enter
复制选定部分到剪贴板	Ctrl+C
复制所有寄存器到剪贴板	
撤销	Alt+BkSp

图 2-9　寄存器值右键快捷菜单

寄存器窗口中的值可以通过右键快捷菜单中的“复制选定部分到剪贴板”和“复制所有寄存器到剪贴板”选项进行复制。在调试过程中，为了记录每一步寄存器中的值，可以先将每一步寄存器中的值复制，再进行对比观察。

2.2　常用汇编指令集

当对软件进行逆向反汇编的时候，我们面对的是一行行的汇编指令。因此，有必要掌握常用的汇编指令，其余并不常用或者比较生僻的指令，可以通过查有相关手册或文档自行学习。本节在讨论汇编语言的同时，会在 OD 调试器中进行汇编指令的实际练习，以观察前面所学寄存器的变化。

由于本书并非专门介绍汇编语言的专业书籍，所以并不涉及汇编语言的各种细节，仅对汇编指令做简略介绍。

2.2.1　指令介绍

指令由两部分组成，分别是操作码和操作数，操作码即需要操作执行的指令，操作数是为执行指令提供的数据。在每条指令中，操作码是必需的，而操作数根据操作码的不同而不同。通常，操作码有一个或两个操作数，也有的操作码没有操作数。指令格式如图 2-10 所示。

图 2-10　指令格式

图 2-10 是有两个操作数的操作码，前面的称为目的操作数，后面的称为源操作数。通常，在查询指令格式的时候，会看到以下内容：

```
MOV R/M8, R8
MOV R/M16, R16
MOV R/M32, R32
MOV R8, R/M8
MOV R16, R/M16
MOV R32, R/M32
MOV R8, IMM8
MOV R16, IMM16
MOV R32, IMM32
```

其中，MOV 指汇编指令，R 指寄存器，M 指内存，IMM 指立即数，8、16、32 指数据宽度（8 位、16 位和 32 位）。通常情况下，32 位的系统都会很好地支持 8 位、16 位和 32 位的数据，因此后面介绍指令时不再专门说明传递数据的宽度。

2.2.2 常用指令介绍

1．数据传递指令

1）MOV 指令

MOV 指令是最常见的数据传递指令之一，等同于高级语言中的赋值语句。该指令的操作数有两个，分别是源操作数和目的操作数。

MOV 指令格式如下：

```
MOV 目的操作数，源操作数
```

MOV 指令可以实现寄存器与寄存器之间、寄存器与内存之间、寄存器与立即数之间、内存与立即数之间的数据传递。

需要注意的是，内存与内存之间是无法直接传递数据的，目的操作数不能为立即数，两个操作数的宽度必须一致。

MOV 指令的用法示例如下：

```
MOV EAX, 12345678h
MOV EAX, DWORD PTR [00401000h]
MOV EAX, EBX
MOV WORD PTR [00401000h], 1234h
MOV BYTE PTR [00401000h], AL
```

使用上述汇编指令，在 OD 中进行练习。打开 OD，选择“文件”→“打开”选项，打开第 1 章中用汇编语言编写的可执行程序，OD 会停留在该可执行程序开始执行的地址。通常将程序开始执行的地址称为程序的入口点，简称 EP，这个位置很重要，进行脱壳时的首要任务就是找到程序的入口点。打开第 1 章用汇编语言编写的程序后，OD 窗口如图 2-11 和图 2-12 所示。

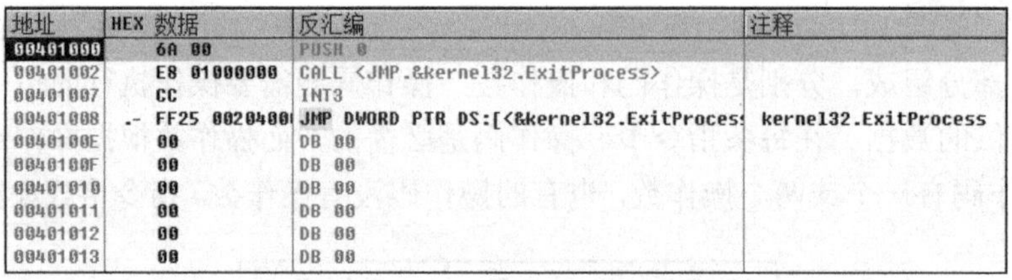

地址	HEX 数据	反汇编	注释
00401000	6A 00	PUSH 0	
00401002	E8 01000000	CALL <JMP.&kernel32.ExitProcess>	
00401007	CC	INT3	
00401008	.- FF25 0020400(	JMP DWORD PTR DS:[<&kernel32.ExitProces:	kernel32.ExitProcess
0040100E	00	DB 00	
0040100F	00	DB 00	
00401010	00	DB 00	
00401011	00	DB 00	
00401012	00	DB 00	
00401013	00	DB 00	

图 2-11 OD 停在程序入口位置的反汇编窗口

从图 2-11 中可以看出，OD 的反汇编窗口分为 4 列，分别是“地址”列、“HEX 数据”列、“反汇编”列和“注释”列。首先观察反汇编窗口的“地址”列，当调试者用 OD 打开第 1 章中的可执行程序后，OD 停在了 0x00401000 处，对应地址 0x00401000 处的反汇编代码是 PUSH 0，该地址就是程序的入口地址。当程序运行后，会先执行 0x00401000 地址处的 PUSH 0 指令。

前一节讨论的寄存器中有一个指令指针寄存器 EIP，它总是指向要执行的那条指令并在执行后自动指向下一条指令的地址。观察图 2-12，可以看到 EIP 的值正好就是入口地址的值 0x00401000。

在 OD 的反汇编窗口中双击 0x00401000 地址处的反汇编代码（注意，是双击反汇编代码），会弹出反汇编代码修改对话框，如图 2-13 所示。

```
寄存器 (FPU)
EAX 7721EE5A kernel32.BaseThreadInitThunk
ECX 00000000
EDX 00401000 data.<模块入口点>
EBX 7FFD6000
ESP 0012FF8C
EBP 0012FF94
ESI 00000000
EDI 00000000

EIP 00401000 data.<模块入口点>

C 0  ES 0023 32位 0(FFFFFFFF)
P 1  CS 001B 32位 0(FFFFFFFF)
A 0  SS 0023 32位 0(FFFFFFFF)
Z 1  DS 0023 32位 0(FFFFFFFF)
S 0  FS 003B 32位 7FFDF000(4000)
T 0  GS 0000 NULL
D 0
O 0  LastErr ERROR_SUCCESS (00000000)

EFL 00000246 (NO,NB,E,BE,NS,PE,GE,LE)
```

图 2-12　OD 停在程序入口位置的寄存器窗口

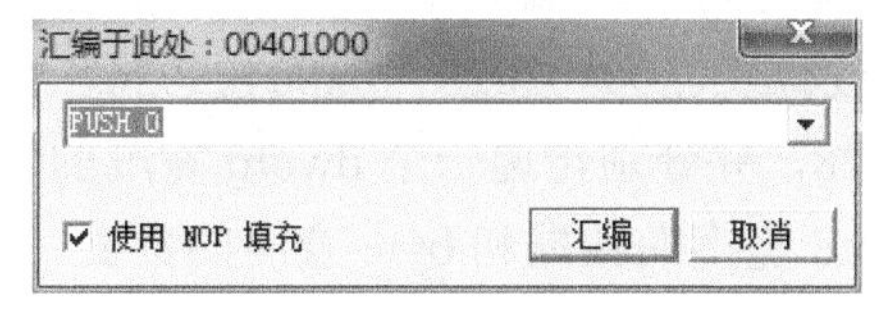

图 2-13　反汇编代码修改对话框

逐条修改反汇编处的指令，代码如下：

```
MOV EAX,12345678h
MOV BX,AX
MOV CH,AH
MOV DL,AL
```

修改指令后的 OD 反汇编窗口如图 2-14 所示。

汇编代码修改完成后，按 F8 键执行第一条汇编指令。第一条汇编指令是“MOV EAX, 12345678h”，那么寄存器 EAX 的值应该被修改为“12345678h”。除了 EAX 寄存器的值发生变化以外，指令指针寄存器 EIP 也会自动指向下一条指令的地址。观察寄存器窗口，如图 2-15 所示。

地址	HEX 数据	反汇编	注释
00401000	B8 78563412	MOV EAX,12345678	
00401005	66:8BD8	MOV BX,AX	
00401008	8AEC	MOV CH,AH	
0040100A	8AD4	MOV DL,AH	
0040100C	90	NOP	
0040100D	90	NOP	

图 2-14　修改指令后的 OD 反汇编窗口

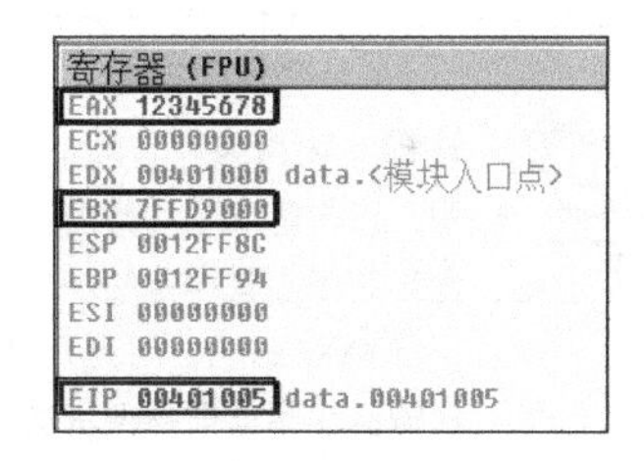

图 2-15　按 F8 键后的寄存器窗口

从图 2-15 中可以看出，寄存器 EAX 的值被修改为“12345678h”，指令指针寄存器 EIP 的值被修改为“0x00401005”。

注意：12345678h 是十六进制数，而在 OD 中数值默认为十六进制，因此显示时省略了值后面的 h。

通过 F8 键执行“MOV BX, AX”指令，该指令执行后将“AX”的值传递给“BX”。观察图 2-15，当前 EBX 的值是“7FFD9000h”，当前 EAX 的值是“12345678h”，AX 是 EAX 的低 16 位，因此 AX 的值是“5678h”，将 5678h 传递给 EBX 的低 16 位 BX，则修改后的 EBX 寄存器的值为“7FFD5678h”。按 F8 键，观察寄存器来验证 EBX 的值。从该条指令可以看出，在只修改 EBX 寄存器的低 16 位时，不会影响 EBX 寄存器的高 16 位的值。

关于接下来的两个 MOV 指令，请读者自行练习，并观察各个寄存器的变化，这里不再赘述。

前面练习的几条汇编指令，都是将立即数传递给了寄存器，如“MOV EAX, 12345678h”，

还练习了寄存器之间数据的传递，如"MOV BX, AX"。下面练习寄存器与内存之间数据的传递，按照前面的方法，把以下 3 条指令写入 OD 的反汇编窗口，代码如下：

```
MOV DWORD PTR DS:[403020],EAX
MOV WORD PTR DS:[403024],AX
MOV BYTE PTR DS:[403028],AL
```

寄存器与内存的数据传递后的 OD 反汇编窗口如图 2-16 所示。

在汇编代码中，编者选择了 3 个内存地址，分别是 0x00403020、0x00403024、0x00403028，并分别传递一个 dword 宽度的数据、word 宽度的数据和 byte 宽度的数据。按 F8 键执行汇编代码，并在数据窗口中观察值的变化，如图 2-17 所示。

地址	HEX 数据	反汇编
00401000	B8 78563412	MOV EAX,12345678
00401005	66:8BD8	MOV BX,AX
00401008	8AEC	MOV CH,AH
0040100A	8AD4	MOV DL,AH
0040100C	A3 20304000	MOV DWORD PTR DS:[403020],EAX
00401011	66:A3 243040(	MOV WORD PTR DS:[403024],AX
00401017	A2 28304000	MOV BYTE PTR DS:[403028],AL
0040101C	90	NOP

图 2-16 寄存器与内存的数据传递后的 OD 反汇编窗口

地址	HEX 数据	ASCII
00403000	12 00 00 00 0C 00 00 00 03 00 00 00 11 22 33 44	■....... ...■"3D
00403010	66 55 88 77 78 56 34 12 00 00 00 00 00 00 00 00	fU埖xV4■........
00403020	78 56 34 12 78 56 00 00 78 00 00 00 00 00 00 00	xV4■xV..x.......
00403030	00 00 00 00 00 00 00 00 00 00 00 00 00 00 00 00	....
00403040	00 00 00 00 00 00 00 00 00 00 00 00 00 00 00 00	....

图 2-17 内存数据被修改后的值

在图 2-17 中可以观察到，数据存储采用了小尾方式，0x00403020 地址为了存储 EAX 寄存器的值，连续占用 0x00403020、0x00403021、0x00403022 和 0x00403023 共 4 字节的地址，0x00403024 接收 AX 寄存器的值只占用了 0x00403024 和 0x00403025 两字节的地址，0x00403028 接收 AL 寄存器的值只占用了当前的 0x00403025 一字节的地址。

注意： 因为内存非常大，无法为每个内存单元命名一个独立的名称，因此内存单元采用编号的形式进行使用，该内存编号称为内存地址。在 32 位系统中，CPU 可寻址的地址范围是 2 的 32 次方，也就是 4GB 的地址范围。其内存的编号从 00000000H 到 FFFFFFFFH，在使用 OD 调试器进行调试时，地址范围始终小于 80000000H，因为 8000000H 以上地址属于内核地址，在 OD 中无法进行调试。在 OD 中按 Alt+ M 快捷键，观察当前被调试进程所使用的地址，如图 2–18 所示。

地址	大小 (十进制)	属主	区段	包含	类型	访问	初始访问	已映射为
00010000	00010000 (65536.)	00010000 (自身)			Map 00041004	RW	RW	
0012D000	00001000 (4096.)	00030000			Priv 00021104	RW 保护	RW	
0012E000	00002000 (8192.)	00030000		堆栈 于 主线程	Priv 00021104	RW 保护	RW	
00130000	00004000 (16384.)	00130000 (自身)			Map 00041002	R	R	
00140000	00001000 (4096.)	00140000 (自身)			Priv 00021004	RW	RW	
00150000	00067000 (421888.)	00150000 (自身)			Map 00041002	R	R	\Device\HarddiskVolume1\Windows\System32\locale.nls
00400000	00001000 (4096.)	data 00400000 (自身)		PE 文件头	Imag 01001002	R	RWE	
00401000	00001000 (4096.)	data 00400000	.text	代码	Imag 01001002	R	RWE	
00402000	00001000 (4096.)	data 00400000	.rdata	输入表	Imag 01001002	R	RWE	
00403000	00001000 (4096.)	data 00400000	.data	数据	Imag 01001002	R	RWE	
005E0000	00004000 (16384.)	005E0000 (自身)			Priv 00021004	RW	RW	
756F0000	00001000 (4096.)	KERNELBA 756F0000 (自身)		PE 文件头	Imag 01001002	R	RWE	
756F1000	00044000 (278528.)	KERNELBA 756F0000	.text	代码, 输入表, 输出表	Imag 01001002	R	RWE	
75735000	00002000 (8192.)	KERNELBA 756F0000	.data	数据	Imag 01001002	R	RWE	
75737000	00001000 (4096.)	KERNELBA 756F0000	.rsrc	资源	Imag 01001002	R	RWE	
75738000	00003000 (12288.)	KERNELBA 756F0000	.reloc	重定位	Imag 01001002	R	RWE	
771D0000	00001000 (4096.)	kernel32 771D0000 (自身)		PE 文件头	Imag 01001002	R	RWE	
771D1000	000C5000 (806912.)	kernel32 771D0000	.text	代码, 输入表, 输出表	Imag 01001002	R	RWE	
77296000	00001000 (4096.)	kernel32 771D0000	.data	数据	Imag 01001002	R	RWE	
77297000	00001000 (4096.)	kernel32 771D0000	.rsrc	资源	Imag 01001002	R	RWE	
77298000	0000C000 (49152.)	kernel32 771D0000	.reloc	重定位	Imag 01001002	R	RWE	
77460000	00001000 (4096.)	ntdll 77460000 (自身)		PE 文件头	Imag 01001002	R	RWE	
77461000	000D6000 (876544.)	ntdll 77460000	.text	代码, 输出表	Imag 01001002	R	RWE	
77537000	00001000 (4096.)	ntdll 77460000	RT		Imag 01001002	R	RWE	
77538000	00009000 (36864.)	ntdll 77460000	.data	数据	Imag 01001002	R	RWE	
77541000	0005B000 (372736.)	ntdll 77460000	.rsrc	资源	Imag 01001002	R	RWE	
7759C000	00005000 (20480.)	ntdll 77460000	.reloc	重定位	Imag 01001002	R	RWE	
776C0000	00001000 (4096.)	776C0000 (自身)			Imag 01001002	R	RWE	
7F6F0000	00005000 (20480.)	7F6F0000 (自身)			Map 00041002	R	R	
7FFA0000	00033000 (208896.)	7FFA0000 (自身)			Map 00041002	R	R	
7FFD9000	00001000 (4096.)	7FFD9000 (自身)			Priv 00021004	RW	RW	
7FFDF000	00001000 (4096.)	7FFDF000 (自身)		数据块 于 主线程	Priv 00021004	RW	RW	
7FFE0000	00001000 (4096.)	7FFE0000 (自身)			Priv 00021002	R	R	

图 2-18 被调试进程所使用的地址

在与内存进行数据传递时，需要注意的是，传递数据时需要明确"内存的宽度"。

在介绍 MOV 指令时，编者演示了寄存器窗口与数据窗口的查看方法，在讨论其他指令时希望读者参考上述方法自行练习。

2）XCHG 指令

XCHG 指令的功能是交换两个操作数的数据。该指令有两个参数，分别是源操作数和目的操作数。

XCHG 指令格式如下：

```
XCHG 目的操作数，源操作数
```

XCHG 指令的用法示例 1：

```
XCHG REG, REG/MEM
XCHG MEM, REG
```

XCHG 指令允许寄存器和寄存器之间交换数据，也允许寄存器和内存之间交换数据，但是不允许内存和内存之间交换数据。大部分与数据传递有关的指令都有此限制。

XCHG 指令的用法示例 2：

```
XCHG EAX,EBX
XCHG DWORD PTR DS:[403020],EBX
XCHG WORD PTR DS:[403024],CX
```

观察执行 XCHG 指令后寄存器及内存数据的变化。

3）LEA 指令

LEA 指令即装入有效地址指令，它将内存单元的地址送至指定的寄存器。它的操作数虽然也是内存单元，但是其获取的是内存单元的地址，而非内存单元中的数据。

LEA 指令格式如下：

```
LEA 目的操作数，源操作数
LEA R32, MEM
```

这里的 LEA 指令是将 MEM 的地址装入到一个 32 位的寄存器中。

在 OD 中练习对比以下两条指令：

```
MOV EAX,DWORD PTR DS:[403000]
LEA EBX,DWORD PTR DS:[403000]
```

将上面两条指令输入到 OD 的反汇编窗口中，并按 F8 键单步执行这条指令。执行完成后观察 EAX 和 EBX 的值。EAX 寄存器的值是 12h，EBX 寄存器的值是 00403000h。通过这两条指令可以看出，EAX 寄存器获得了 00403000h 地址中的数据，而 EBX 寄存器获得了 00403000h 地址的编号，即 00403000h。

2．逻辑运算指令

常用的逻辑运算指令有 AND（与）、OR（或）、XOR（异或）和 NOT（非）。

1）AND 指令

AND 指令是逻辑按位与运算指令，用于将目的操作数中的每个数据位与源操作数中的对应位进行逻辑与操作。

AND 指令格式如下：

```
AND 目的操作数，源操作数
```

AND 指令用法示例如下：

```
AND REG, IMM/REG/MEM
AND MEM, IMM/REG
```

对应的位在进行“与”操作时，若对应的位同时为 1，则结果为 1，否则结果为 0。

AND 指令影响的标志位包括 OF、SF、ZF、PF 和 CF。

在OD中练习对比以下指令：

```
MOV EAX,0B
AND EAX,9
```

在执行完MOV指令后，EAX寄存器的值为0B；在执行完AND指令后，EAX寄存器的值为9。在数值进行运算时要切记先转换为二进制再进行运算，因为汇编中的逻辑运算是按“位”进行的。

注意：在练习汇编指令时，无论是位运算还是算术运算等，都要密切观察标志寄存器的变化。

2）OR指令

OR指令是逻辑按位或运算指令，用于将目的操作数中的每个数据位与源操作数中的对应位进行逻辑或操作。

OR指令格式如下：

```
OR 目的操作数，源操作数
```

OR指令用法示例如下：

```
OR REG, IMM/REG/MEM
OR MEM, IMM/REG
```

在进行“或”操作时，若对应的位同时为0，则结果为0，否则结果为1。

OR指令影响的标志位包括OF、SF、ZF、PF和CF。

3）NOT指令

NOT指令是逻辑非指令，通过该指令可以将操作数的各位取反，原位为“0”的变为“1”，原位为“1”的变为“0”。

NOT指令格式如下：

```
NOT 目的操作数
NOT REG/MEM
```

NOT指令不影响标志寄存器的任何位。

在OD中练习以下指令：

```
MOV EAX,0
NOT EAX
MOV EAX,11111111
NOT EAX
```

4）XOR指令

XOR指令是按位异或指令，将源操作数的每位与目的操作数的对应位进行异或操作。只有源操作数和目的操作数对应位不同时，结果才为1。

XOR指令格式如下：

```
XOR 目的操作数，源操作数
```

XOR指令用法示例如下：

```
XOR REG, IMM/REG/MEM
XOR MEM, IMM/REG
```

XOR指令影响的标志位包括OF、SF、ZF、PF和CF。

在OD中练习以下指令：

```
XOR EAX,EAX
MOV EAX,12345678
XOR EAX,87654321
XOR EAX,87654321
```

以上4条指令都有特殊的意义。执行完第一条指令“XOR EAX, EAX”后，“EAX”寄存器为0。执行完第二条指令“MOV EAX, 12345678”后，EAX寄存器的值为12345678h。接下来执行两次“XOR，EAX，87654321”指令后，EAX寄存器的值又变为12345678h。

5）以上几条指令的特殊用法

- AND指令可用于复位某些位（复位就是将该位设置为0）而不影响其他位。例如，将AL的低4位清零，AND AL, 0f0h。
- AND指令可用于保留某位的值不变，其他位清零。例如，将AL的最高位保留，其他位清零，AND AL, 10h。
- OR指令可用于置位某些位（置位就是将该位设置为1）而不影响其他位。例如，将AL的低4位置1，OR AL, 0fh。
- XOR指令可用于对某个寄存器进行清零。例如，XOR EAX, EAX。
- XOR指令可用于简单的加密与解密，这可以参考XOR指令的练习指令。

3．算术运算指令

1）ADD指令

ADD指令是加法指令，用于将源操作数和目的操作数相加，相加的结果存储在目的操作数中，操作数的长度必须相同。

ADD指令格式如下：

```
ADD 目的操作数，源操作数
```

ADD指令用法示例如下：

```
ADD REG, IMM/REG/MEN
ADD MEM, IMM/REG
```

在OD中练习以下指令：

```
MOV AL,1
MOV BL,2
ADD AL,BL
```

2）SUB指令

SUB指令是减法指令，用于将目的操作数和源操作数相减，相减的结果存储在目的操作数中。

SUB指令格式如下：

```
SUB 目的操作数，源操作数
```

SUB指令用法示例如下：

```
SUB REG, IMM/REG/MEM
SUB MEM, IMM/REG
```

在OD中练习以下指令：

```
MOV CL,2
MOV DL,1
SUB CL,DL
```

3）ADC指令

ADC指令是带进位的加法指令，类似于ADD指令，区别在于ADC指令在将目的操作数与源操作数相加后，还需要再加上标志寄存器CF位的值，即执行ADC指令后的结果目的操作数=目的操作数+源操作数+CF位的值。

ADC指令格式如下：

```
ADC 目的操作数，源操作数
```

ADC指令用法示例如下：

```
ADC REG, IMM/REG/MEN
ADC MEM, IMM/REG
```

4）SBB 指令

SBB 指令是带借位的减法指令，类似于 SUB 指令，区别在于 SBB 指令在将目的操作数与源操作数相减后，还需要再减去标志寄存器 CF 位的值，即执行 SBB 后的结果目的操作数=目的操作数−源操作数−CF 位的值。

SBB 指令格式如下：

```
SBB 目的操作数，源操作数
```

SBB 指令用法示例如下：

```
SBB REG, IMM/REG/MEM
SBB MEM, IMM/REG
```

5）INC 指令

INC 指令是加一指令，用于对目的操作数进行加一操作。

INC 指令格式如下：

```
INC 目的操作数
```

INC 指令用法示例如下：

```
INC REG/MEM
```

在 OD 中练习以下指令：

```
INC EAX
INC DWORD PTR DS:[403000]
```

从功能上讲，INC EAX 指令与“ADD EAX, 1”指令的功能相同，但是 INC 指令的机器码更短，执行速度更快。

6）DEC 指令

DEC 指令是减一指令，用于对目的操作数进行减一操作。

DEC 指令格式如下：

```
DEC 目的操作数
```

DEC 指令用法示例如下：

```
DEC REG/MEM
```

在 OD 中练习以下指令：

```
DEC EAX
DEC DWORD PTR DS:[403000]
```

注意：在进行算术运算时，需要注意各个指令所影响的标志寄存器的位，这部分内容请读者自行查阅相关手册。

4．堆栈操作指令

在了解堆栈指令之前，先简单说明一下什么是堆栈。堆栈是一个“后进先出”（Last In First Out，LIFO）或者“先进后出”（First In Last Out，FILO）的内存区域。它的本质还是一块内存，堆栈的内存分配是由高地址向低地址延伸的。

在什么情况下使用堆栈呢？这里给出了部分使用堆栈的场景。

- 用于存储临时的数据。
- 在高级语言中传递参数。

堆栈的操作只有两个，一个是入栈，另一个是出栈。

堆栈的结构如图 2-19 所示。

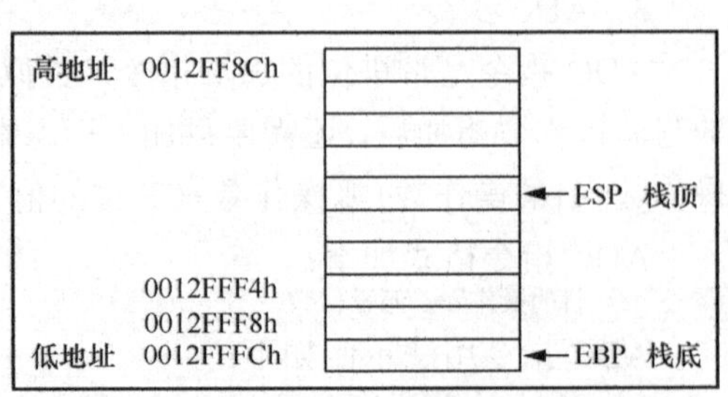

图 2-19 堆栈的结构

堆栈结构的描述如下。

- ESP 和 EBP 是两个 32 位的通用寄存器，用于存储关于堆栈的内存地址。
- EBP 寄存器中存储的是栈底的内存地址。
- ESP 寄存器中存储的是栈顶的内存地址。
- 存储数据时的操作称为入栈，入栈时 ESP 寄存器指向的地址会减 4，并将数据存入。
- 释放数据所占的空间的操作称为出栈，出栈时 ESP 寄存器指向的地址会先将数据取出，再将 ESP 寄存器指向的地址减 4。
- 堆栈分配空间的方向是由高到低。
- 执行入栈和出栈指令时（即 PUSH、POP、PUSHAD、POPAD 等），总是在 ESP 寄存器的一端。
- 读取堆栈中的数据时，可以通过 EBP 或 ESP 寄存器加上偏移后获得。

1）堆栈数据操作指令

堆栈数据操作的指令有两个，分别是 PUSH 指令和 POP 指令。

其指令格式如下：

```
PUSH REG/MEM/IMM
POP REG/MEM
```

打开 OD 调试器，详细观察进行堆栈操作时寄存器的变化，观察 ESP 和 EBP 指针的指向及 OD 主界面右下角的堆栈窗口，如图 2-20 和图 2-21 所示。

```
寄存器 (FPU)
EAX 7750EE5A kernel32.BaseThreadInitThunk
ECX 00000000
EDX 00401000 data.<模块入口点>
EBX 7FFDE000
ESP 0012FF8C
EBP 0012FF94
ESI 00000000
EDI 00000000

EIP 00401000 data.<模块入口点>

C 0  ES 0023 32位 0(FFFFFFFF)
P 1  CS 001B 32位 0(FFFFFFFF)
A 0  SS 0023 32位 0(FFFFFFFF)
Z 1  DS 0023 32位 0(FFFFFFFF)
S 0  FS 003B 32位 7FFDF000(FFF)
T 0  GS 0000 NULL
```

图 2-20 寄存器窗口中的 ESP 和 EBP 寄存器

观察图 2-20，可以看到 ESP 和 EBP 的寄存器指向的地址分别为 0012FF8Ch 和 0012FF94h。ESP 寄存器指向的地址是栈顶，EBP 寄存器指向的地址是栈底，但是观察图 2-21 时可以发现，EBP 寄存器所指向的地址 0012FF94h 的下方（也就是高地址方向）还有数据，这是为什么呢？所谓栈底和栈顶是相对的，因为在使用高级编程语言或者 Win32 汇编时，当遇到函数调用时，为了保护调用函数的数据，会重新生成一块堆栈，称作新的堆栈框架，所以会看到 EBP 寄存器指向的栈底下方还有数据，其也是其他过程或函数的堆栈框架。

在 OD 中练习以下指令，并观察 ESP 寄存器的变化，以及入栈和出栈顺序。

```
MOV EAX,12345678
PUSH EAX
PUSH 1234
PUSH 12
```

```
MOV ECX,DWORD PTR SS:[ESP+4]
MOV EBX,DWORD PTR SS:[EBP+C]
POP EAX
POP EBX
POP ECX
```

地址	数值	注释
0012FF7C	00000000	
0012FF80	00000000	
0012FF84	00000000	
0012FF88	00000000	
0012FF8C	7750EE6C	返回到 kernel32.7750EE6C
0012FF90	7FFDE000	
0012FF94	0012FFD4	
0012FF98	77603AB3	返回到 ntdll.77603AB3
0012FF9C	7FFDE000	
0012FFA0	77D718BA	
0012FFA4	00000000	
0012FFA8	00000000	
0012FFAC	7FFDE000	
0012FFB0	00000000	
0012FFB4	00000000	
0012FFB8	00000000	
0012FFBC	0012FFA0	
0012FFC0	00000000	
0012FFC4	FFFFFFFF	SEH 链尾部
0012FFC8	775BE15D	SE处理程序
0012FFCC	009AF476	
0012FFD0	00000000	
0012FFD4	0012FFEC	
0012FFD8	77603A86	返回到 ntdll.77603A86(来自 ntdll.77603A8C)
0012FFDC	00401000	data.<模块入口点>
0012FFE0	7FFDE000	
0012FFE4	00000000	
0012FFE8	00000000	
0012FFEC	00000000	
0012FFF0	00000000	
0012FFF4	00401000	data.<模块入口点>
0012FFF8	7FFDE000	
0012FFFC	00000000	

图 2-21 OD 堆栈窗口中的数据

以上代码中，前 3 条 PUSH 指令分别将“1234578”“1234”和“12”压入栈，观察寄存器，即使入栈的值是“1234”和“12”，ESP 寄存器的值依然每次减 4；中间的两条 MOV 指令分别通过 ESP 和 EBP 寄存器获取刚才入栈的值；最后 3 条 POP 指令分别将栈中的数据送入 EAX 寄存器、EBX 寄存器和 ECX 寄存器。

2）保存/恢复通用寄存器

常用的保存恢复通用寄存器的指令有两个，分别是 PUSHAD 和 POPAD。PUSHAD 指令在堆栈上按顺序压入所有的 32 位通用寄存器，顺序依次是 EAX、ECX、EDX、EBX、ESP、EBP、ESI 和 EDI。POPAD 指令以相反的顺序从堆栈中弹出这些通用寄存器。

若在用汇编语言编写过程（函数）中修改了很多寄存器，则可以在过程的开始部分和结束部分分别用 PUSHAD 和 POPAD 指令来保存和恢复通用寄存器的值。高级语言编写函数或过程时，依据编译器的不同会保存不同的寄存器，不一定会使用 PUSHAD 和 POPAD 指令。

PUSHAD 和 POPAD 指令格式如下：

```
PUSHAD
POPAD
```

在 OD 中练习以下指令：

```
PUSHAD
MOV EAX,12345678
MOV EBX,87654321
POPAD
```

观察 OD 的寄存器窗口可以发现，在执行完 PUSHAD 指令后，只有 ESP 寄存器被修改，因为 8 个通用寄存器入栈以后，ESP 寄存器会指向新的栈顶。PUSHAD 指令压入的 ESP 寄存器的值是 ESP 寄存器被改变前的值。

3）保存/恢复标志寄存器

通常保存/恢复标志寄存器的指令有两个，分别是 PUSHFD 和 POPFD。PUSHFD 指令在堆栈上压入 32 位的 EFLAGS 标志寄存器的值，POPFD 指令将堆栈顶部的值弹出并送至 EFLAGS 标志寄存器。

PUSHFD 和 POPFD 指令格式如下：

```
PUSHFD
POPFD
```

保存 EFLAGS 标志寄存器不被修改是很有用的指令，代码如下：

```
PUSHFD
; 其他可能修改 EFLAGS 标志寄存器的语句
POPFD
```

除此之外，在某些情况下可能会手动修改 EFLAGS 标志寄存器中的某个标志位，如让程序单步执行时，设置 EFLAGS 标志寄存器的第 8 位 TF 标志位等，因此需要将 EFLAGS 标志寄存器的第 8 位置为 1，代码如下：

```
PUSHFD
POP EAX
OR EAX,100
PUSH EAX
POPFD
```

以上代码中，先将 EFLAGS 标志寄存器压入堆栈，并通过 POP EAX 指令将保存在栈顶的标志寄存器送入 EAX 寄存器。再通过 OR 指令将 EAX 的第 8 位置位，并通过 PUSH EAX 指令将 EAX 寄存器的值压入堆栈。最后通过 POPFD 指令将栈顶的值送入 EFLAGS 标志寄存器。

在 OD 中将以上代码录入到反汇编代码窗口中，按 F8 键单步执行每条指令。

注意：EFLAGS 标志寄存器也是 32 位寄存器，不要忘记这一点。

5. 转移指令

使用前面介绍的数据传递指令，可以对通用寄存器进行操作，如“MOV EAX, 12345678h”，但不能改变 EIP 寄存器的值。在前面介绍指令时，通过 OD 调试器可以发现，在汇编指令执行过程中，EIP 的值自动进行修改，使得程序可以逐条执行各条汇编指令。那么，接下来介绍如何改变 EIP 寄存器的值，从而使程序可以跳跃执行，而不只是顺序执行。转移指令用于实现分支、循环、过程（函数）等程序结构。

1）无条件转移指令

JMP 指令是一条无条件转移指令。只要遇到 JMP 指令，就跳转到相应的地址进行执行。

JMP 指令格式如下：

```
JMP REG/MEM/IMM
```

JMP 指令的本质就是修改 EIP 的值，从而使得 EIP 指向其他的位置进行执行。

在 OD 中练习以下代码：

```
JMP 00401022
MOV EAX, 0040102A
```

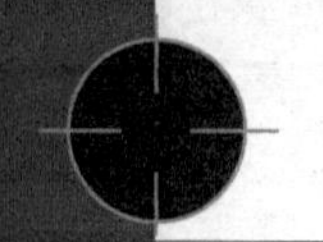


```
JMP EAX
JMP DWORD PTR DS:[403000]
```

在查看反汇编窗口时可以发现，JMP 指令后面跟着一个地址或者存储地址的寄存器或者存储地址的内存单元。在编写汇编代码时，JMP 指令后面可能是一个跳转的标签，而这个跳转的标签在反汇编窗口中就是一个地址。

2）条件转移指令

条件转移指令又称为 JCC 指令集，该指令集包含（但不限于）JZ、JNZ、JE、JNE、JA、JNA 等指令，如表 2-2 所示。

表 2-2 JCC 指令集

转移指令	标志位	含义
JO	OF=1	溢出
JNO	OF=0	无溢出
JB/JC/JNAE	CF=1	低于/进位/不高于等于
JAE/JNB/JNC	CF=0	高于等于/不低于/无进位
JE/JZ	ZF=1	相等/等于零
JNE/JNZ	ZF=0	不相等/不等于零
JBE/JNA	CF=1 或 ZF=1	低于等于/不高于
JA/JNBE	CF=0 且 ZF=0	高于/不低于等于
JS	SF=1	符号为负
JNS	SF=0	符号为正
JP/JPE	PF=1	“1”的个数为偶数
JNP/JPO	PF=0	“1”的个数为奇数
JL/JNGE	SF≠OF	小于/不大于等于
JGE/JNL	SF=OF	大于等于/不小于
JLE/JNG	ZF≠OF 或 ZF=1	小于等于/不大于
JG/JNLE	SF=OF 且 ZF=0	大于/不小于等于

条件转移指令根据 EFLAGS 标志寄存器中不同的标志位决定如何进行跳转。这些指令并非都被经常使用，仅掌握常用指令即可。

JCC 指令的格式与 JMP 指令相同。下面介绍两个经常与 JCC 指令配合使用的指令：测试指令（TEST）和比较指令（CMP）。

- 测试指令 TEST 用于对两个操作数进行逻辑与运算，结果不送入目的操作数，但影响标志位 OF、SF、ZF、PF 和 CF。

TEST 指令格式如下：

```
TEST REG, IMM/REG/MEM
TEST MEM, IMM/REG
```

TEST 指令通常用于测试是否满足某些条件。

- 比较指令 CMP 用于比较两个操作数，相当于目的操作数与源操作数的减法操作，但是 CMP 只影响相应的标志寄存器，不会将减法的结果送入目的操作数。

CMP 指令格式如下：

```
CMP REG, IMM/REG/MEM
CMP MEM, IMM/REG
```

CMP 指令影响的标志位包括 OF、SF、ZF、AF、PF 和 CF。

在 OD 中练习以下指令：

```
MOV EAX,1
MOV EBX,2
CMP EAX,EBX
JE 0040102B
MOV ECX,1
JMP 00401030
MOV ECX,2
```

以上的代码使用了 CMP 指令、JE 指令和 JMP 指令，CMP 指令比较 EAX 和 EBX 的值是否相等，相等则 ECX 的值为 2，不相等则 ECX 的值为 1。请注意观察 CMP 指令所影响的 EFLAGS 标志寄存器的相应标志位，并注意观察 JE 指令的跳转。

这里 EAX 寄存器的值为 1，EBX 寄存器的值为 2，它们显然是不相等的，也就是说，JE 指令不会进行跳转。那么如何使 JE 指令跳转呢？一种方法是将 EAX 和 EBX 寄存器修改为相同的值，这是在代码中进行修改。另一种方法是在执行完 CMP 指令后，在寄存器窗口中修改 ZF 标志位，以改变跳转指令进行跳转，如图 2-22 所示。

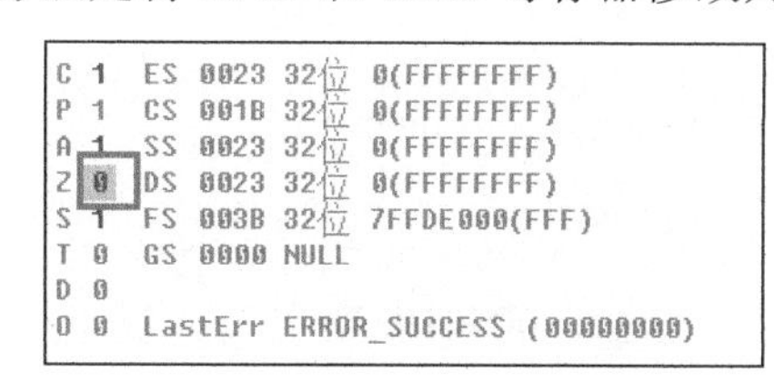

图 2-22 OD 的寄存器窗口

通过表 2-2 可知，JE 指令是否跳转主要依赖于 ZF 标志位，因此，在 OD 的寄存器窗口中，可以通过双击改变“Z”右侧的值来改变 ZF 标志位的值，从而改变 JE 指令的跳转状态。

注意：该方法在分析软件流程时非常有用，上面的汇编示例代码相当于 C 语言中的 if/else 语句。

3）循环指令

LOOP 指令是循环控制指令，需要使用 ECX 寄存器来进行循环计数，当执行到 LOOP 指令时，先将 ECX 寄存器中的值减 1，如果 ECX 寄存器中的值大于 0，则转移到 LOOP 指令后的地址处；如果 ECX 寄存器中的值等于 0，则执行 LOOP 指令的下一条指令。

在使用汇编语言编写代码时，LOOP 指令后跟随一个标号，而在反汇编代码中，LOOP 指令后跟随一个地址值。

在 OD 中练习以下代码：

```
MOV EAX,0
MOV ECX,5
ADD EAX,ECX
LOOP 00401020h
```

上述代码中，LOOP 指令后的 00401020h 是“ADD EAX,ECX”指令的地址，在练习时请自行修改为自己的地址。单步跟踪上述代码，注意观察 ECX 寄存器的变化与循环的次数。

4）调用过程（函数）指令和返回指令

CALL 指令是调用过程（函数）指令，作用类似于 JMP 指令，可以修改 EIP 寄存器的值，从而使指令转移到其他地址继续执行。与 JMP 指令不同的是，CALL 指令在修改 EIP 寄存器的值之前，会将 CALL 指令的下一条指令的地址保存到堆栈中，以便在调用过程（函数）后

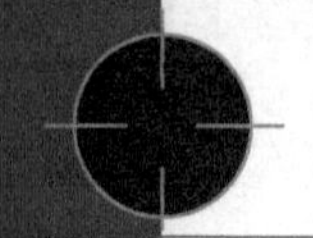

继续从 CALL 指令处执行。

CALL 指令格式如下：

```
CALL REG/MEM/IMM
```

RET 指令是返回指令，用于过程（函数）的返回，该指令从堆栈的栈顶中弹出 4 字节（这里的 4 字节特指 32 位系统）送入 EIP 寄存器。一般该指令用在过程（函数）需要返回的位置或者过程（函数）的结尾处。

CALL 指令调用过程（函数）时会将 CALL 指令的下一条指令压入栈顶，当过程（函数）执行中遇到 RET 指令时，会将 CALL 指令压入的指令弹出送入 EIP 寄存器，这样代码的流程就会接着 CALL 指令的下一条指令继续执行了。

RET 指令格式如下：

```
RET
RETN IMM
```

RET 指令不需要修正堆栈栈顶的位置直接返回，RETN 指令则需要修正堆栈栈顶的位置后再进行返回。

在 OD 中练习以下指令：

```
CALL 00401024
MOV EAX, 00401024
CALL EAX
MOV DWORD PTR DS:[403000], 00401024
CALL DWORD PTR DS:[403000]
```

在地址 00401024h 处写入以下指令：

```
RET
```

使用 OD 调试以上代码，在遇到 CALL 指令时，按 F7 键单步步入观察堆栈的变化。在编者的机器上，写入以上代码后的反汇编窗口如图 2-23 所示。

地址	HEX 数据	反汇编
00401000	┌$ E8 1F000000	CALL data.00401024
00401005	. B8 24104000	MOV EAX,data.00401024
0040100A	. FFD0	CALL EAX
0040100C	. C705 00304000	MOV DWORD PTR DS:[403000],data.00401024
00401016	. FF15 00304000	CALL DWORD PTR DS:[403000]
0040101C	. 90	NOP
0040101D	. 90	NOP
0040101E	. 90	NOP
0040101F	. 90	NOP
00401020	. 90	NOP
00401021	. 90	NOP
00401022	. 90	NOP
00401023	. 90	NOP
00401024	└$ C3	RETN
00401025	90	NOP
00401026	00	DB 00

图 2-23　写入 CALL 及 RET 指令的反汇编窗口

在执行 CALL 指令之前观察堆栈，按 F7 键单步步入值再次观察 EIP 寄存器和堆栈，堆栈变化前后如图 2-24 和图 2-25 所示。

从图 2-24 和图 2-25 中可以看出，在按 F7 键单步步入 CALL 指令后，堆栈栈顶由原来的 0012FF8Ch 变为 0012FF88h，并将 00401005h 地址保存在了堆栈中。观察到 EIP 寄存器的值为 00401024h，查看反汇编窗口，当前要执行的代码停留在了 RETN 处。

在 RETN 处按 F7 键或 F8 键，将栈顶的值 00401005h 送入 EIP 寄存器，此时堆栈栈顶又变回原来的 0012FF8Ch。查看反汇编窗口，可以发现当前要执行的代码定位在地址 00401005h

的“MOV EAX, 00401024”处。

地址	数值	注释
0012FF8C	7749EE6C	返回
0012FF90	7FFDF000	
0012FF94	0012FFD4	
0012FF98	778B3AB3	返回
0012FF9C	7FFDF000	
0012FFA0	7499CF61	
0012FFA4	00000000	
0012FFA8	00000000	
0012FFAC	7FFDF000	
0012FFB0	00000000	
0012FFB4	00000000	
0012FFB8	00000000	
0012FFBC	0012FFA0	
0012FFC0	00000000	

图 2-24　CALL 指令单步步入之前

地址	数值	注释
0012FF88	00401005	返回
0012FF8C	7749EE6C	返回
0012FF90	7FFDF000	
0012FF94	0012FFD4	
0012FF98	778B3AB3	返回
0012FF9C	7FFDF000	
0012FFA0	7499CF61	
0012FFA4	00000000	
0012FFA8	00000000	
0012FFAC	7FFDF000	
0012FFB0	00000000	
0012FFB4	00000000	
0012FFB8	00000000	
0012FFBC	0012FFA0	

图 2-25　CALL 指令单步步入之后

6．串操作指令

串操作指令主要用于操作内存中连续区域的数据，此处主要讨论 MOVS、STOS 和 REP 这 3 个常用的指令。

1）串传递指令

串传递指令 MOVS 借助 ESI 寄存器和 EDI 寄存器，把内存源地址（ESI 指向源地址）的数据送入内存的目的地址（EDI 指向目的地址）。MOVS 指令有 MOVSB、MOVSW 和 MOVSD 共 3 种宽度。

MOVS 指令格式如下：

```
MOVSB
MOVSW
MOVSD
```

默认情况下，MOVS 相当于 MOVSD，因为这里是以 32 位操作系统来讨论该条汇编指令的。

执行 MOVS 指令后，ESI 寄存器和 EDI 寄存器指向的地址会自动增加 1 个单位（根据指令增加 1 字节、2 字节或 4 字节）或者自动减少 1 个单位（根据指令减少 1 字节、2 字节或 4 字节）。两个寄存器指向的地址增加还是减少，由 EFLAGS 标志寄存器的 DF 标志位进行控制。当 DF 标志位为 0 时，执行 MOVS 指令后，ESI 寄存器和 EDI 寄存器指向的地址会自增；当 DF 标志位为 1 时，执行 MOVS 指令后，ESI 寄存器和 EDI 寄存器指向的地址会自减。

在 OD 中练习以下代码：

```
MOV ESI, 00403000
MOV EDI, 00403010
CLD
MOVS
STD
MOVS
```

上述代码中，CLD 指令用于对 DF 标志位进行复位，即设置 DF 标志位为 0；STD 指令用于对 DF 标志位进行置位，即设置 DF 标志位为 1。在执行 MOVS 指令后，注意观察 ESI 寄存器和 EDI 寄存器值的变化，以及其指向的地址中值的变化。

2）串存储指令

串存储指令 STOS 用于将 AL/AX/EAX 的值存储到 EDI 寄存器指向的内存单元中。STOS 指令有 STOSB、STOSW 和 STOSD 这 3 种宽度。

STOS 指令格式如下：

```
STOSB
STOSW
STOSD
```

默认情况下，STOS 相当于 STOSD，因为这里是以 32 位操作系统来讨论该条汇编指令的。

执行 STOS 指令后，EDI 寄存器指向的地址会自动增加 1 个单位（根据指令增加 1 字节、2 字节或 4 字节）或者自动减少 1 个单位（根据指令减少 1 字节、2 字节或 4 字节）。EDI 寄存器指向的地址是增加还是减少，由 EFLAGS 标志寄存器的 DF 标志位进行控制。当 DF 标志位为 0 时，执行 STOS 指令后，EDI 寄存器指向的地址会自增；当 DF 标志位为 1 时，执行 STOS 指令后，EDI 寄存器指向的地址会自减。

在 OD 中练习以下代码：

```
MOV AL,1
MOV EDI, 00403000
STOSB
MOV AX,2
STOSW
MOV EAX,3
STOSD
STD
STOSD
```

执行 MOVS 指令后，注意观察 EDI 寄存器值的变化，以及其指向的地址中值的变化。

初始化某块缓冲区时会用到 STOS 指令。

3）重复前缀指令

MOVS 指令和 STOS 指令每执行一次，最多能操作 4 字节的数据，但是配合重复前缀指令可以实现 MOVS 指令或 STOS 指令的重复执行。

REP 指令配合 ECX 寄存器即可实现重复执行的操作，当执行一次 REP 指令时，ECX 寄存器的值会自动减 1。如果 ECX 寄存器的值不为 0，则重复执行；如果 ECX 寄存器的值为 0，则重复执行结束。

启动 OD 调试器，在数据窗口中的 00403000h 地址处进行数据填充。先选中 00403000h 地址处 16 字节的数据，再按空格键即可对该地址处的数据进行编辑，如图 2-26 所示。要注意的是，需要修改多少数据，就要先选中多少数据。在反汇编窗口中输入以下指令：

```
MOV ESI, 00403000
MOV EDI, 00403010
MOV ECX, 4
```

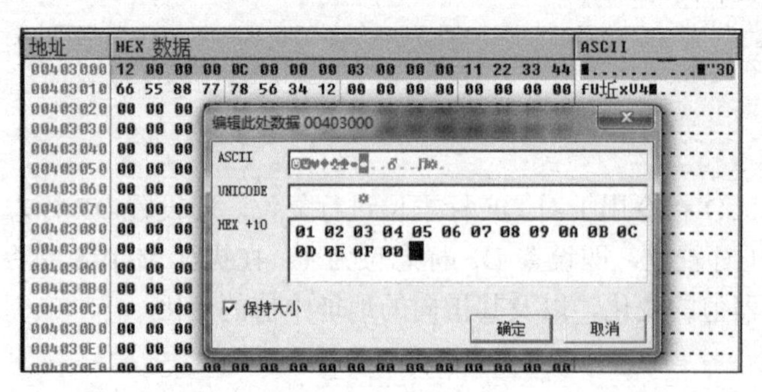

图 2-26 填充数据

按 F7 键单步调试并跟踪以上汇编指令，在执行到 REP MOVS 指令时，注意观察 ECX

寄存器、ESI 寄存器和 EDI 寄存器的变化，以及 EDI 寄存器指向的 00403010h 地址处值的变化。

在执行 4 次 REP MOVS 指令后，地址 00403010h 处开始的 16 字节的数据与地址 00403000h 处开始的 16 字节的数据相同，为什么执行 4 次即可将 16 字节的数据从地址 00403000h 处全部传递到地址 00403010h 处呢？原因是，代码中的 MOVS 指令一次传递 4 字节的数据，因此执行 4 次操作即可传递完成。

读者可自行使用一次传递 1 字节数据的 MOVSB 指令进行测试。

关于 STOS 指令配合 REP 指令完成重复串存储的代码这里不再进行演示，读者可参照“串存储指令”的代码示例配合 REP 指令自行完成。

2.3 寻址方式

在程序执行的过程中，CPU 会不断地处理数据。CPU 处理的数据通常有 3 种来源：数据在指令中直接给出，数据在寄存器中给出和数据在内存中给出。在使用高级语言进行开发时，无须关心 CPU 如何对数据进行处理，编译器会在代码编译时自动进行处理。而在使用汇编语言编写程序时，指令操作的数据来自何处，CPU 应该从哪里取出数据，则是需要汇编程序员自己解决的问题。CPU 寻找最终要操作数据的过程称为“寻址”。

1. 在指令中直接给出数据

操作数直接放在指令中，作为指令的一部分存放在代码中，这种方式称为立即数寻址。这是唯一一种在指令中给出数据的方式，也是最直观地知道数据是多少的方式。

其示例代码如下：

```
MOV ESI, 00403010
MOV EDI, 00403020
```

执行完上述指令后，ESI 寄存器的值是指令中给出的值，即 00403010h；EDI 寄存器的值也是指令中给出的值，即 00403020h。

2. 在寄存器中给出数据

操作数存储在寄存器中，在指令中指定寄存器名即可，这种方式称为寄存器寻址。这是唯一一种在寄存器中给出数据的方式。

其示例代码如下：

```
MOV EAX, 00403000
MOV ESI, EAX
```

在上述指令中，第一条指令用于立即数寻址，将 00403000h 送入 EAX 寄存器；第二条指令用于将 EAX 寄存器中的值传递给 ESI 寄存器。因此，ESI 寄存器中的值是 00403000h。

3. 在内存中给出数据

存储在内存中的数据有多种方式可以给出，主要有直接寻址、寄存器间接寻址和其他寻址方式。

1）直接寻址

在指令中直接给出操作数所在的内存地址的方式称为直接寻址。

其示例代码如下：

```
MOV DWORD PTR [00403000], 12345678
MOV EAX, DWORD PTR [00403000]
```

在上述指令中，重点观察第二条指令，第二条指令是将内存地址00403000h处的4字节数据传递到EAX寄存器中。请在OD中调试以上两条汇编指令。

2）寄存器间接寻址

寄存器间接寻址指操作数的地址由寄存器给出，这里的地址指的是内存地址，而实际的操作数存储在内存中。

其示例代码如下：

```
MOV DWORD PTR [403000], 12345678
MOV EAX, 00403000
MOV EDX, [EAX]
```

上面3条指令执行完成后，EDX寄存器便获取了内存地址00403000h处的值，即12345678h。

3）其他寻址方式

除了立即数寻址和寄存器寻址外，其余的寻址方式所寻找的操作数均存储在内存中。除了直接寻址和寄存器间接寻址外，还有寄存器相对寻址、变址寻址、基址变址寻址、比例因子寻址等，这里不再一一进行介绍。下面给出其他几种寻址方式的形式，更多内容读者可自行查阅汇编相关书籍进行了解。

其他寻址方法的形式如下：

```
[寄存器 + 立即数]
[寄存器 + 寄存器 + 数据宽度（1/2/4/8）]
[寄存器 + 寄存器 × 数据宽度（1/2/4/8）+ 立即数]
```

2.4 总结

关于汇编语言相关知识的介绍到此为止，以上的知识点已基本满足阅读简单汇编代码的需要，逆向时多为阅读汇编代码，而较少需要编写汇编代码。

汇编语言是一门比较古老的编程语言，相对比较难学，需要站在CPU的角度去考虑问题，需要程序员自己去告诉CPU应该如何操作。本章所讨论的问题未涉及诸如高级程序设计中的分支、循环之类的程序结构，仅涉及跳转指令，其实，高级语言进行编译后，分支和循环结构也都变成了汇编语言中的跳转指令。因此，汇编语言也并非难以理解的“天书”。

读者自行学习汇编指令时，至少应掌握指令的参数、影响的标志位和指令支持的寻址方式。如果想更深入地掌握汇编指令，则需要掌握指令消耗的CPU时间、指令机器码的长度等。例如，对程序进行优化时要用到指令消耗的CPU时间；而在某些苛刻的环境中，如缓冲区溢出技术中，为了解决缓冲区小的情况，需要用到更短字节码的汇编指令。

本书的重点是讨论逆向工具，读者若期望在逆向相关领域有一定的发展，则必须深入学习和掌握汇编语言，这样在今后的学习中才会游刃有余。

第3章 熟悉调试工具 OD

工具主要起到杠杆的作用，即用最省力的办法干最大的事情。物理学中有杠杆，金融界有杠杆，计算机世界中也需要杠杆。在计算机诞生之初，对程序的调试需要使用各种控制按钮与指示灯（在早期可能有比这更艰苦的调试方式）。控制按钮用来改变和操作程序的流程，指示灯用来给操作者反馈当前程序的执行情况或执行状态。由于程序的复杂，用按钮和指示灯无法很好地满足程序调试的需求。

值得庆幸的是，我们已经有了更先进、更直观和更好用的调试工具。下面来看一看本书的第一款逆向工具——OD。

本章关键字：OD　调试　OD 插件　OD 脚本

3.1 认识 OD 调试环境

OD 是一款应用层下具有可视化界面的 32 位反汇编动态分析调试器。OD 被众多的安全爱好者所喜爱，常常被用来进行脱壳、功能分析、漏洞挖掘等操作。同时，OD 具备良好的扩展性，提供了丰富的接口，并提供了众多的插件供 OD 使用者进行使用，使得 OD 在原有的基础上变得更加强大。

3.1.1 启动调试

调试者通过 OD 调试器准备调试一个软件或程序时，需要让 OD 调试器和准备调试的软件或程序建立调试关系。OD 调试器与被调试的软件或程序有 3 种建立调试关系的方式，分别是“直接打开被调试程序”“附加到被调试程序所产生的进程上”和“实时调试”。

1. 直接打开被调试程序

在 OD 中打开被调试软件或程序最直接的方式就是选择“文件”→“打开”选项（或按 F3 键）。

选择“文件”→“打开”选项，弹出图 3-1 所示的“打开 32 位可执行文件”对话框，可以选择一个可执行程序进行调试，通常调试 EXE 文件，有时也会调试 DLL 文件。选中要调试的可执行程序后，单击“打开”按钮，被选中的软件或程序就与 OD 调试器建立起调试关系。

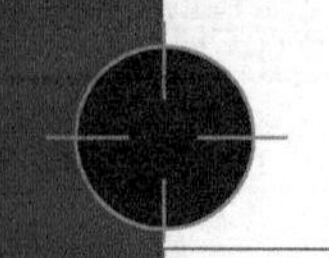

在图 3-1 所示对话框的最下方有一个“参数”输入框。通常情况下，在 OD 中可以直接打开要调试的程序，但是有些可执行程序需要带入参数才能被正确执行，如常用的命令“ping”“netstat”等。在这种情况下，需要在“参数”输入框中输入相应的参数。在图 3-1 中，要调试的程序为 PING、EXE，输入的参数是 127.0.0.1。

注意：在“参数”输入框中输入的参数会被原样地带入到要调试的程序中，如有些命令的参数开关需要“-”或者“/”字样等，直接在“参数”输入框中输入即可。

2．附加到被调试程序所产生的进程上

OD 直接打开被调试程序，指从被调试程序开始创建时，调试器就接管了被调试的可执行程序。OD 也可以直接调试正在运行中的程序，即调试器附加到被调试程序所创建的进程上进行调试。例如，为了进行“爆”破，等待被破解程序弹出类似“注册失败”的对话框后，再通过 OD 附加到被破解程序的进程上，从而分析弹出对话框的流程。

在 OD 中，选择“文件”→“附加”选项，会打开“选择要附加的进程”窗口，如图 3-2 所示。

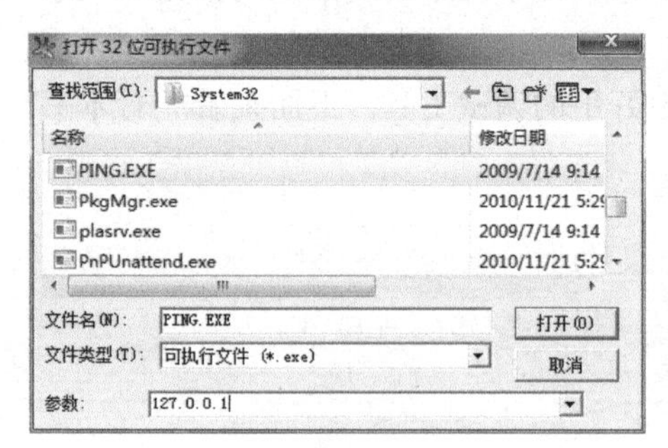

图 3-1 “打开 32 位可执行文件”对话框

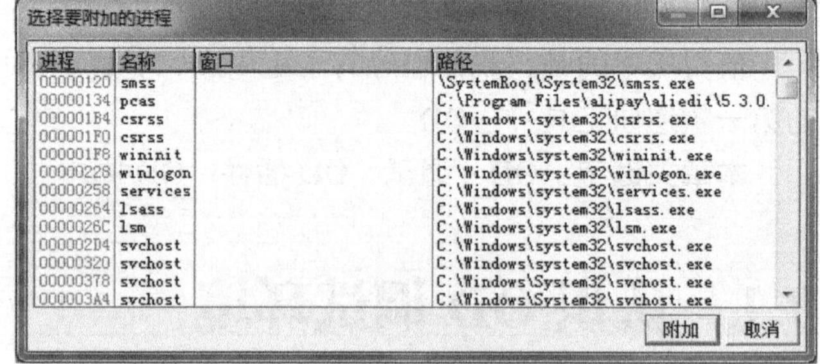

图 3-2 “选择要附加的进程”窗口

在“选择要附加的进程”窗口中，在“进程”列中选中相应的进程，单击“附加”按钮，OD 即可附加到进程上，从而对进程进行调试。

注意：在“选择要附加的进程”窗口的“进程”列中，红色的进程代表被当前 OD 调试的进程。

3．实时调试

实时调试也称为即时调试，即程序运行崩溃后，选择被调试器接管并进行调试。在一般的用户系统中，程序崩溃后是无法进行调试的，但是在装有 VC、Delphi 等开发工具的系统中，这些开发工具会被设置为系统的调试工具，当程序崩溃后，会通过 VC 或 Delphi 等调试工具进行调试。

如果使用 OD 作为系统调试工具，则需要对 OD 进行设置。在 OD 中，选择“选项”→“实时调试设置”选项，在弹出的“实时调试设置”对话框中，单击“设置 OllyDbg 为实时调试器”按钮，并设置为“附加前需要确认”，如图 3-3 所示。

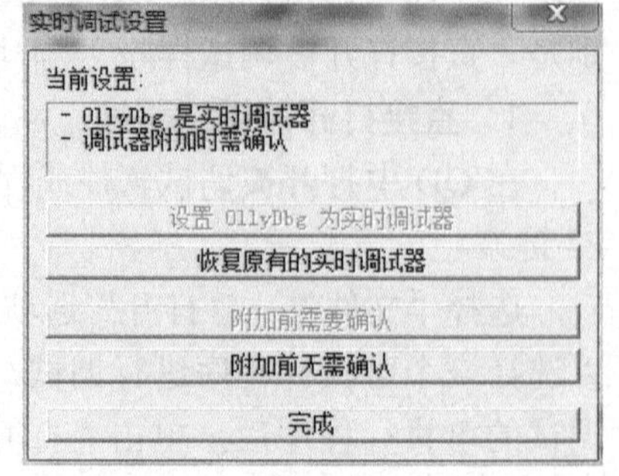

图 3-3 OD 实时调试设置

编写一段简单的程序来测试 OD 的实时调试功能，代码如下：

```
    .386
    .model flat, stdcall
    option casemap : none

include windows.inc
include kernel32.inc
includelib kernel32.lib
include user32.inc
includelib user32.lib

    .const
szText  db  'hello', 0

    .code
start:
    invoke MessageBox, NULL, offset szText, NULL, MB_OK
    ; INT 3 触发软件中断
    int 3

    invoke ExitProcess, 0

    end start
```

编译、连接并运行上述代码，MessageBox 会先弹出一个“hello”字符串对话框，再由 INT 3 触发一个软件中断，如图 3-4 所示。

在图 3-4 中，单击“调试程序”按钮即可通过设置好的实时调试器（即 OD）进行调试，OD 实时调试崩溃的软件时会停留在崩溃的地址处，如图 3-5 所示。

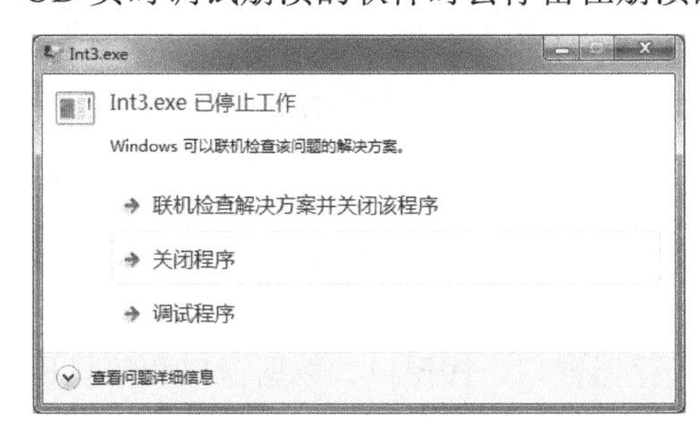

图 3-4 INT 3 触发的软件中断

地址	HEX 数据	反汇编
00401010	. CC	INT3
00401011	. 6A 00	PUSH 0
00401013	. E8 00000000	CALL <JMP.&kernel32.ExitProcess>
00401018	.- FF25 0020400	JMP DWORD PTR DS:[<&kernel32.ExitProces
0040101E	$- FF25 0820400	JMP DWORD PTR DS:[<&user32.MessageBoxA>]
00401024	00	DB 00

图 3-5 OD 实时调试崩溃的软件时的停留位置

从图 3-5 中可以看出，当 OD 作为实时调试器调试产生异常的程序时，会直接停留在产生异常的地址处，这样就可以通过 OD 中的其他窗口来分析产生异常的原因了。

如果希望通过 OD 调试自己编写的程序，且只调试关键部分，可在关键部分编写一条 INT 3 指令使其触发软件中断，再使用实时调试器进行调试。这种方法不局限于使用 OD 调试器。

3.1.2 熟悉 OD 窗口

当被调试程序与调试器建立调试关系之后，就可以在 OD 中进行正式的动态调试分析了。OD 中有很多窗口，除了第 2 章介绍的 CPU 窗口外，还有其他许多辅助调试窗口，如记录窗口、状态窗口、信息窗口等。接下来带领大家认识 OD 中的常用窗口。

1. CPU 窗口

CPU 窗口是 OD 中的主窗口，所有调试工作都是在 CPU 窗口中完成的，因为 CPU 窗口

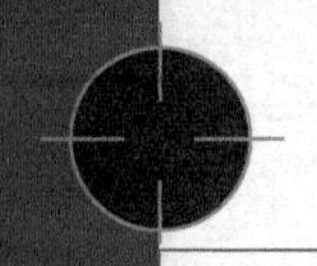

可以反映当前CPU所执行的指令，查看寄存器的值、状态及堆栈的结构。OD的CPU窗口如图3-6所示。

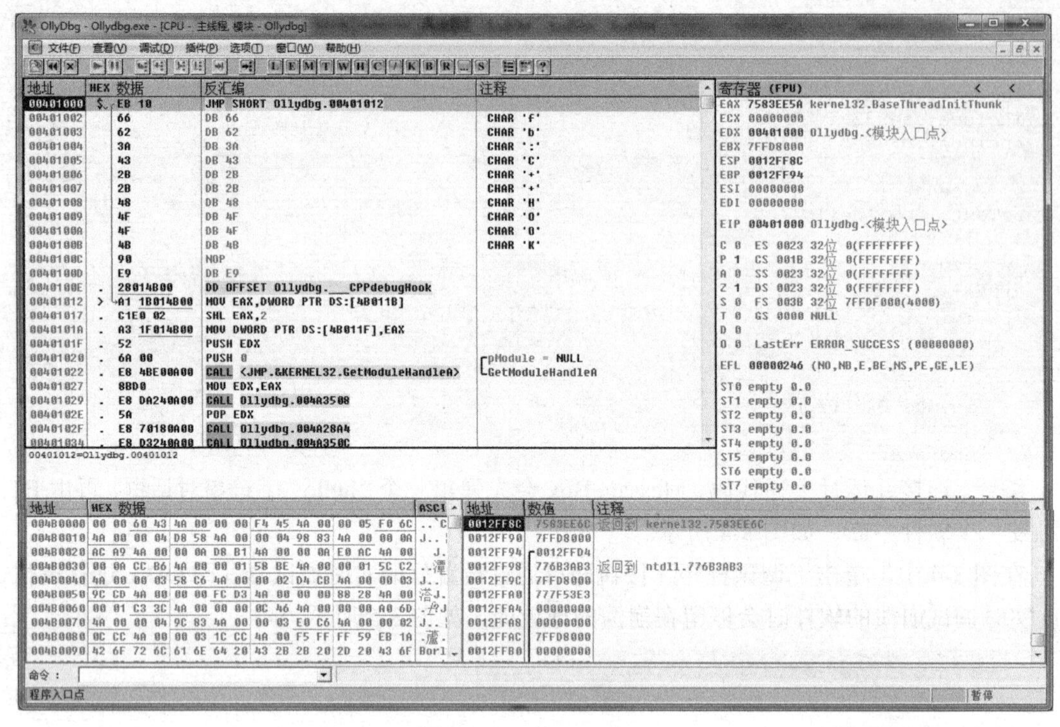

图3-6 OD的CPU窗口

CPU窗口我们已经在第2章中简单介绍过了，并在CPU窗口的反汇编窗口中写了很多的汇编代码。让我们再回顾一下CPU窗口。

CPU窗口中有5个窗口，分别是反汇编窗口、寄存器窗口、栈窗口、数据窗口和信息提示窗口。

1）反汇编窗口

反汇编窗口用于显示被调试程序的代码，搜索、分析、查找、修改、下断等与反汇编相关的操作，它有4个列，分别是“地址”列、“HEX数据”列、“反汇编”列和“注释”列。

“地址”列：在该列的某个地址上双击，会显示其他地址与双击地址的相对位置，再次在该列上双击会恢复为标准的地址形式。

“HEX数据”列：双击该列会在当前地址设置断点，左键单击会取消断点。

“反汇编”列：双击该列可以修改当前的汇编指令。

“注释”列：对结果的注释。

2）寄存器窗口

寄存器窗口用于显示和解释当前线程环境中CPU寄存器的内容与状态，双击寄存器的值可以修改值。

3）栈窗口

栈窗口用于显示当前的线程的栈，栈窗口随着ESP寄存器的变化而变化。栈窗口可以识别出堆栈框架、函数调用结构及结构化异常处理结构。

栈窗口分为 3 列，分别是“地址”列、“数值”列和“注释”列。栈始终随着 ESP 寄存器在变化，不利于观察栈中的某个地址，可以单击“地址”列将栈窗口“锁定”，即栈窗口不会随 ESP 寄存器的变化而刷新。

栈有两个较为重要的功能，一个功能是用于调用函数时的参数传递，另一个功能是用于适配函数内局部变量的空间。在栈内往往是通过 EBP 寄存器或 ESP 寄存器加偏移获得数据的，因此在栈窗口中右键单击，在弹出的快捷菜单中选择“地址”→“相对于 ESP”或“相对于 EBP”选项，可以改变栈地址显示方式。

4）数据窗口

数据窗口可以用多种显示格式显示内存中的数据。要查看指定内存地址的数据，可以按“Ctrl + G”快捷键输入要显示的地址。

注意：数据窗口同样可以显示栈窗口的数据和反汇编的数据，只是数据窗口是静态的，不会随软件的调试而更新数据窗口中的显示内容。但是在修改大量数据或在内存中查看指定地址的数据时，使用数据窗口还是很方便的。

5）信息提示窗口

信息提示窗口用于解释反汇编窗口中的命令，如解释当前出栈操作的栈地址、栈中的值、当前寄存器的值、来自某地址的跳转、来自某地址的调用等。

2．内存窗口

内存窗口用于显示程序各个模块在内存中的地址及分布情况，如图 3-7 所示。

从图 3-7 中可以看出，内存窗口显示了被调试程序分配的所有内存块。内存块是可执行文件的节表，OD 会将该节表的信息输出。在内存窗口中可以通过右键快捷菜单完成设置断点、搜索、设置内存访问/写入断点、查看资源等操作。

地址	大小	属主	区段	包含	类型	访问	初始访问	已映射为
00010000	00010000				Map	RW	RW	
00020000	00001000				Priv	RW	RW	
0010E000	00002000				Priv	RW 保护	RW	
00110000	00020000			堆栈 于 主	Priv	RW 保护	RW	
00130000	00004000				Map	R	R	
00140000	00001000				Priv	RW	RW	
00150000	00067000				Map	R	R	\Device\HarddiskVo
001C0000	00006000				Map	R	R	
00280000	00003000				Map	R	R	
00290000	00101000				Map	R	R	
003A0000	00001000				Priv	RW	RW	
003B0000	00003000				Priv	RW	RW	
00400000	00001000	Ollydbg		PE 文件头	Imag	R	RWE	
00401000	000AF000	Ollydbg	.text	代码	Imag	R	RWE	
004B0000	0005B000	Ollydbg	.data	数据	Imag	R	RWE	
0050B000	00001000	Ollydbg	.tls		Imag	R	RWE	
0050C000	00001000	Ollydbg	.rdata		Imag	R	RWE	
0050D000	00002000	Ollydbg	.idata	输入表	Imag	R	RWE	
0050F000	00002000	Ollydbg	.edata	输出表	Imag	R	RWE	
00511000	00063000	Ollydbg	.rsrc	资源	Imag	R	RWE	
00574000	0000C000	Ollydbg	.reloc	重定位	Imag	R	RWE	
00700000	00003000				Priv	RW	RW	
00740000	0000B000				Priv	RW	RW	
01740000	000C1000				Map	R	R	
6DC20000	00001000	COMCTL32		PE 文件头	Imag	R	RWE	
6DC21000	00075000	COMCTL32	.text	代码，输入表，	Imag	R	RWE	
6DC96000	00003000	COMCTL32	.data		Imag	R	RWE	
6DC99000	00007000	COMCTL32	.rsrc	资源	Imag	R	RWE	
6DCA0000	00004000	COMCTL32	.reloc	重定位	Imag	R	RWE	
749A0000	00001000	VERSION		PE 文件头	Imag	R	RWE	
749A1000	00005000	VERSION	.text	代码，输入表，	Imag	R	RWE	
749A6000	00001000	VERSION	.data	数据	Imag	R	RWE	
749A7000	00001000	VERSION	.rsrc	资源	Imag	R	RWE	
749A8000	00001000	VERSION	.reloc	重定位	Imag	R	RWE	

图 3-7 OD 的内存窗口

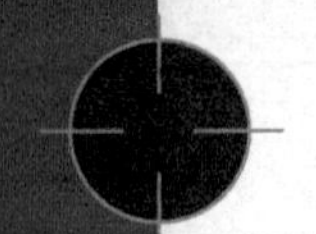

3．断点窗口

断点窗口用于显示设置的软件断点，如图 3-8 所示。

地址	模块	激活	反汇编	注释
0040101A	Ollydbg	始终	MOV DWORD PTR DS:[4B011F],EAX	
0040102F	Ollydbg	已禁止	CALL Ollydbg.004A28A4	
00401041	Ollydbg	始终	PUSH Ollydbg.004B00C4	
7629D9F3 kernel32.GetModuleHandleA	kernel32	始终	MOV EDI,EDI	

图 3-8　OD 的断点窗口

从图 3-8 中可以看出，当前 OD 调试器中设置了 4 个软件断点（所谓的软件断点，指按 F2 键、使用 BP 命令设置的断点等，但是不包括内存断点和硬件断点），断点地址可以在“地址”列中查看。如果在 API 函数的首地址上设置了断点，那么地址后会给出 API 函数的名称。如果不想使用设置好的断点，则可以将其删除；如果只是暂时不想使用设置的断点，则可以使用空格键来切换其激活状态，设置的断点只有在激活状态下才会生效。

4．调用堆栈窗口

调用堆栈窗口用来显示当前代码所属函数的调用关系，如图 3-9 所示。

调用堆栈：　主线程

地址	堆栈	函数过程 / 参数	调用来自	结构
0012B6C8	0045ED3F	Ollydbg. Setbreakpointext	Ollydbg.0045ED3A	0012CBA4
0012B6CC	00419560	Arg1 = 00419560		
0012B6D0	00024300	Arg2 = 00024300		
0012B6D4	00000000	Arg3 = 00000000		
0012B6D8	00000000	Arg4 = 00000000		
0012CBA8	0045DC85	Ollydbg.0045E0F0	Ollydbg.0045DC80	0012CBA4
0012CBAC	02740000	Arg1 = 02740000		
0012CBB0	0040100E	Arg2 = 0040100E		
0012CBB4	004B0128	Arg3 = 004B0128		
0012CBB8	00000000	Arg4 = 00000000		
0012D29C	0045F7EB	Ollydbg.0045C374	Ollydbg.0045F7E6	0012D298
0012D2A0	02740000	Arg1 = 02740000		
0012DA60	0042F858	Ollydbg.0045F36C	Ollydbg.0042F853	
0012F574	00439783	? Ollydbg.0042EBD0	Ollydbg.0043977E	
0012F578	0012FEFC	Arg1 = 0012FEFC		
0012FF54	004AD357	包含Ollydbg.00439783	Ollydbg.004AD354	0012FF50

图 3-9　OD 的调用堆栈窗口

调用堆栈窗口根据选定线程的栈来反向地观察函数调用关系，同时包含被调用函数的参数。调用堆栈窗口一共有 5 列，分别是“地址”列、“堆栈”列、“函数过程/参数”列、“调用来自”列和“结构”列。

“地址”列：显示当前调用的栈地址。

“堆栈”列：显示当前栈地址中的值。

“函数过程/参数”列：显示被调用函数的地址或参数。

“调用来自”列：显示调用该函数的地址。

“结构”列：显示相对应的栈结构（栈框架）的 EBP 寄存器的值。

从图 3-9 中第 1 行信息可以看出，当前代码所在的函数首地址为 Ollydbg Set breakpointext，由 Ollydbg.0045ED3A 调用，而 Ollydbg.0045ED3A 所在的函数首地址为 Ollydbg.0045E0F0。其调用关系模拟如下：

```
Fun OllyDbg._Setbreakpointext(Arg1, Arg2, Arg3, Arg4)
{
}
Fun OllyDbg.0045E0F0()
{
    ......
    // 调用_Setbreakpointext()
    // 调用该函数的地址是 0045ED3A
    _Setbreakpointext(Arg1, Arg2, Arg3, Arg4);
}
```

各个调用关系之间的 Arg1、Arg2 是由调用方函数传递给被调用方函数的参数。调用堆栈可以快速查看当前地址的调用关系，从而快速地找出该调用来自何处。

5. Window 窗口

Window 窗口用于显示所有属于被调试程序的窗口及与其相关的重要参数，如图 3-10 所示。

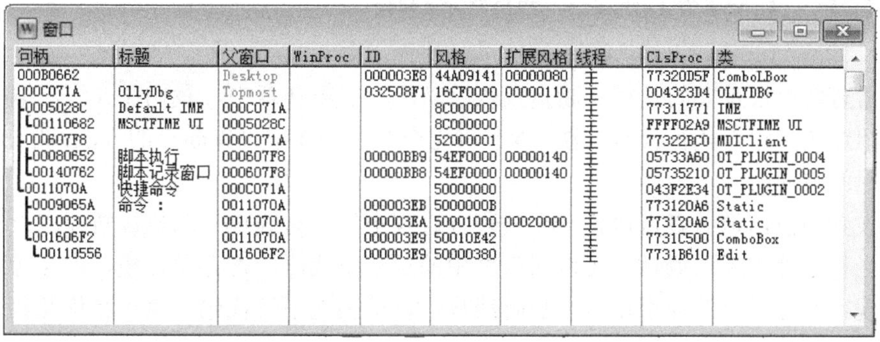

窗口

句柄	标题	父窗口	WinProc	ID	风格	扩展风格	线程	ClsProc	类
000B0662		Desktop		000003E8	44A09141	00000080		77320D5F	ComboLBox
000C071A	OllyDbg	Topmost		032508F1	16CF0000	00000110		004323D4	OLLYDBG
├0005028C	Default IME	000C071A			8C000000			77311771	IME
└00110682	MSCTFIME UI	0005028C			8C000000			FFFF02A9	MSCTFIME UI
├000607F8		000C071A			52000001			77322BC0	MDIClient
├00080652	脚本执行	000607F8		00000BB9	54EF0000	00000140		05733A60	OT_PLUGIN_0004
└00140762	脚本记录窗口	000607F8		00000BB8	54EF0000	00000140		05735210	OT_PLUGIN_0005
└0011070A	快捷命令	000C071A			50000000			043F2E34	OT_PLUGIN_0002
├0009065A	命令 :	0011070A		000003EB	5000000B			773120A6	Static
├00100302		0011070A		000003EA	50001000	00020000		773120A6	Static
└001606F2		0011070A		000003E9	50010E42			7731C500	ComboBox
└00110556		001606F2		000003E9	50000380			7731B610	Edit

图 3-10 OD 的 Window 窗口

Window 窗口中会显示被调试程序窗口中的控件的信息，如控件的风格、句柄、标题等。在调试时往往需要跟踪某个控件的处理事件，因此该功能非常重要。

6. 补丁窗口

补丁窗口记录了调试者调试程序时对程序的修改，如图 3-11 所示。

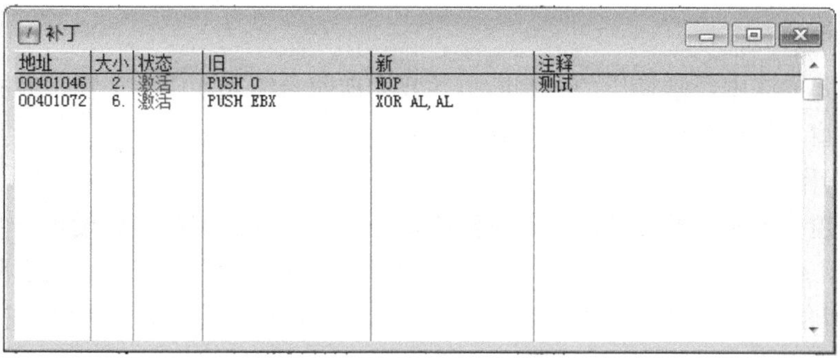

补丁

地址	大小	状态	旧	新	注释
00401046	2.	激活	PUSH 0	NOP	测试
00401072	6.	激活	PUSH EBX	XOR AL, AL	

图 3-11 OD 的补丁窗口

补丁窗口记录了被调试程序地址、大小（即修改的字节数）的修改，以及修改前和修改后的指令及注释（该处的注释是在 CPU 窗口的反汇编代码处添加的注释）等。

补丁窗口可以很方便地将调试者的修改记录下来，以方便调试者对自己修改的字节码进行管理，当某处字节码修改有问题或者修改需要恢复时进行相应的操作。

7．其他

前面介绍了OD中的各个窗口，这些窗口可以通过菜单栏中的“查看”菜单打开，也可以通过工具栏中的窗口切换工具进行切换。OD工具栏中的窗口切换工具如图3-12所示。

L E M T W H C / K B R ... S

图3-12 OD工具栏中的窗口切换工具

OD工具栏中的窗口切换工具依次对应记录数据窗口（Alt+L）、可执行模块窗口（Alt+E）、内存映射窗口（Alt+M）、线程窗口、Window窗口、句柄窗口、CPU窗口（Alt+C）、补丁窗口（Ctrl+P）、调用堆栈窗口（Alt+K）、断点窗口（Alt+B）、参考窗口、运行跟踪窗口和源码窗口。

3.2 OD中的断点及跟踪功能

调试器有两个很重要的功能：断点及跟踪功能。在第2章中，我们在介绍汇编指令时，已简单介绍过单步跟踪执行代码方法。本节将先介绍在OD中设置断点的方法，再介绍在OD中跟踪代码的方法。

通过设置断点，调试者可以使一个进程（进程中的所有线程）的执行暂停在设置断点的位置上，当程序被中断后调试者可以对程序中的反汇编代码、寄存器、栈、内存等的上下文环境进行观察和分析，并使用单步来执行线程，以动态地了解代码的执行流程及各个关键寄存器或数据结构的变化。

通常调试器会提供软件断点、硬件断点和内存断点等基本的断点类型。OD调试器同样也具备这3种设置断点的方法。下面详细介绍在OD中设置断点的各种方法。

3.2.1 OD中设置断点的方法

断点是调试器的重要功能，OD为调试者提供了多种设置断点的方法。本节主要介绍OD调试器常用的断点设置的方法。

1．软件断点

软件断点是OD中经常使用的一种断点。我们前面介绍OD中的子窗口时介绍过“断点窗口”，“断点窗口”中管理的断点即为软件断点。

1）普通操作

在反汇编窗口中选中要设置断点的反汇编指令行，按F2键就可以设置一个软件断点，也可以双击反汇编窗口中的“HEX数据”列来设置软件断点。设置了软件断点的反汇编指令行的“地址”列会红色高亮显示。在已经设置软件断点的反汇编地址处按F2键或者双击“HEX数据”列，软件断点即可被取消。由于在OD中设置断点使用快捷键F2，所以经常称其为F2断点。

2）命令操作

除了使用快捷键F2设置断点以外，也可以通过在命令插件中输入命令来管理软件断点。

使用bp命令可以设置一个软件断点，使用bc命令可以删除一个已经设置的软件断点。

使用 bp 命令设置的软件断点同样可以在断点窗口中进行查看。通过命令设置软件断点的方便之处在于，可以对 API 函数直接设置断点，有时，为了避免检测，也会在 API 的其他偏移位置处设置断点。

使用命令设置软件断点，如图 3-13～图 3-15 所示。

命令： bp CreateFileA　　BP 地址, 字串 -- 设可带条件的断点

图 3-13　在命令栏中设置断点

命令： bp CreateFileA + 5　　命令： bc CreateFileA + 5

图 3-14　在命令栏中设置带偏移的 API 断点 　　图 3-15　在命令栏中删除断点

注意： 软件断点只能在代码上设置，在其他位置设置不起作用；软件断点可以在代码的任意位置上设置，并且断点的数量不受限制。

2. 硬件断点

硬件断点的原理和软件断点的原理不同，硬件断点依赖 CPU 中的调试寄存器。调试寄存器一共有 8 个，其中有 4 个用于设置断点，因此硬件断点的数量只有 4 个。

硬件断点可以使用右键快捷菜单，也可以使用命令来进行设置。

1）菜单操作

在 CPU 窗口的反汇编窗口或数据窗口中右键单击，在弹出的快捷菜单中选择“断点”选项，可以查看相应的硬件断点设置子菜单，如图 3-16 和图 3-17 所示。

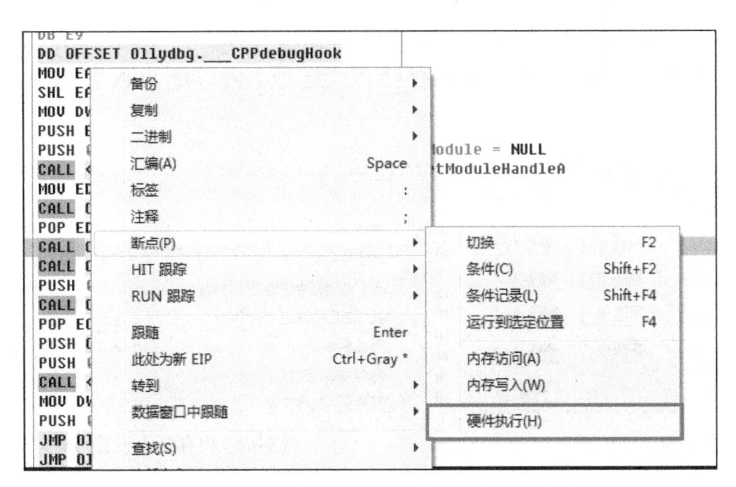

图 3-16　反汇编窗口中的硬件断点设置子菜单

从图 3-16 和图 3-17 中可以看出，在反汇编窗口中设置硬件断点时，只能设置“硬件执行”一种类型的硬件断点；在数据窗口中可以设置“硬件访问”“硬件写入”和“硬件执行”3 种类型的硬件断点，并且“硬件访问”和“硬件写入”类型还可以设置长度为“字节”“字”或“双字”。

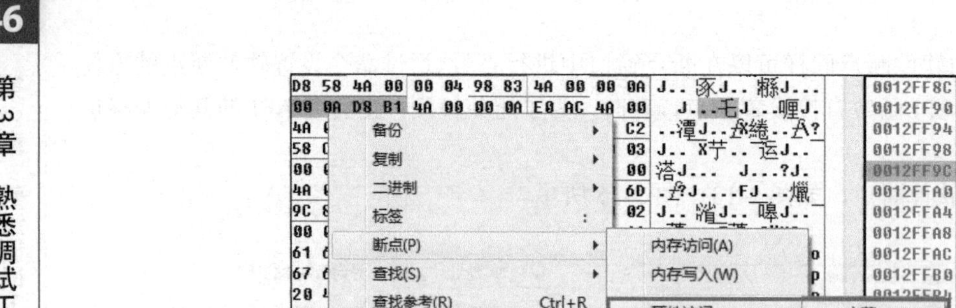

图 3-17　数据窗口中的硬件断点设置子菜单

2）命令操作

硬件断点同软件断点一样，也可以通过命令插件来设置，与硬件断点相关的命令包含 HE、HW、HR 和 HD。其中，HE 表示硬件执行断点，HW 和 HR 分别表示硬件写断点和硬件读断点，HD 表示删除断点。

可以选择“调试”→“硬件断点”选项查看并管理硬件断点，如图 3-18 所示。

从图 3-18 中可以看出，硬件写入和硬件访问断点都有大小，而硬件执行断点没有大小这个概念。

3．内存断点

很多情况下，我们需要知道某块内存中的数据是在什么情况下访问或写入的，此时内存断点就派上用场了。在反汇编窗口或数据窗口中右键单击，在弹出的快捷菜单中选择“断点”→“内存访问”或“内存写入”选项即可设置内存断点。在设置了内存断点后，快捷菜单的“断点”子菜单下会出现“删除内存断点”选项。内存断点设置与删除选项如图 3-19 所示。

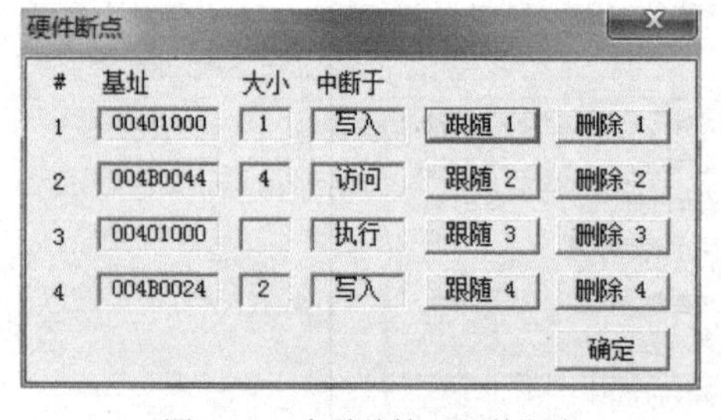

#	基址	大小	中断于		
1	00401000	1	写入	跟随 1	删除 1
2	004B0044	4	访问	跟随 2	删除 2
3	00401000		执行	跟随 3	删除 3
4	004B0024	2	写入	跟随 4	删除 4

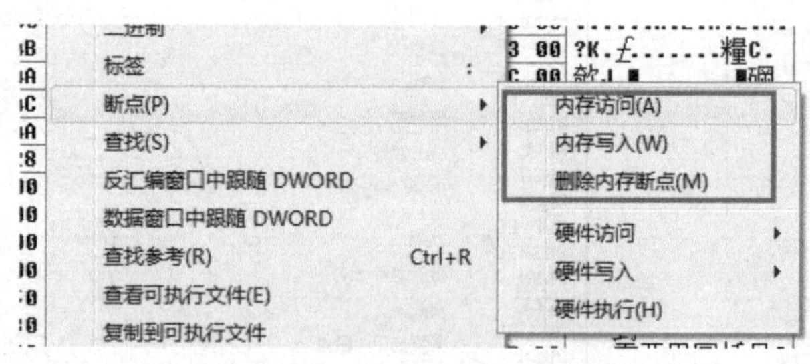

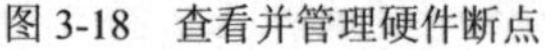

图 3-18　查看并管理硬件断点

图 3-19　内存断点设置与删除选项

在内存窗口（快捷键为 Alt+M）中，选择某个内存块并右键单击，在弹出的快捷菜单中同样可以设置内存访问断点和内存写入断点。

注意：OD 只可以设置一个内存断点，如果之前已经设置了一个内存断点，则设置新的内存断点时会将之前的内存断点自动删除。

4．一次性内存访问断点

一次性内存访问断点与内存断点类似，同样在内存窗口（快捷键为 Alt+M）中设置。在内存窗口中，选中某块内存并右键单击，在弹出的快捷菜单中选择“在访问上设置断点”选项或者按 F2 键，即可设置一次性内存访问断点。

一次性内存访问断点类似于内存断点，区别在于，一次性内存访问断点在中断后会被自动删除，只能使用一次。

5．条件断点

很多时候在某一个地址处设置断点，断点会很频繁地被断下，而断下后往往不是调试者需要调试的内容，这时调试者需要不停地按 F9 键让程序继续执行，直到遇到真正需要调试的断点为止。这会给调试者带来很多不便。因此，OD 为调试者提供了“条件断点”和“条件记录断点”。当调试者设置条件断点和条件记录断点后，调试器遇到被设置断点的地址时，会先计算断点的条件是否满足，只有满足调试者设置的断点条件，OD 才会暂停被调试的程序使其中断。

1）条件断点

条件断点的设置方法：在需要设定条件断点的位置处按“Shift+F2”快捷键，在弹出的输入条件对话框中输入条件即可。也可以在命令插件中直接输入条件。

在比较的条件中常见的表达式运算符包括：加减运算符（+、−）、逻辑运算符（&&、||、!）、关系运算符（>、>=、<、<=、==和!=）等。

下面给出一些简单的条件断点中的条件示例。

- EAX == 12345678：表示 EAX 寄存器的值等于 12345678h。
- [EAX] == 12345678：表示 EAX 寄存器中保存的值是一个内存地址，内存地址中的值等于 12345678h。
- [[EAX]] == 12345678：表示 EAX 寄存器中保存的值是一个内存地址，内存地址中保存的值是另外一个内存地址，第二个内存地址中的值等于 12345678h。
- ESI==00403000 && EDI==00403010：表示 ESI 寄存器的值为 00403000h 且 EDI 寄存器的值等于 00403010h。
- [403000] != 10：表示内存地址 403000h 的值不等于 10。
- STRING [403010] == "test"：表示以地址 403010h 为起始地址，以 NULL 作为结尾的 ASCII 字符串。
- [STRING [403010]] =="test"：表示以地址 403010h 为起始地址的，匹配到开头为"test"的字符串。

在 LoadLibraryA 函数中设置断点，在加载 kernel32.dll 时断下。

LoadLibrary 函数原型如下：

```
HMODULE LoadLibrary(
  LPCTSTR lpFileName          // 调用 DLL 的名称
);
```

在 LoadLibraryA 函数下断时，在栈内可以观察到 LoadLibraryA 函数的参数，如图 3-20 所示。将栈的地址设置为“相对于 ESP”：在栈窗口中右键单击，在弹出的快捷菜单中选择“地址”→“相对于 ESP”选项。

图 3-20 LoadLibraryA 函数的参数

从图 3-20 中可以看出，在调用 LoadLibraryA 函数时，参数保存在 ESP+4 所指向的位置。对此一时难以理解的读者可以返回多进行几次尝试，查看每次调用 LoadLibraryA 函数时，参数是否都保存在 ESP+4 所指向的位置。该部分的内容将在后面讲解。

删除刚才对 LoadLibraryA 函数设置的断点，在命令窗口中输入如图 3-21 所示的命令，设置条件断点。也可以在 LoadLibraryA 函数的地址处按“Shift+F2”快捷键设置条件断点，如图 3-22 所示。

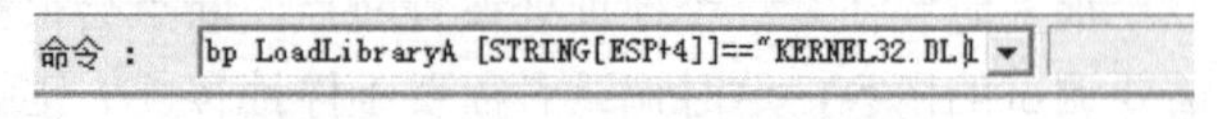

图 3-21 在命令窗口中设置条件断点

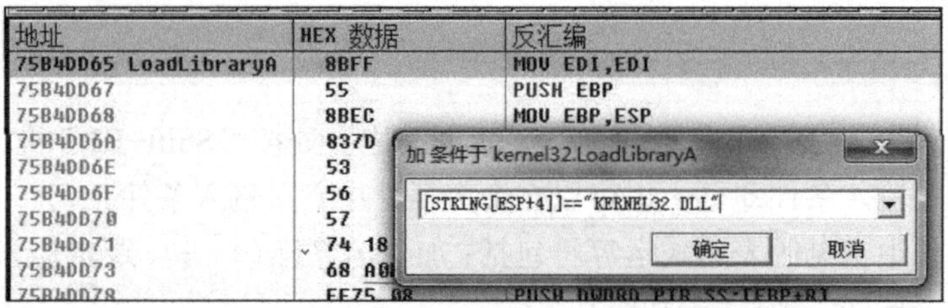

图 3-22 直接在 LoadLibraryA 地址处设置条件断点

设置条件断点后，被设置断点地址处的高亮显示与软件断点的高亮显示方式不同。设置好条件断点后，只有当条件满足时才会中断。也就是说，只有在 LoadLibraryA 函数的参数是 KERNEL32.DLL 时，OD 才会中断显示，这极大地方便了调试者的调试工作。

2）条件记录断点

条件记录断点与条件断点的设置方法类似，选中需要设置条件记录断点的地址，按“Shift+F4”快捷键，在弹出的设置条件记录断点的对话框中进行设置即可，如图 3-23 和图 3-24 所示。

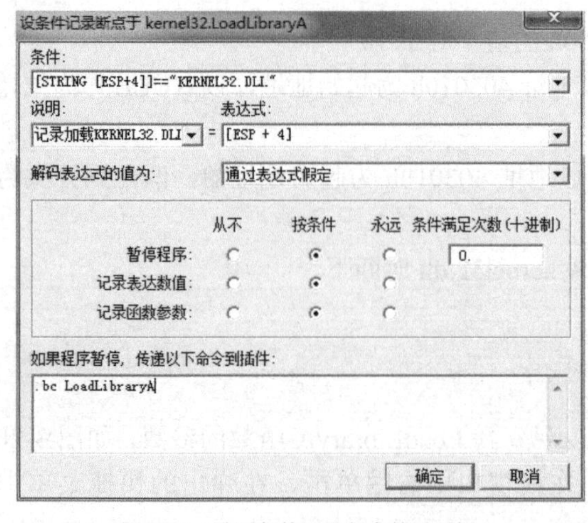

图 3-23 设置条件记录断点的对话框

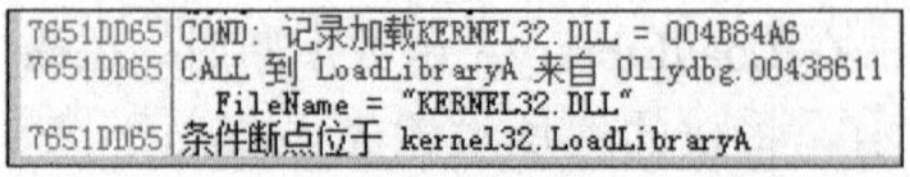

图 3-24 条件记录断点断后的记录

图 3-23 也是对 LoadLibraryA 函数设置条件断点，断点的条件同样是在加载 kernel32.dll 时才中断。观察图 3-23 中的各个设置。

- 条件：输入要设置的条件表达式，图 3-23 中设置的是“[STRING[ESP+4]]”。
- 说明和表达式：非必填项，但是为了在调试的记录窗口（快捷键为“Alt+L”，图 3-24 就是在记录窗口中记录的条件断点信息）中方便地查看信息，建议填写。在图 3-24 中，第一行的“7651DD65”是被中断的地址，这里是 LoadLibraryA 函数的地址，“COND：记录加载 KERNEL32.DLL=004B84A6”给出两个信息，第一个信息“记录加载 KERNEL32.DLL”是调试者在条件记录断点中填写的“说明”，第二个信息“004B84A6”是调试者在条件记录断点中填写的“表达式”的值。在图 3-23 中的“表达式”中，编者填写了“[ESP + 4]”，当中断时，“[ESP + 4]”的值是 0x004B84A6，可以在栈窗口中进行观察。
- 解码表达式的值为：该下拉列表中有很多选项，这些选项会影响记录窗口中的信息。在图 3-23 中，选择的是“通过表达式假定”选项，在这里可以选择“指向 ASCII 字符的指针”选项，并观察记录窗口的信息，如图 3-25 所示。

```
7651DD65 COND: 记录加载KERNEL32.DLL = 004B84A6 "KERNEL32.DLL"
7651DD65 CALL 到 LoadLibraryA 来自 Ollydbg.00438611
           FileName = "KERNEL32.DLL"
7651DD65 条件断点位于 kernel32.LoadLibraryA
```

图 3-25 解码表达式的值为“指向 ASCII 字符的指针”

图 3-25 的第 1 行信息中，在“COND”最后给出了“004B84A6”解析后是字符串“KERNEL32.DLL”，这里的内存数据完全由调试者自己解析。当然，解析的内容并不一定是字符串信息，也可能是其他的信息，读者可以自行尝试。

- 暂停程序：设置当 OD 拦截到条件断点时是否要中断在设断处。如果设置为“按条件”，那么执行到调试者所设置的断点地址处时，OD 就会暂停程序并中断在断点处。在“暂停程序”中的“条件满足次数（十进制）”处可以设置在第几次满足条件时程序才进行中断。
- 记录表达数值：如果将该项设置为“从不”，那么断点被中断后，在记录窗口中无法查看到图 3-24 所示的第 1 行信息。
- 记录函数参数：如果将该项设置为“从不”，那么断点被中断后，在记录窗口中无法查看到图 3-24 所示的第 2 行和第 3 行信息。
- 如果程序暂停，传递以下命令到插件：设置条件断点被满足并中断后所要执行的命令，例如，若当第 1 次中断 LoadLibraryA 函数并加载 kernel32.dll 时就删除该断点，则可以在该处输入命令“.bc LoadLibraryA”。注意，在输入命令时前面会有一个“.”。

6．消息断点

消息断点用于调试带有窗口的应用程序，对调试命令行程序不适用。在 Windows 下，窗口程序是基于消息的，因此，使用消息断点在调试带有窗口的程序时会带来一些便利。

消息断点也类似于条件断点，它针对特定的窗口消息设置相应的断点。消息断点在 Window 窗口中进行设置。单击工具栏中的“W”图标即可切换到 Window 窗口。当切换到 Window 窗口后，应先选择快捷菜单中的“刷新”选项，以便于正常显示所有的窗口。选中要设置断点的窗口记录，然后在快捷菜单中选择“在 ClassProc 上设消息断点”选项，如图 3-26 所示，弹出图 3-27 所示的对话框。

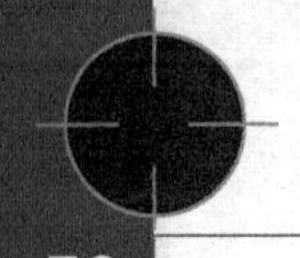

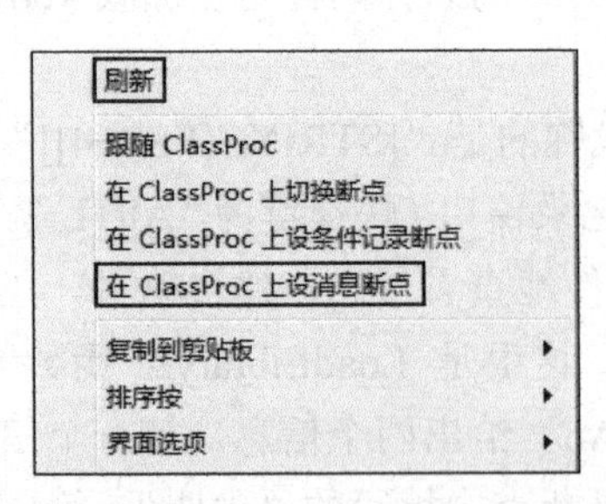

图 3-26 Window 窗口的快捷菜单

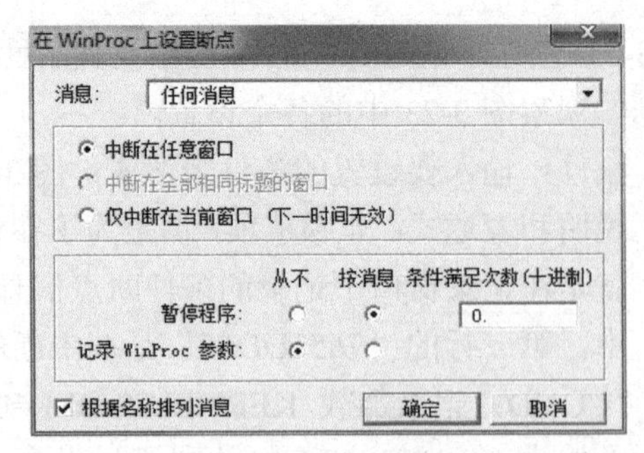

图 3-27 “在 WinProc 上设置断点”对话框

在图 3-27 的“消息”下拉列表中选择合适的消息进行下断，即可设置相应的消息断点。设置消息断点后，如果希望修改消息断点，则可以在当初选择的窗口记录上再次选择“在 ClassProc 上设消息断点”选项，并修改下断的消息。同样，可以在断点窗口（快捷键为 Alt＋L）中修改消息断点，当在断点窗口中修改消息断点时会发现，修改后的窗口信息与消息记录断点的窗口相同。

3.2.2 OD 中跟踪代码的方法

前面介绍了 OD 的各种窗口与设置断点的方法，接下来介绍 OD 中跟踪代码的方法。这里会简单地介绍一些调试中用到的快捷键，供读者在 OD 中进行调试时使用。

1．单步

在调试时，可以按 F7 或 F8 键使程序进行单步调试。F8 键是单步步过，代码会依次进行执行，但是遇到 CALL 指令时，并不进入 CALL 指令调用的地址处，遇到 REP 指令时不进行重复。F7 键是单步步入，代码同样会依次进行执行，遇到 CALL 指令时，进入 CALL 指令调用的地址处，遇到 REP 指令时会按照 REP 重复的次数不断地重复。

2．查看/运行到指定的位置

在调试的时候，会把关键的需要分析的反汇编代码的地址记录下来，如果这次没有分析完成或分析的过程中程序执行了，那么下次还可以在这个地址处继续调试。例如，记录好一个地址后，下次需要修改地址继续调试时，按“Ctrl+G”快捷键，并输入要到的地址即可进入指定的地址，按 F4 键，即可运行到选中的地址。

Ctrl +G 快捷键用于跳转到指定的地址，F4 键用于运行到选中的地址。两者的区别在于，前者是为了快速地查看或者到达某个地址处，这是一种静态的方式；后者是运行到指定的地址处，这是一种动态的方式。

3．查看 CALL/JMP 指令目的地址的反汇编代码

很多时候，遇到 CALL 指令或者 JMP 指令时，调试者只是想简单地查看一下 CALL 指令或 JMP 指令目标地址的反汇编代码，而非真正地调试它们，此时，可按“Enter”键，跳转到 CALL 指令或 JMP 指令的目标地址进行查看。这种情况属于静态查看，因为 CPU 并没有真正运行到此地址处。

4．返回调用处

当设置断点进入某个函数后，也就是进入某个 CALL 指令后，按“Alt＋F9”快捷键可以返回到函数的调用处。

3.3　OD 中的查找功能和编辑功能

OD 的查找功能非常强大，可以在 OD 中修改并保存程序的反汇编代码，以达到修改被调试程序的目的。

3.3.1　OD 中的查找功能

OD 的查找功能有很多，在 CPU 的主窗口中右键单击，在弹出的快捷菜单中有一个菜单项为“查找”，它有非常多的子菜单项。这里仅介绍几个较为常用的查找功能。

1．命令

命令用来查找一条汇编指令，按“Ctrl+F”快捷键，弹出“查找命令”对话框，如图 3-28 所示。在“查找命令”对话框中可以使用模糊匹配，如图 3-29 所示。在“查找命令”对话框中输入“MOV R32, EAX”命令，会匹配出 MOV 指令的目的操作数是 32 位寄存器，且源操作数是 EAX 寄存器的所有指令，如“MOV ESI, EAX”。

图 3-28　“查找命令”对话框

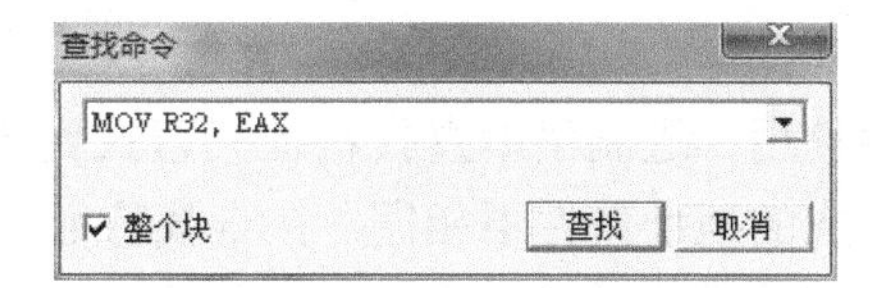

图 3-29　查找命令的模糊匹配

注意： 查找到第一条指令后，当要查找第二条指令时，按“Ctrl+L”快捷键即可。该快捷键同样适用于其他查找方式。

2．命令序列

命令序列可以同时按照多条汇编指令进行匹配，同样支持模糊匹配查询。按“Ctrl+S”快捷键，弹出“查找命令序列”对话框，如图 3-30 所示。

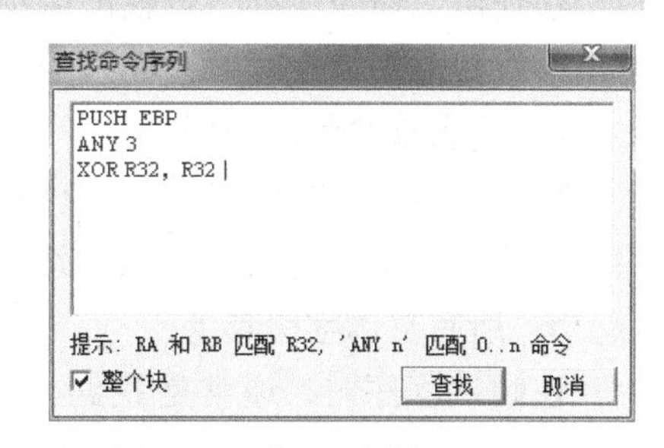

图 3-30　“查找命令序列”对话框

在图 3-30 中，使用 ANY 和 R32 命令进行模糊查询，其中，ANY 3 表示小于等于 3 条任意指令，R32 表示 32 位寄存器。匹配到的汇编代码形式如下。

形式一：

```
PUSH EBP
MOV EBP,ESP
ADD ESP,-144
XOR EAX,EAX
```

形式二：

```
PUSH EBP
CALL <JMP.&KERNEL32.GlobalFree>
XOR EAX,EAX
```

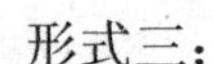

形式三：

```
PUSH EBP
XOR EBP,EBP
```

使用ANY命令进行模糊匹配可以忽略中间的任意条指令，合理地使用ANY命令可识别出相应的汇编结构、函数起始或结尾等。

3. 二进制字串

二进制字串查找是查找特征码的好方法。按“Ctrl+B”快捷键，弹出“输入要查找的二进制字串”对话框，如图3-31所示。

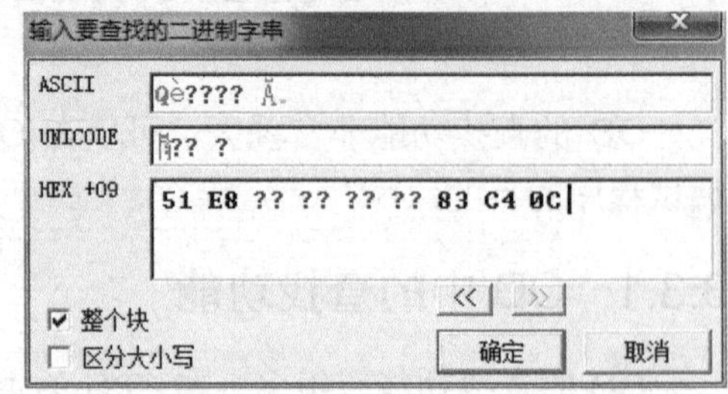

图3-31 “输入要查找的二进制字串”对话框

要想查找二进制字串，在HEX输入框中输入相应的十六进制数即可。在图3-31中输入的内容是“51 E8 ?? ?? ?? ?? 83 C4 0C”（二进制字串中的“？”是通配符，用来支持模糊匹配查询），使用以上特征码，查找到的内容形式如下。

形式一：

```
51            PUSH  ECX
E8 30ED0900   CALL  004A3954   ; CALL 后面的地址是 004A3954
83C4 0C       ADD   ESP,0C
```

形式二：

```
51            PUSH  ECX
E8 FFDE0900   CALL  004A3530   ; CALL 后面的地址是 004A3530
83C4 0C       ADD   ESP,0C
```

观察使用二进制字串查找特征码查找到的两段反汇编代码所对应的机器码，发现CALL指令后对应的地址值并不相同。在查找特征码时，E8后面的“？”对应的是CALL指令后的地址，在搜索时使用了8个“？”替换原来的地址，因此这段特征码查找到的对应的汇编指令为

```
PUSH ECX
CALL ????????
ADD  ESP, 0C
```

在使用“命令序列”查找汇编指令时，模糊匹配查询针对的是寄存器；而使用“二进制字串”查找汇编指令时，模糊匹配查询针对的是反汇编中的数值，如地址、常量等。

4. 所有模块间的调用

“所有模块间的调用”用于查找进程内调用的所有API函数，并且可以在所有模块的调用上，或者某个调用API函数的地址处设置断点。

5. 所有文本字串参考

在调试程序时，通常是找到一个明显的线索来着手进行调试。在调试时，弹出的对话框中的字串或程序中输出的字串都是明显的线索。通过搜索所有文本字串参考，并设置断点，或者根据字串调用的地址来分析程序执行的流程，有助于快速调试，找到关键的代码位置。

3.3.2 OD中的修改和保存功能

在调试程序的时候，经常会给程序打一些补丁。所谓的打补丁，就是修改反汇编的代码，以便改变程序执行的流程。如果需要在调试完成后也以此方式执行程序，则需要保存修改后

的程序，这样下次就会按照在 OD 中打过补丁的方式进行执行了。

1．OD 中的修改功能

OD 中可以对反汇编代码或十六进制数据进行修改。

1）修改代码

在反汇编窗口中，选中任意反汇编代码并按空格键就可以编辑当前的代码了，OD 支持直接修改汇编代码。当 CPU 执行到修改后的反汇编代码处时，CPU 是按照修改后的反汇编代码进行执行的。按空格键后弹出的修改汇编代码对话框如图 3-32 所示。

在修改反汇编代码时，OD 不支持修改后的机器码长度长于原反汇编代码的机器码长度。如果需要将修改过的反汇编代码还原，则可以在补丁窗口（快捷键为 Ctrl+P）中还原，也可以选中修改后的反汇编代码按“Alt+Backspace”快捷键进行还原。

2）修改十六进制数据

在 CPU 窗口的数据窗口中，选中要修改的数据，并按空格键，在弹出的对话框中修改数据即可，如图 3-33 所示。

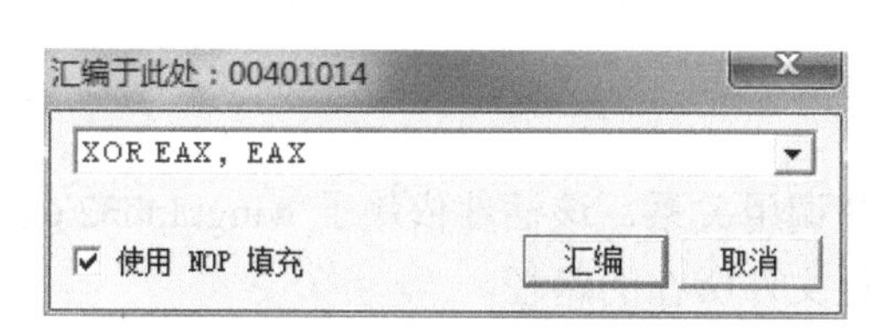

图 3-32　修改汇编代码对话框

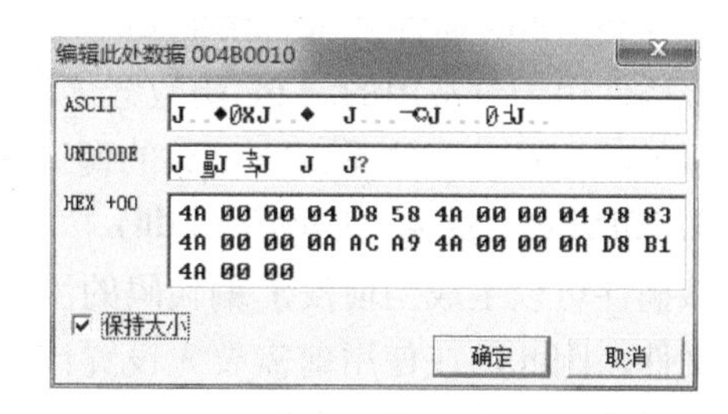

图 3-33　修改数据

在修改数据时，可以以 ASCII、Unicode 和 HEX 3 种方式进行修改。修改后的数据同样可以通过先选中修改后的数据，再按“Alt+Backspace”快捷键的方式来还原。

2．OD 中的保存功能

OD 的保存功能比较简单。选中修改后的反汇编代码并右键单击，在弹出的快捷菜单中选择“赋值到可执行文件”→“选择”选项，在打开的“文件”窗口中右键单击，在弹出的快捷菜单中选择“保存”选项即可。

3.4　OD 中的插件功能

OD 不但自身有强大的功能，而且提供了非常好的接口，供调试者自主开发插件来扩展 OD 的功能。本节将介绍 OD 插件的相关内容。

3.4.1　OD 的常用插件介绍

本小节将介绍一些 OD 的常用插件。OD 的插件都保存于 OD 目录下的 plugin 文件夹中，安装插件时直接将插件的 DLL 文件放置到 OD 目录下的 plugin 文件夹中即可，OD 默认最多可以加载 32 个插件。添加的插件可以在 OD 菜单栏的“插件”菜单中找到。

1. CmdBar 插件（CmdBar.dll）

该插件是 OD 中的命令行插件，它是 OD 最常用的插件之一。CmdBar 插件提供了非常多的常用命令，在输入框中输入任意字母，会显示以该字母开头的所有命令。在输入框中输入完整命令后，会显示该命令的解释。

2. StringRef 插件（ustrrefadd.dll）

该插件是字符串插件，在实例中查找字符串就使用的该插件。该插件支持以 ASCII 编码和 Unicode 编码形式进行查找。该插件比 OD 提供的查找功能更为强大。

3. CleanupEx 插件（CleanupEx.dll）

该插件用于清除 OD 调试时的中间文件。OD 的中间文件保存在 OD 目录下的 uud 文件夹中。选择“选项”→“界面”选项，在弹出的对话框中选择“目录”选项卡，在“UUD 路径”处可以设置 OD 的中间文件的保存位置。UUD 文件中保存了调试者在调试时加入的注释、设置的断点等信息。有时候 UUD 文件会影响调试者的调试，或者 UUD 文件中的中间文件已经无用，可以通过该插件清除对应的 UUD 文件。

4. ApiBreak 插件（ApiBreak.dll）

该插件用于对常用的 API 函数继续进行分类，设置 API 断点只须选中相应类型的 API 函数即可，这对于不熟悉 API 函数的调试者很有用。

5. OllyFlow 插件（OllyFlow.dll）

该插件可以生成当前反汇编代码的流程图和调用关系，该插件依赖于 wingraph32.exe 可执行文件，因此，在使用前需要先设置该可执行文件所在的路径。

6. OllyDump 插件（OllyDump.dll）

该插件用于在 OD 中进行脱壳时的文件转存。

7. ODbgScript 插件（ODbgScript.dll）

该插件用于使 OD 支持脚本文件的解释器。在调试时，为了不用总是重复地完成某些动作，可以使用脚本来自动地完成一系列的动作。该插件目前多用于自动进行脱壳，网络上有非常多的 ODbgScript 脚本，下载以后通过该插件就能直接使用。该插件的功能十分强大。ODbgScript 插件的选项如图 3-38 所示。

从图 3-34 中可以看出，在 ODbgScript 插件中可以直接“运行脚本”，也可以“中止”“暂停”“恢复”和“单步”操作脚本的执行，还可以打开“脚本窗口”和“脚本记录”窗口。该插件的脚本窗口如图 3-35 所示。

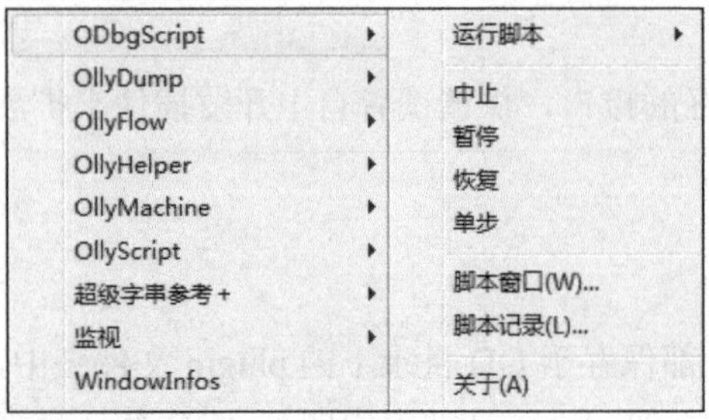

图 3-34 ODbgScript 插件的选项

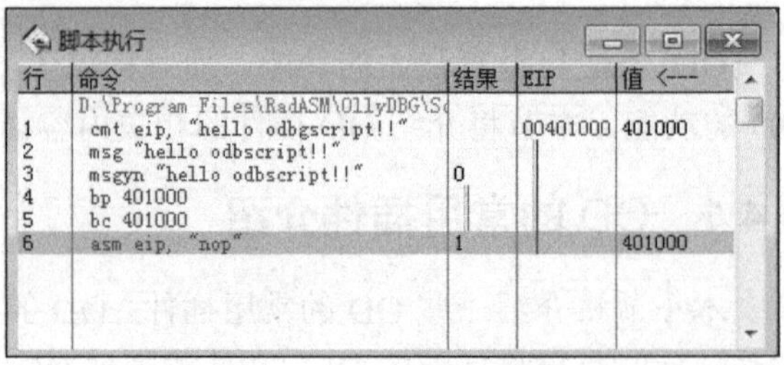

图 3-35 ODbgScript 插件的脚本窗口

脚本窗口中一共有 5 列信息，分别是“行”“命令”“结果”“EIP”和“值”。

- 行：表示脚本中的每条命令的行号。
- 命令：表示脚本中编写的命令。
- 结果：表示执行脚本后的一个结果值。
- EIP：即执行脚本后 EIP 寄存器的值。
- 值：变量的结果或地址值。

在脚本窗口中加载一个脚本并右键单击，在弹出的快捷菜单中可以选择对脚本进行哪种调试，如单步、编辑、设置断点等。

ODbgScript 的语法与汇编语言类似，在后面的内容中会进行详细介绍。

8．其他

OD 的插件还有很多，这里无法一一进行介绍，本节仅就几个常用的插件进行介绍。在调试时，经常会遇到一些软件安装有反调试插件，使用某些插件就会直接忽略很多反调试插件，如 StrongOD、Hide Od 等，这里不再对此做特别介绍。

3.4.2 OD 插件脚本编写

OD 插件脚本除前面介绍的 ODbgScript 外，还有 OllyMachine 插件。本小节主要介绍 ODbgScript 插件脚本的编写。

1．从例子开始介绍

在 3.4 节的示例中，通过调试可以得出以下步骤。先在 GetDlgItemTextA 函数处设置断点，通过 GetDlgItemTextA 函数获取输入的用户名，并根据用户名生成一个序列号（序列号的地址为 004021BBh），再通过 GetDlgItemTextA 函数获取序列号，最后对生成的序列号和输入的序列号进行比较，从而完成验证。

从上面的步骤可以发现，只要第二次在 GetDlgItemTextA 函数上中断后去读取 004021BBh 地址处的内存，即可得到生成的正确的序列号。

2．ODbgScript 获取序列号

ODbgScript 的功能非常强大，以上步骤使用简单的 ODbgScript 即可完成。示例脚本如下：

```
// 获取 CrackMe 对应用户名序列号的 ODbgScript

// 从 user32.dll 中获取 GetDlgItemTextA 的地址
gpa "GetDlgItemTextA", "user32.dll"
// 对 GetDlgItemTextA 函数设置断点
bp $RESULT
// 按“Shift+F9”快捷键执行代码
esto
/*
    在上面的 esto 后面
    会进入 CrackMe 的程序界面
    在程序界面中输入用户名和序列号
    单击“Test”按钮后
    程序会执行并中断在 GetDlgItemTextA 处
*/
// 程序被中断后，再次通过 esto 执行代码
esto
/*
    执行上面的 esto 代码后
```

```
程序会执行并第二次中断在 GetDlgItemTextA 函数上
*/
// 此时调用 msg 函数显示 004021BB 内存处的内容
msg [004021BB]
// 清除掉对 GetDlgItemTextA 函数的断点
bc $RESULT
// 脚本执行完成并返回
ret
```

将代码输入任意文本编辑器并保存即可。

3. 在 OD 中调试脚本

打开 OD，加载 CrackMe。选择“插件”→“ODbgScript”→“脚本窗口”选项，打开脚本窗口，选择右键快捷菜单中的“载入脚本”→“打开”选项，即可找到保存好的 ODbgScript 文件。

以载入的方式加载，打开 OdbgScript 文件，可以对脚本进行单步调试。打开脚本后按“S”键将会单步执行第一条 ODS 脚本指令，执行后的指令会变成红色。

执行完第二条指令“bp $RESULT”后，打开断点窗口（快捷键为 Alt+B），可以看到，已经对 GetDlgItemTextA 函数设置了断点，如图 3-36 所示。

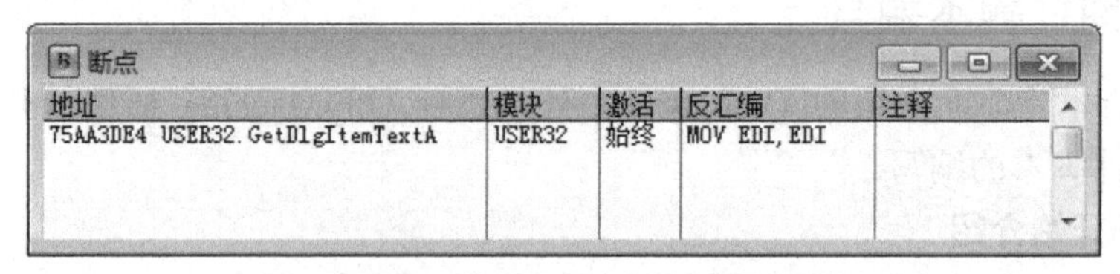

图 3-36 ODbgScript 设置断点

执行第三行的 esto 指令，相当于按“Shift+F9”快捷键使程序运行。当程序运行后，输入用户名和序列号，单击“Test”按钮，程序会继续运行后中断在 GetDlgItemTextA 函数处。

此时，继续按“S”键执行第四行的 esto 指令，程序会再次运行并中断在 GetDlgItemTextA 函数处。由于程序执行的速度很快，OD 还没有来得及刷新，就已经又中断在 GetDlgItemTextA 函数处，看起来好像没有任何的变化，但其实指令已经执行过了。

继续按“S”键执行“msg [004021BB]”指令，执行后会弹出图 3-37 所示的对话框，显示正确的序列号值。

对于剩余的两条指令，执行“bc $RESULT”指令后，会清除 GetDlgItemTextA 函数的断点；执行“ret”指令后，会弹出“脚本结束”对话框。

这里简单地介绍了 ODbgScript 的编写、调试和运行。ODbgScript 有近百条指令，可以参考 ODbgScript 的手册进行学习。

图 3-37 正确的序列号

3.4.3 OD 插件的开发

OD 的插件实质上是一个 DLL 文件，导出了 OD 所需的函数，从而在 OD 中加载，并显示在 OD 的菜单栏中。此外，它还调用了 OD 本身提供的很多接口函数，因此可以直接使用 OD 中的一些便捷功能。其他的功能与编写 DLL 文件类似。

1. 准备工作

在开发 OD 插件时，应先得到开发插件的开发包，开发包中提供了一个.h 头文件和一个.lib 库文件。这里以 VC 2005 为例，将得到的 plugin.h 头文件和 ollydbgvc7.lib 库文件放到新建的 DLL 解决方案目录下。

plugin.h 文件中定义了大量的常量、结构体及函数。

2. 基本插件开发

1）OD 基本导出函数

在开发插件时，我们至少应导出 ODBG_Plugininit 函数和 ODBG_Plugindata 函数。下面分别介绍这两个函数的函数原型。

ODBG_Plugininit 函数的原型如下：

```
int  _export cdecl ODBG_Plugininit(
int ollydbgversion,
HWND hw,
ulong *features
);
```

该函数的作用是将需要初始化和分配的资源置入该函数。

该函数有 3 个参数，作用分别如下。

- Ollydbgversion：插件所兼容的 OD 版本号。
- hw：OD 主窗口句柄。
- features：保留参数。

如果该函数执行成功，则返回 0，否则返回−1。当该函数的返回值为−1 时，该插件会自动在 OD 中卸载。

在调用该函数时，可以对插件所支持的版本号进行调用。plugin.h 头文件中提供了一个版本号常量，定义如下：

```
#define PLUGIN_VERSION 110      // Version of plugin interface
```

ODBG_Plugindata 函数的原型如下：

```
int  _export cdecl ODBG_Plugindata(char shortname[32]);
```

该函数的作用是为 OD 插件指定一个长度最长为 31 个字符，并以 NULL 结尾的名称。

该函数的参数 shortname 用于指定插件的名称，该插件的名称将显示在 OD 的插件菜单中。

以上两个函数是编写 OD 插件时必须导出的函数。通常情况下，OD 插件菜单项会有子菜单项，选择子菜单项时会提供相应的功能。因此，需要编写两个需要导出的函数，分别是 ODBG_Pluginmenu 函数和 ODBG_Pluginaction 函数。下面介绍这两个函数的函数原型。

ODBG_Pluginmenu 函数的原型如下：

```
int  _export cdecl ODBG_Pluginmenu(
int origin,
char data[4096],
void *item
);
```

该函数的作用是在 OD 的主菜单或窗口中添加菜单项。

该函数的参数有 3 个，分别如下。

- origin：调用 ODBG_Pluginmenu 函数的窗口代码，也就是需要把添加的菜单项添加到何处，可以选择的值有 PM_MAIN、PM_CPUDUMP、PM_CPUSTACK 等。

- data：用于描述菜单的结构。
- item：用于获取窗口中显示的和被选中的数据，可以为 NULL。

ODBG_Pluginaction 函数的原型如下：

```
void _export cdecl ODBG_Pluginaction(
int origin,
int action,
void *item
);
```

该函数用于设置在 OD 中选择菜单项时的响应。

2）OD 插件开发简单模板

根据前面对几个导出函数的介绍，这里给出一个开发插件的简单模板，代码如下：

```
// 定义插件名
static char g_szPluginName[] = "CleanUDD";
// 保存 OD 主界面句柄
static HWND g_hWndMain = NULL;

// 初始化 OD 插件
extc int _export cdecl ODBG_Plugininit(int ollydbgversion,HWND hw, ulong *features)
{
    char szLoadStr[MAXBYTE] = {};

    // 判断插件
    if ( ollydbgversion < PLUGIN_VERSION )
    {
        return -1;
    }

    // 保存 OD 主界面句柄
    g_hWndMain = hw;

    lstrcpy(szLoadStr, g_szPluginName);
    lstrcat(szLoadStr, "插件加载成功");

    // 在日志窗口中显示加载信息
    Addtolist(0, 0, szLoadStr);

    return 0;
}

// 为插件名赋值
extc int _export cdecl ODBG_Plugindata(char shortname[32])
{
    lstrcpy(shortname, g_szPluginName);

    return PLUGIN_VERSION;
}

// 在 OD 窗口中设置菜单
extc int _export cdecl ODBG_Pluginmenu(int origin,char data[4096],void *item)
{
    if ( PM_MAIN == origin )
    {
        lstrcpy(data, "0 &CleanUdd | 1 &AboutPlugin");
        return 1;
    }

    return 0;
}

// 插件的菜单的相应处理
extc void _export cdecl ODBG_Pluginaction(int origin,int action,void *item)
```

```
{
    switch ( origin )
    {
        case PM_MAIN:
        {
            switch ( action )
            {
                case 0:
                {
                    break;
                }
                case 1:
                {
                    break;
                }
            }
            break;
        }
        case PM_CPUDUMP:
        {
            break;
        }
        default:
        {
            break;
        }
    }
}
```

在以上代码中，各个菜单项的相应函数需要单独编写，并放到 switch 结构中对应的位置。

3．插件实例

下面编写一个简单的 OD 插件，删除调试中间文件，即 UDD 文件。该插件类似于 CleanupEx.dll 插件提供的功能。

编写该程序非常简单，只要遍历 UDD 目录下的所有文件，并进行删除即可。实例插件并不像 CleanupEx.dll 插件那样提供更多的功能，只能进行简单的文件遍历与删除操作。

复制一份前面的代码模板，并添加以下函数：

```
void CleanUdd()
{
    // 当前 OD 的路径
    char szDir[MAX_PATH] = {};
    char szTmp[MAX_PATH] = {};
    HANDLE hFind = NULL;
    WIN32_FIND_DATA wfd = { 0 };

    // 得到 OD 系统的目录，并拼接 UDD 所在目录
    GetCurrentDirectory(MAX_PATH, szDir);
    lstrcat(szDir, "\\udd\\");
    lstrcpy(szTmp, szDir);
    lstrcat(szTmp, "*.*");

    // 遍历文件
    hFind = FindFirstFile(szTmp, &wfd);

    if ( hFind != INVALID_HANDLE_VALUE )
    {
        do
        {
            if ( lstrcmp(wfd.cFileName, ".")  != 0 &&
                 lstrcmp(wfd.cFileName, "..") != 0 )
            {
                lstrcpy(szTmp, szDir);
```

```
                    lstrcat(szTmp, wfd.cFileName);

                    // 删除文件
                    DeleteFile(szTmp);
                }
            } while ( FindNextFile(hFind, &wfd) );

            MessageBox(NULL, "删除成功", "提示", MB_OK);
        }
    }
```

以上函数用于删除 UDD 文件。删除 UDD 文件时，需要先得到 UDD 文件所在的目录，这里通过 GetCurrentDirectory 获得 OD 目录，再通过字符串连接函数形成类似 OD\UDD\形式的目录。这里是为了演示而这样编写的，正确的方式应该是从 ollydbg.ini 文件的 UDD Path 下读取。

获得 UDD 的目录后，对该目录进行文件遍历，将遍历到的文件逐一删除即可。源代码在这里不做过多的讲解。

注意：如果读者对 Win32 编程不熟悉的话，推荐阅读编者的另外一本书《C++黑客编程揭秘与防范》（第2版）。

编写好以上函数后，修改菜单的相应事件，代码如下：

```
// 插件菜单的相应处理
extc void _export cdecl ODBG_Pluginaction(int origin,int action,void *item)
{
    switch ( origin )
    {
        case PM_MAIN:
        {
            switch ( action )
            {                    case 0:
                {
                    // 增加了对 CleanUdd 的调用
                    CleanUdd();
                    break;
                }
            }
            break;
        }
        default:
        {
            break;
        }
    }
}
```

这样就完成了一个简单 OD 插件的开发，将 OD 提供的头文件和库文件添加到项目工程文件下，并编译连接，将生成的 DLL 文件复制到 OD 的 Plugin 目录下，打开 OD 即可以看到图 3-38 所示的菜单项。

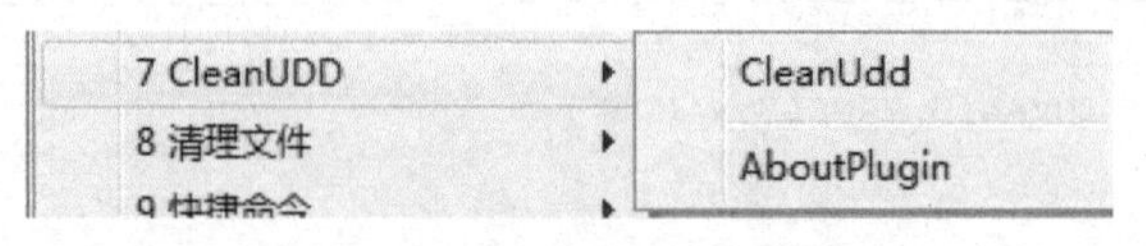

图 3-38　清除 UDD 插件的菜单项

关于更多编写 OD 插件的知识，可参阅 OD 插件开发手册。

3.5 总结

本章主要介绍OD逆向工具的使用。本章较为详细地介绍了OD的主要窗口，以及较为常用的功能，如单步、断点、查找等。另外，为了让读者能结合实际情况理解OD的用法，还通过一个简单的CrackMe的实例演示了OD的使用；为了让读者今后在使用OD的过程中能够以自动化的方式完成枯燥重复的工作，简单地介绍了ODbgScript脚本的编写；还通过编写一个简单的删除UDD文件的插件演示了如何开发OD的插件。

第4章 PE 工具详解

在软件逆向工程中，我们需要了解 PE 文件格式（因为在进行插件开发时，它被定义成各种结构体，所以通常称为 PE 结构）。在 Windows 操作系统中使用的应用程序都是 PE 文件格式的，常见的扩展名有 EXE、DLL、OCX 和 SYS 等。因此，作为一名软件逆向工程爱好者，必须掌握 PE 文件格式。

本章主要介绍有关 PE 文件格式的工具，以及 PE 文件相关的结构，以帮助读者深入了解和掌握 PE 文件格式。

本章关键字： PE 文件格式　PE 解析　PE 修改

4.1 常用 PE 工具介绍

PE 文件格式是 Windows 操作系统中可执行文件的标准格式，可执行文件的装载、内存分布、执行等都依赖于该格式，而在逆向分析软件时，为了正确、高效地了解程序，必须掌握 PE 文件格式。请读者考虑一下，为什么用 OD 打开一个可执行文件后，OD 可以正确地识别哪些部分是代码（CPU 窗口的反汇编窗口中的内容），哪些部分是数据（CPU 窗口的数据窗口中的内容）？OD 加载可执行程序后为什么能够正确地停在代码的入口处？OD 如何知道哪里是代码的入口处？其实，并不是 OD 有多智能，这些全都依赖于 PE 文件格式，OD 只是依照并解析 PE 文件格式后获得相关数据。

要想了解及掌握反病毒、免杀、反调试、壳等相关知识，PE 文件格式是重中之重。

4.1.1 PE 工具

说到 PE 工具，一般指 PE 文件格式查看（解析）工具、PE 文件格式编辑工具、PE 文件格式修改工具等。PE 文件格式查看工具在解析 PE 文件格式后会以便于逆向者阅读的形式来显示 PE 文件格式的各个结构、属性等字段值。PE 文件格式编辑工具可以编辑、修改 PE 文件格式的各个结构、属性等字段值。PE 文件格式修改工具可以在既有的 PE 文件格式中添加或者删除某些结构。

上述 PE 工具只是狭义上的 PE 工具。从广义上来说，PE 文件格式工具还包括壳识别工具（识别壳或者开发环境的工具）、资源编辑工具、导入表修复工具（这种工具一般会被认为是壳修复工具）等。这些都是针对某一项或某一个特定功能的 PE 工具。

下面介绍一些常用的 PE 工具。

4.1.2 Stud_PE 工具

Stud_PE 是一款功能强大的 PE 文件格式编辑工具，可以查看 PE 文件格式、比较文件格式、识别壳等。它还提供了插件支持功能。当然，本小节主要演示其 PE 文件格式查看功能（所谓的查看功能，其实是解析的功能，即按照 PE 文件格式的具体字段进行解析并显示）。Stud_PE 的主界面如图 4-1 所示。

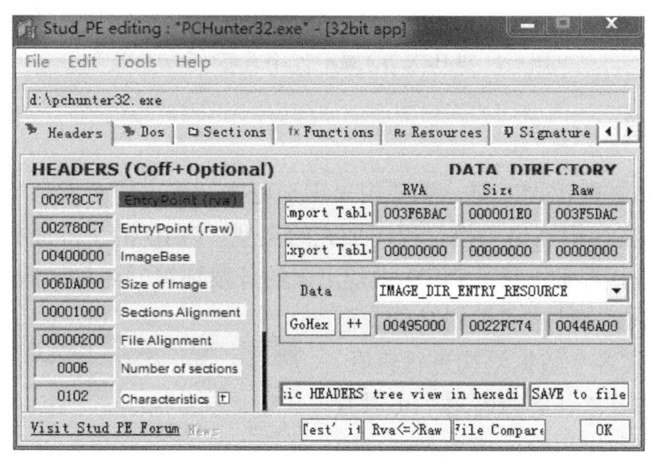

图 4-1 Stud_PE 的主界面

从图 4-1 可看到 Stud_PE 主界面中包含菜单栏、文本框和一组选项卡。在菜单栏中可以选择要使用的 Stud_PE 插件。Stud_PE 包括 Headers、Dos、Sections、Functions、Resources、Signature 等选项卡。

Stud_PE 工具可以解析 PE 文件格式的关键结构体的字段，并以十六进制式显示。单击“Basic HEADERS tree view in hexeditor”按钮，可以显示并查看 PE 文件格式各头部对应的 HEX 数据，如图 4-2 所示。

在图 4-2 中，选择左侧的树形结构的 PE 头部或头部的字段，右侧会以选中的方式查看其相对应的十六进制的数据。这种功能非常有用，因为在学习各种文件格式时，都会依照格式的数据结构来了解每个字段所对应的十六进制值，以更深入地掌握这种文件格式。

使用 Stud_PE 还可以对 PE 文件格式进行修改。修改 PE 文件格式后，单击图 4-1 中的“SAVE to file”按钮，即可保存修改后的数据。

Stud_PE 工具还提供了虚拟地址与文件地址转换计算器（Rva<=>Raw）、文件比较（File Compare）功能，它们位于 Stud_PE 工具最下方。虚拟地址与文件地址转换是较为常用的一种功能，因为很多情况下会用到几种地址的转换。文件比较功能在分析病毒或加/脱壳文件时非常实用。

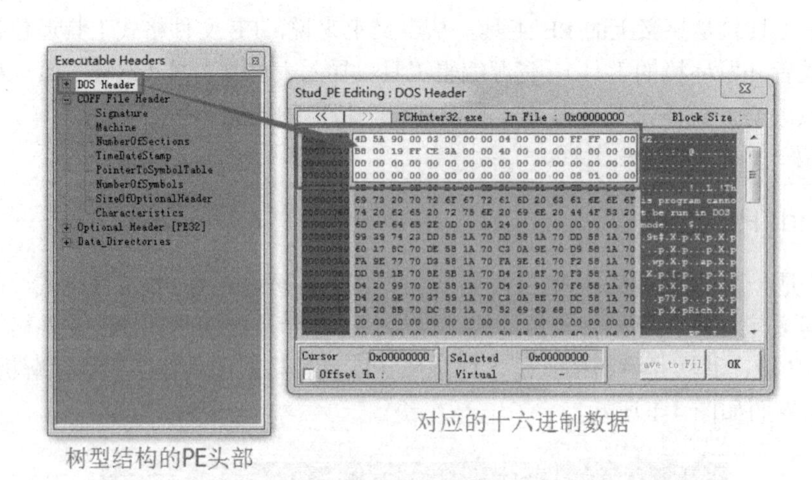

图 4-2　以 HEX 方式显示 PE 各头部对应的数据

4.1.3　PEiD 工具

PEiD 是一款 PE 文件识别工具，主要用来识别可执行程序的开发环境。如果可执行程序被加壳，那么 PEiD 将会识别出可执行程序加壳的类型。PEiD 的主界面如图 4-3 所示。

在图 4-3 中，选中的部分就是 PEiD 识别出来的开发环境的名称和版本号。PEiD 主要用于识别壳，不具备 PE 文件格式编辑功能，但是支持对 PE 文件格式各个数据结构进行查看。

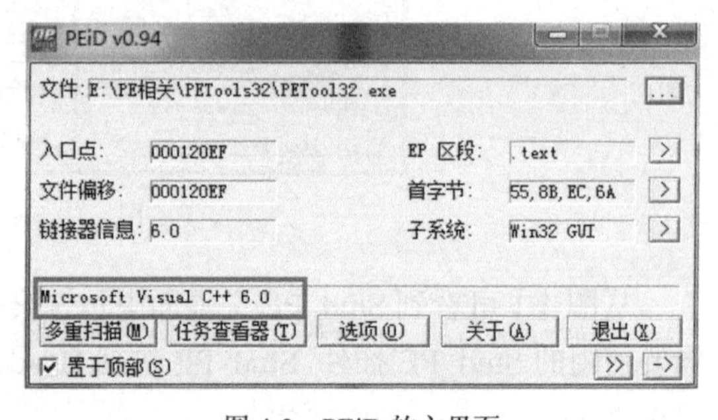

图 4-3　PEiD 的主界面

在 PEiD 中，通过“任务查看器”可以查看系统中的进程列表和进程中的模块列表，通过右键快捷菜单，可以载入并识别进程的可执行文件或者进程中模块所对应的可执行文件。

在 PEiD 的选项对话框中，可以设置 PEiD 的扫描模式，共有“普通扫描”“深度扫描”和“核心扫描”3 种方式，读者可以自行进行测试。为了可以随时对任意可执行文件进行壳的识别，可以通过 PEiD 选项中的“右键菜单扩展”将 PEiD 集成到右键快捷菜单中。

注意： PEiD 的识别功能依赖于其目录下的 userdb.txt 文件，目前 PEiD 的识别并不十分准确，读者可以选择与 PEiD 功能相同的其他工具，如 FFI、ExeInFope、DiE64 等。这些工具的使用方法与 PEiD 类似，这里不再进行介绍。

4.1.4　LordPE 工具

LordPE 也是一款功能强大的 PE 工具，类似于 Stud_PE，集成了很多功能。

LordPE 是使用较多的一款 PE 工具，集成了转存进程、重建 PE 文件、PE 文件编辑等功能。LordPE 的主界面与 PE 查看界面如图 4-4 和图 4-5 所示。

在 LordPE 的主界面中，左侧的上半部分是一个进程的列表，下半部分是进程中对应模块的列表，通过这两个列表可以将进程或进程中的模块转存到磁盘中。对于进程而言，LordPE可以修正镜像的大小，该功能常用于脱壳。

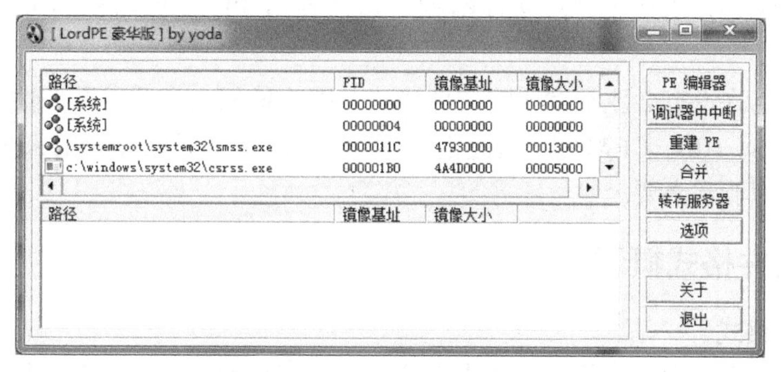

图 4-4　LordPE 的主界面

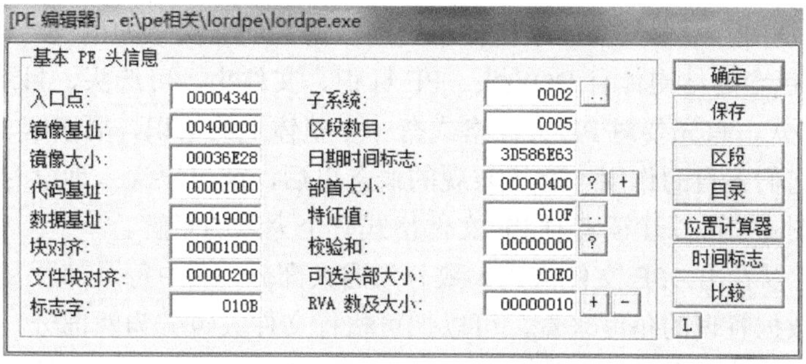

图 4-5　LordPE 的 PE 查看界面

LordPE 的主界面的右侧有许多按钮，其中“PE 编辑器”按钮用于查看和编辑 PE 文件格式，单击后进入图 4-5 所示的界面。图 4-5 中的左侧部分显示了 PE 结构中较为重要和关键的一些字段，右侧部分则提供了查看 PE 结构中的节表、数据目录，以及虚拟地址与文件地址转换等功能的按钮。

LordPE 主界面的右侧有一个“重建 PE”按钮，单击它可以修复和优化 PE 程序，该功能常常在程序脱壳之后使用。

注意：无论是修改，还是修复或者优化 PE 文件格式，在进行操作之前一定要对原始的程序进行备份，因为操作后很可能会因为修改不当而导致程序无法执行。

4.2　PE 文件格式详解

在介绍 PE 文件格式工具时，编者并没有具体介绍 PE 工具中解析后各字段或结构内容的具体含义。这是因为 PE 文件格式是 Windows 操作系统中可执行文件的格式，并非三言两语能够解释清楚的，它是一套完整的知识结构。因此，本小节将专门介绍 PE 文件格式的常用数据结构及其含义。

PE 即可移植的执行体。在 Windows 操作系统平台（包括 Windows 9x、Windows NT、Windows CE 等）上，所有的可执行文件（包括 EXE 文件、DLL 文件、SYS 文件、OCX 文件、COM 文件等）均使用 PE 文件结构。这些使用 PE 文件结构的可执行文件也称为 PE 文件。

普通程序员也许没有必要掌握 PE 文件格式，因为他们大多开发服务性、决策性、辅助性的软件，如 MIS、HIS、CRM 等。但是对于学习逆向知识、信息安全的人员而言，掌握 PE 文件格式相关知识非常必要。

4.2.1 PE 文件格式概述

1. PE 文件格式

Windows 操作系统中的可执行文件中包含着各种类型的二进制数据，包括代码、数据、资源等，但是其存储是有序和结构化的，这完全依赖于 PE 文件格式对各种数据的管理。同样，PE 文件格式是由若干个复杂的结构体组合而成的，而非简单的单一结构体。

PE 文件格式包含的结构体有 DOS 头、PE 标识、文件头、可选头、目录结构、节表等。要掌握 PE 文件格式，首先要对 PE 文件格式有一个整体上的认识，要了解 PE 文件格式分为哪些部分，以及它们各自的作用。有了宏观的概念以后，就可以深入地学习 PE 文件格式的各个结构体了。图 4-6 可以让读者对 PE 文件格式有个大致的了解。

从图 4-6 中可以看出，PE 文件格式大致分为四大部分，其中每个部分又可以细分为若干个小的部分。从数据管理的角度来看，可以把可执行文件大致分为两部分，一部分是可执行文件的数据管理结构或数据组织结构部分，包括 DOS 头、PE 头和节表等；另一部分是可执行文件的数据部分（包含程序执行时真正的代码、数据、资源等内容），如节表数据。

DOS头	MZ头部
	DOS存根
PE头	PE标识(PE\0\0)
	文件头
	可选头
节表	节表一
	节表二
	⋮
	节表N
节表数据	节表数据一(可能是代码或数据)
	节表数据二(可能是代码或数据)
	⋮
	节表数据N(可能是代码或数据)

图 4-6 PE 文件格式总览

简单地通过 LordPE 和 OD 查看一下 PE 文件格式及相关数据的关系。PE 文件格式与 OD 调试的内容如图 4-7 所示。

从图 4-7 中可以看出，LordPE 通过解析 PE 文件格式中的字段，得到了该可执行程序的入口点、镜像基址、数据基址，OD 中也隐含着 PE 文件格式解析的模块，否则它无法知道何处是代码的入口，数据窗口中的数据从哪里开始显示。同样可以看出，在 OD 的内存窗口（快捷键为 Alt+M）中显示了可执行程序的各个节表，其与在 LordPE 中显示的节表是相同的，OD 中还根据节表的属性给出了每个节中可能会存放哪些数据。

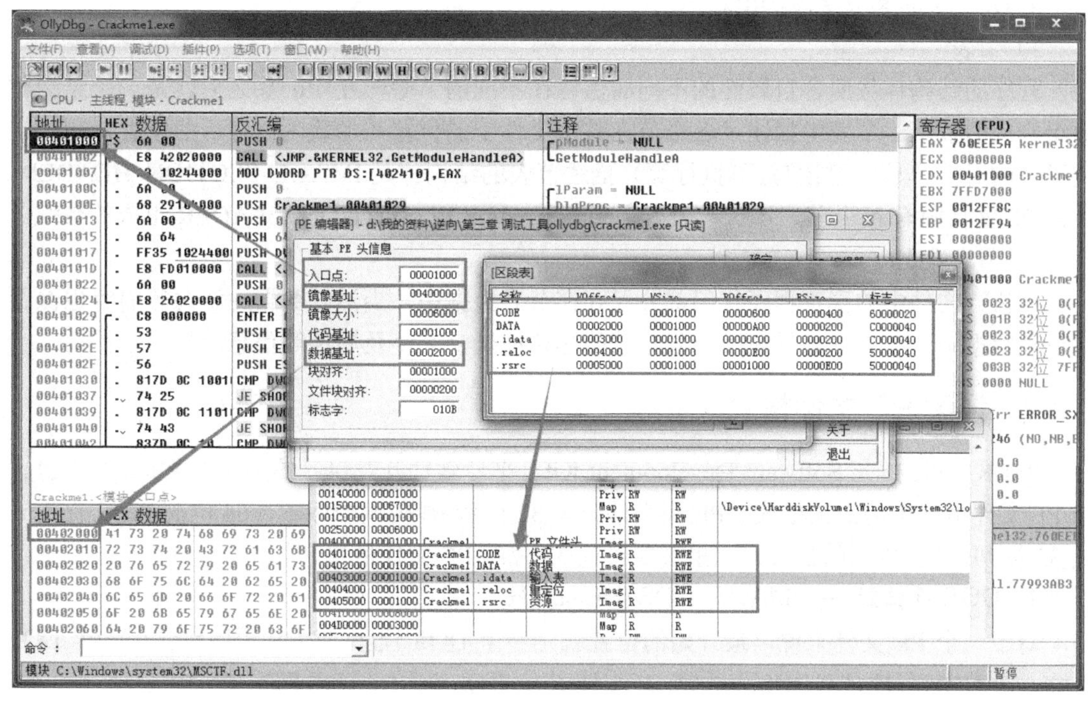

图 4-7 PE 文件格式与 OD 调试的内容

2. PE 文件格式各部分的作用

下面将根据图 4-6 给出的 PE 文件格式总览讲解各部分的作用。

1）DOS 头

DOS 头分为两部分，分别是“MZ 头部”和“DOS 存根”。MZ 头部是真正的 DOS 头，由于其起始处的两字节为“MZ”，所以通常称之为 MZ 头部。该头部用于在 DOS 操作系统中加载程序，它的结构被定义为 IMAGE_DOS_HEADER。

DOS 存根是一段简单的 DOS 程序，主要用于输出类似“This program cannot be run in DOS mode.”的提示字符串。

为什么 PE 文件格式的起始位置有这样一段 DOS 程序呢？这是为了使可执行程序可以兼容 DOS 操作系统。DOS 操作系统中的可执行文件与 Windows 操作系统中的可执行文件的扩展名都为.exe。但是，在现今的 Windows NT 操作系统中，Win32 下的 PE 程序是不能在 DOS 下运行的，因此保留了该 DOS 程序用于提示“不能运行于 DOS 模式下”。但该 DOS 存根程序可以通过连接参数进行修改，使得该可执行文件既可以在 Windows 中运行，又可以在 DOS 中运行，连接参数的具体设置可参考连接器。

2）PE 头

PE 头保存着 Windows 操作系统加载可执行文件的重要信息。PE 头由 IMAGE_NT_

HEADERS 定义，从该结构体的定义名称可以看出，IMAGE_NT_HEADERS 是由多个结构体组合而成的，包含 IMAGE_NT_SIGNATRUE（它不是结构体，而是一个宏定义）、IMAGE_FILE_HEADER 和 IMAGE_OPTIONAL_HEADER 三部分。PE 头在 PE 文件中的位置不是固定不变的，而是由 DOS 头的某个字段给出。

3）节表

程序的结构体按照各自属性的不同而保存在不同的节中，在 PE 头之后就是一个结构体数组构成的节表。节表中描述了各个节在整个文件中的位置与加载入内存后的位置，同时定义了节的属性（只读、可读写、可执行等）。描述节表的结构体是 IMAGE_SECTION_HEADER，如果 PE 文件中有 *N* 个节，那么节表就是由 *N* 个 IMAGE_SECTION_HEADER 组成的数组。

4）节表数据

可执行文件中的真正程序代码部分保存在节表数据中，当然，数据、资源等内容也保存在节表数据中。节表只是描述了节表数据的起始地址、大小及属性等信息。

4.2.2 详解 PE 文件格式

PSDK（Platform Software Development Kit，平台软件开发包）的头文件 Winnt.h 中包含了 PE 文件格式中的定义格式。PE 头文件分为 32 位和 64 位两个版本，64 位的 PE 文件格式是 32 位 PE 文件格式的扩展。这里主要讨论 32 位的 PE 文件格式。

1．DOS 头详解——IMAGE_DOS_HEADER

对于一个 PE 文件来说，最开始的位置就是一个 DOS 程序。DOS 程序包含了一个 DOS 头和一个 DOS 程序体（DOS 存根或 DOS 残留）。DOS 头用来装载 DOS 程序，也就是图 4-6 中的 DOS 存根。保留这部分内容是为了与 DOS 相兼容。当 Win32 程序在 DOS 下被执行时，DOS 存根程序会提示“This program cannot be run in DOS mode.”。在 VC 开发环境下可以通过修改参数而改变 DOS 存根。

虽然 DOS 头仅用于装载 DOS 程序，但是 DOS 头中的一个字段保存有指向 PE 头位置的值。DOS 头在 Winnt.h 头文件中被定义为 IMAGE_DOS_HEADER，具体定义如下：

```
typedef struct _IMAGE_DOS_HEADER {
    WORD   e_magic;
    WORD   e_cblp;
    WORD   e_cp;
    WORD   e_crlc;
    WORD   e_cparhdr;
    WORD   e_minalloc;
    WORD   e_maxalloc;
    WORD   e_ss;
    WORD   e_sp;
    WORD   e_csum;
    WORD   e_ip;
    WORD   e_cs;
    WORD   e_lfarlc;
    WORD   e_ovno;
    WORD   e_res[4];
    WORD   e_oemid;
    WORD   e_oeminfo;
    WORD   e_res2[10];
    LONG   e_lfanew;
  } IMAGE_DOS_HEADER, *PIMAGE_DOS_HEADER;
```

该结构体中需要掌握的字段只有两个，分别是第一个字段 e_magic 和最后一个字段

e_lfanew 字段。

e_magic 字段是一个 DOS 可执行文件的标识符，占用两字节。该位置保存着的字符是“MZ”。该标识符在 Winnt.h 头文件中的宏定义如下：

```
#define IMAGE_DOS_SIGNATURE                 0x5A4D      // MZ
```

Windows 中只要一个文件是 PE 文件，那么开头的两字节肯定是“4D 5A”。

e_lfanew 字段中保存着 PE 头的起始位置。

下面将举例介绍如何查看 PE 文件格式中的信息。在 VC 下创建一个简单的“Win32 Application”程序，并生成一个可执行文件，用于学习和分析 PE 文件格式。

程序代码如下：

```
int WINAPI WinMain( __in HINSTANCE hInstance,
                    __in_opt HINSTANCE hPrevInstance,
                    __in_opt LPSTR lpCmdLine,
                    __in int nShowCmd )
{
    MessageBox(NULL, _T("Hello World!"), _T("Hello"), MB_OK);

    return 0;
}
```

该程序的功能只是弹出一个 MessageBox 对话框。为了减小程序的体积，使用“Release”方式编译连接程序，并把编译好的程序用 C32Asm 打开（也可以使用 Stud_PE 打开，但是 Stud_PE 显示的十六进制数据太小不好截图，因此这里使用了 C32Asm）。C32Asm 是一个集反汇编与十六进制编辑于一体的程序，其主界面如图 4-8 所示。

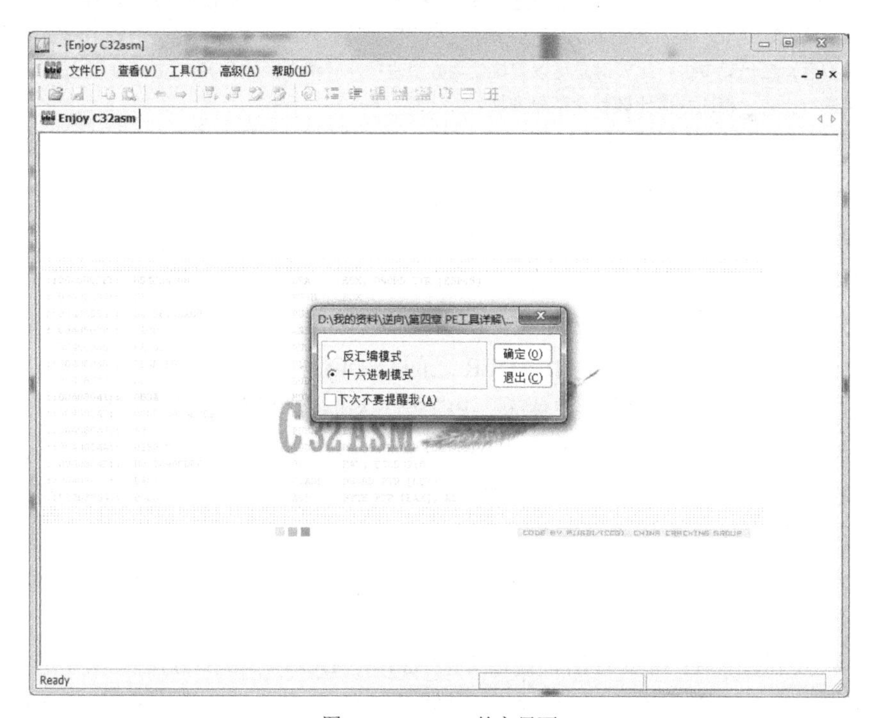

图 4-8 C32Asm 的主界面

在图 4-8 中选择以“十六进制模式”方式打开程序，单击“确定”按钮，程序即被 C32Asm 程序以十六进制模式打开。十六进制编辑状态下的 C32Asm 如图 4-9 所示。

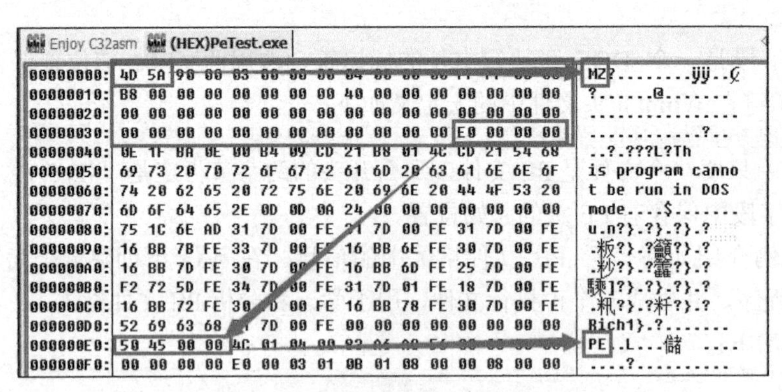

图 4-9 十六进制编辑状态下的 C32Asm

从图 4-9 中可以看到，在文件偏移地址 0x00000000 处保存有两字节的内容 0x5A4D，用 ASCII 表示则是“MZ”。图 4-9 中的前两字节明明写着“4D 5A”，为什么前面说其为 0x5A4D 呢？此外，Winnt.h 头文件中定义的宏也写着 0x5A4D。这是为什么呢？回想一下前面章节中介绍的字节序的内容，就应该明白为什么这么写了。这里使用的操作系统采用小尾方式进行数据存储，即高位保存高字节，低位保存低字节。这个概念是很重要的，希望读者不要忘记。

注意：在这里，如果以 ASCII 的形式去考察 e_maigc 字段，那么它的值的确是“4D 5A”，但是为什么宏定义是“0x5A4D”呢？因为 IMAGE_DOS_HEADER 对于 e_magic 的定义是一个 word 类型。定义成 word 类型后，在代码中进行比较时是可以直接使用数值进行比较的，而如果定义成 char 类型，或者按照 ASCII 来进行比较，相比数值比较就会稍显麻烦。

在 Winnt.h 头文件中可以找到 IMAGE_DOS_SIGNATURE 的定义，但是这里的定义是 0x5A4D。

在图 4-9 中的 0x0000003C 位置处是 IMAGE_DOS_HEADER 的 e_lfanew 字段，该字段保存着 PE 头的起始位置。PE 头的地址是多少呢？是 0xE0000000 吗？如果认为是 0xE0000000 就错了，原因还是字节序的问题。e_lfanew 的值为 0x000000E0。在文件偏移地址 0x000000E0 处保存着“50 45 00 00”，与之对应的 ASCII 字符为“PE\0\0”。这就是 PE 头的起始位置。

在“PE\0\0”和 IMAGE_DOS_HEADER 之间是 DOS 存根。由于其本身没有什么利用的价值，所以这里不对其进行介绍。在免杀、PE 文件大小优化等技术中会对这部分进行处理，可以将这部分直接删除，并将 PE 头整体向前移动，也可以将一些配置数据保存在此处等。在 C32Asm 中选中 DOS 存根程序，即选中从 0x00000040 处一直到 0x000000DF 处的内容并右键单击，选择快捷菜单中的“填充”选项，在弹出的“填充数据”对话框中，选中“使用十六进制填充”单选按钮，在其后的编辑框中输入“00”，单击“确定”按钮即可，如图 4-10 和图 4-11 所示。

通过图 4-10 和图 4-11 可以看出，使用 C32Asm 把 DOS 存根部分全部以 0 进行填充，填充完毕以后，单击工具栏中的“保存”按钮对修改后的内容进行保存。保存时会提示“是否进行备份”，选择“是”，修改后的文件即被保存。找到修改后的文件并运行，程序中的 MessageBox 对话框依旧弹出，说明这里的内容的确无关紧要，不会影响程序的正常运行。DOS 存根部分经常因需要而保存其他数据，因此这种填充操作较为常见。对于具体填充什么数据，读者可以在使用过程中自行定义。

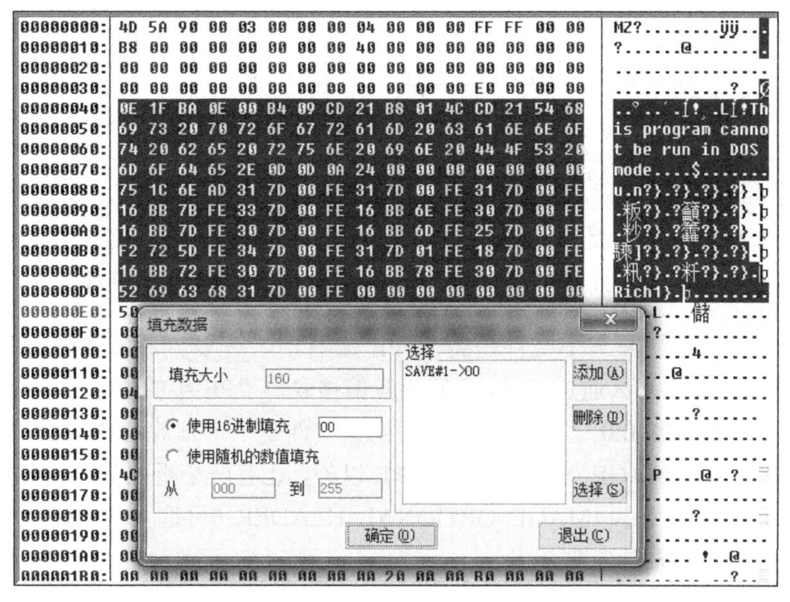

图 4-10　填充数据

```
Enjoy C32asm   (HEX)PeTest.exe
00000000: 4D 5A 90 00 03 00 00 00 04 00 00 00 FF FF 00 00   MZ?........ÿÿ..
00000010: B8 00 00 00 00 00 00 00 40 00 00 00 00 00 00 00   ?.......@.......
00000020: 00 00 00 00 00 00 00 00 00 00 00 00 00 00 00 00   ................
00000030: 00 00 00 00 00 00 00 00 00 00 00 00 E0 00 00 00   ............à...
00000040: 00 00 00 00 00 00 00 00 00 00 00 00 00 00 00 00   ................
00000050: 00 00 00 00 00 00 00 00 00 00 00 00 00 00 00 00   ................
00000060: 00 00 00 00 00 00 00 00 00 00 00 00 00 00 00 00   ................
00000070: 00 00 00 00 00 00 00 00 00 00 00 00 00 00 00 00   ................
00000080: 00 00 00 00 00 00 00 00 00 00 00 00 00 00 00 00   ................
00000090: 00 00 00 00 00 00 00 00 00 00 00 00 00 00 00 00   ................
000000A0: 00 00 00 00 00 00 00 00 00 00 00 00 00 00 00 00   ................
000000B0: 00 00 00 00 00 00 00 00 00 00 00 00 00 00 00 00   ................
000000C0: 00 00 00 00 00 00 00 00 00 00 00 00 00 00 00 00   ................
000000D0: 00 00 00 00 00 00 00 00 00 00 00 00 00 00 00 00   ................
000000E0: 50 45 00 00 4C 01 04 00 83 A6 A3 56 00 00 00 00   PE..L...儲....
000000F0: 00 00 00 00 E0 00 03 01 0B 01 08 00 00 08 00 00   ....?..........
00000100: 00 0C 00 00 00 00 00 00 34 13 00 00 00 10 00 00   ........4.......
00000110: 00 20 00 00 00 00 40 00 00 10 00 00 00 02 00 00   . ....@.........
```

图 4-11　填充后的数据

对于 DOS 头而言，其只有两个关键的字段，即 e_magic 和 e_lfanew。此外，其他无用的字段可以填充或者放置其他数据，这一点读者可以自行测试。

2. PE 头详解——IMAGE_NT_HEADERS

DOS 头是为了兼容 DOS 操作系统而遗留的，DOS 头中的最后一字节给出了 PE 头的位置。PE 头是真正用来装载 Windows 程序的头部，PE 头的定义为 IMAGE_NT_HEADERS，该结构体包含 PE 标识符、文件头 IMAGE_FILE_HEADER 和可选头 IMAGE_OPTIONAL_HEADER 三部分。IMAGE_NT_HEADERS 是一个宏定义，其定义如下：

```
#ifdef _WIN64
typedef IMAGE_NT_HEADERS64                    IMAGE_NT_HEADERS;
typedef PIMAGE_NT_HEADERS64                   PIMAGE_NT_HEADERS;
#else
```

```
typedef IMAGE_NT_HEADERS32                  IMAGE_NT_HEADERS;
typedef PIMAGE_NT_HEADERS32                 PIMAGE_NT_HEADERS;
#endif
```

该头分为32位和64位两个版本，其定义依赖于是否定义了_WIN64宏。这里只讨论32位的PE文件格式，IMAGE_NT_HEADERS32的定义如下：

```
typedef struct _IMAGE_NT_HEADERS {
    DWORD Signature;
    IMAGE_FILE_HEADER FileHeader;
    IMAGE_OPTIONAL_HEADER32 OptionalHeader;
} IMAGE_NT_HEADERS32, *PIMAGE_NT_HEADERS32;
```

该结构体的Signature就是PE标识符，用于标识该文件是否为PE文件。该部分占4字节，即“50 45 00 00”。该部分可以参考图4-9。Signature在Winnt.h中有以下宏定义：

```
#define IMAGE_NT_SIGNATURE    0x00004550  // PE00
```

该值非常重要。在判断一个文件是否为PE文件时，先要判断文件的起始位置是否为“MZ”，如果是“MZ”，那么通过DOS头的相应偏移取得“PE头的位置”，再判断文件该位置的前4字节是否为“PE\0\0”。如果是，则说明该文件是一个有效的PE文件。

在PE头中，除了IMAGE_NT_SIGNATURE以外，还有两个重要的结构体，即IMAGE_FILE_HEADER（文件头）和IMAGE_OPTIONAL_HEADER（可选头）。这两个头在PE头中占据重要的位置，因此需要详细介绍。

注意：用文本编辑器打开一个可执行文件，也能够直接看到MZ和PE两个很明显的特征。当然，用文本编辑器打开可执行文件时，应尽量使用notepad++，而非Windows自带的notepad。

3．文件头详解——IMAGE_FILE_HEADER

文件头结构体IMAGE_FILE_HEADER是IMAGE_NT_HEADERS结构体中的一个结构体，紧接在PE标识符后。IMAGE_FILE_HEADER结构体的大小为20字节，起始位置为0x000000E4，结束位置为0x000000F7，如图4-12所示。

```
000000C0: 00 00 00 00 00 00 00 00 00 00 00 00 00 00 00 00
000000D0: 00 00 00 00 00 00 00 00 00 00 00 00 00 00 00 00
000000E0: 50 45 00 00 4C 01 04 00 83 A6 A3 56 00 00 00 00
000000F0: 00 00 00 00 E0 00 03 01 0B 01 08 00 00 08 00 00
00000100: 00 0C 00 00 00 00 00 00 34 13 00 00 00 10 00 00
00000110: 00 20 00 00 00 00 40 00 00 10 00 00 00 02 00 00
```

图4-12　IMAGE_FILE_HEADER在PE文件中的位置

IMAGE_FILE_HEADER的起始位置取决于PE头的起始位置，PE头的位置取决于IMAGE_DOS_HEADER中e_lfanew字段中的值。除了IMAGE_DOS_HEADER的起始位置外，其他头的位置都依赖于PE头的起始位置。

IMAGE_FILE_HEADER结构体中包含了PE文件的一些基础信息，其结构体在Winnt.h头文件中的定义如下：

```
typedef struct _IMAGE_FILE_HEADER {
    WORD    Machine;
    WORD    NumberOfSections;
    DWORD   TimeDateStamp;
    DWORD   PointerToSymbolTable;
    DWORD   NumberOfSymbols;
    WORD    SizeOfOptionalHeader;
    WORD    Characteristics;
} IMAGE_FILE_HEADER, *PIMAGE_FILE_HEADER;
```

IMAGE_FILE_HEADER 结构体的大小在 Winnt.h 头文件中也给出了相应的定义，具体定义如下：

```
#define IMAGE_SIZEOF_FILE_HEADER             20
```

下面介绍该结构体的各个字段。

- Machine：该字段是 word 类型，占用 2 字节。该字段表示可执行文件的目标 CPU 类型，其值如表 4-1 所示。

表 4-1 Machine 字段的值

宏定义	值	说明
IMAGE_FILE_MACHINE_I386	0x014c	Intel 32
IMAGE_FILE_MACHINE_IA64	0x0200	Intel 64

- 从图 4-12 中可以看出，Machine 字段的值为“4C 01”，即 0x014C，表示支持 Intel 32 位的 CPU。如果 Machine 字段的值为“00 02”，即 0x0200，则表示支持 Intel 64 位的 CPU。表 4-1 中给出的 Machine 的值并不是其所有的值，要了解该字段的所有值可参阅 Winnt.h 头文件。
- NumberOfSection：该字段是 word 类型，占用 2 字节。该字段表示 PE 文件的节表的个数。从图 4-12 中可以看出，该字段的值为“04 00”，即 0x0004，表示该 PE 文件的节表有 4 个，相对应的节表数据也有 4 个。
- TimeDateStamp：该字段表明文件是何时被创建的。这个值是自 1970 年 1 月 1 日以来用格林尼治时间计算的秒数。
- PointerToSymbolTable：该字段很少被使用，这里不进行介绍。
- NumberOfSymbols：该字段很少被使用，这里不进行介绍。
- SizeOfOptionalHeader：该字段为 word 类型，占用 2 字节。该字段指定了 IMAGE_OPTIONAL_HEADER 结构体的大小。在图 4-12 中，该字段的值为“E0 00”，即 0x00E0，也就是说，IMAGE_OPTIONAL_HEADER 结构体的大小为 0x00E0。由该字段可以看出，IMAGE_OPTIONAL_HEADER 结构体的大小可以改变。需要注意的是，解析 PE 文件格式需要定位节表位置，计算 IMAGE_OPTIONAL_HEADER 的大小时，应该从 IMAGE_FILE_HEADER 结构体中的 SizeOfOptionalHeader 字段指定的值来获取，而不应该直接使用 sizeof(IMAGE_OPTIONAL_HEADER)来计算。

在 32 位和 64 位的操作系统中，PE 文件格式的结构是有所不同的，其在 IMAGE_OPTIONAL_HEADER 中是有变化的，最明显的变化就是其字段的多少是不一致的，且字段的宽度也是不一样的，因此 IMAGE_OPTIONAL_HEADER 具体的大小是由 IMAGE_FILE_HEADER 结构体中的 SizeOfOptionalHeader 给出的。在程序中编写关于 PE 文件格式解析的代码时，一定要注意到这一点，因为编写代码时并不知道最终解析的是 32 位还是 64 位的 PE 文件格式。

- Characteristics：该字段为 word 类型，占用 2 字节。该字段用于指定文件的类型，其值如表 4-2 所示。

表 4-2 Characteristics 字段的值

宏定义	值	说明
IMAGE_FILE_RELOCS_STRIPPED	0x0001	文件中不存在重定位信息
IMAGE_FILE_EXECUTABLE_IMAGE	0x0002	文件可执行
IMAGE_FILE_SYSTEM	0x1000	系统文件
IMAGE_FILE_DLL	0x2000	DLL 文件
IMAGE_FILE_32BIT_MACHINE	0x0100	目标平台为 32 位的平台

从图 4-12 中可以看出，该字段的值为“03 01”，即 0x0103。该值表示文件运行的目标平台为 Windows 的 32 位平台，是一个可执行文件且文件中不存在重定位信息。表 4-2 所示并不是 Characteristics 字段的所有值，要了解该字段的所有取值可参阅 Winnt.h 头文件。

4．可选头详解——IMAGE_OPTIONAL_HEADER

IMAGE_OPTIONAL_HEADER 在几乎所有的参考书中都被称作“可选头”。虽然它被称作可选头，但是该头部并不是一个可选的头部，而是一个必须存在的头部，不可以没有。该头被称作“可选头”的原因，编者认为是在该头部的数据目录数组中，有的数据目录项是可有可无的，数据目录项的部分是可选的，因此被称为“可选头”。编者认为称其为“选项头”更确切。不管如何称呼它，读者都应牢记 IMAGE_OPTIONAL_HEADER 是必须存在的，且数据目录部分是可选的。

可选头紧挨着文件头，文件头的结束位置在 0x000000F7 处，那么可选头的起始位置为 0x000000F8。可选头的大小在文件头中已经给出，其大小为 0x00E0 字节（十进制为 224 字节），其结束位置为 0x000000F8+0x00E0−1=0x000001D7，如图 4-13 所示。

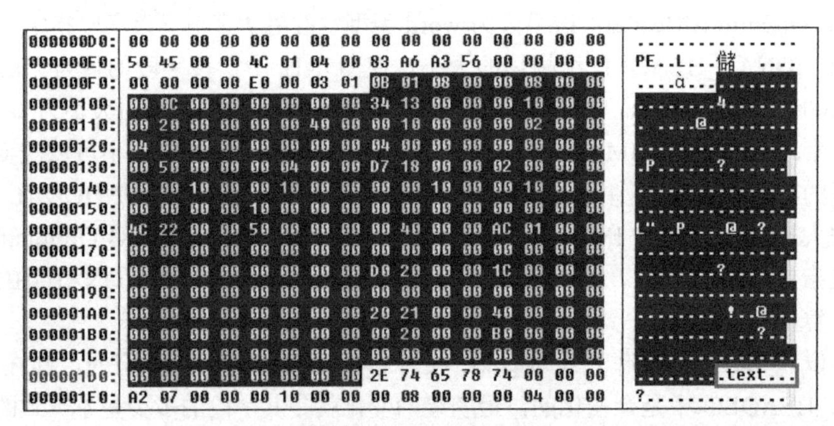

图 4-13 IMAGE_OPTIONAL_HEADER 在 PE 文件中的位置

可选头的定位有一个小技巧，起始位置的定位相对比较容易找到，按照 PE 标识寻找即可。文件头的定位：在十六进制编辑器中，先找到 PE 标识符，它比较明显；PE 标识符后为文件头，大小是一行（一行是 16 字节）多 4 字节，也就是 20 字节；文件头后是可选头的起始位置。

可选头结束位置也可以定位，通常情况下定位（注意，这里是指通常情况下，而不是手

工构造的变形 PE 文件格式），可选头的结尾后紧跟第一项节表的名称。观察图 4-13，文件偏移地址 0x000001D8 处的节名称是“.text”，也就是说，可选头的结束位置在 0x000001D8 前一字节处，即 0x000001D7 处。

可选头是文件头的补充。文件头主要描述文件的相关信息，而可选头主要用来管理 PE 文件被操作系统装载时所需要的信息。可选头同样有 32 位与 64 位版本之分。IMAGE_OPTIONAL_HEADER 是一个宏，其定义如下：

```
#ifdef _WIN64
typedef IMAGE_OPTIONAL_HEADER64             IMAGE_OPTIONAL_HEADER;
typedef PIMAGE_OPTIONAL_HEADER64            PIMAGE_OPTIONAL_HEADER;
#define IMAGE_SIZEOF_NT_OPTIONAL_HEADER     IMAGE_SIZEOF_NT_OPTIONAL64_HEADER
#define IMAGE_NT_OPTIONAL_HDR_MAGIC         IMAGE_NT_OPTIONAL_HDR64_MAGIC
#else
typedef IMAGE_OPTIONAL_HEADER32             IMAGE_OPTIONAL_HEADER;
typedef PIMAGE_OPTIONAL_HEADER32            PIMAGE_OPTIONAL_HEADER;
#define IMAGE_SIZEOF_NT_OPTIONAL_HEADER     IMAGE_SIZEOF_NT_OPTIONAL32_HEADER
#define IMAGE_NT_OPTIONAL_HDR_MAGIC         IMAGE_NT_OPTIONAL_HDR32_MAGIC
#endif
```

32 位和 64 位版本的选择是根据是否定义了_WIN64 宏而决定的。其他几个常量分别定义如下：

```
#define IMAGE_SIZEOF_NT_OPTIONAL32_HEADER    224
#define IMAGE_SIZEOF_NT_OPTIONAL64_HEADER    240

#define IMAGE_NT_OPTIONAL_HDR32_MAGIC       0x10b
#define IMAGE_NT_OPTIONAL_HDR64_MAGIC       0x20b
```

前两个宏定义是可选头的大小。IMAGE_SIZEOF_NT_OPTIONAL32_HEADER 宏是 32 位可选头的大小，为 224 字节，即 0x00E0 字节，这个值在前面介绍 IMAGE_FILE_ HEADER 时已介绍过。IMAGE_SIZEOF_NT_OPTIONAL64_HEADER 宏是 64 位可选头的大小，为 240 字节，即 0x00F0 字节。这里可以再次确认，在解析 PE 时，可选头的大小是不确定的，一定要通过 IMAGE_FILE_HEADER 结构体的 SizeOfOptinalHeader 来得到。

后两个宏定义是 32 位可选头和 64 位可选头的标识符。在这里只观察 32 位可选头的定义，IMAGE_OPTIONAL_HEADER32 结构体的定义如下：

```
typedef struct _IMAGE_OPTIONAL_HEADER {
    WORD    Magic;
    BYTE    MajorLinkerVersion;
    BYTE    MinorLinkerVersion;
    DWORD   SizeOfCode;
    DWORD   SizeOfInitializedData;
    DWORD   SizeOfUninitializedData;
    DWORD   AddressOfEntryPoint;
    DWORD   BaseOfCode;
    DWORD   BaseOfData;
    DWORD   ImageBase;
    DWORD   SectionAlignment;
    DWORD   FileAlignment;
    WORD    MajorOperatingSystemVersion;
    WORD    MinorOperatingSystemVersion;
    WORD    MajorImageVersion;
    WORD    MinorImageVersion;
    WORD    MajorSubsystemVersion;
    WORD    MinorSubsystemVersion;
    DWORD   Win32VersionValue;
```

```
    DWORD   SizeOfImage;
    DWORD   SizeOfHeaders;
    DWORD   CheckSum;
    WORD    Subsystem;
    WORD    DllCharacteristics;
    DWORD   SizeOfStackReserve;
    DWORD   SizeOfStackCommit;
    DWORD   SizeOfHeapReserve;
    DWORD   SizeOfHeapCommit;
    DWORD   LoaderFlags;
    DWORD   NumberOfRvaAndSizes;
    IMAGE_DATA_DIRECTORY DataDirectory[IMAGE_NUMBEROF_DIRECTORY_ENTRIES];
} IMAGE_OPTIONAL_HEADER32, *PIMAGE_OPTIONAL_HEADER32;
```

该结构体的成员变量非常多，为了能够更好地掌握该结构体，下面将对可选头结构体的成员变量一一进行介绍。

- Magic：文件标识类型，其值如表 4-3 所示。

表 4-3　Magic 字段的值

宏定义	值	说明
IMAGE_NT_OPTIONAL_HDR32_MAGIC	0x10b	32 位操作系统可执行文件
IMAGE_NT_OPTIONAL_HDR64_MAGIC	0x20b	64 位操作系统可执行文件

- MajorLinkerVersion：主连接版本号。
- MinorLinkerVersion：次连接版本号。
- SizeOfCode：代码节的大小，如果有多个代码节，则该值是所有代码节大小的总和（通常只有一个代码节）。该处指所有包含可执行属性的节点大小。
- SizeOfInitializedData：已初始化数据块的大小。
- SizeOfUninitializedData：未初始化数据块的大小。
- AddressOfEntryPoint：程序执行的入口地址。该地址是一个相对虚拟地址，简称 EP（EntryPoint），其值指向程序中第一条要执行的代码。程序加壳后会修改该字段的值，成为壳的入口地址，这样壳代码就有机会先进行执行了。在脱壳的过程中，只要找到加壳前的入口地址，就说明找到了原始入口点，原始入口点称为 OEP。该字段的地址指向的不是 main 函数的地址，也不是 WinMain 函数的地址，而是运行库启动代码的地址。对于 DLL 来说，该值的意义不大，因为 DLL 甚至可以没有 DllMain 函数（没有 DllMain 函数只是无法捕获装载和卸载 DLL 时的 4 条消息）。如果在装载或卸载 DLL 时没有需要进行处理的事件，则可以将 DllMain 函数省略。
- BaseOfCode：代码节的起始相对虚拟地址。
- BaseOfData：数据节的起始相对虚拟地址。
- ImageBase：文件被装入内存后的首选建议装载地址。对于 EXE 文件来说，通常情况下该地址就是装载地址；对于 DLL 文件来说，该地址并不一定就是其装入内存后的地址。

打开 OD 后，OD 停留的第一行的反汇编代码处就是 AddressOfEntryPoint+ImageBase 的值。在 OD 中打开被调试程序后，数据窗口默认显示的位置是 BaseOfData+ImageBase 的值。

对于 EXE 文件而言，所有的相对虚拟地址加上 ImageBase 后即为其虚拟地址；对于 DLL 而言，在其装入内存后，就需要通过重定位表修正相关的地址信息。

BaseOfCode 和 AddressOfEntryPoint 的区别在于，BaseOfCode 只是代码节的起始位置，而非入口。以 C 语言为例，对于程序员而言，C 语言的入口是 main 函数，如果在 main 函数前定义了其他的函数，那么打开该 C 语言源代码后，最上面的函数可以说是代码的起始位置，而不能说是 C 语言的入口。

- SectionAlignment：节表数据被装入内存后的对齐值，即节表数据被映射到内存中需要对齐的单位。在 Win32 下，通常情况下，内存对齐值为 0x1000 字节，即 4KB 大小。Windows 操作系统的内存分页一般为 4KB，这样做的目的是实现快速切换。
- FileAlignment：节表数据在文件中的对齐值。通常情况下，该值为 0x1000 字节或 0x200 字节。当文件对齐值为 0x1000 字节时，由于其与内存对齐值相同，所以可以提升操作系统将可执行文件装载入内存的速度。而当文件对齐值为 0x200 字节时，可以占用相对较少的磁盘空间。0x200 字节即 512 字节，通常磁盘的一个扇区即为 512 字节。

注意：程序无论是在内存中还是磁盘中，都无法恰好是 SectionAlignment 和 FileAlignment 值的整倍数，通常情况下编译器会自动补 0，这样就导致节数据与节数据之间存在着为了对齐而存在的大量的 0 空隙。这些空隙对于病毒之类的程序而言就有了可利用的价值，病毒通过搜索空隙可以植入病毒代码，从而在不改变文件大小的情况下感染文件。

- MajorOperatingSystemVersion：要求最低操作系统的主版本号。
- MinorOperatingSystemVersion：要求最低操作系统的次版本号。
- MajorImageVersion：可执行文件的主版本号。
- MinorImageVersion：可执行文件的次版本号。
- Win32VersionValue：该成员变量是被保留的。
- SizeOfImage：可执行文件装入内存后的总大小。该大小按内存对齐方式对齐。
- SizeOfHeaders：整个 PE 头的大小，即 DOS 头、PE 头、节表的总和大小。该大小按照文件对齐方式进行对齐。
- CheckSum：校验和值。对于 EXE 文件，其值通常为 0；对于 SYS 文件（驱动文件、内核文件），则必须有一个校验和。
- SubSystem：可执行文件的子系统类型。其值如表 4-4 所示，详细信息可参考 Winnt.h 头文件。

表 4-4 SubSystem 字段的值

宏定义	值	说明
IMAGE_SUBSYSTEM_UNKNOWN	0	未知子系统
IMAGE_SUBSYSTEM_NATIVE	1	不需要子系统
IMAGE_SUBSYSTEM_WINDOWS_GUI	2	图形子系统
IMAGE_SUBSYSTEM_WINDOWS_CUI	3	控制台子系统
IMAGE_SUBSYSTEM_WINDOWS_CE_GUI	9	WinCE 子系统
IMAGE_SUBSYSTEM_XBOX	14	Xbox 子系统

- DllCharacteristics：指定 DLL 文件的属性。对于 DLL 来说，其值如表 4-5 所示，详细信息可参考 Winnt.h 头文件。

表 4-5 DllCharacteristics 字段的值

宏定义	值	说明
IMAGE_DLLCHARACTERISTICS_DYNAMIC_BASE	0x0040	DLL 可以在加载时被重定位
IMAGE_DLLCHARACTERISTICS_FORCE_INTEGRITY	0x0080	强制进行代码完整性校验

- SizeOfStackReserve：为线程保留的栈大小，以字节为单位。
- SizeOfStackCommit：为线程已提交的栈大小，以字节为单位。
- SizeOfHeapReserve：为线程保留的堆大小。
- SizeOfHeapCommit：为线程提交的堆大小。
- LoadFlags：保留字段，必须为 0。MSDN 上的原话为"This member is obsolete"，意思是一个废弃的字段。但是该值在某些情况下还是会用到，比如针对原始的低版本 OD，修改该值会起到反调试的作用。
- NumberOfRvaAndSizes：数据目录项的个数。其在 Winnt.h 头文件中有一个宏定义，具体定义如下：

```
#define IMAGE_NUMBEROF_DIRECTORY_ENTRIES    16
```

- DataDirectory：数据目录表，由 NumberOfRvaAndSize 个 IMAGE_DATA_DIRECTORY 结构体组成的数组。该数组包含输入表、输出表、资源、重定位等数据目录项的 RVA 和大小。IMAGE_DATA_DIRECTORY 结构体的定义如下：

```
typedef struct _IMAGE_DATA_DIRECTORY {
    DWORD   VirtualAddress;
    DWORD   Size;
} IMAGE_DATA_DIRECTORY, *PIMAGE_DATA_DIRECTORY;
```

- VirtualAddress：实际上是数据目录的 RVA。
- Size：给出该数据目录项的大小（以字节计算）。

数据目录中的成员在数组中的索引如表 4-6 所示，详细的索引定义可参考 Winnt.h 头文件。

表 4-6 数据目录的成员在数组中的索引

宏定义	值	说明
IMAGE_DIRECTORY_ENTRY_EXPORT	0	导出表在数组中的索引
IMAGE_DIRECTORY_ENTRY_IMPORT	1	导入表在数组中的索引
IMAGE_DIRECTORY_ENTRY_RESOURCE	2	资源在数组中的索引
IMAGE_DIRECTORY_ENTRY_BASERELOC	5	重定位表在数组中的索引
IMAGE_DIRECTORY_ENTRY_TLS	9	TLS 在数组中的索引
IMAGE_DIRECTORY_ENTRY_IAT	12	导入地址表在数组中的索引

在数据目录中，并不是所有的目录项都会有值，很多目录项的值为 0。因为很多目录项的值为 0，所以数据目录项是可选的。数据目录中的具体数据并不包含在可选头中，只是可选头提供了相应数据的相对虚拟地址，具体数据目录中的内容将在后面的内容中进行

介绍。

可选头的结构体至此介绍完毕，希望读者按照该结构体中各个成员变量的含义自行学习可选头中的十六进制值的含义。只有参考结构体的说明对照分析 PE 文件格式中的十六进制值，才能更好、更快地掌握 PE 结构。

> **补充**：在 IMAGE_OPTIONAL_HEADER32 结构体中，SizeOfCode、SizeOfInitializedData、SizeOfUninitializedData、BaseOfCode 和 BaseOfData 字段都可以填充为 0，也就是说，Windows 操作系统在装载 PE 文件进入内存时是不需要它们的。这里请根据具体的情况进行测试，编者测试用的操作系统是 Windows 7。

5．节表详解——IMAGE_SECTION_HEADER

节表的位置在 IMAGE_OPTIONAL_HEADER 结构体后，节表中的每个 IMAGE_SECTION_HEADER 中都存放着可执行文件被映射到内存中所在位置的信息，节的个数由 IMAGE_FILE_HEADER 中的 NumberOfSections 给出，如图 4-14 所示。

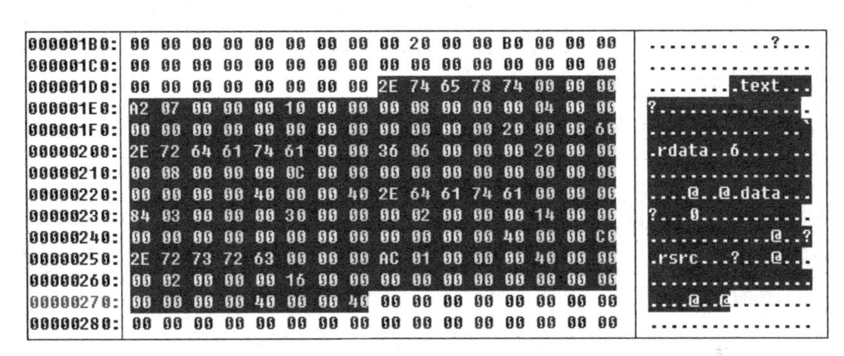

图 4-14　IMAGE_SECTION_HEADER 在 PE 文件中的位置

由 IMAGE_SECTION_HEADER 结构体构成的节表起始位置为 0x000001D8，最后一个节表项结束位置为 0x00000277。IMAGE_SECTION_HEADER 的大小为 40 字节，该文件有 4 个节表项，因此共占用 160 字节。

IMAGE_SECTION_HEADER 结构体的定义如下：

```
#define IMAGE_SIZEOF_SHORT_NAME              8

typedef struct _IMAGE_SECTION_HEADER {
    BYTE    Name[IMAGE_SIZEOF_SHORT_NAME];
    union {
            DWORD   PhysicalAddress;
            DWORD   VirtualSize;
    } Misc;
    DWORD   VirtualAddress;
    DWORD   SizeOfRawData;
    DWORD   PointerToRawData;
    DWORD   PointerToRelocations;
    DWORD   PointerToLinenumbers;
    WORD    NumberOfRelocations;
    WORD    NumberOfLinenumbers;
    DWORD   Characteristics;
} IMAGE_SECTION_HEADER, *PIMAGE_SECTION_HEADER;
```

IMAGE_SECTION_HEADER 结构体的大小为 40 字节，Winnt.h 头文件中提供了它的宏

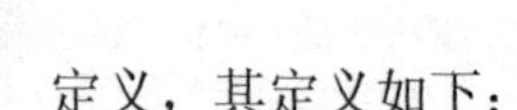

定义，其定义如下：

```
#define IMAGE_SIZEOF_SECTION_HEADER              40
```

这个结构体相对于 IMAGE_OPTIONAL_HEADER 结构体来说，成员变量少了很多。下面介绍 IMAGE_SECTION_HEADER 结构体的主要成员变量。

- Name：该成员变量保存着节表项的名称，节表项的名称用 ASCII 来保存。节名称的长度为 IMAGE_SIZEOF_SHORT_NAME，这是一个宏定义，其定义的值为 8。也就是说，节表项的名称长度是 8 个 ASCII 字符，多余的字节会被自动截断。通常情况下，节表项名称以“.”为开始。当然，这是编译器的习惯，并非强制性的约定。图 4-14 中文件偏移地址 0x000001D8 处的前 8 字节的内容为“2E 74 65 78 74 00 00 00”，其对应的 ASCII 字符为“.text”。

注意：

- 节表项的名称和传统的 C 语言字符串有所不同，C 语言的字符串以 NULL 结尾，而节表项的名称是 8 个 ASCII 字符，并没有要求以 NULL 结尾，这一点在解析节表项名称时需要注意。
- 节表项的名称可以随意改变，甚至删除，因此不能以节表项的名称作为依据判断节中保存的内容，也不能通过节表项的名称判断加壳的种类。

- VirtualSize：该值为节数据实际的大小，但不一定是对齐后的值，该值在某些情况下可以为 0。
- VirtualAddress：该值为该节区数据装入内存后的相对虚拟地址，这个地址是按内存对齐的。该地址加上 IMAGE_OPTIONAL_HEADER 结构体中的 ImageBase 才是内存中的虚拟地址。
- SizeOfRawData：该值为该节区数据在磁盘中的大小，该值是按照文件对齐进行对齐后的值，但是也有例外。
- PointerToRawData：该值为该节区在磁盘中的文件偏移地址。
- Characteristics：该值为该节区的属性。其部分值如表 4-7 所示，更详细的值可参考 Winnt.h 头文件中的定义。

观察图 4-14 中文件偏移地址 0x000001FC 处的值，该值为 0x60000020，表示该节区的属性为可读、可执行且包含代码。

IMAGE_SECTION_HEADER 结构体主要用到的成员变量只有这 6 个，其余成员变量使用较少，这里对其不进行介绍。

表 4-7 Characteristics 字段的部分值

宏定义	值	说明
IMAGE_SCN_CNT_CODE	0x00000020	该节区包含代码
IMAGE_SCN_MEM_SHARED	0x10000000	该节区为可共享节区
IMAGE_SCN_MEM_EXECUTE	0x20000000	该节区为可执行节区
IMAGE_SCN_MEM_READ	0x40000000	该节区为可读节区
IMAGE_SCN_MEM_WRITE	0x80000000	该节区为可写节区

补充：VirtualSize 指节数据的实际大小（未对齐的），SizeOfRawData 指节数据在磁盘中的大小（对齐的）。通常情况下，VirtualSize 的值小于等于 SizeOfRawData。但是有一种情况是 VirutalSize 的值大于 SizeOfRawData 的值，这种情况下 VirtualSize 的值不能为 0。

下面通过简单的例子来说明。在 Win32 汇编语言中有一个标识符是“.data?”，该标识符用来定义缓冲区，也就是说，该缓冲区在 PE 文件中只保留了内存的大小信息，而没有实际地占用磁盘的空间。示例代码如下：

```
    .386
    .model flat, stdcall
    option casemap:none

    include windows.inc
    include kernel32.inc
    includelib kernel32.lib
    include user32.inc
    includelib user32.lib

; 未初始化数据
    .data?
data    db  1000h dup (?)
; 数据
    .data
szText  db  'Test', 0
; 代码
    .code

start:
    invoke MessageBox, NULL, offset szText, NULL, MB_OK
    mov data, 1
    invoke ExitProcess, NULL

    end start
```

在以上汇编代码中，.data?表示的是未初始化的数据，通过“data db 1000h dup (?)”定义了一块 1000h 字节的缓冲区。代码中的指令“mov data,1”对这块内存进行了操作。对以上代码进行编译连接，并使用 LordPE 打开它，观察它的节表，如图 4-15 所示。

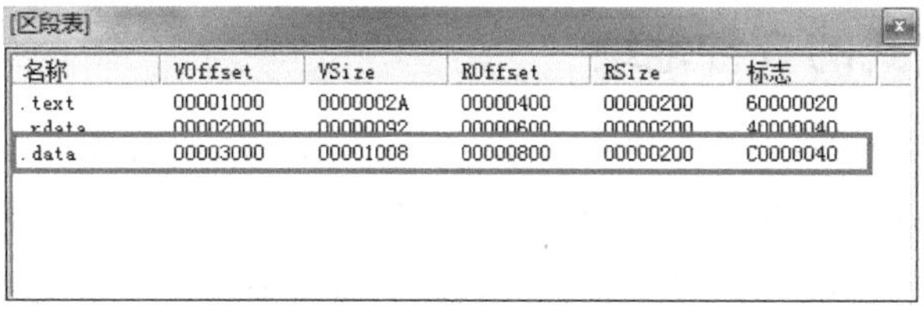

[区段表]

名称	VOffset	VSize	ROffset	RSize	标志
.text	00001000	0000002A	00000400	00000200	60000020
.rdata	00002000	00000092	00000600	00000200	40000040
.data	00003000	00001008	00000800	00000200	C0000040

图 4-15　观察.data 节表

从图 4-15 中可以看出，VSize 的大小是 1008h 字节，RSize 的大小是 200h 字节，在这里 VirtualSize 字段的值比 SizeOfRawData 字段的值大。VirtualSize 的大小 1008h 字节表示 1000h 字节的缓冲区和 5 字节的字符串。在这种情况下，VirtualSize 字段不能填充为 0。

1000h 字节的缓冲区和 5 字节的字符串为什么会占用 1008h 字节的内存空间呢？这里用 OD 打开该可执行文件来说明这个问题，如图 4-16 所示。

从图 4-16 中可以看出，实际上，未初始化数据的起始位置为 403008h，字符串的空间在 3000h 处。

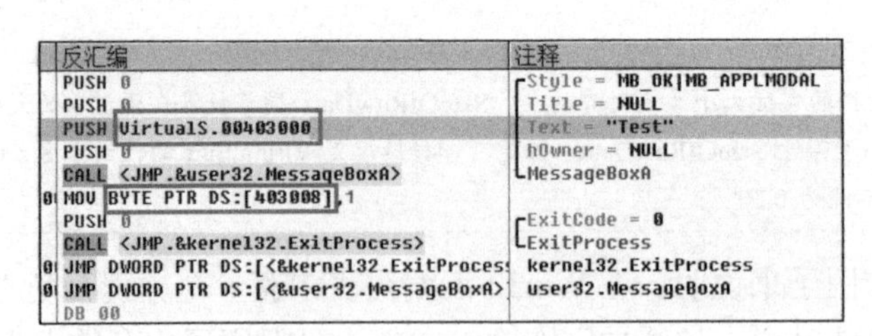

图 4-16 .data?数据的起始位置

修改上面的代码，将.data 注释掉，并修改 MessageBox 函数的调用参数。

注释掉的代码如下：

```
    .data
szText  db  'Test', 0
```

MessageBox 函数的调用参数修改如下：

```
invoke MessageBox, NULL, NULL, NULL, MB_OK
```

重新编译连接修改后的代码，使用 LordPE 再次打开该可执行文件，查看其节表，如图 4-17 所示。

[区段表]

名称	VOffset	VSize	ROffset	RSize	标志
.text	00001000	00000028	00000400	00000200	60000020
.rdata	00002000	00000092	00000600	00000200	40000040
.data	00003000	00001000	00000000	00000000	C0000040

图 4-17 对比观察.data 节表

从图 4-17 中可以看出，将代码中的.data 和字符串定义注释掉以后，RSize 字段的值为 0，而 VSize 字段的值为 1000h。也就是说，未初始化的数据在磁盘中是不占用空间的，但是当 Windows 将可执行文件装载到内存中进行执行时，此部分是需要占用空间的，否则代码中的 “mov data, 1” 会报错。

4.2.3 PE 文件格式的 3 种地址

前面介绍了 PE 文件格式的 5 个部分，分别是 IMAGE_DOS_HEADER、IMAGE_NT_HEADERS、IMAGE_FILE_HEADER、IMAGE_OPTIONAL_HEADER 和 IMAGE_SECTION_HEADER。到此，PE 文件格式中的重要的头部基本上介绍完毕。此外，还有部分内容并不存放在 PE 的头部中，而是分散在各个节区中，如导入表、导出表、资源等，这些内容也非常重要，它们的位置由 IMAGE_OPTIONAL_HEADER 的数据目录给出。这些内容将在后面进行介绍。在介绍这些内容之前，需要先了解 PE 文件格式的知识点——与 PE 文件格式相关的 3 种地址。

1．与 PE 文件格式相关的 3 种地址

在 OD 中调试程序时看到的地址与在 C32Asm 中以十六进制形式查看程序时看到的地址是有所差异的。双击一个 EXE 可执行程序，程序即被 Windows 装载器载入内存，载入内存后的程序的地址与文件中的地址有着不同的形式，且与 PE 文件格式相关的地址并不只有这两种形式。与 PE 文件格式相关的地址有 VA（虚拟地址）、RVA（相对虚拟地址）和 FOA（文

件偏移地址）3 种形式。

对这 3 种形式的地址介绍如下。

- VA（虚拟地址）：PE 文件被 Windows 加载到内存后的地址。
- RVA（相对虚拟地址）：PE 文件虚拟地址相对于映射基地址（对于 EXE 文件来说，映射基地址是 IMAGE_OPTIONAL_HEADER 的 ImageBase 字段的值）的偏移地址。
- FOA（文件偏移地址）：相对于 PE 文件在磁盘中文件开头的偏移地址，FOA 就是在 C32Asm 中以十六进制形式查看时的地址。

这 3 种地址都与 PE 文件格式密切相关，前面简单地引用过这 3 种地址，但是只是简单涉及了其相关概念。从了解节表开始，这 3 种地址的概念将非常重要，有必要熟悉它们，否则后面的很多内容将无法被理解。

这 3 个概念之所以重要，是因为后面要不断地使用它们，三者之间的关系很重要。它们之间的转换也很重要，尤其是 VA 和 FOA、RVA 和 FOA 之间的转换。这两个转换不能说复杂，但是需要掌握一定的公式，在熟练掌握公式并进行练习后，3 种地址的转换就非常容易了。

PE 文件在磁盘中与在内存中的结构是一样的。不同之处在于，在磁盘中，文件是按照 IMAGE_OPTIONAL_HEADER 的 FileAlignment 进行对齐的，而在内存中，映像文件是按照 IMAGE_OPTIONAL_HEADER 的 SectionAligment 进行对齐的。这两个值前面已经介绍过了，这里只做一个简单的回顾。FileAlignment 的值可以以磁盘中的扇区为单位，也可以按照内存分页进行对齐。也就是说，FileAlignment 如果按照磁盘扇区进行对齐，那么它的值为 512 字节，也就是十六进制的 0x200 字节；如果按照内存分页进行对齐，则它的值为 4096 字节，通常 Win32 平台的一个内存分页的大小为 4096 字节（4KB），也就是 0x1000 字节。而 SectionAlignment 是以内存分页为单位对齐的，所以它的取值是 0x1000 字节。通常情况下，不同的编译器生成的 FileAlignment 与 SectionAlignment 的值相同，都是 0x1000 字节。在这种情况下，磁盘文件和内存映像的结构是完全一样的（不一样的情况就是使用了类似的.data?节）。但有时编译器生成的可执行文件的 FileAlignment 与 SectionAlignment 的值不同，那么此时该可执行文件在磁盘文件和内存映像的结构就有细微的差别了。其会根据对齐的实际情况而多填充很多 0 值。PE 文件在磁盘中与在内存映像中的区别如图 4-18 所示。当一个节有 0x10 字节，而 FileAlignment 为 0x200、SectionAlignment 为 0x1000 时，该节数据在磁盘中需要填充 0x1F0 字节的 0 值来进行对齐，而载入内存后需要填充 0xFF0 字节的 0 值来进行对齐。

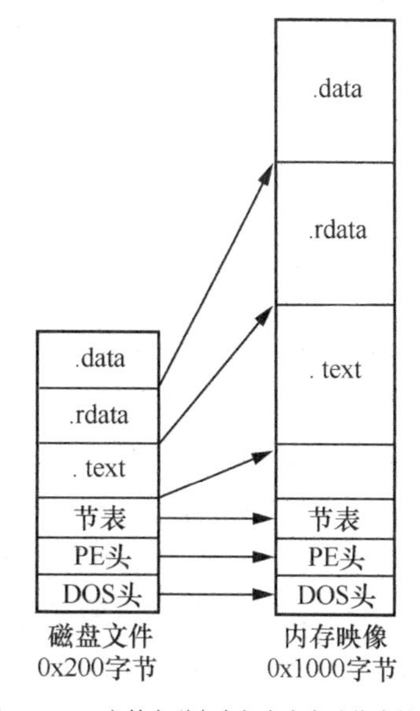

图 4-18 PE 文件在磁盘中与在内存映像中的区别

除了文件对齐与内存对齐的差异外，文件的起始地址从 0 地址开始，用 C32Asm 的十六进制模式查看 PE 文件时起始地址为 0x00000000。而在内存中，它的起始地址为 IMAGE_OPTIONAL_HEADER 结构体的 ImageBase 字段（该值针对的是 EXE 文件，DLL 文件的映像地址不一定固定，但是绝对不会是 0x00000000）。

2．3种地址的转换

1）地址转换前的准备工作

当FileAlignment与SectionAlignment的值不相同时，磁盘文件与内存映像的同一节表数据在磁盘和内存中的偏移也不相同。当FileAlignment与Section Alignment的值相同时，如果存在类似.data?节，则磁盘文件与内存映像的同一节表数据在磁盘和内存中的偏移也不相同。这样两个偏移就产生了转换问题。当知道某数据的RVA，希望在文件中读取同样的数据的时候，就必须将RVA转换为FOA，反之也一样。

下面举例介绍如何进行转换。找到一个可执行文件，并使用LordPE打开它，查看它的节表情况，如图4-19所示。

[区段表]

名称	VOffset	VSize	ROffset	RSize	标志
.text	00001000	000035CE	00001000	00004000	60000020
.rdata	00005000	000007DE	00005000	00001000	40000040
.data	00006000	000029FC	00006000	00003000	C0000040

图4-19　LordPE显示的节表

从图4-19的标题栏可以看到，这里不称为“节表”，而称为“区段表”。一般情况下，节表所处位置称为表，因为它只是一个描述，而对应的节的数据称为节区（或者区块、节数据等，指具体的数据）。

从图4-19中可以看到，节表的第一个节表项的名称为“.text”。通常情况下，第一个节区中存放的是代码，入口点通常落在该节表项中（在早期壳不流行时，杀毒软件的启发式查杀就是通过可执行程序的入口点是否在第一个节区来判断该程序是否被病毒感染的。如今，由于壳的流行，这种判断方法已不可靠）。在图4-19中，关键要查看的节表项为ROffset，它表明了该节区在文件中的起始位置。PE头部包括DOS头、PE头和节表，通常不会超过512字节，也就是说，不会超过0x200字节。如果这个ROffset为0x00001000，那么通常情况下可以确定该文件的磁盘对齐值为0x1000字节（注意：这个测试程序是编者自己编写的，因此比较熟悉程序的PE文件格式，这是一种经验判断。严格来讲，仍要查看IMAGE_OPTIONAL_HEADER的SectionAlignment和FileAlignment两个成员变量的值。这里是通过观察节表来进行学习和思考，因此没有去查看这两个字段）。下面测试一下这个程序，从图4-19中可以看出，每个节的“VOffset”和“ROffset”的值是相同的，说明磁盘对齐与内存对齐是一样的，这样无法完成演示转换工作。但可以人为地修改文件对齐大小，或者通过工具来修改文件对齐大小。这里仍然借助LordPE工具来修改其文件对齐大小。先将要修改的测试文件复制一份，以便将来与修改后的文件进行对比。打开LordPE工具，单击其右侧的“重建PE”按钮，选择刚刚复制的测试文件，如图4-20和图4-21所示。

重建PE功能包含压缩文件功能，这里的压缩指修改磁盘文件的对齐值，避免过多地因对齐而进行补0，减少磁盘空间的占用。使用LordPE查看重建的PE文件的节表，如图4-22所示。

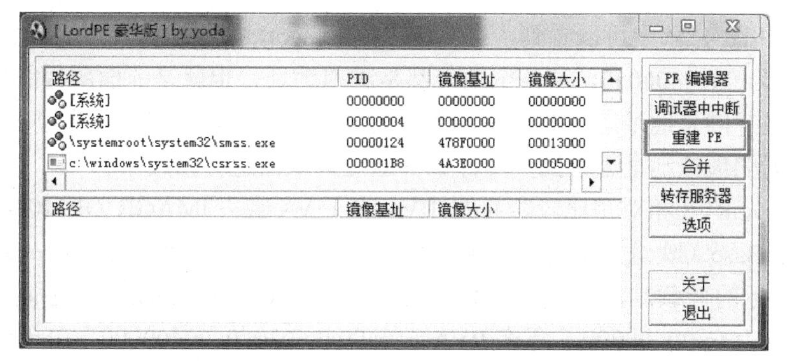

图 4-20 LordPE 工具中的“重建 PE”按钮

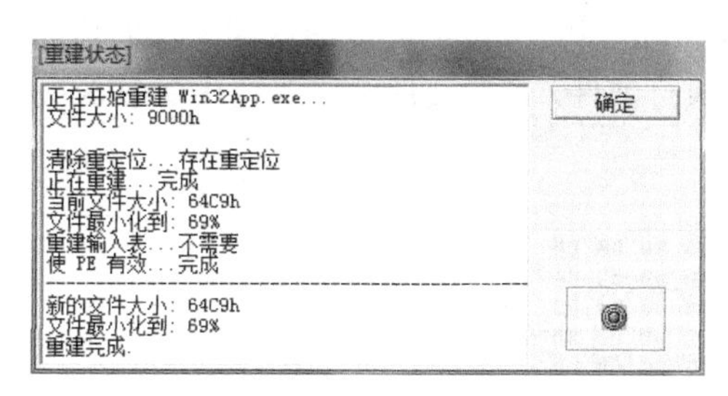

图 4-21 重建 PE 功能输出结果

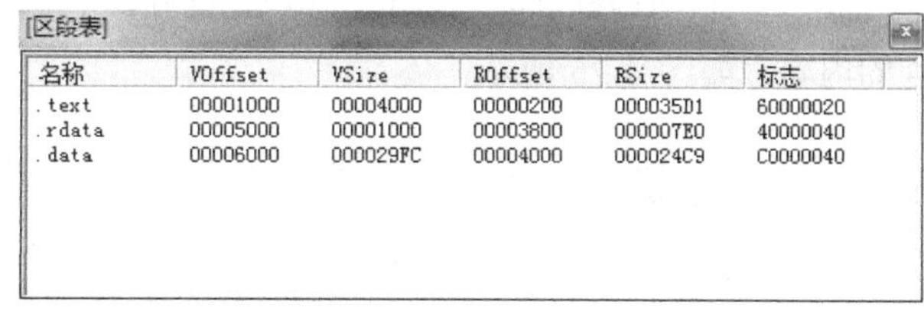

[区段表]

名称	VOffset	VSize	ROffset	RSize	标志
.text	00001000	00004000	00000200	000035D1	60000020
.rdata	00005000	00001000	00003800	000007E0	40000040
.data	00006000	000029FC	00004000	000024C9	C0000040

图 4-22 重建的 PE 文件的节表

从图 4-22 中可以看出 VOffset 和 ROffset 的值已不相同，且它们的对齐值也不相同。读者可以自己验证一下 FileAlignment 和 SectionAlignment 的值是否相同。

对比观察图 4-19 和图 4-22 中 VSize 和 RSize 的值，在使用 LordPE 重建 PE 前，VSize 的值是未经过对齐的，在重建 PE 后 VSize 进行了对齐，RSize 的值则刚好相反。

注意： 重建 PE 功能经常用于脱壳后对 PE 文件格式进行修复。如果脱壳后发现可执行程序无法运行，则可以尝试重建 PE。

现在有两个功能完全一样且 PE 文件结构一样的文件，唯一的不同之处就是它们的磁盘对齐值不同。现在从这两个程序中分别寻找同一个节区内的数据，学习不同地址之间的转换。

2）相同对齐值的地址转换

用 OD 打开未重建 PE 文件格式的测试程序，找到反汇编窗口中调用 MessageBox 函数处要弹出对话框的两个字符串参数的虚拟地址，如图 4-23 和图 4-24 所示。

```
地址      HEX 数据         反汇编                                       注释
00401000 ┌$ 6A 00          PUSH 0                                     ┌Style = MB_OK|MB_APPLMODAL
00401002 │. 68 40604000    PUSH Win32App.00406040                     │Title = "hello"
00401007 │. 68 30604000    PUSH Win32App.00406030                     │Text = "hello world!"
0040100C │. 6A 00          PUSH 0                                     │hOwner = NULL
0040100E │. FF15 9C504000  CALL DWORD PTR DS:[<&USER32.MessageBoxA]   └MessageBoxA
00401014 │. 33C0           XOR EAX,EAX
00401016 └. C2 1000        RETN 10
```

图 4-23 MessageBox 函数中使用的字符串地址

```
地址      HEX 数据                                          ASCII
00406030  68 65 6C 6C 6F 20 77 6F 72 6C 64 21 00 00 00 00  hello world!....
00406040  68 65 6C 6C 6F 00 00 00 9D 11 40 00 02 00 00 00  hello...?@.....
00406050  05 00 00 C0 0B 00 00 00 00 00 00 00 1D 00 00 C0  ¥..?.......▮..?
```

图 4-24 两个字符串的地址在数据窗口中的显示

从图 4-23 和图 4-24 中可以看到，字符串“hello world!”的地址为 0x00406030，字符串“hello”的地址为 0x00406040。这两个地址都是虚拟地址，也就是前面所说的 VA。

这里需要进行的是地址之间的转换，为什么要进行地址转换呢？因为很多时候需要通过内存中某个数据的虚拟地址来得到其文件偏移地址，从而进行修改。

将 VA 转换为 RVA 相对是比较容易的，RVA 等于 VA 减去 IMAGE_OPTIONAL_HEADER 结构体的 ImageBase（映像文件的装载虚拟地址，对于 EXE 文件而言是 ImageBase，对于 DLL 而言是实际的装载地址）字段的值，即 RVA = VA–ImageBase。在该 PE 文件中，ImageBase 的值为 0x00400000，那么 RVA = 0x00406030–0x00400000 = 0x00006030。通过“hello world!”字符串的 VA 计算得到了该字符串的 RVA。由于 IMAGE_OPTIONAL_HEADER 结构体中的 SectionAlignment 字段和 FileAlignment 字段的值相同，因此其 FOA（即文件偏移地址）的值也为 0x00006030。使用 C32Asm 打开该 PE 可执行文件，查看文件偏移地址 0x00006030 处的内容，如图 4-25 所示。

```
00006010: 00 00 00 00 00 00 00 00 00 00 00 00 00 00 00 00  ................
00006020: 00 00 00 00 00 00 00 00 00 00 00 00 00 00 00 00  ................
00006030: 68 65 6C 6C 6F 20 77 6F 72 6C 64 21 00 00 00 00  hello world!....
00006040: 68 65 6C 6C 6F 00 00 00 9D 11 40 00 02 00 00 00  hello...?@......
00006050: 05 00 00 C0 0B 00 00 00 00 00 00 00 1D 00 00 C0  ...?..........?.
```

图 4-25 文件偏移地址 0x00006030 处的内容

从该例中可以看出，当 SectionAlignment 字段和 FileAlignment 字段的值相同时，同一个节表项中数据的 RVA 和 FOA 是相同的。RVA 的值可用 VA−ImageBase 计算得到的。

注意：上例使用了 EXE 文件进行演示，对于 DLL 文件，因为装载地址并不是 IMAGE_OPTIONAL_HEADER 结构体中的 ImageBase 字段，所以不能按照上面的方式进行转换，而需要得到具体的 DLL 文件装载到内存中的起始位置。

SectionAlignment 和 FileAlignment 相同时，也存在 RVA 和 FOA 不同的情况，这一点在前面介绍过，一定要注意这种特殊情况，最可靠的方法是进行计算。

3）不同对齐值的地址转换

使用 OD 打开“重建 PE”后的测试程序，同样找到反汇编窗口中调用 MessageBox 函数使用的字符串“hello world!”，查看其虚拟地址。可以发现，它的虚拟地址仍然是 0x00406030。使用虚拟地址减去装载地址，相对虚拟地址的值仍然为 0x00006030。但使用 C32Asm 打开该文件进行查看时会有所不同。使用 C32Asm 查看 0x00006030 地址处的内容，如图 4-26 所示。

从图 4-26 中可以看到，使用 C32Asm 打开该文件后，文件偏移地址 0x000006030 处并没有“hello world!”和“hello”字符串。这是由文件对齐与内存对齐的差异所引起的。此时需要通过一些简单的计算把 RVA 转换为 FOA。

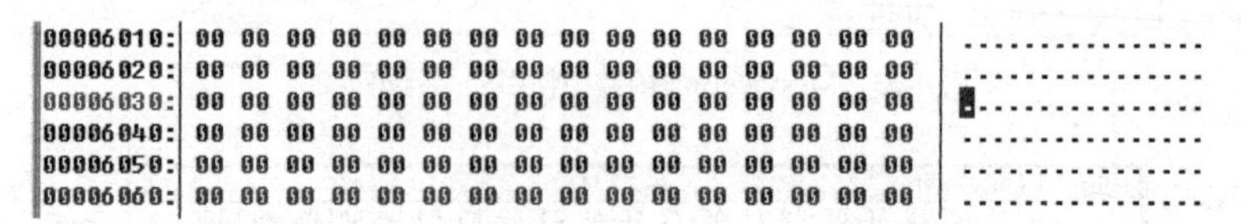

图 4-26 查看 0x00006030 地址处的内容

把 RVA 转换为 FOA 的方法很简单。首先，查看当前的 RVA 或者 FOA 属于哪个节。该例中，0x00006030 这个 RVA 属于.data 节中的数据。0x00006030 这个 RVA 相对于该节的起始 RVA 0x00006000 来说偏移了 0x30 字节。其次，查看.data 节文件中的起始位置为 0x00004000，以.data 节点文件起始偏移地址 0x00004000 加上节内偏移 0x30 字节的值为 0x00004030。使用 C32Asm 查看 0x00004030 地址处的内容，如图 4-27 所示。

```
00004010: 00 00 00 00 00 00 00 00 00 00 00 00 00 00 00 00  ................
00004020: 00 00 00 00 00 00 00 00 00 00 00 00 00 00 00 00  ................
00004030: 68 65 6C 6C 6F 20 77 6F 72 6C 64 21 00 00 00 00  hello world!....
00004040: 68 65 6C 6C 6F 00 00 00 9D 11 40 00 02 00 00 00  hello...?@......
00004050: 05 00 00 C0 0B 00 00 00 00 00 00 00 1D 00 00 C0  ...?..........?.
00004060: 04 00 00 00 00 00 00 00 96 00 00 C0 04 00 00 00  ........?.?.....
```

图 4-27　0x00004030 地址处的内容

从图 4-27 中可以看出，文件偏移地址 0x00004030 处保存着“hello world!”字符串，也就是说，手动将 RVA 转换为 FOA 是正确的。通过 LordPE 工具来验证一下，先用 LordPE 打开该可执行程序，再单击“文件位置计算器”按钮，在“VA”处输入虚拟地址“00406030”，最后单击“执行”按钮，LordPE 会自动计算 RVA、偏移量（即 FOA）的值，并给出该 VA 所属的区段（即节表）和该节表数据起始的十六进制值，如图 4-28 所示。

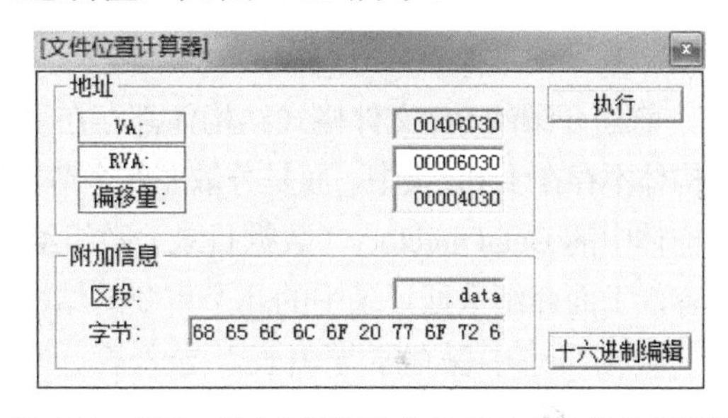

图 4-28　用 LordPE 计算 RVA 为 0x00006030 的文件偏移

再来回顾一下其计算过程。

某数据的 FOA=该数据所在节的起始 FOA+QYY（某数据的 RVA–该数据所在节的起始 RVA）

除了上述计算方法以外，还有一种计算方法，即用节的起始 RVA 值减去节的起始文件偏移值，得到一个差值，再用 RVA 减去这个得到的差值，即可得到其所对应的 FOA。还是以上面的示例为例，0x00006030 地址所属节的起始 RVA 为 0x00006000，减去该地址所属的文件偏移 0x00004000，即 0x00006000–0x00004000 = 0x00002000，并用 0x00006030 减去 0x00002000，得到的值为 0x00004030。得到节的起始 RVA 和起始 FOA 的差值后，用具体的 RVA 进行减法运算依然可以得到相应的 FOA。

公式如下：

某数据的 FOA=该数据的 RVA−（该数据所在节的起始 RVA–该数据所在节的起始 FOA）

知道如何通过 RVA 转换为 FOA 后，将 FOA 转换为 RVA 也就不难了。到此，3 种地址之间的相互转换就介绍完毕了。如果读者一时无法理解，则可以反复按照公式进行学习和计算，在头脑中建立起关于磁盘的位置结构和内存映像的结构。

小结： RVA 与 FOA 不同的原因在于节的起始位置不同，而节的起始位置的不同受到两种因素的影响。第一种因素是 IMAGE_OPTIONAL_HEADER 中 FileAlignment 和 SectionAlignment 两个字段的值不相同，也就是文件对齐和内存对齐不同；第二种因素是存在无对应磁盘数据的节，如.data?节不存在对应的磁盘文件，但是其被载入内存后存在虚拟地址。因此，在以上两种情况下，RVA 和 FOA 需要进行转换。

4）FOA 与 RVA 转换工具

除了前面介绍的 LordPE 以外，其他工具也可以完成 FOA 与 RVA 的转换，但使用较多的仍是LordPE，或者其他单独的、专门用来进行地址偏移转换的工具。这样的工具更小巧，功能更加单一，如OC。

OC即偏移量转换器（Offset Converter），如图4-29所示。从图4-29中可以看出，OC的转换结果与LordPE的转换结果是相同的，但是它不支持从RVA到FOA的转换。

图4-29 用OC进行RVA与FOA的转换

4.3 数据目录相关结构详解

前面介绍的PE文件格式结构体都存在于PE头中。除此之外，还有一些PE文件格式相关的结构体不存在于PE头中，而是分散在各个节数据中。它们的位置由IMAGE_OPTIONAL_HEADER结构体中的DataDirectory（数据目录）数组给出。本章前面几小节只是介绍了部分PE文件结构的内容，下面介绍数据目录中的几个重要的结构体。

数据目录中保存了导出表、导入表、重定位表等重要的结构供PE文件装载时使用。下面将分别讨论数据目录中较为重要的几个相关结构体。

4.3.1 导入表

在编写程序时为了将代码模块化，人们往往会编写各式各样的自定义函数。同样，可以编写各种函数供其他程序员调用。当需要把自己写好的函数给其他程序员调用，但又不希望其他程序员随意修改函数时，可以将写好的函数放入DLL（动态连接库）文件中。除此之外，在编写程序时，也会调用系统提供的各种类型的DLL文件，例如，在程序中使用了MessageBox函数后，可执行程序会装载user32.dll文件，因为MessageBox函数的实现代码保存在user32.dll文件中。

可执行文件是如何知道程序中使用了哪些DLL，以及这些DLL中的哪些函数呢？这些全都保存在可执行程序的导入表中。

1. 导入表的查看

导入表可以通过任意的PE解析工具进行查看，这里仍然使用LordPE进行查看。打开LordPE，单击“PE编辑器”按钮，选择一个要查看的PE文件，进入PE编辑器界面，单击“目录”按钮，打开“[目录表]”窗口，如图4-30所示。

在前面介绍IMAGE_OPTIONAL_HEADER结构体中的DataDirectory字段时，给出了数据目录的结构体，定义如下：

```
typedef struct _IMAGE_DATA_DIRECTORY {
    DWORD   VirtualAddress;
```

```
    DWORD   Size;
} IMAGE_DATA_DIRECTORY, *PIMAGE_DATA_DIRECTORY;
```

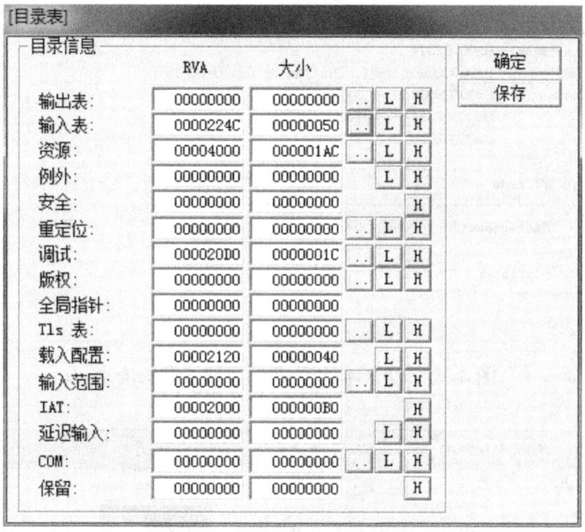

[目录表]

目录信息

	RVA	大小
输出表:	00000000	00000000
输入表:	0000224C	00000050
资源:	00004000	000001AC
例外:	00000000	00000000
安全:	00000000	00000000
重定位:	00000000	00000000
调试:	000020D0	0000001C
版权:	00000000	00000000
全局指针:	00000000	00000000
Tls 表:	00000000	00000000
载入配置:	00002120	00000040
输入范围:	00000000	00000000
IAT:	00002000	000000B0
延迟输入:	00000000	00000000
COM:	00000000	00000000
保留:	00000000	00000000

确定 保存

图 4-30 “[目录表]”窗口

该结构体的 VirtualAddress 中保存了数据目录项的 RVA，Size 给出了数据目录项的大小。在图 4-30 中，LordPE 已经将该结构体解析，并在对应的位置上给出了相应的说明。例如，导入表（LordPE 中称为输入表）的起始 RVA 是 0x0000224C，资源的起始 RVA 是 0x4000。

LordPE 在各个数据目录项后有相应按钮，以便以多种方式查看数据目录项。

- “..”按钮是以窗口的形式查看数据目录项的信息，这种形式相对比较直观。以这种形式查看导入表的信息，如图 4-31 所示。

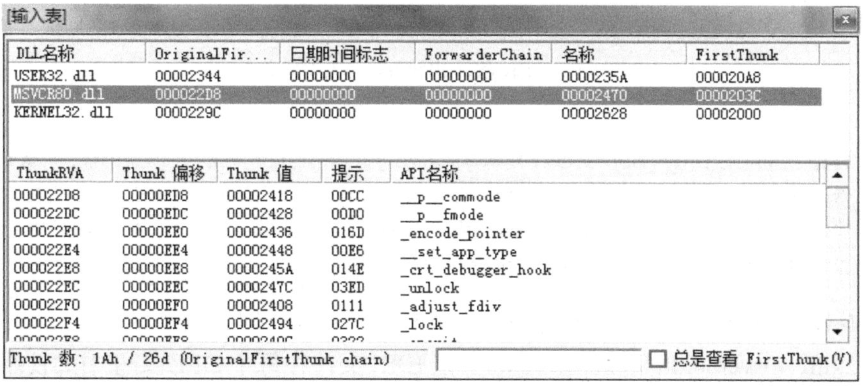

[输入表]

DLL名称	OriginalFir...	日期时间标志	ForwarderChain	名称	FirstThunk
USER32.dll	00002344	00000000	00000000	0000235A	000020A8
MSVCR80.dll	000022D8	00000000	00000000	00002470	0000203C
KERNEL32.dll	0000229C	00000000	00000000	00002628	00002000

ThunkRVA	Thunk 偏移	Thunk 值	提示	API名称
000022D8	00000ED8	00002418	00CC	__p__commode
000022DC	00000EDC	00002428	00D0	__p__fmode
000022E0	00000EE0	00002436	016D	_encode_pointer
000022E4	00000EE4	00002448	00E6	__set_app_type
000022E8	00000EE8	0000245A	014E	_crt_debugger_hook
000022EC	00000EEC	0000247C	03ED	_unlock
000022F0	00000EF0	00002408	0111	_adjust_fdiv
000022F4	00000EF4	00002494	027C	_lock

Thunk 数: 1Ah / 26d (OriginalFirstThunk chain)　□总是查看 FirstThunk(V)

图 4-31 以窗口的形式查看导入表的信息

- “L”按钮是以文本的形式查看数据目录项的信息，这种形式方便将数据复制到文本编辑器中进行查看。以这种形式查看导入表的信息，如图 4-32 所示。
- “H”按钮是以 HEX 形式查看数据目录项的信息，这种形式直接查看 PE 文件的十六进制信息，便于在学习 PE 文件格式时使用。以这种形式查看导入表的信息，如图 4-33 所示。

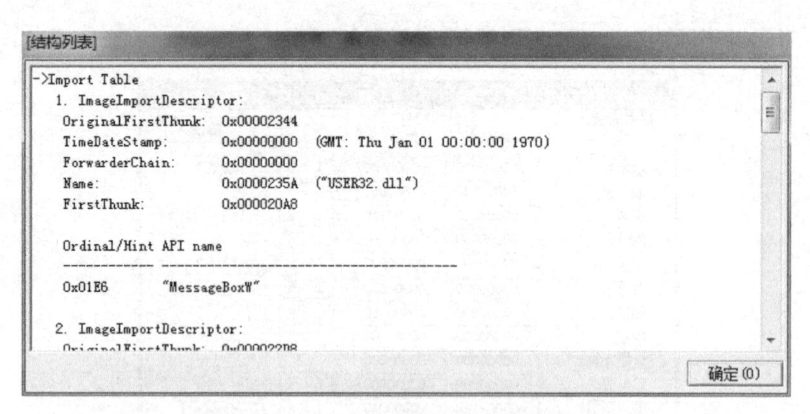

图 4-32　以文本的形式查看导入表的信息

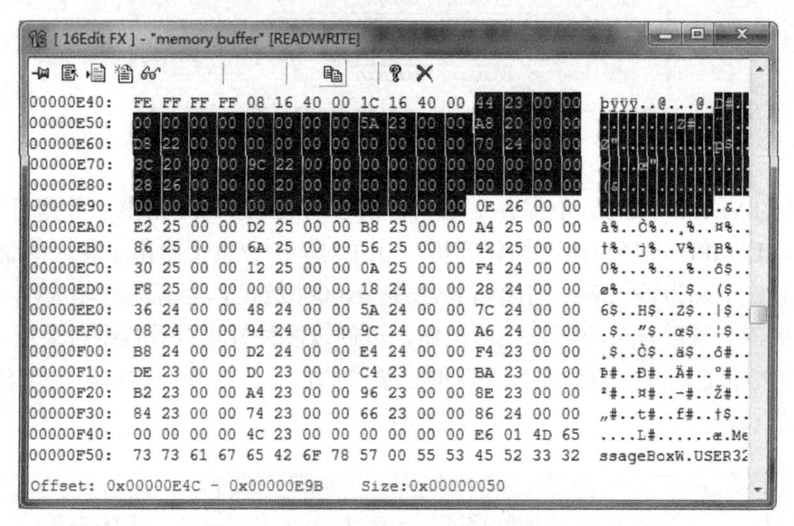

图 4-33　以 HEX 的形式查看导入表的信息

注意：IMAGE_DATA_DIRECTORY 结构体的 Size 字段给出的值并不是一个准确的值，一般情况下，将其修改为 0 后，可执行程序仍然可以正常运行。读者可以自行测试导入表、资源表等。编者在 Windows 7 操作系统中将导入表和资源的 Size 字段修改为 0 后可以正常运行，只是修改后，在 LordPE 中通过 HEX 形式查看 PE 结构的十六进制信息时，不会以选中的方式进行显示。

从图 4-31 中可以看出，LordPE 打开的 EXE 文件在执行时需要装载 3 个 DLL 文件，分别为 user32.dll、msvcr80.dll 和 kernel32.dll。该 EXE 文件在每个 DLL 文件中又使用了若干个函数。对于 PE 文件而言，调用的其他模块的函数称为“导入函数”。

例如，在编写程序时使用了 MessageBox 函数，MessageBox 函数的实现代码在 user32.dll 模块中，因此 MessageBox 函数就是该程序的导入函数。相对而言，各种模块提供的被其他程序员调用的函数称为“导出函数”，如 MessageBox 函数就是由 user32.dll 模块导出的一个函数。

对于进行软件破解、逆向分析、病毒分析而言，通过观察导入函数的名称，可以猜测程序中具有哪些功能，破解者、逆向分析人员等在调试分析软件、病毒时就可以从导入表中的函数着手。

2．导入表的结构

1）导入表的结构体

通过前面的介绍，读者已经了解了导入表的作用及如何通过 LordPE 来查看导入表的信息。下面将详细介绍导入表的结构体。

导入表的结构体定义在 Winnt.h 头文件中，定义如下：

```
typedef struct _IMAGE_IMPORT_DESCRIPTOR {
    union {
        DWORD   Characteristics;
        DWORD   OriginalFirstThunk;
    };
    DWORD   TimeDateStamp;
    DWORD   ForwarderChain;
    DWORD   Name;
    DWORD   FirstThunk;
} IMAGE_IMPORT_DESCRIPTOR;
```

导入表的结构体名称为 IMAGE_IMPORT_DESCRIPTOR，下面对其主要字段进行介绍。

- OriginalFirstThunk：该字段保存了指向导入函数名称（序号）的 RVA 表，其实质是一个 IMAGE_THUNK_DATA 结构体。
- Name：该字段保存了指向导入模块名称的 RVA。
- FirstThunk：该字段保存了指向导入地址表的 RVA，在 PE 文件没有被装载前，其与 OriginalFirstThunk 指向相同的内容。也就是说，在 PE 文件没有被装载前，其也指向 IMAGE_THUNK_ DATA 结构体。当被 Windows 操作系统载入内存后，其值会发生变化，以保存导入函数的实际地址。

注意：从 OriginalFirstThunk 和 FirstThunk 两者的名称来看，前者名称中的 Original 是原始的意思。

OriginalFirstThunk 和 FirstThunk 都保存了指向 IMAGE_THUNK_DATA 的 RVA，IMAGE_THUNK_DATA 结构体的定义如下：

```
typedef struct _IMAGE_THUNK_DATA32 {
    union {
        DWORD ForwarderString;
        DWORD Function;
        DWORD Ordinal;
        DWORD AddressOfData;
    } u1;
} IMAGE_THUNK_DATA32;
typedef IMAGE_THUNK_DATA32 * PIMAGE_THUNK_DATA32;
```

IMAGE_THUNK_DATA 结构体分为 32 位和 64 位两个版本，这里主要针对 32 位的版本进行介绍。IMAGE_THUNK_DATA 结构体是一个 union，即联合体。也就是说，联合体内的 4 个字段占用相同的空间，而表示的意义互不相同。在使用时，主要使用 Ordinal 和 AddressOfData 两个字段，下面分别进行介绍。

- Ordinal：导入函数的序号，当 IMAGE_THUNK_DATA 的最高位为 1 时，该值有效。
- AddressOfData：指向 IMAGE_IMPORT_BY_NAME 结构体的 RVA，当 IMAGE_THUNK_DATA 的最高位不为 1 时，该值有效。

通过对这两个字段的解释可以明白，Ordinal 和 AddressOfData 本质上是一个值，但是在使用时取决于 IMAGE_THUNK_DATA 的最高位。当 IMAGE_THUNK_DATA 的最高位为 1 时，说明导入函数是通过序号进行导入的，导入函数的序号是 Ordinal 的低 31 位；当最高位不为 1 时，说明导入函数是通过名称进行导入的，而 AddressOfData 保存了指向 IMAGE_IMPORT_BY_NAME 的 RVA。

通过 IMAGE_THUNK_DATA 结构体，可以了解导入函数是通过序号还是名称导入的。如果是通过序号进行导入的，那么导入序号可以在 IMAGE_THUNK_DATA 中获得；如果是通过名称导入的，那么需要借助 IMAGE_IMPORT_BY_NAME 来得到导入函数的名称。IMAGE_IMPORT_BY_NAME 结构体的定义如下：

```
typedef struct _IMAGE_IMPORT_BY_NAME {
    WORD    Hint;
    BYTE    Name[1];
} IMAGE_IMPORT_BY_NAME, *PIMAGE_IMPORT_BY_NAME;
```

IMAGE_IMPORT_BY_NAME 结构体中的字段含义如下。

- Hint：该函数在导出函数表中所对应的索引号。
- Name：导入函数的函数名称。导入函数是一个以 ASCII 保存的字符串，并以 NULL 结尾。IMAGE_IMPORT_BY_NAME 中使用 Name[1]来定义该字段，表示该字段是一个长度只有 1 字节的字符串数组。在实际应用中，函数名称不可能只有 1 字节的长度，其实这是一种编程的技巧，通过数组越界来实现访问变长字符串的功能。

以上就是导入表相关的各个结构体。一个 IMAGE_IMPORT_DESCRIPTOR 可以描述一个导入信息。在一个可执行文件中，往往需要导入多个模块，如在图 4-31 所示示例中就导入了 user32.dll、kernel32.dll 和 msvcr80.dll 3 个 DLL 模块，故导入表中对应的有 3 个 IMAGE_IMPORT_DESCRIPTOR 结构体，最后一个结构体以全 0 表示结束。PE 文件会从一个模块中导入若干个函数，那么 OriginalFirstThunk 和 FirstThunk 指向的 IMAGE_THUNK_DATA 也有若干个，导入了几个函数，IMAGE_THUNK_DATA 就会有几个，最后一个结构体也是以全 0 表示结束。

导入表在磁盘中的文件结构如图 4-34 所示。图 4-34 中简单地给出了 IMAGE_IMPORT_DESCRIPTOR、IMAGE_THUNK_DATA 和 IMAGE_IMPORT_BY_NAME 之间的关系，IMAGE_THUNK_DATA 中也指出了以函数序号导入和以函数名称导入的细微差别。

2）OriginalFirstThunk 和 FirstThunk 的区别

在 IMAGE_IMPORT_DESCRIPTOR 结构体中，OriginalFirstThunk 和 FirstThunk 都指向了 IMAGE_THUNK_DATA 结构体，但是两者是有区别的。当 PE 文件在磁盘中时，两者指向的 IMAGE_THUNK_DATA 结构体中保存的是相同的内容，而当文件被载入内存后，两者指向的 IMAGE_THUNK_DATA 结构体中保存的内容就不相同了。

PE 文件在磁盘中时，OriginalFirstThunk 指向的 IMAGE_THUNK_DATA 中保存的是导入函数的序号或指向导入函数名称的 RVA，因此称为导入名称表，即 INT。FirstThunk 指向的 IMAGE_THUNK_DATA 中保存的也是导入函数的序号或指向导入函数名称的 RVA。此时，它们在磁盘中是没有区别的。

当 PE 文件从磁盘载入内存后，OriginalFirstThunk 指向的 IMAGE_THUNK_DATA 中保存的仍然是导入函数的序号或指向导入函数名称的 RVA，而 FirstThunk 指向的 IMAGE_

THUNK_DATA 则被 Windows 操作系统的 PE 装载器填充为导入函数的地址，因此其被称为导入地址表，即 IAT。导入表在内存中的结构如图 4-35 所示。从图 4-35 中可以看出，FirstThunk 所指向的 IMAGE_THUNK_DATA 在内存中保存的是导入函数的实际地址。

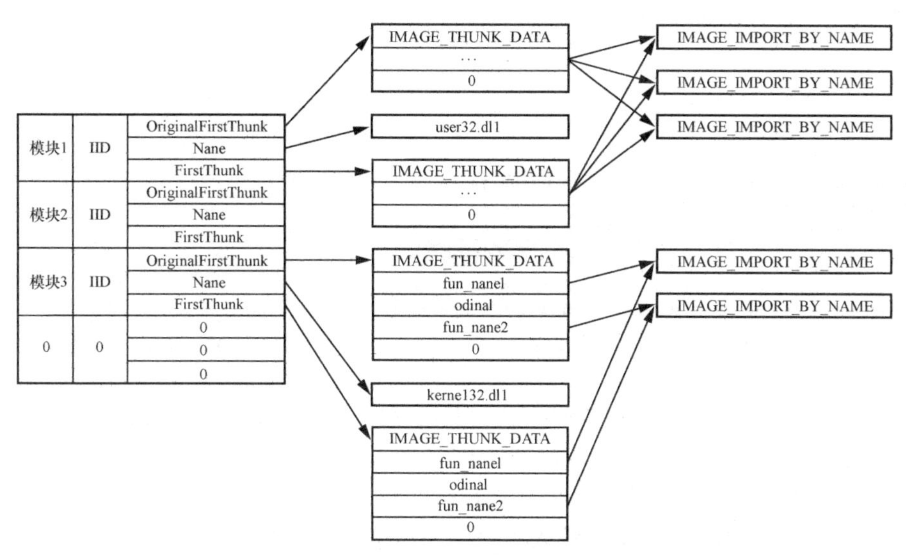

图 4-34 导入表在磁盘中的结构

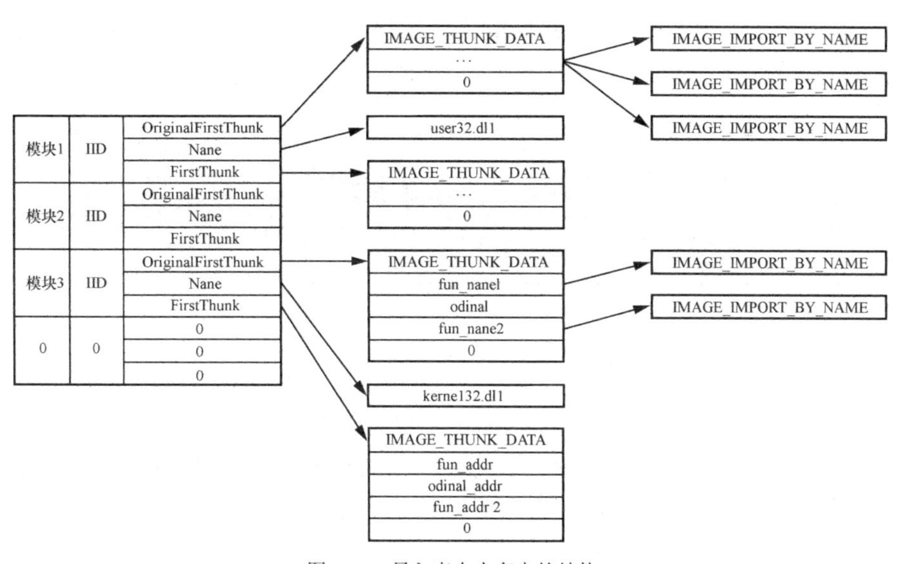

图 4-35 导入表在内存中的结构

3）手动分析 PE 文件在磁盘中的导入表

学习 PE 文件格式需要借助十六进制编辑器，现在仍然通过 C32Asm 十六进制编辑器来分析 IMAGE_IMPORT_DESCRIPTOR 结构体。使用 C32Asm 打开要进行分析的 PE 文件（为了讲解方便，这里使用的 PE 文件的 FileAlignment 和 SectionAlignment 值相同），先定位到数据目录的第二项，如图 4-36 所示。

从图 4-36 中看到了数据目录的第二项的内容，其值分别是 0x0000543C 和 0x0000003C。

根据数据目录结构体的定义，值 0x0000543C 表示 IMAGE_IMPORT_DESCRIPTOR 的 RVA（要注意这一点）。因为是使用十六进制编辑器打开的磁盘中的 PE 文件，所以需要将 RVA 转换为 FOA，即从相对虚拟地址转换为文件偏移地址。使用 LordPE 计算导入表的 FOA，如图 4-37 所示。

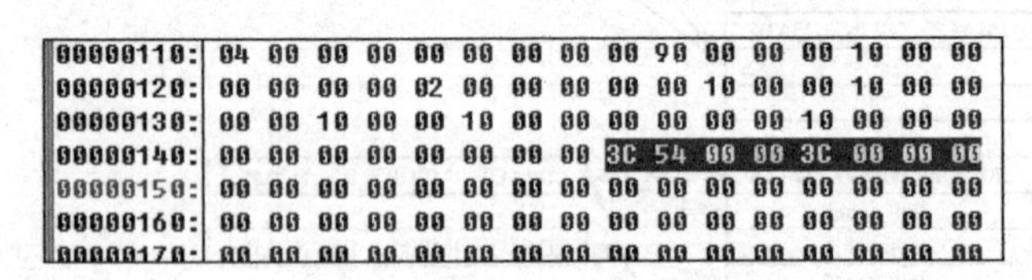

图 4-36 数据目录中导入表的 RVA

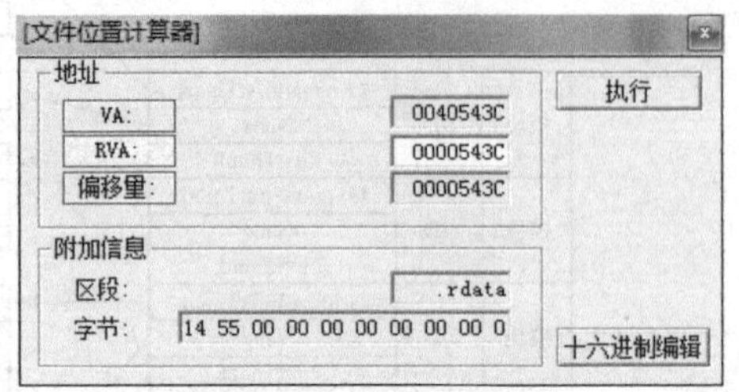

图 4-37 计算导入表的 FOA

从图 4-37 中可以看出，0x0000543C 这个 RVA 对应的 FOA 也为 0x0000543C。在 C32Asm 中转移到 0x0000543C 处，按“Ctrl+G”快捷键，在弹出的“跳转到”对话框的“OFFSET”文本框输入“543C”，如图 4-38 所示。

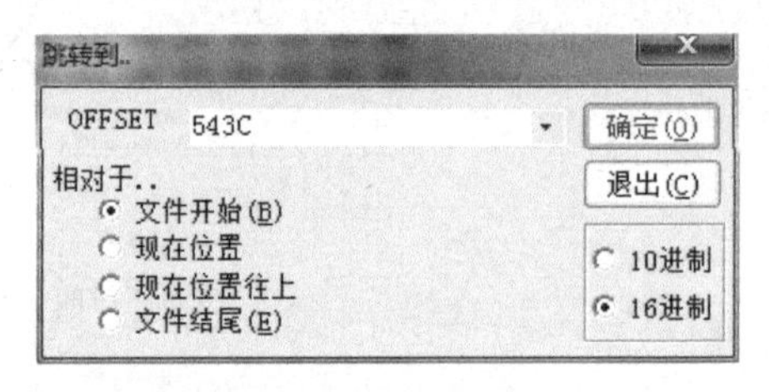

图 4-38 “跳转到”对话框

在图 4-38 中单击“确定”按钮，跳转到文件偏移地址 0x0000543C 处，导入表的位置如图 4-39 所示。

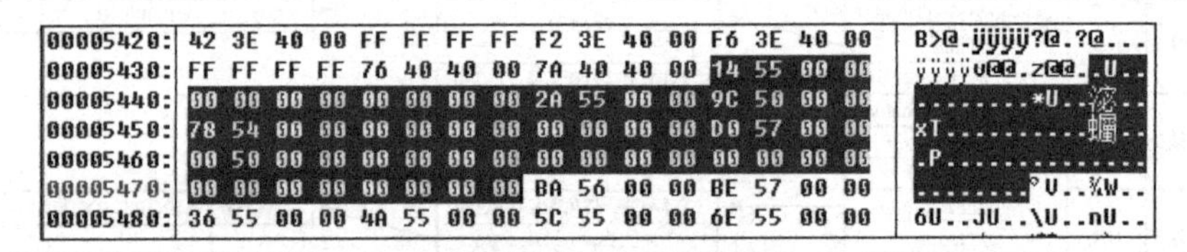

图 4-39 导入表的位置

0x0000543C 文件偏移地址处就是 IMAGE_IMPORT_DESCRIPTOR 结构体的起始位置。从图 4-39 中可以看出，该文件有两个 IMAGE_IMPORT_DESCRIPTOR 结构体。按照数据目录的长度 0x3C 字节来进行计算，该文件应该有 3 个 IMAGE_IMPORT_DESCRIPTOR 结构体，第三个 IMAGE_IMPORT_DESCRIPTOR 结构体是一个全 0 结构体，它标志着 IMAGE_IMPORT_DESCRIPTOR 的结束。这两个结构体的对应关系如表 4-8 所示。

表 4-8 IMAGE_IMPORT_DESCRIPTOR 结构体的对应关系

OriginalFirstThunk	TimeDateStamp	ForwarderChain	Name	FirstThunk
00005514	00000000	00000000	0000552A	0000509C
00005478	00000000	00000000	000057D0	00005000

前面已经介绍过，对于 IMAGE_IMPORT_DESCRIPTOR 结构体，只需要关心 Name、OriginalFirstThunk 和 FirstThunk 这 3 个字段，其余字段并不需要关心。先来看一下 Name 字

段的数据。在表 4-8 中，两个 Name 字段的值分别为 0x0000552A 和 0x000057D0，这两个值同样是 RVA，该值需要转换为 FOA，转换后这两个值相同。在 C32Asm 中查看这两个偏移地址处的内容，其内容分别如图 4-40 和图 4-41 所示。

```
00005510: 00 00 00 00 1C 55 00 00 00 00 00 00 DF 01 4D 65  ....U......?Me
00005520: 73 73 61 67 65 42 6F 78 41 00 55 53 45 52 33 32  ssageBoxA.USER32
00005530: 2E 64 6C 6C 00 00 7F 01 47 65 74 4D 6F 64 75 6C  .dll..■.GetModul
00005540: 65 48 61 6E 64 6C 65 41 00 00 B7 01 47 65 74 53  eHandleA..?GetS.
```

图 4-40　0x0000552A 地址处的内容

```
000057B0: 74 53 74 72 69 6E 67 54 79 70 65 41 00 00 BD 01  tStringTypeA..?.
000057C0: 47 65 74 53 74 72 69 6E 67 54 79 70 65 57 00 00  GetStringTypeW..
000057D0: 4B 45 52 4E 45 4C 33 32 2E 64 6C 6C 00 00 00 00  KERNEL32.dll....
000057E0: 00 00 00 00 00 00 00 00 00 00 00 00 00 00 00 00  ................
```

图 4-41　0x000057D0 地址处的内容

重新对表 4-8 所示的内容进行整理，如表 4-9 所示。

表 4-9　表 4-8 经过整理后

DllName	OriginalFirstThunk	Name	FirstThunk
USER32.DLL	00005514	0000552A	0000509C
KERNEL32.DLL	00005478	000057D0	00005000

接下来分析 OriginalFirstThunk 和 FirstThunk 两个字段的内容，这两个字段的内容都保存了指向 IMAGE_THUNK_DATA 结构体数组的起始 RVA。查看第二条 IMAGE_IMPORT_DESCRIPTOR 结构体中的 OriginalFirstThunk 和 FirstThunk 的数据内容。在 C32Asm 中查看其内容，如图 4-42 和图 4-43 所示。

```
00005460: 00 50 00 00 00 00 00 00 00 00 00 00 00 00 00 00  .P..............
00005470: 00 00 00 00 00 00 00 00 BA 56 00 00 BE 57 00 00  ........°V..%W..
00005480: 36 55 00 00 4A 55 00 00 5C 55 00 00 6E 55 00 00  6U..JU..\U..nU..
00005490: 7C 55 00 00 8A 55 00 00 9E 55 00 00 B2 55 00 00  |U..畜..潸..暄..
000054A0: CE 55 00 00 E4 55 00 00 FE 55 00 00 18 56 00 00  蜆..錸..傹...V..
000054B0: 2E 56 00 00 46 56 00 00 60 56 00 00 72 56 00 00  .V..FV..`V..rV..
000054C0: 82 56 00 00 90 56 00 00 AA 56 00 00 C8 56 00 00  倍..忧..猇..葙..
000054D0: D6 56 00 00 E4 56 00 00 F0 56 00 00 FC 56 00 00  諺..鏞..餅..黏..
000054E0: 08 57 00 00 14 57 00 00 1E 57 00 00 2A 57 00 00  .W...W...W..*W..
000054F0: 36 57 00 00 46 57 00 00 54 57 00 00 66 57 00 00  6W..FW..TW..fW..
00005500: 76 57 00 00 8C 57 00 00 9C 57 00 00 AC 57 00 00  vW..學..滤..瑧..
00005510: 00 00 00 00 1C 55 00 00 00 00 00 00 DF 01 4D 65  .....U......ß.Me
```

图 4-42　OriginalFirstThunk 的数据内容

```
00004FF0: 00 00 00 00 00 00 00 00 00 00 00 00 00 00 00 00  ................
00005000: BA 56 00 00 BE 57 00 00 36 55 00 00 4A 55 00 00  °V..%W..6U..JU..
00005010: 5C 55 00 00 6E 55 00 00 7C 55 00 00 8A 55 00 00  \U..nU..|U..ŠU..
00005020: 9E 55 00 00 B2 55 00 00 CE 55 00 00 E4 55 00 00  ■U..²U..ÎU..äU..
00005030: FE 55 00 00 18 56 00 00 2E 56 00 00 46 56 00 00  þU...V...V..FV..
00005040: 60 56 00 00 72 56 00 00 82 56 00 00 90 56 00 00  `V..rV..‚V..■V..
00005050: AA 56 00 00 C8 56 00 00 D6 56 00 00 E4 56 00 00  ªV..ÈV..ÖV..äV..
00005060: F0 56 00 00 FC 56 00 00 08 57 00 00 14 57 00 00  ðV..üV...W...W..
00005070: 1E 57 00 00 2A 57 00 00 36 57 00 00 46 57 00 00  .W..*W..6W..FW..
00005080: 54 57 00 00 66 57 00 00 76 57 00 00 8C 57 00 00  TW..fW..vW..ŒW..
00005090: 9C 57 00 00 AC 57 00 00 00 00 00 00 1C 55 00 00  œW..¬W.......U..
000050A0: 00 00 00 00 00 00 00 00 FF FF FF FF F7 10 40 00  ........ÿÿÿÿ?@..
```

图 4-43　FirstThunk 的数据内容

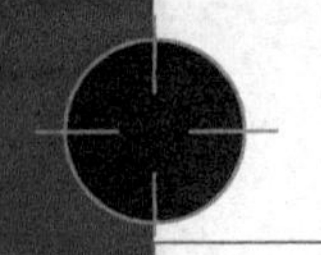

从图 4-42 和图 4-43 中可以看出，在磁盘文件中，OriginalFirstThunk 和 FirstThunk 字段的 RVA 指向的 dword 类型数组是相同的。编写代码枚举导入函数时，通常会读取 OriginalFirstThunk 字段的 RVA 来找到导入函数。但是有些情况下，OriginalFirstThunk 的值为 0，此时需要通过读取 FirstThunk 的值来得到导入函数的 RVA。

在图 4-42 中选中的值是 OriginalFirstThunk 中保存的 RVA 所指向的 IMAGE_THUNK_DATA 表，在图 4-43 中选中的值是 FirstThunk 中保存的 RVA 所指向的 IMAGE_THUNK_DATA 表。表中的每一项 IMAGE_THUNK_DATA 都是 4 字节。

在图 4-42 中，文件偏移地址 0x00005478 处的 DWORD 值为 0x000056BA，将其转换为二进制数值后，其值的最高位是 0，因此其指向 IMAGE_IMPORT_BY_NAME 的结构体。在 C32Asm 中查看 0x000056BA 文件偏移地址处的值，并与 LordPE 解析导入表的信息进行对照，如图 4-44 和图 4-45 所示。

```
00005690: 58 01 47 65 74 45 6E 76 69 72 6F 6E 6D 65 6E 74  X.GetEnvironment
000056A0: 56 61 72 69 61 62 6C 65 41 00 E9 01 47 65 74 56  VariableA.?GetV.
000056B0: 65 72 73 69 6F 6E 45 78 41 00 14 02 48 65 61 70  ersionExA...Heap
000056C0: 44 65 73 74 72 6F 79 00 12 02 48 65 61 70 43 72  Destroy...HeapCr
000056D0: 65 61 74 65 00 00 83 03 56 69 72 74 75 61 6C 46  eate..?VirtualFF
```

图 4-44　0x000056BA 处 IMAGE_IMPORT_BY_NAME 结构体的内容

DLL名称	OriginalFir...	日期时间标志	ForwarderChain	名称	FirstThunk
USER32.dll	00005514	00000000	00000000	0000552A	0000509C
KERNEL32.dll	00005478	00000000	00000000	000057D0	00005000

ThunkRVA	Thunk 偏移	Thunk 值	提示	API名称
00005478	00005478	000056BA	0214	HeapDestroy
0000547C	0000547C	000051BE	01BD	GetStringTypeW
00005480	00005480	00005536	017F	GetModuleHandleA
00005484	00005484	0000554A	01B7	GetStartupInfoA
00005488	00005488	0000555C	0110	GetCommandLineA

图 4-45　LordPE 中 0x000056BA 处的解析内容

从图 4-44 和图 4-45 中可以看出，通过 LordPE 解析的导入函数与在 C32Asm 中分析的结果是相同的。

在查看图 4-44 时复习 IMAGE_IMPORT_BY_NAME 结构体的定义。该结构体的前两字节表示一个序号，图 4-44 中该序号的值为 0x0214，序号后面的字符串即是导入函数的名称，即 HeapDestroy，该函数是与堆操作相关的函数。

观察图 4-43 中文件偏移地址 0x00005000 处的 dword 值为 0x000056BA，该值与图 4-42 中文件偏移地址 0x00005478 处的 dword 值相同，这说明文件偏移地址 0x00005000 处保存的 RVA 值也与图 4-44 所示相同。

由于导入表中导入的函数较多，关于其他导入函数请读者自行分析整理到表格中进行观察，这里不再具体介绍。

4）手动分析 PE 文件在内存中的导入表

前面已经反复说过 PE 文件在磁盘中时，OriginalFirstThunk 和 FirstThunk 字段指向的内容相同，在前面分析中也印证了这一点。当 PE 文件被载入内存后，OriginalFirstThunk 仍然指向导入函数的名称表，而 FirstThunk 字段指向的内容会被填充为导入函数的地址。将刚才分析的程序用 OD 打开，并直接分析 FirstThunk 指向的内容。

注意： OD 打开 PE 文件后就完成了对 PE 文件的装载，此时整个 PE 文件已经进入内存。

在前面的分析中已知，kernel32.dll 文件的 FirstThunk 字段的 RVA 为 0x00005000。将该 RVA 转换为 VA，其值为 0x00405000。在 OD 的数据窗口中直接查看 0x00405000 地址处的内容，如图 4-46 所示。

地址	HEX 数据	ASCII
00405000	95 2D 36 77 E6 54 37 77 A3 DA 36 77 10 1E 32 77	?6w鎀7w乙6w■■2w
00405010	67 90 37 77 F9 2A 36 77 BA BD 37 77 C5 2D 36 77	g?w?6w航7w?6w
00405020	50 D9 36 77 29 08 38 77 0A D9 36 77 4A CA 37 77	P?w)■8w.?wJ?w
00405030	64 6D 37 77 AA F0 36 77 62 CA 37 77 7C 6D 37 77	dm7w 6wb?w|m7w
00405040	79 90 37 77 4F 90 37 77 6C 6C 37 77 F2 D8 36 77	y?wO?wll7w蜇6w
00405050	30 DF 36 77 24 F1 36 77 CD 6C 37 77 70 C5 36 77	0?w$?w蛰7wp?w
00405060	9A 94 35 77 A6 55 37 77 37 90 37 77 BB DA 36 77	煍5w 7w7?w悔6w
00405070	CA 45 36 77 BE 2E B8 77 EA C5 36 77 29 03 BA 77	蕓6w?竪昱6w)蓑
00405080	44 CE 36 77 15 DE 36 77 B7 F0 36 77 F8 FA 37 77	D?w■?w佛6w 7w
00405090	44 54 37 77 45 6D 35 77 00 00 00 00 E1 EA EE 75	DT7wEm5w....彡頤
004050A0	00 00 00 00 00 00 00 00 FF FF FF FF F7 10 40 00	........ÿÿÿÿ?@.
004050B0	0B 11 40 00 5F 5F 47 4C 4F 42 41 4C 5F 48 45 41	■■@.__GLOBAL_HEA

图 4-46 FirstThunk 在内存中的数据

从图 4-46 与图 4-43 的对比可以看出，FirstThunk 指向 RVA 的数据已经发生了变化，这些值即为导入函数的地址表。在 OD 的数据窗口中右键单击，在弹出的快捷菜单中选择“长型”→“地址”选项，再次观察 FirstThunk 字段的内容，如图 4-47 所示。

地址	数值	注释
00405000	77362D95	kernel32.HeapDestroy
00405004	773754E6	kernel32.GetStringTypeW
00405008	7736DAA3	kernel32.GetModuleHandleA
0040500C	77321E10	kernel32.GetStartupInfoA
00405010	77379067	kernel32.GetCommandLineA
00405014	77362AF9	kernel32.GetVersion
00405018	7737BDBA	kernel32.ExitProcess
0040501C	77362DC5	kernel32.TerminateProcess
00405020	7736D950	kernel32.GetCurrentProcess
00405024	77380829	kernel32.UnhandledExceptionFilter
00405028	7736D90A	kernel32.GetModuleFileNameA
0040502C	7737CA4A	kernel32.FreeEnvironmentStringsA

图 4-47 FirstThunk 字段的内容

从图 4-47 中可以清楚地看出，FirstThunk 指向的 RVA 处的内容是导入函数的地址表。在图 4-47 所示的“注释”列中，OD 清楚地标示出了地址对应的导入模块和导入函数。在图 4-47 中，虚拟地址 0x00405000 处保存的地址是 0x77362D95，即 HeapDestroy 函数的入口地址。在 OD 中的反汇编窗口中，按“Ctrl+G”快捷键移动到 0x77362D95 地址处，如图 4-48 所示。在图 4-48 中，OD 反汇编窗口中的虚拟地址 0x77362D95 即 HeapDestroy 函数的入口地址。在 PE 文件被 Windows 装载器载入内存后，FirstThunk 指向的 IMAGE_THUNK_DATA 表中的值全部被填充为导入函数地址，该地址表称为导入函数地址表，即 IAT。

地址	HEX 数据	反汇编
77362D95 HeapDestroy	8BFF	MOV EDI,EDI
77362D97	55	PUSH EBP
77362D98	8BEC	MOV EBP,ESP
77362D9A	5D	POP EBP
77362D9B	EB 05	JMP SHORT <JMP.&API-MS-Win-Core-Heap-L1-
77362D9D	90	NOP

图 4-48 0x77362D95 即 HeapDestroy 函数的入口地址

5）导入表的作用

导入表的作用是使 PE 文件可以调用其他模块导出的函数。接下来将通过 OD 来观察 PE

文件中的代码是如何调用导出函数的。使用 OD 打开演示的可执行程序。

在图 4-49 中可以看到虚拟地址 0x0040100E 处是一条 CALL 指令，CALL 指令调用了 user32.dll 模块的 MessageBoxA 函数。实际的反汇编代码并不知道调用的是 MessageBoxA 函数，在反汇编窗口中之所以能够显示出函数的模块与函数名称是因为使用了 OD 帮助分析。现在对 OD 进行设置，选择“选项”→“调试设置”选项，在弹出的“调试选项”对话框中选择“反汇编”选项卡，取消选中“显示符号地址”复选框，如图 4-50 所示。

地址	HEX 数据	反汇编	注释
00401000	┌$ 6A 00	PUSH 0	┌Style = MB_OK|MB_APPLMODAL
00401002	. 68 40	PUSH Win32App.00406040	Title = "hello"
00401007	. 68 30	PUSH Win32App.00406030	Text = "hello world!"
0040100C	. 6A 00	PUSH 0	hOwner = NULL
0040100E	. FF15	CALL DWORD PTR DS:[<&USER32.MessageBoxA>]	└MessageBoxA
00401014	. 33C0	XOR EAX,EAX	
00401016	└. C2 10	RETN 10	

图 4-49 调用 MessageBoxA 函数

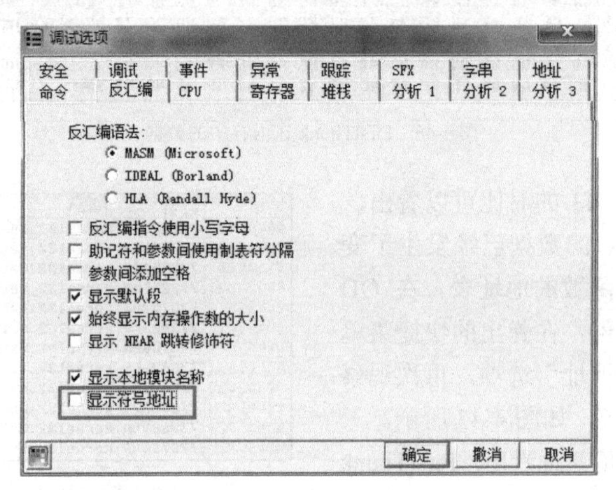

图 4-50 取消选中“显示符号地址”复选框

再次观察反汇编窗口处对 MessageBoxA 函数的调用，如图 4-51 所示。

对比图 4-49 和图 4-51 可以看出，虚拟地址 0x0040100E 处的 CALL 指令后面跟随的是 [40509C]的内存地址。这是一条内存间接寻址，在 OD 的内存窗口中查看内存地址 0x0040509C 处的值，如图 4-52 所示。

地址	HEX 数据	反汇编	注释
00401000	┌$ 6A 00	PUSH 0	┌Style = MB_OK|MB_APPLMODAL
00401002	. 68 40	PUSH 406040	Title = "hello"
00401007	. 68 30	PUSH 406030	Text = "hello world!"
0040100C	. 6A 00	PUSH 0	hOwner = NULL
0040100E	. FF15	CALL DWORD PTR DS:[40509C]	└MessageBoxA
00401014	. 33C0	XOR EAX,EAX	
00401016	└. C2 10	RETN 10	

图 4-51 对 MessageBoxA 函数的调用

从图 4-52 中可以看出，0x0040509C 处保存的地址是 0x75EEEAE1，该地址是 MessageBoxA 函数的入口地址。而 0x0040509C 则是由 FirstThunk 给出的 IAT 表中的一项。

在编译器编译代码时，代码中调用了一个导入函数，此时编译器会生成类似 CALL [××

××××××]这样的代码，而在 PE 文件被载入内存时，PE 装载器会在××××××××地址中保存真正的函数地址。调用导入函数的形式如图 4-53 所示。

00405094	77356D45	kernel32.GetStringTypeExA
00405098	00000000	
0040509C	75EEEAE1	USER32.MessageBoxA
004050A0	00000000	
004050A4	00000000	

图 4-52　内存地址 0x0040509C 处的值

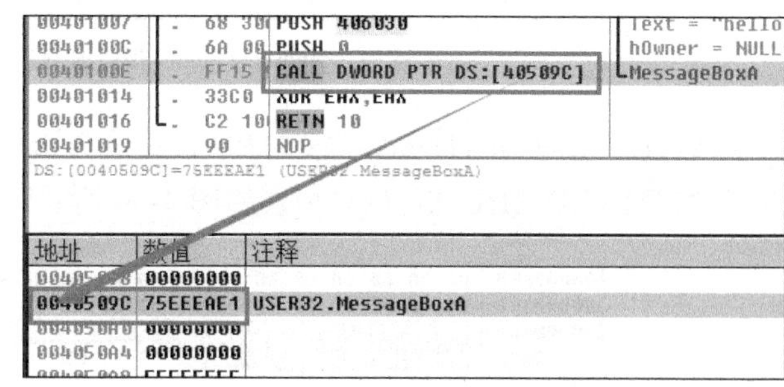

图 4-53　调用导入函数的形式

从图 4-53 中可以看出，CALL 指令最终调用的地址是 0x75EEEAE1，那么为什么编译器在编译代码时不直接生成 CALL 75EEEAE1 这样的指令呢？这是因为 DLL 是动态装载的，在装载之前无法确定 DLL 文件的装载地址，所以只能以这样的形式在代码中预留一个空间用于保存真实的地址。保存导入函数真实的地址就是导入函数地址表。这样，这里的知识就与前面的知识联系起来了。

以上介绍的是 PE 文件在装载时导入表的作用。此外，在软件安全方面，可以通过替换 IAT 中的地址来完成“钩子”功能，在壳方面导入表也是一个非常重要的战场。

> **补充**：导入地址表可以通过两种方式获取，一种方式是通过 IMAGE_IMPORT_DESCRIPTOR 的 FirstThunk 字段获取，另一种方式是通过数据目录的中第 12 项（注意，下标从 0 开始）进行查找。

6）绑定导入表

绑定导入表与导入表有一定的关系，但是它在 PE 文件被载入内存时并不起决定作用，因此这里只做简单介绍。

先来观察一种情况，使用 C32Asm 打开 Windows 操作系统自带的计算器程序（即系统盘的 Windows\System32\目录下的 calc.exe 程序），并定位到它的导入表，计算器的第一个 IID 结构如图 4-54 所示。

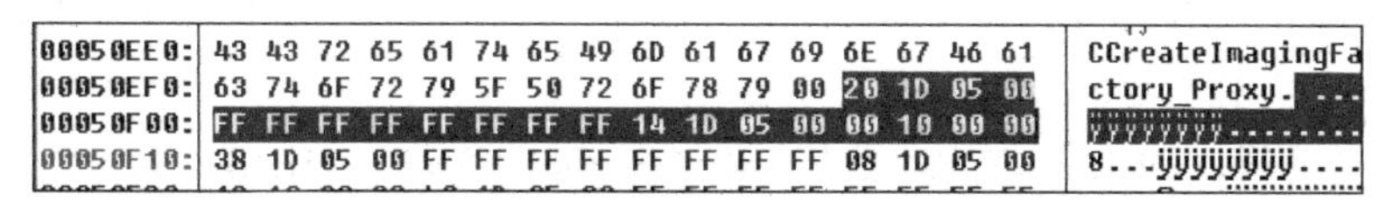

图 4-54　计算器的第一个 IID 结构

在图 4-54 中，文件偏移地址 0x00050EFC 处是计算器程序的第一个导入表结构体，下面对该结构体进行分析。

先查看其 DLL 名称，其名称的 RVA 是 0x00051D14，转换为 FOA 后为 0x00051114，该项导入表导入的 DLL 名称为 SHELL32.dll，说明这里找到的是一个导入表项。

再查看它的 OriginalFirstThunk 字段的 RVA，其值为 0x00051D20，转换为 FOA 后为 0x00051120。它指向的 IMAGE_THUNK_DATA 表如图 4-55 所示。

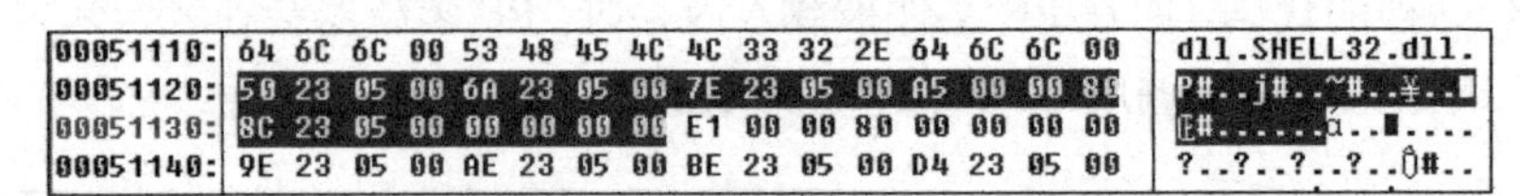

图 4-55　OriginalFirstThunk 指向的 IMAGE_THUNK_DATA 表

最后查看它的 FirstThunk 字段的 RVA，其值为 0x00001000，转换为 FOA 后为 0x00000400。它指向的 IMAGE_THUNK_DATA 表如图 4-56 所示。

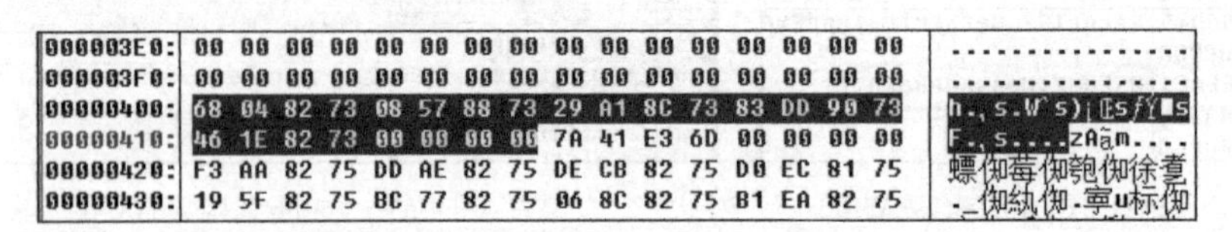

图 4-56　FirstThunk 指向的 IMAGE_THUNK_DATA 表

对比观察发现，图 4-55 和图 4-56 中 OriginalFirstThunk 和 FirstThunk 字段分别指向的 IMAGE_ THUNK_DATA 的数据内容是不相同的。在前面介绍导入表时，OriginalFirstThunk 和 FirstThunk 字段分别指向的 IMAGE_THUNK_DATA 的数据内容是相同的，但是为什么这里不相同了呢？注意观察 FirstThunk 指向的 IMAGE_THUNK_DATA 保存的数据，这里存储的数据都形如 0x73820468、0x73885708、0x738CA129 等，看起来非常像内存地址，事实也正是如此。在图 4-56 中，该 PE 文件在磁盘中的 FirstThunk 指向的 IMAGE_THUNK_DATA 中已经存储了函数的地址，说明该 PE 文件使用了绑定导入表。

PE 文件被载入内存时，Windows 需要根据导入表中的模块名称和函数名称去装载相应的模块，得到导入函数的地址并填充导入地址表。这个过程是需要时间的，Windows 为了提高 PE 文件的装载速度设计了绑定导入表，也就是直接将导入函数写入 PE 文件。

在解析 PE 文件时，如何得知当前的导入地址表中保存的是指向函数名称 RVA 的 IMAGE_THUNK_DATA，还是保存着函数地址的 IMAGE_THUNK_DATA 呢？这就需要通过 IMAGE_IMPORT_DESCRIPTOR 结构体中的 TimeDateStamp 来进行判断了。通常情况下，TimeDateStamp 值为 0，而如果使用了绑定导入表，则 TimeDateStamp 的值是 FFFFFFFF。

使用绑定导入表中的地址需要有两个前提，第一个前提是 DLL 实际的装载地址与其 IMAGE_OPTIONAL_HEADER 中 ImageBase 的地址相同，即 DLL 不能发生重定位；第二个前提是 DLL 中提供的函数的地址没有发生变化。

对于第一个前提，DLL 的装载地址与 IMAGE_OPTIONAL_HEADER 中 ImageBase 的地址相同，该值是否相同需要在 PE 文件被装载时进行判断。

对于第二个前提，DLL 中提供的函数的地址未发生变化。EXE 文件如何知道绑定导入表中 DLL 的函数没有发生变化呢？在 PE 文件使用了绑定导入表后，Windows 在装载 PE 文件时会考察绑定导入表的信息。绑定导入表在 Winnt.h 中的定义如下：

```
typedef struct _IMAGE_BOUND_IMPORT_DESCRIPTOR {
    DWORD   TimeDateStamp;
    WORD    OffsetModuleName;
    WORD    NumberOfModuleForwarderRefs;
} IMAGE_BOUND_IMPORT_DESCRIPTOR,  *PIMAGE_BOUND_IMPORT_DESCRIPTOR;
```

在 IMAGE_BOUND_IMPORT_DESCRIPTOR 中也有一个 TimeDateStamp，该值是一个真正

的时间戳。这个时间戳用来与 DLL 中的时间戳进行比较。如果绑定导入表中的 TimeDateStamp 的值与 DLL 编译时生成的时间戳相同，则说明 DLL 导出函数的地址没有发生变化。使用 LordPE 查看 calc.exe 文件的绑定导入表信息，如图 4-57 所示。

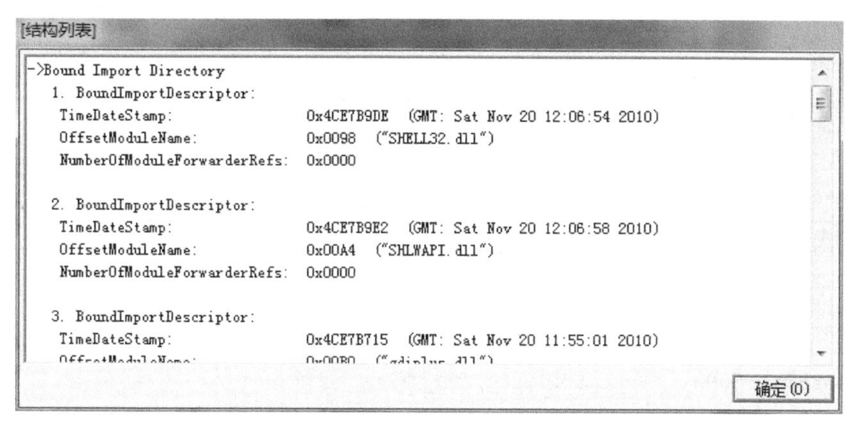

图 4-57 绑定导入表信息

从图 4-57 中可以看出，TimeDateStamp 是一个时间戳；OffsetModuleName 是绑定模块的名称，该值既不是一个 RVA，又不是一个 FOA，而是一个以第一个 IMAGE_BOUND_IMPORT_DESCRIPTOR 结构体为起始地址的偏移。因此，要想得到绑定模块的名称，需要将当前绑定导入表项的 OffsetModuleName 的值加上第一个 IMAGE_BOUND_IMPORT_DESCRIPTOR 的地址。NumberOfModuleForwarderRefs 表示转发引用的数量。

介绍绑定导入表是为了解释导入表中 IAT 中保存函数地址的情况。通常 PE 文件中是没有导入表的，只有 Windows 操作系统目录下微软自己的可执行文中存在绑定导入表。绑定导入表的设计初衷是提高 PE 文件的装载速度，仅此而已。

4.3.2 导出表

导出表即导出函数表，导出函数的作用是给其他可执行程序提供调用函数。调用的 API 函数都是由操作系统中的 DLL 文件导出的，如 MessageBoxA 函数是由 user32.dll 文件导出的，ExitProcess 函数是由 kernel32.dll 文件导出的。

通常，DLL 文件会提供许多导出函数，有时 EXE 文件也会提供导出函数。例如，OD 就提供了很多导出函数，用于插件的开发。

1. 导出函数的定义和调用

1）导出函数的定义

DLL 导出文件有两种方式，一种方式是直接在函数定义时进行导出，另一种方式是通过定义.def 文件进行导出。这里将介绍通过.def 文件进行导出的方法。

在 VS 中新建一个 DLL 文件项目，并写入以下代码：

```
#include <Windows.h>

void Func1()
{
    MessageBox(NULL, "Func_1", NULL, MB_OK);
```

```
}

void Func2()
{
    MessageBox(NULL, "Func_2", NULL, MB_OK);
}

void Func3()
{
    MessageBox(NULL, "Func_3", NULL, MB_OK);
}

void Func4()
{
    MessageBox(NULL, "Func_4", NULL, MB_OK);
}

void Func5()
{
    MessageBox(NULL, "Func_5", NULL, MB_OK);
}
```

以上代码定义了5个函数，这5个函数的功能相同，都是通过调用MessageBox函数来弹出一个提示对话框。此时，DLL中的函数是无法被调用的，还需要定义.def文件，将要公开的函数导出。.def文件的定义如下：

```
LIBRARY    "DllExport"

EXPORTS

Func1    @ 3
Func2    @ 5
Func3    @ 6 NONAME
Func5
```

在前面学习导入表时提到过，导入函数可以通过函数名称进行导入，也可以通过函数序号进行导入。原因是导出函数可以通过函数名称进行导出，也可以通过函数序号进行导出。在这里的.def文件的定义中，Func1是函数名称，其对应的导出序号是3，说明Fun1函数同时以名称和序号导出。Func3在导出序号6后面加了一个参数NONAME，说明该函数只以函数序号进行导出。当Func5函数名称后的序号被省略时，系统会自动分配给它一个序号。

在上面的.def文件中一共导出了4个函数，其中Func3没有通过函数名称进行导出。

2）导出函数的调用

导出函数的调用有两种方式：一种方式是直接进行调用，并在程序进行编译时生成导入表，这种方式称作隐式调用；另一种方式是使用LoadLibrary函数和GetProcAddress函数进行调用，这种方式称作显式调用。这里主要演示显式调用方式。

在VS中建立一个EXE文件项目，并写入以下代码：

```
#include <Windows.h>

typedef void (*Func)();

int _tmain(int argc, _TCHAR* argv[])
{
    HMODULE hMod = LoadLibrary("DllExport.dll");
```

```
    Func Func1 = (Func)GetProcAddress(hMod, "Func1");
    Func1();
    Func Func2 = (Func)GetProcAddress(hMod, "Func2");
    Func2();
    Func Func3 = (Func)GetProcAddress(hMod, (LPCSTR)6);
    Func3();
    // Func4 是一个没有导出的函数
    // Func Func4 = (Func)GetProcAddress(hMod, "Func4");
    // Func4();

    Func Func5 = (Func)GetProcAddress(hMod, "Func5");
    Func5();

    FreeLibrary(hMod);
    return 0;
}
```

在上述代码中，函数 Func1、Func2 及 Func5 通过函数名称获得了函数的地址，而 Func3 并没有通过名称进行导出，而是使用函数序号进行导出，因此通过 GetProcAddress 函数获得 Func3 的函数地址时，使用的是其导出序号。

对上述代码进行编译、连接并运行，将生成的 EXE 文件和 DLL 文件放在同一个目录下，运行 EXE 文件，弹出 MessageBox 对话框，说明前面编写的 DLL 文件的导出函数是没有问题的。

2. 导出函数的查看

导出函数是数据目录中的第一项，导出函数表同样可以通过 PE 解析工具进行查看，这里仍然使用 LordPE 工具。使用 LordPE 打开前面生成的 DLL 文件，并选择数据目录的第一项进行查看，如图 4-58 所示。

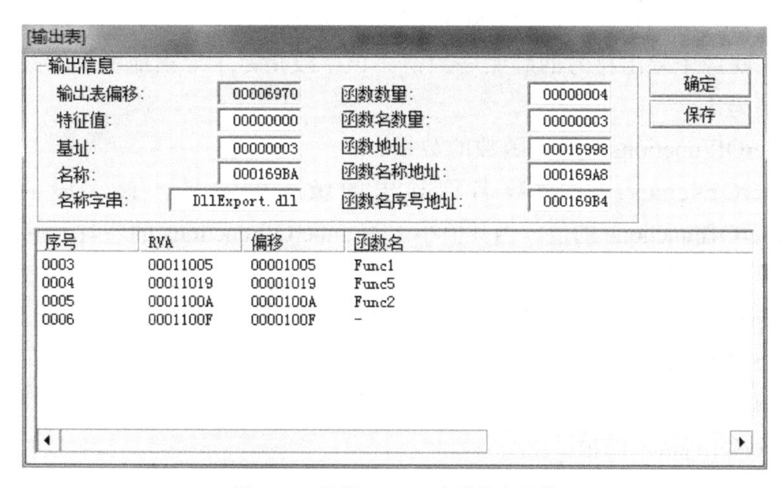

图 4-58　使用 LordPE 查看导出函数

LordPE 的“输出表”可以分为上下两部分，上半部分是导出表的信息，下半部分是导出表的函数信息。在窗口的上半部分中可以看到 DLL 文件的名称、导出函数的数量、以函数名称导出的函数的数量等信息；在窗口的下半部分中可以看到有 4 个导出函数，其中有 3 个函

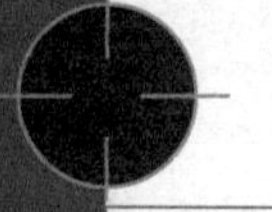

数是以函数名称导出的。

3．导出表的结构体

1）导出表的结构体示例

前面在 VS 中用 C 语言编写了一个简单的 DLL 文件，并使用 LordPE 查看了解析后的导出表，接下来介绍导出表的结构体。该结构体在 Winnt.h 中被定义为 IMAGE_EXPORT_DIRECTORY，代码如下：

```
typedef struct _IMAGE_EXPORT_DIRECTORY {
    DWORD   Characteristics;
    DWORD   TimeDateStamp;
    WORD    MajorVersion;
    WORD    MinorVersion;
    DWORD   Name;
    DWORD   Base;
    DWORD   NumberOfFunctions;
    DWORD   NumberOfNames;
    DWORD   AddressOfFunctions;
    DWORD   AddressOfNames;
    DWORD   AddressOfNameOrdinals;
} IMAGE_EXPORT_DIRECTORY, *PIMAGE_EXPORT_DIRECTORY;
```

导出表的结构体字段比导入表的结构体字段稍多，但是比导入表简单。下面将逐个介绍导出表 IMAGE_EXPORT_DIRECTORY 结构体的各个字段。

- Characteristics：表示导出表的导出标志，这里是一个保留字段，必须为 0。
- TimeDateStamp：导出数据被创建的时间戳。该时间戳的作用在介绍绑定导入表时已介绍过，绑定导入表中的时间戳会与 DLL 中的时间戳进行对比，如果两个时间戳不相同，那么绑定导入表是不生效的。
- MajorVersion：主版本号。该值可以自行设置，默认值是 0。
- MinorVersion：次版本号。该值可以自行设置，默认值是 0。
- Name：包含该 DLL 名称的 ASCII 字符串的 RVA。
- Base：映像中导出符号的起始序数值。该字段指定了导出地址表的起始序数值，通常该值为 1。
- NumberOfFunctions：导出函数的数量。
- NumberOfNames：以函数名称导出的函数的数量，该字段的值小于等于 NumberOfFunctions 的值。当其值小于 NumberOfFunctions 的值时，说明 DLL 中有以序号导出的函数。
- AddressOfFunctions：该字段保存了导出函数地址表的 RVA，该表中的数量是 NumberOfFunctions 的值。
- AddressOfNames：该字段保存了导出名称指针表的 RVA，该表中的数量是 NumberOfNames 的值。
- AddressOfNamesOrdinals：该字段保存了导出名称序数表的 RVA，该表中的数量是 NumberOfNames 的值。这里的值是一个索引值，并不是真正的导出函数的序号。这个表的值加上 Base 字段的值，才是真正的导出函数的序号。

2）手动分析导出表

只有通过以十六进制的方式手动分析 PE 文件格式的各个结构体的各个字段，才会对 PE

文件格式有深入的了解。接下来使用 C32Asm 来分析导出表。

先定位到导出表的位置，数据目录的后面紧挨着节表，因此手动定位数据目录时通过节表来向上定位会更快。导出表是数据目录表的第一项，数据目录的起始 RVA 为 0x00016970，转换为 FOA 后为 0x00006970，按“Ctrl + G”快捷键跳转到 FOA 0x00006970 处，定位到导出表的数据。C32Asm 中的导出表如图 4-59 所示。

图 4-59 中开始的位置就是导出表所在的位置，选中的部分即为导出表的十六进制数据。根据导出表的结构体来逐字节地分析导出表的内容，将导出表的结构体与导出表的十六进制数据整理为表 4-10。

```
00006960: 00 00 00 00 00 00 00 00 00 00 00 00 00 00 00 00  ................
00006970: 00 00 00 00 94 BA DB 56 00 00 00 00 BA 69 01 00  ....”°ÛV....°i.
00006980: 03 00 00 00 04 00 00 00 03 00 00 00 98 69 01 00  ............楧..
00006990: A8 69 01 00 B4 69 01 00 05 10 01 00 19 10 01 00  ╥..磈..........
000069A0: 0A 10 01 00 0F 10 01 00 C8 69 01 00 CE 69 01 00  ........萯..蝖..
000069B0: D4 69 01 00 00 00 02 00 01 00 44 6C 6C 45 78 70  詉........DllExp
000069C0: 6F 72 74 2E 64 6C 6C 00 46 75 6E 63 31 00 46 75  ort.dll.Func1.Fu
000069D0: 6E 63 32 00 46 75 6E 63 35 00 00 00 00 00 00 00  nc2.Func5.......
000069E0: 00 00 00 00 00 00 00 00 00 00 00 00 00 00 00 00  ................
```

图 4-59　C32Asm 中的导出表

表 4-10　　IMAGE_EXPORT_DIRECTORY 结构体整理

Characteristics	TimeDateStamp	MajorVersion	MinorVersion
00 00 00 00	94 BA DB 56	00 00	00 00
Name	Base	NumberOfFunctions	NumberOfNames
BA 69 01 00	03 00 00 00	04 00 00 00	03 00 00 00
AddressOfFunctions	AddressOfNames	AddressOfNameOrdinals	
98 69 01 00	A8 69 01 00	B4 69 01 00	

导出表的 TimeDateStamp 字段是 DLL 文件生成时的时间戳，可以通过 LordPE 工具进行解码（见图 4-60），解码后的时间是格林尼治时间，而非本地时间。

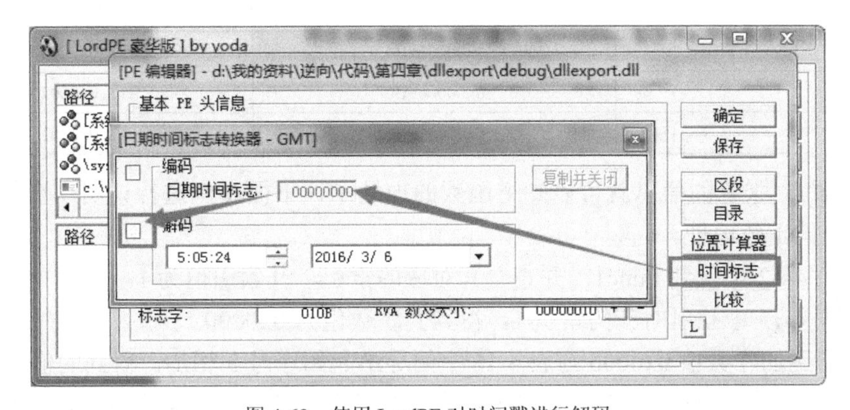

图 4-60　使用 LordPE 对时间戳进行解码

导出表的 Name 字段是 DLL 名称的 RVA 地址，在表 4-10 中，Name 字段的值为 0x000169BA，将该 RVA 转换 FOA 后为 0x000069BA，在该 FOA 中查看其保存的内容为 DllExport.dll。

Base 是导出符号的起始序数值，这里该值为 3。

NumberOfFunctions 和 NumberOfNames 分别表示导出函数的个数和以函数名称导出的函数的个数，在这里导出函数的个数是 4，以函数名称导出的函数的个数是 3。

接下来就是 3 张表的 RVA 了，3 个 RVA 分别是 0x00016998、0x000169A8 和 0x000169B4，将这 3 个 RVA 分别转换为 FOA 后为 0x00006998、0x000069A8 和 0x000069B4。分别整理 3 张表的信息，如表 4-11、表 4-12 和表 4-13 所示。

表 4-11　导出函数地址表

导出函数地址表 FOA：0x00006998	
导出起始序号：3	
导出序号	导出地址
3	0x00011005
4	0x00011019
5	0x0001100A
6	0x0001100F

表 4-12　导出函数名称表

导出函数名称表 FOA:0x000069A8			
索引（表的顺序）	RVA	FOA	导出函数名称
1	0x000169C8	0x000069C8	Func1
2	0x000169CE	0x000069CE	Func2
3	0x000169D4	0x000069D4	Func5

表 4-13　导出名称序数表

导出名称序数表 FOA：0x000069B4		
索引（表的顺序）	FOA	序数值
1	0x000069B4	0x0000
2	0x000069B6	0x0002
3	0x000069B8	0x0001

有了上面 3 张表的信息就可以知道函数的地址了，下面举例进行说明。查找导出函数 Func1 所对应的函数地址。

- 在表 4-12 中找到 Func1，并查看其对应的索引，其索引值为 1。
- 在表 4-13 中找出对应的索引 1，得到其序数值为 0x0000。
- 将得到的序数值 0x0000 与表 4-11 中的导出起始序号 3 相加，得到的值为 3。
- 在导出函数地址表中查找导出序号为 3 的导出地址，导出地址为 0x00011005。即导出函数 Func1 对应的导出地址为 0x00011005。

从图 4-58 中可以看到，计算结果与 LordPE 解析的结果是相同的。

读者可以自行通过表 4-11～表 4-13 来计算 Func2 和 Func5 所对应的函数地址。通过导出函数名称找出导出函数地址后，读者也可以通过导出函数地址找出导出函数名称。

补充：在前面介绍 DLL 中时间戳的解码时，使用的是 LordPE，然而，LordPE 解码后的值并非本地时间，这里提供了一段简单的程序，用于将时间戳转换为本地时间，具体代码如下：

```
#include <time.h>
int _tmain(int argc, _TCHAR* argv[])
{
    time_t lt;

    lt = 0x56dbba94;      // 时间戳的值

    printf(ctime(&lt));
    printf(asctime(localtime(&lt)));
    printf(asctime(gmtime(&lt)));

    return 0;
}
```

在图 4-61 中，第一行和第二行的输出是生成 DLL 文件时的本地时间，第三行的输出则与 LordPE 中解码的时间相同。

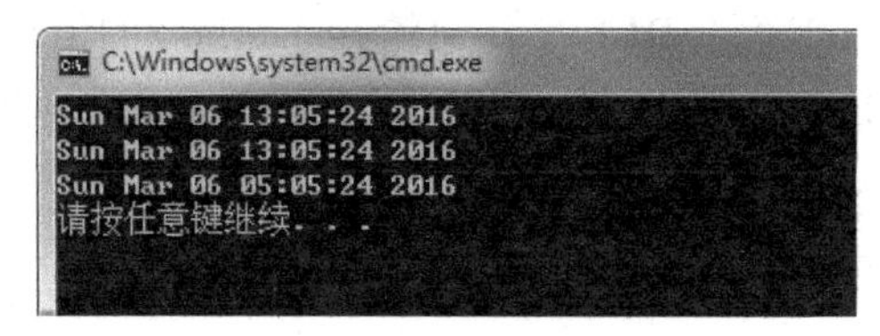

图 4-61 对时间戳的解码

4.3.3 重定位表

前面介绍了关于导出表的内容，通常情况下导出表只存在于 DLL 文件中。对于 EXE 文件而言，也可以存在导出表。使用 LordPE 来查看 OD，可以看到 OD 导出了很多函数，如图 4-62 所示。

[输出表]

输出信息

输出表偏移:	000CE200	函数数量:	000000BC
特征值:	00000000	函数名数量:	000000BC
基址:	00000001	函数地址:	0010F028
名称:	0010F780	函数名称地址:	0010F318
名称字串:	ollydbg.exe	函数名序号地址:	0010F608

确定 保存

序号	RVA	偏移	函数名
0001	00054EFC	000544FC	_Addsorteddata
0002	0005A60C	00059C0C	_Addtolist
0003	0007F284	0007E884	_Analysecode
0004	000054AC	00004AAC	_Assemble
0005	0005A474	00059A74	_Broadcast
0006	00076224	00075824	_Browsefilename
0007	00054B20	00054120	_Calculatecrc
0008	00015E60	00015460	_Checkcondition
0009	00008208	00007808	_Compress

图 4-62 OD 的导出函数

OD 导出了非常多的函数，用于为 OD 插件的开发提供现成的函数。导出表并不专属于 DLL 文件，EXE 文件中同样存在。本小节介绍的另一个表结构是重定位表，该表存在的价值

也是为 DLL 文件所用。某些开发环境下生成的 EXE 文件中也存在重定位表，但是即使存在也没有什么作用。

1．重定位表概述

1）建议装载地址 ImageBase

在前面介绍 IMAGE_OPTIONAL_HEADER 结构体时提到过 ImageBase 字段，该字段是建议装载地址。为什么是建议装载地址呢？其指按照 ImageBase 给出的地址进行装载，装载速度最快，但是有时 Windows 装载器并非按照 ImageBase 给出的地址装载 DLL 文件，因此 ImageBase 只是一个建议的装载地址，而非实际的装载地址。

为什么 Windows 装载器不使用 IMAGE_OPTIONAL_HEADER 中 ImageBase 字段提供的地址作为装载地址呢？这是因为每个进程在运行时地址空间是独立的，先装载的是 EXE 文件，EXE 文件会根据 ImageBase 字段给出的地址值进行装载，而 DLL 文件的 ImageBase 给出的地址值就有可能被其他 DLL 文件的 ImageBase 所占用。简单来说，A.DLL 文件中的 ImageBase 的值是 0x10000000，而 B.DLL 文件中的 ImageBase 的值也是 0x10000000，在 A.DLL 文件被载入内存后，B.DLL 文件就无法再使用 0x10000000 这个地址进行装载了。

2）举例查看 ImageBase 被占用的情况

为了更好地观察 ImageBase 字段给出的地址被占用的情况，下面对前面的 DLL 文件进行简单的修改。

```
// 测试重定位表时添加
int a = 0x12345678;

void Func1()
{
    // 测试重定位表时添加
    printf("%x-%x\r\n", a, &a);

    MessageBox(NULL, "Func_1", NULL, MB_OK);
}
```

在 DLL 文件的代码中增加了一个整型的全局变量 int a，并在 Func1 函数中输出了全局变量 int a 的值和地址。对该 DLL 文件重新进行编译连接，并将生成的 DLL 文件复制一份。这里，这两个 DLL 文件的名称分别是 DllExport.dll 和 DllExport1.dll。为什么要复制一份同样的 DLL 文件呢？这是因为这两个 DLL 文件的 ImageBase 值相同，可以很好地对比 ImageBase 被占用的情况。

使用 LordPE 来观察两个 DLL 文件的 ImageBase 值，如图 4-63 所示。从图 4-63 中可以看出 DllExport.dll 和 DllExport1.dll 的 ImageBase 值相同，都是 0x10000000。

图 4-63　两个 DLL 具有相同的 ImageBase

接下来修改调用 DLL 文件的 EXE 文件的代码，代码如下：

```
HMODULE hMod = LoadLibrary("DllExport.dll");
// 测试重定位表时添加
HMODULE hMod2 = LoadLibrary("DllExport1.dll");

Func Func1 = (Func)GetProcAddress(hMod, "Func1");
Func1();
// 测试重定位表时添加
Func func1_1 = (Func)GetProcAddress(hMod2, "Func1");
func1_1();
```

在 EXE 文件的代码中，先分别用 LoadLibrary 动态加载了 DllExport.dll 和 DllExport1.dll 文件，又分别调用了这两个 DLL 文件中的 Func1 函数。请读者记住，这两个 DLL 文件是完全相同的，不同的只是它们的文件名。

在 OD 中对 EXE 文件进行调试，在 LoadLibraryA 函数处下断，LoadLibraryA 被中断两次时返回观察 EXE 文件与 DLL 文件的内存分布，如图 4-64 所示。

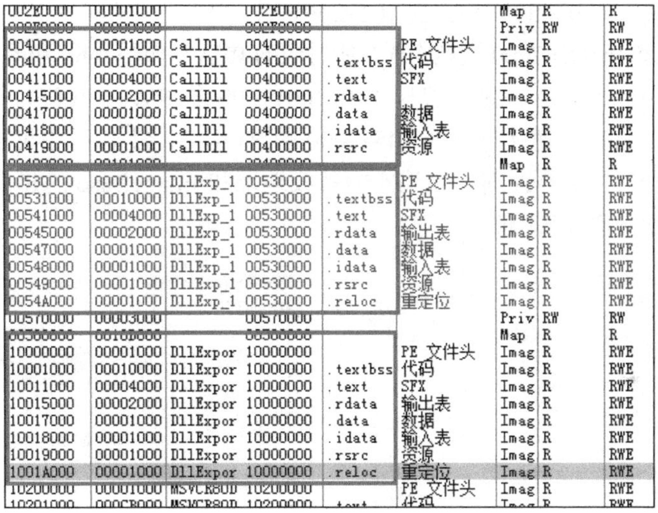

002E0000	00001000		002E0000			Map	R	R
002F0000	[illegible]		002F0000			Priv	RW	RW
00400000	00001000	CallDll	00400000		PE 文件头	Imag	R	RWE
00401000	00010000	CallDll	00400000	.textbss	代码	Imag	R	RWE
00411000	00004000	CallDll	00400000	.text	SFX	Imag	R	RWE
00415000	00002000	CallDll	00400000	.rdata		Imag	R	RWE
00417000	00001000	CallDll	00400000	.data	数据	Imag	R	RWE
00418000	00001000	CallDll	00400000	.idata	输入表	Imag	R	RWE
00419000	00001000	CallDll	00400000	.rsrc	资源	Imag	R	RWE
[illegible]	[illegible]		[illegible]			Map	R	R
00530000	00001000	DllExp_1	00530000		PE 文件头	Imag	R	RWE
00531000	00010000	DllExp_1	00530000	.textbss	代码	Imag	R	RWE
00541000	00004000	DllExp_1	00530000	.text	SFX	Imag	R	RWE
00545000	00002000	DllExp_1	00530000	.rdata	输出表	Imag	R	RWE
00547000	00001000	DllExp_1	00530000	.data	数据	Imag	R	RWE
00548000	00001000	DllExp_1	00530000	.idata	输入表	Imag	R	RWE
00549000	00001000	DllExp_1	00530000	.rsrc	资源	Imag	R	RWE
0054A000	00001000	DllExp_1	00530000	.reloc	重定位	Imag	R	RWE
00570000	00003000		00570000			Priv	RW	RW
[illegible]	0010D000		[illegible]			Map	R	R
10000000	00001000	DllExpor	10000000		PE 文件头	Imag	R	RWE
10001000	00010000	DllExpor	10000000	.textbss	代码	Imag	R	RWE
10011000	00004000	DllExpor	10000000	.text	SFX	Imag	R	RWE
10015000	00002000	DllExpor	10000000	.rdata	输出表	Imag	R	RWE
10017000	00001000	DllExpor	10000000	.data	数据	Imag	R	RWE
10018000	00001000	DllExpor	10000000	.idata	输入表	Imag	R	RWE
10019000	00001000	DllExpor	10000000	.rsrc	资源	Imag	R	RWE
1001A000	00001000	DllExpor	10000000	.reloc	重定位	Imag	R	RWE
10200000	00001000	MSVCR80D	10200000		PE 文件头	Imag	R	RWE
10201000	000CB000	MSVCR80D	10200000	.text	代码	Imag	R	RWE

图 4-64 EXE 文件与 DLL 文件的内存分布

从图 4-64 中主要观察 CallDll（这个模块是 EXE 文件装载入内存模块）、DllExport 和 DllExport1 这 3 个模块。从图 4-64 中可以看出，DllExport 装载入地址 0x10000000，而 DllExport1 装载入地址 0x00530000。读者可以多次使用 OD 重复装载调试该 EXE 文件，在装载调试时会发现，DllExport.dll 文件每次都会载入地址 0x10000000，而 DllExport1.dll 文件每次装载的位置都不会相同。

对比观察 DllExport.dll 文件与 DllExport1.dll 文件中 Func1 函数的部分代码，如图 4-65 和图 4-66 所示。

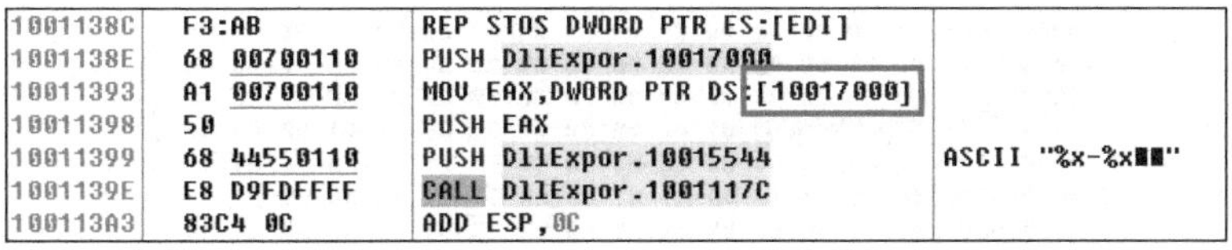

1001138C	F3:AB	REP STOS DWORD PTR ES:[EDI]	
1001138E	68 00700110	PUSH DllExpor.10017000	
10011393	A1 00700110	MOV EAX,DWORD PTR DS:[10017000]	
10011398	50	PUSH EAX	
10011399	68 44550110	PUSH DllExpor.10015544	ASCII "%x-%x■■"
1001139E	E8 D9FDFFFF	CALL DllExpor.1001117C	
100113A3	83C4 0C	ADD ESP,0C	

图 4-65 DllExport 中 Func1 函数的部分代码

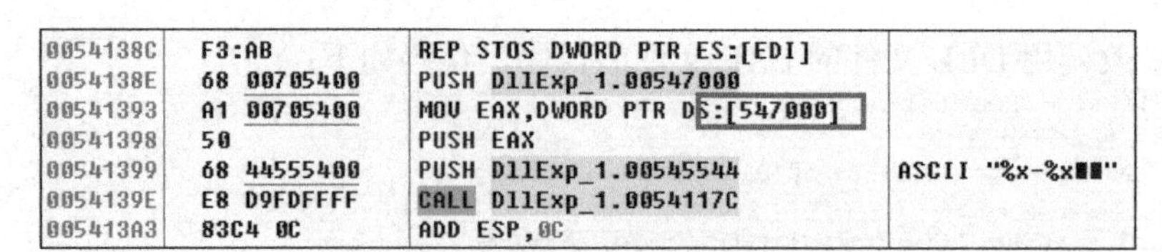

图 4-66　DllExport1 中 Func1 函数的部分代码

在数据窗口中查看 0x10017000 和 0x00547000 两个内存地址中的值，可以看出两个内存地址中的值都是 0x12345678。也就是说，这两个地址都是代码中的全局变量 int a。查看这两个函数的输出内容，如图 4-67 所示。

图 4-67　两个函数的输出内容

从图 4-67 中可以看出，第一行是 DllExport.dll 文件中 Func1 函数的输出内容，第二行是 DllExport1.dll 文件中 Func1 函数的输出内容，它们的值相同，但保存值的地址不同。下面继续深入分析该问题。使用 LordPE 分别计算 0x10017000 和 0x00547000 这两个 VA 所对应的 RVA，如图 4-68 和图 4-69 所示。

在图 4-68 中，LordPE 正确地计算出了 0x10017000 的 RVA，其值为 0x00017000；而在图 4-69 中，LordPE 无法正确计算出 0x00547000 的 RVA。从图 4-69 中可以发现，当 LordPE 通过 VA 计算 DLL 文件的 RVA 时，如果实际装载地址和 ImageBase 的建议装载地址不一致，则无法通过 VA 值来计算 RVA 值。

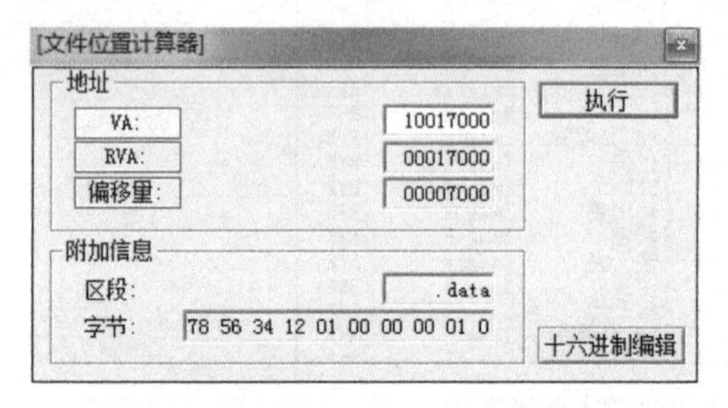

图 4-68　LordPE 计算 DllExport.dll 文件的 RVA

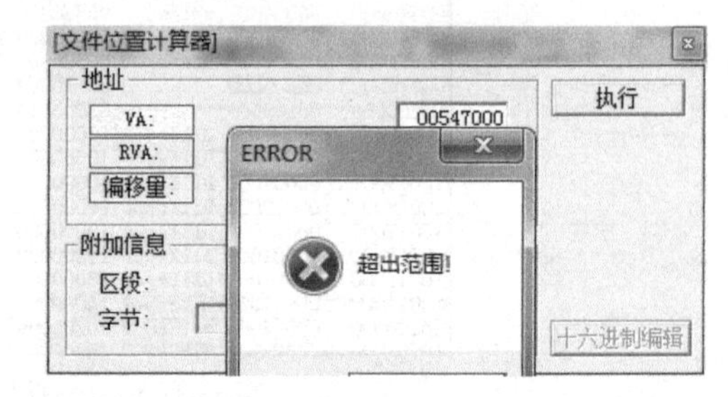

图 4-69　LordPE 计算 DllExport1.dll 文件的 RVA

当使用 LordPE 无法进行计算时，读者可以利用前面学习过的 3 种地址转换的相关知识手动转换 0x00547000 为 RVA。由于 DllExport1.dll 装载地址为 0x00530000，所以 VA 转换成 RVA 的过程是 0x00547000−0x00530000=0x00017000。可以看出，DllExport1.dll 转换后的 RVA 值和 DllExport.dll 转换后的 RVA 值是相同的。

在图 4-68 中，LordPE 通过 DllExport.dll 的 VA 0x10017000 计算出了全局变量 int a 的 FOA 为 0x00007000，由于 DllExport.dll 和 DllExport1.dll 是两个完全一样的文件，所以这里通过 C32Asm 来查看 DllExport1.dll 文件 FOA 为 0x00007000 处的内容，如图 4-70 所示。

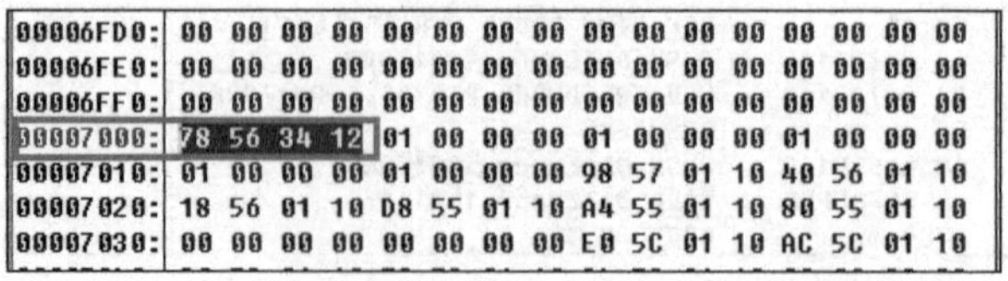

```
00006FD0: 00 00 00 00 00 00 00 00 00 00 00 00 00 00 00 00
00006FE0: 00 00 00 00 00 00 00 00 00 00 00 00 00 00 00 00
00006FF0: 00 00 00 00 00 00 00 00 00 00 00 00 00 00 00 00
00007000: 78 56 34 12 01 00 00 00 01 00 00 00 01 00 00 00
00007010: 01 00 00 00 01 00 00 00 98 57 01 10 40 56 01 10
00007020: 18 56 01 10 D8 55 01 10 A4 55 01 10 80 55 01 10
00007030: 00 00 00 00 00 00 00 00 E0 5C 01 10 AC 5C 01 10
```

图 4-70　查看 DllExport1.dll 文件 FOA 为 0x00007000 处的内容

从图4-70中可以看出，在FOA为0x00007000处正好是int a全局变量的值。

对前面介绍的内容整理如下：在VS中生成一个DLL文件，该文件中有一个int a整型变量，其中存储了0x12345678的整型值；当DLL文件被载入不同的地址后，全局变量的地址会随着装载地址的改变而改变；分别查看DllExport.dll和DllExport1.dll装载后int a整型变量的引用代码。

DllExport.dll装载后，int a整型变量的引用代码如下：

```
1001138E    68 00700110      PUSH DllExpor.10017000
10011393    A1 00700110      MOV EAX,DWORD PTR DS:[10017000]
10011398    50               PUSH EAX
10011399    68 44550110      PUSH DllExpor.10015544
1001139E    E8 D9FDFFFF      CALL DllExpor.1001117C
```

DllExport1.dll装载后，int a整型变量的引用代码如下：

```
0054138E    68 00705400      PUSH DllExp_1.00547000
00541393    A1 00705400      MOV EAX,DWORD PTR DS:[547000]
00541398    50               PUSH EAX
00541399    68 44555400      PUSH DllExp_1.00545544
0054139E    E8 D9FDFFFF      CALL DllExp_1.0054117C
```

在第一段代码中，0x10011393中引用int a的地址是0x10017000；在第二段代码中，0x541393中引用int a的地址是0x00547000。为什么同一份DLL代码，在装载地址不同时，引用同一个变量的地址会发生改变呢？这是因为当DLL文件装载地址非ImageBase字段给出的地址时，就会对DLL文件进行重定位。那么，哪些数据需要被重定位呢？这是开发环境要考虑的，对于逆向分析人员而言，通过IMAGE_OPTIONAL_HEADER中数据目录的IMAGE_DIRECTORY_ENTRY_BASERELOC即可找到重定位表的位置，从而找到需要重定位的数据。Winnt.h中IMAGE_DIRECTORY_ENTRY_BASERELOC的定义如下：

```
#define IMAGE_DIRECTORY_ENTRY_BASERELOC       5
```

注意：在OD中，反汇编窗口或者数据窗口中带下画线的部分即是需要进行重定位的部分，如图4-65和图4-66所示。

3）DLL重定位

DLL重定位具体来说就是DLL中的地址被进行了重定位，那么DLL中的地址是怎么重定位的呢？这里还是以前面例子中的全局变量int a来进行讨论。在DllExport.dll中，对于int a的引用，使用了地址0x10017000；而在DllExport1.dll中，对于int a的引用，使用了地址0x00547000。

DllExport.dll的装载地址是IMAGE_OPTIONAL_HEADER中ImageBase字段提供的值，即PE结构中给出的建议装载地址0x10000000。当DllExport1.dll进行装载时，其建议装载地址也是0x10000000，但是此时的0x10000000地址已经被DllExport.dll占用，因此DllExport1.dll被载入其他地址，本例中其被载入0x00530000。

两个DLL文件中都存在一个int a的全局变量，其RVA为0x00017000，但是在DLL文件中对于它的引用并不是使用RVA，而是使用的VA，且其VA为0x10017000。通过C32Asm的反汇编功能来查看DllExport1.dll中对int a全局变量的引用，如图4-71所示。

在C32Asm中反汇编DllExport1.dll时，需要查看0x1001138E地址，因为C32Asm反汇编时不会将DLL加载到内存中，它只是简单地读取文件并对其进行反汇编，因此查看时使用建议装载地址进行显示（实际上根本没有进行装载）。从图4-71中可以看出，DLL文件中对全局变量的引用使用了0x10017000。

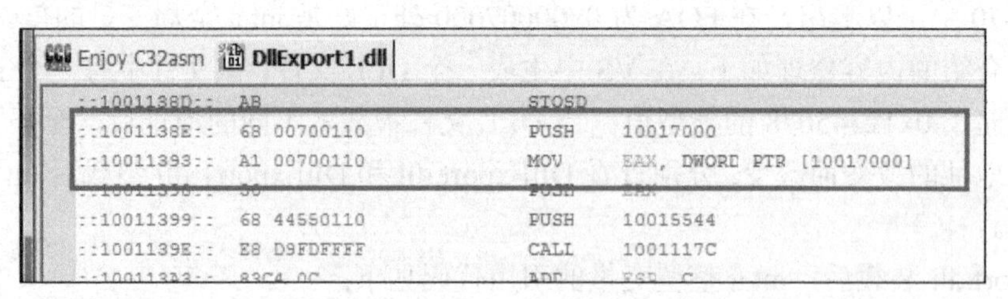

图 4-71　通过 C32Asm 的反汇编功能查看 DllExport1.dll 对 int a 全局变量的引用

当 DLL 被载入 ImageBase 提供的地址时，0x10017000 地址是可以使用的，而其被载入 0x00530000 地址后，0x10017000 地址就不可以使用了，此时需要根据装载地址对 0x10017000 地址进行修正，修正的方法非常简单。

首先，用实际装载地址减去建议装载地址，也就是用 0x00530000 减去 0x10000000，得出的差值是 0xF0530000。

其次，用得出的差值对全局变量进行修正，也就是用差值 0xF0530000 加上 0x10017000，得出的实际地址是 0x00547000。

这样就完成了 DLL 重定位后的地址修正。

4）重定位表的查看

那么，哪些地址在 DLL 重定位后需要进行修正呢？此时，需要借助开发环境在连接时生成的重定位表。使用 LordPE 打开 DllExport1.dll 文件，查看其数据目录，数据目录的第 6 项就是重定位项，单击“重定位”后的按钮，打开“[重定位表]”窗口，查看重定位表，如图 4-72 所示。

[重定位表]

区段

索引	区段	RVA	项目
1	2 (".text")	00011000	58h / 88d
2	2 (".text")	00012000	76h / 118d
3	2 (".text")	00013000	58h / 88d
4	3 (".rdata")	00015000	4h / 4d
5	3 (".rdata")	00016000	Ch / 12d

块项目

索引	RVA	偏移	类型	FAR 地址	数据解释
1	0001138F	0000138F	HIGHLOW (3)	10017000	78 56 34 12 01 00 00
2	00011394	00001394	HIGHLOW (3)	10017000	78 56 34 12 01 00 00
3	0001139A	0000139A	HIGHLOW (3)	10015544	25 78 2D 25 78 0D 0A
4	000113AD	000013AD	HIGHLOW (3)	1001553C	"Func_1" (字串)
5	000113B5	000013B5	HIGHLOW (3)	100182F8	"USER32.dll" 的 IAT
6	00011415	00001415	HIGHLOW (3)	10015550	"Func_2" (字串)
7	0001141D	0000141D	HIGHLOW (3)	100182F8	"USER32.dll" 的 IAT

□ 强制为十六进制解释(F)

图 4-72　在 LordPE 中查看重定位表

从图 4-72 中可以发现，LordPE 中的重定位表中列出了很多内容，看起来比前面介绍的导入表和导出表都复杂，但实际上重定位表的内容并没有像 LordPE 中给出的这么多。在 LordPE 的“[重定位表]”窗口中有上下两个列表框，分别是“区段”和“块项目”。

“区段”列表框给出了重定位表的分布和数量，可以看到区段的第一行给出的是.text 节

RVA 为 0x00011000 起始处的 4K 地址中有 88 个（十进制表示，58h 是其十六进制表示）需要进行重定位修复。为什么是 0x00011000 起始处的 4K 地址中呢？因为在区段的第二行，RVA 是从 0x00012000 处起始的。

“块项目”列表框中的内容是根据“区段”的不同而不同的，它给出了被选中“区段”中的具体项目内容。在图 4-72 中，选中“区段”列表框中的第一行，“块项目”列表框中将显示 88 个该区段所要修正的 RVA。

下面通过示例简单介绍一下如何查看 LordPE 解析的重定位表。

为了方便分析，这里使用 DllExport.dll 对 int a 全局变量的引用，引用代码如下：

```
1001138E    68 00700110     PUSH DllExpor.10017000
10011393    A1 00700110     MOV EAX,DWORD PTR DS:[10017000]
10011398    50              PUSH EAX
10011399    68 44550110     PUSH DllExpor.10015544
1001139E    E8 D9FDFFFF     CALL DllExpor.1001117C
```

在上述代码中，地址 0x1001138F 和 0x10011394 都用到了 0x10017000，0x10017000 就是全局变量 int a。这两个地址的 RVA 分别是 0x0001138F 和 0x00011394，可以看出这两个 RVA 地址属于.text 区段，且起始 RVA 为 0x00011000 中的地址。在图 4-72 的 LordPE 中选择的就是该行，在“块项目”列表框中查看“RVA”列，发现第一行和第二行就是引用 int a 全局变量的 RVA。这说明这两个地址需要进行重定位。

在“块项目”列表框中，实际存储的内容只有一种类型，其余的 RVA、偏移等都是 LordPE 在解析时得出的。

2．手动分析重定位表

手动分析重定位表前，先来介绍重定位的数据结构，再通过十六进制来手动分析重定位表的内容。

1）重定位表的结构

重定位表通过数据目录中的第 5 项进行定位（下标从 0 开始），Winnt.h 中重定位表索引的定义如下：

```
#define IMAGE_DIRECTORY_ENTRY_BASERELOC        5   // Base Relocation Table
```

得到重定位表的地址后就可以按照重定位表的定义进行分析了。重定位表在 Winnt.h 中的定义如下：

```
typedef struct _IMAGE_BASE_RELOCATION {
    DWORD   VirtualAddress;
    DWORD   SizeOfBlock;
//  WORD    TypeOffset[1];
} IMAGE_BASE_RELOCATION;
typedef IMAGE_BASE_RELOCATION UNALIGNED * PIMAGE_BASE_RELOCATION;
#define IMAGE_SIZEOF_BASE_RELOCATION         8
```

重定位表由多个 IMAGE_BASE_RELOCATION 组合而成，重定位表的定义中共有 VirtualAddress、SizeOfBlock 和 TypeOffset 3 个字段。下面分别介绍这 3 个字段的含义。

- VirtualAddress：重定位数据的起始 RVA。在图 4-72 中，该地址是“区段”列表框中的“RVA”列。
- SizeOfBlock：当前区段重定位结构的大小。该大小非 IMAGE_BASE_RELOCATION 结构体的大小，IMAGE_BASE_RELOCATION 结构体的大小是 8 字节，该字段的大小还包括重定位数据的大小，即 8 +*N**WORD 字节。

● TypeOffset：重定位数据的数组，也就是图 4-72 中“块项目”列表框中的内容。在 Winnt.h 中，它被定义为只有一个下标的 word 类型的数组，其目的是通过数组的越界来访问变长数组。类似于导入表通过定义一个下标的字节数组（IMAGE_IMPORT_BY_NAME.Name[1]）越界访问函数名称。每个 TypeOffset 都是 word 类型，占用 16 字节。高 4 位表示该 TypeOffset 的类型，低 12 位表示“区段”内需要重定位的“偏移地址”，低 12 位与 VirtualAddress 相加就是需要进行重定位的 RVA。TypeOffset 的类型取值如下：

```
#define IMAGE_REL_BASED_ABSOLUTE              0
#define IMAGE_REL_BASED_HIGH                  1
#define IMAGE_REL_BASED_LOW                   2
#define IMAGE_REL_BASED_HIGHLOW               3
#define IMAGE_REL_BASED_HIGHADJ               4
#define IMAGE_REL_BASED_MIPS_JMPADDR          5
#define IMAGE_REL_BASED_MIPS_JMPADDR16        9
#define IMAGE_REL_BASED_IA64_IMM64            9
#define IMAGE_REL_BASED_DIR64                 10
```

在 Win32 下，所有的重定位类型都是 IMAGE_REL_BASED_HIGHLOW。在 Winnt.h 头文件中，TypeOffset 是被注释掉的，该部分可有可无，只要知道该“区段”重定位表的大小就可以通过计算得到重定位表数据的个数，从而遍历得到该区段中所有的重定位数据。

TypeOffset 的数量如何计算得到呢？SizeOfBlock 给出的是整个区段重定位表的大小，由 SizeOfBlock 给出的值减去 8 字节（也就是减去 VirtualAddress 和 SizeOfBlock 占用的字节），再除以 2 就是 TypeOffset 的数量。

重定位由多个 IMAGE_BASE_RELOCATION 组合而成，且以一个全 0 的 IMAGE_BASE_RELOCATION 结束。

2）重定位表的手动分析

手动分析重定位表的步骤和分析导入表与导出表类似，先用 C32Asm 打开要分析的 DLL 文件，通过 IMAGE_OPTIONAL_HEADER 结构体中的数据目录得到重定位表的 RVA 并转换成 FOA，再跳转到相应的 FOA 处进行分析。

图 4-73 所示为第一块重定位表。由于重定位表中的数据较多，只须对其关键部分进行分析，其余部分可以类推得到，这里只对第一行的数据进行分析。第一行的数据如下：

```
00 10 01 00 B8 00 00 00 8F 33 94 33 9A 33 AD 33
```

在第一行的 16 字节中，前 8 字节是 VirtualAddress 和 SizeOfBlock 两个字段的值，后 8 字节是 TypeOffset 字段的值。

前 4 字节 00 10 01 00 是十六进制值 0x00011000，该值是 VirtualAddress，表示该块重定位表的起始 RVA，可对应图 4-72 中“区段”列表框中第一行的“RVA”列。

接下来的 4 字节 B8 00 00 00 是十六进制值 0x000000B8，该值是 SizeOfBlock，表示该重定位块的大小。通过此值可以知道该重定位块有多少个重定位项，先用 0x000000B8 减去 8 字节，也就是减去 VirtualAddress 和 SizeOfBlock 所占用的字节，剩余 0x000000B0 字节。由于一个重定位项占用 2 字节，因此使用 0x000000B0 除以 2，就得出了该重定位块的重定位项的个数是 58h 个，即十进制的 88 个。这可通过对比图 4-72 中“区段”列表框中第一行的“项目”列得出。

第一行的最后 8 字节就是该块重定位表中的重定位项，由于一个重定位项占用 2 字节，因此 8 字节可以分为 4 项，分别是 0x338F、0x3394、0x339A 和 0x33AD，如表 4-14 所示。

```
00009FF0: 00 00 00 00 00 00 00 00 00 00 00 00 00 00 00 00  ................
0000A000: 00 10 01 00 B8 00 00 00 8F 33 94 33 9A 33 AD 33  ........?3"3?3-
0000A010: B5 33 15 34 1D 34 75 34 7D 34 D5 34 DD 34 35 35  ?.4.4u4}4??55455
0000A020: 3D 35 72 35 78 35 82 37 95 37 EA 37 F7 37 07 38  =5r5x5????.8÷7.
0000A030: 0F 38 15 38 1B 38 3B 38 48 38 8E 38 96 38 9E 38  .8.8.8;8H8???8
0000A040: AD 38 B5 38 E3 38 E9 38 0E 39 16 39 2B 39 34 39  ????.9.9+949+949
0000A050: 39 39 51 39 56 39 64 39 75 39 7B 39 81 39 89 39  99Q9V9d9u9{9??‰
0000A060: A5 39 AD 39 B6 39 BF 39 DE 39 E4 39 F8 39 00 3A  ???????.:9ä9ø9.:
0000A070: 17 3A 1E 3A 30 3A 37 3A 6B 3A 74 3A 79 3A 7F 3A  .:.:0:7:k:t:y::
0000A080: 85 3A 8B 3A 96 3A 9C 3A 86 3B 8B 3B 9D 3B C5 3B  ????????œ:†;‹;;
0000A090: D8 3B F9 3B 0E 3C 7A 3C 8D 3C C1 3C D6 3C 22 3D  ??.<z<???"=<Ö<"=
0000A0A0: D6 3D DB 3D ED 3D 2C 3E 8E 3E 98 3E B1 3E FA 3E  ???,>????>˜>±>ú
0000A0B0: 43 3F 89 3F AA 3F DF 3F 00 20 01 00 F4 00 00 00  C?‰?ª?ß?. ..ô..
0000A0C0: 29 30 49 30 94 30 DF 30 F2 30 10 31 C6 31 CB 31  )0I0???.1??.1Æ1Ë
```

图 4-73　第一个重定位表

表 4-14　重定位表项

VirtualAddress	0x00011000	SizeOfBlock	0x000000B8
示例			
	高 4 位值	低 12 位值	需重定位地址项
0x338F	3	0x038F	0x00011000+0x038F=0x0001138F
0x3394	3	0x0394	0x00011000+0x0394=0x00011394
0x339A	3	0x039A	0x00011000+0x039A=0x0001139A
0x33AD	3	0x03AD	0x00011000+0x03AD=0x000113AD

对比表 4-14 与图 4-72 中 LordPE 解析的部分，可以发现手动分析的重定位地址项与 LordPE 解析的重定位地址项相同。重定位表的分析结束，整块重定位表是以一个全 0 的 IMAGE_BASE_ RELOCATION 结束的。

本节重点介绍了导入表、导出表和重定位表，这 3 张表是 PE 文件格式中的常用表，也是非常重要的表，在学习壳的知识时要求熟悉这 3 张表。希望读者可以手动完成对这 3 张表的手动分析，从而加深对它们的了解。

4.4　总结

本章介绍了几款常用的 PE 文件格式的工具，主要包含 PE 文件格式的解析工具、PE 文件格式的比较工具和 PE 文件格式的修改工具。其中，PE 文件格式的解析工具需要对各种文件进行尝试，确保找出一款兼容性较好的解析工具，因为在分析病毒或壳时，PE 文件格式可能会变形，所以有些工具会解析得不够准确。

除了关于 PE 文件格式解析工具的介绍外，本章还介绍了 PE 文件格式的几个关键结构体。先介绍了 PE 文件格式的头部结构体，再介绍了导入表、绑定导入表、导出表和重定位表。了解 PE 文件格式的结构体对今后学习逆向其他相关知识很有帮助，如病毒分析、加壳、脱壳等都会用到 PE 文件格式相关知识，希望读者认真学习本章的内容。

第5章 PE 文件格式实例

第 4 章介绍了 PE 文件格式解析工具和 PE 文件格式中关键的文件结构，包括 PE 文件格式头部、导入表、导出表和重定位表。本章主要介绍 PE 文件格式实例，以加深对 PE 文件格式的了解。

本章关键字： 手写 PE 加壳 脱壳

5.1 手写 PE 文件

手写 PE 文件是一件辛苦的工作，但是并非一件复杂的工作，之所以辛苦是因为需要按照十六进制字节的方式去逐一地构造 PE 文件格式的各个结构。通过手工构造一个 PE 文件，可以更深入地掌握 PE 文件格式的各个结构。

在第 4 章中，大家已通过 C32Asm 分析了 PE 文件格式中关键的几个结构体，本节将手写一个简单的 PE 文件。

5.1.1 手写 PE 文件的准备工作

在用十六进制字节手写 PE 文件前，先要明确该 PE 文件的功能，再规划该文件的结构，最后才能着手编写文件。不要盲目地开始，否则手写过程中会做很多修改，将一件本来简单的事情变得复杂。

首先，要完成的 PE 文件是一个简单的 EXE 文件，用于简单地弹出一个有“确定”按钮的提示对话框，提示对话框中会显示“Hello,PE File!”字符串，单击“确定”按钮后，可执行程序退出。

其次，分析程序功能会用到 API 函数。弹出提示对话框使用 MessageBox 函数，进程退出使用 ExitProcess 函数。MessageBox 函数是系统中 user32.dll 导出的一个函数，ExitProcess 函数是系统中 kernel32.dll 导出的一个函数。

最后，对 PE 文件进行简单的规划，PE 文件结构如图 5-1 所示。

在图 5-1 中，PE 头部的顺序依次为 DOS 头（IMAGE_DOS_HEADER）、PE 标识符（PE\0\0）、文件头（IMAGE_FILE_HEADER）、可选头（IMAGE_OPTIONAL_HEADER）和节表（IMAGE_SECTION_HEADER）。

其中，节表部分有 3 个 IMAGE_SECTION_HEADER。为了手写 PE 文件时尽可能地简单，这里将节划分为 3 部分，分别用来存放代码的代码节（将其命名为.text 节）、字符串的数据节（将其命名为.data 节）和导入表的导入表节（将其命名为.idata 节）。下面分别介绍每个节的作用。

代码节用于存放调用 MessageBox 函数和 Exit Process 函数的代码；数据节用于存放调用 Message Box 函数时，提示框中显示的内容，即存放字符串的数据；导入表节用于存放 MessageBox 函数和 ExitProcess 函数的导入函数信息。

相对应节表中存在节的数量，程序体中也分为 3 部分。为了手写 PE 文件时尽可能简单，这里让每个节的大小都为 1000h 字节，这样 3 个节的大小一共是 3000h 字节。这 3 个节加上 PE 头部（大小也为 1000h 字节），该 PE 文件的大小为 4000h 字节。

PE头部	IMAGE_DOS_HEADER	1000h
	PE\0\0	
	IMAGE_FILE_HEADER	
	IMAGE_OPTIONAL_HEADER	
	IMAGE_SECTION_HEADER*3	
程序体	代码节(.text)	1000h
	数据节(.data)	1000h
	导入表节(.idata)	1000h

图 5-1　PE 文件结构

有了以上信息，接下来将在 C32Asm 中使用十六进制字节的形式手写一个 PE 文件。

注意：本节的内容旨在让读者掌握和记忆 PE 文件格式的具体数据结构，手写 PE 文件时如果已经忘记具体结构的细节，请再次阅读本书第 4 章的内容。

5.1.2　用十六进制字节完成 PE 文件

在 5.1.1 节中已经介绍了要打造的 PE 文件的结构规划，本节开始着手编写这个 PE 文件。构造 PE 文件的顺序是，将所有需要使用的结构逐一构造出来，也就是先将 IMAGE_DOS_HEADER、IMAGE_FILE_HEADER、IMAGE_OPTIONAL_HEADER、IMAGE_SECTION_HEADER、IMAGE_IMPORT_DESCRIPTOR 和数据节构造好，最后完成整个 PE 文件的代码。这样做的好处是，代码所需要使用的数据、导入表已经构造完毕，使用时直接调用即可。

1．构造 IMAGE_DOS_HEADER 结构

在 PE 文件格式中，是以 IMAGE_DOS_HEADER 开始的。再来回顾一下 IMAGE_DOS_HEADER 结构体的定义，该结构体在 Winnt.h 中的定义如下：

```
typedef struct _IMAGE_DOS_HEADER {
    WORD   e_magic;
    WORD   e_cblp;
    WORD   e_cp;
    WORD   e_crlc;
    WORD   e_cparhdr;
    WORD   e_minalloc;
    WORD   e_maxalloc;
    WORD   e_ss;
    WORD   e_sp;
    WORD   e_csum;
    WORD   e_ip;
    WORD   e_cs;
    WORD   e_lfarlc;
    WORD   e_ovno;
    WORD   e_res[4];
```

```
    WORD    e_oemid;
    WORD    e_oeminfo;
    WORD    e_res2[10];
    LONG    e_lfanew;
  } IMAGE_DOS_HEADER, *PIMAGE_DOS_HEADER;
```

该结构体的大小为 40h 字节（十进制的 64 字节）。打开 C32Asm 编辑器，选择“文件”→“新建十六进制文件”选项，在弹出的“建立新文件”对话框中设置“新文件大小”为“64”，如图 5-2 所示。

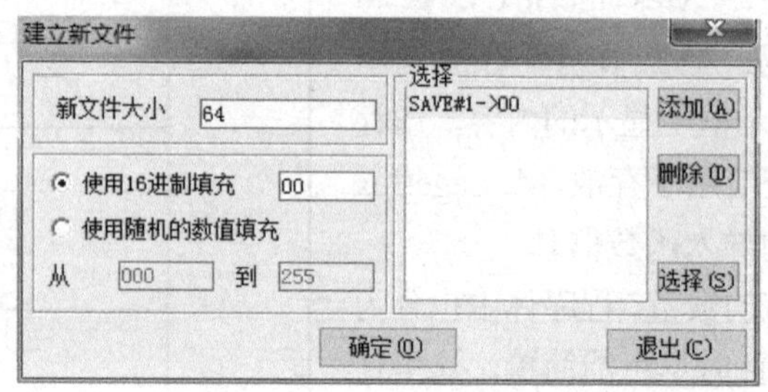

图 5-2　新建 64 字节的文件

设置好“新文件大小”后，单击“确定”按钮，在 C32Asm 中即可插入有 64 字节的文件，如图 5-3 所示。

```
00000000: 00 00 00 00 00 00 00 00 00 00 00 00 00 00 00 00
00000010: 00 00 00 00 00 00 00 00 00 00 00 00 00 00 00 00
00000020: 00 00 00 00 00 00 00 00 00 00 00 00 00 00 00 00
00000030: 00 00 00 00 00 00 00 00 00 00 00 00 00 00 00 00
```

图 5-3　在 C32Asm 中插入有 64 字节的文件

通过上述步骤，创建了一个全 0 的 64 字节的数据，根据 IMAGE_DOS_ HEADER 结构体来对该 64 字节数据进行修改。在 IMAGE_DOS_HEADER 结构体中，关键字段只有两个，分别是 e_magic 和 e_lfanew。它们的取值如表 5-1 所示。

表 5-1　IMAGE_DOS_HEADER 中关键字段的取值

字段	取值	备注
e_magic	4D 5A	MZ 头标识
e_lfanew	40 00 00 00	指向 PE 标识符的偏移

在 IMAGE_DOS_HEADER 中，只须为这两个字段赋值，其余字段的值为 0，赋值后的数据如图 5-4 所示。

```
00000000: 4D 5A 00 00 00 00 00 00 00 00 00 00 00 00 00 00
00000010: 00 00 00 00 00 00 00 00 00 00 00 00 00 00 00 00
00000020: 00 00 00 00 00 00 00 00 00 00 00 00 00 00 00 00
00000030: 00 00 00 00 00 00 00 00 00 00 00 00 40 00 00 00
```

图 5-4　IMAGE_DOS_HEADER 赋值后的数据

在 IMAGE_DOS_HEADER 结构体中，最后的 4 字节指向 PE 标识符的偏移，由于手写 PE 文件时不会像编译器一样插入 DOS Stub，所以在 DOS 头后紧跟 PE 标识符，这里给出的值为 0x00000040。

注意：在填充不使用的字段为 0 时，一定要注意被填充字段的数据类型，不要少于字段类型长度，也不要大于字段类型长度。后续对其他结构中的字段进行填充时也需要注意这一点。

2．构造 PE 标识符

在构造完 DOS 头后，接着构造 PE 标识符，PE 标识符占 4 字节，因此 C32Asm 中增加了 4 字节的数据。在 C32Asm 中选择“编辑”→“插入数据”选项，在弹出的“插入数据”对话框中设置“插入数据大小”为“4”即可。此时，C32Asm 会插入 4 字节的全 0 数据。PE 标识符对应的十六进制数据为“50 45 00 00”，因此，将前两字节修改为“50 45”，修改后的数据如图 5-5 所示。

```
00000000: 4D 5A 00 00 00 00 00 00 00 00 00 00 00 00 00 00
00000010: 00 00 00 00 00 00 00 00 00 00 00 00 00 00 00 00
00000020: 00 00 00 00 00 00 00 00 00 00 00 00 00 00 00 00
00000030: 00 00 00 00 00 00 00 00 00 00 00 00 40 00 00 00
00000040: 50 45 00 00
```

图 5-5　PE 标识符修改后的数据

3．构造 IMAGE_FILE_HEADER 结构体

构造 PE 标识符后，接着构造 IMAGE_FILE_HEADER 结构体。该结构体在 Winnt.h 中的定义如下：

```
typedef struct _IMAGE_FILE_HEADER {
    WORD    Machine;
    WORD    NumberOfSections;
    DWORD   TimeDateStamp;
    DWORD   PointerToSymbolTable;
    DWORD   NumberOfSymbols;
    WORD    SizeOfOptionalHeader;
    WORD    Characteristics;
} IMAGE_FILE_HEADER, *PIMAGE_FILE_HEADER;
```

该结构体的大小为 14h 字节（十进制的 20 字节），同样在 C32Asm 中插入 20 字节的全 0 数据，并进行数据的修改。IMAGE_FILE_HEADER 中关键字段的取值如表 5-2 所示。

表 5-2　IMAGE_FILE_HEADER 中关键字段的取值

字段	取值	备注
Machine	4C 01	表示 i 386 类型的 CPU
NumberOfSections	03 00	该 PE 文件共 3 字节
SizeOfOptionalHeader	E0 00	在 Win32 环境下可选头的大小
Characteristics	03 01	没有重定位信息的 32 位平台的可执行文件

填充数据时，SizeOfOptionalHeader 字段值的大小与 32 位平台的 IMAGE_OPTIONAL_HEADER 结构体的大小相同，Characteristics 字段的值由多个值组合而成。关于这些值的组合请读者自行参考第 4 章的内容。

填充的数据都是 word 类型，其余没有填充的字段值仍为 0，填充后的数据如图 5-6 所示。

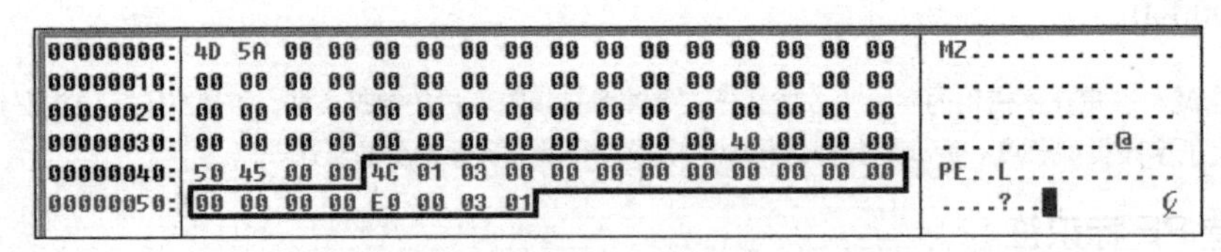

图 5-6 IMAGE_FILE_HEADER 填充后的数据

4. 构造 IMAGE_OPTIONAL_HEADER 结构体

接下来要构造的结构体比较大，它是 PE 文件格式中最重要的结构体之一，即可选头 IMAGE_OPTIONAL_HEADER，该结构体分为 32 位和 64 位两个版本。本节的实例以 32 位平台为主，因此这里使用 IMAGE_OPTIONAL_HEADER 的 32 位版本。该结构体在 Winnt.h 中的定义如下：

```
typedef struct _IMAGE_OPTIONAL_HEADER {
    WORD    Magic;
    BYTE    MajorLinkerVersion;
    BYTE    MinorLinkerVersion;
    DWORD   SizeOfCode;
    DWORD   SizeOfInitializedData;
    DWORD   SizeOfUninitializedData;
    DWORD   AddressOfEntryPoint;
    DWORD   BaseOfCode;
    DWORD   BaseOfData;
    DWORD   ImageBase;
    DWORD   SectionAlignment;
    DWORD   FileAlignment;
    WORD    MajorOperatingSystemVersion;
    WORD    MinorOperatingSystemVersion;
    WORD    MajorImageVersion;
    WORD    MinorImageVersion;
    WORD    MajorSubsystemVersion;
    WORD    MinorSubsystemVersion;
    DWORD   Win32VersionValue;
    DWORD   SizeOfImage;
    DWORD   SizeOfHeaders;
    DWORD   CheckSum;
    WORD    Subsystem;
    WORD    DllCharacteristics;
    DWORD   SizeOfStackReserve;
    DWORD   SizeOfStackCommit;
    DWORD   SizeOfHeapReserve;
    DWORD   SizeOfHeapCommit;
    DWORD   LoaderFlags;
    DWORD   NumberOfRvaAndSizes;
    IMAGE_DATA_DIRECTORY DataDirectory[IMAGE_NUMBEROF_DIRECTORY_ENTRIES];
} IMAGE_OPTIONAL_HEADER32, *PIMAGE_OPTIONAL_HEADER32;
```

该结构体的大小为 0E0h 字节（十进制的 224 字节），在 C32Asm 中填充 224 字节的全 0 数据，并按照表 5-3 所示进行字段的取值。

表 5-3 IMAGE_OPTIONAL_HEADER 中字段的取值

字段	取值	备注
Magic	0B 01	32 位系统可执行文件
MajorLinkerVersion	00	

续表

字段	取值	备注
MinorLinkerVersion	00	
SizeOfCode	00 10 00 00	
SizeOfInitializedData	00 00 00 00	
SizeOfUninitializedData	00 00 00 00	
AddressOfEntryPoint	00 10 00 00	入口地址的 RVA 是 0x00001000
BaseOfCode	00 10 00 00	代码节的起始 RVA 是 0x00001000
BaseOfData	00 20 00 00	数据节的起始 RVA 是 0x00002000
ImageBase	00 00 40 00	可执行文件的映像基址是 0x00400000
SectionAlignment	00 10 00 00	节在内存中的对齐单位
FileAlignment	00 10 00 00	节在文件中的对齐单位
MajorOperatingSystemVersion	00 00	
MinorOperatingSystemVersion	00 00	
MajorImageVersion	00 00	
MinorImageVersion	00 00	
MajorSubsystemVersion	04 00	
MinorSubsystemVersion	00 00	
Win32VersionValue	00 00 00 00	
SizeOfImage	00 40 00 00	文件的映像大小为 0x4000 字节
SizeOfHeaders	00 10 00 00	PE 头部的大小为 0x1000 字节
CheckSum	00 00 00 00	
Subsystem	02 00	图形子系统
DllCharacteristics	00 00	
SizeOfStackReserve	00 00 10 00	
SizeOfStackCommit	00 10 00 00	
SizeOfHeapReserve	00 00 10 00	
SizeOfHeapCommit	00 10 00 00	
LoaderFlags	00 00 00 00	
NumberOfRvaAndSizes	10 00 00 00	

上面将 IMAGE_OPTIONAL_HEADER 结构体中的字段填充了一半，因为没有填充数据目录。填充数据时，将 0 的部分同时在表格中进行了展示，因为 IMAGE_OPTIONAL_HEADER 结构体字段较多，如果不事先整理好就进行填充很容易出错。IMAGE_OPTIONAL_HEADER 前半部分的填充如图 5-7 所示。

图 5-7 选中的部分即是按照表 5-3 填充的数据，填充完 IMAGE_OPTIONAL_HEADER 的基础数据部分后，还需要填充其数据目录部分。由于这里是手写一个 EXE 文件，所以数据目录中只须存在两项，分别是第 1 个数据目录项和第 13 个数据目录项（数据目录的下标是从

0 开始的）。数据目录在 Winnt.h 中的定义如下：

```
typedef struct _IMAGE_DATA_DIRECTORY {
    DWORD   VirtualAddress;
    DWORD   Size;
} IMAGE_DATA_DIRECTORY, *PIMAGE_DATA_DIRECTORY;
```

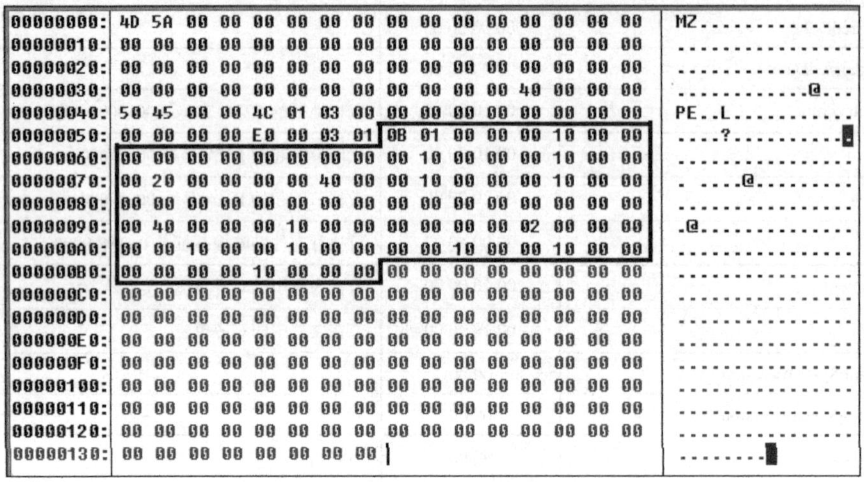

```
00000000: 4D 5A 00 00 00 00 00 00 00 00 00 00 00 00 00 00  MZ..............
00000010: 00 00 00 00 00 00 00 00 00 00 00 00 00 00 00 00  ................
00000020: 00 00 00 00 00 00 00 00 00 00 00 00 00 00 00 00  ................
00000030: 00 00 00 00 00 00 00 00 00 00 00 00 40 00 00 00  ............@...
00000040: 50 45 00 00 4C 01 03 00 00 00 00 00 00 00 00 00  PE..L...........
00000050: 00 00 00 00 E0 00 03 01 0B 01 00 00 00 10 00 00  ....?...........
00000060: 00 00 00 00 00 00 00 00 00 10 00 00 00 10 00 00  ................
00000070: 00 20 00 00 00 00 40 00 00 10 00 00 00 10 00 00  . ....@.........
00000080: 00 00 00 00 00 00 00 00 00 00 00 00 00 00 00 00  ................
00000090: 00 40 00 00 00 10 00 00 00 00 00 00 02 00 00 00  .@..............
000000A0: 00 00 10 00 00 10 00 00 00 00 10 00 00 10 00 00  ................
000000B0: 00 00 00 00 10 00 00 00 00 00 00 00 00 00 00 00  ................
000000C0: 00 00 00 00 00 00 00 00 00 00 00 00 00 00 00 00  ................
000000D0: 00 00 00 00 00 00 00 00 00 00 00 00 00 00 00 00  ................
000000E0: 00 00 00 00 00 00 00 00 00 00 00 00 00 00 00 00  ................
000000F0: 00 00 00 00 00 00 00 00 00 00 00 00 00 00 00 00  ................
00000100: 00 00 00 00 00 00 00 00 00 00 00 00 00 00 00 00  ................
00000110: 00 00 00 00 00 00 00 00 00 00 00 00 00 00 00 00  ................
00000120: 00 00 00 00 00 00 00 00 00 00 00 00 00 00 00 00  ................
00000130: 00 00 00 00 00 00 00 00                          ........
```

图 5-7　IMAGE_OPTIONAL_HEADER 前半部分的填充

数据目录的第 1 项是导入表，第 13 项是导入地址表，根据图 5-1 对 PE 文件格式的规划，在 0x00003000 起始处存放导入表的相关内容。在 0x00003000 中，先存放导入地址表，也就是数据目录的第 13 项。在导入地址表后存放导入表，也就是数据目录的第 1 项。导入地址表占用 16 字节，即从 0x00003000 处起始，在 0x0000300f 处结束。而导入表从 0x00003010 处起始。按照该布局在数据目录中输入导入表和导入地址表的 RVA。IMAGE_OPTIONAL_HEADER 数据目录部分的填充如图 5-8 所示。

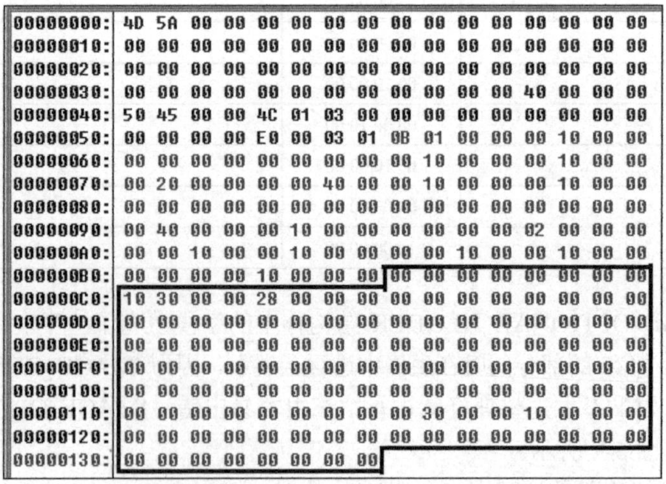

```
00000000: 4D 5A 00 00 00 00 00 00 00 00 00 00 00 00 00 00
00000010: 00 00 00 00 00 00 00 00 00 00 00 00 00 00 00 00
00000020: 00 00 00 00 00 00 00 00 00 00 00 00 00 00 00 00
00000030: 00 00 00 00 00 00 00 00 00 00 00 00 40 00 00 00
00000040: 50 45 00 00 4C 01 03 00 00 00 00 00 00 00 00 00
00000050: 00 00 00 00 E0 00 03 01 0B 01 00 00 00 10 00 00
00000060: 00 00 00 00 00 00 00 00 00 10 00 00 00 10 00 00
00000070: 00 20 00 00 00 00 40 00 00 10 00 00 00 10 00 00
00000080: 00 00 00 00 00 00 00 00 00 00 00 00 00 00 00 00
00000090: 00 40 00 00 00 10 00 00 00 00 00 00 02 00 00 00
000000A0: 00 00 10 00 00 10 00 00 00 00 10 00 00 10 00 00
000000B0: 00 00 00 00 10 00 00 00 00 00 00 00 00 00 00 00
000000C0: 10 30 00 00 28 00 00 00 00 00 00 00 00 00 00 00
000000D0: 00 00 00 00 00 00 00 00 00 00 00 00 00 00 00 00
000000E0: 00 00 00 00 00 00 00 00 00 00 00 00 00 00 00 00
000000F0: 00 00 00 00 00 00 00 00 00 00 00 00 00 00 00 00
00000100: 00 00 00 00 00 00 00 00 00 00 00 00 00 00 00 00
00000110: 00 00 00 00 00 00 00 00 00 30 00 00 10 00 00 00
00000120: 00 00 00 00 00 00 00 00 00 00 00 00 00 00 00 00
00000130: 00 00 00 00 00 00 00 00
```

图 5-8　IMAGE_OPTIONAL_HEADER 数据目录部分的填充

IMAGE_OPTIONAL_HEADER 结构体的字段相对较多，将其分为两部分分别进行填充，前半部分是一些普通的字段信息，后半部分是一个数组，这样就简单了许多。

5．构造 IMAGE_SECTION_HEADER 结构

构造完 IMAGE_OPTIONAL_HEADER 后，接下来构造节表。根据图 5-1 对于 PE 文件格式的规划，节表中一共包含 3 个节表项，也就是需要构造 3 个 IMAGE_SECTION_HEADER 结构体。

IMAGE_SECTION_HEADER 结构体在 Winnt.h 中定义如下：

```
#define IMAGE_SIZEOF_SHORT_NAME              8

typedef struct _IMAGE_SECTION_HEADER {
    BYTE    Name[IMAGE_SIZEOF_SHORT_NAME];
    union {
            DWORD    PhysicalAddress;
            DWORD    VirtualSize;
    } Misc;
    DWORD   VirtualAddress;
    DWORD   SizeOfRawData;
    DWORD   PointerToRawData;
    DWORD   PointerToRelocations;
    DWORD   PointerToLinenumbers;
    WORD    NumberOfRelocations;
    WORD    NumberOfLinenumbers;
    DWORD   Characteristics;
} IMAGE_SECTION_HEADER, *PIMAGE_SECTION_HEADER;

#define IMAGE_SIZEOF_SECTION_HEADER          40
```

IMAGE_SECTION_HEADER 结构体的大小为 40 字节，由于需要构造 3 个节表项，因此节表大小为 120 字节。节表中字段的填充如表 5-4 所示。

表 5-4　　节表中字段的填充

Name	VirtualSize	VirtualAddress	SizeOfRawData	PointerToRawData	Characteristics
.text	0x00001000	0x00001000	0x00001000	0x00001000	0x60000020
.data	0x00001000	0x00002000	0x00001000	0x00002000	0xC0000040
.idata	0x00001000	0x00003000	0x00001000	0x00003000	0xC0000040

在 C32Asm 中填充 120 字节的全 0 数据，并按照表 5-4 进行填充。为了方便填充，建议每次添加 40 字节，构造完一个节表项后再添加下一个节表项。表 5-4 中给出了需要填充的 IMAGE_SECTION_HEADER 的字段，其余字段都填充为 0。IMAGE_SECTION_HEADER 填充完成后的结果如图 5-9 所示。

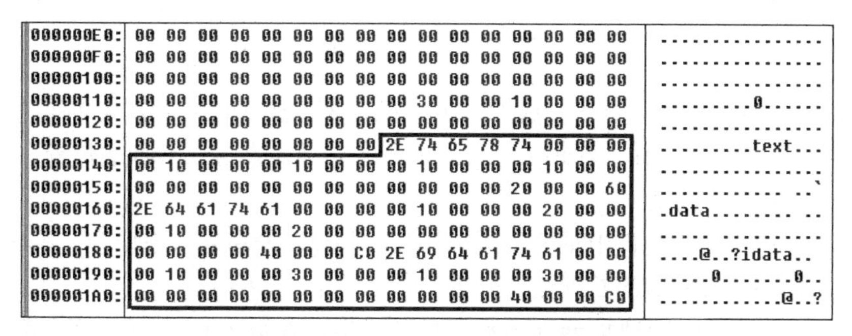

图 5-9　IMAGE_SECTION_HEADER 的填充完成后的结果

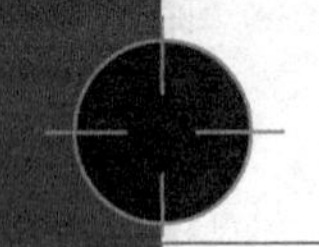

6．0 数据的填充

PE 文件格式的头部到此填充完毕，在 IMAGE_OPTIONAL_HEADER 结构体中，SizeOfHeader 字段的值是 0x00001000。因此，为了对齐粒度需要将头部的大小用 0 字节补足。目前已经填充的 PE 文件格式头部的大小为 432 字节，在 C32Asm 中，将光标移动到最后一字节处，可以看到 C32Asm 右下角“光标”的值为“000001B0”。当然，光标在文件结尾的位置，因此可以直接查看文件长度，如图 5-10 所示。

光标: 000001B0 | 文件长度:432 bytes

图 5-10　文件长度

由于需要按照 0x00001000 的长度来进行对齐，因此用 0x1000−0x01B0=0x0E50，即十进制数的 3664。在 C32Asm 中插入“3664”个 0 字符将 PE 文件头部按照 IMAGE_OPTIONAL_ HEADER 的 SizeOfHeader 对齐。插入 3664 个 0 字符后，文件的结束偏移地址是 0x00000FFF。

在填充完 PE 文件头部后，需要继续填充 0x00001000 字节的 0 字符，该 0x00001000 字节的数据用来存放.text 节的内容，即代码节的内容。继续使用 C32Asm 插入 4096 个 0 字符。

由于代码节是最后完成的部分，因此这里只是先对其填充 0 字符。

7．填充.data 节的数据

.data 节用来保存程序运行时弹出的提示对话框中显示的字符串。提示对话框使用 MessageBox 函数来实现。MessageBox 函数原型在 MSDN 中的定义如下：

```
int MessageBox(
  HWND hWnd,
  LPCTSTR lpText,
  LPCTSTR lpCaption,
  UINT uType
);
```

MessageBox 函数的第二个参数和第三个参数分别是两个字符串，第二个参数 lpText 是提示对话框中用于显示的字符串，第三个参数 lpCaption 是提示对话框中标题显示的字符串。在本例中，lpText 显示的字符串是“Hello, Pe Binary Diy!!”，lpCaption 显示的字符串是“Binary Diy”。

在 C32Asm 中先插入 4096 个 0 字符，再在 0x00002000 地址处写入 lpText 的值，在 0x00002020 地址处写入 lpCaption 的值，如图 5-11 所示。

```
00001FF0: 00 00 00 00 00 00 00 00 00 00 00 00 00 00 00 00  ................
00002000: 48 65 6C 6C 6F 2C 50 45 20 42 69 6E 61 72 79 20  Hello,PE Binary 
00002010: 44 69 79 21 21 00 00 00 00 00 00 00 00 00 00 00  Diy!!...........
00002020: 42 69 6E 61 72 79 20 44 69 79 00 00 00 00 00 00  Binary Diy......
00002030: 00 00 00 00 00 00 00 00 00 00 00 00 00 00 00 00  ................
```

图 5-11　对数据的填充

手写 PE 文件时，是由上到下完成的，因此每次插入数据时都需要从文件的结尾处插入数据，这一点读者一定要记住。在填充具体值时，一定要注意插入数据的位置。

8．填充.idata 节的数据

.idata 节用来保存 PE 文件中重要的两个部分，即导入表和导入地址表。在填充.idata 节的数据之前，先来对.idata 节的数据进行分析。

导入表和导入地址表的地址分别由数据目录给出，在数据目录中，导入表的 RVA 为 0x00003010，导入地址表的 RVA 为 0x00003000。由于本例构造的 PE 文件的 RVA 与 FOA 地址相同，因此不需要进行转换，RVA 即是 FOA。因此，导入地址表的偏移地址为 0x00003000，而导入表的偏移地址为 0x00003010。

在 C32Asm 中插入 4096 字节的 0 字符，并构造导入表和导入地址表。

导入表在 Winnt.h 头文件中的定义如下：

```
typedef struct _IMAGE_IMPORT_DESCRIPTOR {
    union {
        DWORD   Characteristics;
        DWORD   OriginalFirstThunk;
    };
    DWORD   TimeDateStamp;
    DWORD   ForwarderChain;
    DWORD   Name;
    DWORD   FirstThunk;
} IMAGE_IMPORT_DESCRIPTOR;
```

在本例中需要导入两个 DLL 文件，因此需要构造 3 个 IMAGE_IMPORT_ DESCRIPTOR，因为导入表需要由一个全 0 的 IMAGE_IMPORT_DESCRIPTOR 来结束。因为导入表中的字段很多是一个具体的 RVA 值，所以先来构造一个占位用的导入表，导入表中字段的填充如表 5-5 所示。

表 5-5 导入表中字段的填充

OriginalFirstThunk	TimeDateStamp	ForwarderChain	Name	FirstThunk
AA AA AA AA	00 00 00 00	00 00 00 00	AA AA AA AA	AA AA AA AA
BB BB BB BB	00 00 00 00	00 00 00 00	BB BB BB BB	BB BB BB BB
CC CC CC CC	CC CC CC CC	CC CC CC CC	CC CC CC CC	CC CC CC CC

按照表 5-5，在文件偏移地址 0x00003010 处构造占位用的导入表，如图 5-12 所示。

```
00003000: 00 00 00 00 00 00 00 00 00 00 00 00 00 00 00 00
00003010: AA AA AA AA 00 00 00 00 00 00 00 00 AA AA AA AA
00003020: AA AA AA AA BB BB BB BB 00 00 00 00 00 00 00 00
00003030: BB BB BB BB BB BB BB BB CC CC CC CC CC CC CC CC
00003040: CC CC CC CC CC CC CC CC CC CC CC CC 00 00 00 00
00003050: 00 00 00 00 00 00 00 00 00 00 00 00 00 00 00 00
```

图 5-12 构造占位用的导入表

在本例中导入了两个 DLL 文件，分别是 user32.dll 和 kernel32.dll。在 user32.dll 中调用了 MessageBoxA 函数，在 kernel32.dll 中调用了 ExitProcess 函数。

先来构造 user32.dll 的导入信息，按照 IMAGE_IMPORT_DESCRIPTOR 结构体来进行构造。

- 在 0x00003050 地址处构造导入表的 Name 字段的值“user32.dll”。
- 在 0x00003060 地址处构造导入表的 OriginalFirstThunk 字段的值“0x00003070”。OriginalFirstThunk 指向一个 IMAGE_THUNK_DATA，而 IMAGE_THUNK_DATA 在高位不为 1 的情况下，指向一个 IMAGE_IMPORT_BY_NAME 结构体。该结构体在 Winnt.h 头文件中的定义如下：

```
typedef struct _IMAGE_IMPORT_BY_NAME {
    WORD    Hint;
    BYTE    Name[1];
} IMAGE_IMPORT_BY_NAME, *PIMAGE_IMPORT_BY_NAME;
```

- 在 0x00003070 地址处根据 IMAGE_IMPORT_BY_NAME 结构体构造导入函数的名称。

● 0x00003000 地址处是导入地址表，该值由 FirstThunk 来指向，当在磁盘中时，该值与 OriginalFirstThunk 相同。因此，在文件偏移地址 0x00003000 处输入 0x00003070。按照构造 user32.dll 的方式构造 kernel32.dll 的导入信息，导入表信息的填充如图 5-13 所示。

```
00002FE0: 00 00 00 00 00 00 00 00 00 00 00 00 00 00 00 00  ................
00002FF0: 00 00 00 00 00 00 00 00 00 00 00 00 00 00 00 00  ................
00003000: 70 30 00 00 00 00 00 00 A0 30 00 00 00 00 00 00  p0......?.......
00003010: AA AA AA AA 00 00 00 00 00 00 00 00 AA AA AA AA  ........
00003020: AA AA AA AA BB BB BB BB 00 00 00 00 00 00 00 00  换换........
00003030: BB BB BB BB BB BB BB BB CC CC CC CC CC CC CC CC  换换换换烫烫烫烫
00003040: CC CC CC CC CC CC CC CC CC CC CC CC 00 00 00 00  烫烫烫烫烫烫....
00003050: 75 73 65 72 33 32 2E 64 6C 6C 00 00 00 00 00 00  user32.dll......
00003060: 70 30 00 00 00 00 00 00 00 00 00 00 00 00 00 00  p0..............
00003070: 00 00 4D 65 73 73 61 67 65 42 6F 78 41 00 00 00  ..MessageBoxA...
00003080: 6B 65 72 6E 65 6C 33 32 2E 64 6C 6C 00 00 00 00  kernel32.dll....
00003090: A0 30 00 00 00 00 00 00 00 00 00 00 00 00 00 00  ?...............
000030A0: 00 00 45 78 69 74 50 72 6F 63 65 73 73 00 00 00  ..ExitProcess...
```

图 5-13 导入表信息的填充

根据图 5-13 来重新完成导入表字段的填充，如表 5-6 所示。

表 5-6 重新完成导入表字段的填充

OriginalFirstThunk	TimeDateStamp	ForwarderChain	Name	FirstThunk
60 30 00 00	00 00 00 00	00 00 00 00	50 30 00 00	00 30 00 00
90 30 00 00	00 00 00 00	00 00 00 00	80 30 00 00	08 30 00 00
00 00 00 00	00 00 00 00	00 00 00 00	00 00 00 00	00 00 00 00

根据表 5-6 填充导入表，填充后的导入表如图 5-14 所示。

```
00002FF0: 00 00 00 00 00 00 00 00 00 00 00 00 00 00 00 00  ................
00003000: 70 30 00 00 00 00 00 00 A0 30 00 00 00 00 00 00  p0......?.......
00003010: 60 30 00 00 00 00 00 00 00 00 00 00 50 30 00 00  `0..........P0..
00003020: 00 30 00 00 90 30 00 00 00 00 00 00 00 00 00 00  .0..?...........
00003030: 80 30 00 00 08 30 00 00 00 00 00 00 00 00 00 00  .0...0..........
00003040: 00 00 00 00 00 00 00 00 00 00 00 00 00 00 00 00  ................
00003050: 75 73 65 72 33 32 2E 64 6C 6C 00 00 00 00 00 00  user32.dll......
00003060: 70 30 00 00 00 00 00 00 00 00 00 00 00 00 00 00  p0..............
00003070: 00 00 4D 65 73 73 61 67 65 42 6F 78 41 00 00 00  ..MessageBoxA...
00003080: 6B 65 72 6E 65 6C 33 32 2E 64 6C 6C 00 00 00 00  kernel32.dll....
00003090: A0 30 00 00 00 00 00 00 00 00 00 00 00 00 00 00  ?...............
000030A0: 00 00 45 78 69 74 50 72 6F 63 65 73 73 00 00 00  ..ExitProcess...
```

图 5-14 填充后的导入表

使用 LordPE 打开该 EXE 文件查看其导入表信息，如图 5-15 所示。

使用 LordPE 打开该可执行文件，导入表的信息被正确地解析出来，说明手写的导入表信息是正确的。

9．填充.text 节的数据

1）在 OD 中查看 PE 文件

手写 PE 文件的最后一步是填充 PE 文件.text 节的内容，也就是可执行程序中的代码。将前面构造的 PE 文件用 OD 打开，OD 会自动定位在 0x00401000 地址处，再查看 OD 的数据窗口，数据窗口是从地址 0x00402000 处开始显示的。回忆一下前面构造 IMAGE_OPTIONAL_

HEADER 时给 ImageBase、AddressOfEntryPointer 和 BaseOfData 填充的值，OD 打开后就对应到了相应的地址处。打开 OD 后，反汇编窗口和数据窗口中的内容分别如图 5-16 和图 5-17 所示。

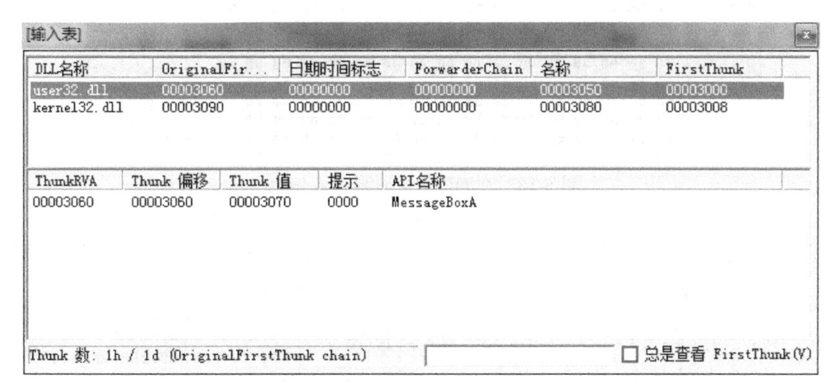
[输入表]

DLL名称	OriginalFir...	日期时间标志	ForwarderChain	名称	FirstThunk
user32.dll	00003060	00000000	00000000	00003050	00003000
kernel32.dll	00003090	00000000	00000000	00003080	00003008

ThunkRVA	Thunk 偏移	Thunk 值	提示	API名称
00003060	00003060	00003070	0000	MessageBoxA

Thunk 数：1h / 1d (OriginalFirstThunk chain)　　□ 总是查看 FirstThunk(V)

图 5-15　查看导入表信息

地址	HEX 数据	反汇编
00401000	$ 0000	ADD BYTE PTR DS:[EAX],AL
00401002	. 0000	ADD BYTE PTR DS:[EAX],AL
00401004	. 0000	ADD BYTE PTR DS:[EAX],AL
00401006	. 0000	ADD BYTE PTR DS:[EAX],AL
00401008	. 0000	ADD BYTE PTR DS:[EAX],AL
0040100A	. 0000	ADD BYTE PTR DS:[EAX],AL
0040100C	. 0000	ADD BYTE PTR DS:[EAX],AL
0040100E	. 0000	ADD BYTE PTR DS:[EAX],AL
00401010	. 0000	ADD BYTE PTR DS:[EAX],AL
00401012	. 0000	ADD BYTE PTR DS:[EAX],AL
00401014	. 0000	ADD BYTE PTR DS:[EAX],AL
00401016	. 0000	ADD BYTE PTR DS:[EAX],AL
00401018	. 0000	ADD BYTE PTR DS:[EAX],AL
0040101A	. 0000	ADD BYTE PTR DS:[EAX],AL
0040101C	. 0000	ADD BYTE PTR DS:[EAX],AL
0040101E	. 0000	ADD BYTE PTR DS:[EAX],AL
00401020	. 0000	ADD BYTE PTR DS:[EAX],AL
00401022	. 0000	ADD BYTE PTR DS:[EAX],AL
00401024	. 0000	ADD BYTE PTR DS:[EAX],AL
00401026	. 0000	ADD BYTE PTR DS:[EAX],AL
00401028	. 0000	ADD BYTE PTR DS:[EAX],AL
0040102A	. 0000	ADD BYTE PTR DS:[EAX],AL
0040102C	. 0000	ADD BYTE PTR DS:[EAX],AL
0040102E	. 0000	ADD BYTE PTR DS:[EAX],AL
00401030	. 0000	ADD BYTE PTR DS:[EAX],AL

图 5-16　OD 反汇编窗口中的内容

地址	HEX 数据	ASCII
00402000	48 65 6C 6C 6F 2C 50 45 20 42 69 6E 61 72 79 20	Hello,PE Binary
00402010	44 69 79 21 21 00 00 00 00 00 00 00 00 00 00 00	Diy!!...........
00402020	42 69 6E 61 72 79 20 44 69 79 00 00 00 00 00 00	Binary Diy......
00402030	00 00 00 00 00 00 00 00 00 00 00 00 00 00 00 00	....

图 5-17　OD 数据窗口中的内容

从图 5-16 中可以看到，OD 反汇编窗口中“HEX 数据”列显示的是全 0 字符，这是因为在构造 PE 文件时，并没有对.text 节填充任何内容。

从图 5-17 中可以看到，OD 数据窗口中显示了字符串“Hello,PE Binary Diy!!”和“Binary Diy”。这是在.data 节中填充的数据。

在数据窗口中，按“Ctrl+G”快捷键跳转到地址 0x00403000 处，查看导入表的信息，如

图 5-18 所示。

地址	HEX 数据	ASCII
00403000	E1 EA B8 77 00 00 00 00 BA BD 00 77 00 00 00 00	彡竪....航.w....
00403010	60 30 00 00 00 00 00 00 00 00 00 00 50 30 00 00	`0..........P0..
00403020	00 30 00 00 90 30 00 00 00 00 00 00 00 00 00 00	.0..?..........
00403030	80 30 00 00 08 30 00 00 00 00 00 00 00 00 00 00	■0..■0..........
00403040	00 00 00 00 00 00 00 00 00 00 00 00 00 00 00 00	....
00403050	75 73 65 72 33 32 2E 64 6C 6C 00 00 00 00 00 00	user32.dll......
00403060	70 30 00 00 00 00 00 00 00 00 00 00 00 00 00 00	p0..............
00403070	00 00 4D 65 73 73 61 67 65 42 6F 78 41 00 00 00	..MessageBoxA...
00403080	6B 65 72 6E 65 6C 33 32 2E 64 6C 6C 00 00 00 00	kernel32.dll....
00403090	A0 30 00 00 00 00 00 00 00 00 00 00 00 00 00 00	?..............
004030A0	00 00 45 78 69 74 50 72 6F 63 65 73 73 00 00 00	..ExitProcess...

图 5-18　在 OD 中查看导入表信息

从图 5-18 中 0x00403000 地址处可以看出，导入地址表的信息已经与构造 PE 文件时有所差别，因为导入地址表在载入内存后其中的值会发生变化，它会被填充为实际的导入地址。在 OD 数据窗口中右键单击，在弹出的快捷菜单中选择“长型”→“地址”选项，可以直观地查看导入地址表信息，如图 5-19 所示。

地址	数值	注释
00403000	77B8EAE1	user32.MessageBoxA
00403004	00000000	
00403008	7700BDBA	kernel32.ExitProcess
0040300C	00000000	

图 5-19　在 OD 中查看导入地址表信息

图 5-19 中“数值”列显示的“77B8EAE1”和“7700BDBA”即是被填充后的函数地址。

2）填充.text 节的代码

在 OD 中查看手写 PE 文件后，为什么要再次查看手写 PE 文件呢？这是因为编写代码时会用到.data 节和.idata 节的内容，而此时内存中与磁盘中的地址发生了少许的变化，所以需要在 OD 中再次查看构造的数据。

在 OD 中对数据进行查看后，得到以下结果。

- .text 节的位置从 0x00401000 处起始。
- “Hello,PE Binary Diy!!”字符串的地址为 0x00402000。
- “Binary Diy”字符串的地址为 0x00402020。
- “MessageBoxA”函数的导入地址为 0x403000。
- “ExitProcess”函数的导入地址为 0x403008。

在 OD 反汇编窗口的 0x00401000 地址处写入以下反汇编代码：

```
push 0
push 00402020
push 00402000
push 0
call 0040101A
push 0
call 00401020
jmp [00403000]
jmp [00403008]
```

在 OD 中完成上述代码的写入后，对代码节进行填充，如图 5-20 所示。

选中写入的反汇编代码并右键单击，在弹出的快捷菜单中选择“复制到可执行文件”→“选择”选项，在打开的“文件”窗口中右键单击，在弹出的快捷菜单中选择“保存文件”选项，保存文件并将其命名为“pe1.exe”。

至此，手写一个可执行文件的任务就完成了，接下来找到保存的 pe1.exe 文件，双击使其运行，弹出图 5-21 所示的对话框。

地址	HEX 数据	反汇编	注释
00401000	6A 00	PUSH 0	
00401002	68 20204000	PUSH pe.00402020	ASCII "Binary Diy"
00401007	68 00204000	PUSH pe.00402000	ASCII "Hello,PE Binary Di
0040100C	6A 00	PUSH 0	
0040100E	E8 07000000	CALL <JMP.&user32.MessageBoxA>	
00401013	6A 00	PUSH 0	
00401015	E8 06000000	CALL <JMP.&kernel32.ExitProcess>	
0040101A	- FF25 0030400	JMP DWORD PTR DS:[<&user32.MessageBoxA>]	user32.MessageBoxA
00401020	- FF25 0830400	JMP DWORD PTR DS:[<&kernel32.ExitProces	kernel32.ExitProcess

图 5-20 对代码节进行填充

图 5-21 运行手写的可执行文件

MessageBox 函数的成功运行，说明该 PE 文件的构造是成功的。

在第 4 章中学习 PE 文件格式的结构体时，曾强调要通过十六进制字符来进行观察。本节通过 C32Asm 和 OD 两款工具，在不依赖开发环境的情况下，从 IMAGE_DOS_HEADRE 开始，逐步地完成了对 IMAGE_FILE_HEADER、IMAGE_OPTIONAL_HEADER、IMAGE_SECTION_HEADER 等结构体的填充，手写了一个 PE 文件，并成功地运行了该文件。通过手写 PE 文件，加深了对 PE 文件格式各个结构体的了解，并对其整体结构有了更进一步的认识。

鉴于 PE 文件格式的重要性，希望读者可以完成本例。

5.2 手动压缩 PE 文件

前一节通过 C32Asm 和 OD 两款工具完成了一个 PE 文件，并运行成功。该 PE 文件成功地弹出了一个提示对话框，虽然实例的目的达到了，但是该 PE 文件并不完美。这是因为该 PE 文件只弹出一个提示对话框，如此简单的功能竟然有 4KB 大小（其中有很多无用的只是为了用来对齐的 0 字符）。把上一节完成的 pe1.exe 文件复制一份并将其命名为 pe2.exe，本节将通过 pe2.exe 来完成另外一个实例，即对 PE 文件进行压缩。

5.2.1 修改压缩节区

上一节构造的 PE 文件体积过大，原因在于用于对齐的 0 字符过多。为什么会有这样多的 0 字符用来进行对齐呢？这是为了使第一次手写 PE 文件时障碍少一些，将 IMGAE_OPTIONAL_HEADER 结构体中的 SectionAlignment 和 FileAlignment 字段的值都设置为了 0x00001000，以省略填充数据时不必要的 RVA 和 FOA 之间的转换。

因此，当进行 PE 文件压缩时，首先要考虑改变磁盘中节区对齐的大小。注意，要改变的是节区在磁盘中的对齐大小而非在内存中的对齐大小，因为内存中节区的对齐大小最小为 0x00001000 字节，而磁盘中节区的对齐大小最小可以为 0x00000200 字节。

既然知道了问题的所在，下面就来考虑修改 PE 文件的步骤。

- 修改磁盘对齐大小的值，即 IMAGE_OPTIONAL_HEADER 中 FileAlignment 字段的值。
- 修改节表中关于磁盘的字段，即 IMAGE_SECTION_HEADER 中的 SizeOfRawData 和 PointerToRawData 两个字段的值。
- 缩减每个节在磁盘中对应的多余的 0 字符。

1．修改文件对齐字段

PE 文件格式将不同类型的数据根据属性划分为多个不同的节，为了在装载时能快速地装入，每个节都按照一定的大小进行了对齐。每个节的数据不可能刚好是对齐值的大小，因此，为了对齐，节与节之间有很多用于对齐的 0 字符。

文件对齐的最小单位是磁盘扇区的单位，内存对齐的最小单位是 CPU 内存分页的大小。内存分页的大小为 0x00001000 字节，而磁盘扇区的大小为 0x00000200 字节。

在上一节手写的 PE 文件中，使用的文件对齐大小为 0x00001000 字节，即 IMAGE_OPTIONAL_HEADER 的大小为 0x00001000 字节，这样显然比磁盘扇区的大小大了许多，从而浪费了许多磁盘空间。为了减小 PE 文件在磁盘中占用的空间，需要将 IMAGE_OPTIONAL_HEADER 中 FileAlignment 字段的大小从 0x00001000 字节修改为 0x00000200 字节。

因此，要完成的第一步工作就是将 IMAGE_OPTIONAL_HEADER 中 FileAlignment 字段的大小从 0x00001000 字节修改为 0x000002000 字节。FileAlignment 字段修改前后对比如图 5-22 和图 5-23 所示。

```
00000050: 00 00 00 00 E0 00 03 01 0B 01 00 00 00 10 00 00
00000060: 00 00 00 00 00 00 00 00 00 10 00 00 00 10 00 00
00000070: 00 20 00 00 00 00 40 00 00 10 00 00 00 10 00 00
00000080: 00 00 00 00 00 00 00 00 04 00 00 00 00 00 00 00
00000090: 00 40 00 00 00 10 00 00 00 00 00 00 02 00 00 00
```

图 5-22 修改前的 FileAlignment

```
00000050: 00 00 00 00 E0 00 03 01 0B 01 00 00 00 10 00 00
00000060: 00 00 00 00 00 00 00 00 00 10 00 00 00 10 00 00
00000070: 00 20 00 00 00 00 40 00 00 10 00 00 00 02 00 00
00000080: 00 00 00 00 00 00 00 00 04 00 00 00 00 00 00 00
00000090: 00 40 00 00 00 10 00 00 00 00 00 00 02 00 00 00
```

图 5-23 修改后的 FileAlignment

2．修改节表相关属性

PE 文件格式的对齐分为磁盘对齐与内存对齐，文件对齐的最小值为 0x00000200 字节，内存对齐的最小值为 0x00001000 字节。因为节区的数据在内存中与文件中的对齐存在差异，导致节数据的起始位置在内存中与文件中也不相同。因此，文件对齐和内存对齐间存在映射关系，该映射关系体现在节表上。

当前 PE 文件中节表各字段的值如表 5-7 所示。

表 5-7 当前 PE 文件中节表各字段的值

Name	VirtualSize	VirtualAddress	SizeOfRawData	PointerToRawData	Characteristics
.text	0x00001000	0x00001000	0x00001000	0x00001000	0x60000020
.data	0x00001000	0x00002000	0x00001000	0x00002000	0xC0000040
.idata	0x00001000	0x00003000	0x00001000	0x00003000	0xC0000040

在表 5-7 中，要重点关注的两个字段是 SizeOfRawData 和 PointerToRawData，它们分别是该节区数据在磁盘文件中的大小和该节区在磁盘文件中的起始偏移地址。因为修改了 IMAGE_ OPTIONAL_HEADER 中 FileAlignment 字段中的值，所以 SizeOfRawData 和

PointerToRawData 字段的值也需要进行相应的修改。修改后节表各字段的值如表 5-8 所示。

表 5-8 修改后节表各字段的值

Name	VirtualSize	VirtualAddress	SizeOfRawData	PointerToRawData	Characteristics
.text	0x00001000	0x00001000	0x00000200	0x00000200	0x60000020
.data	0x00001000	0x00002000	0x00000200	0x00000400	0xC0000040
.idata	0x00001000	0x00003000	0x00000200	0x00000600	0xC0000040

在 C32Asm 中根据表 5-8 修改节表中各字段的值，节表信息修改前后的对比如图 5-24 和图 5-25 所示。

```
00000130: 00 00 00 00 00 00 00 00 2E 74 65 78 74 00 00 00
00000140: 00 10 00 00 00 10 00 00 00 10 00 00 00 10 00 00
00000150: 00 00 00 00 00 00 00 00 00 00 00 00 20 00 00 60
00000160: 2E 64 61 74 61 00 00 00 00 10 00 00 00 20 00 00
00000170: 00 10 00 00 00 20 00 00 00 00 00 00 00 00 00 00
00000180: 00 00 00 00 40 00 00 C0 2E 69 64 61 74 61 00 00
00000190: 00 10 00 00 00 30 00 00 00 10 00 00 00 30 00 00
000001A0: 00 00 00 00 00 00 00 00 00 00 00 00 40 00 00 C0
```

图 5-24 修改前的节表信息

```
00000130: 00 00 00 00 00 00 00 00 2E 74 65 78 74 00 00 00
00000140: 00 10 00 00 00 10 00 00 00 02 00 00 00 02 00 00
00000150: 00 00 00 00 00 00 00 00 00 00 00 00 20 00 00 60
00000160: 2E 64 61 74 61 00 00 00 00 10 00 00 00 20 00 00
00000170: 00 02 00 00 00 04 00 00 00 00 00 00 00 00 00 00
00000180: 00 00 00 00 40 00 00 C0 2E 69 64 61 74 61 00 00
00000190: 00 10 00 00 00 30 00 00 00 02 00 00 00 06 00 00
000001A0: 00 00 00 00 00 00 00 00 00 00 00 00 40 00 00 C0
```

图 5-25 修改后的节表信息

3．删除节区中多余的 0 字符

节表中对节区在磁盘文件中的大小和节区在磁盘文件中的起始偏移已经进行了修改，接下来按照偏移进行删除。删除节区中的 0 字符时，从最后一个节区开始删除，在删除 0 字符数据时，除了要删除节区中的 0 字符以外，还需要删除 PE 头部到.text 节区中间的 0 字符。

各节区需要删除的 0 字符如表 5-9 所列。

表 5-9 各节区需要删除的 0 字符

节名称	节偏移–长度	删除节偏移–长度
.idata	0x00003000–0x00003FFF	0x00003200–0x00003FFF
.data	0x00002000–0x00002FFFF	0x00002200–0x00002FFFF
.text	0x00001000–0x00001FFFF	0x00001200–0x00001FFFF
PE 头部	0x00000000–0x00000FFF	0x00000200–0x00000FFF

经过以上一系列的修改后，在 C32Asm 中保存修改后的文件。找到保存的 pe2.exe 文件，对它与 pe1.exe 文件大小进行对比，如图 5-26 所示。

pe1.exe	2016/4/20 0:16	应用程序	16 KB
pe2.exe	2016/4/24 19:42	应用程序	2 KB

图 5-26 pe1.exe 与 pe2.exe 文件大小的对比

从图 5-26 中可以看出，原来构造的 16KB 大小的 PE 文件已经被缩小到 2KB 大小了。双击 pe2.exe 文件，可以看到 pe2.exe 文件可以正确运行，表明 PE 文件压缩成功。

> **补充**：pe2.exe 文件在修改了 IMAGE_OPTIONAL_HEADER 中 FileAlignment 字段的值和节表中各字段的值后，又删除了节区中不需要的 0 字符，虽然 pe2.exe 文件可以正常运行，但是在 IMAGE_OPTIONAL_HEADER 中有一个字段，即 SizeOfHeader 字段的值仍然是不正确的。SizeOfHeader 字段用于表示 PE 头部的大小，其值为 0x00001000 字节，但是实际 PE 头部的大小已经变为 0x00000200 字节，虽然不影响 pe2.exe 文件的运行，但是为了保证严谨性，仍建议将其修改为 0x00000200 字节。

5.2.2 节表合并

前面通过修改节表和节区等相关信息，对 PE 文件中多余的 0 字符进行了删除，将原本 16KB 大小的 PE 文件压缩到了 2KB 大小。下面仍然对 PE 文件进行压缩，将所有节合并为一个节。

合并节相比压缩节区要难一些，下面先来介绍其步骤：

- 将.data 节中的数据移动到.text 节中。
- 将.idata 节中的数据移动到.text 节中，并修正导入表的数据。
- 删除.data 节和.idata 节在节表中的数据，修正导入表的属性。
- 修正 PE 头部的数据，包括节数量、映像大小、数据基址、数据目录。
- 修正代码中对字符串和导入表的引用。

1．规划.data 和.idata 节数据

在移动数据之前最好先对数据进行一个简单的规划。为了方便分布数据和对一些数据进行调整（导入表的修正），需要先合理安排数据的存放。

.data 和.idata 节中的数据都要移动到.text 节中，因此先来看一下.text、.data 和.idata 节数据的长度。各节中数据的长度如表 5-10 所示。

表 5-10　各节中数据的长度

节名称	节中数据的长度
.text	38 字节
.data	43 字节
.idata	174 字节

由于需要把.data 和.idata 节中的数据都放入.text 节，所以需要先计算.text 节是否能够存放下 3 个节中的全部数据。如果.text 节能够存放下 3 个节中的全部数据，则直接将其他两个节中的数据复制过来即可；如果.text 节不能存放 3 个节中的全部数据，则需要修改.text 节的长度。3 个节数据长度的总和为 38+43+174=255 字节，而.text 节的大小为 0x200 字节，即 512 字节。因此，.text 节的长度无须改变即可存放 3 个节中的全部数据。查看.text 节的数据，如图 5-27 所示。

从图 5-27 中可以看出，.text 节的数据从文件偏移地址 0x00000200 处起始，将.data 节的数据复制到文件偏移地址为 0x00000240 处，将.idata 节的数据复制到文件偏移地址

0x00000300 处。

为什么要这么安排呢？其实读者完全可以按照自己的想法进行规划。这里将.data 的内容放在文件偏移地址 0x00000240 处，目的是使.text 节的数据和从.data 节复制来的数据之间有一个间隔，这样阅读起来更清晰。而.idata 节中存放的是导入表信息，导入表信息中存在着大量的 RVA 信息，这些 RVA 信息需要进行修正，才能够被 Windows 装载器正确地填充，而将其复制到.text 节的 0x00000230 处是为了方便修正导入表中的 RVA。

注意：在调整 PE 文件格式时一定要做好规划，这并不是因为 PE 文件格式复杂，而是因为其中有一些部分需要计算，将其调整到一个相对容易计算的位置会为计算带来很大的便利。

2．移动.data 节中的数据

移动.data 节的数据比较简单，.data 节在文件中的起始偏移地址为 0x00000400，从该地址复制 48 字节，并将其粘贴到.text 节的 0x00000240 处即可。在粘贴时，C32Asm 会提示文件会变大，如图 5-28 所示。

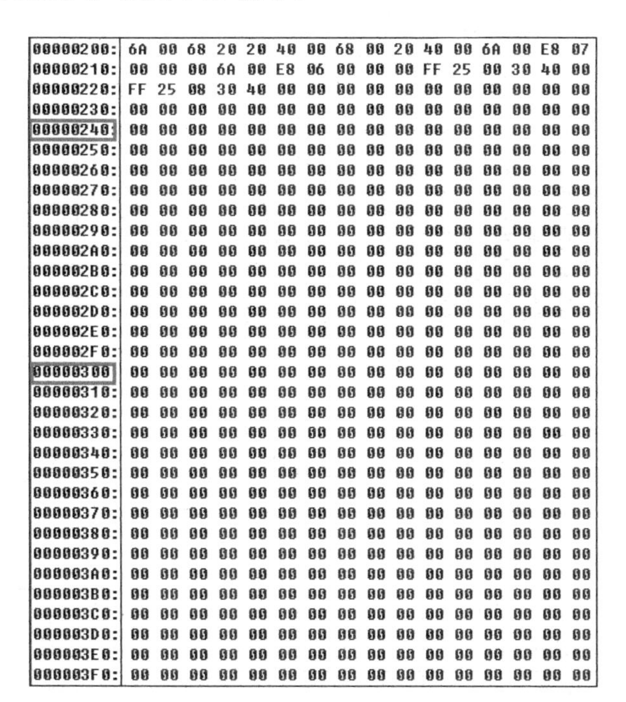

```
00000200: 6A 00 68 20 20 40 00 68 00 20 40 00 6A 00 E8 07
00000210: 00 00 00 6A 00 E8 06 00 00 00 FF 25 00 30 40 00
00000220: FF 25 08 30 40 00 00 00 00 00 00 00 00 00 00 00
00000230: 00 00 00 00 00 00 00 00 00 00 00 00 00 00 00 00
00000240: 00 00 00 00 00 00 00 00 00 00 00 00 00 00 00 00
00000250: 00 00 00 00 00 00 00 00 00 00 00 00 00 00 00 00
00000260: 00 00 00 00 00 00 00 00 00 00 00 00 00 00 00 00
00000270: 00 00 00 00 00 00 00 00 00 00 00 00 00 00 00 00
00000280: 00 00 00 00 00 00 00 00 00 00 00 00 00 00 00 00
00000290: 00 00 00 00 00 00 00 00 00 00 00 00 00 00 00 00
000002A0: 00 00 00 00 00 00 00 00 00 00 00 00 00 00 00 00
000002B0: 00 00 00 00 00 00 00 00 00 00 00 00 00 00 00 00
000002C0: 00 00 00 00 00 00 00 00 00 00 00 00 00 00 00 00
000002D0: 00 00 00 00 00 00 00 00 00 00 00 00 00 00 00 00
000002E0: 00 00 00 00 00 00 00 00 00 00 00 00 00 00 00 00
000002F0: 00 00 00 00 00 00 00 00 00 00 00 00 00 00 00 00
00000300: 00 00 00 00 00 00 00 00 00 00 00 00 00 00 00 00
00000310: 00 00 00 00 00 00 00 00 00 00 00 00 00 00 00 00
00000320: 00 00 00 00 00 00 00 00 00 00 00 00 00 00 00 00
00000330: 00 00 00 00 00 00 00 00 00 00 00 00 00 00 00 00
00000340: 00 00 00 00 00 00 00 00 00 00 00 00 00 00 00 00
00000350: 00 00 00 00 00 00 00 00 00 00 00 00 00 00 00 00
00000360: 00 00 00 00 00 00 00 00 00 00 00 00 00 00 00 00
00000370: 00 00 00 00 00 00 00 00 00 00 00 00 00 00 00 00
00000380: 00 00 00 00 00 00 00 00 00 00 00 00 00 00 00 00
00000390: 00 00 00 00 00 00 00 00 00 00 00 00 00 00 00 00
000003A0: 00 00 00 00 00 00 00 00 00 00 00 00 00 00 00 00
000003B0: 00 00 00 00 00 00 00 00 00 00 00 00 00 00 00 00
000003C0: 00 00 00 00 00 00 00 00 00 00 00 00 00 00 00 00
000003D0: 00 00 00 00 00 00 00 00 00 00 00 00 00 00 00 00
000003E0: 00 00 00 00 00 00 00 00 00 00 00 00 00 00 00 00
000003F0: 00 00 00 00 00 00 00 00 00 00 00 00 00 00 00 00
```

图 5-27 .text 节的数据

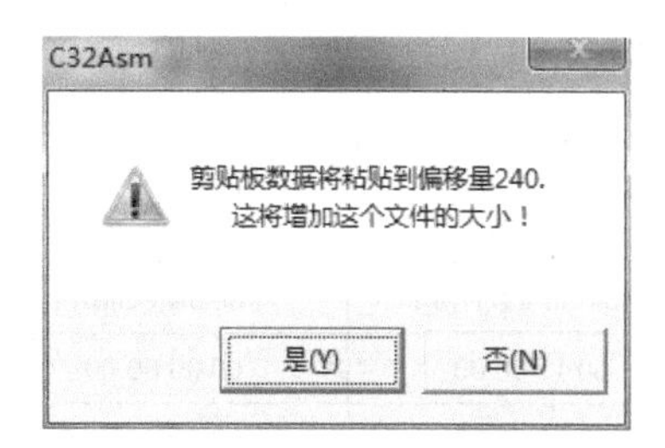

图 5-28 C32Asm 提示文件会变大

当 C32Asm 进行提示时，不必理会，直接单击“是”按钮进行粘贴即可。此时，在.data 节中复制的 48 字节的数据即粘贴到.text 节中，需要记录该偏移地址，因为修正 PE 头部的 IMAGE_OPTIONAL_HEADER 的 BaseOfData 字段时会用到该地址。

3．移动.idata 节中的数据

移动.idata 节的数据相对比较麻烦。.idata 节中保存的是导入表的数据，导入表中记录了许多 RVA 信息，在文件中操作 RVA 信息时需要进行 FOA 和 RVA 的转换。

.data 节中的数据已经被复制到文件偏移地址 0x00000240 处，由于改变了文件的长度，

从文件偏移地址 0x00000240 处起始的数据整体向后移动了 48 字节，所以.idata 的数据起始文件偏移地址由 0x00000600 变成了 0x00000630。

从文件偏移地址 0x00000630 处复制 176 字节数据并将其粘贴在文件偏移地址 0x00000300 处。合并后的.test 节如图 5-29 所示。

```
00000200: 6A 00 68 20 20 40 00 68 00 20 40 00 6A 00 E8 07   j.h  @.h. @.j.?.
00000210: 00 00 00 6A 00 E8 06 00 00 00 FF 25 00 30 40 00   ...j.?...ÿ%.0@..
00000220: FF 25 08 30 40 00 00 00 00 00 00 00 00 00 00 00   ÿ%.0@...........
00000230: 00 00 00 00 00 00 00 00 00 00 00 00 00 00 00 00   ................
00000240: 48 65 6C 6C 6F 2C 50 45 20 42 69 6E 61 72 79 20   Hello,PE Binary
00000250: 44 69 79 21 21 00 00 00 00 00 00 00 00 00 00 00   Diy!!...........
00000260: 42 69 6E 61 72 79 20 44 69 79 00 00 00 00 00 00   Binary Diy......
00000270: 00 00 00 00 00 00 00 00 00 00 00 00 00 00 00 00   ................
00000280: 00 00 00 00 00 00 00 00 00 00 00 00 00 00 00 00   ................
00000290: 00 00 00 00 00 00 00 00 00 00 00 00 00 00 00 00   ................
000002A0: 00 00 00 00 00 00 00 00 00 00 00 00 00 00 00 00   ................
000002B0: 00 00 00 00 00 00 00 00 00 00 00 00 00 00 00 00   ................
000002C0: 00 00 00 00 00 00 00 00 00 00 00 00 00 00 00 00   ................
000002D0: 00 00 00 00 00 00 00 00 00 00 00 00 00 00 00 00   ................
000002E0: 00 00 00 00 00 00 00 00 00 00 00 00 00 00 00 00   ................
000002F0: 00 00 00 00 00 00 00 00 00 00 00 00 00 00 00 00   ................
00000300: 70 30 00 00 00 00 00 00 A0 30 00 00 00 00 00 00   p0......?.......
00000310: 60 30 00 00 00 00 00 00 00 00 00 00 50 30 00 00   `0..........P0..
00000320: 00 30 00 00 90 30 00 00 00 00 00 00 00 00 00 00   .0..?...........
00000330: 80 30 00 00 08 30 00 00 00 00 00 00 00 00 00 00   ■0...0..........
00000340: 00 00 00 00 00 00 00 00 00 00 00 00 00 00 00 00   ................
00000350: 75 73 65 72 33 32 2E 64 6C 6C 00 00 00 00 00 00   user32.dll......
00000360: 70 30 00 00 00 00 00 00 00 00 00 00 00 00 00 00   p0..............
00000370: 00 00 4D 65 73 73 61 67 65 42 6F 78 41 00 00 00   ..MessageBoxA...
00000380: 6B 65 72 6E 65 6C 33 32 2E 64 6C 6C 00 00 00 00   kernel32.dll....
00000390: A0 30 00 00 00 00 00 00 00 00 00 00 00 00 00 00   ?...............
000003A0: 00 00 45 78 69 74 50 72 6F 63 65 73 73 00 00 00   ..ExitProcess...
000003B0: 00 00 00 00 00 00 00 00 00 00 00 00 00 00 00 00   ................
000003C0: 00 00 00 00 00 00 00 00 00 00 00 00 00 00 00 00   ................
000003D0: 00 00 00 00 00 00 00 00 00 00 00 00 00 00 00 00   ................
000003E0: 00 00 00 00 00 00 00 00 00 00 00 00 00 00 00 00   ................
000003F0: 00 00 00 00 00 00 00 00 00 00 00 00 00 00 00 00   ................
```

图 5-29　合并后的.text 节

.idata 节的内容已经移动到.text 节文件偏移地址 0x00000300 处，但是对于导入表而言，并非简单地移动位置就能使用，还需要根据导入表的结构体修正其中的 RVA。新的导入表的信息如表 5-11 所示。

表 5-11　新的导入表的信息

OriginalFirstThunk	TimeDateStamp	ForwarderChain	Name	FirstThunk
60 11 00 00	00 00 00 00	00 00 00 00	50 11 00 00	00 11 00 00
90 11 00 00	00 00 00 00	00 00 00 00	80 11 00 00	08 11 00 00
00 00 00 00	00 00 00 00	00 00 00 00	00 00 00 00	00 00 00 00

表 5-11 中对 IMAGE_IMPORT_DESCRIPTOR 进行了修正，对于 OriginalFirstThunk 和 FirstThunk 字段指向的 IMAGE_THUNK_DATA 中的值也要进行修正。修正后的导入表项如图 5-30 所示。

修正导入表后，.idata 的移动才算彻底完成。到此，.data 节和.idata 节的数据就全部移动到了.text 节中。.text 节的范围为 0x00000200 到 0x000003FF。从文件偏移地址 0x00000400 起始到文件结尾部分的数据就可以删除了，删除后的文件长度只有 0x00000400 字节，从原来的 2KB 大小变成了现在的 1KB 大小，如图 5-31 所示。

```
00000300: 70 11 00 00 00 00 00 00 A0 11 00 00 00 00 00 00
00000310: 60 11 00 00 00 00 00 00 00 00 00 00 50 11 00 00
00000320: 00 11 00 00 90 11 00 00 00 00 00 00 00 00 00 00
00000330: 80 11 00 00 08 11 00 00 00 00 00 00 00 00 00 00
00000340: 00 00 00 00 00 00 00 00 00 00 00 00 00 00 00 00
00000350: 75 73 65 72 33 32 2E 64 6C 6C 00 00 00 00 00 00
00000360: 70 11 00 00 00 00 00 00 00 00 00 00 00 00 00 00
00000370: 00 00 4D 65 73 73 61 67 65 42 6F 78 41 00 00 00
00000380: 6B 65 72 6E 65 6C 33 32 2E 64 6C 6C 00 00 00 00
00000390: A0 11 00 00 00 00 00 00 00 00 00 00 00 00 00 00
000003A0: 00 00 45 78 69 74 50 72 6F 63 65 73 73 00 00 00
```

图 5-30　修正后的导入表项

4．合并节表信息

.data 节和.idata 节的数据虽然都移动到了.text 节中，但是由于 PE 头部的信息与数据不相符，所以目前 PE 文件仍不能运行。目前，在 PE 文件中只存在一个节区，但是在 PE 头部仍然存在 3 个节表项，故需要处理节表。

pe2.exe	2016/4/24 20:03	应用程序	2 KB
pe3.exe	2016/4/25 21:10	应用程序	1 KB

图 5-31　文件大小对比

在 PE 文件中，实际的节数据只有一个.text 节，因此在修正 PE 头部的节表时，首先需要把.data 和.idata 节的节表项填充为全 0 字符（注意，不要直接进行删除，因为在 C32Asm 中进行删除操作会改变文件的长度）。这样在节表中就只剩下.text 节的节表项了。

在节表项中，定义了节的名称、文件偏移和内存偏移的映射关系，以及节区的属性。目前，.text 节的属性值为 0x60000020，该值的含义如图 5-32 所示。

从图 5-32 中可以看出，.text 节的属性包含“作为代码执行”“可读取”和“包含可执行代码”。.data 和.idata 节的属性值为 0xC00000040。由于.data 和.idata 节中的数据都移动到了.text 节中，所以需要对它们的属性进行“或”操作，即新的属性值为 0xE00000060。该属性值的含义如图 5-33 所示。

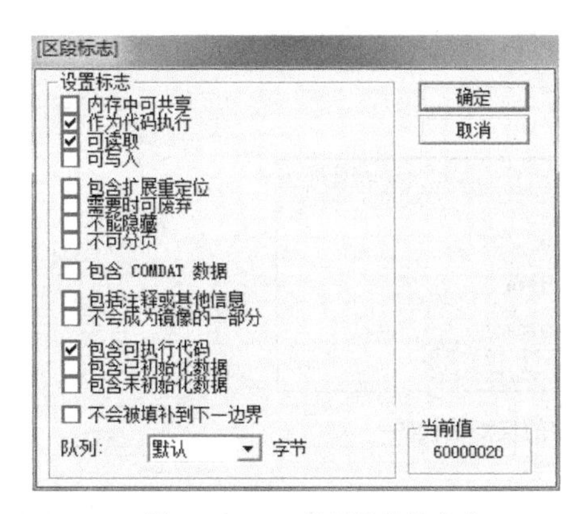

图 5-32　.text 节属性值的含义

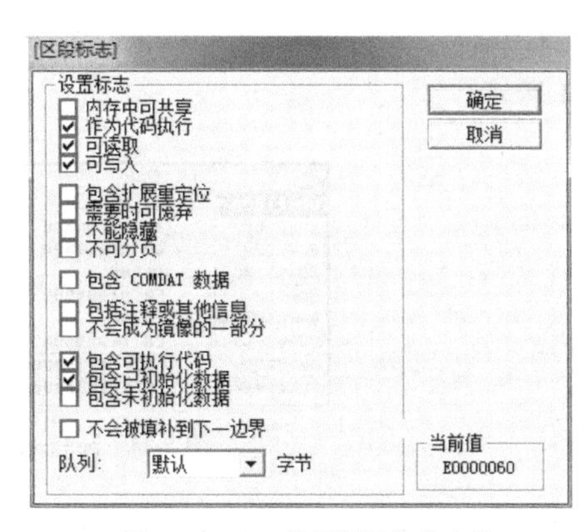

图 5-33　.text 节新属性值的含义

到此，就完成了对节表项的合并。

5．修正 PE 头部信息

节表项合并完成后，还需要修正 PE 头部的信息。修正 PE 头部信息时，需要逐一修复相关的 PE 头部。

首先，修正 IMAGE_FILE_HEADER 结构体中对应的字段。在 IMAGE_FILE_ HEADER 结构体中，需要修正的值只有一个字段，即 NumberOfSections，在原来的 PE 文件中节表项的数量为 3，但是经过前面的合并，目前节表项只有一个.text 节。因此，IMAGE_FILE_HEADER 结构体中的 NumberOfSections 字段的值应该修正为 1。

其次，修正 IMAGE_OPTIONAL_HEADER 结构体中对应的字段。在 IMAGE_OPTIONAL_HEADER 结构体中需要修正的字段比较多，具体如下。

- BaseOfData。该字段可以不进行修正，但是为了能够在 OD 中正确地观察数据需要将该字段修正为 0x00001040。
- SizeOfImage。该字段表示文件映像的大小。由于目前只包含了 PE 头部和.text 节，每一部分被映射到内存中后都会占用 0x00001000 字节，因此该字段需要被修正为 0x00002000 字节。
- 修正数据目录中第 1 项的 RVA，即导入表的 RVA。由于目前导入表的 FOA 为 0x00000310，将其转换为 RVA 后为 0x00001110，因此将其 RVA 修正为 0x00001110。
- 修正数据目录中第 13 项的 RVA，即导入地址表的 RVA。由于目前导入地址表的 FOA 为 0x00000300，将其转换为 RVA 后为 0x00001100，因此将其 RVA 修正为 0x00001100。

到此，PE 头部的数据修正完毕。但是由于导入地址表（IAT）的位置发生了变化，在代码中调用导入地址表中的地址仍会报错。故到目前为止，我们的 PE 文件仍然无法正确运行。

6．修正代码

压缩 PE 文件的最后一步是修正代码。由于.data 和.idata 节的数据已经被移动到.text 节中，在代码中对于.data 节中的字符串和.idata 节中的导入地址表的引用已经有所变动，所以在不修正代码的情况运行程序会报错。

使用 OD 中打开 pe3.exe 文件，OD 的反汇编窗口区依然会定位在原来的入口处，但是反汇编代码中对于字符串和导入地址表的引用是错误的。pe3.exe 文件修正前的反汇编代码如图 5-34 所示。

地址	HEX 数据	反汇编	注释
00401000	$ 6A 00	PUSH 0	
00401002	68 20204000	PUSH 402020	
00401007	68 00204000	PUSH 402000	
0040100C	. 6A 00	PUSH 0	
0040100E	. E8 07000000	CALL pe3.0040101A	
00401013	. 6A 00	PUSH 0	
00401015	. E8 06000000	CALL pe3.00401020	
0040101A	FF25 0030400	JMP DWORD PTR DS:[403000]	
00401020	FF25 0830400	JMP DWORD PTR DS:[403008]	

图 5-34 pe3.exe 文件修正前的反汇编代码

从图 5-34 中可以看出，在反汇编代码中，地址 0x00401002 和 0x00401007 后的两个 PUSH 指令中引用的 RVA 0x00402020 和 0x00402000 已经不存在，在地址 0x0040101A 和 0x00401020 后的 JMP 指令中引用的 RVA 0x00403000 和 0x00403008 也已经不存在。因此，程序运行后会由于数据不存在而导致错误。

修正反汇编代码非常容易，只要将以上 4 条反汇编代码中引用的地址修正即可。pe3.exe 文件修正后的代码如图 5-35 所示。

地址	HEX 数据	反汇编	注释
00401000	$ 6A 00	PUSH 0	
00401002	68 60104000	PUSH pe3.00401060	ASCII "Binary Diy"
00401007	68 40104000	PUSH pe3.00401040	ASCII "Hello,PE Binary D
0040100C	. 6A 00	PUSH 0	
0040100E	. E8 07000000	CALL <JMP.&user32.MessageBoxA>	
00401013	. 6A 00	PUSH 0	
00401015	. E8 06000000	CALL <JMP.&kernel32.ExitProcess	
0040101A	- FF25 0011400	JMP DWORD PTR DS:[<&user32.Mess	user32.MessageBoxA
00401020	- FF25 0811400	JMP DWORD PTR DS:[<&kernel32.Ex	kernel32.ExitProcess

图 5-35 pe3.exe 文件修正后的反汇编代码

从图 5-35 中可以看出，修正数据和导入地址表的引用后，OD 会自动在“注释”列显示相应的解释。到此，代码修正完毕，保存修正后的内容。选中修正后的代码并右键单击，在弹出的快捷菜单中选择“复制到可执行文件”→“选择”选项，打开“文件”窗口，在“文件”窗口中右键单击，在弹出的快捷菜单中选择“保存文件”选项，直接覆盖 pe3.exe 文件即可。

找到保存的 pe3.exe 文件，双击运行该文件，此时弹出 MessageBox 提示对话框，说明压缩 pe3.exe 文件成功。

注意：手写 PE 文件或手工对 PE 文件进行处理后，在运行该 PE 文件时如果提示该程序“不是有效的 Win32 应用程序”，则表示 PE 文件的头部有问题，需要使用十六进制编辑器查看 PE 文件格式的头部字段是否有错误，找到并修正错误的头部。

如果运行该 PE 文件时，并没有提示“不是有效的 Win32 应用程序”，而是产生异常报错，则说明 PE 文件格式并没有错误，只是程序中的代码出现了问题，此时需要使用 OD 调试器对代码进行调试，找到并修正错误。

5.2.3 结构重叠

结构重叠是 PE 文件压缩的最后一步操作。完成这一操作后，手写的 PE 文件大小只有 512 字节，仅为上一步压缩后大小的一半。

1. 结构重叠规划

PE 结构体很多是靠 RVA 来进行定位的，因此可以将某个 PE 结构体填充为其他结构体的值。所谓结构重叠，指将 PE 文件格式的各个结构体合理地重叠在一起。

本节的结构重叠，是将字符串数据、导入表数据和代码节的代码都移入 PE 头部的 0x00000200 字节内，也就是说，把所有的内容都移入 PE 头部。为了尽可能简单，不改动 PE 文件各个结构体的顺序，而是在 PE 结构体中找到合适的位置，将字符串数据、导入表数据等存放进去。

首先找出拥有大片的无用的 0 字符的位置，能想到的第一个位置就是 IMAGE_DOS_HEADER，IMAGE_DOS_HEADER 结构体的大小是 64 字节，但是它只用到了 6 字节（只有 e_magic 和 e_lfanew 两个字段）。因此，在 IMAGE_DOS_HEADER 结构体中还有 58 字节可以使用。经过计算，可以将 MessageBoxA 函数中用到的字符串和 DLL 名称放入 IMAGE_DOS_HEADER 中。

本次将 PE 文件压缩到了 512 字节，因此代码和导入表的剩余部分经过计算可以放到节表后。这样，所有的代码、字符串、导入表都放入了 PE 头部。

下面将 pe3.exe 文件复制一份并命名为 pe4.exe，按照本次的规划完成对 pe4.exe 文件的压缩。

2．移动字符串

字符串可以直接进行复制，只要保证字符串以 0 字符结尾即可。

使用 C32Asm 将文件偏移地址 0x00000240 处起始的长度为 22 字节的“Hello,PE Binary Diy!!”字符串复制到文件偏移地址 0x00000002 处。

将文件偏移地址 0x00000260 处起始的长度为 11 字节的“Binary Diy”字符串复制到文件偏移地址 0x00000018 处。移动字符串后的 IMAGE_DOS_HEADER 如图 5-36 所示。

```
00000000: 4D 5A 48 65 6C 6C 6F 2C 50 45 20 42 69 6E 61 72  MZHello,PE Binar
00000010: 79 20 44 69 79 21 21 00 42 69 6E 61 72 79 20 44  y Diy!!.Binary D
00000020: 69 79 00 00 00 00 00 00 00 00 00 00 00 00 00 00  iy..............
00000030: 00 00 00 00 00 00 00 00 00 00 00 00 40 00 00 00  ............@...
00000040: 50 45 00 00 4C 01 01 00 00 00 00 00 00 00 00 00  PE..L...........
```

图 5-36　移动字符串后的 IMAGE_DOS_HEADER

从图 5-36 中可以看出，此时字符串已经紧挨着 IMAGE_DOS_HEADER 中的 e_magic 字段了。

注意： 复制字符串时，字符串是以 0 字符（ASCII 为 0，即 NULL）结尾的。

3．移动代码

在完成 pe3.exe 文件的修正时，代码被放在了文件偏移地址 0x00000200 处，且代码的长度只有 38 字节。将代码移动到节表后，即文件偏移地址 0x00000160 处，如图 5-37 所示。

```
00000120: 00 00 00 00 00 00 00 00 00 00 00 00 00 00 00 00  ................
00000130: 00 00 00 00 00 00 00 00 2E 74 65 78 74 00 00 00  ........text...
00000140: 00 10 00 00 00 10 00 00 00 02 00 00 00 02 00 00  ................
00000150: 00 00 00 00 00 00 00 00 00 00 00 00 60 00 00 E0  ............`..?
00000160: 6A 00 68 60 10 40 00 68 40 10 40 00 6A 00 E8 07  j.h`.@.h@.@.j.?.
00000170: 00 00 00 6A 00 E8 06 00 00 00 FF 25 00 11 40 00  ...j.?...ÿ%..@..
00000180: FF 25 08 11 40 00 00 00 00 00 00 00 00 00 00 00  ÿ%..@..........
00000190: 00 00 00 00 00 00 00 00 00 00 00 00 00 00 00 00  ................
```

图 5-37　将代码移动到节表后

从图 5-37 中可以看到节表明显的标识，即“.text”节的名称。由于在 pe3.exe 中只有一个节，所以在 C32Asm 中从.text 节的起始位置数两行半就是.text 节的结束位置。将代码的内容粘贴到.text 节表项末尾即可。

注意： 代码需要进行修复，但那是移动导入表和修正 PE 头部之后的事情。

4．移动导入表

导入表是一个较为复杂的结构体，因为导入表指向的 RVA 较多。为了保证可靠移动导入表，再次使用导入表在 Winnt.h 头文件中的定义。其定义如下：

```
// 导入表的结构体
typedef struct _IMAGE_IMPORT_DESCRIPTOR {
    union {
        DWORD   Characteristics;
        DWORD   OriginalFirstThunk;
    };
```

```
    DWORD   TimeDateStamp;
    DWORD   ForwarderChain;
    DWORD   Name;
    DWORD   FirstThunk;
} IMAGE_IMPORT_DESCRIPTOR;
typedef IMAGE_IMPORT_DESCRIPTOR UNALIGNED *PIMAGE_IMPORT_DESCRIPTOR;
// 指向函数名称或导入函数的结构体
typedef struct _IMAGE_THUNK_DATA32 {
    union {
        DWORD ForwarderString;
        DWORD Function;
        DWORD Ordinal;
        DWORD AddressOfData;
    } u1;
} IMAGE_THUNK_DATA32;
typedef IMAGE_THUNK_DATA32 * PIMAGE_THUNK_DATA32;
// 函数名称的结构体
typedef struct _IMAGE_IMPORT_BY_NAME {
    WORD    Hint;
    BYTE    Name[1];
} IMAGE_IMPORT_BY_NAME, *PIMAGE_IMPORT_BY_NAME;
```

以上是导入表中必然会用到的 3 个结构体，IMAGE_IMPORT_DESCRIPTOR 是导入表的结构信息，它给出了导入表所在的 DLL 名称的 RVA（Name 字段中保存了 DLL 名称的 RVA）、指向导入名称表的 RVA（OriginalFirstThunk 中保存的 RVA 指向一张表，表中的每个值是导入名称表的 RVA 或导入序号）和导入地址表的 RVA（FirstThunk 中保存的是 RVA 指向一张表，表中的每个值是导入函数地址的 RVA）。

注意：因为导入表是一个非常重要的表，本书主要面向无基础读者，所以反复地强调导入表的重要性以加深读者对导入表的印象。

移动导入表时，先移动导入表中 DLL 名称字符串和导入函数名称字符串，再移动导入表，这样可以在移动导入表时对其 RVA 直接进行调整。

1）移动导入表中的字符串

导入表中的字符串共有 4 个，分别是 user32.dll、kernel32.dll、MessageBoxA 和 ExitProcess。先移动前两个字符串，将 user32.dll 和 kernel32.dll 放入 IMAGE_DOS_HEADER 的剩余部分，再将字符串 MessageBoxA 和 ExitProcess 移动到代码后。

移动字符串 user32.dll 和 kernel32.dll，如图 5-38 所示。

```
00000000: 4D 5A 48 65 6C 6C 6F 2C 50 45 20 42 69 6E 61 72  MZHello,PE Binar
00000010: 79 20 44 69 79 21 21 00 42 69 6E 61 72 79 20 44  y Diy!!.Binary D
00000020: 69 79 00 75 73 65 72 33 32 2E 64 6C 6C 00 6B 65  iy.user32.dll.ke
00000030: 72 6E 65 6C 33 32 2E 64 6C 6C 00 00 40 00 00 00  rnel32.dll..@...
00000040: 50 45 00 00 4C 01 01 00 00 00 00 00 00 00 00 00  PE..L...........
```

图 5-38　移动字符串 user32.dll 和 kernel32.dll

从图 5-38 中可以看出，将字符串 user32.dll 和 kernel32.dll 移动后，IMAGE_DOS_HEADER 结构体已经基本被占满了，这就是前面所说的利用 PE 头部中无用的 0 字符位置来填充自己的数据。

移动字符串 MessageBoxA 和 ExitProcess，如图 5-39 所示。

从图 5-39 中可以看到，字符串与字符串之间隔着两个 0 字符，与前面的字符串有明显的不同。这个问题需要查看一下 IMAGE_IMPORT_BY_NAME 结构体的定义。该结构体有两个成员变量，第一个成员变量是 word 类型，第二个成员变量是函数的名称。因此，在函数名字符串前需要有 2 字节，图 5-39 中这 2 字节使用 00 进行填充。由于前面字符串使用 0 字符结尾，因此后面字符串的第一个 0 字符和前面字符串的结尾 0 字符是共用的。共用 0 字符的示意图如图 5-40 所示。

```
00000150: 00 00 00 00 00 00 00 00 00 00 00 00 60 00 00 E0  ............`..?
00000160: 6A 00 68 60 10 40 00 68 40 10 40 00 6A 00 E8 07  j.h`.@.h@.@.j.?.
00000170: 00 00 00 6A 00 E8 06 00 00 00 FF 25 00 11 40 00  ...j.?...ÿ%..@..
00000180: FF 25 08 11 40 00 00 4D 65 73 73 61 67 65 42 6F  ÿ%..@..MessageBo
00000190: 78 41 00 00 45 78 69 74 50 72 6F 63 65 73 73 00  xA..ExitProcess.
000001A0: 00 00 00 00 00 00 00 00 00 00 00 00 00 00 00 00  ................
```

图 5-39 移动字符串 MessageBoxA 和 ExitProcess

图 5-40 的方式既能保证字符串以 0 字符结尾，又节省了下一个字符串前需要的 word 类型的一字节。这种方式也属于简单的重叠。

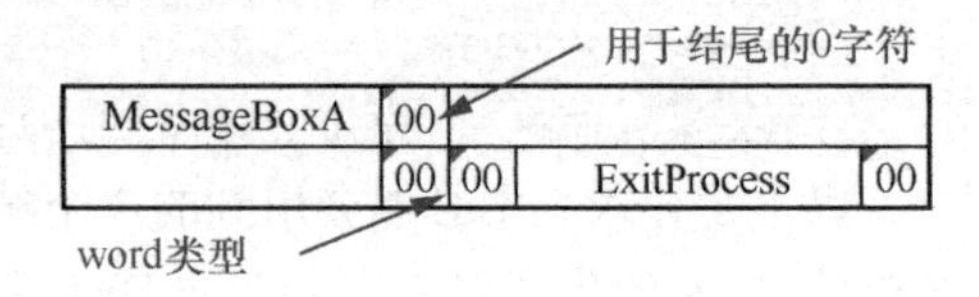

图 5-40 共用 0 字符的示意图

2）移动导入表

移动导入表也就是移动 IMAGE_IMPORT_DESCRIPTOR 结构体。该 PE 文件中有两个导入表项，但是请记住，导入表是以一个全 0 的 IMAGE_IMPORT_DESCRIPTOR 结构体结束的，因此，移动两个导入表项时，实际要移动 3*IMAGE_IMPORT_DESCRIPTOR 字节，即 60 字节。

目前导入表在文件偏移地址 0x00000310 处，从该位置复制 60 字节，并粘贴到以文件偏移地址 0x000001C4 处开始的 60 字节中，复制完成后导入表刚好位于 0x000001FF 处结束，文件偏移地址 0x000001FF 刚好是 PE 头部的结束位置。移动后的导入表如图 5-41 所示。

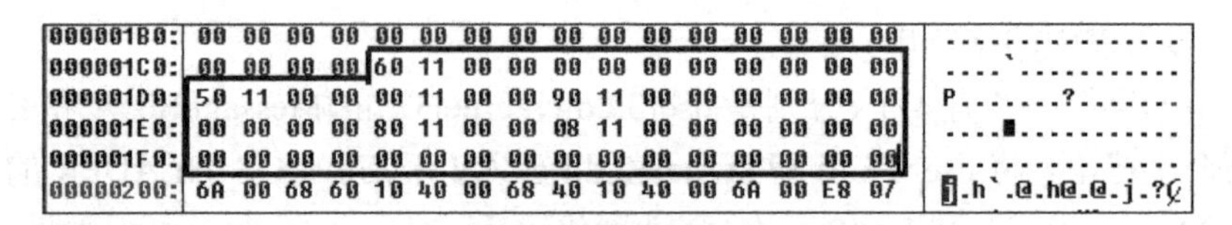

```
000001B0: 00 00 00 00 00 00 00 00 00 00 00 00 00 00 00 00  ................
000001C0: 00 00 00 00 60 11 00 00 00 00 00 00 00 00 00 00  ....`...........
000001D0: 50 11 00 00 00 11 00 00 90 11 00 00 00 00 00 00  P.......?.......
000001E0: 00 00 00 00 80 11 00 00 08 11 00 00 00 00 00 00  ....?...........
000001F0: 00 00 00 00 00 00 00 00 00 00 00 00 00 00 00 00  ................
00000200: 6A 00 68 60 10 40 00 68 40 10 40 00 6A 00 E8 07  j.h`.@.h@.@.j.?.
```

图 5-41 移动后的导入表

移动导入表位置后，文件偏移地址 0x00000200 处就是移动前的代码节中的数据。为什么移动导入表后刚好能到 PE 头部的结尾呢？因为这里从文件偏移地址 0x000001FF 开始倒序查找了 60 字节。

导入表中存放了很多 RVA，在移动导入表用到的内容后，导入表中各个字段的值都需要进行修正。导入表各字段的内容如表 5-12 所示。

表 5-12 导入表各字段的内容

OriginalFirstThunk	Name	FirstThunk
60 11 00 00	50 11 00 00	00 11 00 00
90 11 00 00	80 11 00 00	08 11 00 00
00 00 00 00	00 00 00 00	00 00 00 00

修正导入表各字段的值也比较简单（如果工作量较小，则手工修正起来十分简单，但如果工作量大，手工修正就复杂了，需要借助工具实现），此处导入 DLL 名称的 RVA 已经确定。

现在需要确定 OriginalFirstThunk 和 FirstThunk 指向的位置。由于它们在磁盘文件中可以指向相同的位置，所以这里让它们指向相同的 RVA。

修正导入表后的各字段的内容如表 5-13 所示。

表 5-13 修正导入表后的各字段的内容

OriginalFirstThunk	Name	FirstThunk
A0 11 00 00	23 10 00 00	A0 11 00 00
A8 11 00 00	2E 10 00 00	A8 11 00 00
00 00 00 00	00 00 00 00	00 00 00 00

在文件偏移地址 0x000001A0 处放入指向 MessageBoxA 函数的 RVA，在文件偏移地址 0x000001A8 处放入指向 ExitProcess 函数的 RVA。这样，导入表就调整完毕了。调整后的导入表如图 5-42 所示。

```
000001A0: 85 11 00 00 00 00 00 00 92 11 00 00 00 00 00 00  ?.......?.......
000001B0: 00 00 00 00 00 00 00 00 00 00 00 00 00 00 00 00  ................
000001C0: 00 00 00 00 A0 11 00 00 00 00 00 00 00 00 00 00  ....?...........
000001D0: 23 10 00 00 A0 11 00 00 A8 11 00 00 00 00 00 00  #...?..?........
000001E0: 00 00 00 00 2E 10 00 00 A8 11 00 00 00 00 00 00  ........?.......
000001F0: 00 00 00 00 00 00 00 00 00 00 00 00 00 00 00 00  ................
```

图 5-42 调整后的导入表

5．调整 PE 文件的节表

调整完以上内容后，从文件偏移地址 0x00000200 处开始，将后面的内容删除，只保留从文件偏移地址 0x00000000 到 0x000001FF 共 512 字节的内容。现在，PE 文件中 PE 头部要用到的代码、字符串、导入表就全都包含在这 512 字节中了。

接下来要修正节表中的字段，在修正节表的字段前，先考虑一下前面调整导入表时，出现的 RVA 为什么会存在 0x00001185、0x00001192 之类的值？要解释这个问题，需要先了解压缩后的 PE 文件是如何被映射的，如图 5-43 所示。

PE 文件在磁盘中只有 0x200 字节的数据，但是它会被映射两次，第一次被实际装载进去，第二次是根据节表进行的映射。图 5-43 的右半部分是 PE 文件在内存中的情况，由于磁盘文件只有 0x200 字节，所以它被实际装入后也只有 0x200 字节，为了根据内存对齐，其会填充 0x800 个 0 字符，它是第一个也是唯一的节，该节仍由文件的 0x200 字节进行填充。

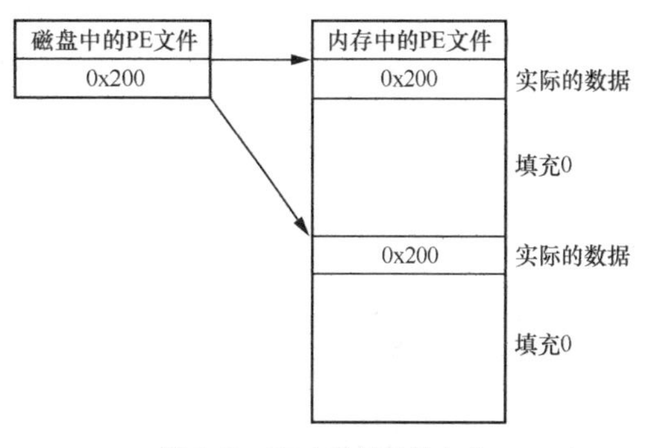

图 5-43 PE 文件的映射方式

因此，在图 5-43 中右半部分，有数据的 0x200 字节是相同的。

根据图 5-43 中 PE 文件从磁盘到内存的映射方式，节表调整如表 5-14 所示。

表 5-14　　　　节表调整

Name	VirtualSize	VirtualAddress	SizeOfRawData	PointerToRawData
.text	0x00001000	0x00001000	0x00000100	0x00000001

节表的调整主要针对 SizeOfRawData 和 PointerToRawData 字段，PointerToRawData 是映射磁盘对应文件的起始位置。起始位置应该从 PE 文件的头部进行映射，但这里如果填充为 0 是不可以的，因此这里填充为 0x00000001 字节，而长度不能再填充 0x00000200 字节，因为起始位置填充了 1，如果长度填充为 0x200 字节，则会超过 512 字节，因此，这里填充为 0x100 字节。但是在实际装载时，它仍然会按照最小的文件对齐粒度进行装载，实际映射仍然从 0 映射到 0x200。

在调整导入表时，出现了 0x00001185 这样的 RVA 值，它的实际 FOA 为 0x00000185，当它被映射到内存中的.text 节后，其起始地址为 0x00001000，因此，其实际的 RVA 变为 0x00001185。

6．修正 PE 头部

PE 头部需要修正几处，IMAGE_OPTIONAL_HEADER 中的 AddressOfEntryPointer 已经被改变，因此需要对其进行修正。新的入口点在文件偏移地址 0x00000160 处，映射入内存后的 RVA 是 0x00001160。因此，IMAGE_OPTIONAL_HEADER 中的 AddressOfEntryPointer 的值应该修正为 0x00001160。

接下来修正数据目录中的导入表和导入地址表的地址，导入表的 FOA 为 0x000001C4，导入地址表的 FOA 为 0x000001A0，因此修正后的 RVA 值分别为 0x000011C4 和 0x000011A0。

以上是比较关键的 3 个需要修正的位置，再来修正两个位置，以便使用 OD 进行查看，它们分别是 IMAGE_OPTIONAL_HEADER 的 BaseOfCode 和 BaseOfData，将这两个字段分别修正为 0x00001160 和 0x00001002。

使用 OD 打开 PE 文件，验证对 PE 头部的修正，如图 5-44～图 5-46 所示。

地址	HEX 数据	反汇编
00401160	$ 6A 00	PUSH 0
00401162	. 68 60104000	PUSH pe4.00401060
00401167	. 68 40104000	PUSH pe4.00401040
0040116C	. 6A 00	PUSH 0
0040116E	. E8 07000000	CALL pe4.0040117A
00401173	. 6A 00	PUSH 0
00401175	. E8 06000000	CALL pe4.00401180
0040117A	$ FF25 0011400(	JMP DWORD PTR DS:[401100]
00401180	$ FF25 0811400(	JMP DWORD PTR DS:[401108]
00401186	00	DB 00
00401187	. 4D 65 73 73 (	ASCII "MessageBoxA",0
00401193	00	DB 00
00401194	. 45 78 69 74 !	ASCII "ExitProcess",0
004011A0	E1	DB E1
004011A1	EA	DB EA
004011A2	. 7D 75 00	ASCII "}u",0
004011A5	00	DB 00
004011A6	00	DB 00
004011A7	00	DB 00
004011A8	BA	DB BA

图 5-44　OD 中的反汇编代码

从图 5-44 中可以看到，OD 打开 PE 文件后会停止在程序的入口处，并显示相关的反汇编代码，虽然这段代码的显示有问题（其实是反汇编代码有问题，而非显示有问题）。在图 5-45 中，OD 正确地显示了数据的位置，虽然显示得很杂乱。在图 5-46 中，OD 的数据窗口以地址的形式显示了导入地址表中两个函数的地址。

地址	HEX 数据	ASCII
00401002	48 65 6C 6C 6F 2C 50 45 20 42 69 6E 61 72 79 20	Hello,PE Binary
00401012	44 69 79 21 21 00 42 69 6E 61 72 79 20 44 69 79	Diy!!.Binary Diy
00401022	00 75 73 65 72 33 32 2E 64 6C 6C 00 6B 65 72 6E	.user32.dll.kern
00401032	65 6C 33 32 2E 64 6C 6C 00 00 40 00 00 00 50 45	el32.dll..@...PE
00401042	00 00 4C 01 01 00 00 00 00 00 00 00 00 00 00 00	..L...........
00401052	00 00 E0 00 03 01 0B 01 00 00 00 10 00 00 00 00	..?........
00401062	00 00 00 00 00 00 60 11 00 00 60 11 00 00 02 10	......
00401072	00 00 00 00 40 00 00 10 00 00 00 02 00 00 00 00	....@......

图 5-45　OD 中的数据窗口

地址	数值	注释
004011A0	757DEAE1	user32.MessageBoxA
004011A4	00000000	
004011A8	758ABDBA	kernel32.ExitProcess
004011AC	00000000	
004011B0	00000000	

图 5-46　OD 中以地址显示的数据窗口

为什么观察 PE 文件需要使用 OD，而非 LordPE 呢？下面使用 LordPE 查看 pe4.exe 的导入表，如图 5-47 所示。

从图 5-47 中可以看出，使用 LordPE 查看导入表会报错。再使用 LordPE 来计算一下 pe4.exe 文件入口 RVA 对应的 FOA，如图 5-48 所示。

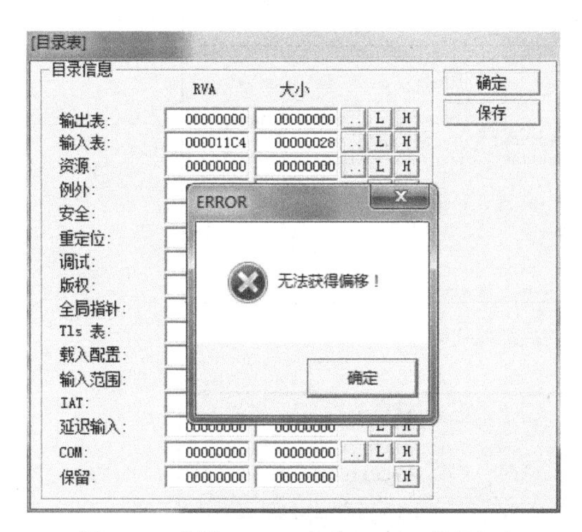

图 5-47　使用 LordPE 查看 pe4.exe 的导入表

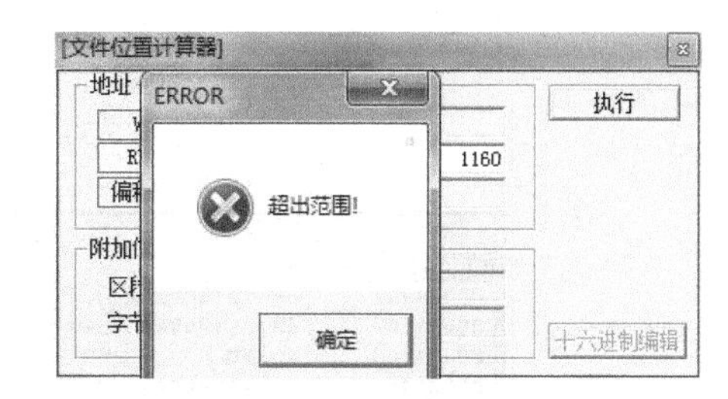

图 5-48　使用 LordPE 计算入口 RVA 对应的 FOA

从图 5-48 中可以看出，无法使用 LordPE 对 pe4.exe 进行 RVA 与 FOA 的转换。

注意：从图 5-47 和图 5-48 中可以看出，压缩后的 PE 文件工具有时会“失效”，此时会手工计算和转换就显得非常重要了。如果读者不懂得转换原理，遇到这种问题就束手无策了。

7．修正 PE 中的代码

OD 已经能正常打开 pe4.exe 文件，接下来对其代码中引用的字符串和导入地址表进行修正。

修正前的反汇编代码如图 5-49 所示。从图 5-49 中可以看出，反汇编代码中的“HEX 数据”列和“注释”列中都没有正确地引用地址和注释。

修正后的反汇编代码如图 5-50 所示。从图 5-51 中可以看出，在“注释”列中已经可以很直观地看到对字符串和 API 函数的正确引用。这说明修正是成功的。按照前面内容的介绍，在 OD 中修正代码后，在反汇编窗口中右键单击，在弹出的快捷菜单中选择“复制到可执行

文件”→“选择”选项，保存修正后的代码。现在再次通过该方法对 OD 中修正的代码进行报错，但是会弹出一个错误提示对话框，如图 5-51 所示。

地址	HEX 数据	反汇编	注释
00401160	$ 6A 00	PUSH 0	
00401162	. 68 60104000	PUSH pe4.00401060	
00401167	. 68 40104000	PUSH pe4.00401040	ASCII "PE"
0040116C	. 6A 00	PUSH 0	
0040116E	. E8 07000000	CALL pe4.0040117A	
00401173	. 6A 00	PUSH 0	
00401175	. E8 06000000	CALL pe4.00401180	
0040117A	$ FF25 0011400	JMP DWORD PTR DS:[401100]	
00401180	$ FF25 0811400	JMP DWORD PTR DS:[401108]	
00401186	00	DB 00	
00401187	. 4D 65 73 73	ASCII "MessageBoxA",0	
00401193	00	DB 00	
00401194	. 45 78 69 74	ASCII "ExitProcess",0	
004011A0	E1	DB E1	
004011A1	EA	DB EA	
004011A2	. 4A 76 00	ASCII "Jv",0	
004011A5	00	DB 00	

图 5-49 修正前的反汇编代码

地址	HEX 数据	反汇编	注释
00401160	$ 6A 00	PUSH 0	
00401162	68 18104000	PUSH pe4.00401018	ASCII "Binary Diy"
00401167	68 01104000	PUSH pe4.00401001	ASCII "ZHello,PE Binary Diy!!"
0040116C	. 6A 00	PUSH 0	
0040116E	. E8 07000000	CALL pe4.0040117A	JMP 到 user32.MessageBoxA
00401173	. 6A 00	PUSH 0	
00401175	. E8 06000000	CALL pe4.00401180	JMP 到 kernel32.ExitProcess
0040117A	- FF25 A011400	JMP DWORD PTR DS:[4011A0]	user32.MessageBoxA
00401180	- FF25 A811400	JMP DWORD PTR DS:[4011A8]	kernel32.ExitProcess
00401186	00	DB 00	
00401187	. 4D 65 73 73	ASCII "MessageBoxA",0	
00401193	00	DB 00	
00401194	. 45 78 69 74	ASCII "ExitProcess",0	
004011A0	E1	DB E1	
004011A1	EA	DB EA	
004011A2	. 4A 76 00	ASCII "Jv",0	

图 5-50 修正后的反汇编代码

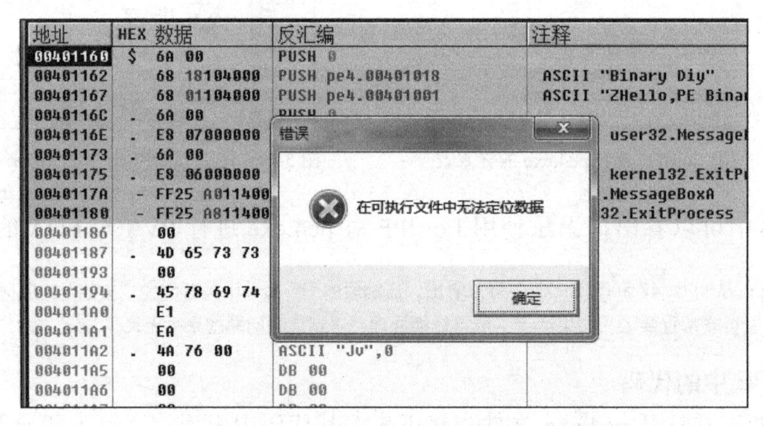

图 5-51 OD 中保存代码时的错误提示对话框

从图 5-51 中可以看到，错误提示为“在可执行文件中无法定位数据”，这是因为 OD 使用当前的 VA 无法定位到文件中的 FOA。此时，无法通过 OD 来保存修正后的代码。因此，使用 C32Asm 打开该 PE 文件，找到代码在文件中的 FOA，并按照 OD 反汇编窗口中“HEX 数据”列的内容修正代码的字节码。

使用 C32Asm 修正后的代码如图 5-52 所示。从图 5-52 中可以看出，代码中一共修正了 4 处地址，保存并运行可执行文件，弹出 MessageBox 对话框，说明可执行文件再次压缩成功。

```
00000160: 6A 00 68 18 10 40 00 68 01 10 40 00 6A 00 E8 07  j.h..@.h..@.j.?.
00000170: 00 00 00 6A 00 E8 06 00 00 00 FF 25 A0 11 40 00  ...j.?...ÿ%?@..@
00000180: FF 25 A8 11 40 00 00 4D 65 73 73 61 67 65 42 6F  ÿ%?@..MessageBo
00000190: 78 41 00 00 45 78 69 74 50 72 6F 63 65 73 73 00  xA..ExitProcess.
```

图 5-52　使用 C32Asm 修正后的代码

找到磁盘中的 pe4.exe 文件，查看其大小为 512 字节。

小结：本节介绍了对 PE 文件格式的压缩，这里的压缩并非指压缩算法，而是将 PE 文件格式中没有用的、可以重叠的、可以删减的内容删除或重新编排，在保持原功能不变的情况下，使其在磁盘中的存储更加紧凑。

本节的目的依然是让读者深入地理解 PE 文件格式中的各个结构体，并且可以在符合规则的情况下任意地移动 PE 文件。这样做是否有意义呢？这样做对于初学者非常有意义。例如，市场上有专门针对 PE 文件格式的免杀技术，加壳/脱壳技术中也涉及 PE 文件格式的内容。因此，希望读者可以认真对待这两个关于 PE 文件格式的实例。

在 pe4.exe 的基础上仍然可以压缩 PE 文件。进一步压缩的方法与本节内容相似，依然是将各种有用的数据放入无用的 PE 文件格式字段，使文件格式更加紧凑，读者可以自己进行尝试。

5.3　PE 文件格式相关工具

第 4 章中主要介绍了 PE 文件格式的解析工具，本节将介绍其他 PE 文件格式的相关工具。

5.3.1　增加节区

增加节区是 PE 文件格式的常见操作之一，使用也很广泛。例如，软件的加壳、病毒的感染、病毒的免杀等都会给 PE 文件增加节区，尤其在病毒的免杀方面。对于病毒的免杀，因为会先在免杀制作者机器上进行测试，所以使用工具直接增加节区即可。对于软件的加壳或者病毒的感染，则不能借助工具完成，需要通过壳中或者病毒中的代码为目标程序增加节区。无论使用哪种方式，原理都是相同的，在节表中增加一个 IMAGE_SECTION_HEADER，并修改 IMAGE_FILE_HEADER 中 NumberOfSections 的值即可。

本节介绍的用于增加节区的工具是 ZeroAdd，其工作界面如图 5-53 所示。

使用 ZeroAdd 打开手写的 pe1.exe 文件，选中“备份文件”复选框，在“输入新增加 section 名”文本框中输入“.NewSec”，在“输入新增加 section 的大小（in hex）”文本框中输入“200”，即可在 pe1.exe 文件中增加了一个长度为 0x200 字节的名为.NewSec 的节区。单击“生成新文件”按钮，即可得到增加节区后的文件。使用 LordPE 打开新生成的 pe1.exe 文件，查看其节区，如图 5-54 所示。

从图 5-54 中可以看出，节区增加是成功的。运行新生成的 pe1.exe 文件，MessageBox 对话框仍然可以正确显示，说明增加节区后的 PE 文件没有受到破坏。

该软件的使用非常简单，读者可以找其他的同类工具进行测试。注意，增加节区本质

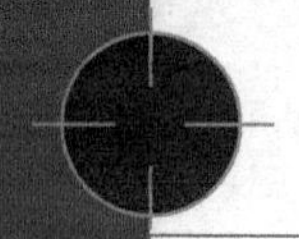

上仍是修改 PE 文件格式，如果读者有一定的编程基础，则可以自行尝试编写一个增加节区的工具。

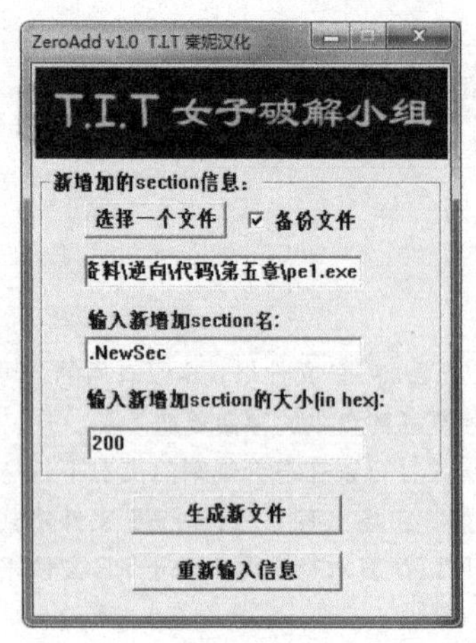

图 5-53 ZeroAdd 工作界面

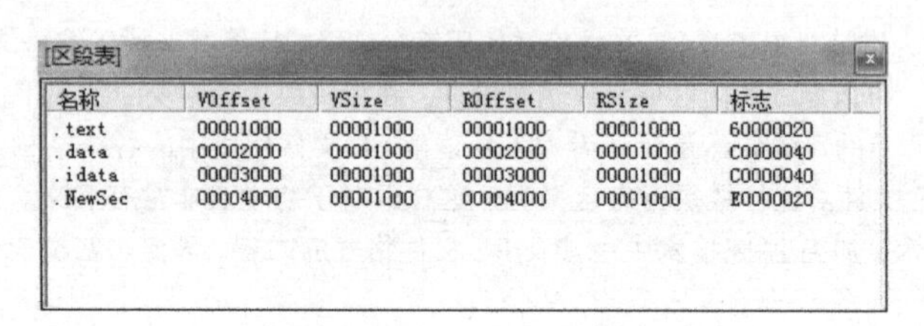

[区段表]

名称	VOffset	VSize	ROffset	RSize	标志
.text	00001000	00001000	00001000	00001000	60000020
.data	00002000	00001000	00002000	00001000	C0000040
.idata	00003000	00001000	00003000	00001000	C0000040
.NewSec	00004000	00001000	00004000	00001000	E0000020

图 5-54 增加节区后的 pe1.exe 文件

5.3.2 资源编辑

资源是 PE 文件的一部分，包含对话框、菜单、字符串、图片等各种数据。在前面的章节中编者并没有对资源的各种数据结构进行介绍，这是因为编者认为对于初学者而言，资源并非必须掌握的结构体，如果读者对此感兴趣，则可以自行进行学习。

资源编辑工具可以修改可执行程序中窗口的样式、字符串等内容，如一些软件的汉化就是对资源进行简单的编辑。

Resource Hacker 是一款简单易用且功能强大的资源编辑工具，除可以解析 PE 文件中的资源外，还可以轻松地编辑资源中的对话框、修改菜单、替换图标等。

1．浏览资源

使用 Resource Hacker 打开一个 PE 文件，在打开的 Resource Hacker 窗口左侧会显示该 PE 文件的资源树目录，如图 5-55 所示。

从图 5-55 中可以看出，Resource Hacker 解析出的资源类型非常多，如位图（BMP）、光标（Cursor）、图标（Icon）、菜单（Menu）、字符串（String Table）和对话框（Dialog）等。除此之外，Resource Hacker 还可以解析其中的二进制数据，如图 5-56 所示。

在 PE 文件资源中可以随意嵌入自己所需的二进制文件，也可以嵌入另一个 PE 文件。注意观察图 5-56 的右半部分，可以看到 3 个比较明显的特征，即“MZ”“PE”及“This program cannot be run in DOS mode.”，可以初步断定，该二进制文件是一个 PE 文件。当然，PE 文件资源中包含的二进制文件并非全部为另一个可执行的 PE 文件。

2．导出资源

Resource Hacker 可以将 PE 文件中的资源以多种形式导出，下面将举例介绍。

1）导出位图

在资源中找到 BMP 或 Bitmap 类型，选中任意一个资源并右键单击，在弹出的快捷菜单中选择“保存”选项即可保存位图，如图 5-57 所示。

图 5-55 Resource Hacker 窗口

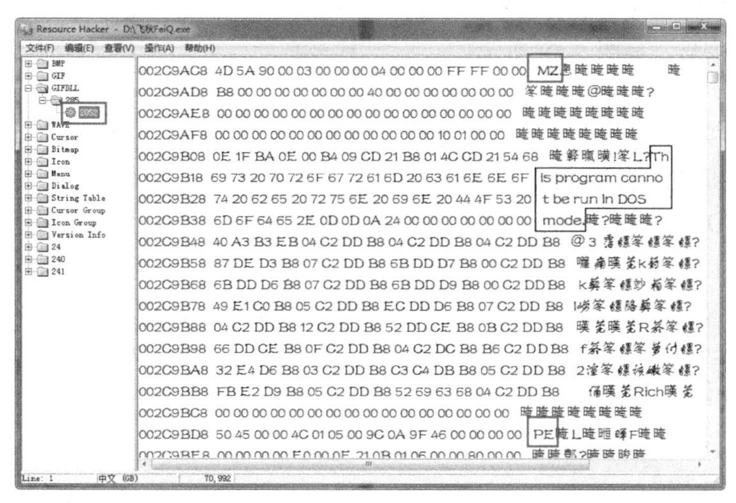

图 5-56 Resource Hacker 解析出的二进制数据

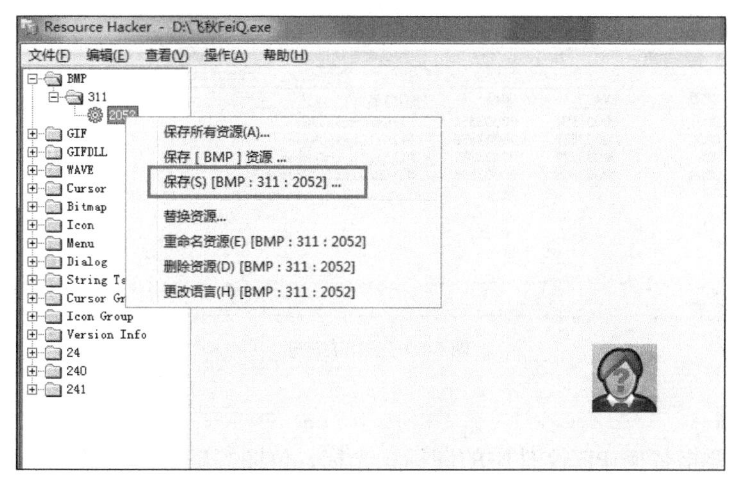

图 5-57 保存位图

从图 5-57 中可以看出，导出时选择了右键快捷菜单中的第 3 项，如果选择第 2 项，则 Resource Hacker 会导出一个.rc 资源脚本文件和一个.bin 二进制文件。对于位图而言，导出的.bin 二进制文件直接修改扩展名为.bmp 是可以直接进行查看的。但是，直接选择第 3 项会更直接一些。

2）导出二进制 PE 文件

在 Resource Hacker 中导出文件的选项差别其实并不大。在 Resource Hacker 中导出二进制文件时，需要选择右键快捷菜单中的第 2 项，因为如果选择第 3 项，则 Resource Hacker 会保存一个.txt 文件，这并非所需要的文件。导出二进制文件如图 5-58 所示。

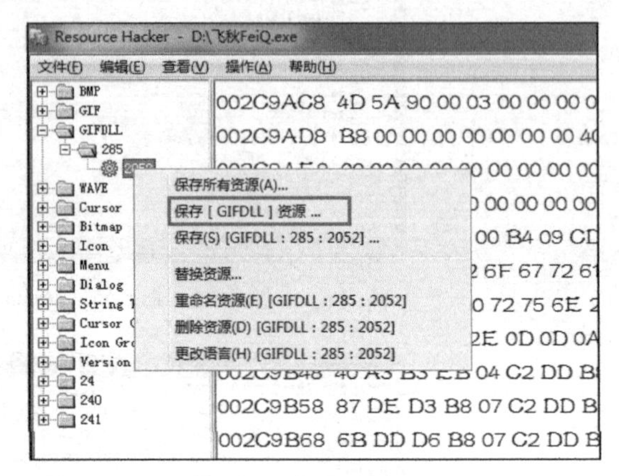

图 5-58 导出二进制文件

图 5-58 导出了一个.rc 资源脚本文件和一个.bin 二进制文件。该.bin 文件是一个可执行文件，同时是一个 DLL 文件。使用 LordPE 打开导出的.bin 文件，并查看其数据目录中的导出表信息，如图 5-59 所示。

下面给出一个应用实例。

在 Delphi XE 中，Delphi 开发环境提供了皮肤功能，但是它只针对 EXE 文件。而在很多情况下，DLL 中也会存在窗口，而 DLL 中的窗口无法使用 Delphi 开发环境提供的皮肤。

此时，可将使用了皮肤并编译好的 EXE 文件中的皮肤资源通过 Resource Hacker 导出，并将导出的.res 文件链接到 DLL 使用的窗口中，这样使用 Delphi XE 开发的 DLL 中的窗口即可使用与 EXE 文件相同的皮肤。

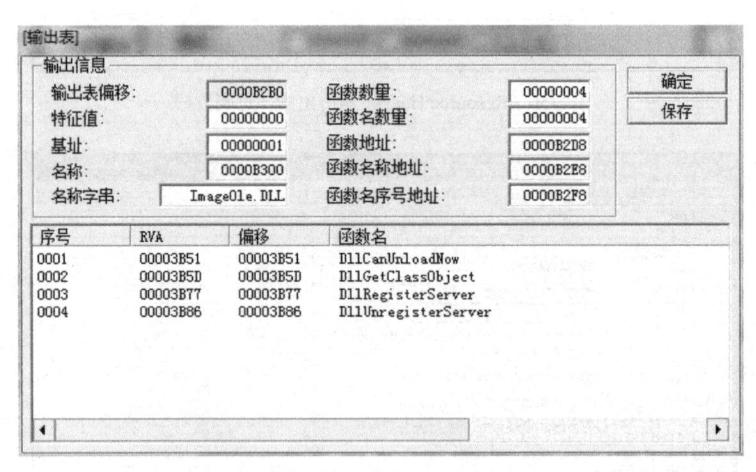

图 5-59 导出表信息

3. 替换资源

替换资源主要指替换 PE 文件中的图标、光标、位图等资源。要替换一个资源，应先选中相应的资源项并右键单击，在弹出的快捷菜单中选择“替换资源”选项，打开选择新资源的窗口，如图 5-60 和图 5-61 所示。

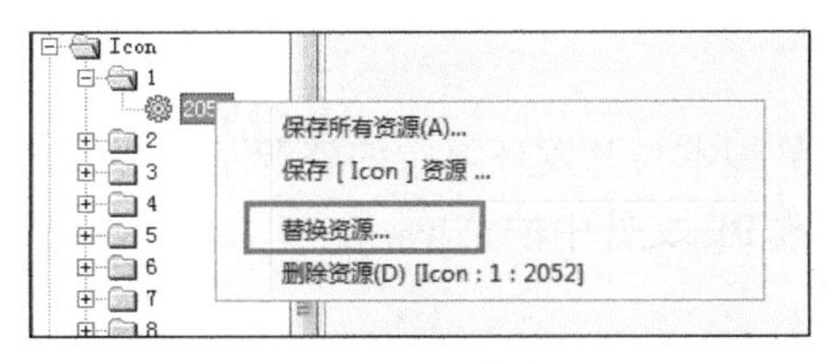

图 5-60　替换资源

图 5-61　选择新资源的窗口

在图 5-61 中，通过选择替换图标窗口右侧“选择要替换的图标”列表框中的图标，也可以通过其他图标文件选择图标。

4．编辑菜单资源

使用 Resource Hacker 编辑菜单和对话框非常方便。Resource Hacker 中显示的菜单如图 5-62 所示。

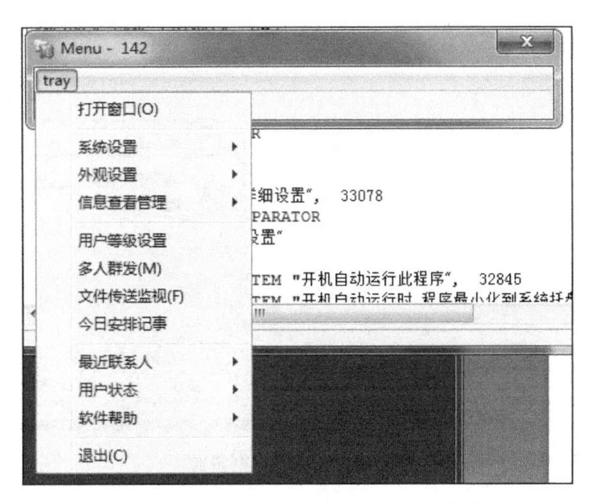

图 5-62　Resource Hacker 中显示的菜单

要修改菜单，需要在 Resource Hacker 的菜单脚本中进行操作。编辑菜单脚本，如图 5-63 所示。

```
D:\飞秋FeiQ.exe
看(V) 操作(A) 帮助(H)
编译脚本(C)  显示菜单(M)  關於我們(A) ...
142 MENU
LANGUAGE LANG_CHINESE, 0x2
{
POPUP "tray"
{
        MENUITEM "打开窗口(&O)",  32771
        MENUITEM SEPARATOR
        POPUP "系统设置"
        {
                MENUITEM "详细设置",  33078
                MENUITEM SEPARATOR
                POPUP "基本设置"
                {
                        MENUITEM "开机自动运行此程序",  32845
                        MENUITEM "开机自动运行时,程序最小化到系统托盘",  32846
                        MENUITEM "双击运行程序时,程序小化到系统托盘",  32847
                        MENUITEM SEPARATOR
1,770
```

图 5-63　编辑菜单脚本

图 5-63 中显示的是图 5-62 中的菜单的脚本，菜单脚本与开发环境中的资源基本相同，修改菜单脚本之后，单击“编译脚本”按钮，即可修改 PE 文件中的菜单。

5．修改对话框资源

使用 Resource Hacker 可以轻松地编辑程序的对话框，如修改对话框中的字符串、修改对话框样式、添加/删除对话框中的控件。Resource Hacker 的使用方法与开发环境中的拖曳控件的使用方法非常相似。

选中一个对话框，通过右键快捷菜单即可修改对话框中的控件等内容，如图 5-64 所示。

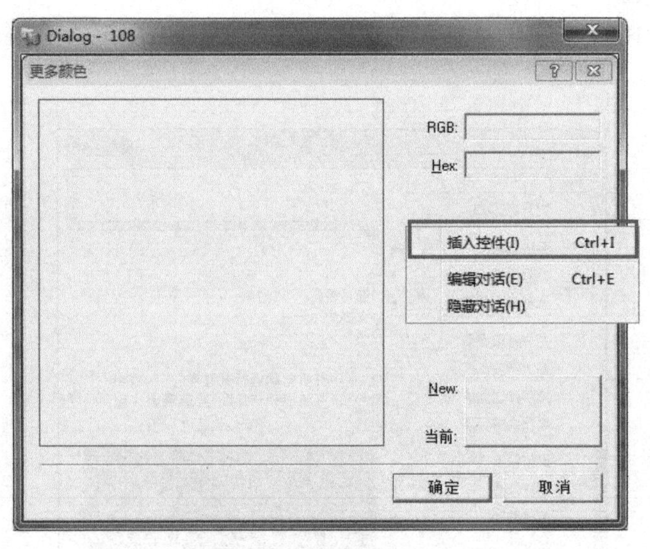

图 5-64　编辑对话框资源

选中对话框中的控件并右键单击，通过快捷菜单即可对其进行编辑。对话框资源同样可以通过资源脚本进行修改，不过对话框资源的样式较多，直接修改资源脚本不是很直观。读者可自行选择适当的修改方式。修改资源后单击“编译脚本”按钮，即可使修改后的对话框生效。

注意： 修改窗口资源或菜单资源时，无论是直接编辑还是通过资源脚本进行编辑，其本质都是在直接或间接地修改资源脚本。对于有编程经验的读者而言，资源脚本较为容易阅读；对于没有编程经验的读者而言，资源脚本阅读起来虽然不直观，但是也并不复杂，毕竟它只是对窗口、对话框的定义描述，并不像代码那样存在业务逻辑或算法。

5.4 加壳与脱壳工具

壳是软件逆向中的一个重要的内容，但本节主要介绍加壳与脱壳工具的使用，并不会过多介绍壳的相关知识。若读者对壳感兴趣，可自行参阅其他资料。

5.4.1 什么是壳

简单地讲，壳就是对核进行了一次包装。对于植物而言，瓜子、花生的外面都包有一层壳，它有硬度，能对其中的种子起到保护的作用。

对于软件而言，在软件外包裹一层壳，可以起到保护软件的作用。软件的壳按照作用划分，可分为压缩壳和加密壳两类。压缩壳，顾名思义就是将软件压缩，使其体积减小，并在软件被执行时进行解压缩，解压缩后的软件与加壳前的软件结构相同。加密壳，就是对软件进行保护，也是在软件被执行后或执行时进行解密，解密后的软件可能与加壳前的软件结构是不相同的。压缩壳的作用主要是减小可执行程序的体积，而加密壳的作用主要是保证可执行程序的安全，使其关键代码不被逆向或者不被破解等。

从加密壳的保护强度进行划分，加密壳又分为两种，一种是 PE 加密壳，另一种是虚拟指令壳。对于 PE 加密壳，软件加壳后 PE 格式的布局会发生变化，解密后 PE 文件格式的布局也与原来的 PE 文件格式布局不再相同。虚拟指令壳，也称为虚拟机的壳，其模拟软件中的二进制代码，也就是说原来的指令不见了，取而代之的是另外一套指令系统，由于指令系统发生了变化，所以保护强度更高。

5.4.2 简单壳的原理

在介绍壳的使用前，先来简单地模拟一下壳的工作原理。我们知道压缩壳是在内存中进行解压的，使用 WinRAR 可以将磁盘中的文件压缩，解压缩时也需要 WinRAR 配合完成，但壳具体是在什么时候对压缩后的可执行文件进行解压缩的，大家可能就不太清楚了。因此，本小节举例进行演示。

1．壳的执行流程

壳是可执行程序外层的包装，用于保护执行文件。这里说的壳指压缩壳或加密壳，不包含虚拟指令壳。壳通常会在可执行文件执行之前执行，从而更好地获得控制权。通常情况下，压缩壳执行完解压缩以后，会把程序的控制权完全交给可执行程序；而加密壳进行完一系列的初始化工作（可能包括解压缩、解密等，加密壳通常也有压缩功能）之后也会把控制权交还给可执行程序，但是在可执行程序执行过程中，壳仍然会对可执行程序进行各种各样的“干

涉”，以达到更好的保护作用。

下面给出一个简单的壳示意图，如图 5-65 所示。

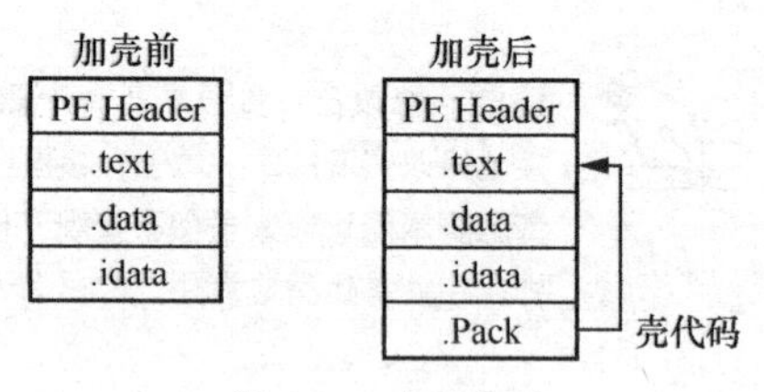

图 5-65　壳示意图

从图 5-65 中可以看出，加壳后的可执行程序中多了一个.Pack 节（该名称任意，甚至可以为空），该节中存放壳的代码或相关的加壳后的数据，当然，壳相关的代码或数据也可能会放在多个节中，而非一个节中。由于壳要先取得控制权，所以程序的入口地址会指向壳添加的节区（这并不绝对，也可能入口不变，而是修改入口处的代码），当壳的代码执行完成后，再跳回到原来的入口点进行执行。

这里以压缩壳举例说明。如果是压缩壳，那么整个 PE 文件会被压缩，并将解压缩的代码放入新的节。代码执行时，解压缩代码会先执行，在内存中完成解压缩动作，并跳转到解压缩后的原程序入口点开始执行。

2．模拟壳的工作

现在来完成对上面内容的模拟，将前面章节中手写的 PE 文件复制一份，并将其重命名为 EasyPack.exe，这里选择的是最初的版本，也就是 RVA 与 FOA 相同，以省去模拟时的各种地址转换。本小节的模拟工作将在该文件上进行。

模拟壳工作原理如下：

- 对可执行文件的代码节进行加密；
- 增加节；
- 修改代码节的属性与程序的入口点；
- 在增加的节中写入解密代码。

该模拟工作非常简单，但是以这样的方式逐步模拟，看起来会更加的真实。

1）对代码节进行加密

完成对代码节的加密时，选择了一个简单的加密算法——异或。

使用 C32Asm 打开 EasyPack.exe 可执行程序，并找到代码节。这里的代码节在 0x00001000 地址处，如图 5-66 所示。

```
00001000: 6A 00 68 20 20 40 00 68 00 20 40 00 6A 00 E8 07
00001010: 00 00 00 6A 00 E8 06 00 00 00 FF 25 00 30 40 00
00001020: FF 25 08 30 40 00 00 00 00 00 00 00 00 00 00 00
```

图 5-66　代码节的内容

从图 5-66 中可以看出，代码的内容不多，在地址 0x00001000 到 0x0000102F 范围内都进行异或加密。选中地址 0x00001000 到 0x0000102F 并右键单击，在弹出的快捷菜单中选择“修改数据”选项，弹出“修改数据”对话框，选中“异或”单选按钮，并在“异或”后的编辑框中输入“CC”，即对地址 0x00001000 到 0x0000102F 之间的数据与 0xCC 进行异或操作，如图 5-67 所示。

从地址 0x00001000 到 0x0000102F 地址一共是 0x30 字节，这里一定要记住，因为在解密时需要用到加密的长度。加密后的代码节如图 5-68 所示。

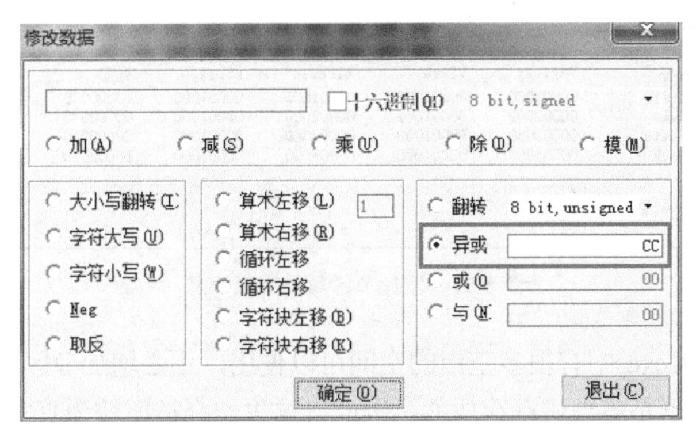

图 5-67　用 0xCC 异或代码节的数据

```
00000FF0: 00 00 00 00 00 00 00 00 00 00 00 00 00 00 00 00
00001000: A6 CC A4 EC EC 8C CC A4 CC EC 8C CC A6 CC 24 CB
00001010: CC CC CC A6 CC 24 CA CC CC CC 33 E9 CC FC 8C CC
00001020: 33 E9 C4 FC 8C CC CC CC CC CC CC CC CC CC CC CC
00001030: 00 00 00 00 00 00 00 00 00 00 00 00 00 00 00 00
```

图 5-68　加密后的代码节

代码节加密后，需要进行保存。

2）增加节

前面已经完成了针对代码节点 0x30 字节进行的异或加密，现在添加新的节用来保存对代码节解密的代码。

使用前面介绍的 ZeroAdd 工具增加节，如图 5-69 所示。

使用 ZeroAdd 打开 EasyPack.exe 文件，设置增加节的名称为“.Pack”，增加节的大小为 1000 字节，节的长度是按照内存进行对齐的。对比查看 EasyPack.exe 在增加节区前后的节表信息，如图 5-70 和图 5-71 所示。

对比图 5-70 和图 5-71 可以发现，ZeroAdd 成功地添加了.Pack 节区，这样就可以将解密代码节的代码放入.Pack 节区。当然，增加了节区之后不单单是节表发生了变化，可执行程序的长度发生了变化，节区的数量也发生了变化。这些读者可自行观察！

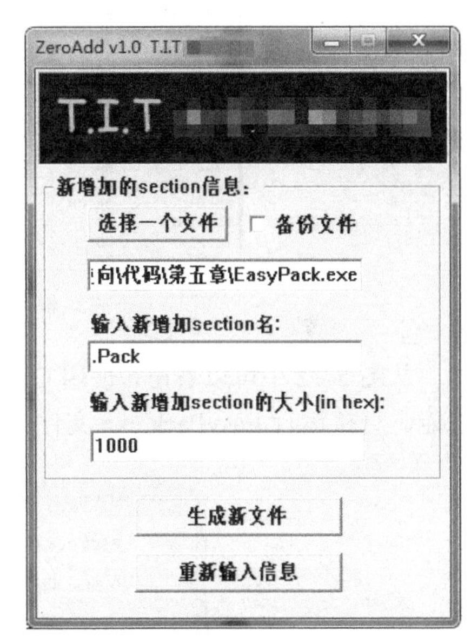

图 5-69　使用 ZeroAdd 工具增加节

[区段表]

名称	VOffset	VSize	ROffset	RSize	标志
.text	00001000	00001000	00001000	00001000	60000020
.data	00002000	00001000	00002000	00001000	C0000040
.idata	00003000	00001000	00003000	00001000	C0000040

图 5-70　增加节区前的节表信息

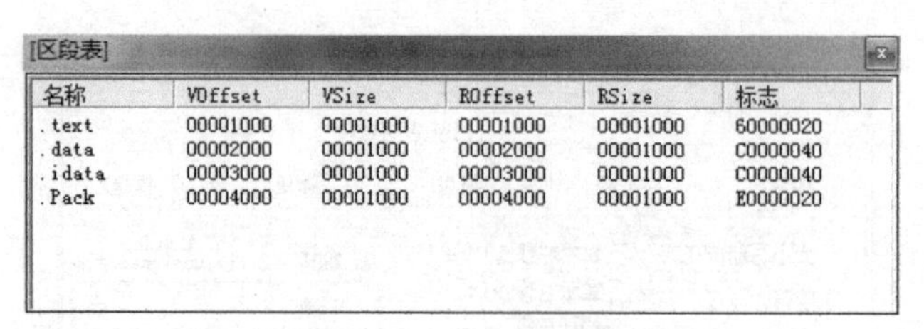

[区段表]

名称	VOffset	VSize	ROffset	RSize	标志
.text	00001000	00001000	00001000	00001000	60000020
.data	00002000	00001000	00002000	00001000	C0000040
.idata	00003000	00001000	00003000	00001000	C0000040
.Pack	00004000	00001000	00004000	00001000	E0000020

图 5-71　增加节区后的节表信息

其实，在 EasyPack.exe 中有很多空白的空间可以使用，不必增加节区存放解密的代码，但是在加壳时，壳的代码的确是单独进行存放的。因此，这里选择按照较为真实的方式进行模拟。

3）修改程序的入口点

代码节在文件中被加密后，为了保证程序正常运行，需要在执行加密的代码前对其解密，否则加密的代码无法被执行。使用 OD 打开加密后的程序，查看其加密后代码的反汇编代码，如图 5-72 所示。

地址	HEX 数据	反汇编	注释
00401000	$ A6	CMPS BYTE PTR DS:[ESI],BYTE PTR ES:[EDI]	
00401001	. CC	INT3	
00401002	. A4	MOVS BYTE PTR ES:[EDI],BYTE PTR DS:[ESI]	
00401003	. EC	IN AL,DX	I/O 命令
00401004	. EC	IN AL,DX	I/O 命令
00401005	. 8CCC	MOV SP,CS	
00401007	. A4	MOVS BYTE PTR ES:[EDI],BYTE PTR DS:[ESI]	
00401008	. CC	INT3	
00401009	. EC	IN AL,DX	I/O 命令
0040100A	. 8CCC	MOV SP,CS	
0040100C	. A6	CMPS BYTE PTR DS:[ESI],BYTE PTR ES:[EDI]	
0040100D	. CC	INT3	
0040100E	. 24 CB	AND AL,0CB	
00401010	. CC	INT3	
00401011	. CC	INT3	
00401012	. CC	INT3	

图 5-72　加密后代码的反汇编代码

从图 5-72 中可以看出，使用 OD 查看加密后代码的反汇编代码时，已经无法看出代码的功能，直接运行 EasyPack.exe 文件会报错，如图 5-73 所示。

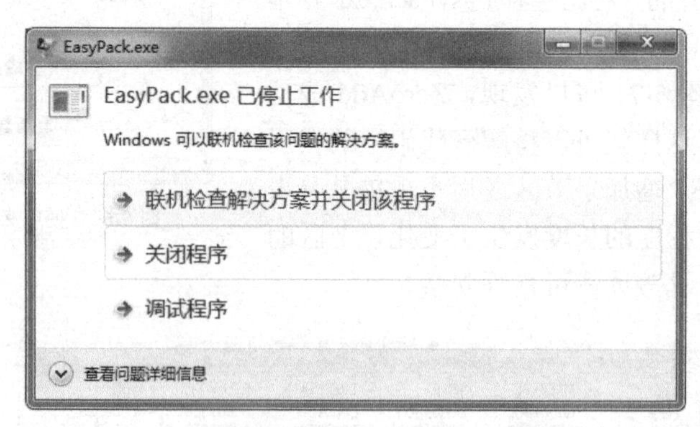

图 5-73　运行 EasyPack.exe 文件报错

从图 5-73 中可以看出，加密后的代码在未解密的情况下执行会报错，因为此时的代码已无法被 CPU 正确执行。要正确地执行该程序，必须将其解密成加密前的代码，即执行原代码前，必须有一段用于解密的代码存在。这段代码就放在新增加的节区中。

为了能够让用于解密的代码先被执行，需要修改 EasyPack.exe 程序的入口点，这里使用 LordPE 修改程序的入口点，新的入口点地址是新增加的节区的起始地址，因此修改后的入口点地址为 0x00004000，如图 5-74 所示。

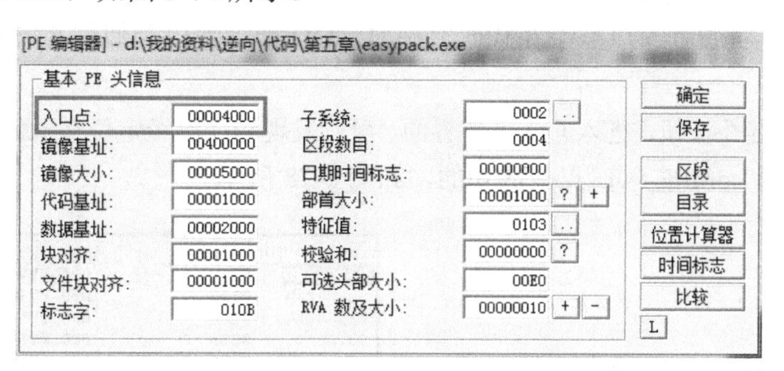

图 5-74　修改后的入口点

前面介绍过，程序的入口点由 ImageBase 和 AddressOfEntryPoint 两个字段构成，因此在 LordPE 中填写的入口点地址是一个 RVA。在修改程序的入口点后，记得要单击“保存”按钮，保存修改后的信息。

4）修改代码节的属性

在 PE 文件中，每个节区都是有相关属性的，如代码节可以被执行和读取、数据节可被读取和写入等。通常情况下，代码节是不可以被修改的，因此代码节没有可写的属性。代码节进行解密时，需要将解密后的代码重新写入原来的位置，此时要对代码节的属性进行修正，否则代码写入时，会产生访问违例一类的异常报错。

这里依然使用 LordPE 来修改 EasyPack.exe 代码节的属性。先打开 EasyPack 的节表信息，再在“.text”节区上右键单击，在弹出的快捷菜单中选择“编辑区段”选项，此时会打开图 5-75 所示的“[编辑区段]”窗口。

在“[编辑区段]”窗口中单击“标志”右侧的按钮，打开图 5-76 所示的“[区段标志]”窗口。

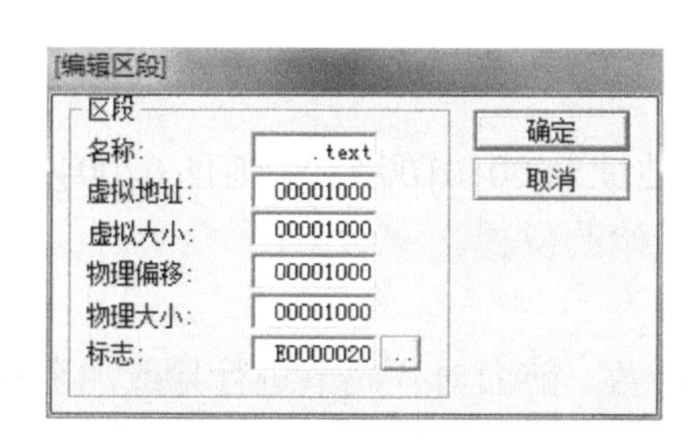

图 5-75　“[编辑区段]”窗口

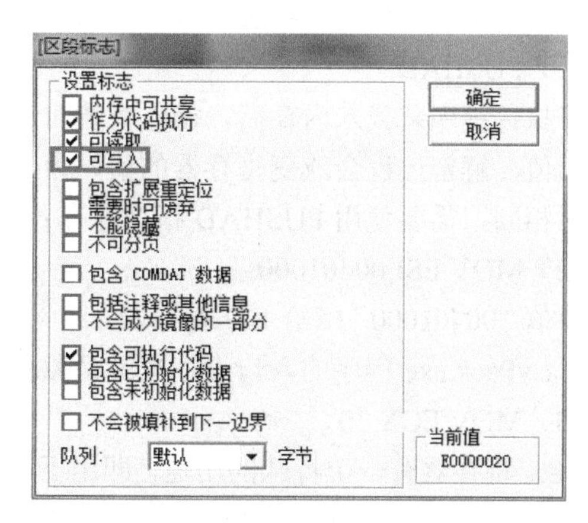

图 5-76　“[区段标志]”窗口

在“[区段标志]”窗口中选中“可写入”复选框，这样再对代码节进行解密时就不会产生异常报错了。

5）添加解密代码

添加解密代码需要用到 OD 工具，使用 OD 打开 EasyPack.exe 程序。在使用 EasyPack.exe 时，OD 会弹出“入口点警告”提示对话框，提示入口点超出代码范围，如图 5-77 所示。

很多软件加壳后或者入口点不在代码节中时，OD 都会弹出类似图 5-77 的提示，这一点请读者注意。

直接单击“确定”按钮，进入 OD 工作界面，可以发现 OD 已经定位在入口地址 0x00404000 处，说明前面使用 LordPE 入口点是成功的，如图 5-78 所示。

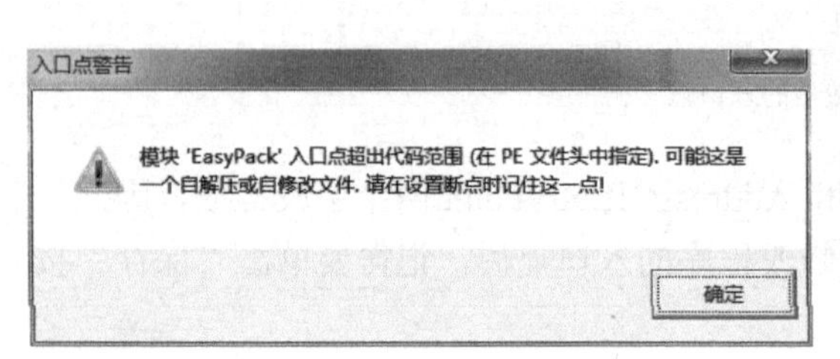

图 5-77 “入口点警告”提示对话框

地址	HEX 数据	反汇编
00404000	0000	ADD BYTE PTR DS:[EAX],AL
00404002	0000	ADD BYTE PTR DS:[EAX],AL
00404004	0000	ADD BYTE PTR DS:[EAX],AL
00404006	0000	ADD BYTE PTR DS:[EAX],AL
00404008	0000	ADD BYTE PTR DS:[EAX],AL
0040400A	0000	ADD BYTE PTR DS:[EAX],AL
0040400C	0000	ADD BYTE PTR DS:[EAX],AL
0040400E	0000	ADD BYTE PTR DS:[EAX],AL
00404010	0000	ADD BYTE PTR DS:[EAX],AL
00404012	0000	ADD BYTE PTR DS:[EAX],AL
00404014	0000	ADD BYTE PTR DS:[EAX],AL
00404016	0000	ADD BYTE PTR DS:[EAX],AL
00404018	0000	ADD BYTE PTR DS:[EAX],AL
0040401A	0000	ADD BYTE PTR DS:[EAX],AL

图 5-78 通过 OD 打开 EasyPack.exe 的入口点

该入口点是 EasyPack.exe 文件的新入口点，代码节的解密工作将在该入口点进行。在 OD 的入口点添加以下代码：

```
PUSHAD
MOV ESI,00401000
MOV ECX,30
XOR BYTE PTR DS:[ESI],0CC
INC ESI
LOOPD 0040400B
POPAD
MOV EAX,00401000
JMP EAX
```

下面对上面的代码逐行进行解释，以帮助读者进行理解。

（1）PUSHAD

可执行程序装载入内存后，操作系统对进程进行了一系列的初始化工作，寄存器都有一些初始值，解密过程会改变寄存器的值，为了保证解密后寄存器的值与可执行程序刚装载入内存时相同，需要使用 PUSHAD 指令保存各个寄存器。

（2）MOV ESI,00401000

将值“00401000”赋给 ESI 寄存器，即将 ESI 指向地址 0x00401000 处。地址 0x00401000 是原 EasyPack.exe 程序的入口点，也就是原程序代码开始的位置。

（3）MOV ECX,30

ECX 寄存器有一个特殊的用途，即用于循环时的计数。前面对代码节进行异或加密时一共加密了 0x30 字节，因此在解密时也需要循环对这 0x30 字节进行解密。

（4）XOR BYTE PTR DS:[ESI], 0CC

从 ESI 指向的地址中取出一字节，与 CC 进行异或运算后再保存至 ESI 指向的地址。这条语句为解密指令。

（5）INC ESI

将 ESI 的地址向后移动一字节，主要用于改变 ESI 寄存器指向的地址，因为解密时是逐字节进行的。

（6）LOOP 0040400B

LOOP 指令先将 ECX 寄存器的值减 1，再判断 ECX 寄存器的值是否大于 0。如果 ECX 寄存器的值大于 0，则跳转到 LOOP 指令后跟随的地址处；如果 ECX 寄存器不大于 0，则执行 LOOP 指令后的指令。在该段程序中，ECX 寄存器的值为 0x30，因此会循环 0x30 次，也就是解密需要进行 0x30 次。

（7）POPAD

执行完解密代码后，将各寄存器的值恢复为原来的值。PUSHAD 指令和 POPAD 指令是成对出现的，用于保存和恢复寄存器环境。

（8）MOV EAX,00401000

将地址 0x00401000 赋值给 EAX 寄存器。请记住，地址 0x00401000 是原 EasyPack.exe 程序的入口点，通常加壳前的入口点被称为原始入口点（Original Entry Point，OEP）。在脱壳时，关键点就是寻找 OEP。

（9）JMP EAX

EAX 寄存器中保存了地址 0x00401000，也就是保存了 OEP 的地址。JMP EAX 指令就是跳回到原始入口点继续执行。

对解密代码的解释到此结束，希望读者能够仔细阅读并加以理解。上面的代码很简单，希望读者可以自己写出。

在 OD 中查看添加的反汇编代码，如图 5-79 所示。

从图 5-79 中可以看出，JMP EAX 指令的地址是 0x00404017，而它跳转的目的地址是 0x00401000。通常情况下，跨度很大的跳转很可能就是要跳入 OEP。因此，对于跨度很大的跳转，调试时需要格外注意。

地址	HEX 数据	反汇编
00404000	60	PUSHAD
00404001	BE 00104000	MOV ESI,EasyPack.00401000
00404006	B9 30000000	MOV ECX,30
0040400B	8036 CC	XOR BYTE PTR DS:[ESI],0CC
0040400E	46	INC ESI
0040400F	^ E2 FA	LOOPD SHORT EasyPack.0040400B
00404011	61	POPAD
00404012	B8 00104000	MOV EAX,EasyPack.00401000
00404017	FFE0	JMP EAX
00404019	90	NOP

图 5-79　添加的反汇编代码

完成上述代码后，在 OD 中对代码进行保存，运行 EasyPack.exe 程序，此时可以看到熟悉的 MessageBox 对话框被正确弹出了。

3．导入表的隐藏

前面对代码节进行了简单的异或加密，并且在运行时对加密的代码节进行了解密，最后 EasyPack.exe 程序在保持原有功能的情况下被成功执行。下面将在此基础上进行深入介绍，从而让读者更多地了解壳的工作方式。

在逆向分析时常常通过观察导入表中的导入 API 函数来猜测程序实现的方式，接下来将实现一个简单的导入表隐藏功能，从而使逆向分析人员无法通过查看导入表而对程序功能的实现进行猜测。

1）隐藏导入表

隐藏导入表指将导入表放置到其他的位置，将导入表原来的位置抹掉，然后在外壳的部

分通过 LoadLibrary 和 GetProcAddress 两个 API 函数来动态完成对 IAT（导入地址表）的填写，填写 IAT 的过程无法省略，否则程序将无法调用导入表中的 API 函数。

在外壳部分使用 LoadLibrary 和 GetProcAddress 两个 API 函数动态填充 IAT 有两种方式，一种方式是动态获取 LoadLibrary 和 GetProcAddress 两个 API 函数，并通过这两个函数填充 IAT；另一种方式是将 LoadLibrary 和 GetProcAddress 两个 API 函数构造到导入表中，从而直接使用这两个 API 函数。这里使用第二种方式。

2）添加新的节区

将前面打造的 EasyPack.exe 程序复制一份，并将其命名为 EasyPack_Imp.exe，作为练习的对象。使用 ZeroAdd 打开复制好的 EasyPack_Imp.exe 程序，添加新的节区，并将其命名为“ImpData”，节区大小为十六进制的“1000”，如图 5-80 所示。

新添加的节区 ImpData 用来保存原有导入表，原有导入表保存至其他位置后才能删除。使用 LordPE 查看添加节区后的节表，如图 5-81 所示。

图 5-80 添加 ImpData 节区

[区段表]

名称	VOffset	VSize	ROffset	RSize	标志
.text	00001000	00001000	00001000	00001000	E0000020
.data	00002000	00001000	00002000	00001000	C0000040
.idata	00003000	00001000	00003000	00001000	C0000040
.Pack	00004000	00001000	00004000	00001000	E0000020
ImpData	00005000	00001000	00005000	00001000	E0000020

图 5-81 添加节区后的节表

3）添加新的导入表项

为了达到隐藏导入表的目的，需要将原有的导入表项转存，将其保存到 ImpData 中，并将原来位置的导入表删除，这样通过 LordPE 等工具就无法直接观察导入表中的 API 函数信息了。

转存后的导入表信息无法在可执行程序装载时填充，因此需要在外壳中通过外壳代码来进行加载，加载方式是使用 LoadLibraryA 和 GetProcAddress 两个函数。因此，需要将这两个函数先添加到导入表中。

使用 LordPE 打开 EasyPack_Imp.exe 程序，查看其导入表项，如图 5-82 所示。

选中一个导入表项并右键单击，在弹出的快捷菜单中选择“添加导入表”选项，打开“[添加导入函数]”窗口。在该窗口的“DLL”编辑框中输入“kernel32.dll”，在“API”编辑框中输入“LoadLibraryA”，单击该编辑框后的“+”按钮，再次在编辑框中输入“GetProcAddress”，单击“+”按钮。这样就添加了新的导入函数，如图 5-83 所示。

添加完导入函数后单击“确定”按钮，查看修改后的导入表，如图 5-84 所示。

图 5-82　查看导入表项

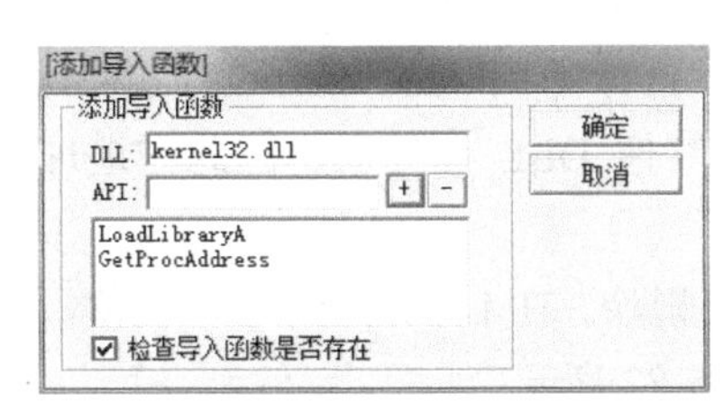

图 5-83　添加导入函数

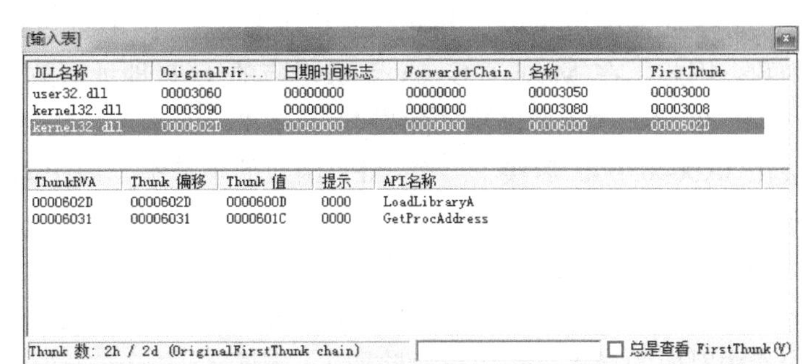

图 5-84　修改后的导入表

从图 5-84 中可以看出，导入表中多了一个文件“kernel32.dll”及两个 API 函数“LoadLibraryA”和“GetProcAddress”。

4）原始导入表的转存及删除

原始导入表中包含两个 DLL 文件 user32.dll 和 kernel32.dll，它们分别包含 MessageBoxA 和 ExitProcess 函数。为了将它们从导入表中删除而又可以继续使用，需要先将它们转存。

对于原始导入表，不需要按照导入表的格式进行转存，只需要将关键内容转存即可。转存的导入表格式如图 5-85 所示。

DLL名称1\0	API函数名称1\0	API函数1的地址	API函数名称2\0	API函数2的地址	0
DLL名称2\0	API函数名称1\0	API函数1的地址	0	DLL名称3\0	API函数名称1\0
API函数1的地址	API函数名称2\0	API函数2的地址	0	0	

图 5-85　转存的导入表格式

在图 5-85 中，首先存储的是 DLL 名称。DLL 名称以\0 结束（\0 即 NULL，其 ASCII 值为 0），DLL 名称后存储一个 API 函数名称和该 API 函数对应的 IAT 地址，其中 API 函数也以\0 为结束。如果该 DLL 存在多个导入函数，则在该 API 函数对应的 IAT 地址后紧接下一个 API 函数的名称和该 API 函数的 IAT 地址即可。当该 DLL 导入的 API 函数全部转存完毕后，在 API 函数对应的 IAT 地址后跟随一个\0，并接下一个 DLL 名称的开始。当所有的导入表转存完时，在最后一个 API 函数对应的 IAT 地址后跟随两个 0。

这种方式便于循环使用 LoadLibrary 函数加载一个 DLL 后，使用 GetProcAddress 得到其

导入的 API 函数的地址。在 C32Asm 中对原始导入表进行转存，转存后的导入表如图 5-86 所示。

```
00005000: 75 73 65 72 33 32 2E 64 6C 6C 00 4D 65 73 73 61 | user32.dll.Messa
00005010: 67 65 42 6F 78 41 00 00 30 40 00 00 6B 65 72 6E | geBoxA..0@..kern
00005020: 65 6C 33 32 2E 64 6C 6C 00 45 78 69 74 50 72 6F | el32.dll.ExitPro
00005030: 63 65 73 73 00 08 30 40 00 00 00 00 00 00 00 00 | cess..0@........
```

图 5-86　转存后的导入表

在图 5-86 中，转存后的原始导入表被保存在起始 FOA 0x00005000 处。其结构如下：首先是 DLL 名称，即 user32.dll，user32.dll 后面跟随的是其导入的 API 函数 MessageBoxA，在 MessageBoxA 函数后面跟随的是其对应的 IAT 地址 0x00403000（这里使用的是 VA 而非 RVA，在实际中应该使用 RVA，这里只是用于演示）。由于 user32.dll 只导入了一个 MessageBoxA 函数，因此，在 MessageBoxA 函数对应的 IAT 地址后放入一个 ASCII 为 0 的字节，表示 user32.dll 导入的函数结束（如果 MessageBoxA 函数后仍然有从 user32.dll 导入的函数，则直接在 0x00403000 后接下一个 API 函数的字符串，而中间不会有 0 字符）。kernel32.dll 与 user32.dll 类似，在 ExitProcess 函数对应的 IAT 地址后没有其他 DLL 被导入，因此在地址 0x00403008 后必须有两个 0 字符。

至此，原始导入表转存完毕，在 LordPE 中将原始导入表删除。在 LordPE 的导入表窗口中选中对应的导入表项进行删除即可，删除后的导入表如图 5-87 所示。

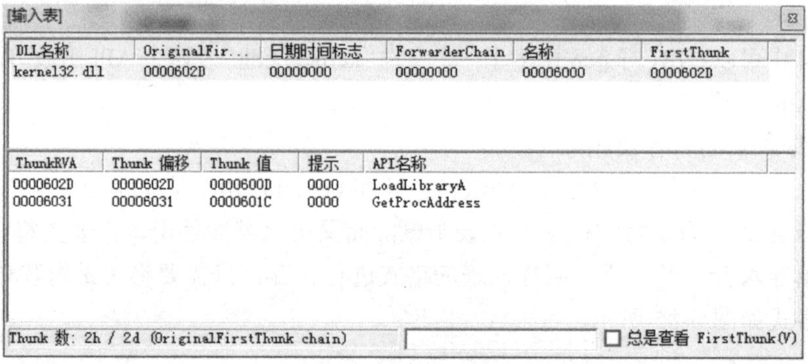

[输入表]

DLL名称	OriginalFir...	日期时间标志	ForwarderChain	名称	FirstThunk
kernel32.dll	0000602D	00000000	00000000	00006000	0000602D

ThunkRVA	Thunk 偏移	Thunk 值	提示	API名称
0000602D	0000602D	0000600D	0000	LoadLibraryA
00006031	00006031	0000601C	0000	GetProcAddress

Thunk 数: 2h / 2d (OriginalFirstThunk chain)　□ 总是查看 FirstThunk(V)

图 5-87　删除后的导入表

此时，通过 LordPE 查看导入表可以发现，导入表中只有 kernel32.dll 导出的 LoadLibraryA 和 GetProcAddress 两个 API 函数。PE 文件原有的导入表项并没有删除干净，使用 C32Asm 将原始导入表内容（即从 FOA 0x00003000 处起始的内容）填充为 0 字符即可。

注意：此时，需要记住 LoadLibraryA 和 GetProcAddress 两个函数对应的 IAT 的 RVA，即 0x0000602D 和 0x00006031，因为在外壳中使用这两个 API 函数时，需要用到这两个函数的地址。

5）修改外壳代码

前面对导入表进行了转存，并添加了新的导入表 LoadLibraryA 和 GetProcAddress。由于对原始导入表进行了转存，Windows 在加载该文件时无法填充原来的 API 函数的 IAT，因此在程序中无法调用这两个 API 函数。但是，导入表中新添加的两个 API 函数可以帮助程序完成原始导入表的填充。因此，在外壳的代码中，需要通过 LoadLibraryA 和 GetProcAddress 来完成原始导入表的填充。

使用 OD 中打开 EasyPack_Imp.exe 程序，程序依旧停留在 0x00404000 地址处，该地址处的代码主要完成两个任务，第一个任务是将原代码节的内容解密，第二个任务是跳回原入口点。现在，需要在跳回原入口点之前加载原导入表的内容。

在加入新的外壳代码前，先来看两个地址，即 0x0040602D 和 0x00406031，如图 5-88 所示。这两个地址分别保存着 LoadLibraryA 和 GetProcAddress 的导入表地址。在外壳代码中使用这两个函数时，分别从 0x0040602D 和 0x00406031 地址处取出即可。

0040602D	7728DE15	kernel32.LoadLibraryA
00406031	7728CE44	kernel32.GetProcAddress

图 5-88　LoadLibraryA 和 GetProcAddress 的导入表地址

注意：这里直接使用了 0x0040602D 和 0x00406031 两个 VA，实际上这两个地址应该通过映像基址加 RVA 来得到。为了简化演示的效果，这里直接使用了这两个地址。

更新的外壳代码如图 5-89 所示。

地址	反汇编	注释
00404000	PUSHAD	
00404001	MOV ESI,EasyPack.00401000	
00404006	MOV ECX,30	
0040400B	XOR BYTE PTR DS:[ESI],0CC	
0040400E	INC ESI	
0040400F	LOOPD SHORT EasyPack.0040400B	
00404011	MOV ESI,EasyPack.00405000	ASCII "user32.dll"
00404016	PUSH ESI	
00404017	CALL DWORD PTR DS:[<&kernel32.LoadLibraryA>]	kernel32.LoadLibraryA
0040401D	MOV EDI,EAX	
0040401F	MOV CL,BYTE PTR DS:[ESI]	
00404021	INC ESI	
00404022	TEST CL,CL	
00404024	JNZ SHORT EasyPack.0040401F	
00404026	PUSH ESI	
00404027	PUSH EDI	
00404028	CALL DWORD PTR DS:[<&kernel32.GetProcAddress>]	apphelp.753BFFF6
0040402E	MOV CL,BYTE PTR DS:[ESI]	
00404030	INC ESI	
00404031	TEST CL,CL	
00404033	JNZ SHORT EasyPack.0040402E	
00404035	MOV EBX,DWORD PTR DS:[ESI]	
00404037	MOV DWORD PTR DS:[EBX],EAX	
00404039	ADD ESI,4	
0040403C	MOV CL,BYTE PTR DS:[ESI]	
0040403E	TEST CL,CL	
00404040	JNZ SHORT EasyPack.00404026	
00404042	INC ESI	
00404043	MOV CL,BYTE PTR DS:[ESI]	
00404045	TEST CL,CL	
00404047	JNZ SHORT EasyPack.00404016	
00404049	POPAD	
0040404A	MOV EAX,EasyPack.00401000	
0040404F	JMP EAX	

图 5-89　更新的外壳代码

从地址 0x00404011 到 0x404047 范围内就是通过 LoadLibraryA 和 GetProcAddress 两个函数动态装载的原始导入表信息。在代码中，ESI 寄存器始终指向从地址 0x00405000 起始处转存的导入表。

代码中有两处 CALL 指令，这两处 CALL 指令的形式已经由 OD 直接解释成对 API 函数的调用。这两处指令的正确写法如下。

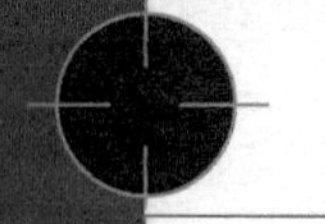

对 LoadLibraryA 函数的调用：CALL DWORD PTR [0040602D]。

对 GetProcAddress 函数的调用：CALL DWORD PTR [00406031]。

此处不能直接写为 CALL 0040602D 的形式。

注意：上述代码对于没有编写过汇编代码的读者而言可能稍多，但是请读者仔细调试上述代码。调试代码时，将“数据窗口”调整到以 0x00405000 起始的位置，并注意观察 ESI 寄存器的变化，这样就可以充分地理解转存后导入表的结构，以及外壳代码装载原导入表时循环的变化。

保存修改过的外壳代码（这里保存为 EasyPack_Imp_Patch.exe），找到保存后的文件，双击运行该文件，此时成功弹出 MessageBox 对话框。这证明对外壳代码的修改是成功的。

6）其他

此时，可观察到文件大小为 25KB，这是因为我们不断地以 0x1000 字节的大小在增加节区，导致该 PE 文件变大。其实，在该文件中实际用到的空间并不是很多。因此，在此基础上可以对该 PE 文件进行优化，如改变文件的对齐大小（如 IMAGE_OPTIONAL_HEADER 中的 FileAlignment 字段），并将某些节合并。这些操作又回到了前面几节的内容，但是可以看出，前面的内容对于加壳还是有一定作用的，读者可以按照前面的内容自行对 PE 文件的大小进行优化。

5.4.3 加壳工具与脱壳工具的使用

本小节将介绍加壳工具与脱壳工具的使用。本小节介绍的壳可能不是最新的壳，但是壳的使用本身并不复杂。因为壳本身就是由专业人员设计，并提供给普通软件设计人员使用的（这里所说的普通软件设计人员并非指技术普通，而是指并非从事加密/解密工作的软件设计人员）。

1．加壳工具

前面介绍了壳分为压缩壳和加密壳，而加密壳又可以分为 PE 加密壳和指令加密壳。这里仅介绍加壳工具的使用，不对加密壳进行详细区分。

1）压缩壳

压缩壳，顾名思义，即对可执行文件进行压缩，并在执行时先通过外壳中的代码将压缩的可执行文件解压缩后再运行。压缩壳一般使用很好的压缩算法，经过压缩后，可执行文件的体积会变得更小。

（1）ASPack

ASPack 是一款压缩壳工具，其操作界面非常简单，在 ASPack 界面中选择要打开的文件，ASPack 即会自动对打开的文件进行压缩，且会显示压缩比例，如图 5-90 所示。

这里选择加壳的文件本身大小为 156KB，压缩后文件的大小为 82KB。从图 5-90 中也可以看出，压缩后的文件是原来文件的 52%。在 ASPack 界面的“选项”选项卡中有一些 ASPack 的设置项，如“最大程度压缩”“保留额外数据”，以及修改加壳时增加节的名称等。

（2）UPX

UPX 壳本身是一款命令行模式下的工具，后来被开发出了相应的界面，称为“UPX Shell”。使用 UPX Shell 可以窗口的方式使用 UPX。UPX 可以对可执行文件进行压缩，也可以对可执行文件进行解压缩（相当于脱壳）。

UPX 的使用非常简单，首次使用 UPX Shell 时，需要设置 upx.exe 所在的位置，一般它们位于同一个目录下，设置好之后就可以进行使用了。在 UPX Shell 的“源文件名”编辑框中输入要加壳的文件名，在“新文件名”编辑框中输入加壳后的文件名，单击“压缩”按钮即可完成压缩。UPX 界面如图 5-91 所示。

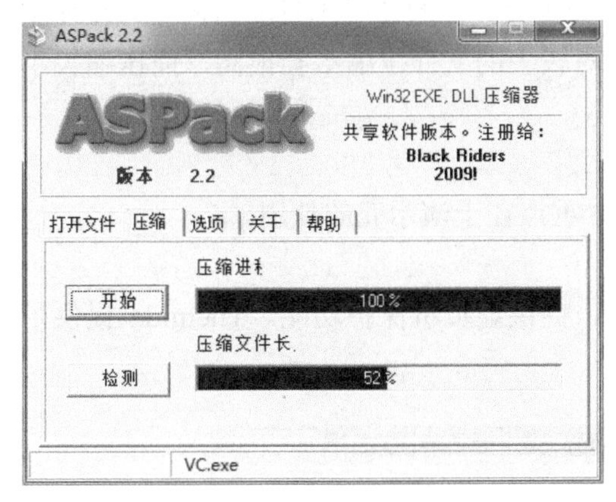

图 5-90 ASPack 界面

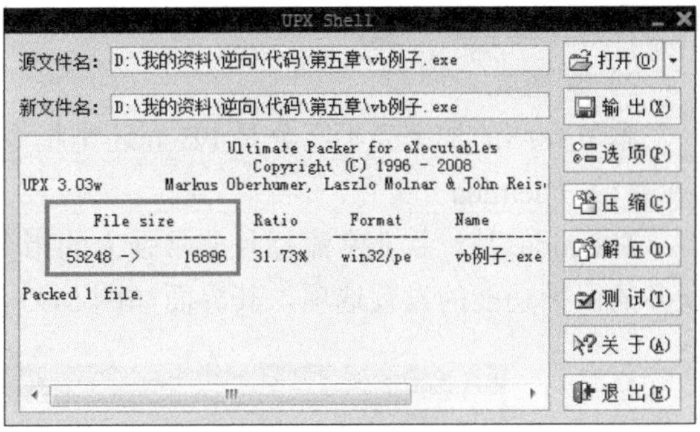

图 5-91 UPX 界面

在 UPX Shell 的输出窗口中可以看到，压缩前文件的大小约为 52KB，而压缩后文件的大小只有不到 17KB，可见压缩率是非常高的。在 UPX 界面右侧的按钮中，“压缩”按钮用于对文件进行加壳，而“解压”按钮用于对已经使用 UPX 加壳的软件进行脱壳。单击“选项”按钮会打开“选项”窗口，在其中可进行“压缩率”“强行压缩”等选项的设置。

（3）NsPack

NsPack 也称为北斗，该工具可以针对某个目录（也可以包含目录下的子目录）下的可执行文件进行压缩。它的使用方法与其他压缩壳工具的使用方法类似。通过 NsPack 打开要压缩的可执行文件，单击“压缩”按钮，NsPack 即可开始压缩可执行文件。NsPack 界面如图 5-92 所示。

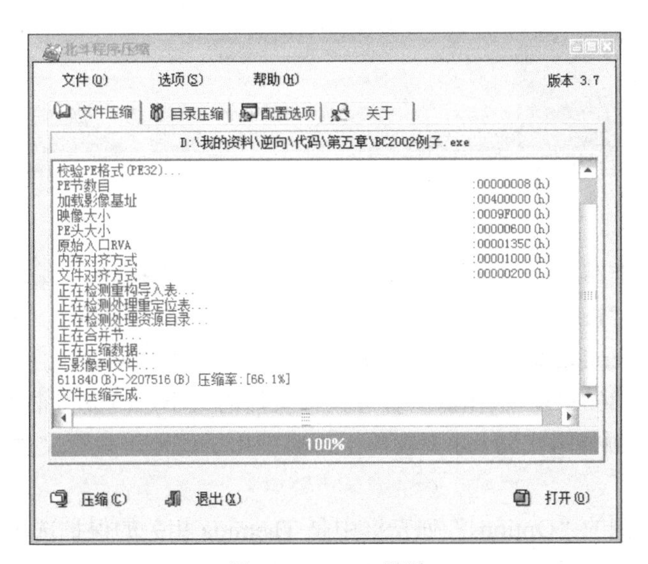

图 5-92 NsPack 界面

从图 5-92 中可以看出，通过 NsPack 压缩后的文件压缩率达到了 66.1%，由原来的约 598KB 变成了压缩后的不到 203KB。在图 5-92 中的“目录压缩”选项卡中可以对目录中的可执行文件进行压缩，在“配置选项”选项卡中可以进行“强制压缩”“资源压缩”“保留额外数据”等相关选项的设置。

上面介绍了 ASPack、UPX 和 NsPack 三款压缩壳工具，壳的使用本身非常简单。在使用过程中，读者可以对比各个壳的压缩率，某些壳针对较大的文件压缩率会很高，而压缩较小的文件时压缩率则一般。

2）加密壳

本节介绍的加密壳不区分是 PE 壳还是指令壳，重点在于演示壳的使用。

（1）Themida

Themida 是一款非常流行且非常强大的指令壳，提供虚拟机保护功能。Themida 提供了众多的保护功能的设置选项，其界面如图 5-93 所示。

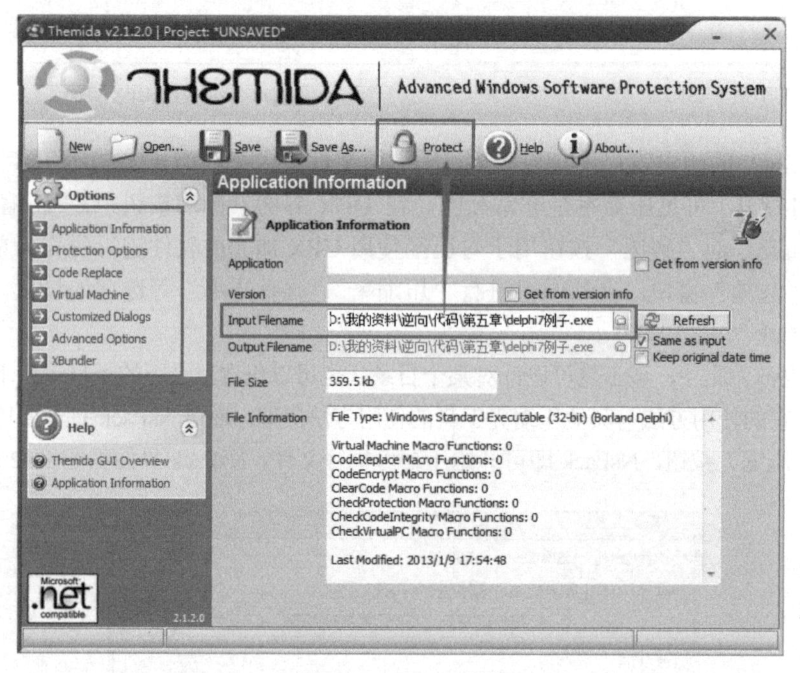

图 5-93　Themida 界面

Themida 的使用非常简单，打开 Themida 后在“Input Filename”编辑框中输入要保护的可执行文件名，单击“Protect”按钮，在打开的“Protect”窗口中单击“Protect”按钮，即可对可执行文件进行 Themida 默认级别的加密保护。这里对一个 360KB 大小的可执行文件加壳，加壳后的文件大小为 806KB，从体积上看可执行文件的大小已经变得很大了。Themida 为可执行文件增加了许多额外的代码（并不仅限于外壳中用于还原可执行文件的代码），这样就增加了脱壳的难度。

Themida 界面左侧的“Options”列表框中是 Themida 相关的保护选项，如在“Protection Options”选项中可以设置反调试保护、反 Dump 保护、资源压缩、模糊入口等。Themida 的保护选项如图 5-94 所示。

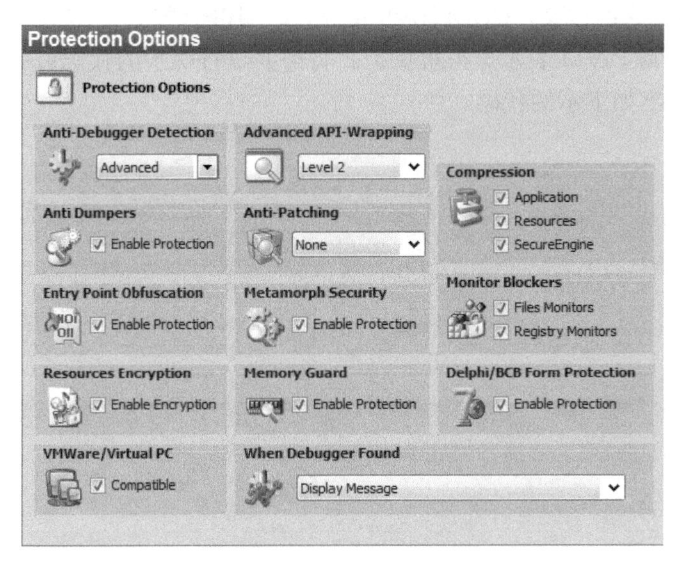

图 5-94 Themida 的保护选项

Themida 的“Code Replace”功能可以用于代码的替换，“Virtual Machine”功能用于提供强大的虚拟机保护。

Themida 提供了软件开发工具包（Software Development Kit，SDK）供开发者使用。Themida 提供的 SDK 是一个头文件，位于 Themida 安装目录的“ThemidaSDK”目录下。在该目录下有两个目录，一个是“include”，另一个是“ExamplesSDK”，前者用于保存 SDK 的头文件，后者用于保存示例程序。

查看有关 C 语言头文件的定义，C 语言 SDK 的头文件名为“ThemidaSDK.h”，其部分代码如下：

```
#define CODEREPLACE_START \
  __asm __emit 0xEB \
  __asm __emit 0x10 \
  __asm __emit 0x57 \
  __asm __emit 0x4C \
  __asm __emit 0x20 \
  __asm __emit 0x20 \
  __asm __emit 0x00 \
  __asm __emit 0x00 \
  __asm __emit 0x00 \
  __asm __emit 0x00 \
  __asm __emit 0x00 \
  __asm __emit 0x00 \
  __asm __emit 0x00 \
  __asm __emit 0x00 \
  __asm __emit 0x57 \
  __asm __emit 0x4C \
  __asm __emit 0x20 \
  __asm __emit 0x20 \

 #define CODEREPLACE_END \
```

ThemidaSDK.h 中定义了很多宏，它们基本成对出现，如 CODEREPLACE_START 和 CODEREPLACE_END、ENCODE_START 和 ENCODE_END、CLEAR_START 和 CLEAR_END，

以及VM_START和VM_END。

由名称即可猜测宏的含义，CODEREPLACE表示代码替换、ENCODE表示代码加密、CLEAR表示代码清除、VM表示虚拟机保护。将需要进行保护的代码前后各加入START和END即可，这里给出如下示例代码。

示例1：

```
ENCODE_START

for (int i = 0; i < 100; i++)
{
value += value * i;
}

ENCODE_END
```

示例2：

```
CLEAR_START

for (int i = 0; i < 100; i++)
{
value += value * i * 3;
}

CLEAR_END
```

在代码中加入SDK后，再次使用Themida打开加入SDK的可执行程序时，Themida会搜索相应的宏指令，对其之间的代码进行相应的保护，这样在开发过程中只须对关键的代码使用SDK进行保护即可。这种保护更加合理，也更加人性化。

（2）VMP

VMP是一款指令壳工具，它不像Themida有那么多功能，而是一款专门的虚拟机保护壳工具。同样，VMP也提供SDK，使用方法与Themida中的SDK类似。

VMP 2.0之后的版本提供两种模式的保护，一种是较为简单的“向导模式”，另一种是更加灵活的“专家模式”。在“向导模式”中，单击“查看”按钮可以切换为“专家模式”，在“专家模式”中，通过“查看”选项可以切换为“向导模式”。

这里介绍一下VMP 2.04.6的向导模式。打开文件，选择要保护的“流程”（这里可以从“所有流程”列表框中进行选择），选择保护的“级别”和“检测”等，VMP会对可执行文件进行重新编译。VMP的使用如图5-95～图5-97所示。

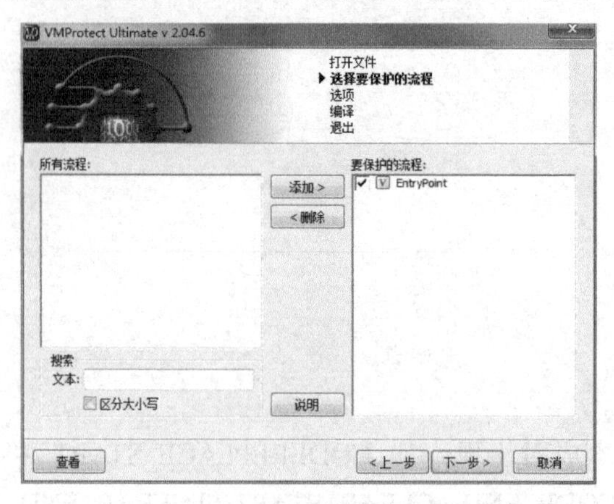

图5-95 选择要保护的流程

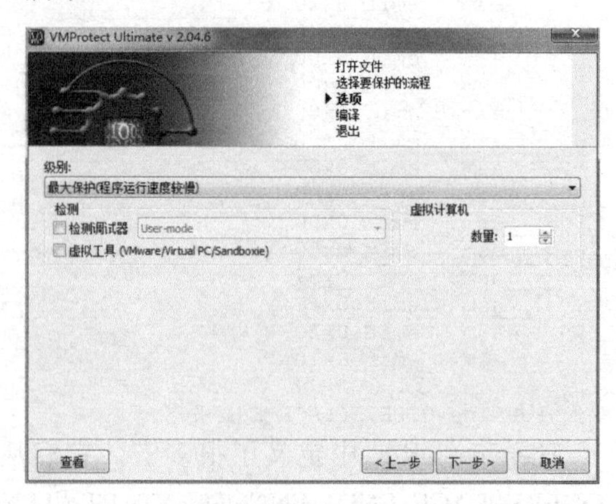

图5-96 VMP的保护选项

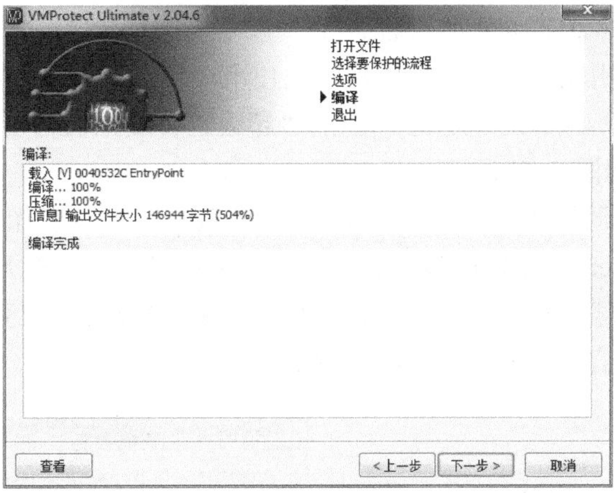

图 5-97 VMP 的编译

使用 VMP 保护前的可执行文件大小为 29KB，使用 VMP 保护后的可执行文件大小为 144KB。同样，VMP 为可执行文件增加了许多的保护代码（虚拟机代码），增加了可执行文件被逆向的难度。

注意：壳的使用相对比较简单，如果想对各种壳进行深入了解，唯一的方法就是进行脱壳。

2. 脱壳工具

加壳是为了保护软件不被逆向，脱壳工具的目的则是把软件的保护外壳解除，并对软件进行逆向。脱壳工具一般分为专用脱壳机和通用脱壳机两种，通用脱壳机根据外壳的类型或模拟执行进行脱壳，通用脱壳机能脱的壳较多，但是效果较差；专用脱壳机只能针对某一个壳（甚至是某一个壳的具体版本）进行脱壳，但是针对性强，脱壳效果较好。

脱壳机的使用更加简单，这里只做简单演示。

1）通用脱壳机

通用脱壳机对压缩壳的脱壳效果较好，因为压缩壳脱壳的过程比较类似。这里将演示两款脱壳工具，即“超级巡警虚拟机自动脱壳机”和“linxerUnpacker”。这两款工具都是通用脱壳机，使用都比较简单。

在脱壳前，使用 DiE（Detect it Easy）查壳，查壳工具有很多，可随意选择一款工具使用。将前面使用压缩壳加壳后的文件使用 DiE 打开，查壳结果如图 5-98 所示。

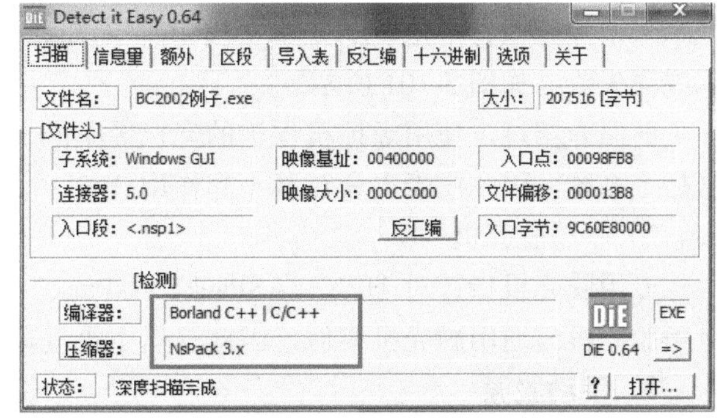

图 5-98 DiE 查壳结果

从图 5-98 中可以看到，DiE 查壳结果是该文件是使用 NsPack 3.x 进行加壳的，加壳前该可执行程序使用了 Borland C++编译器进行编译。该工具非常好用，其他的查壳工具有 PEiD、ExeInfo 等。其他工具读者可以自行进行测试。当然，为了查壳结果的准确，也可以使用多款查壳工具进行查壳。

下面介绍这两款通用脱壳机的使用方法。先使用“超级巡警虚拟机自动脱壳机”打开前面被查壳的可执行文件，再单击“脱壳”按钮，“超级巡警虚拟机自动脱壳机”提示“脱壳错误”，说明脱壳失败，如图5-99所示。

从这里可以看出，通用“超级巡警虚拟机自动脱壳机”对编者加过壳的可执行程序脱壳失败。接下来使用“linxerUnpacker”进行脱壳，同样使用该脱壳机打开被查壳的可执行程序，可以看到“文件脱壳信息”中提示已经识别出了壳，单击“壳特征脱壳”或“OEP侦测脱壳”按钮，此时“文件脱壳信息”中提示“脱壳成功”，如图5-100所示。

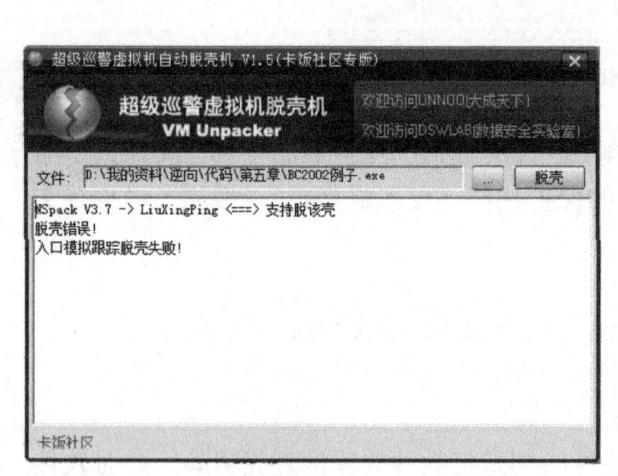

图5-99　超级巡警虚拟机自动脱壳机脱壳失败

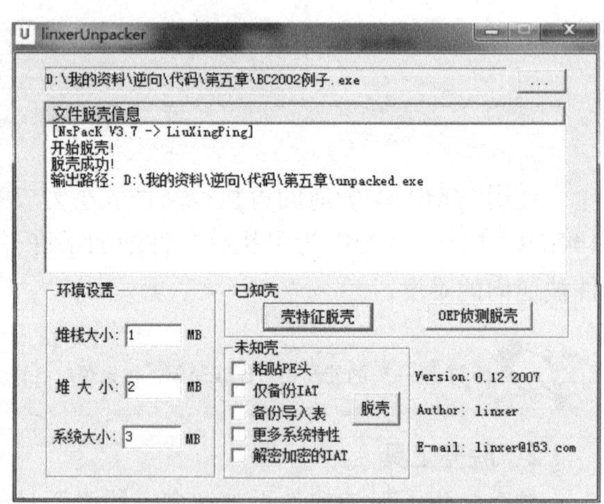

图5-100　linxerUnpacker脱壳成功

从图5-100中可以看出，脱壳成功并成功输出了“unpacked.exe”程序。被脱壳的程序可以被正确执行。观察发现脱壳后的程序的大小是823KB，该可执行程序在加壳前是598KB，使用压缩壳加壳后的大小是203KB。为什么脱壳后的程序是823KB呢?原因是程序在内存中被执行后，会先解压缩程序，其体积会被还原，而此时外壳的代码也在内存中。这样脱壳后，程序中包含的是没有被压缩的可执行程序的代码和外壳程序的代码。因此，程序的体积变得更大了。

使用linxerUnpacker打开使用VMP加壳后的程序，此时，在“文件脱壳信息”文本框中提示“未知壳或者不是PE文件”。单击“未知壳”中的“脱壳”按钮，linxerUnpacker会提示脱壳失败，如图5-101所示。

前面介绍过，使用虚拟机保护的壳已经不同于传统意义上的壳了，它完全是模拟了另一套指令系统，因此脱壳工具对其不起作用。

2）专用脱壳机

专用脱壳机指针对UPX、ASPack、NsPack，甚至Themida某个版本的脱壳工具。由于专用脱壳机与通用脱壳机类似，因此这里不再进行演示。

3．手动脱壳

手动脱壳已经超出本书的介绍范围，但是本书前面的章节中介绍了OD的使用，因此下面将借助脱壳来继续介绍一些OD的使用方法，以及一些脱压缩壳的通用流程（该流程适合脱压缩壳，加密壳只能借鉴其中的思路，而不能套用其中的方法）。

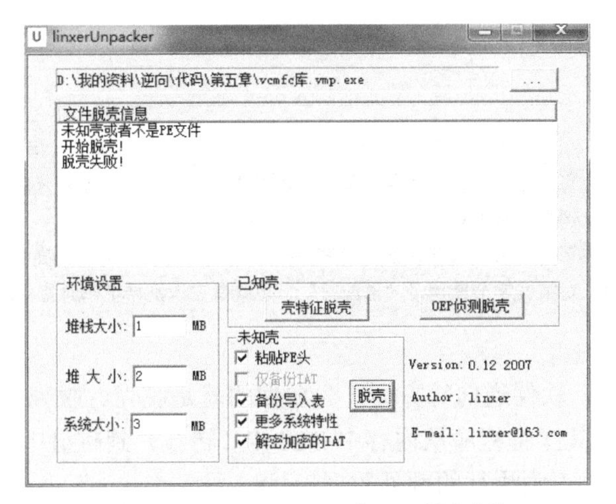

图 5-101 linxerUnpacker 对 VMP 脱壳失败

1）修改壳

在介绍手动脱压缩壳之前，先来介绍一下简单的修改壳的方法。

使用 PEiD 打开通过 NsPack 加壳后的程序，其查壳效果如图 5-102 所示。

使用 OD 打开该加壳程序，程序入口处的代码如图 5-103 所示。

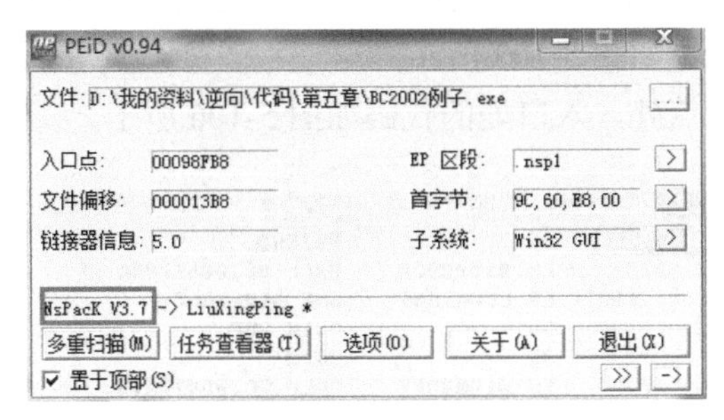

图 5-102 PEiD 查壳效果

地址	HEX 数据	反汇编
00498FB8	9C	PUSHFD
00498FB9	60	PUSHAD
00498FBA	E8 00000000	CALL BC2002例.00498FBF
00498FBF	5D	POP EBP
00498FC0	83ED 07	SUB EBP,7
00498FC3	8D8D B0FDFFFF	LEA ECX,DWORD PTR SS:[EBP-250]
00498FC9	8039 01	CMP BYTE PTR DS:[ECX],1
00498FCC	0F84 42020000	JE BC2002例.00499214
00498FD2	C601 01	MOV BYTE PTR DS:[ECX],1
00498FD5	8BC5	MOV EAX,EBP
00498FD7	2B85 44FDFFFF	SUB EAX,DWORD PTR SS:[EBP-2BC]
00498FDD	8985 44FDFFFF	MOV DWORD PTR SS:[EBP-2BC],EAX

图 5-103 程序入口处的代码

从图 5-103 中可以看到，地址 0x00498FC0 处的反汇编代码是 SUB EBP,7，对该返回进行修改。将 SUB EBP,7 修改为 ADD EBP,-7，并在 OD 中保存。使用 PEiD 打开修改后的程序，PEiD 无法识别修改后的 NsPack，如图 5-104 所示。

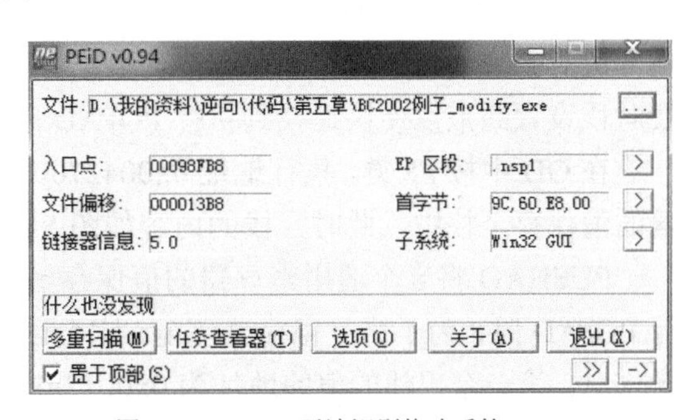

图 5-104 PEiD 无法识别修改后的 NsPack

从图 5-104 中可以看到，PEiD 已经无法识别修改后的 NsPack 了。为什么会这样呢？因为查壳工具中有相应的特征码，只要修改特征码范围内的部分字节，查壳匹配特征码时即无法匹配，导致无法识别或者识别错误。

这就是为什么有必要介绍修改外壳的知识。因为对软件加壳后，只要对外壳进行修改，查壳工具就可能无法识别外壳类型，从而无法选择相应的脱壳机；或者查壳工具对外壳类型识别错误，从而选择错误的脱壳机导致无法脱壳。因此，掌握手动脱壳方法是非常必要的。

注意：

- 虽然 SUB EBP,7 和 ADD EBP,-7 是作用相同的指令，但是这两条汇编指令对应的机器码并不相同，因此前面的修改可以改变查壳时的特征码。修改特征码的另外一个示例是病毒的免杀，病毒的免杀修改特征码要比此例中复杂得多。
- 为什么在修改了壳的反汇编代码后，有些查壳工具还是可以正确识别壳呢？原因可能是查壳工具在提取特征码时，对某些字节使用了“通配符”，也就是在识别特征码时直接跳过了某些字节。

2）寻找 OEP

在病毒分析、破解、软件逆向等方面，先要做的就是脱壳。脱壳可简单归纳为以下几个步骤：首先找到 OEP，其次将程序从内存中 DUMP（转存）到磁盘中，并修复 PE 文件，最后处理一些影响 PE 文件正确执行的额外数据。

程序被加壳以后，程序本身的代码是经过处理的（可能是加密，也可能是压缩），当程序被运行后会先执行外壳部分的代码对程序本身的代码进行处理，以便原来程序的代码可以正确执行。脱壳时就需要通过调试找到原来程序的入口点，即 OEP。

下面介绍使用 OD 寻找 ASPack 加壳后的 OEP 的方法。

（1）ESP 定律

使用 OD 打开使用 ASPack 加壳后的程序，OD 检测到代码被压缩，会询问是否让 OD 继续分析，这里单击“否”按钮，不让 OD 继续分析，如图 5-105 所示。

单击“否”按钮以后 OD 会定位在外壳的入口点处，入口处的代码如图 5-106 所示。

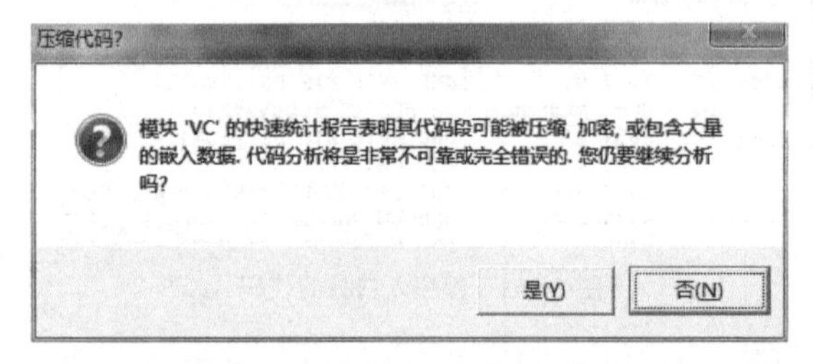

图 5-105　不继续分析压缩后的代码

地址	HEX 数据	反汇编
00427001	60	PUSHAD
00427002	E8 03000000	CALL VC.0042700A
00427007	- E9 EB045D45	JMP 459F74F7
0042700C	55	PUSH EBP
0042700D	C3	RETN
0042700E	E8 01000000	CALL VC.00427014
00427013	˅ EB 5D	JMP SHORT VC.00427072
00427015	BB EDFFFFFF	MOV EBX,-13
0042701A	03DD	ADD EBX,EBP

图 5-106　入口处的代码

从图 5-106 中可以看到，外壳的入口点处的第一行代码是 PUSHAD 指令，这是一个入栈指令，前面构造外壳时也使用了该指令，该指令用于保存寄存器的环境。一般与 PUSHAD 指令成对出现的指令是恢复寄存器环境指令 POPAD。它们都是对栈进行操作的指令，因此需要对栈设置断点以便快速找到执行 POPAD 的指令。

在 OD 中按 F8 键，执行地址 0x00427001 处的 PUSHAD 指令，该指令会将 8 个通用寄存器的值保存至栈中，此时，栈的内容如图 5-107 所示。

PUSHAD 将 8 个通用寄存器的值保存至栈中，即将 8 个通用寄存器的值写入了栈，当执行 POPAD 时，为了恢复寄存器环境，它会读取栈中的值来进行恢复。执行 POPAD 进行出栈操作时，第一个出栈的值的地址为 0x0012FF6C，即图 5-107 中第一行数据的地址。既然已知道会读取到它，那么可在该地址上设置一个硬件读断点。在 OD 的 CmdBar 插件中输入命令 HR 0012FF6C 或直接输入 HR ESP。这样就设置好了硬件读断点，当读取到该栈地址后，该硬件断点会被断下。

设置好硬件读断点后，按“Shift + F9”快捷键使程序在 OD 中运行，很快 OD 就会被断下。这里 OD 被中断在 0x0042740B 地址处，该地址显示的并不是 POPAD 指令，但是查看该指令的上一条指令，会发现其为一条 POPAD 指令，如图 5-108 所示。

地址	数值	注释
0012FF6C	00000000	
0012FF70	00000000	
0012FF74	0012FF94	
0012FF78	0012FF8C	
0012FF7C	7FFDB000	
0012FF80	00427001	OFFSET VC.<模块入口点>
0012FF84	00000000	
0012FF88	7512EF0A	kernel32.BaseThreadInitThunk
0012FF8C	7512EF1C	返回到 kernel32.7512EF1C
0012FF90	7FFDB000	
0012FF94	0012FFD4	
0012FF98	76FB3B53	返回到 ntdll.76FB3B53

图 5-107　栈的内容

地址	HEX 数据	反汇编
0042740A	61	POPAD
0042740B	75 08	JNZ SHORT VC.00427415
0042740D	B8 01000000	MOV EAX,1
00427412	C2 0C00	RETN 0C
00427415	68 D7834100	PUSH VC.004183D7
0042741A	C3	RETN
0042741B	8B85 81040000	MOV EAX,DWORD PTR SS:[EBP+481]
00427421	8D8D 96040000	LEA ECX,DWORD PTR SS:[EBP+496]
00427427	51	PUSH ECX
00427428	50	PUSH EAX
00427429	FF95 050F0000	CALL DWORD PTR SS:[EBP+F05]

图 5-108　中断后的上一条指令是 POPAD 指令

由于设置的是硬件读断点，只有在读操作完成后才会被断下，所以被中断地址的前一条指令才是所需要的指令。此时，观察 8 个通用寄存器的值，刚好与保存在栈中的值相同，说明寄存器环境已经被 POPAD 指令恢复。此时要记得使用 HD 0012FF6C 命令删除硬件读断点（这里不能再使用 HD ESP 了，因为此时的 ESP 地址已经不是 0x0012FF6C）。

继续观察图 5-108，地址 0x0042740B 处是一条条件跳转指令，并且该跳转指令已生效，即该指令要进行跳转。它跳转到目标地址 0x00427415 处，这是一条 PUSH 指令，该指令将 0x004183D7 压入栈。PUSH 指令后是一条 RETN 指令，这是一条返回指令，返回的位置是当前栈顶中保存的地址。由于在 RETN 前的 PUSH 指令将 0x004183D7 压入栈，栈顶中保存的值就是 0x004183D7，所以执行完 RETN 指令以后，EIP 的地址即为 0x004183D7。如果对 RETN 指令不是很了解，则可查阅 RETN 指令的相关介绍。

RETN 所处的地址为 0x0042741A，而它返回的地址为 0x004183D7，返回的跨度非常宽，那么 0x004183D7 很有可能就是 OEP。如何验证它是不是 OEP 呢？方法很简单，使用 OD 打开加壳前的程序查看它停留的地址是否为该地址即可。这里不是用 OD 打开加壳前的程序进行了对比，两个地址是相同的，说明成功找到了 OEP。

注意： 平时学习时，有必要总结一些常见可执行程序的入口处的代码，这样脱壳时通过观察入口的代码就可以很轻松地知道可执行程序是否加壳，加的是什么壳，什么样的代码已经到达 OEP 了。

（2）两次内存断点

可执行程序被加壳后，PE 文件的所有节基本上都会被处理。当它被加载入内存后，外壳代码会将各个节按顺序依次还原，还原后会将控制权交还给原来的代码进行执行。

使用 OD 打开 ASPack 压缩后的可执行文件，按“Alt + M”快捷键打开“内存映射”窗口，在“内存映射”窗口中找到主模块的地址范围。主模块地址范围如图 5-109 所示。

图 5-109 中除了 PE 文件头和.text 节以外，任选一个节区按 F2 键设置一个访问中断。这里选择在.rdata 节中设置了一个中断。读者可以选择.data 节、.rsrc 节等进行尝试。设置好访问断点以后，按“Shift + F9”快捷键使程序运行起来。当程序被中断后，再次按“Alt + M”快捷键打开“内存映射”窗口，选中.text 节按 F2 键设置访问中断，这次只能在.text 节上设

置访问中断。当在.text 节上设置好访问中断以后，再次按“Shift + F9”快捷键使程序运行起来，程序会中断在地址 0x004183D7 处。

00320000	00003000				Priv	RW	RW
00400000	00001000	VC		PE 文件头	Imag	R	RWE
00401000	0001A000	VC	.text	代码	Imag	R	RWE
0041B000	00004000	VC	.rdata	数据	Imag	R	RWE
0041F000	00004000	VC	.data		Imag	R	RWE
00423000	00004000	VC	.rsrc	资源	Imag	R	RWE
00427000	00003000	VC	.aspack	SFX, 输入表, 重定位	Imag	R	RWE
0042A000	00001000	VC	.adata		Imag	R	RWE
00430000	00101000				Map	R	R

图 5-109 主模块的地址范围

地址 0x004183D7 就是程序的 OEP，这与使用 ESP 定律找到的 OEP 相同。

（3）其他

前面介绍了两种寻找 OEP 常用的方法，对于其他方法，这里不做过多介绍，例如，有的壳会设置多个异常，记录产生异常的次数从而找到 OEP；使 OD 进行模拟跟踪来到达 OEP；通过搜索类似 POPAD 的指令来找到 OEP 等。

脱壳方法有很多，但方法只是一些技巧性的东西而非知识的本质，不掌握本质性的东西，超出适用范围时，方法也就无效了。

3）转存可执行文件

找到 OEP 时，说明被加壳程序的代码、资源等在内存中已经还原完成，此时需要将它从内存中转存到磁盘中。转存到磁盘中的文件已经相当于未加壳的程序了。

（1）使用 OD 插件进行转存

当 OD 跟踪加壳软件至 OEP 时，可以将加壳正在运行的程序转存到磁盘中。OD 中有一款插件称为 OllyDump。在 OD 中，选择“插件”→“OllyDump”→“脱壳在当前调试的进程”选项，打开图 5-110 所示的窗口。

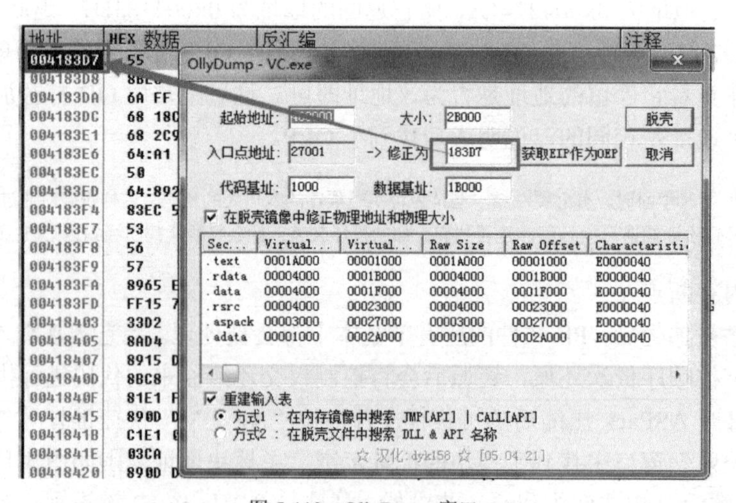

图 5-110 OllyDump 窗口

在 OllyDump 窗口中将“修正为”编辑框中的内容设置为 OEP 的 RVA，单击“脱壳”按钮，即可将被调试进程转存到磁盘文件中。

运行脱壳后的程序，程序可以被正常地执行。

（2）使用 LordPE 进行转存

有时候被调试的程序刻意修改了被调试进程的内存映像大小，使得转存后的程序变得非常小，从而导致转存失败。此时，可以使用 LordPE 先修正映像大小，再转存被脱壳的程序到磁盘中。

打开 LordPE 工具，在进程列表中选中被加壳程序的进程并右键单击，在弹出的快捷菜单中选择“修正镜像大小”选项，如图 5-111 所示。

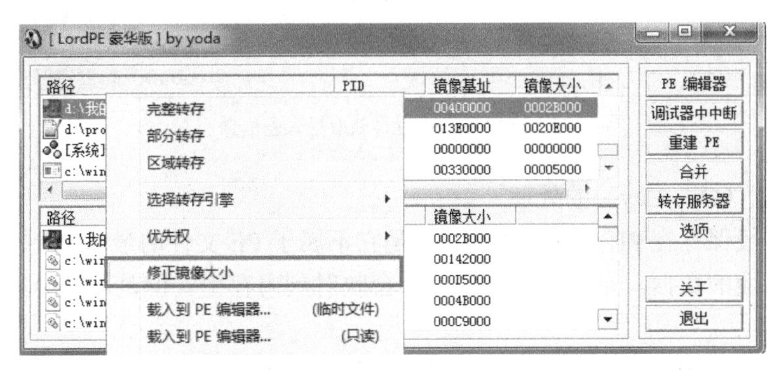

图 5-111　使用 LordPE 修正加壳程序的映像大小

LordPE 修正映像大小后会提示修正前后映像大小的值。选中该进程并右键单击，在弹出的快捷菜单中选择“完整转存”选项，将程序转存到磁盘中。双击运行转存后的程序，发现程序无法被正确执行。此时，需要对脱壳转存后的文件进行修复。

注意：在 LordPE 转存被脱壳的进程时，被脱壳的进程依然在 OD 中处于被调试的状态。

4）修复导入表

一般使用 LordPE 转存脱壳后的文件时需要修复导入表，修复导入表的工具是 ImportREC，即导入表重建。打开 ImportREC，在“选取一个活动进程”列表框中找到正在被 OD 调试的脱壳程序(这里仍然没有关闭跟踪脱壳程序时的 OD，且 OD 跟踪脱壳程序已经到达 OEP 处)。选择好进程以后，在“OEP”编辑框中输入 OD 中找到的 OEP 的 RVA，先单击“自动查找 IAT”按钮，再单击“获取输入表”按钮，即可将导入表显示出来，如图 5-112 所示。

此时，导入表函数信息已经显示出来，单击“转储文件”按钮将打开“选择要转储的文件修改”窗口，选中用 LordPE 转储出来的文件，ImportREC 会将其修复并生成新的文件。选中用 ImportREC 生成的文件，发现此时可执行文件已经可以运行了。

一般情况下，修复导入表后程序就可以正常运行了，如果还无法运行，则可以使用 LordPE 对 ImportREC 生成的可执行文件进行“PE 重建”。使用 LordPE 对 PE 文件进行重建之后，PE 文件通常就可以运行了。

注意：修复导入表是一项比较重要的任务，因为很多加壳程序会在导入表上大做文章，这也是介绍 PE 结构时详细介绍导入表的原因。

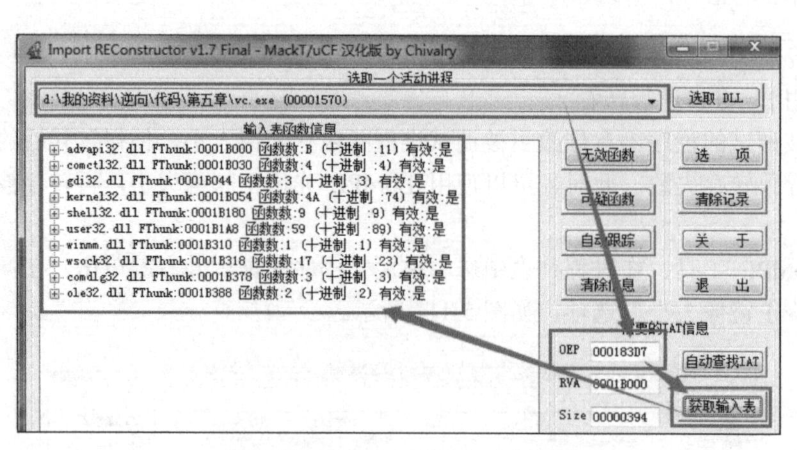

图 5-112　ImportREC 获取导入表信息

5）附加数据（OverLay）的处理

附加数据一般保存在 PE 文件的末尾，但是它不属于 PE 文件的最后一个节区的数据，而是最后一个节后面的数据，是额外的数据，不会映射到内存中。但是，它会影响到程序的正确执行。

举一个简单的示例，对于一个反弹的服务端程序，为了能够连接到服务端程序，可能会在程序的末尾保存一个 IP 地址和一个端口号（当然，它可能会保存到文件的末尾，也可能会保存到程序的其他位置，这里讨论保存到文件的末尾情况）。程序启动后会读取文件末尾的地址和端口号。当这个程序被加壳时，壳会将它保存，当加壳完成后，壳会将这部分数据保存到最后一个节的后面。这样，当程序运行时仍然能够读取它的 IP 地址和端口号。当脱壳时，无论是使用 LordPE，还是使用 OllyDump，都无法将它转存出来，因为转存是将内存映像中的数据保存到磁盘文件中的一个过程，附加数据不会映射到内存，所以这部分程序转存后是没有的。而转存后的程序无法再正常地读取到这个 IP 地址和端口号。

下面做一个简单的演示，讲解使用工具如何查看程序是否存在附加数据。

首先，使用 C32Asm 打开一个未加壳的可执行程序，在文件的末尾随便添加一些数据。这里在程序的末尾添加了一行字符，如图 5-113 所示。

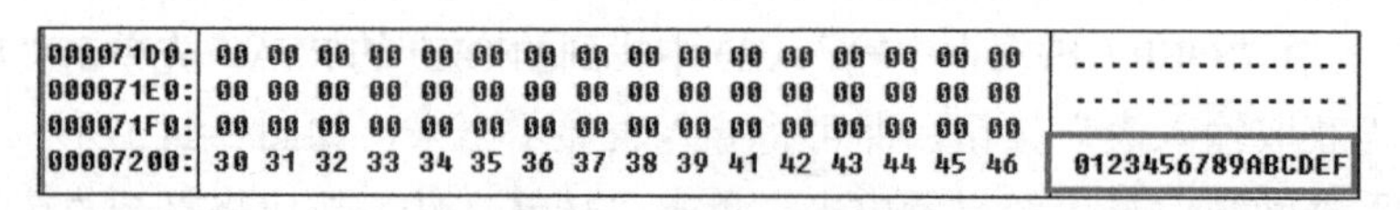

图 5-113　添加的附加数据

其次，使用 UPX 对其加壳，使用 FFI 查看加壳后的程序（查看加壳前的也可以），如图 5-114 所示；使用 PEiD 查看加壳后的程序，如图 5-115 所示。

在图 5-114 中，FFI 在查壳信息中给出了一个 Notice，表示找到了 0x10 字节的附加数据。在图 5-115 中，PEiD 在查壳信息中给出了一个 Overlay 的提示。这两个提示都说明程序是存在附加数据的。对于附加数据的处理，可以通过 C32Asm 将其复制出来（在 FFI 中已经给出了附加数据的长度，使用 C32Asm 打开程序，从文件的末尾开始复制，复制到的长度就是 FFI 给出的长度），待程序脱壳后，将复制出来的附加数据粘贴到脱壳后的程序中即可。

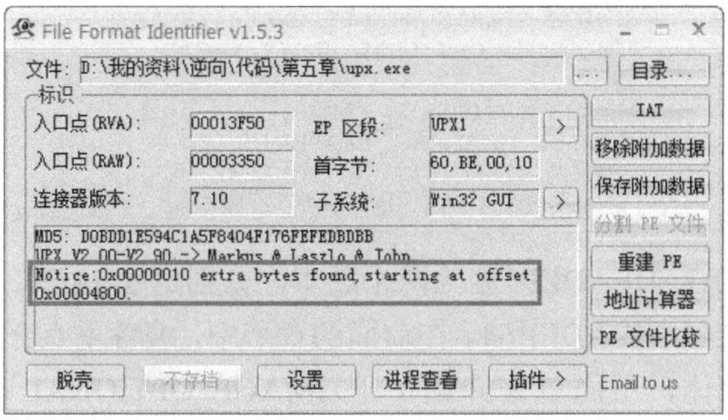

图 5-114 使用 FFI 查看加壳后的程序

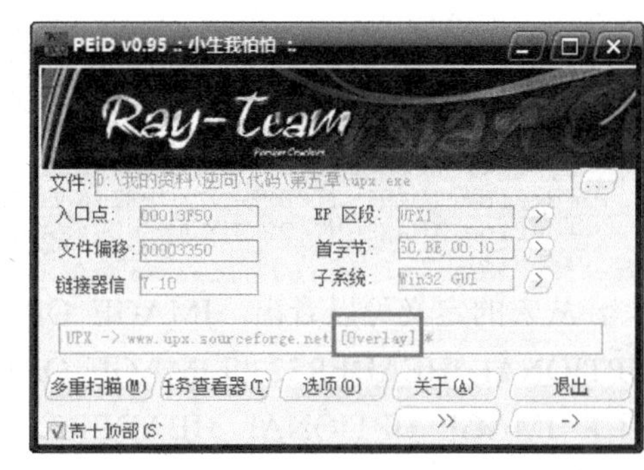

图 5-115 使用 PEiD 查看加壳后的程序

也可以通过工具对附加数据进行处理，这里简单介绍一款名为“OverLay”的工具，如图 5-116 所示。该工具使用较为简单，这里就不进行过多介绍了。

图 5-116 Overlay 工具

关于加壳工具及脱壳工具的使用就介绍到这里了。脱壳本身是与加壳相反的过程，要了解加壳的本质就需要不断地去调试分析各种壳的实现方式。脱壳工具除了脱壳机以外，还有很多 OD 脱壳脚本，使用脱壳脚本不仅可以学习脚本的编写，还可以学习如何调试脱壳。关于 OD 脚本的使用已经在前面的章节中介绍过，读者可自行查找相关的脚本进行使用。

5.5 PE32+简介

本节的内容属于补充性的内容，掌握 PE 文件格式后，熟悉 PE32+已经没有任何难度了。所谓 PE32+，是对 PE 文件格式的扩展，其中介绍了关于 64 位可执行程序的 PE 文件格式。

5.5.1 文件头

前面在介绍文件头（IMAGE_FILE_HEADER）结构体时，重点强调了一个字段，即 SizeOfOptionalHeader，这个字段指出了可选头（IMAGE_OPTIONAL_HEADER）的大小。它的大小为 0xE0（即 224）字节，这是在 32 位 PE 文件格式下的大小。而在 64 位 PE 文件格式下，它的大小为 0x104（即 260）字节。

5.5.2 可选头

可选头（IMAGE_OPTIONAL_HEADER）结构体在 Winnt.h 头文件中是一个宏，该宏的定义如下：

```
#ifdef _WIN64
typedef IMAGE_OPTIONAL_HEADER64             IMAGE_OPTIONAL_HEADER;
typedef PIMAGE_OPTIONAL_HEADER64            PIMAGE_OPTIONAL_HEADER;
```

```
#define IMAGE_SIZEOF_NT_OPTIONAL_HEADER       IMAGE_SIZEOF_NT_OPTIONAL64_HEADER
#define IMAGE_NT_OPTIONAL_HDR_MAGIC           IMAGE_NT_OPTIONAL_HDR64_MAGIC
#else
typedef IMAGE_OPTIONAL_HEADER32               IMAGE_OPTIONAL_HEADER;
typedef PIMAGE_OPTIONAL_HEADER32              PIMAGE_OPTIONAL_HEADER;
#define IMAGE_SIZEOF_NT_OPTIONAL_HEADER       IMAGE_SIZEOF_NT_OPTIONAL32_HEADER
#define IMAGE_NT_OPTIONAL_HDR_MAGIC           IMAGE_NT_OPTIONAL_HDR32_MAGIC
#endif
```

从宏的定义可以看出，IMAGE_OPTIONAL_HEADER 分为两个版本，分别是 IMAGE_OPTIONAL_HEADER32 和 IMAGE_OPTIONAL_HEADER64。在前面的章节中，编者重点介绍了 IMAGE_OPTIONAL_HEADER32 结构体，下面就来介绍一下 IMAGE_OPTIONAL_HEADER64 结构体。

IMAGE_OPTIONAL_HEADER64 在 Winnt.h 头文件中的定义如下：

```
typedef struct _IMAGE_OPTIONAL_HEADER64 {
    WORD         Magic;
    BYTE         MajorLinkerVersion;
    BYTE         MinorLinkerVersion;
    DWORD        SizeOfCode;
    DWORD        SizeOfInitializedData;
    DWORD        SizeOfUninitializedData;
    DWORD        AddressOfEntryPoint;
    DWORD        BaseOfCode;
    ULONGLONG    ImageBase;
    DWORD        SectionAlignment;
    DWORD        FileAlignment;
    WORD         MajorOperatingSystemVersion;
    WORD         MinorOperatingSystemVersion;
    WORD         MajorImageVersion;
    WORD         MinorImageVersion;
    WORD         MajorSubsystemVersion;
    WORD         MinorSubsystemVersion;
    DWORD        Win32VersionValue;
    DWORD        SizeOfImage;
    DWORD        SizeOfHeaders;
    DWORD        CheckSum;
    WORD         Subsystem;
    WORD         DllCharacteristics;
    ULONGLONG    SizeOfStackReserve;
    ULONGLONG    SizeOfStackCommit;
    ULONGLONG    SizeOfHeapReserve;
    ULONGLONG    SizeOfHeapCommit;
    DWORD        LoaderFlags;
    DWORD        NumberOfRvaAndSizes;
    IMAGE_DATA_DIRECTORY DataDirectory[IMAGE_NUMBEROF_DIRECTORY_ENTRIES];
} IMAGE_OPTIONAL_HEADER64, *PIMAGE_OPTIONAL_HEADER64;
```

IMAGE_OPTIONAL_HEADER 结构体中的第一个字段是 Magic 字段，它的取值如表 5-15 所示。

表 5-15　Magic 字段的取值

Magic 字段取值	PE 版本
0x010B	PE32
0x020B	PE32+

Magic 字段决定了 IMAGE_OPTIONAL_HEADER 是 64 位版本还是 32 位版本。在解析 PE 文件时，一定要注意区分该字段的版本。

IMAGE_OPTIONAL_HEADER64 中已经不存在 BaseOfData 字段，它只存在于 32 位版本

中，且很多情况下该字段的值可以为 0。

在 IMAGE_OPTIONAL_HEADER64 中，ImageBase、SizeOfStackReserve、SizeOfStackCommit、SizeOfHeapReserve 和 SizeOfHeapCommit 字段的长度已经由原来的 4 字节变为了 8 字节。

IMAGE_OPTIONAL_HEADER64 结构体少了 BaseOfData 字段，而部分字段的长度由原来的 4 字节变成了 8 字节，因此整个结构体中字段的偏移都发生了变化。

5.6 总结

本章先通过一个 PE 文件介绍了 PE 文件格式的整体结构及细节部分，让读者对 PE 文件格式有了更深入的体会；再介绍了 PE 文件的压缩，PE 文件格式的移动，充分体现了 PE 文件格式通过偏移来定位时的灵活性；最后，在介绍壳的内容时，手工模拟了壳的一些工作原理，使读者在单纯使用加壳工具的同时对壳有了更加感性的认识。

在软件保护的众多知识之中，PE 文件格式是其中的重点，尤其是在病毒分析、加壳脱壳等方面，PE 文件格式是重中之重。

编者用两章的篇幅介绍了 PE 文件相关的内容，包括 PE 结构体、PE 解析工具、加壳/脱壳工具等，在后面的章节中将介绍反汇编工具。

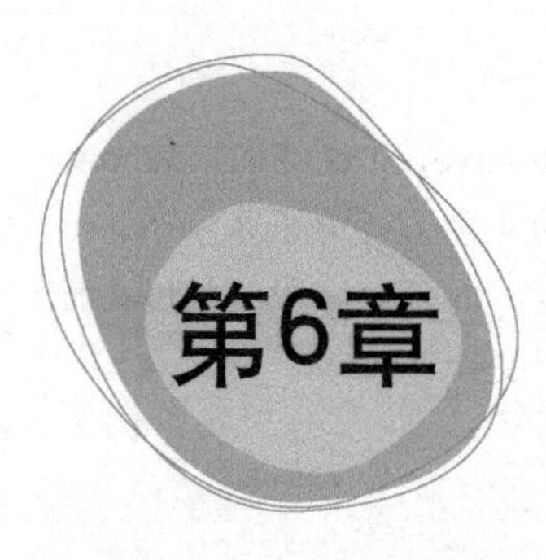

第6章 十六进制编辑器与反编译工具

逆向中经常会用到十六进制编辑器，使用十六进制编辑器可以方便地查看文件中的数据。因为直接查看的是原始的十六进制数据，所以十六进制编辑器可以以不同的宽度来显示指定的数据。十六进制编辑器可以对比两个或多个文件，并以高亮的方式将不同之处显示出来，从而快速地找到文件的差异。高级的十六进制编辑器还可以提供模板或脚本功能，用于完成更高级的数据解析功能。

关键词：编辑器　十六进制　C32Asm　WinHex　反编译

6.1 C32Asm

C32Asm 是一款小巧的工具，兼备了十六进制编辑器与反汇编器的功能。本节将详细介绍 C32Asm 的使用。

6.1.1 文件的打开方式

C32Asm 本身可以对文件进行十六进制编辑，也可以对文件进行反汇编。将一个文件拖入 C32Asm，C32Asm 会询问以何种方式打开文件。这里将第 5 章介绍的 pe3.exe 文件拖入 C32Asm，C32Asm 的询问对话框如图 6-1 所示。

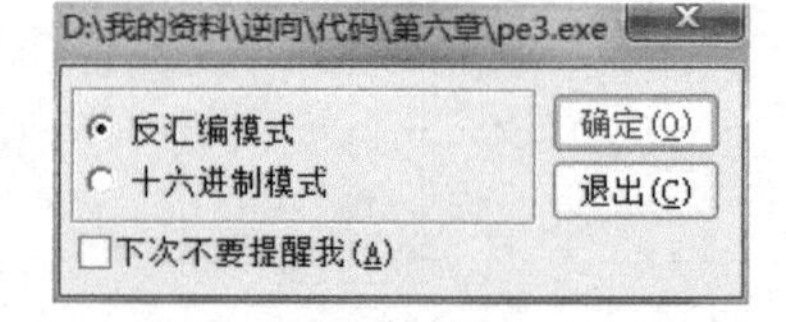

图 6-1　C32Asm 的询问对话框（打开文件）

在图 6-1 中可以看到，可以使用“反汇编模式”和“十六进制模式”打开文件。以“反汇编模式”打开文件如图 6-2 所示；以“十六进制模式”打开文件如图 6-3 所示。

对比图 6-2 和图 6-3 可以看到，以“反汇编模式”打开文件后，C32Asm 中显示的是打开的文件的反汇编代码；以“十六进制模式”打开文件后，C32Asm 中显示的是打开的文件的十六进制码。

除此之外，对于这两种模式，C32Asm 对应的菜单也不相同。以“反汇编模式”打开文件后，菜单中主要以反汇编的功能为主，如“编辑”菜单下会出现“一键跳”“一键返回”等功能，“查看”菜单下会出现“输出表”“输入表”“字符串”等功能。以“十六进制模式”打开文件后，“编辑”菜单下会出现“修改”“插入”等选项，“查看”菜单下会出现“显示模式”“数据解析器”等选项。

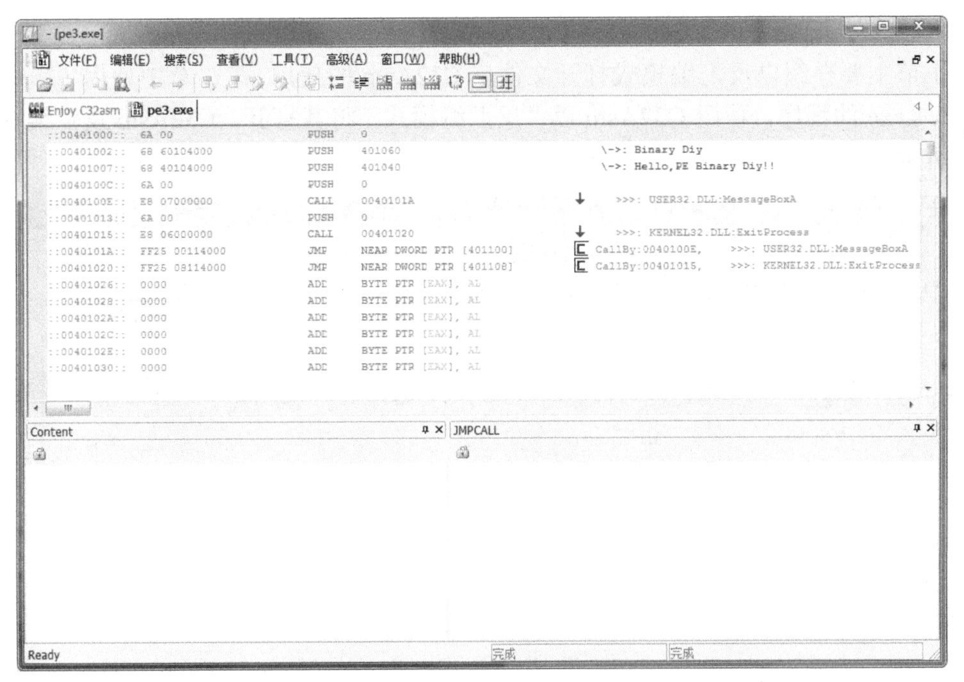

图 6-2 以“反汇编模式”打开文件

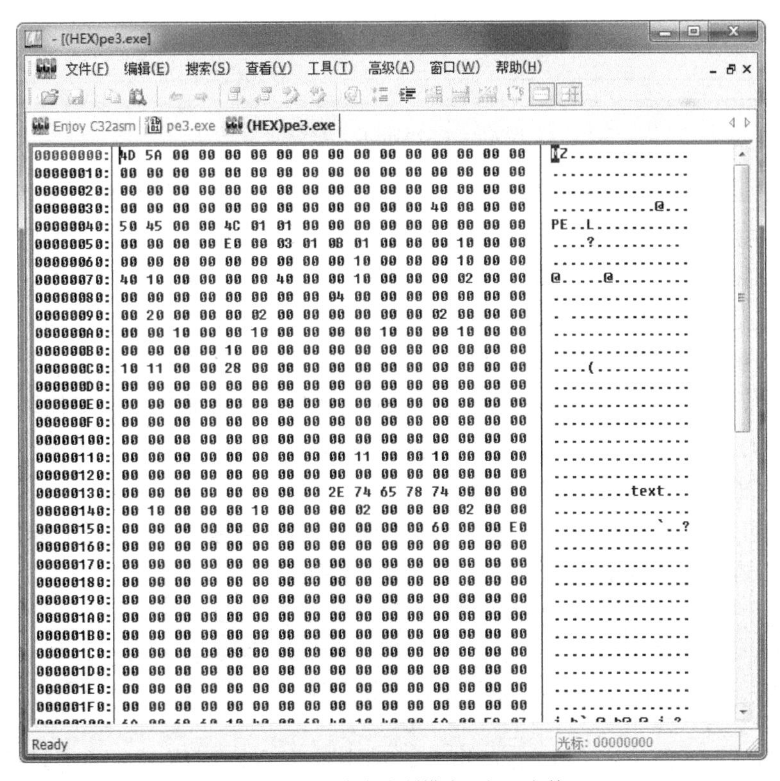

图 6-3 以“十六进制模式”打开文件

6.1.2 反汇编模式

1. CALL/JMP 指令的跟踪

本小节主要介绍以反汇编模式打开文件后 C32Asm 的使用。第 3 章中使用了一个名为 CrackMe1.exe 的程序，使用 C32Asm 以“反汇编模式”将其打开，C32Asm 反汇编窗口如图 6-4 所示。

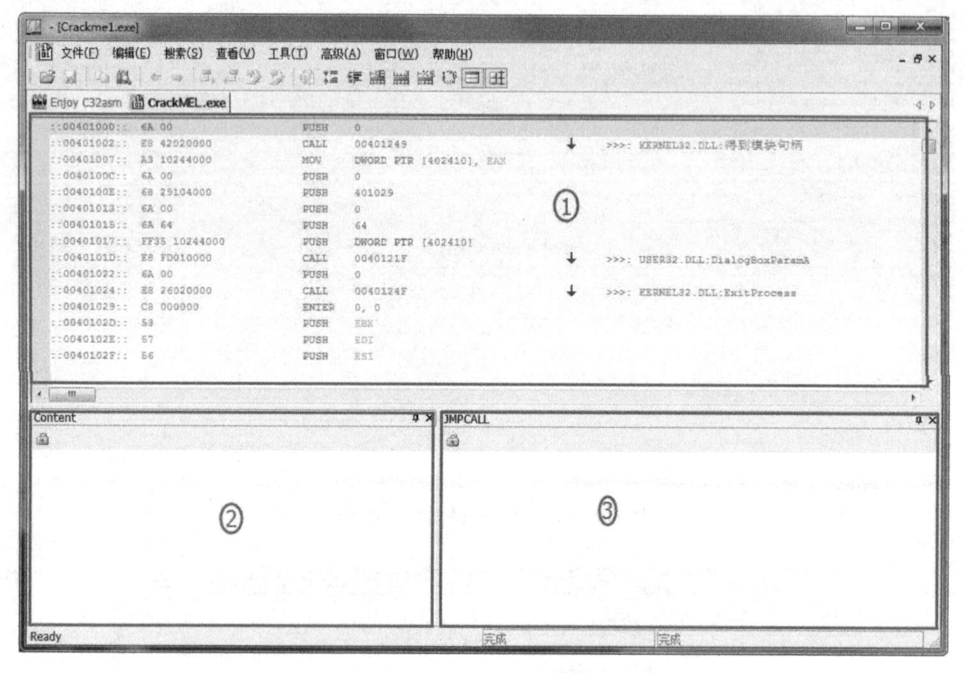

图 6-4 C32Asm 反汇编窗口

从图 6-4 中可以看出，使用 C32Asm 以“反汇编模式”打开 CrackMe1.exe 后，在 C32Asm 的主窗口中显示了 CrackMe1.exe 程序的反汇编代码。C32Asm 的反汇编与 OD 的反汇编显示有所不同。C32Asm 是静态反汇编，它不会为被打开的可执行文件创建进程，只对文件中对应的代码部分进行反汇编解析，解析成反汇编的形式。而 OD 的反汇编是动态反汇编，它将会为被打开的可执行文件创建相应的进程，并解析内存中的代码部分。

在图 6-4 中，C32Asm 窗口被分为了 3 部分，上半部分是显示反汇编代码的“反汇编窗口”，下半部分的左侧是显示与当前代码相关的代码的“地址内容窗口”，下半部分的右侧是显示与当前地址的跳转或调用关系的“调用显示窗口”。

在反汇编窗口中，C32Asm 会显示“地址”列、“HEX 数据”列、“反汇编”列和“注释”列这 4 列数据。在反汇编窗口中，出现的反汇编代码如下：

```
::00401000::  6A 00          PUSH   0
::00401002::  E8 42020000    CALL   00401249
::00401007::  A3 10244000    MOV    DWORD PTR [402410], EAX
::0040100C::  6A 00          PUSH   0
::0040100E::  68 29104000    PUSH   401029
::00401013::  6A 00          PUSH   0
```

地址 0x00401002 处为一条 CALL 指令，选中该指令，观察对应的地址内容窗口，如图 6-5 所示。

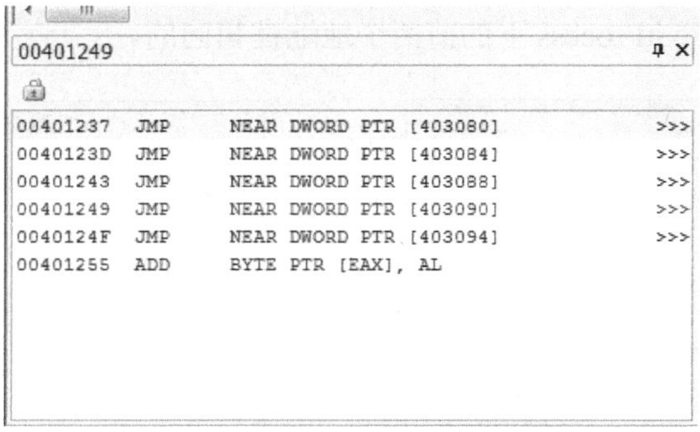

```
00401249
00401237  JMP    NEAR DWORD PTR [403080]        >>>
0040123D  JMP    NEAR DWORD PTR [403084]        >>>
00401243  JMP    NEAR DWORD PTR [403088]        >>>
00401249  JMP    NEAR DWORD PTR [403090]        >>>
0040124F  JMP    NEAR DWORD PTR [403094]        >>>
00401255  ADD    BYTE PTR [EAX], AL
```

图 6-5 CALL 指令对应的地址内容窗口

图 6-5 中显示了选中的 CALL 指令目的地址中的反汇编代码，0x00401249 地址对应的反汇编代码是 JMP DWORD PTR [403090]。在反汇编窗口中，仍然选中 0x00401002 地址，按“Ctrl+L”快捷键，会直接跳转到目标地址。查看跳转后的内容，其对应的反汇编代码如图 6-6 所示。

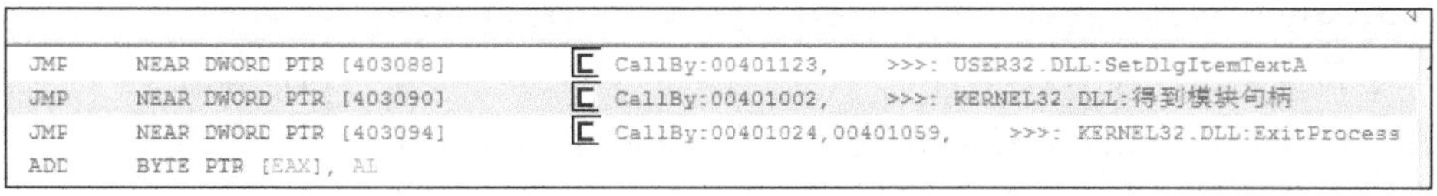

```
JMP   NEAR DWORD PTR [403088]    CallBy:00401123,           >>>: USER32.DLL:SetDlgItemTextA
JMP   NEAR DWORD PTR [403090]    CallBy:00401002,           >>>: KERNEL32.DLL:得到模块句柄
JMP   NEAR DWORD PTR [403094]    CallBy:00401024,00401059,    >>>: KERNEL32.DLL:ExitProcess
ADD   BYTE PTR [EAX], AL
```

图 6-6 跳转后对应的反汇编代码

从图 6-6 中可以看到，其显示的反汇编代码与在“地址内容窗口”中显示的反汇编代码是相同的。但此处显示得更加详细，在反汇编代码右侧显示了“CallBy:00401002”，说明这条指令是从 0x00401002 地址处调用过来的。按“Ctrl + Shift+ L”快捷键可以返回到被调用处。

2. 输入表调用

为了方便查找关键的 API 函数的调用，C32Asm 的反汇编模式提供了“输入表调用”窗口，选择“查看”→“输入表”选项即可打开“输入表调用”窗口，如图 6-7 所示。

从图 6-7 中可以看出，在“输入表调用”窗口上方的输入框中可以输入要查找的 API 函数名称进行输入表查找。

在图 6-7 中，可以看到 kernel32.dll 分别导入了“ExitProcess”和“得到模块句柄”两个函数。第二个导入函数很奇怪，难道还有中文的 API 函数吗？当然不是，这里其实导入的是“GetModuleHandleA”这个 API 函数，之所以这样显示，是因为 C32Asm 对它进行了简单的“翻译”，以更好地帮助读者理解这个 API 函数，但是实际上不如直接显示 API 函数名称好。

在图 6-7 中，ExitProcess 函数的下方提供了 0x00401024、0x00401059 和 0x0040124F 3 个地址。前两个地址是代码中调用 ExitProcess 的跳表，最后一个地址是实际调用 IAT 地址中函数的 VA。回忆一下手写 PE 文件时，代码中调用 ExitProcess 的过程，也是先 CALL 到跳表的位置，再在跳表中由 JMP 跳转到导入函数的 VA 处。

在图 6-7 中双击 ExitProcess 下的 0x0040124F 地址，打开“调用显示”窗口，如图 6-8 所示。

从图 6-8 中可以看出，有两条 CALL 指令会调用此处，分别是 0x00401024 和 0x00401059，这两个地址与图 6-7 中 ExitProcess 下的前两个地址是相同的。

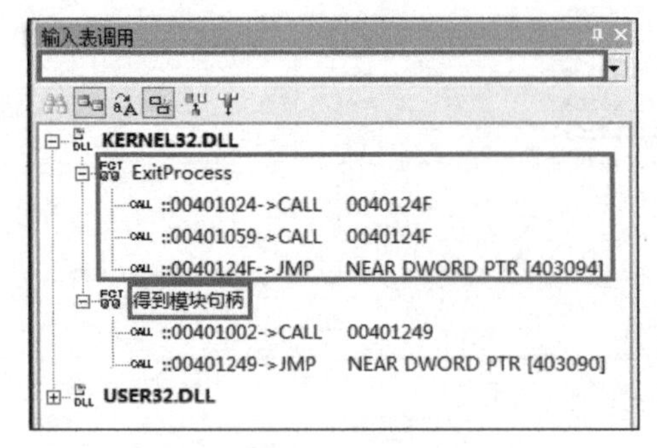

图 6-7 “输入表调用”窗口

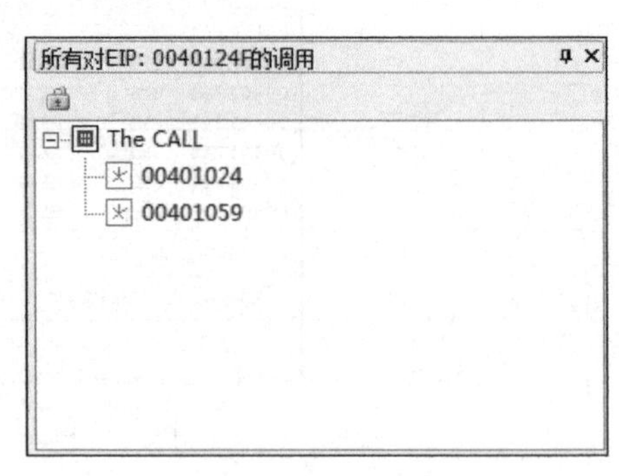

图 6-8 “调用显示”窗口

3．分析 CrackMe1 的流程

根据前面章节对 CrackMe1 的测试可知，在输入不正确的“name”和“Serial”后会提示“Try again”字样。

在 C32Asm 中选择“查看”→“字符串”选项，会打开图 6-9 所示的“字符串调用”窗口。

从图 6-9 中可以看出，C32Asm 找到了若干字符串，并能找到“Try again”字符串（如果字符串显示有问题，则在“编辑”菜单中取消选中“使用 Unicode 分析字符串”复选框）。双击字符串下方对应的地址，反汇编窗口跳转到图 6-10 所示的位置。

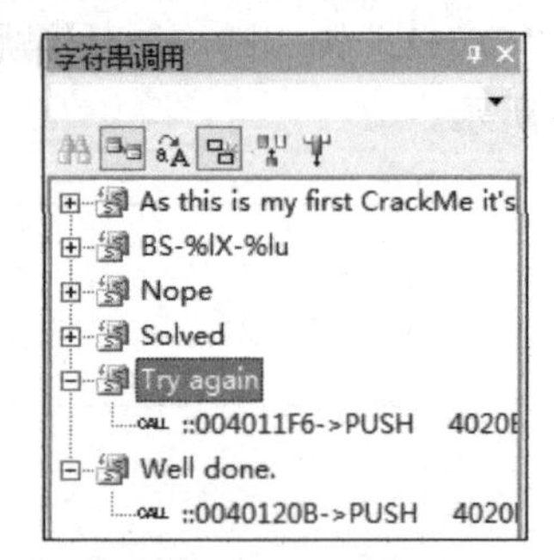

图 6-9 “字符串调用”窗口

```
::004011EC::  EB E6          JMP    SHORT 004011D4
::004011EE::  C3             RETN
::004011EF::  6A 10          PUSH   10
::004011F1::  68 E4204000    PUSH   4020E4                  \->: Nope
::004011F6::  68 E9204000    PUSH   4020E9                  \->: Try again
::004011FB::  FF75 08        PUSH   DWORD PTR [EBP+8]
::004011FE::  E8 34000000    CALL   00401237                >>>: USER32.DLL:MessageBo
::00401203::  C3             RETN
```

图 6-10 反汇编窗口跟随字符串

该行对应的地址是 0x004011F6，将光标移动到 0x004011EF 地址处，该地址是对 MessageBoxA 函数完整的调用位置，代码如下：

```
004011EF  6A 10          PUSH 10                         \:BYJMP
004011F1  68 E4204000    PUSH 4020E4                     \->: Nope
004011F6  68 E9204000    PUSH 4020E9                     \->: Try again
004011FB  FF75 08        PUSH DWORD PTR [EBP+8]
004011FE  E8 34000000    CALL 00401237    \:JMPDOWN      >>>: USER32.DLL:MessageBoxA
00401203  C3             RETN
```

将光标移动到 0x004011EF 地址处后，在“调用显示”窗口中会显示所有调用到该位置的地址，如图 6-11 所示。

在图 6-11 中可以看到一共有 5 个地址，地址列的“根”处显示“The Jmp”，说明这几处地址对应的指令都是 JMP 指令，这很好验证。

单击图 6-11 中的地址，可以在地址内容窗口中查看对应的反汇编代码；双击图 6-11 中的地址，则可以在反汇编窗口中查看对应的反汇编代码。为了能够快速地查看每个跳转地址对应的代码，可以先在地址内容窗口中查看对应的反汇编代码，在发现关键的跳转代码后再到反汇编窗口中进行详细查看。

通过在地址内容窗口中查看对应的跳转反汇编代码可以得知，关键的跳转发生在0x004011E4地址处，此时在“调用显示”窗口中双击0x004011E4地址，在反汇编窗口中会显示出该地址对应的反汇编代码。在地址 0x004011E4 上右键单击，在弹出的快捷菜单中选择“对应 HEX 编辑”选项，会打开图 6-12 所示的十六进制编辑窗口。

图 6-11 “调用显示”窗口

```
000007A0: 20 40 00 68 BB 21 40 00 E8 6C 00 00 00 58 58 58
000007B0: 58 E8 01 00 00 00 C3 33 C9 6A 32 68 57 21 40 00
000007C0: 68 C9 00 00 00 FF 75 08 E8 5E 00 00 00 83 F8 00
000007D0: 74 1D 33 C9 0F BE 81 57 21 40 00 0F BE 99 BB 21
000007E0: 40 00 3B C3 75 09 83 F8 00 74 19 41 EB E6 C3 6A
000007F0: 10 68 E4 20 40 00 68 E9 20 40 00 FF 75 08 E8 34
```

图 6-12 十六进制编辑窗口

当 C32Asm 通过快捷菜单中的“对应 HEX 编辑”打开十六进制编辑窗口时，光标会选中反汇编代码对应的第一个十六进制字符，这里的 75 对应的指令即 JNE，将其修改为 74 并保存文件。

关闭当前打开的 CrackMe1 程序，重新打开修改后的 CrackMe1 程序，按“Ctrl+ G”快捷键，在弹出的“EIP 跳转”对话框的 EIP 编辑框中输入“004011E4”，单击“确定”按钮，查看修改后的反汇编代码，修改后的指令如图 6-13 所示。

```
::004011E4::  74 09      JE    SHORT 004011EF
::004011E6::  83F8 00    CMP   EAX, 0
::004011E9::  74 19      JE    SHORT 00401204
::004011EB::  41         INC   ECX
::004011EC::  EB E6      JMP   SHORT 004011D4
```

图 6-13 修改后的指令

从图 6-13 中可以看到，指令对应的 HEX 由原来的 75 变成了 74，指令也由原来的 JNE 变成了 JE。找到并运行保存后的 CrackMe1 程序，随意输入“Name”和“Serial”后单击“Test”按钮，发现 MessageBox 弹出了“Well done.”字样的提示框，这说明通过 C32Asm 进行静态修改是成功的。

4．其他功能介绍

C32Asm 的反汇编功能大部分在前面的示例中已经介绍过了，下面再来介绍其两个简单功能。

第一个功能是“编辑”菜单下的“转到入口点”功能，其作用是可以随时回到程序的入口点处，即 PE 文件格式中的 ImageBase + AddressOfEntryPointer 地址。

第二个功能是“查看”菜单下的“PE 分析结果”功能，其作用是生成一份简单的 PE 解

析报告，以方便读者进行查看。PE 解析报告如图 6-14 所示。

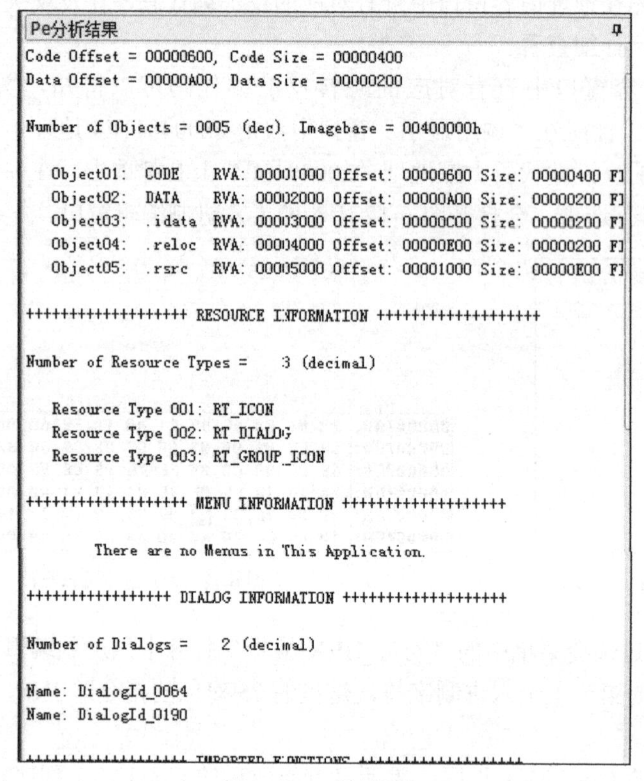

图 6-14 PE 解析报告

6.1.3 十六进制模式

十六进制编辑模式有别于反汇编模式，反汇编模式主要用于对反汇编代码中的关键位置进行静态分析，而十六进制编辑模式主要用于对数据进行处理。下面将介绍 C32Asm 对数据的处理。

1．数据的复制

C32Asm 提供 4 种形式的复制，分别是“复制”“HEX 格式化”“C 格式化”和“汇编格式化”，在配合编程使用时，这 4 种形式的复制方式非常实用。

1）复制

“复制”功能用于在 C32Asm 内部进行复制。当操作者选中一段十六进制数据，并按“Ctrl + C”快捷键后，就相当于使用了“复制”功能。复制数据后，选中一段十六进制数据并按“Ctrl + V”快捷键，粘贴的数据会替换选中的数据，且不会改变文件的大小，如图 6-15 所示。

当操作者进行粘贴操作但没有选中任何十六进制数据时，会改变文件的大小，如图 6-16 所示。

图 6-15 和图 6-16 会明确地说明是否会改变文件的大小，读者操作时根据个人需求加以注意即可。

图 6-15 不改变数据的粘贴

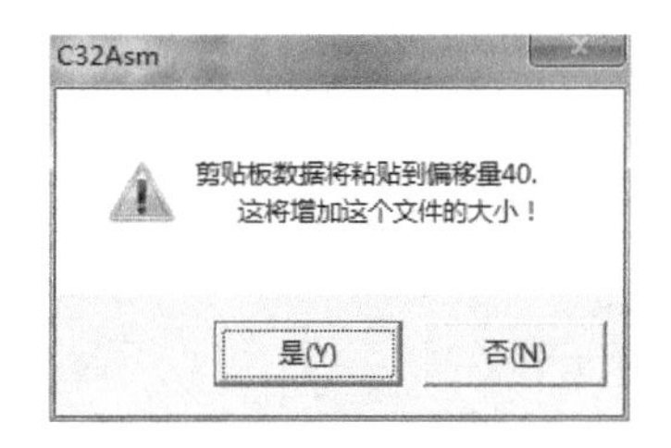

图 6-16 改变数据的粘贴

2）HEX 格式化

“HEX 格式化”复制是将选中的十六进制数据复制为字符串形式，其复制出来的字符串是没有任何格式的，只是原样地将十六进制数据以字符串的形式进行了复制。“HEX 格式化”复制的方法如下：选中要复制的十六进制数据并右键单击，在弹出的快捷菜单中选择“复制”→“HEX 格式化”选项。其复制出来的数据形式如下：

```
    4D5A0000000000000000000000000000000000000000000000000000000000000000000000000000000
000000000000000000000000000000000000040000000
```

以上内容是选中 IMAGE_DOS_HEADER 时复制出来的十六进制数据，该数据只能看出是一串字符串，没有任何格式可言。

3）C 格式化和汇编格式化

C32Asm 还为数据的格式化复制提供了“C 格式化”和“汇编格式化”两种形式，以方便使用 C、C++和汇编语言的程序员。很多时候，需要在可执行文件中提取指令对应的十六进制，此时 C32Asm 提供的功能就很实用了。

下面将第 5 章中手写的 PE 文件中的代码以“C 格式化”和“汇编格式化”的形式进行复制。先选中代码节的十六进制数据并右键单击，在弹出的快捷菜单中选择“复制”→“C 格式化”（或者“汇编格式化”）选项，再将其粘贴到相应的代码编辑器中即可。复制的“C 格式化”数据和“汇编格式化”数据分别如下。

“C 格式化”复制的数据：

```
0x6A,  0x00,  0x68,  0x60,  0x10,  0x40,  0x00,  0x68,  0x40,  0x10,  0x40,  0x00,
0x6A,  0x00,  0xE8,  0x07,  0x00,  0x00,  0x00,  0x6A,  0x00,  0xE8,  0x06,  0x00,
0x00,  0x00,  0xFF,  0x25,  0x00,  0x11,  0x40,  0x00,  0xFF,  0x25,  0x08,  0x11,
0x40,  0x00,
```

“汇编格式化”复制的数据：

```
06Ah,  000h,  068h,  060h,  010h,  040h,  000h,  068h,  040h,  010h,  040h,  000h,
06Ah,  000h,  0E8h,  007h,  000h,  000h,  000h,  06Ah,  000h,  0E8h,  006h,  000h,
000h,  000h,  0FFh,  025h,  000h,  011h,  040h,  000h,  0FFh,  025h,  008h,  011h,
040h,  000h,
```

从以上两种形式可以看出，它们分别以两种不同的数据形式进行复制输出，这样即可在将这些数据直接定义数组后进行使用了。

2．数据的编辑

C32Asm 提供了多种数据编辑方式，主要体现在对数据的插入或填充和对数据的修改等功能上。

1）数据的插入或填充

数据的插入或填充可以通过 C32Asm 中的不同菜单选项实现。“插入数据”和“填充数据”界面如图 6-17 和图 6-18 所示。

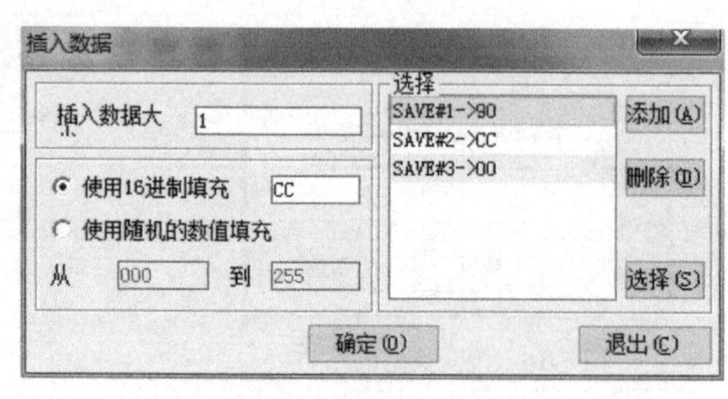

图 6-17 “插入数据”界面

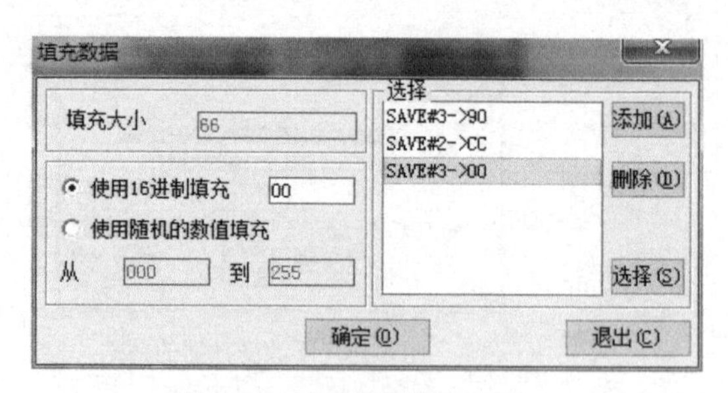

图 6-18 “填充数据”界面

从图 6-17 和图 6-18 中可以看出，两者的操作界面基本相同，不同之处在于，“插入数据”是将数据插入到文件中，该操作会改变文件的大小；“填充数据”是对选中的数据进行修改，该操作不会改变文件的大小，当进行“填充数据”操作时，必须先选中要进行填充的数据，否则“填充数据”选项处于不可选状态（灰色），而“插入数据”操作无须选中任何数据，可以直接进行操作。在“插入数据”界面左上角需要输入“插入数据大小”，在“填充数据”界面左上角需要输入“填充大小”。这里只介绍其中一个界面。

在插入或填充数据时，由于是在十六进制模式下进行编辑，所以都采用“使用 16 进制进行填充”方式，这样可以填充一个固定数值的十六进制数据。填充固定数值的十六进制数据后如图 6-19 所示。

除了填充固定的十六进制数据外，也可以填充随机数值，填充范围为 0～255，这是因为即使是随机填充，也是逐字节进行的，而 0～255 的随机填充正好在一字节的范围之内。随机填充十六进制数据后如图 6-20 所示。

```
90 90 90 90 90 90 90 90 90 90 90 90 90 90 90 90
90 90 90 90 90 90 90 90 90 90 90 90 90 90 90 90
90 90 90 90 90 90 90 90 90 90 90 90 90 90 90 90
90 90 90 90 90 90 90 90 90 90 90 90 90 90 90 90
90 90 90 90 90 90 90 90 90 90 90 90 90 90 90 90
```

图 6-19 填充固定数值的十六进制数据后

```
05 6F B6 C0 B2 9C CF CF B3 4D DB 91 FF F0 9C 8A
9D BE 7D 4F 5C 9A DD 8D C4 3C AB 4C 4C 8E 33 75
CE 56 37 92 37 16 42 D6 83 30 39 5D E9 4E 33 B4
52 01 8A 9C 10 A9 33 0B CD 94 4A 74 C1 6A F1 48
29 C8 5B BD F4 2B 24 CE BF 10 E4 83 03 59 03 72
```

图 6-20 随机填充十六进制数据后

在“插入数据”和“填充数据”界面的右侧都有一个“选择”列表框，这个列表框是插入或填充固定十六进制数据的模板，经常使用的数据是 00、90 和 CC。0 代表 0 字符，表示空；90 对应的汇编指令是 NOP；而 CC 对应的汇编指令是 INT3。将常用的几个填充值添加到右侧的“选择”列表框中，可以方便地通过“双击”操作来进行使用。

2）数据的修改

数据的修改除了可以在 HEX 编辑窗口中手动实现外，也可以通过“编辑”菜单下的“修改数据”功能实现。选择“编辑”→“修改数据”选项，会进入图 6-21 所示的界面。

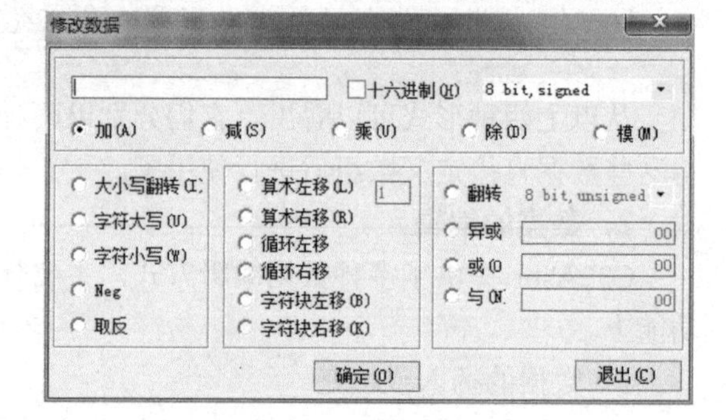

图 6-21 “修改数据”界面

在该界面中可以对数据进行各种常见操作，如字符串大小写的转换，数值的左移、右移操作，数据的与、或、异或操作，以及数据的加、减、乘、除操作等。这些功能对有免杀需求的读者非常有用。这里的操作就不一一说明了，读者可自行进行尝试。

3）内存编辑

C32Asm 除了可以对磁盘文件进行 HEX 编辑以外，还可以对内存中的数据进行编辑。选择“工具”→“进程编辑”选项，会打开图 6-22 所示的进程列表窗口。

notepad++.exe

Process	PID	Address	Size
c:\windows\system32\conhost.exe	00000E70	007B0000	00045000
c:\windows\system32\svchost.exe	00000E88	00770000	00008000
c:\program files\alipay\aliedit\5.3.0.3807\a...	0000085C	013A0000	001F5000
c:\windows\system32\conhost.exe	000008E8	007B0000	00045000
c:\windows\system32\nvvsvc.exe	000009E0	00880000	000A7000
c:\program files\nvidia corporation\display\...	00000BD8	00C90000	000EA000
c:\windows\system32\nvvsvc.exe	00000BF8	00880000	000A7000
c:\windows\system32\svchost.exe	00000F08	00770000	00008000
d:\program files\microsoft office\office12\w...	000015E8	2FC10000	00057000
e:\c32asm\c32asm.exe	00000764	00400000	0026A000
d:\program files\notepad++\notepad++.exe	00001640	012A0000	0020E000
d:\program files\tencent\qq\bin\qq.exe	000004E4	00DD0000	0001D000
d:\program files\tencent\qq\bin\txplatform.exe	0000014C	01320000	00026000
d:\progra~1\micros~2\office12\mstordb.exe	0000179C	2FE60000	000CF000
c:\windows\system32\wbem\wmiprvse.exe	00001490	000B0000	00041000

Module	ID	Address	Size
d:\program files\notepad++\notepad++.exe	00001640	012A0000	0020E000
c:\windows\system32\ntdll.dll	00001640	77110000	00142000
c:\windows\system32\kernel32.dll	00001640	75770000	000D5000
c:\windows\system32\kernelbase.dll	00001640	75220000	0004B000
c:\windows\winsxs\x86_microsoft.windows.comm...	00001640	73E40000	0019E000
c:\windows\system32\msvcrt.dll	00001640	756C0000	000AC000
c:\windows\system32\gdi32.dll	00001640	75650000	0004E000
c:\windows\system32\user32.dll	00001640	77040000	000C9000
c:\windows\system32\lpk.dll	00001640	754C0000	0000A000
c:\windows\system32\usp10.dll	00001640	76FA0000	0009D000

Advance dump　　Cancel

图 6-22　进程列表窗口

在图 6-22 所示的进程列表中选中某个进程并右键单击，会弹出图 6-23 所示的快捷菜单。

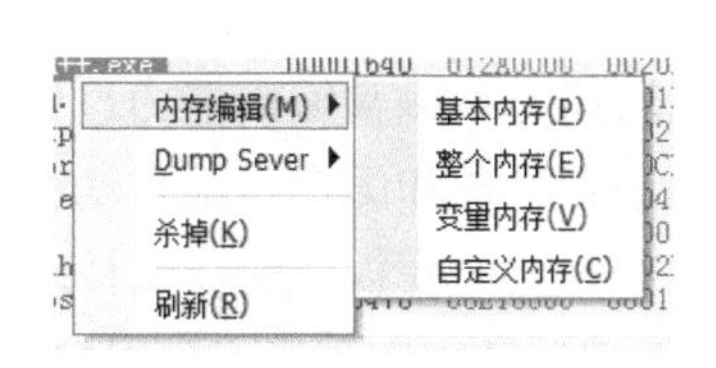

图 6-23　内存编辑快捷菜单

选中可以编辑的内存范围后即可对其进行编辑，编辑方式与编辑文件一样。关于内存编辑的各个范围，这里不做过多的说明。

4）数据解释器与 PE 信息

数据解释器在“查看”菜单下。在十六进制编辑模式下，直接查看到的是十六进制的数据，在某些情况下，可能使用者并不需要查看十六进制数据，而是需要以其他的形式进行查看，数据解释器提供了将光标处的十六进制数据以其他的形式进行解析的功能。数据解释器如图 6-24 所示。

从图 6-24 中可以看出，数据解释器以 8 位、16 位、32 位和 64 位的方式解析了光标处的数据，并以各种日期、时间方式对光标处的数据进行了解释，最后以 ASM 的方式进行了解释。

“PE 信息”功能也位于“查看”菜单下，用于对编辑的文件进行 PE 解析。PE 解析的各个结构体如图 6-25 所示。

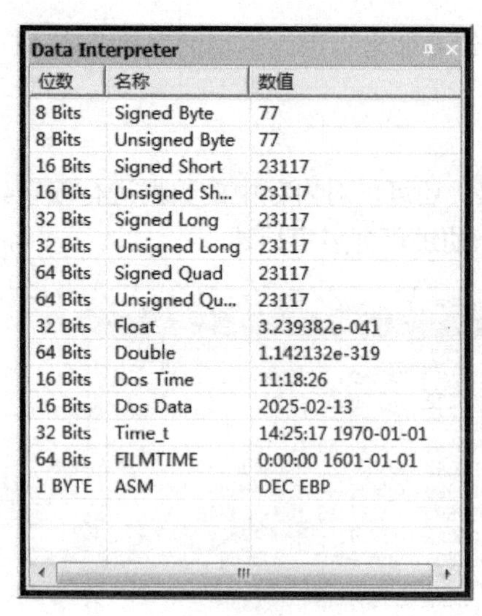

图 6-24 数据解释器

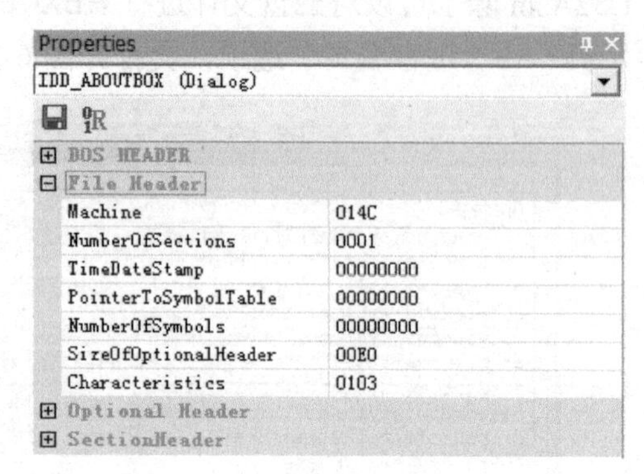

图 6-25 PE 解析的各个结构体

从图 6-25 中可以看出，C32Asm 可以对当前文件的数据进行 PE 文件结构的解析。在 PE 解析器中双击某个字段，可直接将光标定位到字段对应的十六进制编辑区中。PE 文件的字段可以直接在 PE 解释器中进行修改，修改后单击“保存”按钮即可更新编辑的状态。

到此，C32Asm 的使用介绍完毕。C32Asm 无须安装即可使用，且小巧轻便，故介绍得比较详细。

6.2 WinHex

WinHex 是一款功能强大的十六进制编辑软件，此软件功能非常强大，尤其是它的内存编辑能力和磁盘编辑能力。WinHex 在数据恢复方面具备强大的功能，如对磁盘、分区、文件进行管理和编辑，能自动分析文件系统格式等，是一款专业的数据恢复工具。WinHex 提供了强大的模板功能以支持对数据的解析，有利于对各种复杂的数据结构进行分析。

WinHex 的功能众多且强大，本节仅介绍其部分功能。

6.2.1 内存搜索功能

WinHex 的内存搜索功能是其内存编辑功能中的一部分。下面将举例介绍 WinHex 的内存搜索功能。

打开前面使用过的 CrackMe1.exe 程序，随意输入“用户名”和“序列号”（此处编者输入的序列号是“0123456789ABCDEF”），单击“Test”按钮。此时，由于“用户名”和“序列号”是随意输入的，单击“Test”按钮后，会弹出错误提示对话框。不要关闭错误提示对话框，本次使用 WinHex 来获得它的正确注册码。

打开 WinHex 十六进制编辑器，单击工具栏中的“打开 RAM”按钮，此时会打开“编辑主内存”窗口，找到 CrackMe1 主内存，选中“主存储器”后单击“确定”按钮，如图 6-26

所示。

此时，WinHex 工作区中就会以十六进制形式显示 CrackMe1 主内存中的数据，如图 6-27 所示。

从图 6-27 中可以看到，上述数据中无反汇编代码，只有内存的偏移和一堆难以理解的数据。在这些数据中，我们需要找到要用的数据，按“Ctrl + F”快捷键，进入“查找文本”界面，如图 6-28 所示。

在“查找文本”界面的“需要搜索的文本”编辑框中输入在 CrackMe1 中输入的序列号“0123456789ABCDEF”，选中“列出搜索结果，最多 10000”复选框，这是因为可能会搜索出多处相同的文本字符串。单击“确定”按钮，搜索后会提示有两处相关文本，如图 6-29 所示。

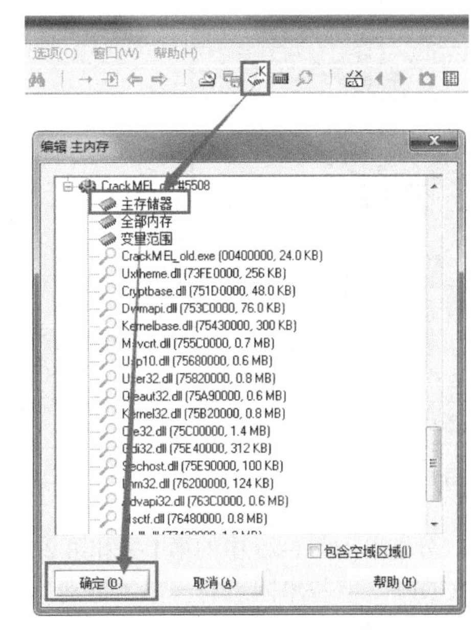

图 6-26　WinHex 编辑主内存

CrackMEL_old: 主存储器

Offset	0	1	2	3	4	5	6	7	8	9	A	B	C	D	E	F	
00010000	A6	62	1C	91	0E	F5	00	01	EE	FF	EE	FF	01	00	00	00	¦b ' õ îÿîÿ
00010010	A8	00	01	00	A8	00	01	00	00	00	01	00	00	00	01	00	¨ ¨
00010020	10	00	00	00	88	05	01	00	00	00	02	00	0F	00	00	00	
00010030	01	00	00	00	00	00	00	00	F0	0F	01	00	F0	0F	01	00	ð ð
00010040	00	80	00	00	00	00	00	00	00	00	00	00	00	00	10	00	
00010050	17	62	1D	21	0E	F5	00	00	C6	C2	13	58	00	00	00	00	b ! õ ÆÂ X
00010060	00	FE	00	00	FF	EE	FF	EE	00	00	10	00	00	20	00	00	þ ÿîÿî
00010070	00	02	00	00	00	20	00	00	4B	01	00	00	FF	EF	FD	7F	K ÿïý
00010080	02	00	38	01	00	00	00	00	00	00	00	00	00	00	00	00	8
00010090	E8	0F	01	00	E8	0F	01	00	0F	00	00	00	F8	FF	FF	FF	è è øÿÿÿ
000100A0	A0	00	01	00	A0	00	01	00	10	00	01	00	10	00	01	00	
000100B0	00	00	00	00	00	00	00	00	50	01	01	00	00	00	00	00	P
000100C0	00	00	00	00	90	05	01	00	90	05	01	00	38	01	01	00	8
000100D0	E4	C7	5E	2F	00	00	00	00	00	00	00	00	00	00	01	00	äÇ^/
000100E0	00	10	00	00	00	00	00	00	00	00	00	00	01	00	00	00	
000100F0	01	00	00	00	00	00	00	00	00	00	00	00	06	00	00	00	
00010100	00	00	00	00	00	00	00	00	00	00	00	00	00	00	00	00	
00010110	00	00	00	00	00	00	00	00	00	00	00	00	00	00	00	00	
00010120	00	00	00	00	00	00	00	00	00	10	00	00	00	10	00	00	
00010130	04	00	00	00	00	E0	0F	00	A0	CB	50	77	FF	FF	FF	FF	à ËPwÿÿÿÿ
00010140	00	00	00	00	00	00	00	00	00	00	00	00	A0	0F	00	00	
00010150	00	00	00	00	80	00	00	00	01	00	00	00	01	00	00	00	
00010160	01	00	00	00	00	00	00	00	C4	00	01	00	74	01	01	00	Ä t
00010170	84	01	01	00	00	00	00	00	00	00	00	00	00	00	00	00	
00010180	00	00	00	80	00	00	00	00	00	00	00	00	00	00	00	00	
00010190	00	00	00	00	00	00	00	00	00	00	00	00	00	00	00	00	
000101A0	00	00	00	00	00	00	00	00	00	00	00	00	00	00	00	00	
000101B0	00	00	00	00	00	00	00	00	00	00	00	00	00	00	00	00	
000101C0	00	00	00	00	00	00	00	00	00	00	00	00	00	00	00	00	
000101D0	00	00	00	00	00	00	00	00	00	00	00	00	00	00	00	00	
000101E0	00	00	00	00	00	00	00	00	00	00	00	00	00	00	00	00	
000101F0	00	00	00	00	00	00	00	00	00	00	00	00	00	00	00	00	
00010200	00	00	00	00	00	00	00	00	00	00	00	00	00	00	00	00	
00010210	00	00	00	00	00	00	00	00	00	00	00	00	00	00	00	00	
00010220	00	00	00	00	00	00	00	00	00	00	00	00	00	00	00	00	
00010230	00	00	00	00	00	00	00	00	00	00	00	00	00	00	00	00	

图 6-27　WinHex 在工作区中显示的数据

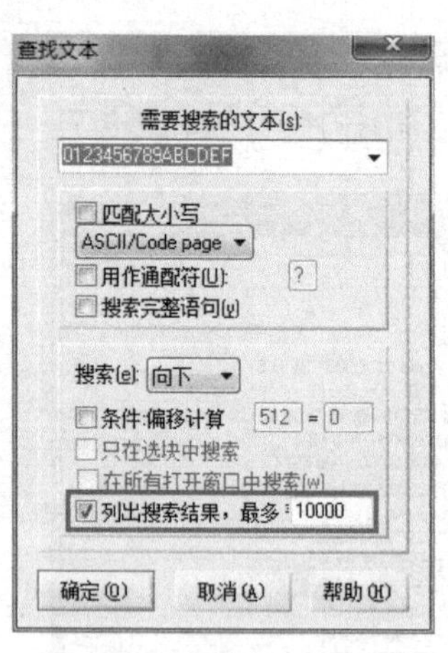

图 6-28 “查找文本”界面

位置管理器（全部）

Offset	搜索结果	时间
402157	0123456789ABCDEF	2016-05-24 00:06:53
60A5A0	0123456789ABCDEF	2016-05-24 00:06:53

图 6-29 搜索出两处相关文本

分别单击图 6-29 中的第 1 条和第 2 条搜索结果，通过第 1 条搜索结果可以看到“0123456789ABCDEF”字符串附近有一串“特别”的字符串，这就是使用 WinHex 得到的正确的序列号，如图 6-30 所示。

位置管理器（全部）

Offset	搜索结果	时间
402157	0123456789ABCDEF	2016-05-24 00:06:53
60A5A0	0123456789ABCDEF	2016-05-24 00:06:53

```
Offset     0  1  2  3  4  5  6  7   8  9  A  B  C  D  E  F
004020C0  54 41 53 4D 20 35 00 42  53 2D 25 6C 58 2D 25 6C   TASM 5 BS-%lX-%l
004020D0  75 00 53 6F 6C 76 65 64  00 57 65 6C 6C 20 64 6F   u Solved Well do
004020E0  6E 65 2E 00 4E 6F 70 65  00 54 72 79 20 61 67 61   ne. Nope Try aga
004020F0  69 6E 00 74 65 73 74 00  00 00 00 00 00 00 00 00   in test
00402100  00 00 00 00 00 00 00 00  00 00 00 00 00 00 00 00
00402110  00 00 00 00 00 00 00 00  00 00 00 00 00 00 00 00
00402120  00 00 00 00 00 00 00 00  00 00 00 00 00 00 00 00
00402130  00 00 00 00 00 00 00 00  00 00 00 00 00 00 00 00
00402140  00 00 00 00 00 00 00 00  00 00 00 00 00 00 00 00
00402150  00 00 00 00 00 00 00 30  31 32 33 34 35 36 37 38          012345678
00402160  39 41 42 43 44 45 46 00  00 00 00 00 00 00 00 00   9ABCDEF
00402170  00 00 00 00 00 00 00 00  00 00 00 00 00 00 00 00
00402180  00 00 00 00 00 00 00 00  00 00 00 00 00 00 00 00
00402190  00 00 00 00 00 00 00 00  00 00 00 00 00 00 00 00
004021A0  00 00 00 00 00 00 00 00  00 00 00 00 00 00 00 00
004021B0  00 00 00 00 00 00 00 00  00 00 00 42 53 2D 32 30              BS-20
004021C0  30 42 41 31 42 39 2D 31  37 39 32 00 00 00 00 00   0BA1B9-1792
```

图 6-30 使用 WinHex 得到的正确的序列号

从图 6-30 中可以看到 3 处字符串，第 1 处是 MessageBox 弹出正确对话框和错误对话框时显示的文本字符串，第 2 处是我们输入的字符串“0123456789ABCDEF”，第 3 处字符串是序列号。使用第 3 处字符串修改 CrackMe1 中的序列号，单击“Test”按钮，弹出正确提示对话框，说明第 3 处字符串是正确的“序列号”。

WinHex 之所以能搜索到正确的序列号，原因有两个，一个是正确的序列号与错误的序列号在内存中的位置非常近，另一个是用户输入的错误序列号未加密。如果用户输入的字符串在进入内存以后做了加密处理，那么直接使用 WinHex 进行内存搜索就不会成功地得到正确的序列号了。

6.2.2 使用模板解析数据

WinHex 是一款数据恢复专业工具。如果只是一味地使用十六进制查看各种数据，则将是一件非常痛苦的事情。WinHex 功能强大，提供了强大的模板功能，可以根据各种特征合理地解析各种数据结构，从而让使用者轻松掌握当前所编辑的十六进制的数据结构及数据关系。

本小节将使用 WinHex 的模板功能解析磁盘的引导扇区。

1. 使用 WinHex 打开磁盘

打开 WinHex，选择“工具”→“打开磁盘”选项，在“编辑磁盘”界面中选择“物理驱动器”节点下的物理磁盘，如图 6-31 所示。

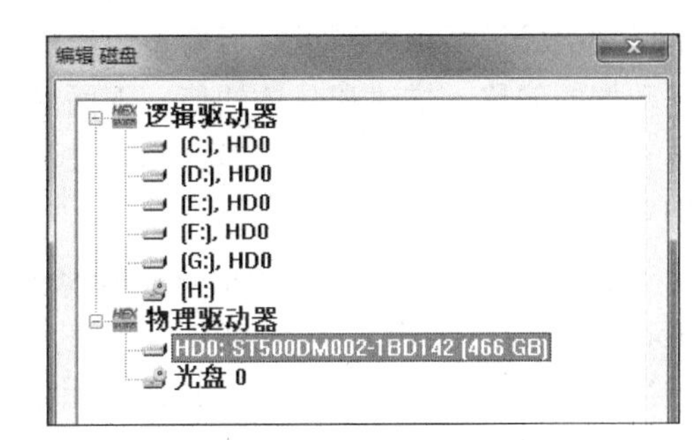

图 6-31 选择物理磁盘

在“编辑磁盘”界面中，可以打开“逻辑驱动器”，也就是平时在计算机中见到的 C 盘、D 盘等分区；也可以打开“物理驱动器”，只有打开物理驱动器时，才可以查看主引导记录。这里选中物理磁盘 HD0 并单击“确定”按钮，即可打开物理驱动器，查看其主引导记录，如图 6-32 所示。

```
硬盘 0
Offset      0  1  2  3  4  5  6  7   8  9  A  B  C  D  E  F
0000000000 33 C0 8E D0 BC 00 7C 8E  C0 8E D8 BE 00 7C BF 00   3À▌Ð¼ |▌À▌Ø¾ |¿
0000000010 06 B9 00 02 FC F3 A4 50  68 1C 06 CB FB B9 04 00    ¹  üó¤Ph  Ëû¹
0000000020 BD BE 07 80 7E 00 00 7C  0B 0F 85 0E 01 83 C5 10   ½¾ ▌~  |  ▌  ▌Å
0000000030 E2 F1 CD 18 88 56 00 55  C6 46 11 05 C6 46 10 00   âñÍ ▌V UÆF  ÆF
0000000040 B4 41 BB AA 55 CD 13 5D  72 0F 81 FB 55 AA 75 09   ´A»ªUÍ ]r  ûUªu
0000000050 F7 C1 01 00 74 03 FE 46  10 66 60 80 7E 10 00 74   ÷Á  t þF f`▌~  t
0000000060 26 66 68 00 00 00 00 66  FF 76 08 68 00 00 68 00   &fh    fÿv h  h
0000000070 7C 68 01 00 68 10 00 B4  42 8A 56 00 8B F4 CD 13   |h  h  ´B▌V ▌ôÍ
0000000080 9F 83 C4 10 9E EB 14 B8  01 02 BB 00 7C 8A 56 00   ▌▌Ä ▌ë ¸  » |▌V
0000000090 8A 76 01 8A 4E 02 8A 6E  03 CD 13 66 61 73 1C FE   ▌v ▌N ▌n Í fas þ
00000000A0 4E 11 75 0C 80 7E 00 80  0F 84 8A 00 B2 80 EB 84   N u ▌~ ▌ ▌▌ ²▌ë▌
00000000B0 55 32 E4 8A 56 00 CD 13  5D EB 9E 81 3E FE 7D 55   U2ä▌V Í ]ë▌ >þ}U
00000000C0 AA 75 6E FF 76 00 E8 8D  00 75 17 FA B0 D1 E6 64   ªunÿv è  u ú°Ñæd
00000000D0 E8 83 00 B0 DF E6 60 E8  7C 00 B0 FF E6 64 E8 75   è▌ °ßæ`è| °ÿædèu
00000000E0 00 FB B8 00 BB CD 1A 66  23 C0 75 3B 66 81 FB 54    û¸ »Í f#Àu;f ûT
00000000F0 43 50 41 75 32 81 F9 02  01 72 2C 66 68 07 BB 00   CPAu2 ù  r,fh »
0000000100 00 66 68 00 02 00 00 66  68 08 00 00 00 66 53 66    fh    fh    fSf
0000000110 53 66 55 66 68 00 00 00  00 66 68 00 7C 00 00 66   SfUfh    fh |  f
0000000120 61 68 00 00 07 CD 1A 5A  32 F6 EA 00 7C 00 00 CD   ah   Í Z2öê |  Í
0000000130 18 A0 B7 07 EB 08 A0 B6  07 EB 03 A0 B5 07 32 E4     · ë  ¶ ë  µ 2ä
0000000140 05 00 07 8B F0 AC 3C 00  74 09 BB 07 00 B4 0E CD      ▌ð¬< t »  ´ Í
0000000150 10 EB F2 F4 EB FD 2B C9  E4 64 EB 00 24 02 E0 F8    ëòôëý+Éädë $ àø
0000000160 24 02 C3 49 6E 76 61 6C  69 64 20 70 61 72 74 69   $ ÃInvalid parti
0000000170 74 69 6F 6E 20 74 61 62  6C 65 00 45 72 72 6F 72   tion table Error
0000000180 20 6C 6F 61 64 69 6E 67  20 6F 70 65 72 61 74 69    loading operati
0000000190 6E 67 20 73 79 73 74 65  6D 00 4D 69 73 73 69 6E   ng system Missin
00000001A0 67 20 6F 70 65 72 61 74  69 6E 67 20 73 79 73 74   g operating syst
00000001B0 65 6D 00 00 00 63 7B 9A  01 C0 01 C0 00 00 80 01   em   c{▌ À À  ▌
00000001C0 01 00 07 FE FF FF 3F 00  00 00 D4 8D 59 05 00 00      þÿÿ?   Ô Y
00000001D0 C1 FF 0F FE FF FF 13 8E  59 05 2E BE DE 34 00 00   Áÿ þÿÿ ▌Y .¾Þ4
00000001E0 00 00 00 00 00 00 00 00  00 00 00 00 00 00 00 00
00000001F0 00 00 00 00 00 00 00 00  00 00 00 00 00 00 55 AA                 Uª
```

图 6-32 查看主引导记录

从图 6-32 中可看到很多十六进制数据。这些数据难以理解，即使掌握了主引导记录的数据结构，不经过长期的训练，也很难理解这些数据。WinHex 提供了模板功能，以便处理看起来杂乱的数据。

在 WinHex 中，选择“查看”→“模板管理器”选项，打开“模板管理器”窗口，在该窗口中选择“Master Boot Record”选项，即可打开模板解析窗口，如图 6-33 所示。

在图 6-33 中，WinHex 的模板功能解析了主引导记录，在模板解析窗口中给出了数据的偏移、描述和具体的值。下面简单介绍一下主引导记录，并通过模板来了解主引导记录的具体值。

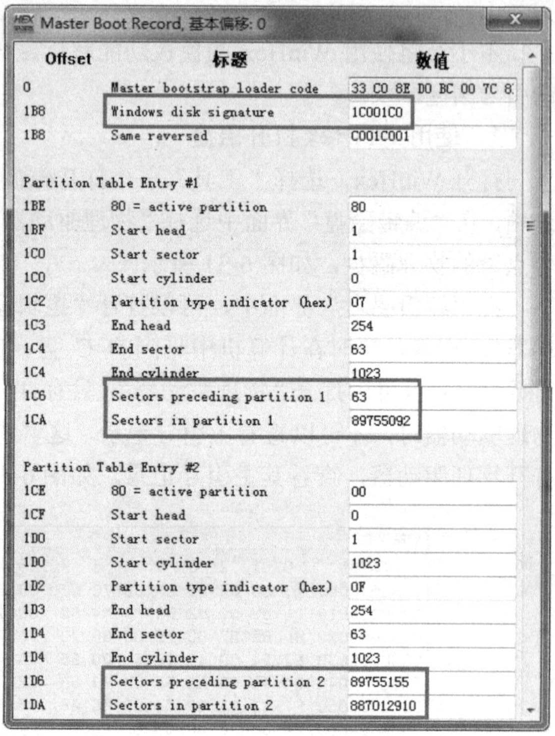

引导区，也称为主引导记录（Master Boot Record，MBR）区。MBR 位于整个硬盘的 0 柱面 0 磁头 1 扇区。MBR 在计算机引导过程中起着举足轻重的作用。MBR 分为 5 个部分，分别是引导程序、Windows 签名、保留位、分区表和结束标志。这 5 部分数据构成了一个完整的引导区，引导区的大小为 512 字节（正好是一个扇区的大小）。

Master Boot Record, 基本偏移: 0

Offset	标题	数值
0	Master bootstrap loader code	33 C0 8E D0 BC 00 7C 8
1B8	Windows disk signature	1C001C0
1B8	Same reversed	C001C001
Partition Table Entry #1		
1BE	80 = active partition	80
1BF	Start head	1
1C0	Start sector	1
1C0	Start cylinder	0
1C2	Partition type indicator (hex)	07
1C3	End head	254
1C4	End sector	63
1C4	End cylinder	1023
1C6	Sectors preceding partition 1	63
1CA	Sectors in partition 1	89755092
Partition Table Entry #2		
1CE	80 = active partition	00
1CF	Start head	0
1D0	Start sector	1
1D0	Start cylinder	1023
1D2	Partition type indicator (hex)	0F
1D3	End head	254
1D4	End sector	63
1D4	End cylinder	1023
1D6	Sectors preceding partition 2	89755155
1DA	Sectors in partition 2	887012910

图 6-33 模板解析窗口

2．解析 MBR

观察图 6-33 中描述为“Windows disk signature”的值，该值是 Windows 对磁盘的签名。如果磁盘变为“未初始化状态”，则说明该值丢失。

在模板中，可以看到“Partition Table Entry #1”和“Partition Table Entry #2”，该部分是 MBR 的分区表，该分区表共 64 字节，每 16 字节描述一个分区表，因此最多描述 4 个分区。这 4 个分区指的是 4 个主分区。通常情况下，计算机中不会有 4 个主分区，一般是 1 个主分区和一个扩展分区，只占用 32 字节。

在第一个分区表中，“active partition”字段的值为 80，表示该分区为活动分区，即用于引导系统的分区。观察到第二个分区的“active partition”字段的值为 00，表示该分区为非活动分区。

第一个分区的“Partition type indicator(hex)”的值为 07，表示该分区的类型是 NTFS。

第一个分区的“Sectors preceding partition 1”的值为 63，“Sectors in partition 1”的值为 89755092。63 表示此分区前使用了的扇区数，89755095 表示此分区使用的扇区数。那么，如何将此分区使用的扇区数转换为计算机中使用的磁盘空间大小呢？

1 个扇区是 512 字节，那么 89755095 个扇区就是 45954608640 字节（byte），转换成 GB 为 45954608640 / 1024 / 1024 / 1024 = 42.79856443405151，即第一个分区的大小约为 42.8GB。

同理，第二个分区表示扩展分区。所谓扩展分区，指主分区以外的分区的总和。例如，计算机中的 D 盘、E 盘、F 盘就属于扩展分区。而在 MBR 中，扩展分区的大小是 887012910 个扇区，按照上面的公式计算，887012910×512 / 1024 / 1024 / 1024 = 422.9607152938843，也就是说，本例中扩展分区的大小约为 423.0GB。

扩展分区中的各个逻辑分区大小并不保存在 MBR 中，此处不再进行介绍。

6.2.3 完成一个简单的模板

本节的最后将实现一个简单的 PE 解析模板。WinHex 模板可以直接使用 WinHex 的“模板编辑器”实现。在模板管理器中单击“新建”按钮，即可新建一个模板。这里给出了一个简单的 PE 解析模板，模板脚本如下：

```
template "PE Parse"
description "Portable Executable Format Parse"
applies_to: file
fix_start 0x0
little-endian
requires 0 "4D 5A"
multiple

begin
    section "IMAGE_DOS_HEADER"
        char[2]  "e_magic"
        hex 2    "e_cblp"
        hex 2    "e_cp"
        hex 2    "e_crlc"
        hex 2    "e_cparhdr"
        hex 2    "e_minalloc"
        hex 2    "e_maxalloc"
        hex 2    "e_ss"
        hex 2    "e_sp"
        hex 2    "e_csum"
        hex 2    "e_ip"
        hex 2    "e_cs"
        hex 2    "e_lfarlc"
        hex 2    "e_ovno"
        hex 8    "e_res"
        hex 2    "e_oemid"
      hex 2    "e_oeminfo"
      hex 20   "e_res2"
      hexadecimal uint32    "e_lfanew"
    endsection

    goto "e_lfanew"

    char[4] "pe signature"

    section "IMAGE_FILE_HEADER"
        hex 2    "Machine"
        hexadecimal uint16    "NumberOfSections"
        time_t    "TimeDateStamp"
      hex 4    "PointerToSymbolTable"
      hex 4    "NumberOfSymbols"
      hex 2    "SizeOfOptinalHeader"
      hex 2    "Characteristics"
    endsection
end
```

读者对上面的模板应该并不陌生，这里只给出了两个 PE 文件格式的结构体，分别是 IMAGE_DOS_HEADER 和 IMAGE_FILE_HEADER。下面对此模板脚本进行说明。

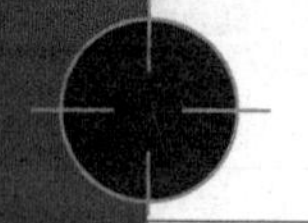

模板头部的说明如下：

- template 是模板的名称，此处为“PE Parse”；
- description 是对模板的描述；
- applies_to 是模板的解析格式，有 file、ram 和 disk 三种类型，即文件、内存和磁盘；
- fix_start 表示模板解析时强制开始的偏移，此处偏移是 0；
- little-endian 表示字节顺序是小尾方式；
- requires 表示在指定的偏移处的字节，这里表示在 0 偏移处的字节必须是“4D 5A”，如果不是会报错。

模板体的说明如下：

- 所有的模板体都在 begin 和 end 之间；
- section 与 endsection 两个标识表示它们之间的数据是相关的；
- hex 表示以十六进制的形式显示数据，hex 2 表示以十六进制形式显示一个 2 字节的数据；
- hexadecimal unit32 表示以十六进制形式显示一个 4 字节的数据，并且定义了一个变量；
- goto 表示跳转至某个地址，goto 后面可以跟一个常量，也可以跟一个变量。

模板编辑完成后，单击模板编辑器中的“检查语法”按钮，检查是否存在语法错误。确认无误后保存该模板，并使用该模板解析 PE 文件格式。本例模板解析的 PE 文件格式如图 6-34 所示。

IMAGE_DOS_HEADER		
0	e_magic	MZ
2	e_cblp	50 00
4	e_cp	02 00
6	e_crlc	00 00
8	e_cparhdr	04 00
A	e_minalloc	0F 00
C	e_maxalloc	FF FF
E	e_ss	00 00
10	e_sp	B8 00
12	e_csum	00 00
14	e_ip	00 00
16	e_cs	00 00
18	e_lfarlc	40 00
1A	e_ovno	1A 00
1C	e_res	00 00 00 00 00 00 00 0
24	e_oemid	00 00
26	e_oeminfo	00 00
28	e_res2	00 00 00 00 00 00 00 0
3C	e_lfanew	100
100	pe signature	PE
IMAGE_FILE_HEADER		
104	Machine	4C 01
106	NumberOfSections	5
108	TimeDataStamp	2025-07-30 14:37:39
10C	PointerToSymbolTable	00 00 00 00
110	NumberOfSymbols	00 00 00 00
114	SizeOfOptinalHeader	E0 00
116	Characteristics	8E 81

图 6-34　模板解析的 PE 文件格式

关于 WinHex，本书介绍了它的内存搜索功能、模板的应用及自定义模板脚本的编写，如果读者对各种数据格式感兴趣，则可以自行完成更多类型的解析模板。如果读者对数据恢复感兴趣，那么掌握 WinHex 的使用就非常有必要了。

6.3　其他十六进制编辑器

十六进制编辑器有很多，除了前面介绍的两款工具以外，还有诸如 UltraEdit、010Editor 等。本节将简单介绍这两款工具的使用，以便读者自主选择使用。

6.3.1 UltraEdit 简介

UltraEdit 是一款功能强大的文本编辑器工具，可以编辑文本、对比文件、高亮编辑多种源代码文件，且是 HTML 编辑器，可以编辑十六进制文件。它除了具备一般的文本编辑功能外，还具备宏录制功能，可以方便地重复一些操作，使得编辑过程更加方便。

在 UltraEdit 中编辑十六进制文件的方式很简单，只要将一个非文本格式的文件拖入 UltraEdit，UltraEdit 就会自动以十六进制的方式将文件打开。如果要以十六进制的方式编辑一个文本文件，那么打开文本文件，在工作区中右键单击，在弹出的快捷菜单中选择“十六进制编辑”选项即可以十六进制形式编辑文本文件。

6.3.2 010 Editor 简介

010 Editor 是一款强大的十六进制编辑器工具，具备编辑文件、磁盘、进程等功能，并具备模板和脚本功能。

在 010 Editor 的“File”菜单下有“Open File”“Open Drive”和“Open Process”3 个菜单选项，作用分别是“打开文件”“打开驱动器”和“打开进程”。这里先来了解一下“Open Drive”和“Open Process”功能，如图 6-35 和图 6-36 所示。

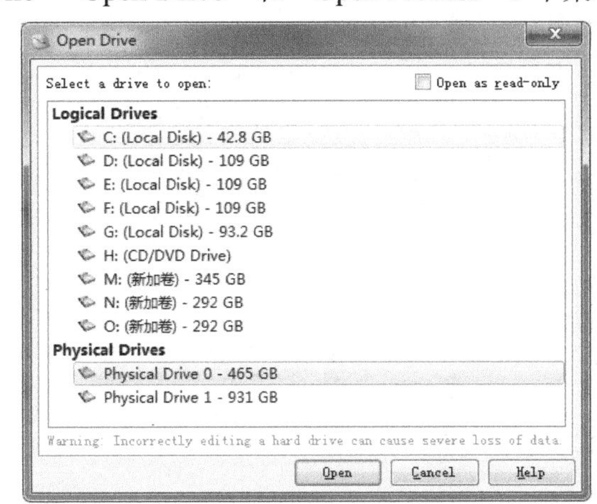

图 6-35 “Open Drive”功能

从图 6-35 中可知，010 Editor 既可以打开“Logical Drive”（逻辑驱动器），又可以打开“Physical Drive”（物理驱动器），其功能类似于 WinHex。

从图 6-36 中可知，010 Editor 可以打开进程的“Heap”（进程的堆内存）和“Module”（进程中的模块）。

010 Editor 可以以多种数据类型查看十六进制的数据，按“Ctrl + E”快捷键可以在大尾方式与小尾方式之间切换显示，如图 6-37 所示。

010 Editor 提供了模板和脚本功能，在 010 Editor 安装目录的 Data 目录下保存了一些模板与脚本文件，模板文件以“.bt”为扩展名，脚本文件以“.1sc”为扩展名，它们的语法结构与 C 语言非常相似。例如，打开 BMPTemplate.bt 模板文件进行查看，其部分代码如下：

```
typedef struct {
    CHAR    bfType[2];
    DWORD   bfSize;
    WORD    bfReserved1;
    WORD    bfReserved2;
    DWORD   bfOffBits;
} BITMAPFILEHEADER;

typedef struct {
    DWORD   biSize;
    LONG    biWidth;
```

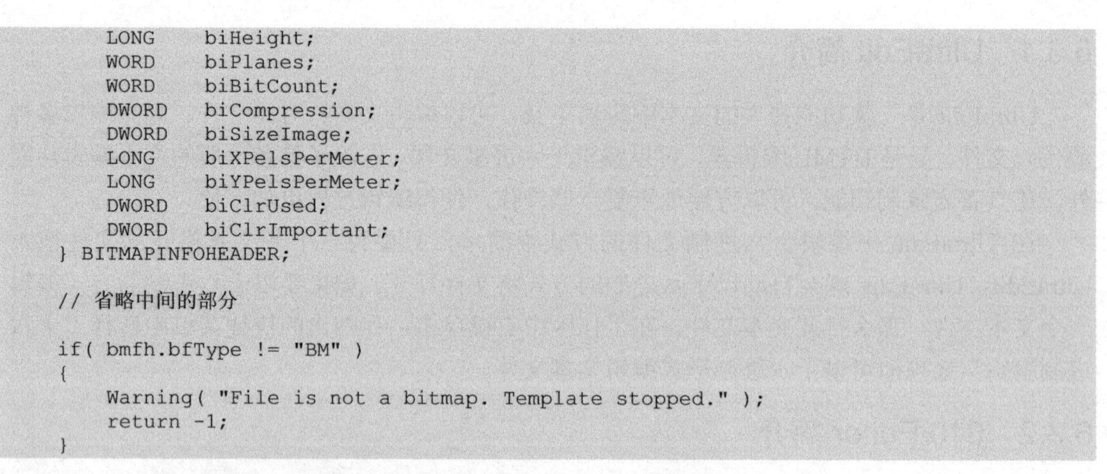

```
        LONG    biHeight;
        WORD    biPlanes;
        WORD    biBitCount;
        DWORD   biCompression;
        DWORD   biSizeImage;
        LONG    biXPelsPerMeter;
        LONG    biYPelsPerMeter;
        DWORD   biClrUsed;
        DWORD   biClrImportant;
    } BITMAPINFOHEADER;

    // 省略中间的部分

    if( bmfh.bfType != "BM" )
    {
        Warning( "File is not a bitmap. Template stopped." );
        return -1;
    }
```

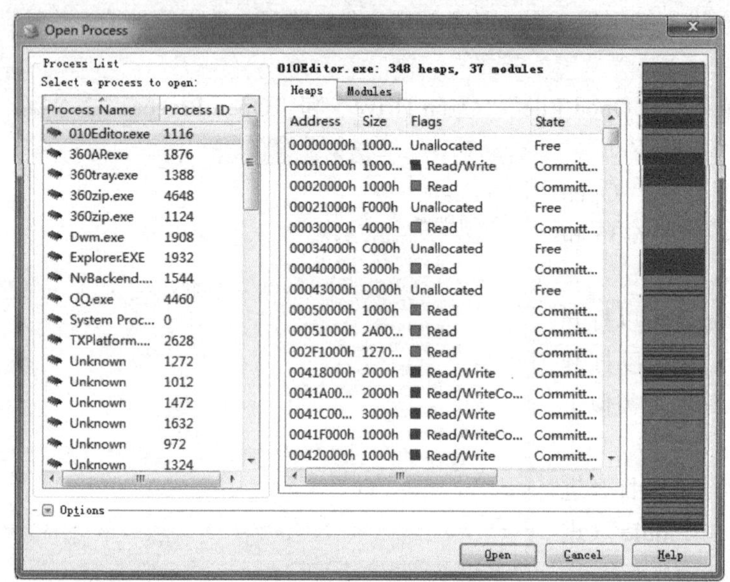

图 6-36 “Open Process”功能

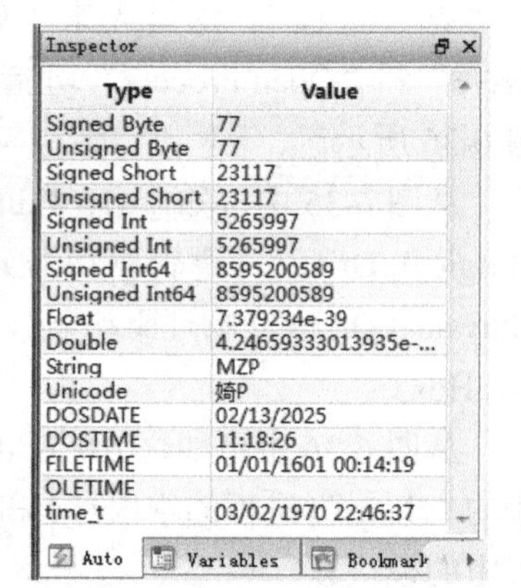

图 6-37 以多种数据类型查看十六进制数据

观察这两个结构体，其与 C 语言的结构体定义完全一样，其条件判断语句也完全与 C 语言相通。模板和脚本可以在 010 Editor 的“Templates”和“Script”菜单下编辑和运行。

6.2 节和 6.3 节介绍了 4 款十六进制编辑工具，优秀的十六进制编辑工具还有很多，读者可以自行挑选使用。

6.4 反编译工具介绍

反编译工具和反汇编工具有类似之处，但是又有不同的地方。反汇编工具是将二进制代码转变成汇编代码，而反编译工具通常能够得到比反汇编代码更多的信息，甚至得到与之等价的源代码。

6.4.1 DeDe 反编译工具

DeDe 是一款针对宝蓝公司（Borland）的 Delphi 和 C++ Builder 开发环境开发的反编译工具。DeDe 可以对 Delphi 和 BCB（Borland C++ Builder）的框架、VCL 等进行深入分析（当使用者使用 DeDe 进行分析时，可以直接查看各个窗口的属性、控件对应的事件等），甚至可以将分析的结果以项目的形式导出。

1．DeDe 的主功能

先来了解一下 DeDe 的主窗口，如图 6-38 所示。

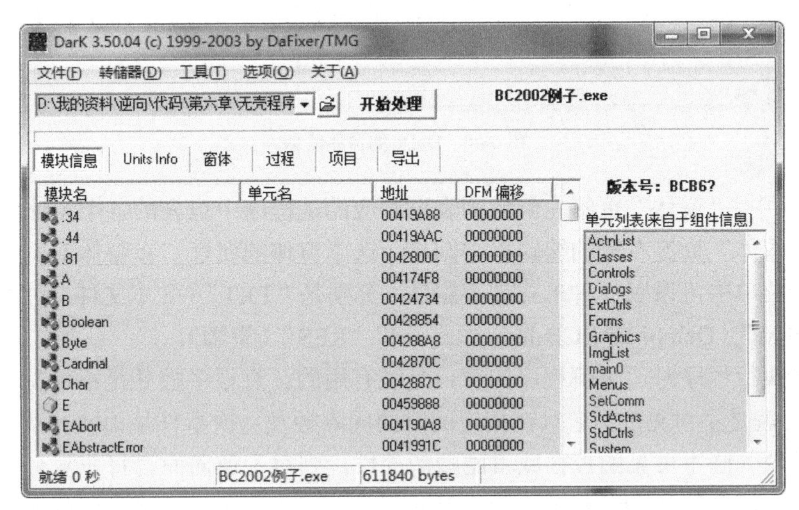

图 6-38 DeDe 的主窗口

当使用 DeDe 打开一个 Delphi 或 BCB 程序时，DeDe 会提示是否进行“扩展分析”和“识别标准的 VCL 过程”，这两项的分析耗时很长，但是会给出更多的分析信息。

在图 6-38 中，主窗口中 6 个页签，分别是“模块信息”“Units Info”“窗体”“过程”“项目”和“导出”，下面分别介绍它们的功能。

- 模块信息：该页签显示程序中包含的类、地址及 DFM 偏移。“模块信息”中并不是每个模块都存在“单元名”和“DFM 偏移”（仅在有窗口的模块中才有相应的偏移信息）。为了快速地在“模块信息”页签中查看哪些模块具有窗口信息，可以在该页签中右键单击，在弹出的快捷菜单中选择“sort by self pointer”选项即可找到有窗口的模块信息，如图 6-39 所示。

图 6-39 具有窗口的模块信息

双击“模块名”列表中的某项，可以查看该模块的具体信息。

- Units Info：显示单元信息，该单元信息中可以显示“单元名称”“起始偏移”等相应的信息。
- 窗体：在这里可以查看程序中所包含窗体的属性，还可以对窗体信息进行转存。显示的窗体信息如图 6-40 所示。

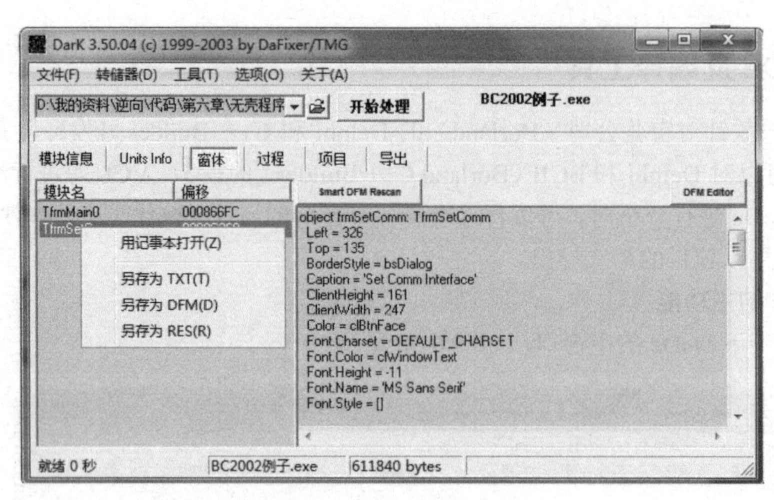

图 6-40　DeDe 的窗体信息

在图 6-40 中，“窗体”页签左侧的列表框对应的是程序中包含的各个窗体的“模块名”和“偏移”，“窗体”页签右侧的编辑框中则显示选中窗体的属性。在窗体列表中右键单击，在弹出的快捷菜单中可以以 3 种形式转存窗体，分别是“TXT”（文本文件，可以直接查看窗口属性）、“DFM”（Delphi 或 BCB 窗口形式）和“RES”（资源）。

在分析可执行程序时，了解程序的窗口是很有用的。有很多控件是不可见的，如 Timer（定时器）控件就是不可见的，它只在指定的时间间隔触发一次事件从而执行某些代码，如果能从窗口中发现一些不可见的控件或者隐藏的控件，则对于逆向而言将非常有用。

- 过程：该页签是 DeDe 中比较重要的部分，在该模块中可以看到窗体中所对应的事件的反汇编代码。DeDe 的“过程”页签如图 6-41 所示。

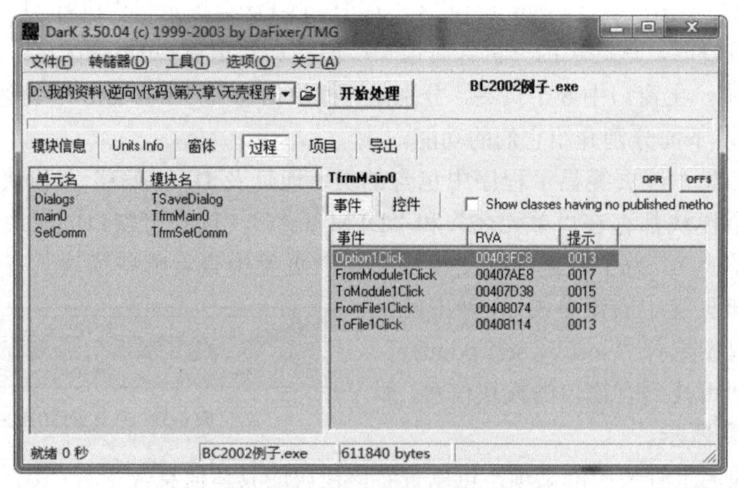

图 6-41　DeDe 的“过程”页签

在图 6-41 中，窗口右侧列表框中显示的是“事件”及与之相对应的“RVA”。当进行逆向分析时，很少针对程序全部进行逆向分析（除非是病毒），多数情况下是对某个关键函数或者关键事件进行逆向分析。DeDe 中已经将与窗口中控件相对应的事件分析出来，那么在查看某个事件时，只要在事件列表中双击就可以显示与之相对应的反汇编代码。此处的反汇编代码虽然与 OD 中的反汇编代码相同，但是在 DeDe 中查看的好处是逆向者可以只查看与事件相对应的那一部分反汇编代码，其他的反汇编代码是不显示的。当查看反汇编代码时，若要查看某个 CALL 的地址，则在该行反汇编代码上双击即可显示相应地址的反汇编代码。此时，在反汇编窗口左侧会显示其调用关系的树形结构，DeDe 的反汇编窗口如图 6-42 所示。

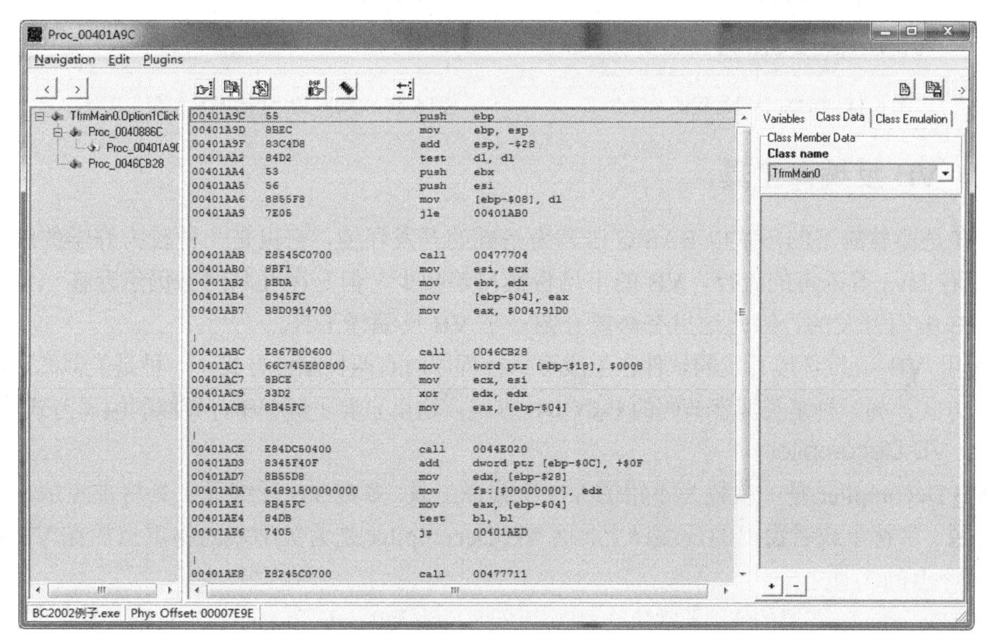

图 6-42　DeDe 的反汇编窗口

2．DeDe 的菜单功能

DeDe 的菜单中提供了许多关于静态分析的功能，如“PE 编辑器”“转储活动进程”“RVA 分析器”和“操作码转汇编”等。从这些小的工具可以看出 DeDe 的功能很完备。

这里重点介绍“转储活动进程”和“操作码转汇编”功能。

1）转储活动进程

“工具”菜单下的“转储活动进程”功能如图 6-43 所示。

该功能可以将进程中的 Delphi 或 BCB 程序直接用 DeDe 进行分析。如果选中的进程是 Delphi 或 BCB 的进程，则可以单击“转储活动进程”窗口中的“得到入口点”按钮，以获得该进程的入口点，如图 6-44 所示。

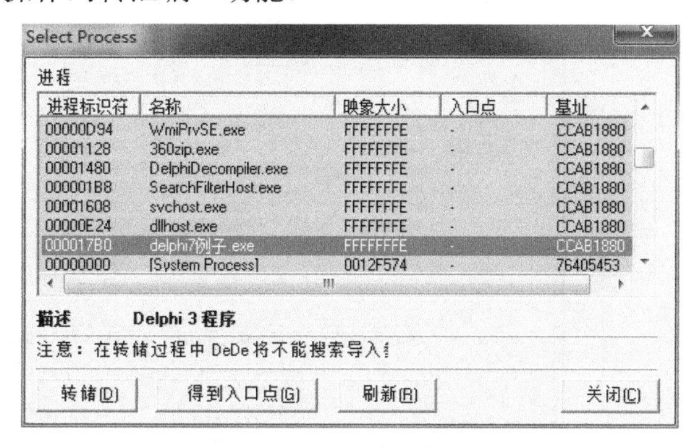

图 6-43　DeDe 的“转储活动进程”功能

2）操作码转汇编

DeDe 提供了操作码转汇编功能，有助于在十六进制模式下修改代码。该功能的使用非常简单，如图 6-45 所示。

图 6-44　DeDe 获得进程的入口点

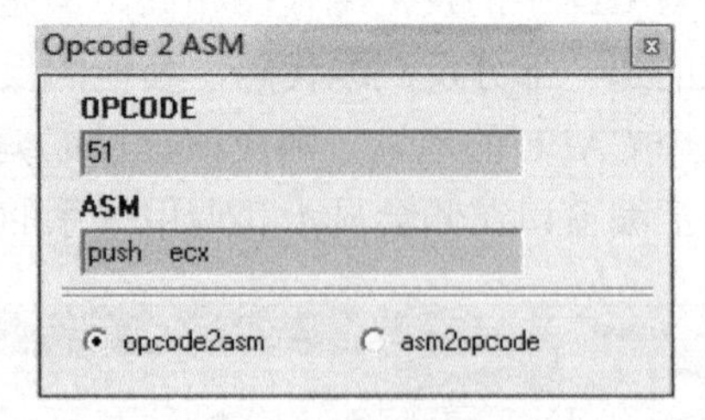

图 6-45　DeDe 的“操作码转汇编”功能

6.4.2　VB 反编译工具

VB 是微软旗下的一款以 BASIC 语言为基础的开发环境，它也是一种较为好学的编程语言。随着 Java 等语言的流行，VB 的市场份额日趋减少，但是在互联网上仍然存在一些工具是由 VB 编写开发的，因此这里有必要介绍一下 VB 反编译工具。

使用 VB 开发环境开发的软件在生成可执行程序时有两种编译方式，一种是类似二进制的 Native 方式，另一种是类似字节码的 P-CODE 方式。这里只要了解 VB 有类似的编译方式即可。

1．VB Decompiler

VB Decompiler 是一款较为不错的 VB 反编译工具。多数 VB 反编译工具将重点放在了对 VB 资源、字符串或者窗口的反编译上，而 VB Decompiler 是为数不多的将重点放在 VB 代码的反编译上的工具之一。

VB Decompiler 工具的使用非常简单，其可以同时反编译 P-code 和 Native Code 两种编译方式生成的可执行程序，且会在 VB Decompiler 的主界面中提示当前的 VB 可执行程序采用了哪种编译方式。

VB Decompiler 主窗口如图 6-46 所示。

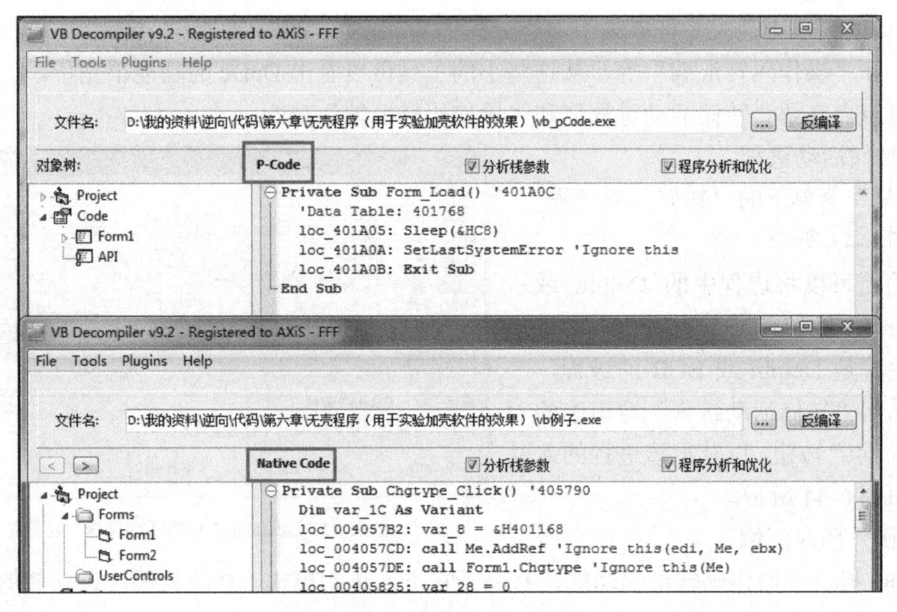

图 6-46　VB Decompiler 主窗口

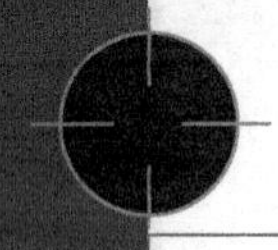

在图 6-46 中，VB Decompiler 左侧是一个树形结构的 VB 工程项目列表，右侧是工作区。

其左侧的 VB 工程项目列表对 VB 反编译的结果进行了分类，它包含了分析出的 VB 窗口、代码及引用的 API 函数等，在代码中又以不同的图标标识了控件所对应的事件和自定义函数。在其右侧的工作区中，显示了 VB 窗体的属性、VB 反编译后的代码及引用的具体的 API 函数。

分析 VB 反汇编代码时，如果遇到函数调用或者过程调用，则可以选择“Tools”→“跳转到虚拟地址”选项来查看相应部分的代码。

VB Decompiler 提供的反编译后的代码已经非常接近 VB 的源码，阅读起来难度不是太大，如果读者本身就了解 VB，那么阅读起来会非常容易。

2．VBExplorer

VBExplorer 是一款针对 VB P-Code 的反编译工具，其对 Native Code 的反编译效果并不好。它不仅可以对 P-Code 进行反编译，还可以对 VB 的资源进行修改。VB 的窗口、字符串等资源是无法使用 ResHacker 得到的，因此需要使用专门针对 VB 的资源编辑器。

使用 VBExplorer 打开一个采用 P-Code 方式编译过的 VB 程序，打开 VBExplorer 的主窗口，如图 6-47 所示。

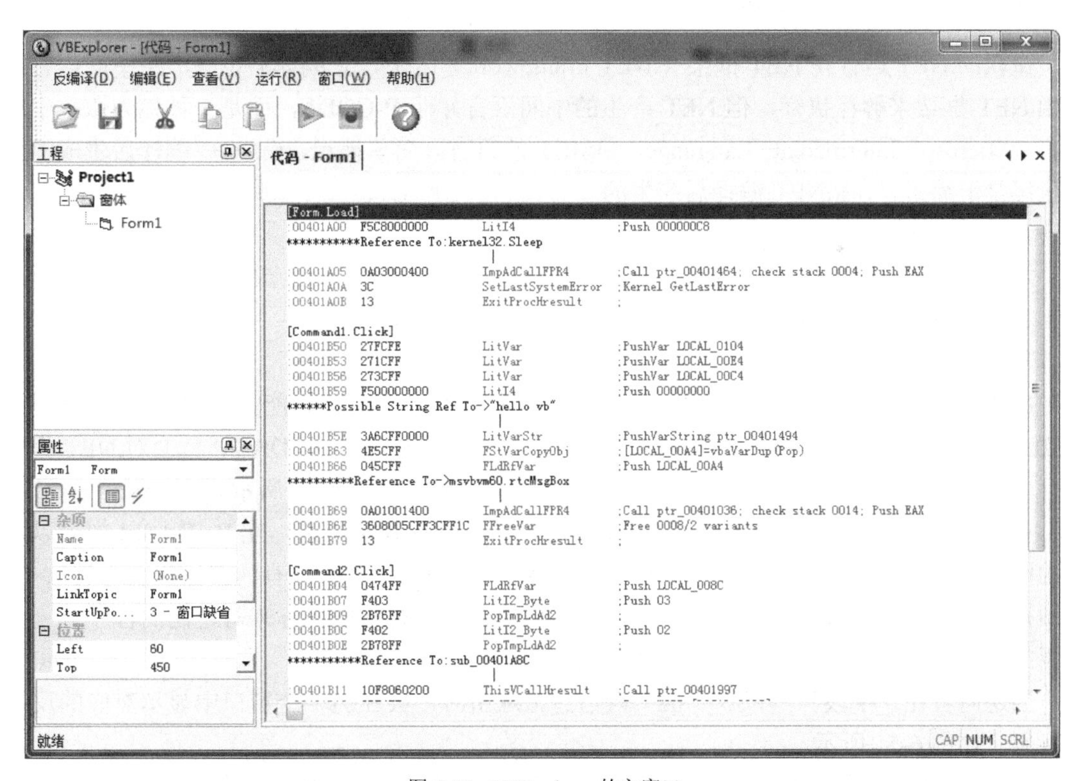

图 6-47　VBExplorer 的主窗口

在图 6-47 中，VBExplorer 的主窗口分为 3 部分，分别是“工程”窗口、“属性”窗口和“代码”窗口。现在使用 VBExplorer 打开的是以 P-Code 方式编译的 VB 程序，则在“代码”窗口中显示的是 VB 程序的相关代码。注意观察，这里显示的不是反汇编代码，而是 P-Code

指令，这些指令是由VB提供的虚拟机（MSVBVM60.dll，该文件指VB6的运行库）来解释执行的。如果此时打开的是一个以Native方式编译的VB程序，那么“代码”窗口中不会显示反编译代码，而是显示“控件名.事件名”，如图6-48所示。

图6-48中并没有看到VBExplorer提供的反编译代码，因为它无法处理Native Code方式编译的VB程序。因此，当需要查看Native Code方式的反编译代码时，建议使用前面介绍过的VB Decompiler。

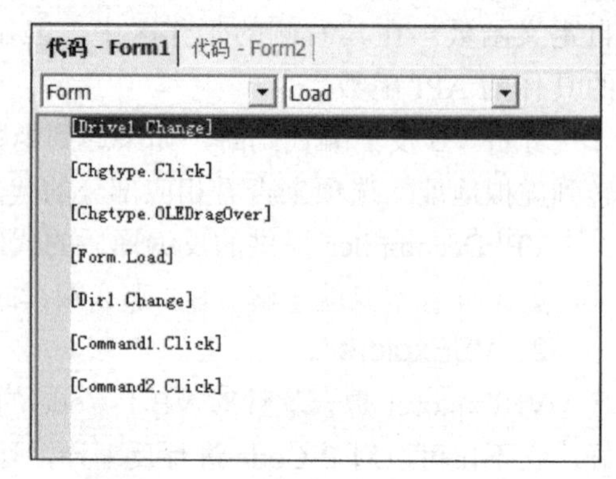

图6-48 Native方式的“代码”窗口

在VBExplorer中选择“查看”→“查看字符串”（或“查看图片”）选项，可以查看和编辑字符串（或图片）。修改字符串后，直接在VBExplorer中运行VB程序，修改的字符串仅在本次运行时生效，并不会影响磁盘中的文件，只有在修改并单击“保存”按钮后，修改后的部分才会保存到磁盘文件中。

6.4.3 .NET反编译工具

微软的.NET运行在.NET框架（.NET Framework）之下，它编译后也会产生中间语言，并由.NET框架来解释执行，但.NET产生的中间语言并非P-CODE，而是一种称为微软中间语言（Microsoft Intermediate Language，MSIL）的语言。简单地说，C、C++编译后生成的底层代码是汇编语言，而.NET编译后产生的底层代码是MSIL。也就是说，如果要逆向分析.NET程序，则需要掌握MSIL。

本小节主要针对.NET的反编译工具进行介绍，其他内容非本小节的重点。.NET的反编译工具也可以将.NET的可执行程序反编译为MSIL甚至是源代码。

1．IL DASM

IL DASM是微软开发工具VS中自带的.NET反编译工具，它能将.NET程序反编译为MSIL。其使用非常简单，在IL DASM中直接打开.NET程序后，IL DASM就会对.NET程序进行分析，产生一个树形结构的列表。IL DASM的主窗口如图6-49所示。

在图6-49中，IL DASM已经将.NET程序分析完毕并显示出来，在IL DASM中会以不同的图标为前缀来区分不同的信息，如有的图标代表“命名空间”、有的图标代表“类”、有的图标代表“接口”等。因此，读者可以观察树形列表每行前的图标来对逆向的程序有一个大概的了解。不同图标的含义如图6-50所示。

当逆向者在“字段”“方法”“类”等信息上双击时，会在另一个窗口中显示对应的反编译代码，如图6-51所示。

图6-51中显示的就是MSIL，它是.NET的底层语言。对于不熟悉它的人而言，这样显示很麻烦。因此，使用MSIL前最好掌握一些简单和常用的MSIL指令，如变量定义、分支、循环等。

D:\我的资料\逆向\代码\第六章\LicenseControls.dll...
文件(F) 视图(V) 帮助(H)
D:\我的资料\逆向\代码\第六章\LicenseControls.dll
MANIFEST
LicenseControls
LicenseControls.BasePage
LicenseControls.CryptoUtil
LicenseControls.LicenseInfo
LicenseControls.UseLicense
LicenseControls.UseLicenseProvider
.class public auto ansi beforefieldinit
extends [System]System.ComponentModel.LicenseProvider
UseLicenseCollector
LICENSE_FILE : private static literal string
licenseCollector : private static initonly class LicenseControls.UseL
.cctor : void()
.ctor : void()
CreateEmptyLicense : class LicenseControls.UseLicense(class [ms
CreateLicense : class LicenseControls.UseLicense(class [mscorlib]S
GetLicense : class [System]System.ComponentModel.License(clas
GetLicenseData : class LicenseControls.LicenseInfo(class [mscorlib
GetLicenseDataStream : class [mscorlib]System.IO.Stream(class [
ValidateLicense : bool(class LicenseControls.UseLicense,string&)
ValidateLicenseData : bool(class [mscorlib]System.Type,class Licer
<PrivateImplementationDetails>{7BFE2564-3582-4970-B70D-1F3E12430
.assembly LicenseControls
{
.ver 1:0:0:0

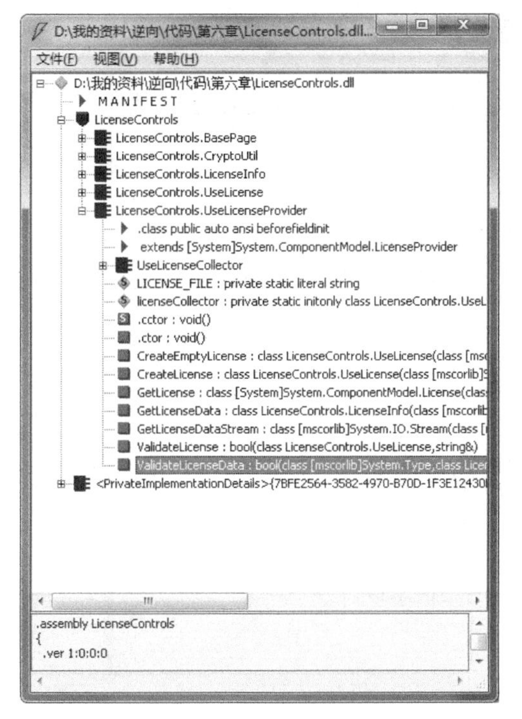

图 6-49 IL DASM 的主窗口

命名空间：		（蓝色盾状图形）
类：		（带有3条突出短线的蓝色矩形）
接口：		（带有3条突出短线的蓝色矩形，并有“I”标记）
值类：		（带有3条突出短线的棕色矩形）
枚举：		（带有3条突出短线的棕色矩形，并有“E”标记）
方法：		（紫红色矩形）
静态方法：		（带“S”标记的紫红色矩形）
字段：		（青色菱形）
静态字段：		（带“S”标记的青色矩形）
事件：		（向下指的绿色三角形）
属性：		（向上指的红色三角形）
清单或类信息项：		（向右指的红色三角形）

图 6-50 不同图标的含义

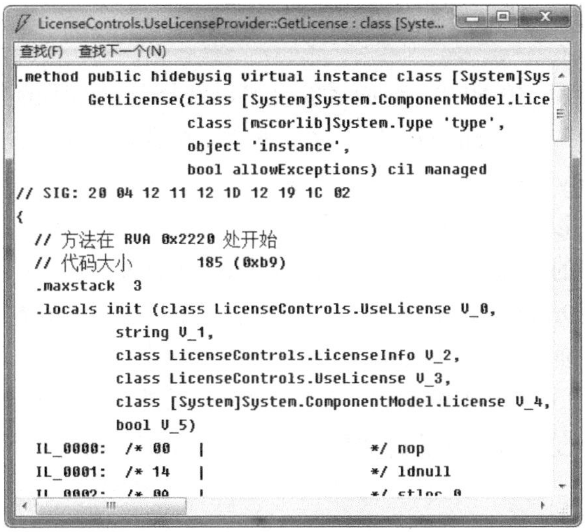

LicenseControls.UseLicenseProvider::GetLicense : class [Syste...
查找(F) 查找下一个(N)
.method public hidebysig virtual instance class [System]Sys
GetLicense(class [System]System.ComponentModel.Lice
class [mscorlib]System.Type 'type',
object 'instance',
bool allowExceptions) cil managed
// SIG: 20 04 12 11 12 1D 12 19 1C 02
{
// 方法在 RVA 0x2220 处开始
// 代码大小 185 (0xb9)
.maxstack 3
.locals init (class LicenseControls.UseLicense V_0,
string V_1,
class LicenseControls.LicenseInfo V_2,
class LicenseControls.UseLicense V_3,
class [System]System.ComponentModel.License V_4,
bool V_5)
IL_0000: /* 00 | */ nop
IL_0001: /* 14 | */ ldnull

图 6-51 .NET 反编译代码

2．Xenocode Fox

Xenocode Fox 是一款较为好用的.NET 反编译工具，能将.NET 程序反编译为源代码，对不熟悉 MSIL 但是熟悉高级语言的逆向者比较友好。其主窗口如图 6-52 所示。

在图 6-52 中，窗口的左侧部分是一个树形列表，显示了被分析的.NET 程序的树形结构，以及与该文件相关的引入信息；窗口的右侧部分显示了选中函数的反编译代码，且显示的是源代码，不再是陌生和难懂的 MSIL 了。

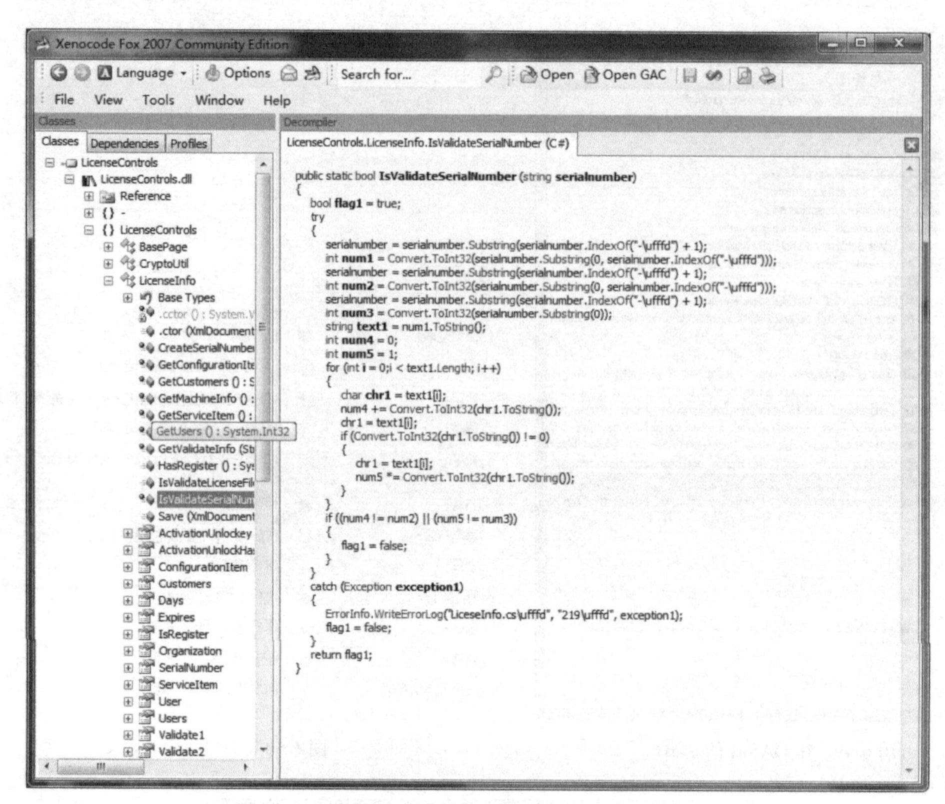

图 6-52 Xenocode Fox 的主窗口

.NET 平台支持 C#和 VB.NET，逆向者完全可以选择自己熟悉的方式来查看反编译后的源代码，在菜单“View”的“Language”子菜单下有 4 个选项可供逆向者选择，分别是“C#”“VB.NET”“IL Assembly”和“Chrome”，逆向者可以在这 4 个选项间进行任意切换。

Xenocode Fox 还可以将反编译的源代码导出，在树形列表中选择要逆向分析的可执行程序并右键单击，在弹出的快捷菜单中选择“Export to visual studio”选项，即可弹出一个导出对话框，在对话框的“Project language”中可以选择“C#”或“VB.NET”。

随着.NET 的日益强大，对逆向.NET 感兴趣的读者最好专门学习一下 MSIL，因为对于.NET 而言，MSIL 相当于其汇编语言。除了 MSIL 以外，还需要掌握与.NET 相关的 PE 结构和.NET 保护方面的知识。有了前面学习的基础，再接触.NET 部分的知识就会相对轻松一些。

6.4.4 Java 反编译工具

Java 是由 Sun 公司（目前已被 Oracle 公司收购）开发的一种语言。Java 是一种解释性的语言，由 JVM（Java 虚拟机）来对 Java 程序进行解释运行。Windows、Linux 等系统平台上都实现了 JVM，因此由 Java 开发的程序可以跨平台运行。

Java 程序也采用解释性语言，对其进行反编译时依然可以得到其源代码，这里介绍一个简单小巧的 Java 反编译工具——srcagain。它是一款命令行下的工具，使用非常简单，只须将.class 程序作为参数传递给该工具即可，如图 6-53 所示。

```
管理员: C:\Windows\system32\cmd.exe
D:\我的资料\逆向\代码\第六章>srcagain hello.class
Warning #2002: Environment variable CLASSPATH not set.
//
// SourceAgain (TM) v1.10j (C) 2003 Ahpah Software Inc
//

import java.io.PrintStream;

public class hello {

    public static void main(String[] String_1darray1)
    {
        int int2 = 2;
        int int3 = 3;
        int int4 = 0;

        if( int2 > int3 )
            int4 = int2;
        else
            int4 = int3;
        System.out.println( int4 );
    }
}

D:\我的资料\逆向\代码\第六章>_
```

图 6-53　srcagain 的使用

这里不再过多介绍 Java 逆向工具，读者可以下载诸如 Java Decompiler 等工具进行使用。

6.5　总结

本章主要介绍了十六进制编辑器和反编译工具。对于这些工具而言，可以选择的种类非常多，我们需要做的就是在不同的环境下选择合适的工具进行使用。

对于反编译而言，反编译工具都是针对某种语言或者某种开发环境（甚至是这个开发环境的某个版本）进行反编译的，它们可以将可执行程序还原为类似的源代码供逆向分析人员参考。要深入掌握这些内容，要熟悉它们的底层，如.NET 的 MSIL、Java 的字节码，甚至掌握 JVM 的工作原理等内容。

第7章 IDA与逆向

在逆向领域中，除了大名鼎鼎的OD以外，还有一款相当出名的逆向工具，即IDA，这是一款反汇编工具。IDA的全称是Interactive Disassembler（交互式的反汇编器）。IDA是一款支持多种格式及处理器的反汇编工具。反汇编工具很多（如W32Asm、C32Asm等），但是像IDA这样强大的反汇编工具非常少。IDA能够提供各种交互式界面和命令供逆向者使用，从而更好地完成逆向工程。IDA同样可以像OD一样支持脚本、插件，以扩展其逆向分析能力，从而提高逆向员的逆向分析效率。

关键词：逆向分析工具　IDA　逆向分析　C语言逆向

7.1 IDA工具介绍

在进行软件功能或者流程的逆向分析时，经常会用到IDA工具，如分析病毒的样本。IDA在逆向分析的静态分析方面非常强大（虽然目前的多个版本中都已经具备了调试能力，但是在完成调试任务时很多人还是更喜欢使用OD），使用IDA分析病毒样本时会分析病毒样本的各个流程和所有分支，而使用OD进行病毒分析时，某些流程或者分支可能无法进行分析。试想一下，病毒的很多功能是在特定条件下触发的，如果条件没有触发，那么在动态调试时就无法调试到，这样对于病毒的分析是不完整的。因此，在诸如此类情况下，逆向者会更偏重使用IDA进行静态分析。如果是进行漏洞挖掘或分析，那么就会需要实时地、动态地观察二进制文件缓冲区的变化，在这种情况下，需要使用OD的动态调试功能。

逆向分析工具的很多功能是重叠的，也有很多功能是独有的，因此需要具体问题具体对待。

7.1.1 IDA的启动与关闭

这里略过安装IDA的步骤，其安装过程与安装其他软件是一样的。安装完IDA以后，桌面上或安装菜单中共有两个可以供用户选择使用的软件，分别是“IDA Pro Advanced(32位)”和“IDA Pro Advanced(64位)”。前者针对32位平台，后者针对64位平台。这里以32位平台为主介绍IDA的使用。

注意：本章 IDA 的版本为 6.5。

1．文件的打开

IDA 的功能和设置非常多，但并不是所有的功能一开始就会使用到，大部分的设置保持默认即可。介绍各类软件时，可能很少会介绍如何打开一个文件，这里进行介绍的原因在于 IDA 打开文件的同时会对文件进行分析，在进行分析之前还可以进行一些设置。

IDA 支持 Windows、DOS、UNIX、mac 等多种系统平台的可执行文件格式，同时支持对这些平台下任意二进制文件的分析。在 Windows 平台上分析较多的是 EXE、DLL、OCX 和 SYS 文件等，它们都是 Windows 平台上的可执行文件，即前面介绍过的 PE 文件。

双击打开 IDA，IDA 会打开“Quick start”窗口，这是一个快速启动窗口，如图 7-1 所示。“Quick start”窗口中有 3 个按钮，分别是“New”“Go”和“Previous”，它们代表了启动 IDA 的 3 种方式。

- New：启动主界面的同时弹出一个对话框，选择一个要分析的文件。
- Go：启动主界面，等待下一步操作。
- Previous：在历史列表中选择并装载原来分析过的反汇编文件，从而继续上次的分析工作。

这里单击“New”按钮并选择一个文件进行分析，此时，IDA 会自动对其进行格式识别，并弹出“Load a new file”对话框，如图 7-2 所示。

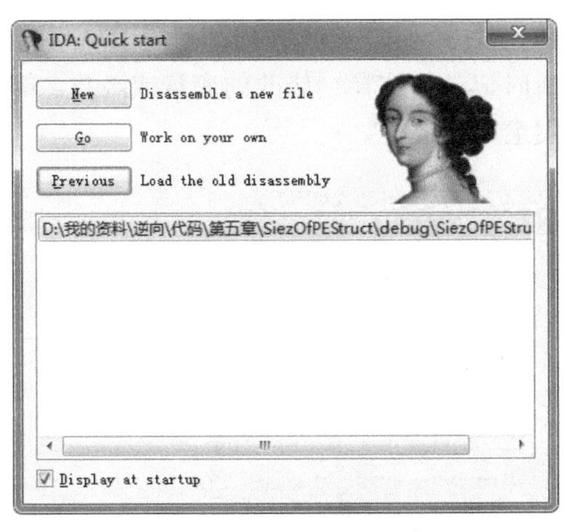

图 7-1　IDA 的快速启动窗口

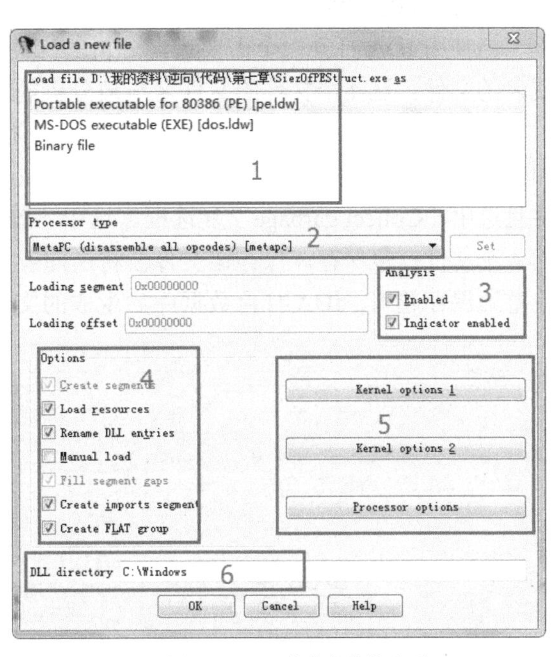

图 7-2　IDA 装载文件的选项

从图 7-2 中可以看出，IDA 打开文件时有很多选项和设置需要逆向者进行参与。图 7-2 中对“Load a new file”的每一部分做了标注，下面分别对每个标号进行说明。

- 标号 1 的位置处是识别出的文件格式，这里包括 3 个部分，分别是 Windows 下的 PE 格式、DOS 下的可执行格式和二进制格式。
- 标号 2 的位置处是处理器的类型。
- 标号 3 的位置处用于设置是否启用分析功能。
- 标号 4 的位置处用于设置装载时的选项。
- 标号 5 的位置处是装载时 IDA 对程序进行分析的核心选项和对处理器的选项。
- 标号 6 的位置处是系统 DLL 所处的目录。

其中，在标号 4 处有很多选项，IDA 默认选中“Rename DLL entries”和“Create imports segment”复选框。在分析 Win32 程序时，为了可以完整地进行分析，需要选中“Load resources”和“Create FLAT group”复选框。在分析 PE 文件格式时，需要选中“Create FLAT group”复选框，如果程序中存在资源，那么也要选中“Load resources”复选框。

选中“Options”选项组中的“Manual load”复选框可以手动指定要装载可执行文件的哪些节。前面介绍过 Windows 下的可执行文件采用 PE 文件格式，它将程序不同属性的数据分开存放，因此在这里可以按照逆向者的个人意愿进行选择性装载。

图 7-2 中的其他选项保持默认状态即可，单击“OK”按钮，IDA 即对程序进行载入分析。

注意：如果得到一个未知格式的二进制文件，那么可以选择“Binary file”方式，使用该方式需要逆向者自己逐字节地进行分析，并逐步地进行反汇编。选择了相应的文件格式模板后，IDA 会自动进行分析并进行反汇编。

2. 文件的关闭

当使用 IDA 打开一个需要逆向分析的文件后，会在被分析文件的目录下生成 4 个不同扩展名的文件，这 4 个文件的文件名与被分析的文件相同，如图 7-3 所示。

使用 IDA 进行逆向反汇编分析后，在关闭 IDA 时会提示是否打包生成 4 个分析文件，如图 7-4 所示。通常会选中“Pack database(Store)”或者“Pack database(Deflate)”单选按钮，并且选中“Collect garbage”复选框。选中“Pack database(Store)”单选按钮即可将 IDA 生成的 4 个文件打包保存。保存该文件会将逆向者在分析时记录的注释、修改的变量或函数名等完整地保存起来，IDA 打包数据库后生成的文件扩展名为“.idb”。

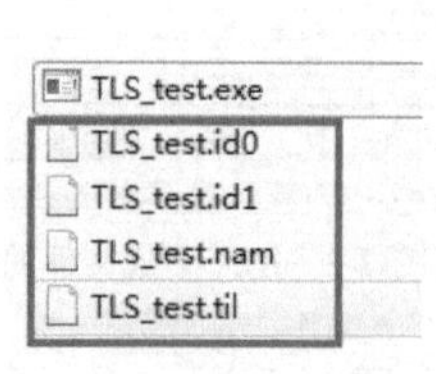

图 7-3 IDA 生成的文件

图 7-4 保存 IDA 分析数据库文件

Pack database(Store)和 Pack database(Deflate)都是对 IDA 生成的 4 个文件进行打包并生成一个文件，前者会直接将 IDA 生成的 4 个文件打包，后者会将 IDA 生成的 4 个文件打包并压缩。选中“Collect garbage”复选框后，在 IDA 对生成的 4 个文件进行打包时会删除没有使用到的数据库页，再对文件进行压缩，这样生成的 IDB 文件会更小。

7.1.2 IDA 常用界面介绍

IDA 是一款功能强大的工具，拥有众多复杂的窗口。接下来将介绍 IDA 中常用的功能界面，以便读者可以快速了解 IDA。

1. IDA 主界面

在具体了解 IDA 之前，先来简单了解 IDA 主界面，如图 7-5 所示。

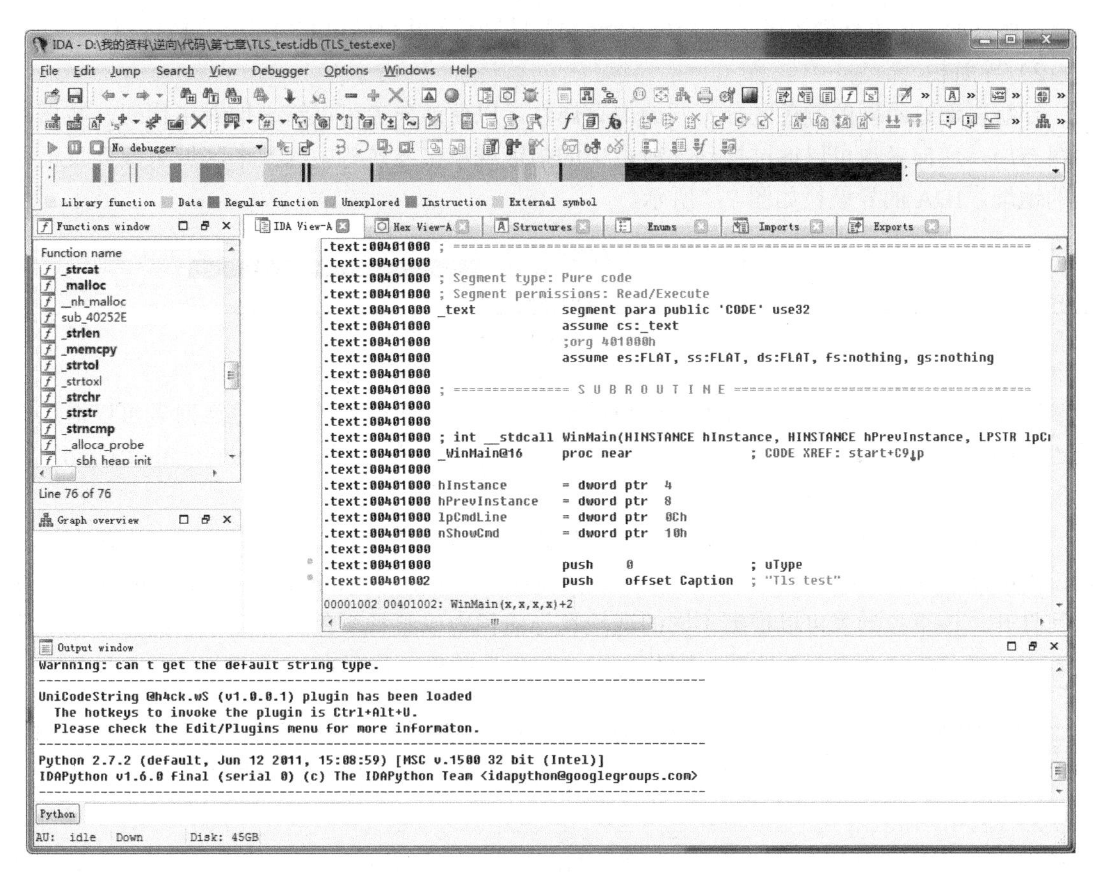

图 7-5 IDA 主界面

在 IDA 中，各个界面大体可以分为 5 部分，分别是菜单工具栏、导航栏、逆向工作区、消息状态窗口和脚本命令窗口。下面分别对各部分进行简单介绍。

1）菜单工具栏

IDA 的菜单工具栏几乎包含菜单中的所有功能。在使用和操作 IDA 时，掌握菜单工具栏操作要比在菜单中寻找对应的选项速度快很多。IDA 的菜单工具栏如图 7-6 所示。

IDA 的菜单工具栏中的每项功能并不是每次都会用到。由于其内容过多，占用了整个 IDA

界面的很大一部分，有时会影响到IDA逆向工作区，可以关闭菜单工具栏中不常用的功能，即在其上右键单击，关闭菜单工具栏中暂时不需要的部分。当再次使用它们时，也可以通过右键单击来开启。

图7-6 IDA的菜单工具栏

IDA为逆向者准备了两套不同的工具栏模式，在“View”→“Toolbars”下有两个子菜单选项，分别是“Basic mode”和“Advanced mode”，两者提供了不同的工具栏按钮集，“Advanced mode”会显示所有的菜单工具栏按钮，而“Basic mode”只显示了几个简单的菜单工具栏按钮。

2）导航栏

导航栏通过不同的颜色区分不同的内存属性，以便逆向者可以清晰地看出代码、数据等内存布局，逆向者也可以通过拖动导航栏中的指针或单击导航栏中的某个区域来改变反汇编区的地址。IDA的导航栏如图7-7所示。

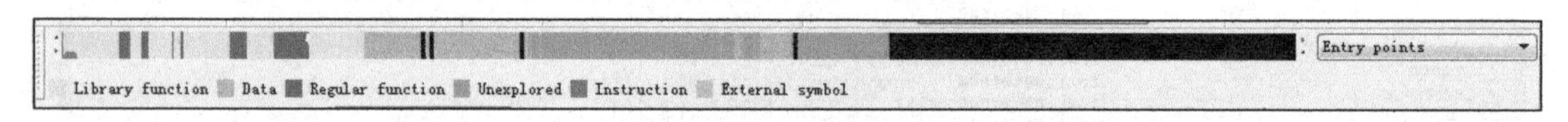

图7-7 IDA的导航栏

IDA的导航栏下方有关于导航栏颜色的提示，关于导航栏的各种颜色逆向者可以通过选择“Options”→“Color”选项打开“IDA Colors”窗口，在该窗口的“Navigation band”选项卡中进行自定义。

在导航栏的右侧存在一个下拉列表用于设置附加显示功能，如果读者的IDA中没有该功能，则可以在导航栏中右键单击，在弹出的快捷菜单中选择“Additional display visible”选项将其打开。该下拉列表可以根据不同的选项在导航栏中以某种颜色进行显示。例如，在下拉列表中选择“Entry points”选项，则其会以“粉色”的提示显示在导航栏中。

注意： 其实导航栏也属于工具栏的一部分，只是它能够让逆向人员对程序在宏观分布上有一个总体的了解。如果不希望显示导航栏，则取消选中“View”→“Toolbars”→“Navigator”选项即可。

3）逆向工作区

逆向工作区一般有7个子窗口，分别是“IDA View-A”“Hex View-A”“Functions Window”“Structures”“Enums”“Imports”和“Exports”。这7个窗口分别表示“交互式反汇编视图A”“十六进制视图A”“函数窗口”“结构体”“枚举”“导入数据”和“导出数据”。在进行逆向分析时，这些都是相当重要的窗口，可以通过选择“View”→“Open subviews”选项打开它们。

4）消息状态窗口

消息状态栏其实是两个窗口，而非一个窗口。但是消息和状态栏都是提供消息输出或显示提示功能的，因此两个窗口合在一起介绍。消息窗口主要对插件、脚本、各种操作的执行情况进行提示，而状态栏只能进行简单的状态提示。

5）脚本命令窗口

IDA 的命令行脚本类似于 OD 中的命令行，都用于接收命令。默认情况下 IDA 会接收关于 IDC 的命令，如果 IDA 安装了关于 Python 的插件，则可以接收 Python 插件的命令。高版本的 IDA 中已安装了关于 Python 的插件。IDA 的脚本命令窗口如图 7-8 所示。

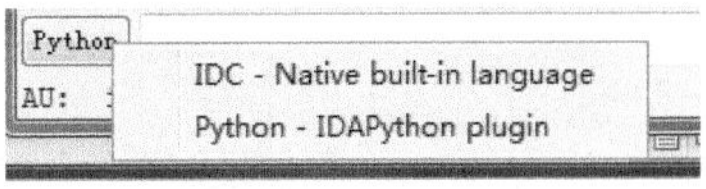

在图 7-8 中，IDA 的命令行可以通过单击按钮进行切换，切换后的状态分别是“Python”和“IDC”。

Python
AU:
IDC - Native built-in language
Python - IDAPython plugin

图 7-8 IDA 的脚本命令窗口

6）窗口布局

窗口的布局可以由逆向者进行调整，当调整得不满意希望恢复为原来的默认状态时，选择“Windows”→“Reset desktop”选项即可。

2．反汇编窗口（IDA View）

1）反汇编视图方式

在进行逆向分析时，主要使用的是反汇编窗口。要了解程序的内部工作原理及流程结构，需要阅读和分析反汇编窗口中的反汇编代码，其他的窗口只是为了让逆向者更快更好地阅读反汇编代码而提供的辅助窗口。IDA 的反汇编窗口如图 7-9 所示。

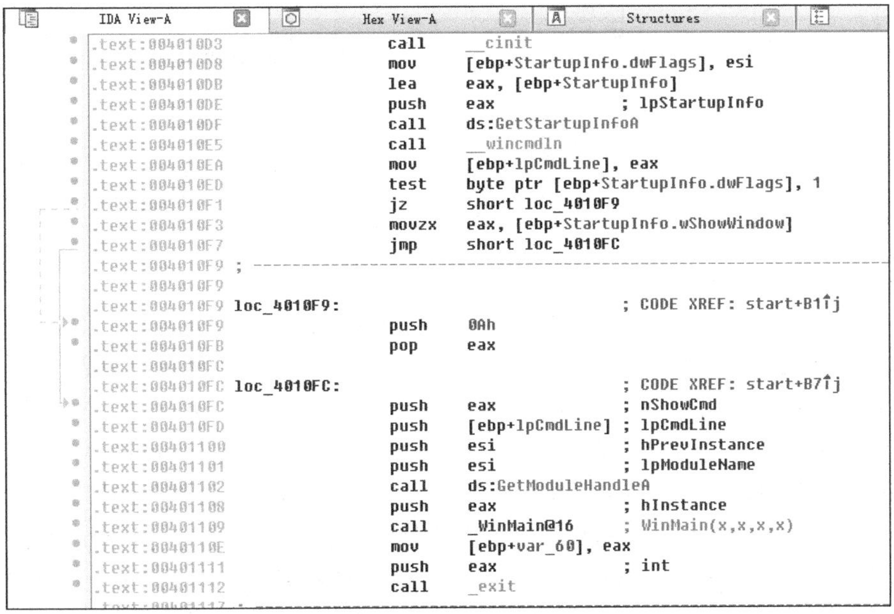

```
IDA View-A                    Hex View-A                    Structures
.text:004010D3                  call    __cinit
.text:004010D8                  mov     [ebp+StartupInfo.dwFlags], esi
.text:004010DB                  lea     eax, [ebp+StartupInfo]
.text:004010DE                  push    eax             ; lpStartupInfo
.text:004010DF                  call    ds:GetStartupInfoA
.text:004010E5                  call    __wincmdln
.text:004010EA                  mov     [ebp+lpCmdLine], eax
.text:004010ED                  test    byte ptr [ebp+StartupInfo.dwFlags], 1
.text:004010F1                  jz      short loc_4010F9
.text:004010F3                  movzx   eax, [ebp+StartupInfo.wShowWindow]
.text:004010F7                  jmp     short loc_4010FC
.text:004010F9 ; ---------------------------------------------------------------
.text:004010F9
.text:004010F9 loc_4010F9:                              ; CODE XREF: start+B1↑j
.text:004010F9                  push    0Ah
.text:004010FB                  pop     eax
.text:004010FC
.text:004010FC loc_4010FC:                              ; CODE XREF: start+B7↑j
.text:004010FC                  push    eax             ; nShowCmd
.text:004010FD                  push    [ebp+lpCmdLine] ; lpCmdLine
.text:00401100                  push    esi             ; hPrevInstance
.text:00401101                  push    esi             ; lpModuleName
.text:00401102                  call    ds:GetModuleHandleA
.text:00401108                  push    eax             ; hInstance
.text:00401109                  call    _WinMain@16     ; WinMain(x,x,x,x)
.text:0040110E                  mov     [ebp+var_60], eax
.text:00401111                  push    eax             ; int
.text:00401112                  call    _exit
```

图 7-9 IDA 的反汇编窗口

图 7-9 的最上方有一排选项卡，反汇编窗口是“IDA View-A”选项卡。该选项卡的意思是“交互式反汇编视图 A”，且“A”代表一个序号，意味着还可能存在“B”“C”和“D”等多个反汇编视图。选择“View”→“Open subviews-”→“Disassembly”选项，可以打开多个反汇编视图。这样做的好处是，当显示器一屏放不下所有反汇编代码或查看的反汇编代码不连续时，可以通过多个反汇编视图的切换来阅读反汇编代码。

有时候反汇编代码比较长，而用户只需要其中某个分支，如果以代码方式去查找，则显

然效率不高，因为在反汇编代码中可能存在大量的分支跳转，而用户只须针对某一分支跳转顺序往下查找所需的分支即可。此时，IDA 已经为逆向者准备好了一个非常强大的功能，即将反汇编视图中的反汇编代码转换为流程图形式。在反汇编视图中按空格键，即可将反汇编代码转换为反汇编流程图形式，如图 7-10 所示。

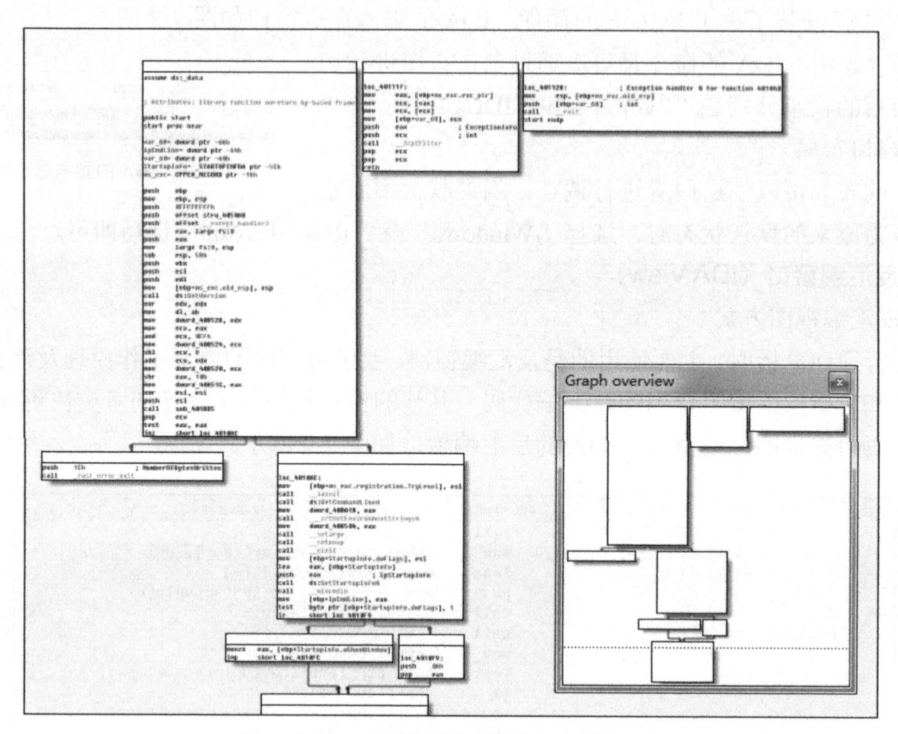

图 7-10　IDA 将反汇编代码转换为流程图形式

IDA 在分析程序的过程中，会对反汇编代码中互相调用的情况进行显示，它可以辅助逆向分析人员了解代码之间的引用关系。图 7-9 所示的反汇编窗口大体可以分为 5 部分，最左侧的是“程序控制流”线条，用来指示反汇编代码中的跳转情况；“程序控制流”线条的右侧是反汇编代码的地址，地址以“节：虚拟地址”的形式表示，在进行分析的时候可以直观地知道目前的虚拟地址所处的节区；“地址”右侧是“标号”或“反汇编代码”，标号在逆向分析中属于一个导航，是跳转时的标识。这是因为跳转都是针对地址的，而地址是无法表示出具体含义的，有了标号以后，就可以对标号进行命名，这样标号就可以对该处地址进行说明，使得分析跳转时有实际意义。在 IDA View 窗口的最右侧是反汇编代码的注释，注释可以是 IDA 自动给出的，也可以是逆向分析人员手动给出的。

图 7-10 所示为“反汇编流程图”，左侧部分是具体的流程图，流程图的每个框中有当前相应的反汇编代码块，代码块按照跳转进行划分，这样在分析每个块时可以具体地分析每个分支中的代码。图 7-10 的右侧有一个小的流程图，用于从宏观上观察整体流程，当某个函数的流程特别复杂时，可以通过其方便地移动反汇编流程图。

当 IDA 启动后，IDA View 中默认显示的是反汇编流程图，而非反汇编代码，如果希望默认显示反汇编代码，则可以在 IDA 的菜单栏中选择“Options”→“General”选项，在弹出的“IDA Options”对话框中选择“Graph”选项卡，取消选中“Use graph view by default”复选框，则启动 IDA 后会默认显示反汇编代码，而非反汇编流程图，如图 7-11 所示。

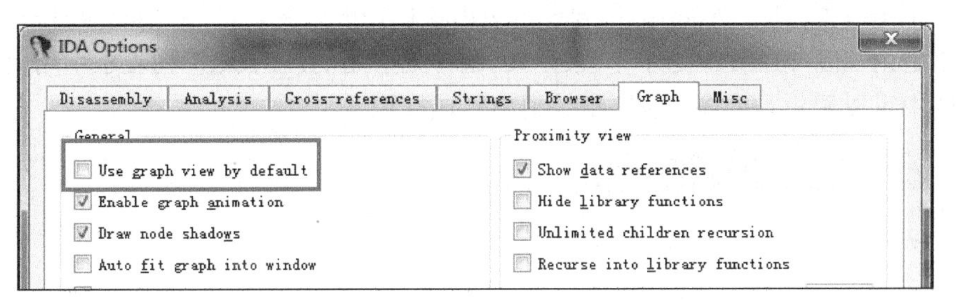

图 7-11　设置 IDA 启动后默认显示反汇编代码

注意： 在反汇编流程图中，绿线表示条件成立时的跳转，红线表示条件不成立时的跳转。

2）反汇编窗口介绍

下面将介绍反汇编窗口的反汇编代码模式，这是逆向时真正使用的模式，逆向时的大部分工作中是在 IDA View 中进行的。

在 IDA 中以静态方式进行逆向分析时，需要直接面对反汇编代码，而在一个可执行文件中除了程序员自己编写的代码以外，还有很多被编译器插入的代码，如静态库函数、启动函数等。那么，是否都要直接面对反汇编代码呢？其实并不是。IDA 会自动进行分析，将已知的库函数标识，将未知的函数以某种特定的格式进行标识。此外，IDA 在分析结束后，会停留在程序的入口处，以方便逆向者进行分析。

在 IDA 的反汇编中常见的标识有 6 种，分别如下。

- Sub_XXXXXXXX：以 Sub_开头，表示为一个子程序。
- loc_XXXXXXXX：以 loc_开头，表示是一个地址，该标识多用于跳转指令的目的地址。
- byte_XXXXXXXX：以 byte_开头，表示字节型的数据。
- word_XXXXXXXX：以 word_开头，表示字型的数据。
- dword_XXXXXXXX：以 dword_开头，表示双字型的数据。
- unk_XXXXXXXX：以 unk_开头，表示未知类型的数据。

标号对逆向的作用非常大，标号可以自行添加，也可以重命名获得，在需要修改的标号处（或在需要添加标号的地址上）右键单击，在弹出的快捷菜单中选择“Rename”选项（或直接按 N 键），弹出重命名对话框，如图 7-12 所示。

在图 7-12 中可以修改或添加标号（甚至是变量名、函数名等），这些为逆向提供了很好的导航作用（修改后的名称是全局性的，当逆向者修改了某个函数名或标识后，对应的所有引用该函数名或标识的位置处都会显示修改后的名称）。例如，在某个标号的位置处右键单击，在弹出的快捷菜单中选择“Jump to xref to operand”选项（或直接按 X 键），即可查看跳转到该标号处的信息，如图 7-13 所示。

图 7-13 中显示了所有引用到标号 loc_401F47 的指令，其中“Direction”列表示引用该标

识指令的位置，图中显示为“Up”，表示引用该标识的指令在该标识的上方；“Type”列表示引用该标识的类型，图中显示为“j”，表示这是一个 jmp 系列的标识，此处还可以是“p”，表示这是一个 call 标识；“Address”列表示引用该标识的位置，图中“sub_401E1D+3C”表示这条引用是由 sub_401E1D 这个子程序 3C 偏移处引用的；“Text”列表示引用此标识处的指令，从图中可以看出是两条“jz”指令引用了该标识。

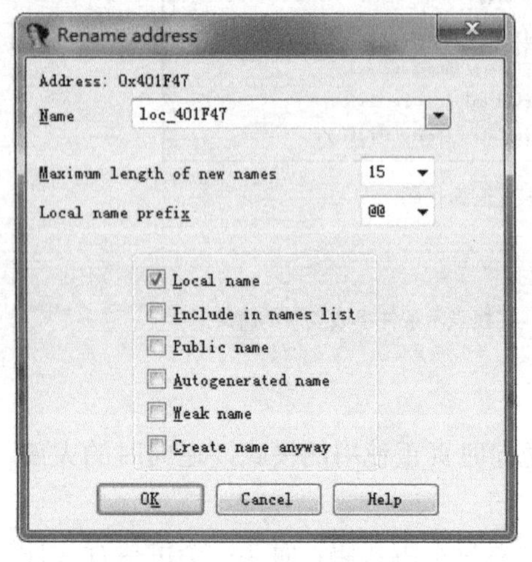

图 7-12 重命名对话框

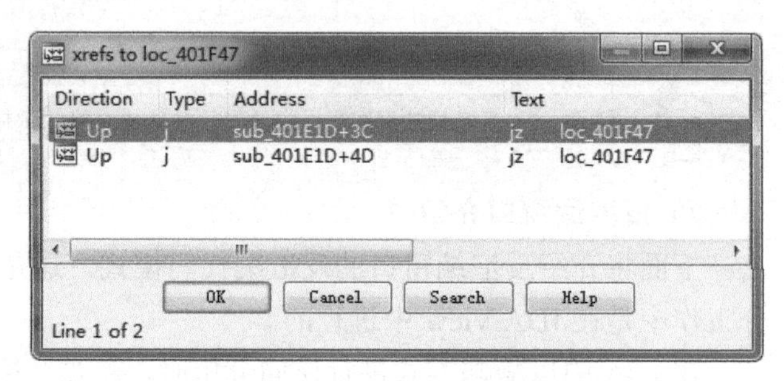

图 7-13 引用到某标号的信息

除了可以使用“xrefs”列表来查看对该标签的引用以外，还可以通过 IDA 中的注释来进行查看。在 IDA 中，所有的引用都会以注释的形式进行提示，如图 7-14 所示。

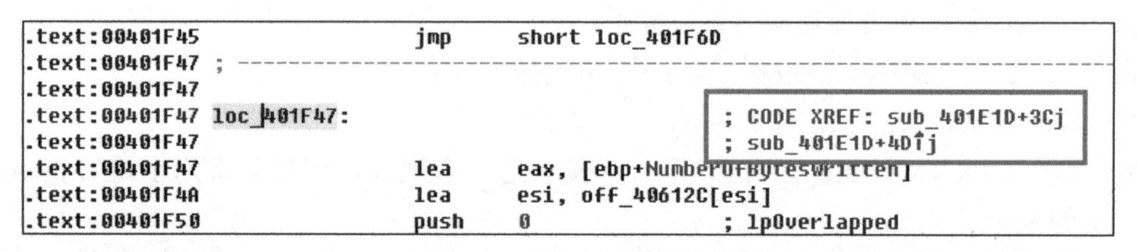

图 7-14 注释中的引用提示

在图 7-14 中，“CODE XREF: sub_401E1D+3Cj”同样表示这个引用是从 sub_401E1D 子程序的第 34 字节处跳转而来的，其中的“j”是跳转的意思。当标识引用注释无法显示所有引用时，只能以“……”（省略号）的方式进行显示，此时仍然需要使用“xrefs”列表来查看完整的引用列表。

注意：当选中某个标号后，标号会以高亮的黄色进行显示，引用该标号的位置也会以高亮的黄色显示。如果跳转指令比较近，则使用此方式可以很快地看到相关的指令；如果跳转指令非常远，那么只能通过不断地滚动反汇编代码来查看何处高亮显示，这种方式使用起来非常不便。

图 7-14 中显示的是关于代码的引用。除了代码的引用以外，还有对数据的引用，如图 7-15 所示。

当动态调试到某个地址时，往往需要 IDA 来配合阅读具体的反汇编代码。此时，需要在 IDA 的反汇编窗口中直接跳转到某个指定的地址处去阅读相应的反汇编代码。IDA 提供了功能丰富的跳转菜单，如图 7-16 所示。

```
                    align 4
; char a___[]
a___                db '...',0              ; DATA XREF: sub_401E1D+BF↑o
; char aProgramNameUnk[]
aProgramNameUnk db '<program name unknown>',0 ; DATA XREF: sub_401E1D+7D↑o
                    align 4
; char aGetlastactivep[]
aGetlastactivep db 'GetLastActivePopup',0 ; DATA XREF: ___crtMessageBoxA+3D↑o
                    align 4
```

图 7-15　对数据的引用

注意：双击反汇编代码后的标号或者反汇编代码中的 XREF 注释，可以跳转到相应的标号位置或者引用位置。

在调试器中得到指定的地址后，需要 IDA 快速到达指定的地址，此时选择“Jump by address...”选项，或者在反汇编窗口中直接按 G 键，就会打开“跳转到指定地址”窗口（类似于 OD 中按“Ctrl + G”快捷键），在其中输入指定的地址，IDA 就会显示指定地址的反汇编代码。

在阅读反汇编代码时，逆向者会分段或者分函数进行阅读。在分析某个函数的代码时，可以对函数中的变量进行重命名，并在某些关键的代码上加上注释。添加注释的方法是将光标定位到要添加注释对应的反汇编代码上，按“:”键（冒号键，或按“Shift + ;”快捷键），即可为反汇编的关键代码添加注释。

在 IDA 中，反汇编代码是逐行紧挨着显示的，这样并不利于阅读，此时选择菜单栏中的“Options”→“General”选项会弹出“IDA Options”对话框，在“Disassembly”选项卡中选中“Basic block boundaries”复选框，如图 7-17 所示。这样 IDA 在显示反汇编代码时会将代码按块以空行隔开。

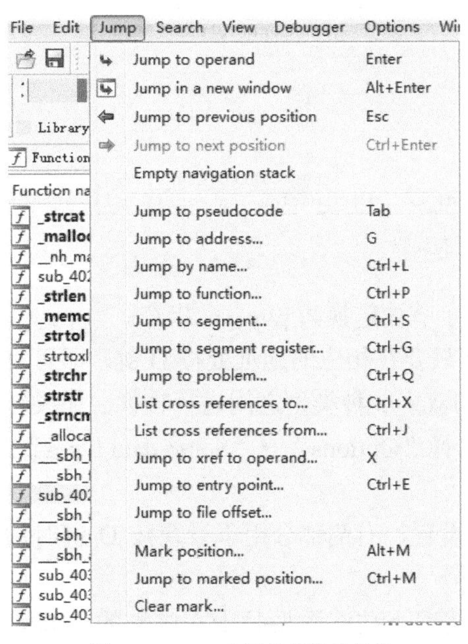

图 7-16　IDA 中提供的跳转菜单

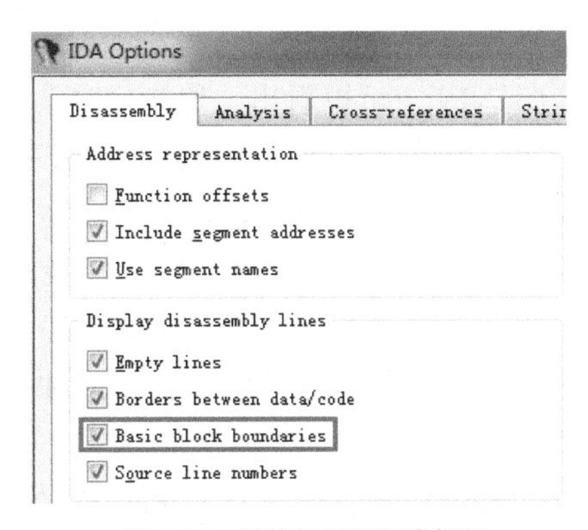

图 7-17　按块显示反汇编代码

在了解某个函数的功能时，可以给该函数重命名，方便以后在“Function name”窗口中查找分析完的函数。函数重命名是全局性的，函数重命名后，在反汇编代码中，所有对该函数的调用都会变为重命名后的函数名称。

在反汇编代码中，除了有跳转功能以外，还有丰富的搜索功能，IDA 的搜索依靠“Search”菜单下的各个子菜单实现。IDA 支持对文件、二进制、立即数等的搜索，同时可以设置“向上”或“向下”搜索，以满足逆向者的各种需求。

很多程序为了防止被破解，加入了花指令。所谓花指令，是在代码中插入了数据，使得反汇编引擎错误地将数据解析成为代码，从而导致从错误解析位置开始处往后的反汇编代码都会被错误地解析。它是一种常用的对抗静态分析的手段。IDA 是交互式的反汇编工具，当逆向者发现 IDA 错误地将代码解析为数据或者错误地将数据解析为代码时，可以通过快捷键“C”和“D”在数据和代码解析之间进行切换，如图 7-18 所示。

```
.text:004010A4                 push    1Ch             ; NumberOfBytesWritten
.text:004010A6                 call    _fast_error_exit
.text:004010A6
.text:004010A6 ; ---------------------------------------------------------------
.text:004010AB                 db 59h
.text:004010AC ; ---------------------------------------------------------------
.text:004010AC
.text:004010AC loc_4010AC:                             ; CODE XREF: start+62↑j
.text:004010AC                 mov     [ebp+ms_exc.registration.TryLevel], esi
```

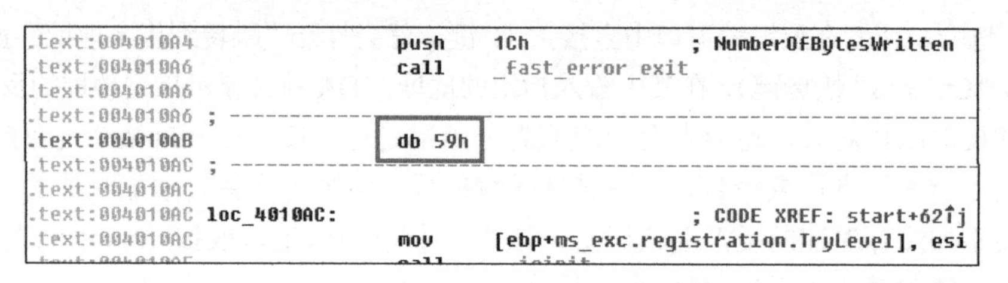

图 7-18　解析错误的代码

在图 7-18 中，在 CALL 指令后存在一字节数据的定义 db 59h，假如逆向者认为此处是 IDA 解析错误的部分，正确的应该是一条指令，则逆向者可以在此处按 C 键，将其转换为代码，如图 7-19 所示。

```
.text:004010A4                 push    1Ch             ; NumberOfBytesWritten
.text:004010A6                 call    _fast_error_exit
.text:004010A6
.text:004010AB ; ---------------------------------------------------------------
.text:004010AB                 pop     ecx
.text:004010AB
.text:004010AC
.text:004010AC loc_4010AC:                             ; CODE XREF: start+62↑j
.text:004010AC                 mov     [ebp+ms_exc.registration.TryLevel], esi
```

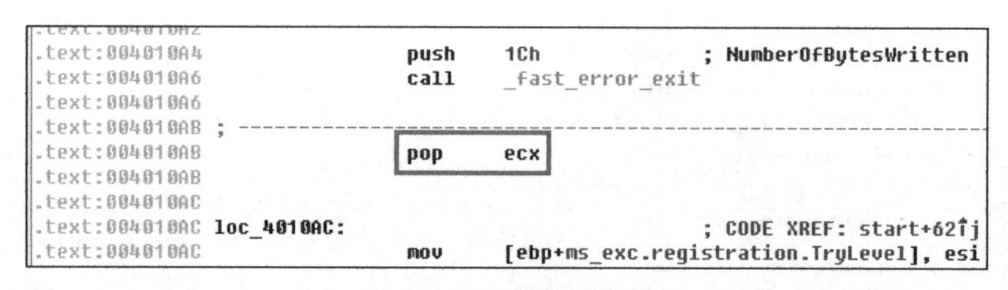

图 7-19　手动解析的代码

从图 7-19 中可以看出，原来定义为 db 59h 的字节被转换为 pop ecx 指令。

当然，也可以将错误解析的代码转换为数据，只要在相应的地址处按 D 键，即可将代码转换为数据，重复按 D 键，数据可以在字节、字和双字 3 种类型之间进行转换。如果转换的同时希望在浮点型等类型之间进行转换，则可以选择“Options”→“Setup data types”选项，在弹出的对话框中进行设置，如图 7-20 所示。

图 7-20 左侧部分可以对当前的数据类型进行设置，右侧部分用于设置按 D 键时切换的数据类型。

在分析反汇编代码时会看到各种数据，通常情况下这些数据是十六进制的，如图 7-21 所示。

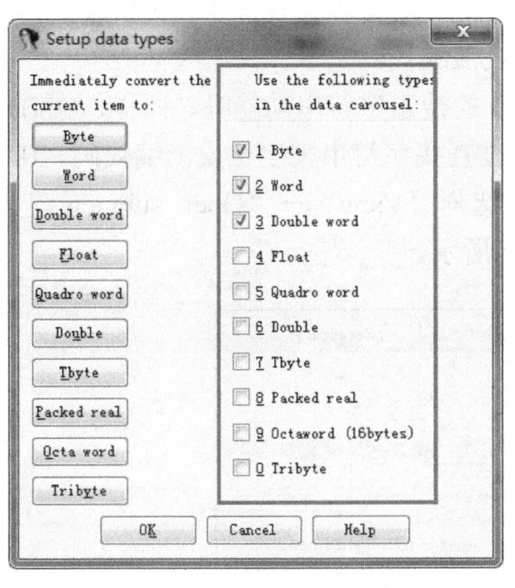

图 7-20　数据转换的列表

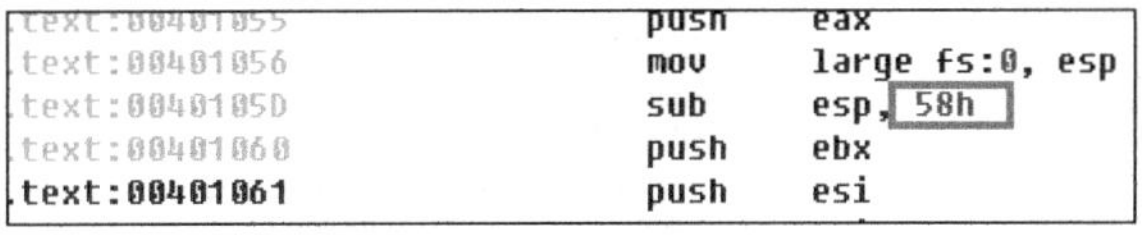

```
.text:00401055                 push    eax
.text:00401056                 mov     large fs:0, esp
.text:0040105D                 sub     esp, 58h
.text:00401060                 push    ebx
.text:00401061                 push    esi
```

图 7-21　代码中的数据为十六进制

使用 IDA 可以查看计算机常用数据的表示方式。选中图 7-21 中的 58h 数值并右键单击，可以根据反汇编代码的上下文来选择合适的数据表示方式，如图 7-22 所示。使用 IDA 也可以轻松地完成进制之间的转换。

使用 IDA 同样可以修改代码或数据，虽然这并非它的主要功能。选择“Edit”→“Patch program”选项可以修改数据或代码，如图 7-23 所示。

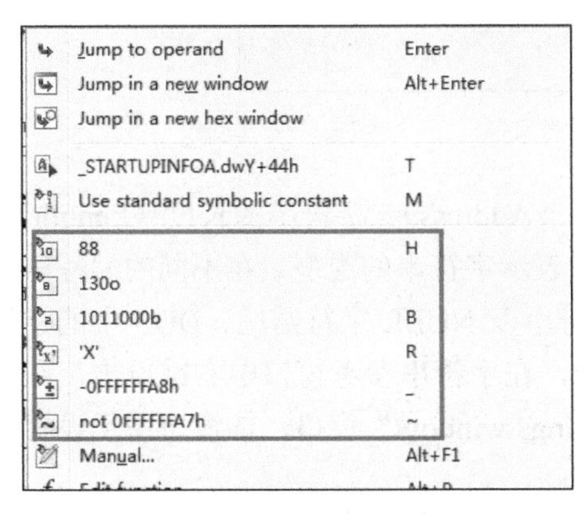

图 7-22　IDA 中常用的数据表示方式

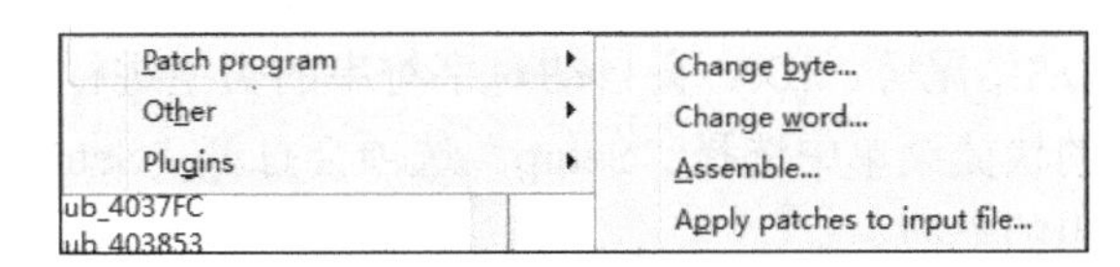

图 7-23　IDA 的 Patch program 功能

3．十六进制编辑窗口

IDA 中提供了十六进制编辑窗口（Hex View-A），该窗口中的地址是虚拟地址，而非磁盘中的文件偏移地址。在十六进制编辑窗口中滚动数据，IDA View 窗口中的反汇编代码也会同样随之移动。

4．字符串窗口和函数窗口

1）字符串窗口

通常情况下，一款功能很少的软件也会反汇编出非常多的反汇编代码，此时，若要逐行阅读反汇编代码基本无法实现。要快速定位到程序的功能，就必须查找一些相关特征的内容来帮助逆向者在大量的反汇编代码中定位真正所需的反汇编代码。

字符串可以帮助逆向者完成这一功能。还记得 OD 的搜索字符串功能吗？同样，在 IDA 中查找某个具体功能的反汇编代码时，首选仍然是通过查找字符串来定位反汇编代码。IDA 提供了字符串参考窗口，但是它默认并没有被打开。选择“View”→“Open subviews”→“Strings”选项，可以打开字符串参考窗口，如图 7-24 所示。

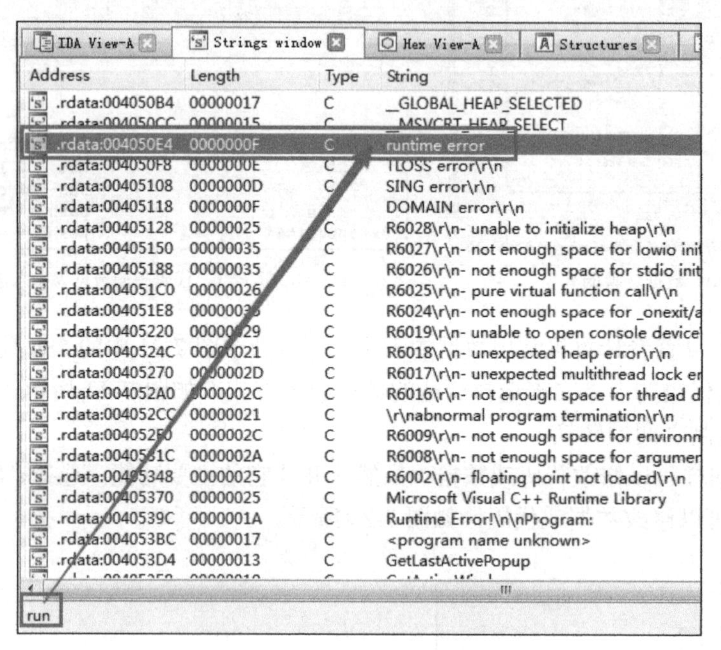

图 7-24 IDA 的字符串参考窗口

字符串参考窗口中显示了字符串所在的节区地址（Address）、字符串的长度（Length）、字符串的类型（Type）及字符串本身（String）。Type 表示字符串的类型，在不同的编程语言中，字符串的存储方式也不相同，如 C 语言中的字符串以 NULL 字符结尾、DOS 中的字符串以$结尾等。IDA 会自动对字符串的类型进行识别，在字符串参考窗口中右键单击，在弹出的快捷菜单中选择“Setup”选项会打开“Setup strings window”窗口，该窗口用于设置字符串的类型。

在字符串参考窗口列表中，为了快速地找到自己所要的字符串，可以直接在键盘上输入字符，字符串参考窗口的左下角会显示相应的字符，并自动匹配窗口中的字符串。找到相应的字符串以后，双击字符串就会来到引用字符串对应的 IDA View 窗口处。

IDA View 窗口的.rdata 节区（也可能是其他的节区）中会显示字符串，同样字符串可以与数据进行转换，可以在相应的字符串处按 D 键将其转换为数据，也可以在数据上按 A 键将其转换为字符串。IDA 会自动为字符串命名，名称默认以“A”开头，如图 7-25 所示。

在 IDA 中选择“Options”→“General”选项，在弹出的对话框的“Strings”选项卡中可以设置字符串的名称前缀。

```
.rdata:004050E1                  align 4
.rdata:004050E4 aRuntimeError    db 'runtime error ',0
.rdata:004050F3                  align 4
.rdata:004050F4                  db 0Dh,0Ah,0
.rdata:004050F7                  align 4
.rdata:004050F8 aTlossError      db 'TLOSS error',0Dh,0Ah,0
.rdata:00405106                  align 4
.rdata:00405108 aSingError       db 'SING error',0Dh,0Ah,0
.rdata:00405115                  align 4
.rdata:00405118 aDomainError     db 'DOMAIN error',0Dh,0Ah,0
.rdata:00405127                  align 4
.rdata:00405128 aR6028UnableToI  db 'R6028',0Dh,0Ah
.rdata:00405128                  db '- unable to initialize heap',0Dh,0Ah,0
```

图 7-25 IDA View 窗口中显示的字符串

2）函数窗口

IDA 可以显示分析出的函数，即显示在函数窗口（Function window）中，该窗口是默认显示的。IDA 中的函数窗口如图 7-26 所示。

Functions window

Function name	Segment	Start	Length	Locals	Arguments	R	F	L	S	B	T	=
WinMain(x,x,x,x)	**.text**	**00401000**	**00000019**	**00000000**	**00000010**	**R**	.	.	.	.	**T**	.
TlsCallback_0	.text	00401020	0000001E	00000000	00000008	R	.	.	.	.	.	.
start	.text	00401040	000000F6	00000078	00000000	.	.	L	.	B	.	.
__amsg_exit	.text	00401136	00000022	00000000	00000004	.	.	L	.	.	T	.
_fast_error_exit	.text	0040115B	00000023	00000000	00000004	.	.	L	S	.	T	.
__cinit	.text	0040117F	0000002D			R	.	L	.	.	.	.
_exit	**.text**	**004011AC**	**00000011**	**00000000**	**00000004**	.	.	**L**	.	.	**T**	.
__exit	**.text**	**004011BD**	**00000011**	**00000000**	**00000004**	.	.	**L**	.	.	**T**	.
_doexit	.text	004011CE	00000099	00000004	0000000C	R	.	L	S	.	T	.
__initterm	.text	00401267	0000001A	00000004	00000008	R	.	L	S	.	.	.

图 7-26 IDA 中的函数窗口

函数窗口中给出了函数的名称（Function name）、函数所属的节区（Segment）、函数开始的位置（Start）、函数的长度（Length）、函数局部变量（Locals）、函数的参数（Arguments）等基本信息。

在函数窗口中，双击函数可以快速地在 IDA View 窗口中显示函数所对应的反汇编代码，从而依靠函数名找到希望分析的函数的反汇编代码。

5. 导入表和导出表窗口

1）导入表窗口

导入表窗口（Imports）中显示的是程序中调用的 API 函数，如果希望快速定位相关功能的反汇编代码，则除了使用字符串进行参考以外，也可以使用 API 函数。IDA 的导入表窗口如图 7-27 所示。

Imports | IDA View-A | Strings window

Address	Ordinal	Name	Library
00405000		HeapDestroy	KERNEL32
00405004		GetStringTypeW	KERNEL32
00405008		GetModuleHandleA	KERNEL32
0040500C		GetStartupInfoA	KERNEL32
00405010		GetCommandLineA	KERNEL32
00405014		GetVersion	KERNEL32
00405018		ExitProcess	KERNEL32
0040501C		TerminateProcess	KERNEL32
00405020		GetCurrentProcess	KERNEL32
00405024		UnhandledExceptionFilter	KERNEL32
00405028		GetModuleFileNameA	KERNEL32
0040502C		FreeEnvironmentStringsA	KERNEL32

图 7-27 IDA 的导入表窗口

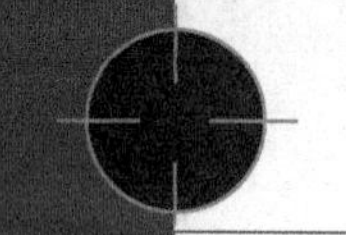

在导入表窗口中可以使用类似字符串参考窗口中搜索字符串的方式来快速地查找被导入的API函数。

在导入表窗口中双击某个API函数即可定位导入表在IDA View窗口中的位置，如图7-28所示。

```
.idata:00405040                 extrn SetHandleCount:dword ; CODE XREF: __ioinit+19D↑p
.idata:00405040                                         ; DATA XREF: __ioinit+19D↑r
.idata:00405044 ; HANDLE __stdcall GetStdHandle(DWORD nStdHandle)
.idata:00405044                 extrn GetStdHandle:dword ; CODE XREF: __ioinit+158↑p
.idata:00405044                                         ; sub_401E1D+143↑p
.idata:00405044                                         ; DATA XREF: ...
.idata:00405048 ; DWORD __stdcall GetFileType(HANDLE hFile)
.idata:00405048                 extrn GetFileType:dword ; CODE XREF: __ioinit+FF↑p
.idata:00405048                                         ; __ioinit+166↑p
.idata:00405048                                         ; DATA XREF: ...
.idata:0040504C ; DWORD __stdcall GetEnvironmentVariableA(LPCSTR lpName, LPSTR lpBuffer, DWORD nSize
.idata:0040504C                 extrn GetEnvironmentVariableA:dword
.idata:0040504C                                         ; CODE XREF: sub_401A6D+54↑p
.idata:0040504C                                         ; DATA XREF: sub_401A6D+54↑r
.idata:00405050 ; BOOL __stdcall GetVersionExA(LPOSVERSIONINFOA lpVersionInformation)
```

图7-28 导入表在IDA View窗口中的位置

在进入IDA View窗口中后，通过API函数对应的交叉引用可以快速定位到调用该API函数的反汇编代码处。使用API进行定位比通过字符串定位多了一个要求，即需要了解API函数的作用。由此可见，在进行逆向分析时，对软件开发知识的掌握也是有一定要求的。

2）导出表窗口

IDA的导出表窗口（Exports）输出了可执行文件导出的函数，而对于分析不提供导出函数的EXE文件而言，其会显示程序的入口文件，如图7-29所示。

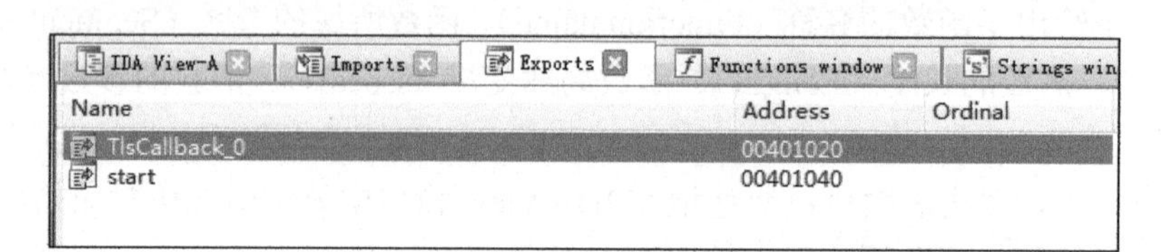

图7-29 IDA的导出表窗口

图7-29中显示了两个函数，这两个函数都不是导出函数，TlsCallback_0是一个TLS函数，start是入口函数。当分析程序时，可以通过Exports的start函数跳转到程序的入口函数，即快速回到程序的入口处。

6．强大的F5键

IDA中有多种多样的插件，如格式识别的插件、补丁分析插件等。其中一款插件特别有特色，也备受逆向者喜爱（尤其受刚刚开始研究逆向分析的人员喜爱），它就是Hex-Rays Decompiler。该插件可以将反汇编代码直接反编译成为高级语言。它的使用非常简单，只要在相应的反汇编代码上按F5键，即可显示相应的高级语言。

在IDA中随意选中一处反汇编代码并按F5键，可以看到图7-30所示的高级语言代码。经过该插件分析的代码类似于C/C++代码，对于功能相对独立的反汇编代码函数，可以通过IDA的F5键先将其转换为高级语言，对其进行简单修改后再使用。

高版本的IDA还支持F4键和“Ctrl + F4”快捷键，它们的功能与F5键类似，读者可以自行进行测试。

```
IDA View-A | Pseudocode-A | Imports | Exports
void __cdecl start()
{
  DWORD v0; // eax@1
  signed int v1; // eax@4
  HMODULE v2; // eax@7
  int v3; // eax@7
  DWORD lpCmdLine; // [sp+10h] [bp-64h]@3
  struct _STARTUPINFOA StartupInfo; // [sp+18h] [bp-5Ch]@3
  CPPEH_RECORD ms_exc; // [sp+5Ch] [bp-18h]@3
  int v7; // [sp+74h] [bp+0h]@6

  v0 = GetVersion();
  dword_408528 = BYTE1(v0);
  dword_408524 = (unsigned __int8)v0;
  dword_408520 = BYTE1(v0) + ((unsigned __int8)v0 << 8);
  dword_40851C = v0 >> 16;
  if ( !sub_401BB5(0) )
    fast_error_exit(0x1Cu);
  ms_exc.registration.TryLevel = 0;
  _ioinit();
  dword_408A18 = GetCommandLineA();
  dword_408504 = (char *)__crtGetEnvironmentStringsA();
  _setargv();
  _setenvp();
  _cinit();
  StartupInfo.dwFlags = 0;
  GetStartupInfoA(&StartupInfo);
```

图 7-30　按 F5 键生成的高级语言代码

7. 其他窗口

除上述窗口外，IDA 中还有一些常用的窗口，如结构体窗口（Structures）、枚举窗口（Enums）等。通过定义结构体或枚举，可以将它们应用在反汇编中，从而能够更好地提高反汇编的可读性。对于如何定义结构体和枚举的方法，IDA 的相关窗口中给出了简单的实现方法，如打开结构体窗口。结构体窗口的最上方给出了操作结构体的方法，如图 7-31 所示。

```
00000000 ; Ins/Del  : create/delete structure
00000000 ; D/A/*    : create structure member (data/ascii/array)
00000000 ; N        : rename structure or structure member
00000000 ; U        : delete structure member
```

图 7-31　操作结构体的方法

7.1.3 IDA 的脚本功能

IDA 支持通过脚本来辅助逆向分析，这样可以大大提高 IDA 的逆向分析效率。目前，IDA 有两种使用较多的脚本，一种是 IDPy，另一种是 IDC。前一种是 Python 脚本，后一种类似于 C 语言脚本。本小节将通过一个简单的实例来介绍这两种脚本的使用。

在前面的章节中，我们手动完成了一次简单的加壳任务。加壳时对代码节中的代码进行了异或操作，并修改了程序的入口，在入口处对异或后的代码进行了解码，再跳转到原始入口处。本小节将使用 IDA 打开该加壳程序，并使用两种不同的 IDA 脚本对其进行解码。

1. 分析程序

使用 IDA 打开该加壳程序，IDA 经过一番分析以后定位在其入口点处，如图 7-32 所示。

此段代码的关键在于对从地址 0x00401000 起始的 0x30 字节进行异或操作，以完成解码。观察一下解码前地址 0x00401000 处的数据，双击图 7-32 中的标号 dword_401000 后，会自动跳转到地址 0x00401000 处，如图 7-33 所示。

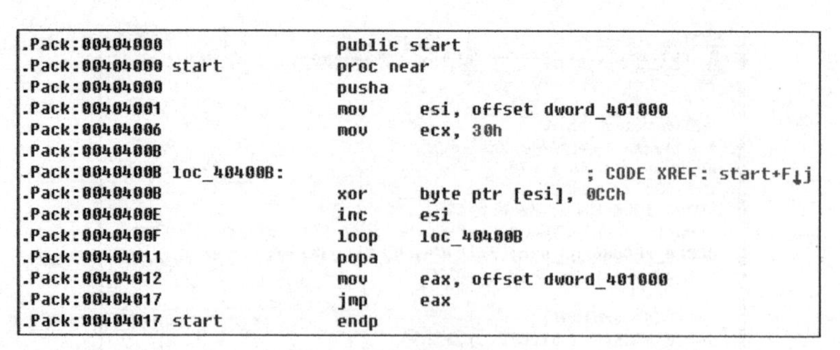

```
.Pack:00404000                 public start
.Pack:00404000 start           proc near
.Pack:00404000                 pusha
.Pack:00404001                 mov     esi, offset dword_401000
.Pack:00404006                 mov     ecx, 30h
.Pack:0040400B
.Pack:0040400B loc_40400B:                             ; CODE XREF: start+F↓j
.Pack:0040400B                 xor     byte ptr [esi], 0CCh
.Pack:0040400E                 inc     esi
.Pack:0040400F                 loop    loc_40400B
.Pack:00404011                 popa
.Pack:00404012                 mov     eax, offset dword_401000
.Pack:00404017                 jmp     eax
.Pack:00404017 start           endp
```

图 7-32 加壳程序的入口点

```
.text:00401000                 ;org 401000h
.text:00401000                 assume es:FLAT, ss:FLAT, ds:FLAT, fs:nothing, gs:nothing
.text:00401000 dword_401000    dd 0ECA4CCA6h, 0A4CC8CECh, 0CC8CECCCh, 0CB24CCA6h, 0A6CCCCCCh
.text:00401000                                         ; DATA XREF: start+1↓o
.text:00401000                                         ; start+12↓o
.text:00401000                 dd 0CCCA24CCh, 0E933CCCCh, 0CC8CFCCCh, 0FCC4E933h, 0CCCCCC8Ch
.text:00401000                 dd 2 dup(0CCCCCCCCh), 3F4h dup(0)
.text:00401000 _text           ends
.text:00401000
```

图 7-33 解码前的地址 0x00401000 处的数据

图 7-33 中，地址 0x00401000 处是大量数据，说明这里是一些数据，在此处按 C 键，将其转换为代码进行查看，如图 7-34 所示。

```
.text:00401000                 assume es:FLAT, ss:FLAT, ds:FLAT, fs:nothing, g
.text:00401000
.text:00401000 loc_401000:                             ; DATA XREF: start+1↓o
.text:00401000                                         ; start+12↓o
.text:00401000                 cmpsb
.text:00401001                 int     3               ; Trap to Debugger
.text:00401002                 movsb
.text:00401003                 in      al, dx
.text:00401004                 in      al, dx
.text:00401005                 mov     esp, cs
.text:00401007                 movsb
.text:00401008                 int     3               ; Trap to Debugger
.text:00401009                 in      al, dx
.text:0040100A                 mov     esp, cs
.text:0040100C                 cmpsb
.text:0040100D                 int     3               ; Trap to Debugger
.text:0040100E                 and     al, 0CBh
.text:0040100E ; ---------------------------------------------------------------
.text:00401010                 db 0CCh ;
.text:00401011                 db 0CCh ;
```

图 7-34 未解码的代码

图 7-34 中的代码并非真正的原代码，因为它并没有被解码，只是根据未解码的十六进制数据生成的反汇编代码。下面将通过 IDC 和 IDPy 两种脚本对其进行解码。

2．解码脚本

1）IDPy 脚本

IDPy 脚本是以 Python 为基础来编写而成的。Python 是一门非常流行且非常实用的脚本语言。这里直接给出 IDPy 脚本的代码。IDPy 脚本如下：

```
from idaapi import *

address = 0x401000
i = 0
```

```
while i < 0x30:
    c = Byte(address)
    c = c ^ 0xcc
    PatchByte(address, c)
    address = address + 1
    i = i + 1
```

将以上脚本保存为.py 文件，在 IDA 中选择“File”→“Script file”选项，选中该脚本，IDA 会自动运行该脚本。运行完该脚本以后，地址 0x00401000 处的反汇编代码会正常解码，如图 7-35 所示。

```
.text:00401000
.text:00401000 loc_401000:                          ; DATA XREF: start+1↓o
.text:00401000                                      ; start+12↓o
.text:00401000                 push    0
.text:00401002                 push    offset aBinaryDiy ; "Binary Diy"
.text:00401007                 push    offset aHelloPeBinaryD ; "Hello,PE Binary Diy!!"
.text:0040100C                 push    0
.text:0040100E                 call    MessageBoxA
.text:00401013                 push    0
.text:00401015                 call    ExitProcess
.text:0040101A ; [00000006 BYTES: COLLAPSED FUNCTION MessageBoxA. PRESS KEYPAD CTRL-"+" TO EXP
.text:00401020 ; [00000006 BYTES: COLLAPSED FUNCTION ExitProcess. PRESS KEYPAD CTRL-"+" TO EXP
.text:00401026                 db    0
```

图 7-35　解码后的反汇编代码

运行 IDPy 脚本之前，我们已经手动将地址 0x00401000 处的数据转换为了代码，解码后此处的内容依然是代码。如果运行脚本之前，地址 0x00401000 处的内容是数据，则解码后该处的内容也是数据。重新使用 IDA 打开该可执行文件，再次运行脚本，查看地址 0x00401000 处的数据，如图 7-36 所示。

```
.text:00401000 _text           segment para public 'CODE' use32
.text:00401000                 assume cs:_text
.text:00401000                 ;org 401000h
.text:00401000                 assume es:FLAT, ss:FLAT, ds:FLAT, fs:nothing, gs:nothing
.text:00401000 dword_401000    dd 2068006Ah, 68004020h, 402000h, 7E8006Ah, 6A000000h
.text:00401000                                          ; DATA XREF: start+1↓o
.text:00401000                                          ; start+12↓o
.text:00401000                 dd 6E800h, 25FF0000h, 403000h, 300825FFh, 40h, 3F6h dup(0)
.text:00401000 _text           ends
.text:00401000
```

图 7-36　解码后的数据

对比图 7-36 和图 7-33 可以发现，虽然图 7-36 的数据是经过异或解码的，但是由于解码之前它是数据，因此其在解码之后依然保持数据的形式。如果要将其转换为代码，则需要在地址 0x00401000 处按 C 键进行手动转换。

2）IDC 脚本

IDC 脚本类似于 C 语言的脚本，下面将给出 IDC 脚本的使用方法。使用 IDA 重新打开该可执行文件，选择“File”→“Script file”选项，打开 IDC 脚本。IDC 脚本如下：

```
#include <idc.idc>

static main()
{
    auto address, i, c;

    address = 0x401000;
```

```
        for ( i = 0; i < 0x30; i = i  + 1)
        {
            c = Byte(address);
            c = c ^ 0xcc;
            PatchByte(address, c);
            address = address + 1;
        }

        MakeCode(0x401000);
    }
```

IDC 脚本被定义在一个 static main()函数中，这是与 C 语言的不同之处。auto 用来声明 3 个变量。代码中使用了 3 个 IDA 提供的函数，分别是 Byte()、PatchByte()和 MakeCode()。这些函数在 IDC 和 IDPy 中都可以使用，下面对它们做一个简单介绍。

```
long Byte(long ea);                        // 得到一个有效地址的字节
success PatchByte(long ea,long value);     // 改变一个有效地址的值
    long MakeCode(long ea);                // 把指定地址的内容转换为代码
```

因为 IDC 脚本中使用了 MakeCode()函数，所以它会自动将地址 0x00401000 处的数据转换为代码。

IDA 的功能非常强大，不是短短一章就能介绍完的，即使是大部头的专业书籍也无法将其介绍完整。对其有兴趣的读者，可以自己查阅相关资料进行学习。本章关于 IDA 的使用就介绍到这里。

7.2 C 语言代码逆向基础

在学习编程的过程中，需要阅读大量的源代码才能提高自身的编程能力。同样，在制作产品时需要大量参考同行的软件才能改善自己产品的不足。如果发现某款软件的功能非常不错，急需融入自己的软件产品，而此时又没有源代码可供参考，那么程序员唯一能做的只有通过逆向分析来了解其实现方式。除此之外，当使用的某款软件存在漏洞，而该软件已经不再更新时，程序员能够做的除了去寻找同类的其他软件，还可以通过逆向分析来自行修正软件的漏洞，从而更好地继续使用该软件。逆向分析程序的原因很多，除了前面所说的情况外，还有一些情况不得不进行逆向分析，如病毒分析、漏洞分析等。

可能病毒分析、漏洞分析等高深技术对于初学者而言还很遥远，但是其基础知识部分都离不开逆向知识。下面将借助 IDA 来分析由 VC 编译连接的 C 语言代码，进而学习并掌握逆向分析的基础知识。

7.2.1 函数的识别

使用 C 语言编写程序时，是以函数为单位进行编写的。所谓函数（或子程序），是一段代码，函数有固定的入口和出口。所谓入口，就是函数的参数；所谓出口，就是返回给调用函数的结果。

通过阅读反汇编代码进行逆向分析时，第一步就是对函数进行识别。这里的识别，指确定函数的开始位置、结束位置、参数个数、返回值及函数的调用方式。在逆向过程中，不会

把单个的反汇编指令作为最基本的逆向分析单位，因为一条指令只能表示出 CPU 执行的是何种操作，而无法明确反映出一段程序功能的所在。就像使用 C 语言进行编程时，很难不通过代码的上下文关系就能了解一条语句的含义一样。

因此，逆向时一般先识别函数，再分析函数中的控制结构，最后分析控制结构中的各种表达式，从而了解整个程序的算法。

1．简单的 C 语言函数调用程序

为了方便介绍关于函数的识别，这里编写了一个简单的 C 语言程序，用 VC6 进行编译连接。C 语言代码如下：

```
#include <stdio.h>
#include <windows.h>

int test(char *szStr, int nNum)
{
    printf("%s, %d \r\n", szStr, nNum);
    MessageBox(NULL, szStr, NULL, MB_OK);

    return 5;
}

int main(int argc, char **argv)
{
    int nNum = test("hello", 6);

    printf("%d \r\n", nNum);

    return 0;
}
```

在程序代码中，自定义函数 test()由主函数 main()所调用，test()函数的返回值类型为 int。在 test()函数中调用了 printf()函数和 MessageBox()函数。将代码在 VC6 中使用 Debug 方式进行编译连接生成一个可执行文件，该可执行文件通过 IDA 进行逆向分析。

注意：以上代码片段的扩展名为“.c”，而非“.cpp”。本节用来进行逆向分析的示例均使用 Debug 方式在 VC6 中进行编译连接。关于 Release 方式编译连接后的逆向分析，请读者根据书中的思路自行进行。

2．函数的逆向分析

大多数情况下逆向者是针对自己比较感兴趣的程序部分进行逆向分析的，分析部分功能或者部分关键函数。因此，确定函数的开始位置和结束位置非常重要。但通常情况下，函数的起始位置和结束位置都可以通过反汇编工具自动进行识别，只有在代码被刻意改变后才需要逆向者自己进行识别。IDA 可以很好地识别函数的起始位置和结束位置，如果在逆向分析的过程中发现有分析不准确的情况，则可以按“Alt+P”快捷键弹出“Edit function”（编辑函数）对话框来调整函数的起始位置和结束位置。“Edit function”对话框如图 7-37 所示。在图 7-37 中，在“Start address”和“End address”下拉列表中可以设定函数的起始地址和结束地址。

使用 IDA 打开 VC6 编译好的程序时，IDA 会弹出一个提示框，询问是否使用 PDB 文件，如图 7-38 所示。PDB 文件是程序数据库文件，是编译器生成的一个文件，方便程序调试使用。PDB 文件包含函数地址、全局变量的名称和地址、参数和局部变量的名称及其在栈中的偏移量等众多信息。这里单击“Yes”按钮即可。

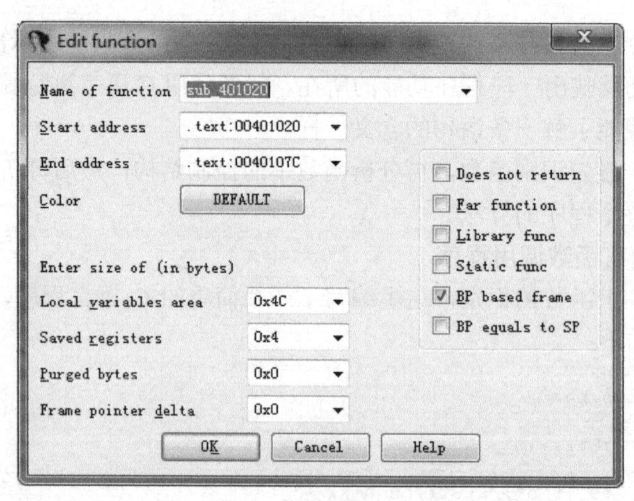

图 7-37 “Edit Function”对话框

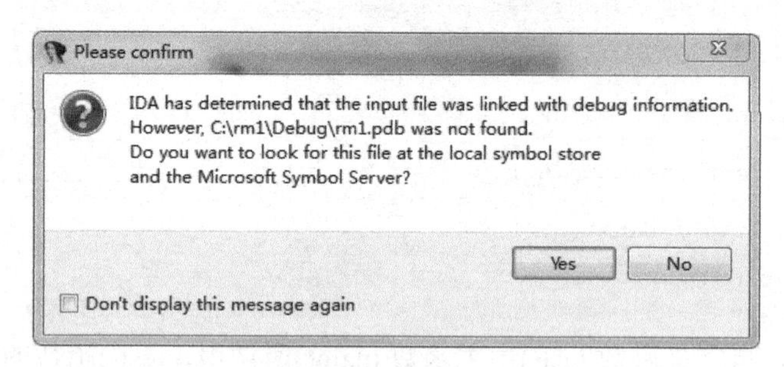

图 7-38 询问是否使用 PDB 文件

注意：在分析其他程序时，通常没有 PDB 文件，那么可以单击“No”按钮。在有 PDB 和无 PDB 文件的情况下，IDA 的分析结果是截然不同的。请读者在自行分析时，尝试对比不加载编译器生成的 PDB 文件和加载 PDB 文件时 IDA 生成的反汇编代码的差异。

当 IDA 完成对程序的分析后，IDA 直接找到了 main()函数的跳表项，如图 7-39 所示。

```
.text:00401005 ; =============== S U B R O U T I N E ======================================
.text:00401005
.text:00401005
.text:00401005 _main_0         proc near               ; CODE XREF: _mainCRTStartup+E4↓p
.text:00401005                 jmp     _main
.text:00401005 _main_0         endp
.text:00401005
.text:0040100A ; [00000005 BYTES: COLLAPSED FUNCTION j__test. PRESS KEYPAD CTRL-"+" TO EXP
```

图 7-39 main 函数的跳表项

所谓 main()函数的跳表项，指这里并不是 main()函数真正的起始位置，而是一个跳表，用来统一管理各个函数的地址。从图 7-39 中可以看到，有一条 jmp _main 的反汇编代码，这条代码用来跳向真正的 main()函数的地址。在 IDA 中查看图 7-39，可能只能找到这么一条跳转指令。在图 7-39 的靠下部分有一句注释为“[00000005 BYTES: COLLAPSED FUNCTION j__test. PRESS KEYPAD "+" TO EXPAND]”，表示这里是可以展开的，在该注释上右键单击，在弹出的快捷菜单中选择“Unhide”选项，可以看到被隐藏的跳表项，如图 7-40 所示。

```
; =============== S U B R O U T I N E =======================================


_main_0         proc near               ; CODE XREF: _mainCRTStartup+E4↓p
                jmp     _main
_main_0         endp


; =============== S U B R O U T I N E =======================================

; Attributes: thunk

; int __cdecl j__test(LPCSTR lpText, int)
j__test         proc near               ; CODE XREF: _main+1F↓p
                jmp     _test
j__test         endp

; ---------------------------------------------------------------------------
```

图 7-40 展开后的跳表项

在实际的反汇编代码中，jmp _main 和 jmp _test 是紧挨着的两条指令，而且 jmp 后面是两个地址。这里的显示函数形式、_main 和_test 是由 IDA 进行处理的。在 OD 中观察跳表的形式，如图 7-41 所示。

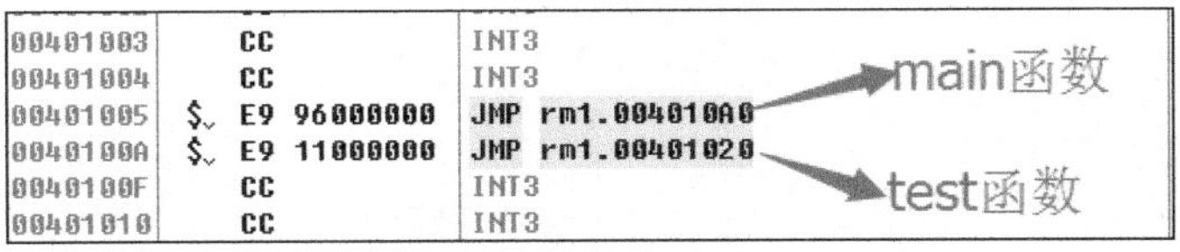

```
00401003     CC              INT3
00401004     CC              INT3
00401005  $. E9 96000000     JMP rm1.004010A0      main函数
0040100A  $. E9 11000000     JMP rm1.00401020      test函数
0040100F     CC              INT3
00401010     CC              INT3
```

图 7-41 跳表的形式

在图 7-41 中，0x004010A0 是 main()函数的地址，0x00401020 是 test()函数的地址。并非每个程序都能被 IDA 识别出跳转到 main()函数的跳表项，且程序的入口点也非 main()函数。那么先来看一下程序的入口函数位置。在 IDA 中选择“Exports”选项，打开“Exports”窗口(即导出表窗口，该窗口用于查看导出函数的地址，但是 EXE 程序通常无导出函数，这里显示的是 EXE 程序的入口函数)。在“Exports”窗口中可以看到_mainCRTStartup，如图 7-42 所示。

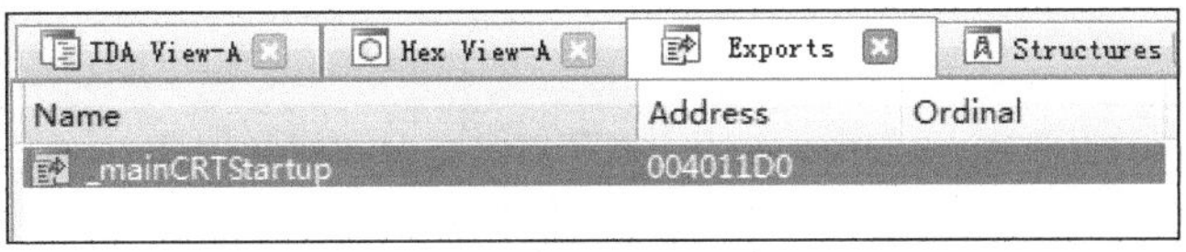

IDA View-A | Hex View-A | Exports | Structures

Name	Address	Ordinal
_mainCRTStartup	004011D0	

图 7-42 “Exports”窗口

_mainCRTStartup 函数由 VC 插入，是 VC 编译后的启动函数，双击_mainCRTStartup 即可到达启动函数的位置。这说明了 C 语言中 main()不是程序运行的第一个函数，而是程序员编写程序时的第一个函数，main()函数由启动函数调用。_mainCRTStartup 函数的反汇编代码如下：

```
.text:004011D0                 public _mainCRTStartup
.text:004011D0 _mainCRTStartup proc near
.text:004011D0
.text:004011D0 var_20          = dword ptr -20h
.text:004011D0 Code            = dword ptr -1Ch
```

```
.text:004011D0 ms_exc          = CPPEH_RECORD ptr -18h
.text:004011D0
.text:004011D0                 push    ebp
.text:004011D1                 mov     ebp, esp
.text:004011D3                 push    0FFFFFFFFh
.text:004011D5                 push    offset stru_422148
.text:004011DA                 push    offset __except_handler3
.text:004011DF                 mov     eax, large fs:0
.text:004011E5                 push    eax
.text:004011E6                 mov     large fs:0, esp
.text:004011ED                 add     esp, 0FFFFFFF0h
.text:004011F0                 push    ebx
.text:004011F1                 push    esi
.text:004011F2                 push    edi
.text:004011F3                 mov     [ebp+ms_exc.old_esp], esp
.text:004011F6                 call    ds:__imp__GetVersion@0 ; GetVersion()
.text:004011FC                 mov     __osver, eax
.text:00401201                 mov     eax, __osver
.text:00401206                 shr     eax, 8
.text:00401209                 and     eax, 0FFh
.text:0040120E                 mov     __winminor, eax
.text:00401213                 mov     ecx, __osver
.text:00401219                 and     ecx, 0FFh
.text:0040121F                 mov     __winmajor, ecx
.text:00401225                 mov     edx, __winmajor
.text:0040122B                 shl     edx, 8
.text:0040122E                 add     edx, __winminor
.text:00401234                 mov     __winver, edx
.text:0040123A                 mov     eax, __osver
.text:0040123F                 shr     eax, 10h
.text:00401242                 and     eax, 0FFFFh
.text:00401247                 mov     __osver, eax
.text:0040124C                 push    0
.text:0040124E                 call    __heap_init
.text:00401253                 add     esp, 4
.text:00401256                 test    eax, eax
.text:00401258                 jnz     short loc_401264
.text:0040125A                 push    1Ch
.text:0040125C                 call    fast_error_exit
.text:00401261 ; ---------------------------------------------------------------
.text:00401261                 add     esp, 4
.text:00401264
.text:00401264 loc_401264:                         ; CODE XREF: _mainCRTStartup+88j
.text:00401264                 mov     [ebp+ms_exc.registration.TryLevel], 0
.text:0040126B                 call    __ioinit
.text:00401270                 call    ds:__imp__GetCommandLineA@0;GetCommandLineA()
.text:00401276                 mov     __acmdln, eax
.text:0040127B                 call    ___crtGetEnvironmentStringsA
.text:00401280                 mov     __aenvptr, eax
.text:00401285                 call    __setargv
.text:0040128A                 call    __setenvp
.text:0040128F                 call    __cinit
.text:00401294                 mov     ecx, __environ
.text:0040129A                 mov     ___initenv, ecx
.text:004012A0                 mov     edx, __environ
.text:004012A6                 push    edx
.text:004012A7                 mov     eax, ___argv
.text:004012AC                 push    eax
.text:004012AD                 mov     ecx, ___argc
.text:004012B3                 push    ecx
.text:004012B4                 call    _main_0
.text:004012B9                 add     esp, 0Ch
.text:004012BC                 mov     [ebp+Code], eax
.text:004012BF                 mov     edx, [ebp+Code]
.text:004012C2                 push    edx             ; Code
.text:004012C3                 call    _exit
.text:004012C8 ; ---------------------------------------------------------------
```

```
.text:004012C8
.text:004012C8 loc_4012C8:                           ; DATA XREF: .rdata:stru_422148o
.text:004012C8                 mov     eax, [ebp+ms_exc.exc_ptr]
.text:004012CB                 mov     ecx, [eax]
.text:004012CD                 mov     edx, [ecx]
.text:004012CF                 mov     [ebp+var_20], edx
.text:004012D2                 mov     eax, [ebp+ms_exc.exc_ptr]
.text:004012D5                 push    eax             ; ExceptionInfo
.text:004012D6                 mov     ecx, [ebp+var_20]
.text:004012D9                 push    ecx             ; int
.text:004012DA                 call    __XcptFilter
.text:004012DF                 add     esp, 8
.text:004012E2                 retn
```

在反汇编代码中可以看到，main()函数的调用发生在地址 0x004012B4 处。启动函数从地址 0x004011D0 处开始，其间调用 GetVersion()函数获得了系统版本号、调用__heap_init 函数初始化了程序所使用的堆空间、调用了 GetCommandLineA()函数获取了命令行参数、调用__crtGetEnvironmentStringsA 函数获得了环境变量字符串……在完成了一系列启动所需的工作后，终于在地址 0x004012B4 处调用了_main_0。由于我们使用的是调试版且有 PDB 文件，所以在反汇编代码中可以直接显示程序中的符号，而在分析其他程序时无 PDB 文件，_main_0 显示为一个地址而非一个符号，但依然可以通过规律找到_main_0 所在的位置。

没有 PDB 文件如何找到_main_0 所在的位置呢？在 VC 中，启动函数会依次调用 GetVersion()、GetCommandLineA()、GetEnvironmentStringsA()等函数，而这一系列函数即是一串明显的特征，在调用完 GetEnvironmentStringA()后会有 3 个 push 操作，这 3 个 push 操作分别是 main()函数的 3 个参数。具体代码如下：

```
.text:004012A0             mov    edx, __environ
.text:004012A6             push   edx
.text:004012A7             mov    eax, ___argv
.text:004012AC             push   eax
.text:004012AD             mov    ecx, ___argc
.text:004012B3             push   ecx
.text:004012B4             call   _main_0
```

该反汇编代码对应的 C 代码如下：

```
#ifdef WPRFLAG
              __winitenv = _wenviron;
              mainret = wmain(__argc, __wargv, _wenviron);
#else  /* WPRFLAG */
              __initenv = _environ;
              mainret = main(__argc, __argv, _environ);
#endif  /* WPRFLAG */
```

该部分代码是从 CRT0.C 中得到的，可以看到，启动函数在调用 main()函数时有 3 个参数。

3 个 push 操作后的第一个 call 处即是_main_0 函数的地址。再往_main_0 下面看，_main_0 后地址 0x004012C3 处的指令为 call_exit。确定程序是由 VC6 编写后，找到对_exit 的调用，往上找一个 call 指令即可找到_main_0 所对应的地址。大家可以依照该方法进行测试。

在顺利找到_main_0 函数后，直接双击反汇编的_main_0，即可跳转到函数跳转表处，函数跳转表在前面已经提到，这里不再介绍。在跳转表中双击_main，即可跳转到真正的_main 函数的反汇编代码处。_main 函数的返回表代码如下：

```
.text:004010A0 _main           proc near               ; CODE XREF: _main_0j
.text:004010A0
.text:004010A0 var_44          = byte ptr -44h
.text:004010A0 var_4           = dword ptr -4
```

```
.text:004010A0
.text:004010A0                 push    ebp
.text:004010A1                 mov     ebp, esp
.text:004010A3                 sub     esp, 44h
.text:004010A6                 push    ebx
.text:004010A7                 push    esi
.text:004010A8                 push    edi
.text:004010A9                 lea     edi, [ebp+var_44]
.text:004010AC                 mov     ecx, 11h
.text:004010B1                 mov     eax, 0CCCCCCCCh
.text:004010B6                 rep stosd
.text:004010B8                 push    6               ; int
.text:004010BA                 push    offset Text     ; "hello"
.text:004010BF                 call    j__test
.text:004010C4                 add     esp, 8
.text:004010C7                 mov     [ebp+var_4], eax
.text:004010CA                 mov     eax, [ebp+var_4]
.text:004010CD                 push    eax
.text:004010CE                 push    offset aD       ; "%d \r\n"
.text:004010D3                 call    _printf
.text:004010D8                 add     esp, 8
.text:004010DB                 xor     eax, eax
.text:004010DD                 pop     edi
.text:004010DE                 pop     esi
.text:004010DF                 pop     ebx
.text:004010E0                 add     esp, 44h
.text:004010E3                 cmp     ebp, esp
.text:004010E5                 call    __chkesp
.text:004010EA                 mov     esp, ebp
.text:004010EC                 pop     ebp
.text:004010ED                 retn
.text:004010ED _main           endp
```

短短几行的 C 语言代码，编译连接生成可执行文件后，再进行反汇编竟然生成了比 C 语言代码多得多的代码。观察上述反汇编代码，通过特征可以确定这是我们手写的主函数。首先，代码中有一个对 test()函数的调用发生在地址 0x004010BF 处；其次，有一个对 printf()函数的调用发生在地址 0x004010D3 处。_main 函数的入口部分代码如下：

```
.text:004010A0                 push    ebp
.text:004010A1                 mov     ebp, esp
.text:004010A3                 sub     esp, 44h
.text:004010A6                 push    ebx
.text:004010A7                 push    esi
.text:004010A8                 push    edi
.text:004010A9                 lea     edi, [ebp+var_44]
.text:004010AC                 mov     ecx, 11h
.text:004010B1                 mov     eax, 0CCCCCCCCh
.text:004010B6                 rep stosd
```

大多数函数的入口处是诸如 push ebp / mov ebp, esp / sub esp, ×××这样的形式，这几句代码保存了栈帧，并开辟了当前函数所需的栈空间。push ebx / push esi / push edi 用来保存几个关键寄存器的值，以便函数返回后这几个寄存器中的值还能在调用函数处继续使用而不被破坏。lea edi, [ebp + var_44] / mov ecx, 11h / mov eax , 0CCCCCCCCh / rep stosd，这 4 句代码将开辟的内存空间全部初始化为 0xCC，0xCC 被当作机器码来解释时，其对应的汇编指令为 int 3，也就是调用 3 号断点中断来产生一个软件中断。将新开辟的栈空间初始化为 0xCC，这样做的好处是方便调试，尤其便于指针变量的调试。

以上反汇编代码是一个固定的形式，唯一会发生变化的是 sub esp, ×××部分，在当前反汇编代码处是 sub esp, 44h。在 VC6 中使用 Debug 方式编译，如果当前函数没有变量，那么该句代码是 sub esp, 40h；在有一个变量的情况下，其代码是 sub esp, 44h；有两个变量时，其代码为 sub esp, 48h。也就是说，通过 Debug 方式编译时函数分配栈空间总是开辟了局部变量的空间后又预留了 40h 字节的空间。局部变量都在栈空间中，栈空间在进入函数后临时开辟的空间中，因此，局部变量在函数结束后就不复存在了。

与函数入口代码对应的代码当然是出口代码，函数的出口代码如下：

```
.text:004010DD              pop     edi
.text:004010DE              pop     esi
.text:004010DF              pop     ebx
.text:004010E0              add     esp, 44h
.text:004010E3              cmp     ebp, esp
.text:004010E5              call    __chkesp
.text:004010EA              mov     esp, ebp
.text:004010EC              pop     ebp
.text:004010ED              retn
.text:004010ED _main        endp
```

函数的出口部分（或者是函数返回时的部分）也属于固定格式，这个格式与入口格式基本是对应的。首先是 pop edi / pop esi / pop ebx，这里是对入口部分保存的几个关键寄存器的值进行恢复。push 和 pop 是对堆栈进行操作的指令，堆栈结构的特点是后进先出或先进后出。因此，函数的入口部分的入栈顺序是 push ebx→push esi→push edi，那么出栈顺序就是 pop edi→pop esi→pop ebx。恢复完寄存器的值后，还需要恢复 ESP 指针的位置，这里的指令为 add esp, 44h，将临时开辟的栈空间释放（这里的释放只是改变寄存器的值，其中的数据并未清除掉，因此在 C 语言中定义局部变量的时候最好对齐进行初始化，尤其是指针变量），其中 44h 与入口处的 44h 相对应。从入口和出口改变 ESP 寄存器的情况可以看出，栈的方向是由高地址向低地址方向延伸的，开辟空间是对 ESP 做减法操作。mov esp, ebp / pop ebp 是恢复栈帧，retn 就返回到上一层函数了。在该反汇编代码中还有一步没有讲到，即 cmp ebp, esp / call __chkesp，其是对__chkesp 函数的一个调用，在 Debug 方式下编译时，对几乎所有的函数调用完成后都会调用一次__chkesp 函数，该函数的功能是检查栈是否平衡，以保证程序的正确性。如果栈不平衡，则会给出错误提示。先来做一个简单的测试，在主函数的 return 语句前加一条内联汇编语句__asm push ebx（只要是改变 ESP 或 EBP 寄存器值的操作都可以达到效果），并编译连接运行，输出后会弹出错误提示，如图 7-43 所示。

图 7-43 就是__chkesp 函数在检测到 EBP 与 ESP 不平衡时给出的错误提示。__chkesp 函数的调用只在 VC 的 Debug 版本中存在。

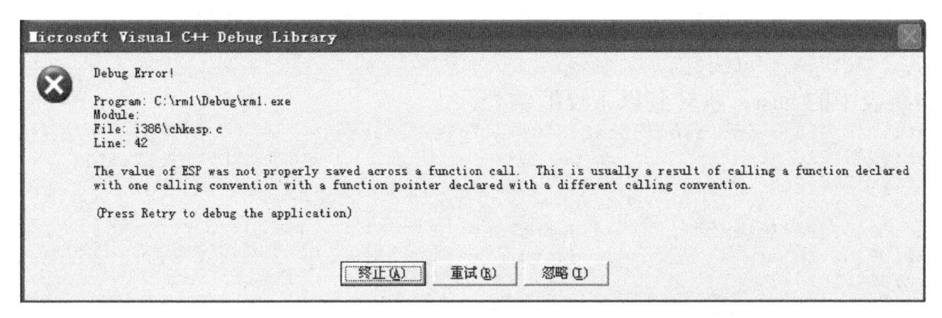

图 7-43　调用__chkesp 函数对栈平衡进行检查后的错误提示

前面介绍了主函数中开头和结尾处的反汇编代码，这两部分代码几乎在每个函数中都是类似的。下面介绍主函数中剩余的部分反汇编代码，如下所示：

```
.text:004010B8                  push    6               ; int
.text:004010BA                  push    offset Text     ; "hello"
.text:004010BF                  call    j__test
.text:004010C4                  add     esp, 8
.text:004010C7                  mov     [ebp+var_4], eax
.text:004010CA                  mov     eax, [ebp+var_4]
.text:004010CD                  push    eax
.text:004010CE                  push    offset aD       ; "%d \r\n"
.text:004010D3                  call    _printf
.text:004010D8                  add     esp, 8
.text:004010DB                  xor     eax, eax
```

首先，介绍 push 6 / push offset Text / call j__test / add esp, 8 / mov [ebp+var_4], eax，这几条反汇编代码是主函数对 test()函数的调用。对于函数参数的传递，可以选择寄存器或者内存，由于寄存器数量有限，绝大部分函数调用是通过内存进行传递的，当参数使用完后需要将参数所使用的内存回收。对于 VC 开发环境而言，其默认的调用约定方式是 cdecl，参数的传递是依靠栈内存实现的，在调用函数前，会通过压栈操作将参数从右往左依次压入栈。在 C 代码中，test()函数的调用形式如下：

```
int nNum = test("hello", 6);
```

而对应的反汇编代码为 push 6 / push offset Text / call j__test，从压栈操作的 push 指令来看，参数是从右往左依次入栈的。当函数返回时，需要将参数使用的空间回收，这里的回收指恢复 ESP 寄存器的值到函数调用前的值，而对于 cdecl 调用方式而言，平衡堆栈的操作是由函数调用方来进行的（这种平栈方式称为外平栈，如果是在被调用函数的内部来平衡堆栈，则称其为内平栈）。从上述代码中可以看到反汇编代码 add esp, 8，该反汇编代码用于平衡堆栈，对应调用函数前的两个 push 操作，即函数参数入栈的操作。

函数的返回值通常保存在 EAX 寄存器中，这里的返回值是以 return 语句来完成的返回值，并非以参数接收的返回值。地址 0x004010C7 处的反汇编代码 mov [ebp+var_4],eax 是将对 j__test 调用后的返回值保存在[ebp + var_4]中，这里的[ebp + var_4]相当于 C 语言代码中的 nNum 变量。逆向分析时，可以在 IDA 中通过快捷键 N 完成对 var_4 的重命名。

调用 j__test 并将返回值保存在 var_4 中后，紧接着 push eax / push offset aD / call _printf / add esp, 8 的反汇编代码相信读者都不陌生。而最后的 xor eax, eax 代码是将 EAX 清零，因为在 C 语言代码中，main()函数的返回值为 0，即 return 0;。

双击地址 0x004010BF 处的 call j__test，跳转到 j__test 的函数跳表处，反汇编代码如下：

```
.text:0040100A j__test          proc near               ; CODE XREF: _main+1Fp
.text:0040100A                  jmp     _test
.text:0040100A j__test          endp
```

双击跳表中的_test，跳转到以下反汇编处：

```
.text:00401020 ; int cdecl test(LPCSTR lpText, int)
.text:00401020 _test            proc near               ; CODE XREF: j__testj
.text:00401020
.text:00401020 var_40           = byte ptr -40h
.text:00401020 lpText           = dword ptr  8
.text:00401020 arg_4            = dword ptr  0Ch
.text:00401020
.text:00401020                  push    ebp
.text:00401021                  mov     ebp, esp
.text:00401023                  sub     esp, 40h
.text:00401026                  push    ebx
.text:00401027                  push    esi
.text:00401028                  push    edi
.text:00401029                  lea     edi, [ebp+var_40]
```

```
.text:0040102C                 mov     ecx, 10h
.text:00401031                 mov     eax, 0CCCCCCCCh
.text:00401036                 rep stosd
.text:00401038                 mov     eax, [ebp+arg_4]
.text:0040103B                 push    eax
.text:0040103C                 mov     ecx, [ebp+lpText]
.text:0040103F                 push    ecx
.text:00401040                 push    offset Format   ; "%s, %d \r\n"
.text:00401045                 call    _printf
.text:0040104A                 add     esp, 0Ch
.text:0040104D                 mov     esi, esp
.text:0040104F                 push    0               ; uType
.text:00401051                 push    0               ; lpCaption
.text:00401053                 mov     edx, [ebp+lpText]
.text:00401056                 push    edx             ; lpText
.text:00401057                 push    0               ; hWnd
.text:00401059           call     ds:__imp__MessageBoxA@16 ; MessageBoxA(x,x,x,x)
.text:0040105F                 cmp     esi, esp
.text:00401061                 call    __chkesp
.text:00401066                 mov     eax, 5
.text:0040106B                 pop     edi
.text:0040106C                 pop     esi
.text:0040106D                 pop     ebx
.text:0040106E                 add     esp, 40h
.text:00401071                 cmp     ebp, esp
.text:00401073                 call    __chkesp
.text:00401078                 mov     esp, ebp
.text:0040107A                 pop     ebp
.text:0040107B                 retn
.text:0040107B _test           endp
```

该反汇编代码的开头和结尾部分前面已介绍过，这里主要介绍中间的反汇编代码。其中间部分主要是 printf()函数和 MessageBoxA()函数的反汇编代码。

调用 printf()函数的反汇编代码如下：

```
.text:00401038                 mov     eax, [ebp+arg_4]
.text:0040103B                 push    eax
.text:0040103C                 mov     ecx, [ebp+lpText]
.text:0040103F                 push    ecx
.text:00401040                 push    offset Format   ; "%s, %d \r\n"
.text:00401045                 call    _printf
.text:0040104A                 add     esp, 0Ch
```

调用 MessageBoxA()函数的反汇编代码如下：

```
.text:0040104F                 push    0               ; uType
.text:00401051                 push    0               ; lpCaption
.text:00401053                 mov     edx, [ebp+lpText]
.text:00401056                 push    edx             ; lpText
.text:00401057                 push    0               ; hWnd
.text:00401059           call     ds:__imp__MessageBoxA@16 ; MessageBoxA(x,x,x,x)
```

比较以上两段代码会发现很多不同之处，首先调用_printf 后会有一段 add esp, 0Ch 代码平衡堆栈，而调用 MessageBoxA 后没有。对于调用_printf 后的 add esp, 0Ch 代码我们已经熟悉了。为什么调用 MessageBoxA 函数后没有这段代码呢？这是因为在 Windows 操作系统中，对 API 函数的调用都遵循函数调用约定__stdcall。对于__stdcall 而言，参数依然是从右往左依次被压入堆栈的，参数的平栈是在 API 函数内完成的（也就是前面说的内平栈），而非由函数的调用方完成。OD 中 MessageBoxA 函数返回时的平栈方式如图 7-44 所示。

从图 7-44 中可以看出，MessageBoxA 函数在调用 RETN 指令后跟了一个 10。这里的 10 是一个十六进制数，十六进制的 10 等于十进制的 16，而在为 MessageBoxA 传递参数时，每个参数是 4 字节，4 个参数等于 16 字节，因此 RETN 10 除了有返回的作用外，还包含了 ADD

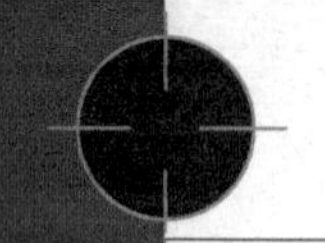

ESP, 10 的作用。

地址	HEX 数据	反汇编
75B7EAE1 MessageBoxA	8BFF	MOV EDI,EDI
75B7EAE3	55	PUSH EBP
75B7EAE4	8BEC	MOV EBP,ESP
75B7EAE6	833D 749AB875	CMP DWORD PTR DS:[75B89A74],0
75B7EAED	74 24	JE SHORT USER32.75B7EB13
75B7EAEF	64:A1 18000000	MOV EAX,DWORD PTR FS:[18]
75B7EAF5	6A 00	PUSH 0
75B7EAF7	FF70 24	PUSH DWORD PTR DS:[EAX+24]
75B7EAFA	68 A89EB875	PUSH USER32.75B89EA8
75B7EAFF	FF15 3414B275	CALL DWORD PTR DS:[<&KERNEL32.Interlock
75B7EB05	85C0	TEST EAX,EAX
75B7EB07	75 0A	JNZ SHORT USER32.75B7EB13
75B7EB09	C705 A49EB875	MOV DWORD PTR DS:[75B89EA4],1
75B7EB13	6A 00	PUSH 0
75B7EB15	FF75 14	PUSH DWORD PTR SS:[EBP+14]
75B7EB18	FF75 10	PUSH DWORD PTR SS:[EBP+10]
75B7EB1B	FF75 0C	PUSH DWORD PTR SS:[EBP+C]
75B7EB1E	FF75 08	PUSH DWORD PTR SS:[EBP+8]
75B7EB21	E8 73FFFFFF	CALL USER32.MessageBoxExA
75B7EB26	5D	POP EBP
75B7EB27	C2 1000	RETN 10

图 7-44　OD 中 MessageBoxA 函数返回时的平栈方式

上面两段反汇编代码中除了平衡堆栈的不同外，还有另外一个明显的区别。在调用 printf 时的指令为 call _printf，而调用 MessageBoxA 时的指令为 call ds:__imp__MessageBoxA@16。printf()函数在 stdio.h 头文件中，该函数属于 C 语言的静态库，在连接时会将其代码接入二进制文件。而 MessageBoxA 函数的实现在 user32.dll 动态链接库中，在代码中这里只留了进入 MessageBoxA 函数的一个地址，并没有具体的代码。MessageBoxA 的具体地址存放在数据节中，因此在反汇编代码中给出了提示，使用了前缀“DS:”。“__imp__”表示其是导入函数，MessageBoxA 后面的“@16”表示该 API 函数有 4 个参数，即 16 / 4 = 4。

注意：

- 多参数的 API 函数仍然由调用方进行平栈，如 wsprintf()函数。原因在于被调用的函数无法具体地明确调用方会传递几个参数，因此多参数函数无法在函数内完成参数的堆栈平衡工作。
- __stdcall 是 Windows 中的标准函数调用约定，Windows 提供的应用层及内核层函数均使用这种调用约定方式。cdecl 是 C 语言的调用函数约定方式。

在逆向分析函数时，首先，需要确定函数的起始位置，通常由 IDA 自动进行识别（识别不准确时只能手动识别）；其次，需要掌握函数的调用约定和确定函数的参数个数，两者都是通过平栈方式和平栈时 ESP 操作的值来进行判断的；最后，观察函数的返回值，这部分通常是观察 EAX 的值，这是因为 RETURN 通常只返回布尔类型、数值类型相关的值，观察 EAX 的值即可确定返回值的类型，并进一步考虑函数调用方下一步的动作。

注意：这里介绍了两种常见的调用约定，除了以上两种调用约定以外，还有其他调用约定，如__fastcall 等。如果使用__fastcall，则函数参数会通过 ECX 和 EDX 进行传递。

7.2.2　if…else…结构分析

C 语言中有两种分支结构，分别是 if…else…和 switch…case…default…。下面介绍 if…else…分支结构。

1．if…else…分支结构示例

编写一个简单的 C 语言示例，示例代码如下：

```
#include <stdio.h>

int main()
{
    int a = 0, b = 1, c = 2;

    if ( a > b )
    {
        printf("%d \r\n", a);
    }
    else if( b <= c )
    {
        printf("%d \r\n", b);
    }
    else
    {
        printf("%d \r\n", c);
    }

    return 0;
}
```

2．逆向反汇编解析

上述代码非常短且很简单，用 IDA 查看其反汇编代码，固定模式的头部和尾部位置忽略不看，主要查看其关键的反汇编代码，代码如下：

```
.text:00401028                 mov     [ebp+var_4], 0
.text:0040102F                 mov     [ebp+var_8], 1
.text:00401036                 mov     [ebp+var_C], 2
```

以上 3 行反汇编代码的作用是初始化定义的变量，在 IDA 中可以通过快捷键将其重命名。将以上 3 个变量重命名后，查看其余的反汇编代码，代码如下：

```
.text:0040103D                 mov     eax, [ebp+var_4]
.text:00401040                 cmp     eax, [ebp+var_8]
.text:00401043                 jle     short loc_401058
.text:00401045                 mov     ecx, [ebp+var_4]
.text:00401048                 push    ecx
.text:00401049                 push    offset Format   ; "%d \r\n"
.text:0040104E                 call    _printf
.text:00401053                 add     esp, 8
.text:00401056                 jmp     short loc_401084
.text:00401058 ; ---------------------------------------------------------------------------
.text:00401058
.text:00401058 loc_401058:                             ; CODE XREF: _main+33j
.text:00401058                 mov     edx, [ebp+var_8]
.text:0040105B                 cmp     edx, [ebp+var_C]
.text:0040105E                 jg      short loc_401073
.text:00401060                 mov     eax, [ebp+var_8]
.text:00401063                 push    eax
.text:00401064                 push    offset Format   ; "%d \r\n"
.text:00401069                 call    _printf
.text:0040106E                 add     esp, 8
.text:00401071                 jmp     short loc_401084
.text:00401073 ; ---------------------------------------------------------------------------
.text:00401073
.text:00401073 loc_401073:                             ; CODE XREF: _main+4Ej
.text:00401073                 mov     ecx, [ebp+var_C]
.text:00401076                 push    ecx
.text:00401077                 push    offset Format   ; "%d \r\n"
.text:0040107C                 call    _printf
.text:00401081                 add     esp, 8
.text:00401084
```

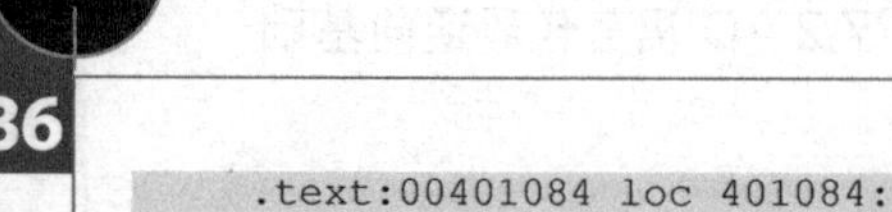


```
.text:00401084 loc_401084:                              ; CODE XREF: _main+46j
.text:00401084                                          ; _main+61j
```

将以上的反汇编代码分为 3 段进行观察，第一段的地址范围是 0x0040103D 至 0x00401056，第二段的地址范围是 0x00401058 至 0x00401071，第三段的地址范围是 0x00401073 至 0x00401081。除了第三段的代码外，前面两段的代码有一个共同的特征 cmp / jxx / printf / jmp。这部分功能的特征就是 if…else…的特征所在。if…else…反汇编流程结构如图 7-45 所示。

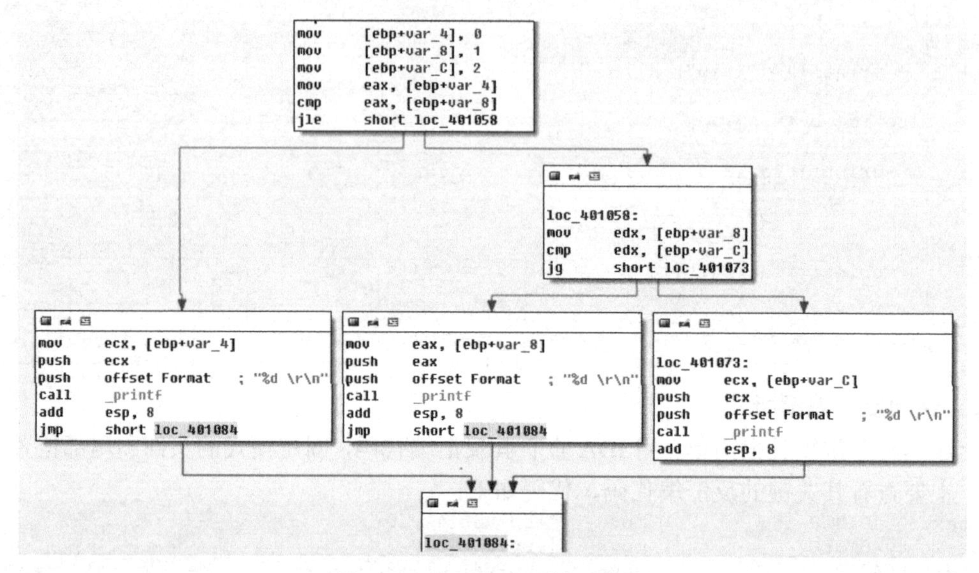

图 7-45 if...else...反汇编流程结构

在 C 语言代码中，影响程序流程的有两个关键的比较，分别是“>”和“<=”，在反汇编代码中影响主要流程的是两个条件跳转指令，分别是“jle”和“jg”。C 语言代码中“>”（大于号）在反汇编中对应的是“jle”（小于或等于则跳转），C 语言代码中的“<=”（小于等于号）在反汇编中对应的是“jg”（大于则跳转）。

注意观察 0x00401043 和 0x0040105E 这两个地址，jxx 指令会跳过紧随其后的指令，而跳转的目的地址上面都有一条 jmp 无条件跳转指令，也就是说，jxx 和 jmp 之间的部分是 C 语言代码中比较表达式成功后执行的代码。在反汇编代码中，如果条件跳转指令没有发生跳转，则执行其后的指令。这样的反汇编指令与 C 语言的流程是相同的。当条件跳转指令没有发生跳转时，执行完相应的指令后会执行 jmp 指令跳转到某个地址。注意观察可以发现两条 jmp 指令跳转的目的地址都为 0x00401084。

3. if…else…结构小结

从示例中可以发现 C 语言的 if…else…结构与反汇编代码的对应结构如下：

```
; 初始化变量
mov xxx, xxx
mov xxx, xxx
; 比较跳转
cmp xxx, xxx
jxx   else_if
; 一系列处理指令
……
jmp _if_else 结束位置
```

```
_else_if:
            mov xxx, xxx
            ; 比较跳转
            cmp xxx, xxx
            jxx _else
            ; 一系列处理治理
            ……
            jmp _if_else 结束位置
_else:
            ; 一系列处理指令
            ……
```

7.2.3　switch…case…default 结构分析

前面讲解了 if…else…分支结构，接下来介绍 switch…case…default 分支结构。这种分支结构比较灵活，它的反汇编代码可以有多种形式，这里只介绍其中一种。

1．switch…case…default 分支结构示例

同样先编写一个简单的示例，示例代码如下：

```
#include <stdio.h>

int main()
{
    int nNum = 0;
    scanf("%d", &nNum);

    switch ( nNum )
    {
    case 1:
        {
            printf("1 \r\n");
            break;
        }
    case 2:
        {
            printf("2 \r\n");
            break;
        }
    case 3:
        {
            printf("3 \r\n");
            break;
        }
    case 4:
        {
            printf("4 \r\n");
            break;
        }
    default:
        {
            printf("default \r\n");
            break;
        }
    }

    return 0;
}
```

2．逆向反汇编解析

这里同样主要查看与代码相对应的反汇编代码。反汇编代码分两部分来查看，一是查看 default 分支，二是查看 case 分支。先来了解一下 IDA 生成的 switch…case…default 流程结构，如图 7-46 所示。

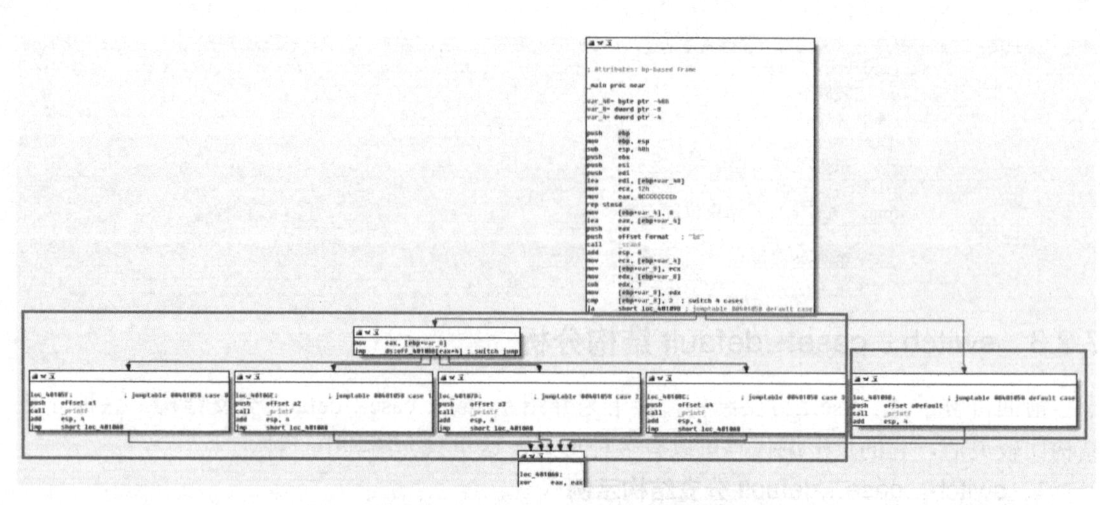

图 7-46 switch…case…default 流程结构

从图 7-46 中可以看到两个大的分支，左侧分支中又包含 4 个小的分支。其从整体结构上来看不同于 C 语言的代码结构形式。其实，其左侧分支即是 case 分支，右侧部分即是 default 分支。

下面分别介绍其反汇编代码。先来看一下调用 scanf()函数的部分：

```
.text:00401028              mov     [ebp+nNum], 0
.text:0040102F              lea     eax, [ebp+nNum]
.text:00401032              push    eax
.text:00401033              push    offset Format    ; "%d"
.text:00401038              call    _scanf
.text:0040103D              add     esp, 8
```

scanf()函数是 C 语言的标准输入函数，第一个参数是格式化字符串，第二个参数是接收数据的地址。在地址 0x0040102F 处，代码 lea eax, [ebp + nNum]将 nNum 变量的地址送入 EAX 寄存器，经过 scanf()函数的调用，nNum 接收了用户的输入。

通过 scanf()函数接收到用户的输入后，即进入 switch()分支，至少在该 C 语言代码中是这样的。下面来看一下反汇编代码，具体如下：

```
.text:00401040              mov     ecx, [ebp+nNum]
.text:00401043              mov     [ebp+var_8], ecx
.text:00401046              mov     edx, [ebp+var_8]
.text:00401049              sub     edx, 1
.text:0040104C              mov     [ebp+var_8], edx
.text:0040104F              cmp     [ebp+var_8], 3   ; switch 4 cases
.text:00401053              ja      short loc_40109B ; default
.text:00401055              mov     eax, [ebp+var_8]
.text:00401058              jmp     ds:off_4010BB[eax*4] ; switch jump
```

地址 0x00401040 处的代码是 mov ecx, [ebp + nNum]，即将 nNum 的值赋给了 ECX 寄存器，而地址 0x00401043 处的代码是 mov [ebp + var_8], ecx，其将 ECX 的值又赋给了 var_8。但是，C 语言代码中只定义了一个变量，var_8 是怎么来的呢？var_8 是编译器产生的一个临时变量，用于临时保存一些数据。地址 0x00401046 处的代码又将 var_8 的值赋给了 EDX 寄存器，地址 0x00401049 和 0040104c 处的代码将 EDX 的值减 1 后又赋值给了 var_8 变量。

这部分反汇编代码在 C 语言代码中是没有对应关系的。那么这部分代码的用处是什么呢？地址 0x0040104F 处是一条 cmp [ebp + var_8], 3 反汇编代码，比较后如果 var_8 大于 3，那么地址 0x00401053 的无符号条件跳转指令 ja 将会跳转执行 default 分支的代码。地址 0x0040104F 处为什么要与 3 进行比较呢？case 分支的值为 1～4，而 var_8 在与 3 比较之前进行了减 1 操作。如果 var_8 的值为 1～4，则减 1 后的其值为 0～3。如果 var_8 的值小于等于 3，则执行 case 分支；如果为其他值，则执行 default 分支。在图 5-46 中，流程被分为左右两部分就是这里的比较所引起的。

注意： 为什么判断时只判断是否大于 3 呢？小于等于 3 也不一定意味着值就为 0～3 啊？也可能有存在负数的情况啊？这样的质疑是对的，但是在条件分支处使用的条件跳转指令是"ja"，这是一个无符号的条件跳转指令，即使存在负数也会当作整数进行解析。

通过前面的分析可以发现，switch 分支对于定位是执行 case 分支还是 default 分支很高效。如果执行 default 分支，那么只需比较一次即可直接执行 default 分支。

上述 C 语言代码中的 switch 语句有 4 个 case 分支，是不是应该比较 4 次呢？由于 C 语言代码中的 case 项是一个连续的序列，所以编译器对代码进行了优化，通过地址 0x00401055 和 0x00401058 处的代码即可准确地找到要执行的 case 分支。再来看一下这两个地址处的反汇编代码，代码如下：

```
.text:00401055                 mov     eax, [ebp+var_8]
.text:00401058                 jmp     ds:off_4010BB[eax*4] ; switch jump
```

地址 0x00401055 处的代码将 var_8 的值传递给了 EAX 寄存器，由于在前面的代码中没有发生跳转，因此 var_8 的取值必定为 0～3。地址 0x00401058 处的跳转很奇怪，像是一个数组（其实就是一个数组），数组的下表由 EAX 寄存器进行寻址。off_4010BB 处的内容如下：

```
.text:004010BB off_4010BB dd offset loc_40105F   ; DATA XREF: _main+48r
.text:004010BB            dd offset loc_40106E   ; jump table for switch statement
.text:004010BB            dd offset loc_40107D
.text:004010BB            dd offset loc_40108C
.text:004010CB            db 35h dup(0CCh)
```

其内容为 4 个连续的标号地址，分别是 loc_40105F、loc_40106E、loc_40107D 和 loc_40108C。这 4 个标号地址分别对应 4 个 case 分支的代码。该数组中保存了 4 个值，其下表索引也刚好是 0～3，也就是说，可以通过 var_8 中对应的值进行访问。

关于 switch…case…default 结构的分析就介绍到这里。其实 switch 结构还有 3 种其他形式，如以递减（或递增）形式进行比较跳转、以建树的形式进行比较跳转和以稀疏矩阵的形式进行跳转。当然，如果 switch 结构比较复杂，则会出现多种形式的混合形式，这里不再过多讨论。

7.2.4 循环结构分析

程序语言的控制结构不外乎分支与循环，介绍完分支结构后自然要对循环结构的反汇编代码进行了解。C 语言的循环结构有 for 循环、while 循环、do 循环和 goto 循环 4 种。本小节将介绍前 3 种循环结构。

1. for 循环结构

for 循环也称为步进循环，常用于已经明确了循环范围的场景。下面来看一个简单的 C 语言代码示例，代码如下：

```
#include <stdio.h>

int main()
{
    int nNum = 0, nSum = 0;

    for ( nNum = 1; nNum <= 100; nNum ++ )
    {
```

```
        nSum += nNum;
    }

    printf("nSum = %d \r\n", nSum);

    return 0;
}
```

下面通过典型的求1～100中整数累加和的程序来认识for循环结构的反汇编代码。

```
.text:00401028                mov     [ebp+nNum], 0
.text:0040102F                mov     [ebp+nSum], 0
.text:00401036                mov     [ebp+nNum], 1
.text:0040103D                jmp     short LOC_CMP
.text:0040103F ; ---------------------------------------------------------------
.text:0040103F
.text:0040103F LOC_STEP:                              ; CODE XREF: _main+47j
.text:0040103F                mov     eax, [ebp+nNum]
.text:00401042                add     eax, 1
.text:00401045                mov     [ebp+nNum], eax
.text:00401048
.text:00401048 LOC_CMP:                               ; CODE XREF: _main+2Dj
.text:00401048                cmp     [ebp+nNum], 64h
.text:0040104C                jg      short LOC_ENDFOR
.text:0040104E                mov     ecx, [ebp+nSum]
.text:00401051                add     ecx, [ebp+nNum]
.text:00401054                mov     [ebp+nSum], ecx
.text:00401057                jmp     short LOC_STEP
.text:00401059 ; ---------------------------------------------------------------
.text:00401059
.text:00401059 LOC_ENDFOR:                             ; CODE XREF: _main+3Cj
.text:00401059                mov     edx, [ebp+nSum]
.text:0040105C                push    edx
.text:0040105D                push    offset Format    ; "nSum = %d \r\n"
.text:00401062                call    _printf
.text:00401067                add     esp, 8
.text:0040106A                xor     eax, eax
```

对于这里的反汇编代码，编者修改了其中的变量和标号，这样代码看起来就更加直观了。从修改后的标号来看，for结构可以分为3部分，LOC_STEP上方是初始化部分，LOC_STEP下方是修改循环变量的部分，LOC_CMP和LOC_ENDFOR之间是比较循环条件和循环体的部分。

for循环的反汇编结构如下：

```
; 初始化循环变量
jmp LOC_CMP
LOC_STEP:
          ; 修改循环变量
LOC_CMP:
          ; 循环变量的判断
          jxx LOC_ENDFOR
          ; 循环体
          jmp LOC_STEP
LOC_ENDOF:
```

使用IDA查看其生成的流程图，如图7-47所示。

2．do…while循环结构

do…while循环的循环体总是会被执行一次，这是do…while循环与while循环的区别。还是以1～100中整数累加和代码为例，先看一下其C语言代码，代码如下：

```
#include <stdio.h>

int main()
{
    int nNum = 1, nSum = 0;

    do
```

```
    {
        nSum += nNum;
        nNum ++;
    } while ( nNum <= 100 );

    printf("nSum = %d \r\n", nSum);

    return 0;
}
```

do…while 循环结构要比 for 循环结构简单得多，反汇编代码也少得多，先来看一下 IDA 生成的 do…while 循环流程图，如图 7-48 所示。

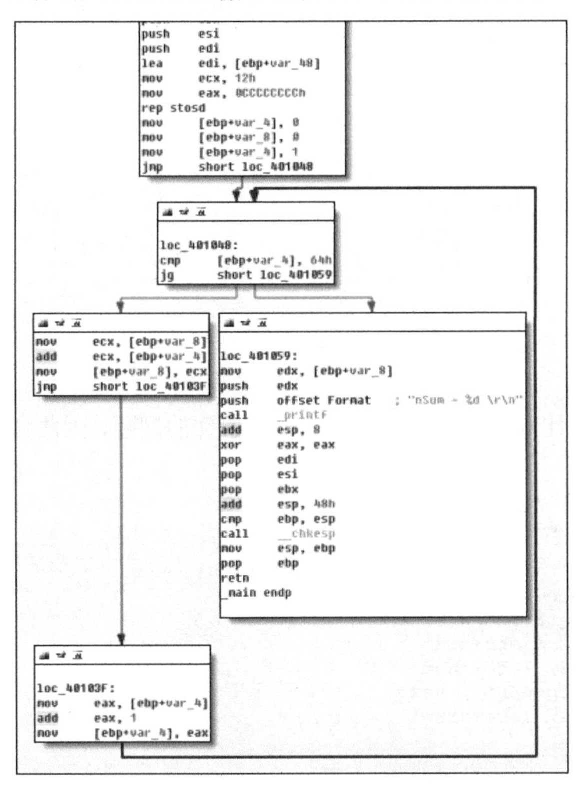

图 7-47 for 循环流程图

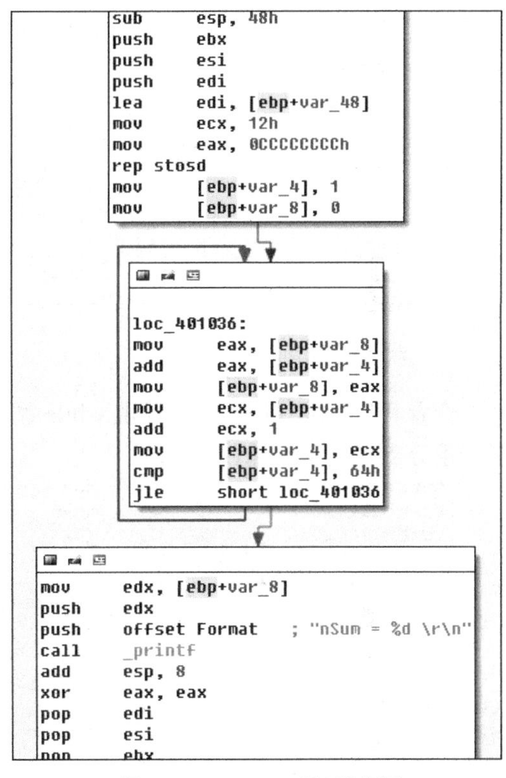

图 7-48 do…while 循环流程图

其对应的反汇编代码如下：

```
.text:00401028            mov     [ebp+nNum], 1
.text:0040102F            mov     [ebp+nSum], 0
.text:00401036
.text:00401036 LOC_DO:                            ; CODE XREF: _main+3Cj
.text:00401036            mov     eax, [ebp+nSum]
.text:00401039            add     eax, [ebp+nNum]
.text:0040103C            mov     [ebp+nSum], eax
.text:0040103F            mov     ecx, [ebp+nNum]
.text:00401042            add     ecx, 1
.text:00401045            mov     [ebp+nNum], ecx
.text:00401048            cmp     [ebp+nNum], 64h
.text:0040104C            jle     short LOC_DO
.text:0040104E            mov     edx, [ebp+nSum]
.text:00401051            push    edx
.text:00401052            push    offset Format   ; "nSum = %d \r\n"
.text:00401057            call    _printf
.text:0040105C            add     esp, 8
.text:0040105F            xor     eax, eax
```

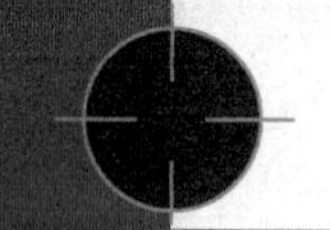

do…while 循环的主体在 LOC_DO 和地址 0x0040104C 处的 jle 之间。其结构整理如下：

```
; 初始化循环变量
LOC_DO:
          ; 执行循环体
          ; 修改循环变量
          ; 循环变量的比较
          Jxx LOC_DO
```

3．while 循环结构

while 循环与 do…while 循环的区别在于，在进入循环体之前需要先进行一次条件判断，循环体有可能因为循环条件不成立而一次也不执行。求 1～100 中整数累加和的 while 循环代码如下：

```
#include <stdio.h>

int main()
{
    int nNum = 1, nSum = 0;

    while ( nNum <= 100 )
    {
        nSum += nNum;
        nNum ++;
    }

    printf("nSum = %d \r\n", nSum);

    return 0;
}
```

查看其反汇编代码，可以发现 while 循环比 do…while 循环多了一个条件的判断，因此会多一条分支。其反汇编代码如下：

```
.text:00401028                mov     [ebp+nNum], 1
.text:0040102F                mov     [ebp+nSum], 0
.text:00401036
.text:00401036 LOC_WHILE:                               ; CODE XREF: _main+3Ej
.text:00401036                cmp     [ebp+nNum], 64h
.text:0040103A                jg      short LOC_WHILEEND
.text:0040103C                mov     eax, [ebp+nSum]
.text:0040103F                add     eax, [ebp+nNum]
.text:00401042                mov     [ebp+nSum], eax
.text:00401045                mov     ecx, [ebp+nNum]
.text:00401048                add     ecx, 1
.text:0040104B                mov     [ebp+nNum], ecx
.text:0040104E                jmp     short LOC_WHILE
.text:00401050 ; ---------------------------------------------------------------
.text:00401050
.text:00401050 LOC_WHILEEND:                            ; CODE XREF: _main+2Aj
.text:00401050                mov     edx, [ebp+nSum]
.text:00401053                push    edx
.text:00401054                push    offset Format    ; "nSum = %d \r\n"
.text:00401059                call    _printf
.text:0040105E                add     esp, 8
.text:00401061                xor     eax, eax
```

while 循环的主体在 LOC_WHILE 和 LOC_WHILEEND 之间。LOC_WHILE 下是 cmp 和 jxx 指令，LOC_WHILEEND 上方是 jmp 指令。这两部分是固定格式。其结构整理如下：

```
; 初始化循环变量等
LOC_WHILE:
            cmp xxx, xxx
            jxx LOC_WHILEEND
            ; 循环体
            jmp LOC_WHILE
LOC_WHILEEND:
```

IDA 生成的 while 循环流程图如图 7-49 所示。

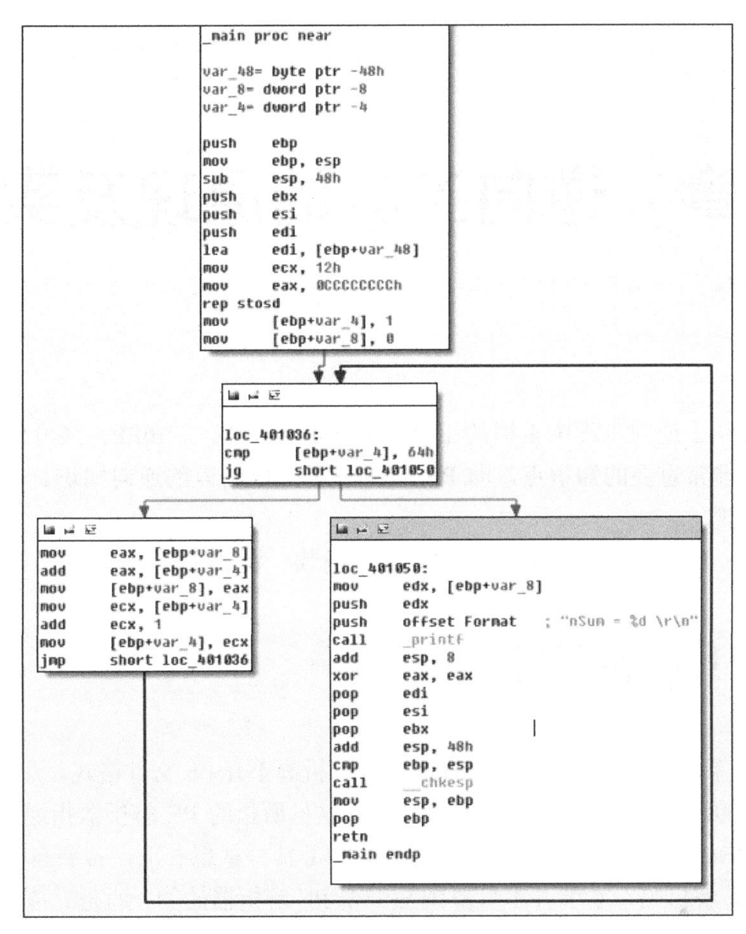

图 7-49 while 循环流程图

对于 for 循环、do…while 循环和 while 循环这 3 种循环而言，do…while 循环的效率最高，while 循环相对来说比 for 循环效率高一些。

对于 C 语言的逆向知识就介绍到这里，建议读者自己编写一些 C 语言的代码并采用类似的方式进行分析，以更深入地了解 C 语言代码与其反汇编代码的对应方式。其他语言的反汇编学习也可以按照此方法进行。

7.3 总结

本章介绍了静态逆向分析工具 IDA 的使用与 C 语言逆向的简单知识，逆向时的主要工作是理解反汇编代码的意义，或者将反汇编代码改写成高级语言。在阅读反汇编代码时，首先需要识别函数、控制结构、表达式等，在 IDA 中逐步地翻译反汇编代码，不断提高反汇编代码的可读性。为了提高 IDA 的逆向分析效率，IDA 提供了强大的脚本功能，用以完成自动化分析。高级语言经由开发工具编译连接后会生成固定结构的二进制代码，通过整理和分析二进制代码经过 IDA 生成的反汇编代码，有助于更好地了解反汇编代码的结构，以及快速阅读反汇编代码。

第8章 逆向工具的原理及实现

前面章节介绍了逆向工程中常用的工具，如 OD、IDA、LordPE，还介绍了逆向工程中两个非常基础也非常重要的知识点，即 PE 文件格式和 C 语言的逆向知识。本章将介绍逆向工具的原理及实现。

本章关键字：PE 文件格式　GetProcAddress 函数　调试 API

8.1 PE 工具的开发

在 Windows 下进行二进制可执行文件的逆向分析离不开 PE 文件格式。开发调试器、加壳工具、处理病毒的工具等也都离不开 PE 解析器。这里所指的 PE 解析器指逆向者自己编写的封装一个解析 PE 文件格式的类，而非使用他人的工具。试想一下，若要自己写壳，壳的代码中能不进行 PE 解析吗？本节并不打算编写一个 PE 解析器的类，而是完成 GetProcAddress 功能。

8.1.1 GetProcAddress 函数的使用

GetProcAddress 用于获取 DLL 文件中导出函数的地址，如动态使用 MessageBoxA 函数时，就需要先通过 GetProcAddress 获得 MessageBoxA 函数的地址，再进行使用。先来介绍一下 GetProcAddress 函数的用法。该函数在 MSDN 中的定义如下：

```
FARPROC GetProcAddress(
  HMODULE hModule,
  LPCWSTR lpProcName
);
```

该函数有两个参数：第一个参数是 DLL 模块句柄，可以通过 LoadLibrary 函数或者 GetModuleHandle 函数获得；第二个参数是函数名称或者函数名称序号。下面编写一个简单的示例，代码如下：

```
#include <Windows.h>

typedef int (_stdcall *MsgBox)(HWND, LPCTSTR, LPCTSTR, UINT);

int _tmain(int argc, _TCHAR* argv[])
{
      HMODULE hUser = NULL;
      MsgBox Msg = 0;
```

```
        hUser = LoadLibrary("user32.dll");
        Msg = (MsgBox)GetProcAddress(hUser, "MessageBoxA");

        Msg(NULL, "GetProcAddress", "Test", MB_OK);

        printf("MessageBoxA addr is %08X \r\n", Msg);

        return 0;
    }
```

首先，通过 LoadLibrary 函数加载 user32.dll 文件并返回模块句柄；其次，通过 GetProcAddress 函数获得 MessageBoxA 函数的地址，并通过该地址动态调用 MessageBoxA 函数。

8.1.2 GetProcAddress 函数的实现

下面来实现 GetProcAddress 函数。在上一小节中已知 GetProcAddress 函数有两个参数，第一个参数是 DLL 模块的句柄，所谓 DLL 模块的句柄就是 DLL 被装载入内存后的首地址，得到 DLL 在内存中的首地址后，对 DLL PE 文件格式进行解析，并遍历 DLL 的导出表，查找与 GetProcAddress 函数的第二个参数相匹配的导出函数，得到以后将该函数的地址返回。

在前面的章节中介绍 PE 文件格式时，介绍过如何手动解析导出表，因此这里不再重复介绍。下面给出一段用汇编语言编写的 GetProcAddress 函数，其代码如下：

```
    MyGetProcAddress    Proc    hModule:DWORD,  \
                                lpProcName:LPSTR

        LOCAL lpBase : DWORD
        LOCAL AddressOfFunctions : DWORD
        LOCAL AddressOfNames     : DWORD
        LOCAL AddressOfNameOrdinals : DWORD
        LOCAL nBase  : DWORD
        LOCAL NumberOfFunctions  : DWORD
        LOCAL NumberOfNames      : DWORD
        LOCAL ExpTabDir : DWORD
        LOCAL szDll[260] : BYTE

        cmp hModule, 0
        je _EXIT

        lea edi, szDll
        mov ecx, 260
    _INIT:
        mov byte ptr [edi], 0
        inc edi
        loop _INIT

        mov eax, hModule
        mov lpBase, eax

        ; 判断是否为 MZ 头
        mov eax, lpBase
        cmp word ptr [eax], IMAGE_DOS_SIGNATURE
        jne _EXIT

        mov esi, lpBase

        assume esi : ptr IMAGE_DOS_HEADER

        add esi, [esi].e_lfanew
```

```
assume esi : ptr IMAGE_NT_HEADERS

; 判断是否为 PE
cmp word ptr [esi], IMAGE_NT_SIGNATURE
jne _EXIT

; 定位到 IMAGE_OPTIONAL_HEADER
add esi, 4
add esi, sizeof(IMAGE_FILE_HEADER)

assume esi : ptr IMAGE_OPTIONAL_HEADER

; 定位到导出表的 RVA
lea esi, [esi].DataDirectory
mov ExpTabDir, esi

assume esi : ptr IMAGE_DATA_DIRECTORY

; 获得导出表的 VA
mov esi, [esi].VirtualAddress
add esi, lpBase

assume esi : ptr IMAGE_EXPORT_DIRECTORY

; 得到导出表的数据
mov eax, [esi].nBase
mov nBase, eax

mov eax, [esi].NumberOfFunctions
mov NumberOfFunctions, eax

mov eax, [esi].NumberOfNames
mov NumberOfNames, eax

; 得到函数地址表的 RVA
mov eax, [esi].AddressOfFunctions
add eax, lpBase
mov AddressOfFunctions, eax

; 得到名称表的 RVA
mov eax, [esi].AddressOfNames
add eax, lpBase
mov AddressOfNames, eax

; 得到名称序号的 RVA
mov eax, [esi].AddressOfNameOrdinals
add eax, lpBase
mov AddressOfNameOrdinals, eax

; 得到导出名称的数量
mov edx, NumberOfNames

mov esi, lpProcName

assume esi : nothing

.if esi & 0ffff0000h
    ; 以下代码以函数名称调用函数
    mov ecx, 0ffffffffh
    mov edi, lpProcName
    xor eax, eax
    repnz scasb
    not ecx
    dec ecx
    mov ebx, ecx

    ; 比较函数名称得到函数名称序号
```

```
        mov edx, 0
        .while edx <= NumberOfNames
            mov ecx, ebx
            mov esi, [AddressOfNames]
            mov esi, [esi]
            add esi, lpBase

            ; 比较字符串
            mov edi, lpProcName
            repz cmpsb
            jz @F

            add AddressOfNames, 4
            inc edx
        .endw
@@:
        nop
        nop

        mov eax, 2
        mul edx
        add eax, [AddressOfNameOrdinals]
        movzx eax, word ptr [eax]

        mov edi, 4
        mul edi
        add eax, [AddressOfFunctions]
        mov eax, [eax]
        add eax, lpBase

        ; 判断是否为转发函数
        mov esi, ExpTabDir
        assume esi : ptr IMAGE_DATA_DIRECTORY

        mov ebx, [esi].VirtualAddress
        add ebx, lpBase

        mov ecx, [esi].isize
        add ecx, ebx

        .if eax < ebx || eax > ecx
            ; 不是转发函数
            ret
        .endif

        ; 处理转发函数
        push eax
        mov ecx, 0ffffffffh
        mov edi, eax
        xor eax, eax
        repnz scasb
        not ecx
        dec ecx
        mov ebx, ecx
        pop eax

        mov esi, eax
        lea edi, szDll
        mov bl, byte ptr [esi]
        mov byte ptr [edi], bl

_FINDDOT:
        add esi, 1
        add edi, 1
        dec ecx
        mov bl, byte ptr [esi]
        mov byte ptr [edi], bl
```

```
            cmp byte ptr [esi], '.'
            jnz _FINDDOT

            cmp ecx, 0
            jz _EXIT

            mov byte ptr [edi], 0
            inc esi

            lea edi, szDll

            invoke LoadLibrary, edi

            push esi
            push eax
            call MyGetProcAddress

            ret
        .else
            ; 序号导出
            mov eax, nBase
            add eax, NumberOfFunctions
            sub eax, 1
            .if (esi < nBase) || (esi > eax)
                xor eax, eax
                ret
            .endif
            mov eax, esi
            sub eax, nBase
            mov edi, 4
            mul edi

            add eax, AddressOfFunctions
            mov eax, [eax]
            add eax, lpBase

            ret
        .endif

        ret

    _EXIT:
        mov eax, 0
        ret

    MyGetProcAddress endp
```

上述代码并不复杂，只是有些长。上述代码共3部分，第一部分是得到函数名称，第二部分是转发函数，第三部分是得到函数名称序号。如果无法理解上述代码，则可以在OD中进行动态调试，并参照PE文件格式的导出表来进行理解。

测试上述代码，代码如下：

```
        .386
        .model flat, stdcall
        option casemap:none

    include windows.inc
    include kernel32.inc

    includelib kernel32.lib

    MyGetProcAddress    Proto hModule : DWORD, lpProcName : LPSTR

        .const
    szUserDll    db  'user32.dll', 0
    szMessageBox    db  'MessageBoxA', 0
```

```
    szKernelDll db  'kernel32.dll', 0
    szHeapAlloc db  'HeapAlloc', 0
    sz2         db  '2', 0

        .code
    start:
        invoke LoadLibrary, offset szUserDll
        push offset szMessageBox
        push eax
        call MyGetProcAddress

        push 0
        push 0
        push 0
        push 0
        call eax

        invoke GetModuleHandle, offset szKernelDll
        push offset szHeapAlloc
        push eax
        call MyGetProcAddress

        invoke GetModuleHandle, offset szKernelDll
        push 1dh
        push eax
        call MyGetProcAddress

        invoke ExitProcess, 0
```

以上两段是一个完整的程序，将 MyGetProcAddress 写到调用部分的下方，并使用 RadAsm 进行编译连接生成一个 EXE 文件后，即可使用 OD 来进行调试，从而熟悉 GetProcAddress 函数的工作过程，其实质上是一个导出表的解析过程。

8.2 调试工具的开发

在 Windows 中有一些 API 函数是专门用来进行调试的，这些函数称作 Debug API，或者调试 API。利用这些函数可以进行调试器的开发，调试器通过创建有调试关系的父子进程来进行调试，被调试进程的底层信息及即时的寄存器、指令等信息都可以被获取，进而用来分析。

前面介绍的 OD 调试器的功能非常强大，虽然有众多的功能，但是其基础实现依赖于调试 API。调试 API 函数虽然不多，但是合理地使用会起到非常大的作用。调试器依赖于调试事件，调试事件有着非常复杂的结构体，调试器有着固定的流程，由于需要实时等待调试事件的发生，其过程是一个调试循环体，类似于 SDK 开发程序中的消息循环。无论是调试事件还是调试循环，对于调试或者调试器来说，其最根本、最核心的部分都是中断，或者说其最核心的部分都是可以捕获中断。

8.2.1 常见的 3 种断点

在前面介绍 OD 时提到过，产生中断的方法是设置断点。常见的断点有 3 种，一种是中断断点，一种是内存断点，还有一种是硬件断点。下面分别介绍这 3 种断点的不同。

中断断点，通常指汇编语言中的 int 3 指令，CPU 执行该指令时会产生一个断点，因此也常称之为 INT3 断点。下面演示使用 int 3 指令设置断点的方法，代码如下：

```
int main(int argc, char* argv[])
{
    _asm int 3

    return 0;
}
```

上述代码中使用了_asm，_asm 后可以紧跟汇编指令，如果希望添加一段汇编指令，则方法是使用_asm{}语句。通过_asm 可以在 C 语言中内嵌汇编语言。_asm 后直接使用 int 3 指令会产生一个异常，称之为断点中断异常。对这段简单的代码进行编译连接，并运行生成的程序。该程序运行后的异常提示窗口如图 8-1 所示。

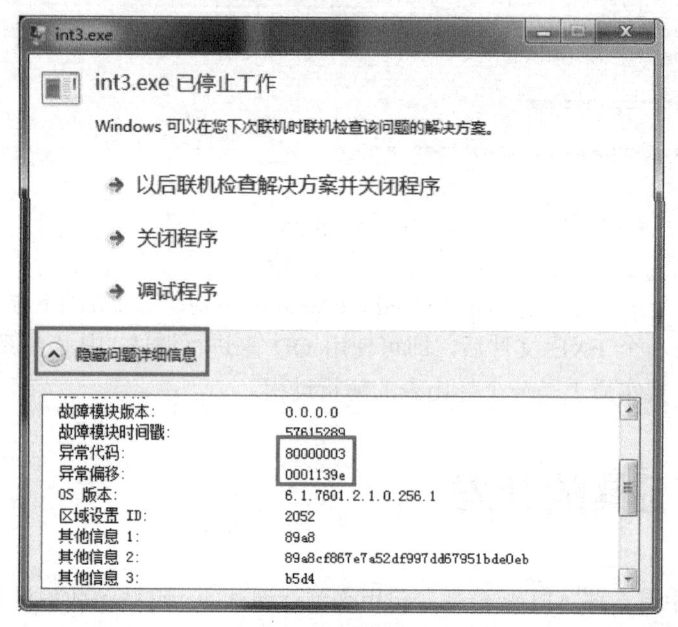

图 8-1 异常提示窗口

以后会经常碰到该窗口，单击“关闭程序”按钮，并关闭该窗口。这里的异常是通过 int 3 导致的，不要忙着关掉它。手写程序时会经常提示各种异常，此时应该去寻找更多的帮助信息以修正错误。单击“查看问题详细信息”按钮，会出现图 8-1 所示的问题详细信息。

通常，在问题详细信息中至少应关心两个内容，一是“异常代码”，二是“异常偏移”。在图 8-1 中，“异常代码”值为 0x80000003，“异常偏移”值为 0x0001139E。“异常代码”的值为产生异常的异常代码，“异常偏移”的值是产生异常的 RVA。在 Winnt.h 中定义了“异常代码”的值，这里 0x80000003 定义为 STATUS_BREAKPOINT，即断点中断。其在 Winnt.h 中的定义如下：

```
#define STATUS_BREAKPOINT                    ((DWORD    )0x80000003L)
```

这里给出的“异常偏移”是一个 RVA，使用 LoadPE 打开该程序，计算 0x0001139E 的 VA 为 0x0041139E。使用 OD 打开该程序，按 F9 键运行该程序，如图 8-2 和图 8-3 所示。

```
00411397   B8 CCCCCCCC     MOV EAX,CCCCCCCC
0041139C   F3:AB           REP STOS DWORD PTR ES:[EDI]
0041139E   CC              INT3
0041139F   33C0            XOR EAX,EAX
004113A1   5F              POP EDI
004113A2   5E              POP ESI
004113A3   5B              POP EBX
004113A4   81C4 C0000000   ADD ESP,0C0
```

图 8-2 在 OD 中运行时被断下

```
命令：
INT3 命令位于int3.0041139E
```

图 8-3 OD 状态栏提示信息

从图 8-2 中可以看到，程序定位在地址 0x0041139F 处。从图 8-3 中可以看到，INT3 命令位于地址 0x0041139E 处。这就证明了在系统的异常报告中可以给出正确的出错地址（或产生异常的地址）。这样以后手写程序时可以很容易地定位到程序中出错的位置处。

注意： 在 OD 中运行 int 3 程序时，可能 OD 不会定位在地址 0x0041139F 处，也不会给出类似图 8-2 的提示。这里需要对 OD 进行一些设置，在菜单栏中选择"选项"→"调试设置"选项，弹出"调试选项"对话框，在"调试选项"对话框中选择"异常"选项卡，在"异常"选项卡中取消选中"INT3 中断"复选框，这样就可以按照该例进行测试了。

回到中断断点的话题上，中断断点是由 int 3 产生的，那么要如何通过调试器（调试进程）在被调试进程中设置中断断点呢？观察图 8-2 中地址 0x0041139E 处，在地址值后、反汇编代码前的内容是汇编指令对应的机器码。可以看出，INT3 对应的机器码是 0xCC。如果希望通过调试器在被调试进程中设置 INT3 断点，则把要中断的位置处的机器码改为 0xCC 即可，当调试器捕获到该断点异常时，将其修改为原来的值即可。

内存断点的方法同样是通过异常来产生的。在 Win32 平台下，内存是按页进行划分的，每页的大小为 4KB。每一页内存都有各自的内存属性，常见的内存属性有只读、可读写、可执行、可共享等。内存断点的原理就是通过对内存属性的修改，使本该允许进行的操作无法进行，这样便会引发异常。

OD 中的内存断点有两种，一种是内存访问，另外一种是内存写入。使用 OD 打开任意一个应用程序，在其"转存窗口"（也称作"数据窗口"）中选中任意数据点后右键单击，在弹出的快捷菜单中选择"断点"选项，在"断点"子菜单中会看到"内存访问"和"内存写入"两种断点，如图 8-4 所示。

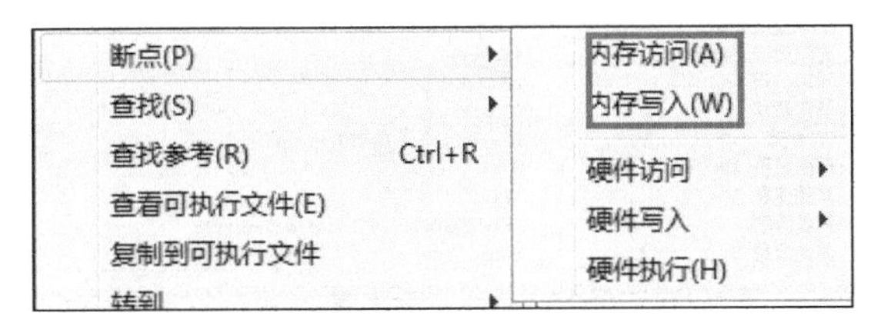

图 8-4 内存断点的类型

下面通过一个简单示例来了解内存访问异常是如何产生的，代码如下：

```
#include "stdafx.h"
#include <Windows.h>
#include <stdlib.h>

#define MEMLEN 0x100
```

```
int _tmain(int argc, _TCHAR* argv[])
{
    PBYTE pByte = NULL;

    pByte = (PBYTE)malloc(MEMLEN);

    if ( pByte == NULL )
    {
        return -1;
    }

    DWORD dwProtect = 0;

    VirtualProtect(pByte, MEMLEN, PAGE_READONLY, &dwProtect);

    BYTE bByte = '\xCC';

    memcpy(pByte, (const char *)&bByte, MEMLEN);

    free(pByte);

    return 0;
}
```

该程序使用了 VirtualProtect()函数，该函数用于修改当前进程的内存属性。先使用 VirtualProtect 函数将 malloc 申请的内存空间改为只读，再对该块内存进行 memcpy 操作。此时内存属性是只读，因此在进行 memcpy 操作时程序会报错。

编译连接并运行该程序。内存异常报错如图 8-5 所示。

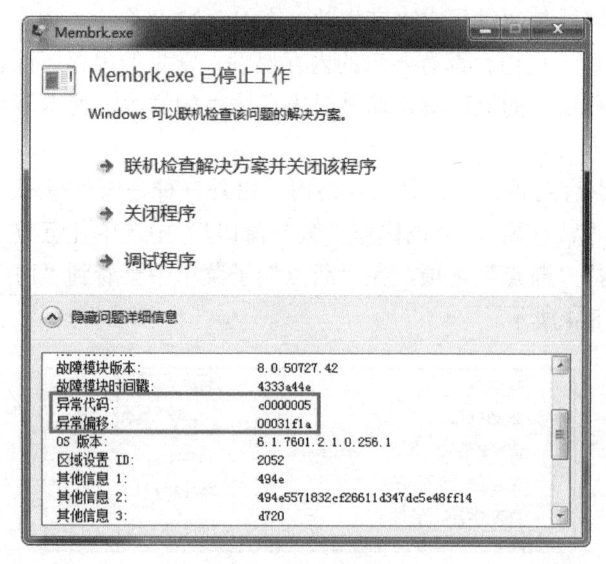

图 8-5 内存异常报错

按照上述分析方法查看“异常代码”和“异常偏移”这两个值。“异常代码”的值为 0xC0000005，这个值在 Winnt.h 中的定义如下：

```
#define STATUS_ACCESS_VIOLATION          ((DWORD)0xC0000005L)
```

该值表示访问违例。

“异常偏移”的值为0x00031F1A，这个值是RVA。按照前面的方法来查看该地址，如图8-6所示。

在图8-6中，REP MOVS相当于C语言中的memcpy函数，由于内存为属性只读，导致了非法的写入，OD状态栏的提示信息如图8-7所示。

注意：这里需要对OD进行一些设置，在菜单栏中选择“选项”→“调试设置”选项，弹出“调试选项”对话框，在“调试选项”对话框中选择“异常”选项卡，在“异常”选项卡中取消选中“非法内存访问”复选框，就可以按照该例进行测试了。

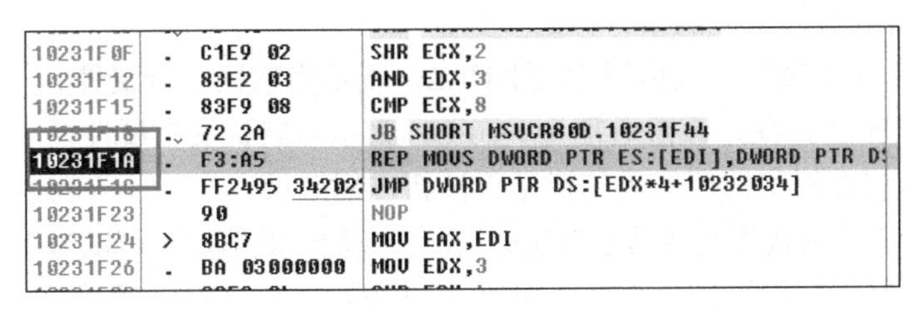

图8-6 OD中的异常地址

图8-7 OD状态栏的提示信息

硬件断点需要硬件进行支持。它由硬件提供给调试寄存器组，用户通过这些硬件寄存器设置相应的值，并让硬件帮助断在需要下断点的位置。CPU中有一组特殊的寄存器，称作调试寄存器，调试寄存器有8个，分别是DR0～DR7，用于设置和管理硬件断点。调试寄存器DR0～DR3用于存储所设置硬件断点的内存地址，由于只有4个调试寄存器可以用来存放地址，所以最多只能设置4个硬件断点。调试寄存器DR4和DR5由系统保留，没有公开用途。调试寄存器DR6称为调试状态寄存器，这个寄存器记录了上一次断点触发所产生的调试事件类型信息。调试寄存器DR7用于设置触发硬件断点的条件，如硬件读断点、硬件访问断点或硬件执行断点。由于调试寄存器原理内容较多，这里就不具体进行介绍了。

8.2.2 调试API函数及相关结构体

通过前面的内容已经知道，调试器的根本是依靠中断，其核心也是中断。前面也演示了两个产生中断异常的示例。本小节的内容是介绍调试API函数及与其相关的调试结构体。在介绍完调试API函数及其结构体后，再来简单演示一下如何通过调试API函数捕获INT3断点和内存断点。

1．创建调试关系

既然是调试，那么必然存在调试和被调试。调试和被调试的这种关系是如何建立起来的，是我们首先要了解的内容。要使调试和被调试建立调试关系，就会用到以下两个函数之一，即CreateProcess()和DebugActiveProcess()。其中，CreateProcess()函数是用来创建进程的函数，那么如何使用CreateProcess()函数来建立一个需要被调试的进程呢？CreateProcess()函数的定义如下：

```
BOOL CreateProcess(
  LPCTSTR lpApplicationName,
  LPTSTR lpCommandLine,
```

```
    LPSECURITY_ATTRIBUTES lpProcessAttributes,
    LPSECURITY_ATTRIBUTES lpThreadAttributes,
    BOOL bInheritHandles,
    DWORD dwCreationFlags,
    LPVOID lpEnvironment,
    LPCTSTR lpCurrentDirectory,
    LPSTARTUPINFO lpStartupInfo,
    LPPROCESS_INFORMATION lpProcessInformation
);
```

其参数说明如下。

- lpApplicationName：指定可执行文件的文件名。
- lpCommandLine：指定欲传给新进程的命令行的参数。
- lpProcessAttributes：进程安全属性，该值通常为 NULL，表示为默认安全属性。
- lpThreadAttributes：线程安全属性，该值通常为 NULL，表示为默认安全属性。
- bInheritHandles：指定当前进程中的可继承句柄是否被新进程继承。
- dwCreationFlags：指定新进程的优先级及其他创建标志，该参数一般情况下可以为 0。

如果要创建一个被调试进程，则需要把该参数设置为 DEBUG_PROCESS。创建进程的进程称为父进程，被创建的进程称为子进程。也就是说，父进程要对子进程进行调试时，需要在调用 CreateProcess()函数时传递 DEBUG_PROCESS 参数。在传递了 DEBUG_PROCESS 参数后，子进程创建的“孙”进程同样处于被调试状态。如果不希望子进程创建的“孙”进程也处于被调试状态，则应在父进程创建子进程时传递 DEBUG_ONLY_THIS_PROCESS 和 DEBUG_PROCESS。

在某些情况下，如果希望被创建子进程的主线程暂时不要运行，则可以指定 CREATE_SUSPENDED 参数。事后如果希望该子进程的主线程运行，则可以使用 ResumeThread()函数使子进程的主线程恢复运行。

- lpEnvironment：指定新进程的环境变量，通常指定为 NULL。
- lpCurrentDirectory：指定新进程使用的当前目录。
- lpStartupInfo：指向 STARTUPINFO 结构体的指针，该结构体指定新进程的启动信息。

该参数是一个结构体，决定了进程启动的状态。该结构体的定义如下：

```
typedef struct _STARTUPINFO {
    DWORD   cb;
    LPTSTR  lpReserved;
    LPTSTR  lpDesktop;
    LPTSTR  lpTitle;
    DWORD   dwX;
    DWORD   dwY;
    DWORD   dwXSize;
    DWORD   dwYSize;
    DWORD   dwXCountChars;
    DWORD   dwYCountChars;
    DWORD   dwFillAttribute;
    DWORD   dwFlags;
    WORD    wShowWindow;
    WORD    cbReserved2;
    LPBYTE  lpReserved2;
    HANDLE  hStdInput;
    HANDLE  hStdOutput;
    HANDLE  hStdError;
} STARTUPINFO, *LPSTARTUPINFO;
```

该参数在使用前，需要为 cb 成员变量赋值，该成员变量用于保存结构体的大小。该结构体的使用这里不做过多介绍。如果要重定位新进程的输入输出，则会用到该参数的更多成员变量。

- lpProcessInformation：指向 PROCESS_INFORMATION 结构体的指针，该结构体用于返回新进程和主线程的相关信息。该结构体的定义如下：

```
typedef struct _PROCESS_INFORMATION {
    HANDLE hProcess;
    HANDLE hThread;
    DWORD dwProcessId;
    DWORD dwThreadId;
} PROCESS_INFORMATION;
```

该结构体用于返回新创建的进程的句柄和进程 ID、进程主线程的句柄和主线程 ID。

现在要做的是创建一个被调试进程。CreateProcess()函数中有一个 dwCreationFlags 参数，该参数的取值中有两个重要的常量，分别为 DEBUG_PROCESS 和 DEBUG_ONLY_THIS_PROCESS。DEBUG_PROCESS 的作用就是让被创建的进程处于调试状态，如果同时指定了 DEBUG_ONLY_THIS_PROCESS，那么只能调试被创建的进程，而不能调试被调试进程创建出来的进程。只要在使用 CreateProcess()函数时指定这两个常量即可。

除了 CreateProcess()函数以外，还有一种创建调试关系的方法。该方法使用的函数如下：

```
BOOL DebugActiveProcess(
  DWORD dwProcessId
);
```

该函数的功能是将调试进程附加到被调试的进程上。该函数的参数只有一个，即用于指定被调试进程的进程 ID。从函数名称与函数参数可以看出，这个函数与一个创建的进程建立了调试关系，与 CreateProcess()的方法相同。OD 中同样有该功能，打开 OD，选择菜单栏中的“文件”→“挂接”（或者“附加”）选项，即可打开“选择要附加的进程”窗口，如图 8-8 所示。

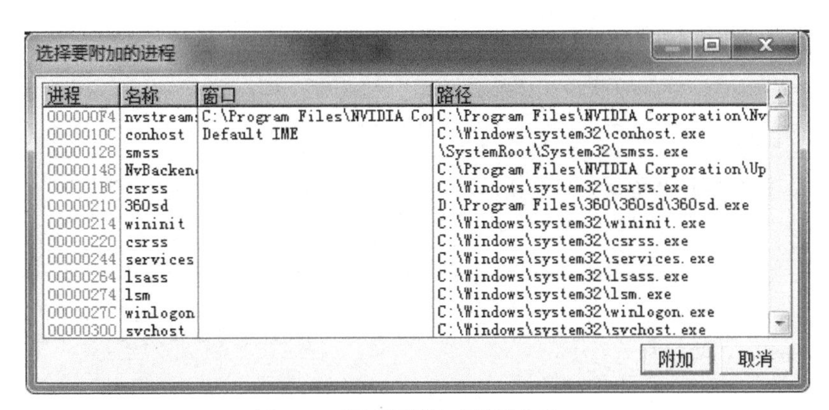

图 8-8 “选择要附加的进程”窗口

OD 的这个功能就是通过 DebugActiveProcess()函数来完成的。

调试器与被调试的目标进程可以通过前两个函数建立调试关系，但是如何使调试器与被调试的目标进程断开调试关系呢？有一种很简单的方法，即关闭调试器进程，这样调试器进

程与被调试的目标进程会同时结束。也可以关闭被调试的目标进程，这样也可以达到断开调试关系的目的。如何让调试器与被调试的目标进程断开调试关系，又保持被调试目标进程的运行呢？这里介绍 DebugActiveProcessStop()函数，其定义如下：

```
WINBASEAPI
BOOL
WINAPI
DebugActiveProcessStop(
    _in DWORD dwProcessId
    );
```

该函数只有一个参数，即被调试进程的进程 ID。使用该函数可以在不影响调试器进程和被调试进程正常运行的情况下将两者的调试关系解除。但是这有一个前提，即被调试进程需要处于运行状态，而非中断状态。如果被调试进程处于中断状态而与调试进程解除调试关系，则会因为被调试进程无法运行而导致退出。

2．判断进程是否处于被调试状态

很多程序要检测自己是否处于被调试状态，如游戏、病毒、加壳后的程序等。游戏为了预防外挂而进行反调试，病毒为了给反病毒工程师增加分析难度而进行反调试，而加壳程序专门用来保护软件，当然也具备反调试的功能（该功能仅限于加密壳，压缩壳一般不具备反调试功能）。

本小节不是要介绍反调试，而是要介绍一个简单的函数（也属于调试函数），其用于判断自身是否处于被调试状态，函数名称为 IsDebuggerPresent()。该函数的定义如下：

```
BOOL IsDebuggerPresent(VOID);
```

该函数没有参数，根据返回值来判断是否处于被调试状态。这个函数也可以用来进行反调试。但因为这个函数的实现过于简单，很容易被分析者突破，所以目前已没有软件使用该函数进行反调试了。

下面通过一个简单的示例来演示 IsDebuggerPresent()函数的使用。具体代码如下：

```
#include <Windows.h>
#include <stdio.h>

extern "C" BOOL WINAPI IsDebuggerPresent(VOID);

DWORD WINAPI ThreadProc(LPVOID lpParam)
{
    while ( TRUE )
    {
        // 用来检测是否用 ActiveDebugProcess()创建调试关系
        if ( IsDebuggerPresent() == TRUE )
        {
            printf("thread func checked the debuggee \r\n");
            break;
        }
        Sleep(1000);
    }

    return 0;
}

int _tmain(int argc, _TCHAR* argv[])
{
    BOOL bRet = FALSE;
```

```
    // 用来检测是否用 CreateProcess()创建调试关系
    bRet = IsDebuggerPresent();

    if ( bRet == TRUE )
    {
        printf("main func checked the debuggee \r\n");
        getchar();
        return 1;
    }

    HANDLE hThread = CreateThread(NULL, 0, ThreadProc, NULL, 0, NULL);
    if ( hThread == NULL )
    {
        return -1;
    }

    WaitForSingleObject(hThread, INFINITE);
    CloseHandle(hThread);

    getchar();

    return 0;
}
```

该示例用来检测自身是否处于被调试状态。在进入主函数后，直接调用 IsDebugger Present()函数，以判断是否被调试器创建。在自定义线程函数中，会一直循环检测是否被附加。只要发现自身处于被调试状态，那么应马上在控制台中进行输出提示。

现在使用 OD 对这个程序进行测试。使用 OD 直接打开这个程序并按 F9 键运行，如图 8-9 所示。

程序运行后，控制台中输出“mian func checked the debuggee”，也就是发现了调试器。再测试一下检测 OD 附加的效果。先运行这个程序，再使用 OD 挂接它，其提示如图 8-10 所示。

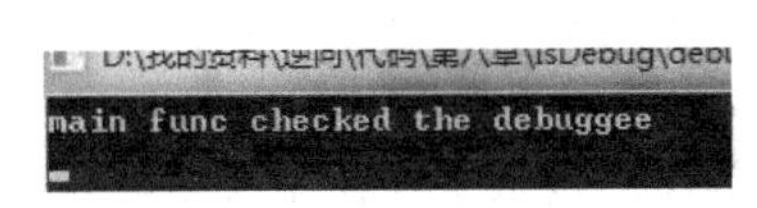

图 8-9　主函数检测到调试器

thread func checked the debuggee

图 8-10　线程函数检测到调试器

控制台中输出“thread func checked the debuggee”。可以看出，用 OD 进行附加也能够检测到自身处于被调试状态。

注意：进行该测试时应选用原版 OD。这是因为该检测是否处于被调试状态的方法过于简单，任何其他修改版的 OD 都可以将其突破，从而使得测试失败。

3．断点异常函数

有时为了调试方便可能会在代码中插入_asm int 3，当程序运行到该处时会产生一个断点，此时就可以用调试器进行调试了。其实微软公司提供了一个函数，使用该函数可以直接让程序运行到某处时产生 INT3 断点。该函数的定义如下：

```
VOID DebugBreak(VOID);
```

修改一下前面的程序，把_asm int 3 替换为 DebugBreak()，编译连接并运行。同样，程序会因产生异常而打开异常提示窗口，查看它的错误报告内容，如图 8-11 所示。

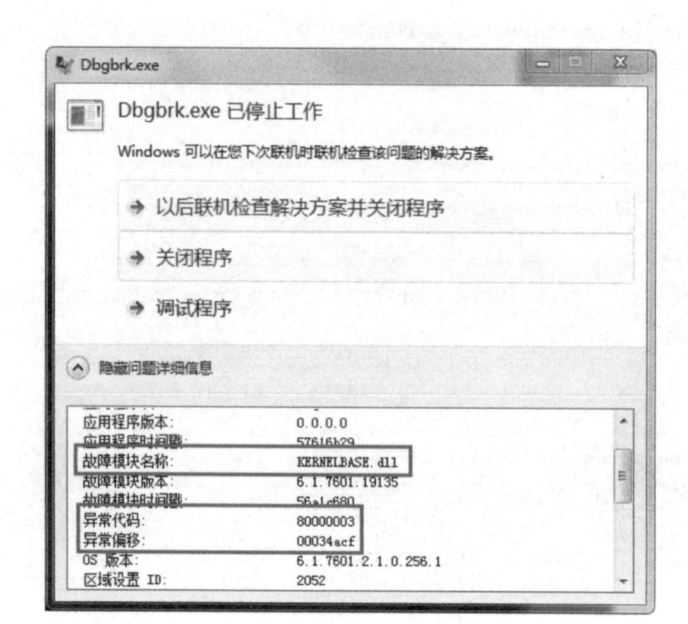

图 8-11 错误报告内容

查看“异常代码”的值，看到值为 0x80000003 就应该知道是 EXCEPTION_BREAKPOINT。再查看“故障模块名称”的值，值为 KERNELBASE.dll，从这个地址可以看出，该值在系统的 DLL 文件中，因为调用的是系统提供的函数。

4．调试事件

在调试器调试程序的过程中，是通过用户不断地下断点、单步等来完成的，而断点的产生在前面章节中已介绍过一部分。通过前面介绍的 INT3 断点、内存断点和硬件断点可以得知，调试器是通过捕获目标进程产生的断点或异常从而做出响应的。当然，对于所介绍的断点来说是这样的，对于调试器来说，除了对断点和异常做出响应以外，还会对其他事件做出响应，断点和异常只是所有调试能进行响应事件的一部分。

调试器的工作依赖于调试过程中不断产生的调试事件，调试事件在系统中被定义为一个结构体。这是应用层下一个较为复杂的结构体，因为这个结构体的嵌套关系很多。该结构体的定义如下：

```
typedef struct _DEBUG_EVENT {
  DWORD dwDebugEventCode;
  DWORD dwProcessId;
  DWORD dwThreadId;
  union {
      EXCEPTION_DEBUG_INFO Exception;
      CREATE_THREAD_DEBUG_INFO CreateThread;
      CREATE_PROCESS_DEBUG_INFO CreateProcessInfo;
      EXIT_THREAD_DEBUG_INFO ExitThread;
      EXIT_PROCESS_DEBUG_INFO ExitProcess;
      LOAD_DLL_DEBUG_INFO LoadDll;
      UNLOAD_DLL_DEBUG_INFO UnloadDll;
      OUTPUT_DEBUG_STRING_INFO DebugString;
      RIP_INFO RipInfo;
  } u;
} DEBUG_EVENT, *LPDEBUG_EVENT;
```

该结构体非常重要，所以这里有必要对其进行详细介绍。

- dwDebugEventCode：该字段指定了调试事件的类型编码。调试过程中可能产生的调试事件非常多，因此要根据不同的类型码进行不同的响应处理。常见的调试事件如表 8-1 所示。

表 8-1 常见的调试事件

调试事件	意义
EXCEPTION_DEBUG_EVENT	被调试进程产生异常而引发的调试事件
CREATE_THREAD_DEBUG_EVENT	线程创建时引发的调试事件
CREATE_PROCESS_DEBUG_EVENT	进程创建时引发的调试事件
EXIT_THREAD_DEBUG_EVENT	线程结束时引发的调试事件
EXIT_PROCESS_DEBUG_EVENT	进程结束时引发的调试事件
LOAD_DLL_DEBUG_EVENT	装载 DLL 文件时引发的调试事件
UNLOAD_DLL_DEBUG_EVENT	卸载 DLL 文件时引发的调试事件
OUTPUT_DEBUG_STRING_EVENT	进程调用调试输出函数时引发的调试事件

- dwProcessId：该字段指明了引发调试事件的进程 ID。
- dwThreadId：该字段指明了引发调试事件的线程 ID。
- u：该字段是一个联合体，其取值由 dwDebugEventCode 指定。该字段中包含了众多结构体，包括 EXCEPTION_DEBUG_INFO、CREATE_THREAD_DEBUG_INFO、CREATE_PROCESS_DEBUG_INFO、EXIT_THREAD_DEBUG_INFO、EXIT_PROCESS_DEBUG_INFO、LOAD_DLL_DEBUG_INFO、UNLOAD_DLL_DEBUG_INFO 和 OUTPUT_ DEBUG_STRING_INFO。

在以上众多的结构体中，要特别介绍一下 EXCEPTION_DEBUG_INFO，因为这个结构体中包含了异常相关信息，而其他几个结构体的使用比较简单，读者可以参考 MSDN。EXCEPTION_DEBUG_INFO 的定义如下：

```
typedef struct _EXCEPTION_DEBUG_INFO {
  EXCEPTION_RECORD ExceptionRecord;
  DWORD dwFirstChance;
} EXCEPTION_DEBUG_INFO, *LPEXCEPTION_DEBUG_INFO;
```

在 EXCEPTION_DEBUG_INFO 包含的 EXCEPTION_RECORD 结构体中保存着真正的异常信息，dwFirstChance 中保存着 ExceptionRecord 的个数。EXCEPTION_ RECORD 结构体的定义如下：

```
typedef struct _EXCEPTION_RECORD {
  DWORD ExceptionCode;
  DWORD ExceptionFlags;
  struct _EXCEPTION_RECORD *ExceptionRecord;
  PVOID ExceptionAddress;
  DWORD NumberParameters;
  ULONG_PTR ExceptionInformation[EXCEPTION_MAXIMUM_PARAMETERS];
} EXCEPTION_RECORD, *PEXCEPTION_RECORD;
```

- ExceptionCode：异常码。该值在 MSDN 中的定义非常多，但需要使用的值只有 3 个，分别是 EXCEPTION_ACCESS_VIOLATION（访问违例）、EXCEPTION_BREAKPOINT（断点异常）和 EXCEPTION_SINGLE_STEP（单步异常）。这 3 个值中的前两个读者应该非常熟悉，因为在前面已经介绍过了；关于单步异常，在 OD 中按 F7 键、F8 键时就

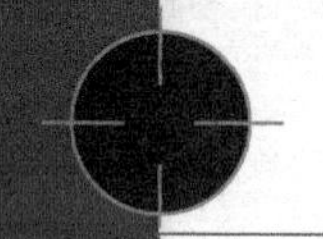

是在使用单步功能，而单步异常由 EXCEPTION_SINGLE_STEP 表示。

- ExceptionRecord：指向一个 EXCEPTION_RECORD 的指针，异常记录是一个链表，其中可能保存着众多异常信息。
- ExceptionAddress：异常产生的地址。

调试事件结构体 DEBUG_EVENT 看似非常复杂，其实只是嵌套得比较深而已。只要认真体会每个结构体、每层嵌套的含义，就可以掌握其使用方法。

5．调试循环

调试器在不断地捕获被调试目标进程的调试信息，这有些类似于 Win32 应用程序的消息循环，但是又有所不同。调试器在捕获到调试信息后会进行相应的处理，并恢复线程使之继续运行。

用来等待捕获被调试进程调试事件的函数是 WaitForDebugEvent()，该函数的定义如下：

```
BOOL WaitForDebugEvent(
  LPDEBUG_EVENT lpDebugEvent,
  DWORD dwMilliseconds
);
```

其参数的含义如下。

- lpDebugEvent：该参数用于接收保存调试事件。
- dwMilliseconds：该参数用于指定超时时间，无限制等待时使用 INFINITE。

在调试器捕获到调试事件后会将被调试的目标进程中产生调试事件的线程挂起，在调试器对被调试目标进程进行相应的处理后，需要使用 ContinueDebugEvent()将先前被挂起的线程恢复。ContinueDebugEvent()函数的定义如下：

```
BOOL ContinueDebugEvent(
  DWORD dwProcessId,
  DWORD dwThreadId,
  DWORD dwContinueStatus
);
```

其参数的含义如下。

- dwProcessId：该参数表示被调试进程的进程标识符。
- dwThreadId：该参数表示准备恢复挂起线程的线程标识符。
- dwContinueStatus：该参数指定了该线程以何种方式继续执行，该参数的取值为 DBG_EXCEPTION_NOT_HANDLED 和 DBG_CONTINUE。通常，这两个值并没有什么差别，但是当遇到调试事件中的调试码为 EXCEPTION_DEBUG_EVENT 时，这两个常量就会有不同的动作。如果使用 DBG_EXCEPTION_NOT_HANDLED，则调试器进程将会忽略该异常，Windows 会使用被调试进程的异常处理函数对异常进行处理；如果使用 DBG_CONTINUE，则需要先用调试器进程对异常进行处理，再继续运行。

由上面两个函数配合调试事件结构体，就可以构成一个完整的调试循环。以下这段调试循环的代码摘自 MSDN。

```
DEBUG_EVENT DebugEv;
DWORD dwContinueStatus = DBG_CONTINUE;

for(;;)
{
    WaitForDebugEvent(&DebugEv, INFINITE);
```

```
        switch (DebugEv.dwDebugEventCode)
        {
            case EXCEPTION_DEBUG_EVENT:
                switch (DebugEv.u.Exception.ExceptionRecord.ExceptionCode)
                {
                    case EXCEPTION_ACCESS_VIOLATION:
                    case EXCEPTION_BREAKPOINT:
                    case EXCEPTION_DATATYPE_MISALIGNMENT:
                    case EXCEPTION_SINGLE_STEP:
                    case DBG_CONTROL_C:
                }

            case CREATE_THREAD_DEBUG_EVENT:
            case CREATE_PROCESS_DEBUG_EVENT:
            case EXIT_THREAD_DEBUG_EVENT:
            case EXIT_PROCESS_DEBUG_EVENT:
            case LOAD_DLL_DEBUG_EVENT:
            case UNLOAD_DLL_DEBUG_EVENT:
            case OUTPUT_DEBUG_STRING_EVENT:
        }
    ContinueDebugEvent(DebugEv.dwProcessId,
        DebugEv.dwThreadId, dwContinueStatus);
    }
```

以上是一个完整的调试循环，但有些调试事件可能用不到，此时，将不需要的调试事件所对应的 case 语句删除即可。

6．内存操作

调试器进程通常要对被调试的目标进程进行内存读取或写入。跨进程的内存读取和写入函数是 ReadProcessMemory()和 WriteProcessMemory()。

当要对被调试的目标进程设置 INT3 断点时，需要使用 WriteProcessMemory()函数在指定的位置处写入 0xCC。当 INT3 被执行后，要在原位置上写入原机器码，原机器码需要使用 ReadProcessMemory()函数来读取。

内存操作除了以上两个函数以外，还有一个修改内存页面属性函数 VirtualProtectEx()。

7．线程环境相关 API 及结构体

进程是用来向系统申请各种资源的，而真正被分配到 CPU 并执行代码的是线程。进程中的每个线程都共享着进程的资源，但是每个线程都有不同的线程上下文或线程环境。Windows 是一个多任务操作系统，其为每一个线程都分配了一个时间片，当某个线程执行完其所属的时间片后，Windows 会切换到其他线程去执行。为保证切换时线程的所有寄存器值、栈信息及描述符等相关信息在切换回来后保持不变，在进行线程切换前需要保存线程环境。也就是说，只有保存线程的上下文后，在下次该线程被 CPU 再次调度时才能正确地接着上次的工作继续运行。

在 Windows 操作系统中，将线程环境定义为 CONTEXT 结构体，该结构体保存在 Winnt.h 头文件中，在 MSDN 中并没有给出定义。CONTEXT 结构体的定义如下：

```
    typedef struct _CONTEXT {
        DWORD ContextFlags;
        DWORD    Dr0;
        DWORD    Dr1;
        DWORD    Dr2;
        DWORD    Dr3;
```

```
    DWORD    Dr6;
    DWORD    Dr7;
    FLOATING_SAVE_AREA FloatSave;
    DWORD    SegGs;
    DWORD    SegFs;
    DWORD    SegEs;
    DWORD    SegDs;
    DWORD    Edi;
    DWORD    Esi;
    DWORD    Ebx;
    DWORD    Edx;
    DWORD    Ecx;
    DWORD    Eax;
    DWORD    Ebp;
    DWORD    Eip;
    DWORD    SegCs;
    DWORD    EFlags;
    DWORD    Esp;
    DWORD    SegSs;
    BYTE    ExtendedRegisters[MAXIMUM_SUPPORTED_EXTENSION];

} CONTEXT;
```

该结构体看似很长，但了解汇编语言的读者可以发现它其实并不长。关于各个寄存器这里不再重复介绍，读者可自行复习前面的内容。这里只介绍 ContextFlags 字段的功能，该字段用于控制 GetThreadContext()和 SetThreadContext()获取或写入的环境信息。ContextFlags 的取值也只能在 Winnt.h 头文件中找到，其取值如下：

```
#define CONTEXT_CONTROL            (CONTEXT_i386 | 0x00000001L)
#define CONTEXT_INTEGER            (CONTEXT_i386 | 0x00000002L)
#define CONTEXT_SEGMENTS           (CONTEXT_i386 | 0x00000004L)
#define CONTEXT_FLOATING_POINT     (CONTEXT_i386 | 0x00000008L)
#define CONTEXT_DEBUG_REGISTERS    (CONTEXT_i386 | 0x00000010L)
#define CONTEXT_EXTENDED_REGISTERS (CONTEXT_i386 | 0x00000020L)

#define CONTEXT_FULL (CONTEXT_CONTROL | CONTEXT_INTEGER |\
                      CONTEXT_SEGMENTS)

#define CONTEXT_ALL (CONTEXT_CONTROL | CONTEXT_INTEGER | CONTEXT_SEGMENTS | CONTEXT_
FLOATING_POINT | CONTEXT_DEBUG_REGISTERS | CONTEXT_EXTENDED_REGISTERS)
```

从这些宏定义的注释可以清楚地知道这些宏可以控制 GetThreadContext()和 SetThread Context()进行何种操作，读者在实际使用时进行相应的赋值即可。

注意：CONTEXT 结构体在 Winnt.h 头文件中可能会存在多个定义，因为该结构体是与平台相关的。因此，其在各种不同平台上会有所不同。

线程环境在 Windows 操作系统中定义了一个 CONTEXT 结构体，因此要获取或设置线程环境时，需要使用 GetThreadContext()和 SetThreadContext()。这两个函数的定义分别如下：

```
BOOL GetThreadContext(
  HANDLE hThread,
  LPCONTEXT lpContext
);
BOOL SetThreadContext(
  HANDLE hThread,
  CONST CONTEXT *lpContext
);
```

这两个函数的参数基本一样，hThread 表示线程句柄，lpContext 表示指向 CONTEXT 的指针。不同之处在于，GetThreadContext()函数用来获取线程环境，SetThreadContext()函数用来设置线程环境。需要注意的是，在获取或设置线程的上下文时，应将线程暂停后再进行设置以免发生“不明现象”。

8.2.3 打造一个密码显示器

关于系统提供的调试 API 函数和常用函数已介绍完毕，下面用调试 API 编写一个能够显示密码的程序（注意，并非所有密码都可显示）。下面针对某个 CrackMe 编写一个密码显示程序。

简单的 CrackMe 程序窗口如图 8-12 所示。

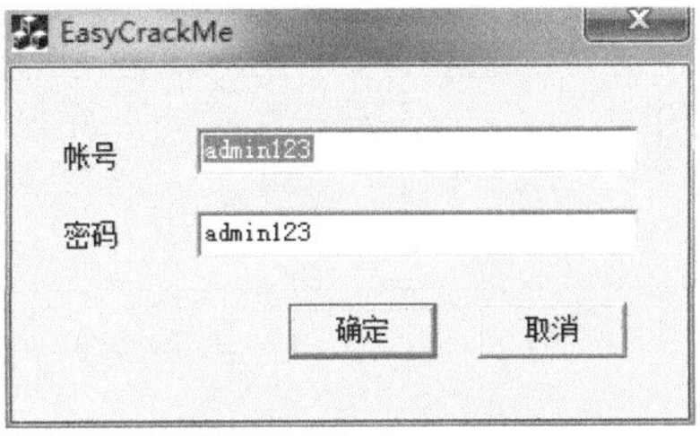

图 8-12 简单的 CrackMe 程序窗口

在编写关于 CrackMe 的密码显示程序前，需要思考两个问题，第一个问题是明确要在何处合理地下断，第二个问题是明确在何处读取密码。带着这两个问题重新进行思考。在该 CrackMe 程序中经过分析得知，它要对正确的密码和输入的密码两个字符串进行比较，比较函数是 strcmp()，该函数有两个参数，分别是输入的密码和正确的密码。也就是说，在调用 strcmp()函数的位置处下断，通过查看其参数是可以获取正确密码的。在调用 strcmp()函数的位置处设置 INT3 断点，也就是将 0xCC 机器码写入该地址。使用 OD 查看调用 strcmp()函数的地址，如图 8-13 所示。

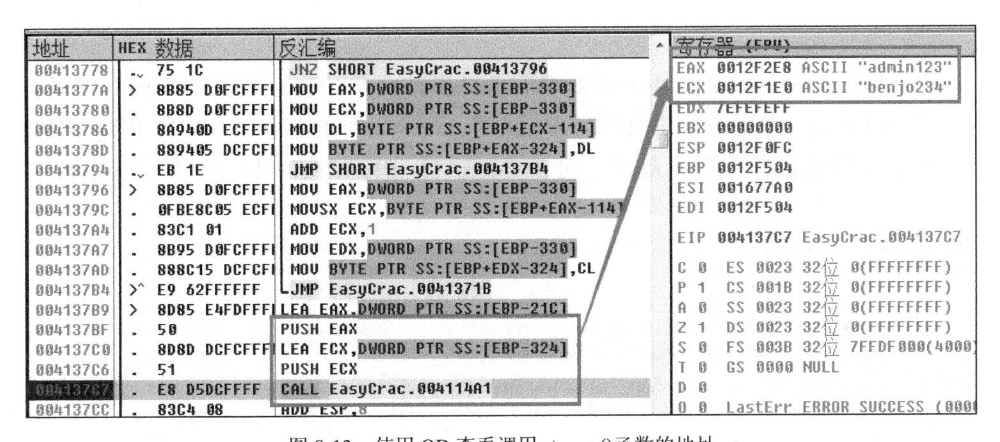

图 8-13 使用 OD 查看调用 strcmp()函数的地址

从图 8-13 中可以看出，调用 strcmp()函数的地址为 0x004137C7。有了这个地址，只要找

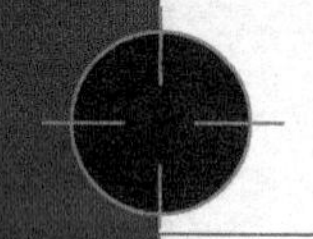

到该函数的两个参数，就可以找到输入的错误密码及正确密码。从图 8-13 中可以看出，正确密码的起始地址保存在 ECX 寄存器中，错误密码的起始地址保存在 EAX 寄存器中，只要在地址 0x004137C7 处下断，并通过线程环境读取 ECX 寄存器和 EAX 寄存器值就可以得到两个密码的起始地址。

准备工作完毕，下面来编写一个控制台的程序。先定义两个常量，一个用来设置 INT3 断点的位置，另一个是 INT3 指令的机器码。常量定义如下：

```
// 设置 INT3 断点的位置
#define BP_VA    0x004137C7
// INT3 指令的机器码
const BYTE bInt3 = '\xCC';
```

把 CrackMe 的文件路径及文件名作为参数传递给显示密码的程序。显示的程序要先以调试的方式创建 CrackMe，代码如下：

```
// 启动信息
STARTUPINFO si = { 0 };
si.cb = sizeof(STARTUPINFO);
GetStartupInfo(&si);

// 进程信息
PROCESS_INFORMATION pi = { 0 };

// 创建被调试进程
BOOL bRet = CreateProcess(pszFileName,
                        NULL,
                        NULL,
                        NULL,
                        FALSE,
                        DEBUG_PROCESS | DEBUG_ONLY_THIS_PROCESS,
                        NULL,
                        NULL,
                        &si,
                        &pi);

if ( bRet == FALSE )
{
    printf("CreateProcess Error \r\n");
    return -1;
}
```

此后进入调试循环。调试循环中要处理的调试事件有两个，一个是 CREATE_PROCESS_DEBUG_EVENT，另一个是 EXCEPTION_DEBUG_EVENT 下的 EXCEPTION_BREAKPOINT。这两个事件会在调试循环中进行处理。处理 CREATE_PROCESS_DEBUG_ EVENT 的代码如下：

```
// 创建进程时的调试事件
case CREATE_PROCESS_DEBUG_EVENT:
    {
        // 读取 INT3 断点处的机器码
        ReadProcessMemory(pi.hProcess,
                          (LPVOID)BP_VA,
                          (LPVOID)&bOldByte,
                          sizeof(BYTE),
                          &dwReadWriteNum);

        // 将 INT3 的机器码 0xCC 写入断点
```

```
        WriteProcessMemory(pi.hProcess,
                           (LPVOID)BP_VA,
                           (LPVOID)&bInt3,
                           sizeof(BYTE),
                           &dwReadWriteNum);
        break;
    }
```

在 CREATE_PROCESS_DEBUG_EVENT 调用 strcmp()函数的地址处设置 INT3 断点，将 0xCC 写入时要把原机器码读取出来。读取原机器码使用 ReadProcessMemory()函数，写入 INT3 机器码使用 WriteProcessMemory()函数。读取原机器码的原因是当写入的 0xCC 产生中断以后，需要将原机器码写回，以便程序可以正确继续运行。

再来看一下 EXCEPTION_DEBUG_EVENT 下的 EXCEPTION_BREAKPOINT 是如何进行处理的。

```
// 产生异常时的调试事件
case EXCEPTION_DEBUG_EVENT:
{
    // 判断异常类型
    switch ( de.u.Exception.ExceptionRecord.ExceptionCode )
    {
        // INT3 类型的异常
    case EXCEPTION_BREAKPOINT:
        {
            // 获取线程环境
            context.ContextFlags = CONTEXT_FULL;
            GetThreadContext(pi.hThread, &context);

            // 判断是否断在设置的断点位置处
            if ( (BP_VA + 1) == context.Eip )
            {
                // 读取正确的密码
                ReadProcessMemory(pi.hProcess,
                           (LPVOID)context.Ecx,
                           (LPVOID)pszPassword,
                           MAXBYTE,
                           &dwReadWriteNum);
                // 读取错误的密码
                ReadProcessMemory(pi.hProcess,
                           (LPVOID)context.Eax,
                           (LPVOID)pszErrorPass,
                           MAXBYTE,
                           &dwReadWriteNum);

                printf("你输入的密码是: %s \r\n", pszErrorPass);
                printf("正确的密码是: %s \r\n", pszPassword);

                // 指令因执行了 INT3 而被中断
                // INT3 的机器指令长度为 1 字节
                // 需要将 EIP 减一以修正 EIP
                // EIP 是指令指针寄存器
                // 其中保存了下一条要执行指令的地址
                context.Eip --;

                // 修正原来该地址处的机器码
                WriteProcessMemory(pi.hProcess,
                           (LPVOID)BP_VA,
                           (LPVOID)&bOldByte,
                           sizeof(BYTE),
                           &dwReadWriteNum);
                // 设置当前的线程环境
```

```
                SetThreadContext(pi.hThread, &context);
            }
            break;
        }
    }
}
```

对于调试事件的处理，应该放到调试循环中进行，上面的代码是对调试事件的处理，下面来看一下调试循环的大体代码。

```
while ( TRUE )
{
    // 获取调试事件
    WaitForDebugEvent(&de, INFINITE);

    // 判断事件类型
    switch ( de.dwDebugEventCode )
    {
        // 创建进程时的调试事件
        case CREATE_PROCESS_DEBUG_EVENT:
        {
                break;
        }
        // 产生异常时的调试事件
        case EXCEPTION_DEBUG_EVENT:
        {
            // 判断异常类型
            switch ( de.u.Exception.ExceptionRecord.ExceptionCode )
            {
                // INT3 类型的异常
                case EXCEPTION_BREAKPOINT:
                {
                }
                break;          }
        }
    }

    ContinueDebugEvent(de.dwProcessId,de.dwThreadId,DBG_CONTINUE);
}
```

下面只要把调试事件的处理方法放入调试循环中程序就完整了。接下来编译连接程序，并把 CrackMe 直接拖动到该密码显示程序上。程序会启动 CrackMe 进程，并等待用户输入，输入账号及密码后单击“确定”按钮，程序会显示输入的密码和正确的密码。

根据图 8-14 显示的结果进行验证，可知这里获取的密码是正确的。该程序的编写到此结束。读者可以修改该程序，改作通过附加调试进程显示密码，以巩固所学的知识。

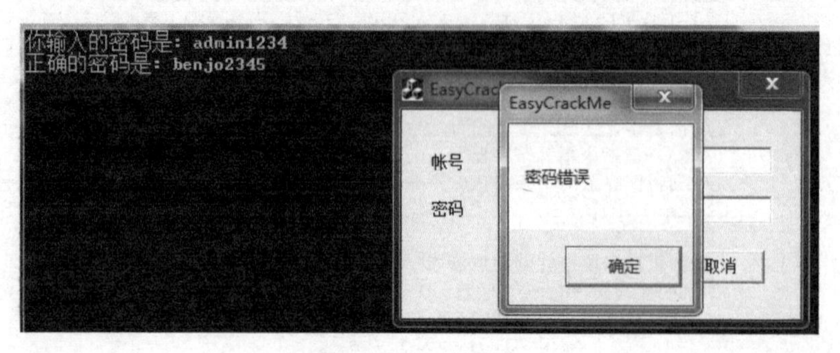

图 8-14　显示的结果

8.3 总结

本章介绍了 PE 工具和调试器开发所需的相关知识。当然，本章离真正开发一个调试器还有一定差距，仅作为读者深入逆向工程的一个引子。希望读者可以真正掌握 PE 文件格式和调试器工具的使用，并了解它们所涉及的工作原理。

第9章 安卓逆向分析

逆向分析的流程虽然不同于软件开发，但是同样需要用到软件开发相关知识。无论是 PC 端，还是移动端，都是如此。对于安卓（Android）系统而言，它的 App 大部分是由 Java 开发的，也可能是由 Kotlin 开发的，还可能是由 Uni-App 之类的 Web 前端技术（所谓的前端技术指类似 JavaScript 的浏览器语言）混合开发的。实际上，无论使用哪种语言，只要能够编译生成安卓系统的可执行的文件，就可以在安卓系统上运行。这里只讨论使用 Java 语言开发安卓 App 应用环境的情况。

从本章开始，将讨论安卓系统的相关逆向基础知识，安卓逆向是 PC 端逆向的一个补充。因为安卓 App 的可执行文件是运行在虚拟机上的字节码文件（大部分 App 如此，还有一部分 App 使用 C 语言进行 Native 开发，这部分这里不进行讨论），而非直接在 CPU 上运行的机器码。这样，读者可以横向学习不同环境中的软件逆向分析。

9.1 安卓开发环境的搭建

目前，大部分开发人员或者安卓的初学者都是在 Windows 操作系统中开发安卓 App 的，因此下面只介绍 Windows 操作系统中的安卓开发环境的搭建。目前，开发原生[①]安卓 App 的 IDE 多选用 Android Studio 或者带有安卓开发插件的 Eclipse。下面将介绍 Android Studio 的安装。

9.1.1 JDK 的安装

开发安卓 App 离不开 JDK，JDK 是 Java Development Kit 的缩写。JDK 是开发安卓 App 和逆向安卓 App 的基础环境，因此需要事先进行安装。本书写作时的 JDK 的新版本为 JDK 16，而实际使用中安装 JDK 8 即可。

JDK 8 可以直接到 Oracle 官网进行下载。其下载和安装的过程比较简单，这里不再赘述。

安装完 JDK 后，需要将 JDK 的安装路径添加到环境变量中。首先，添加一个变量为 JAVA_HOME 的环境变量，如 JDK 的安装目录为 C:\Program Files\Java\jdk1.8.0_201，则 JAVA_HOME 对应的值为 C:\Program Files\Java\jdk1.8.0_201。其次，将 C:\Program Files\Java\jdk1.8.0_201\bin 目录添加到环境变量的 Path 下，添加内容为 %JAVA_HOME%\bin。

① 这里的原生是相对混合而言的，并非指 Native。

当把 JDK 添加到环境变量中后，可以使用命令行来进行测试。测试命令如下：

```
> java -version
java version "1.8.0_201"
Java(TM) SE Runtime Environment (build 1.8.0_201-b09)
Java HotSpot(TM) 64-Bit Server VM (build 25.201-b09, mixed mode)
```

当输入 java -version 命令后，可以看到 JDK 的版本号为 1.8，说明环境变量添加成功。

9.1.2 Android Studio 的安装

Android Studio 是一款非常优秀的安卓开发工具。无论是在 Windows 操作系统中，还是在 macOS 中，其安装都很简单。这里以 Windows 版本为例进行简单说明。

Android Studio 的安装过程和普通的 Windows 程序的安装过程相同，根据提示单击“下一步”按钮即可顺利完成安装。Android Studio 安装完成后将其启动，首次启动会提示是否有配置可以进行导入，这里选中“Do not import settings”单选按钮，如图 9-1 所示。接下来单击“OK”按钮，弹出“Data Sharing”提示对话框，单击“Don’t send”按钮，如图 9-2 所示。之后会提示“Unable to access Android SDK add-on list”，表示“无法访问 Android SDK 加载列表”，此处直接单击“Cancel”按钮即可。

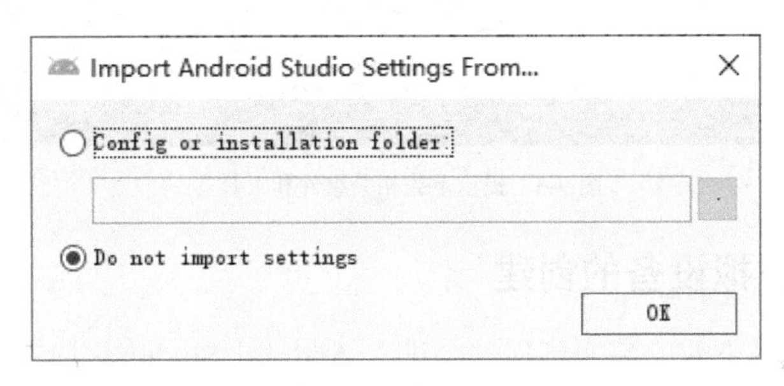

图 9-1　不导入配置

Data Sharing

Allow Google to collect anonymous usage data for Android Studio and its related tools—such as how you use features and resources, and how you configure plugins. This data helps improve Android Studio and is collected in accordance with Google's Privacy Policy.

You can always change this behavior in Settings | Appearance & Behavior | System Settings | Data Sharing.

Send usage statistics to Google　Don't send

图 9-2　“Data Sharing”提示对话框

上述操作完成后，会打开“Android Studio Setup Wizard”窗口，这里直接依次单击“Next”按钮即可，最后会提示下载相关组件和工具等，如图 9-3 所示。此时，单击“Finish”按钮进行下载即可。

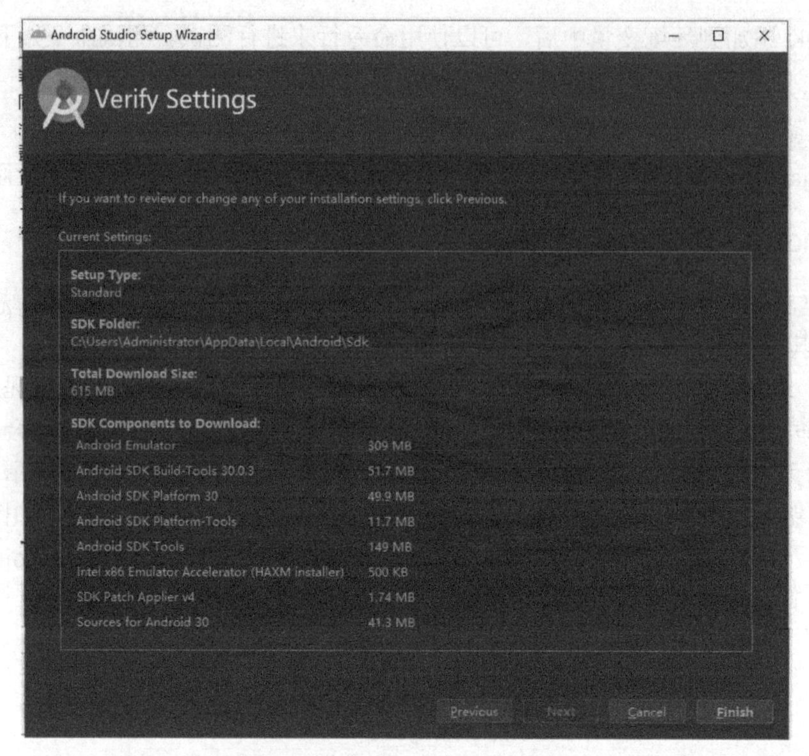

图 9-3 提示下载相关组件和工具等

9.1.3 Android 虚拟设备的创建

在上述组件和工具下载安装完毕后，会进入 Android Studio 欢迎界面，在此可以选择创建项目、打开项目等，如图 9-4 所示。

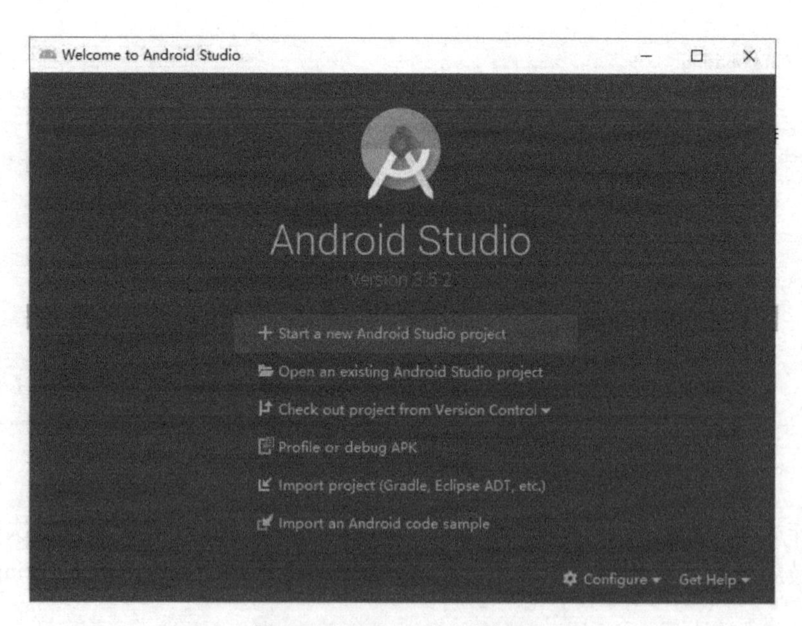

图 9-4 Android Studio 欢迎界面

在图 9-4 的右下角选择“Configure”→“AVD Manager”选项，创建一台 Android 虚拟设备，如图 9-5 所示。

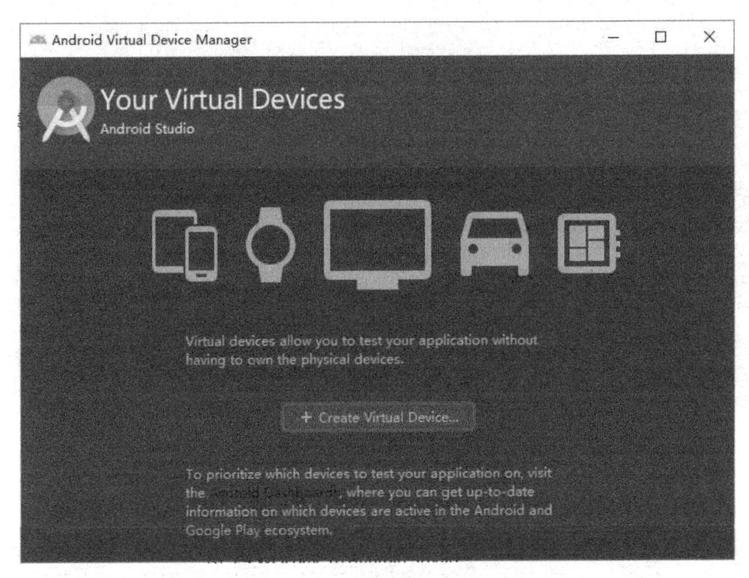

图 9-5 创建 Android 虚拟设备

单击图 9-5 所示窗口中间的“Create Virtual Device”按钮，选择硬件，如图 9-6 所示。随意选择一个硬件设备，在弹出的“Virtual Device Configuration”对话框中，单击“New Hardware Profile”按钮即可编辑硬件配置，也可以单击“Import Hardware Profiles”按钮导入硬件配置。单击“Next”按钮，选择系统镜像，如图 9-7 所示。这里选择“API 30”，单击其右侧的“Download”按钮进行下载。通常镜像文件比较大，耐心等待即可。下载完成后继续单击“Next”按钮，确认配置，也可以单击“Show Advanced Settings”按钮查看和修改之前的配置等，确认无误后，直接单击“Finish”按钮即可。完成这些操作后，在“Android Virtual Device Manager”窗口中即可看到新创建的设备，如图 9-8 所示。

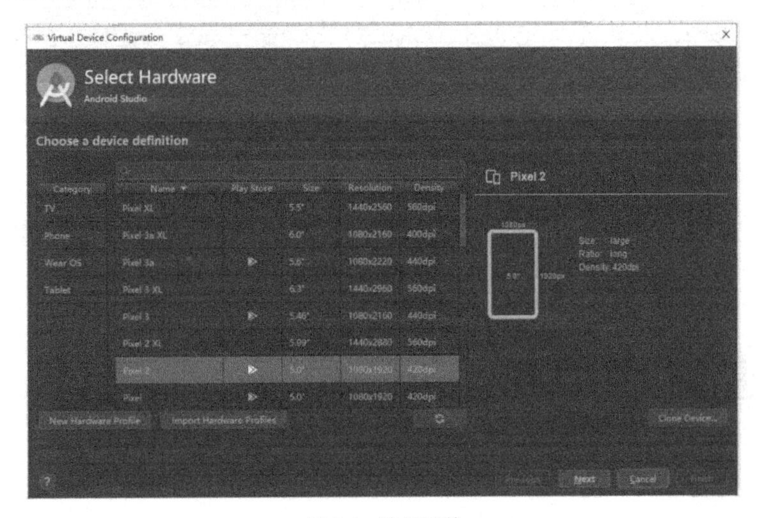

图 9-6 选择硬件

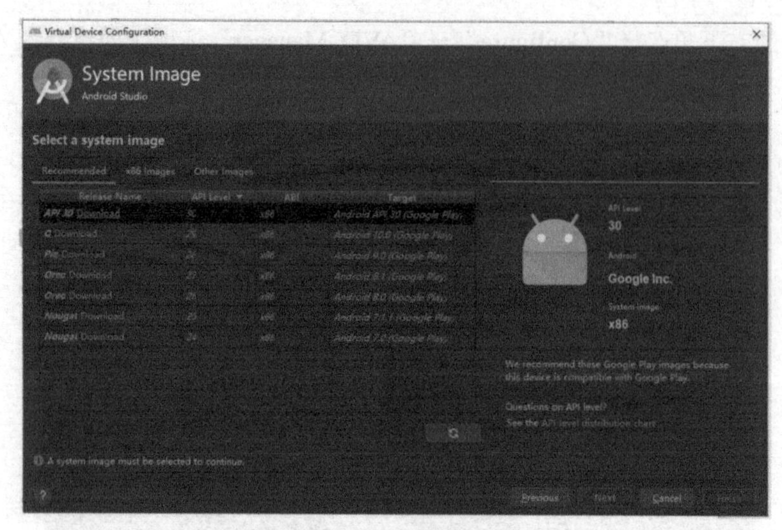

图 9-7 选择系统镜像

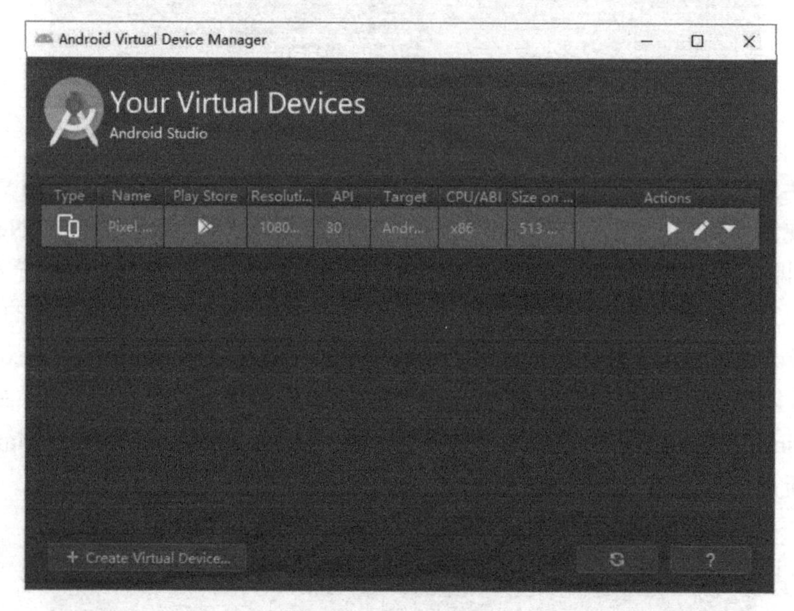

图 9-8 新创建的设备

当然，除了可以使用 Android Studio 提供的模拟器之外，还有很多其他类型的模拟器，如网易 MuMu、雷电、夜神等。读者可以自行尝试安装，并根据自己的喜好选择一款适用的模拟器。

开发环境设置完毕，接下来着手 Android App 的开发。

9.2 创建第一个 Android App

前面已经搭建好开发环境，接下来编写一个简单的 Android App，并在模拟器中运行该 App。

9.2.1 创建一个 HelloWorld 程序

在图 9-4 中选择创建一个 Android Studio 项目，选择“Start a new Android Studio project”选项即可。再选择项目的“类型”和“初始结构”，如图 9-9 所示。

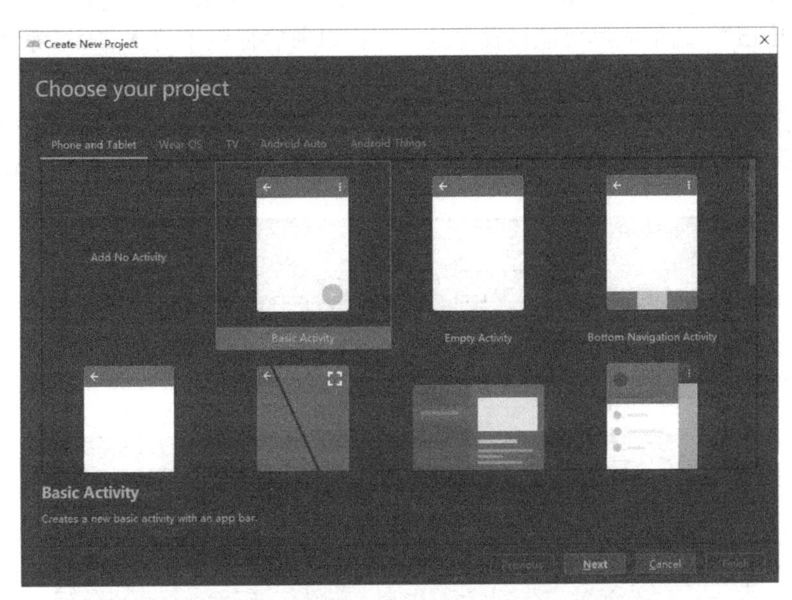

图 9-9 选择项目的“类型”和“初始结构”

从图 9-9 中可以看出，可以选择的类型有“Phone and Tablet”“Wear OS”“TV”“Android Auto”和“Android Things”。这里直接选择“Phone and Tablet”→“Basic Activity”类型，单击“Next”按钮，进入图 9-10 所示的“Configure your project”界面。

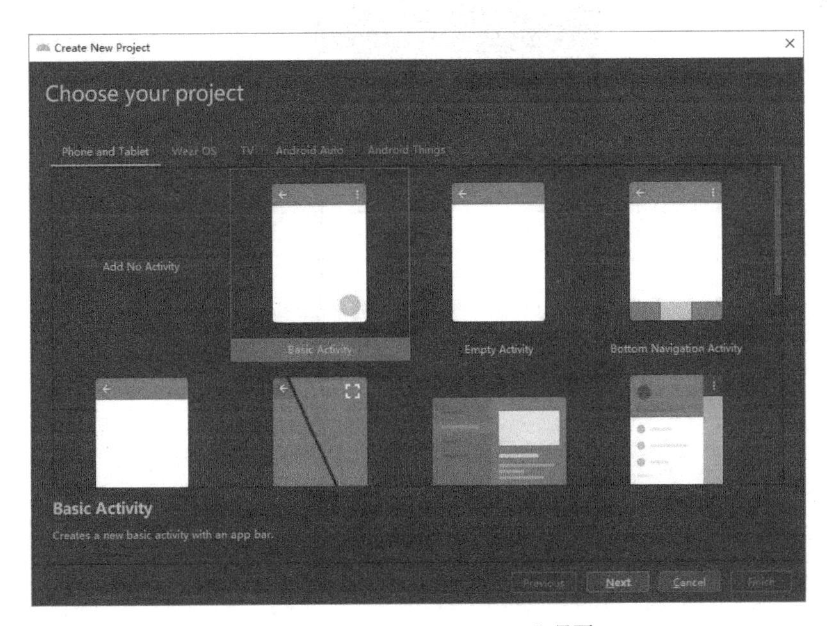

图 9-10 “Configure your project”界面

在“Name”编辑框中输入“Hello”，项目名称一般要求首字母大写，如果首字母小写，则 Android Studio 会进行提示。接下来的“Package name”是包名，一般包名是公司域名的反写加项目名称。“Save location”是项目保存路径。“Language”是所使用的开发语言，这里选择使用“Java”，也可以选择“Kotlin”等语言。最后是“Minimum API Level”，此处直接使用默认的“API 15”，这里应尽可能设置得低一些，以兼容低版本的 Android 系统。完成上述配置后，单击“Finish”按钮，Android Studio 即开始自动创建项目结构。

创建好项目后，在工具栏中单击“Run App”按钮或在菜单栏中选择“Run”→“Run'App'”选项，如图 9-11 和图 9-12 所示，即可启动 Android 模拟器并运行刚刚创建的 Android 程序。

图 9-11　工具栏中的“Run App”按钮

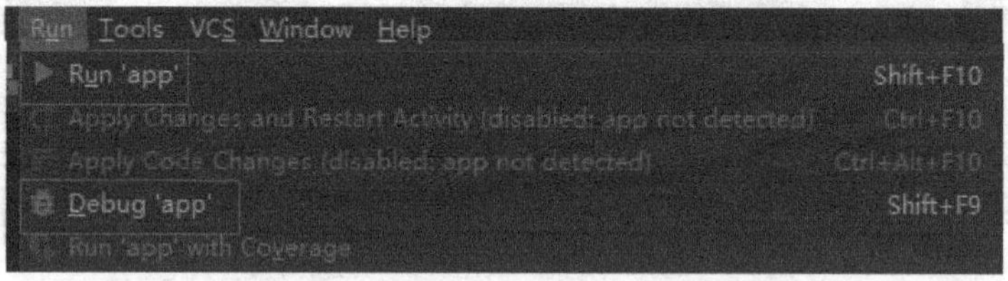

图 9-12　菜单栏中的“Run App”选项

稍等片刻，等待 Android 模拟器启动并运行 App，如图 9-13 所示。

图 9-13　Android 模拟器启动并运行 App

9.2.2 Android 项目结构简介

在前面的示例中，我们没有写代码就完成了一个显示“Hello World”的程序，这是 Android Studio 自动生成的。接下来介绍一下 Android Studio 生成的项目结构。Android Studio 可以多种方式展示项目结构，默认的项目结构——Android 如图 9-14 所示。

图 9-14 所示为 Android Studio 创建完项目后默认的项目结构展示方式。此外，也可以切换为按照目录结构的方式进行展示，单击图 9-14 左上方“Android”右侧的下拉按钮，选择“Project”选项即可以目录文件结构的方式进行显示，如图 9-15 所示。

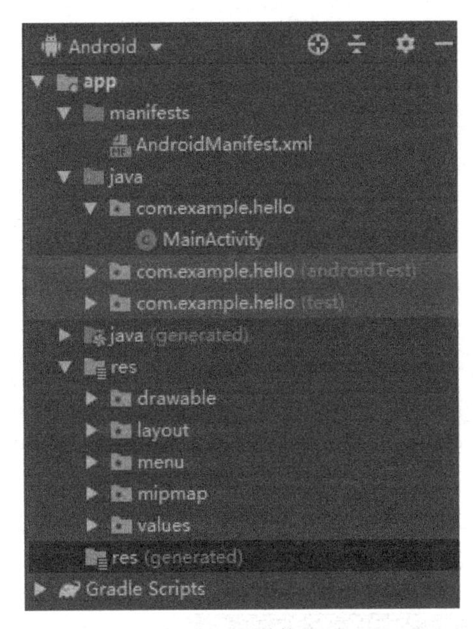

图 9-14 默认的项目结构——Android

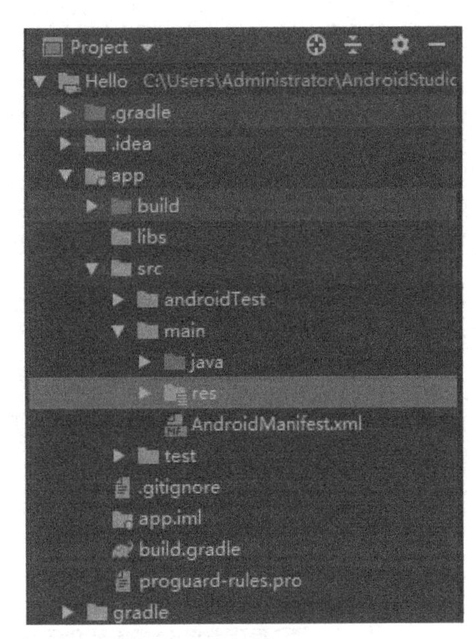

图 9-15 项目结构——Project

无论以哪种方式展示项目结构，项目具体文件本身是不会改变的，改变的只是项目文件的组织方式。因此，下面将介绍项目的目录。项目的常用目录及文件如下。

- app/build/outputs/apk：编译生成的 APK 文件目录。
- app/libs：如果项目中使用了第三方 JAR 包（Java 项目中的库文件基本上都以 JAR 包的方式提供），则需要将这些 JAR 包放入该目录下。
- app/src/main/java：放置所有 Java 代码的目录。
- app/src/main/res：资源目录，所有的图片、布局、字符串等资源都要放在该目录下。
- app/src/main/AndroidManifest.xml：该文件是整个 Android 项目的配置文件，相关组件、程序权限声明、目标版本和最低兼容版本等都在该文件中保存。

9.2.3 为 Android 程序添加简单的功能

下面为 Android Studio 生成的 App 添加一些简单的功能，作为之后学习逆向分析的一个案例。

1．增加 EditText 和 Button 界面布局

在 src/main/java/res/layout/content_main.xml 中增加 EditText 和 Button 的布局文件代码，其中，EditText 是一个编辑框，Button 是一个按钮，代码如下：

```
<LinearLayout
   android:orientation="horizontal"
   android:layout_width="409dp"
   android:layout_height="206dp"
   tools:layout_editor_absoluteY="1dp"
   tools:layout_editor_absoluteX="1dp"
   tools:ignore="MissingConstraints">

   <TextView
      android:text="@string/privilege"
      android:layout_width="wrap_content"
      android:layout_height="wrap_content"
      android:id="@+id/textView2" />

   <EditText
      android:layout_width="wrap_content"
      android:layout_height="wrap_content"
      android:inputType="textPersonName"
      android:text=""
      android:ems="10"
      android:id="@+id/privilege" />

   <Button
      android:text="@string/entry"
      android:layout_width="wrap_content"
      android:layout_height="wrap_content"
      android:id="@+id/entry" />
</LinearLayout>
```

增加上述布局后的界面样式如图 9-16 所示。在安卓系统中，界面布局是通过 XML 文件进行描述的。

图 9-16　增加布局后的界面样式

2．增加两个 layout

在 src/main/java/res/layout/ 下增加 activity_admin.xml 和 activity_user.xml 两个布局文件。所谓布局文件就是安卓 App 中的不同界面。方法是在 layout 上右键单击，在弹出的快捷菜单中选择“new”→“Activity”→“Empty Activity”选项即可，如图 9-17 所示。

在弹出的 Configure Activity 对话框中设置“Activity Name”为“Admin”，注意名称首字母要大写，如图 9-18 所示。再创建另一个名为“User”的 Activity，其操作步骤与创建“Admin”相同。

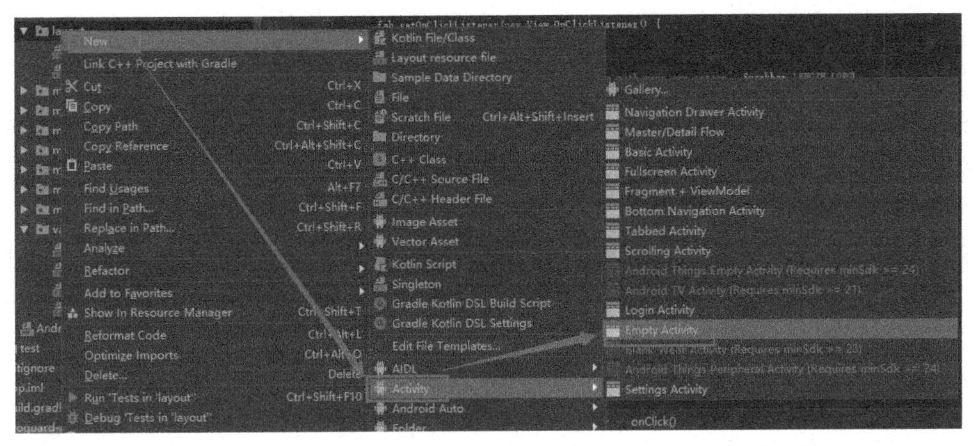

图 9-17 创建 layout 文件

这样就创建了 activity_admin.xml 和 activity_user.xml 两个布局文件，并生成了与之对应的 Admin.java 和 User.java 两个 Java 源文件。有了这两个布局文件后，在 activity_admin.xml 文件中添加一个 TextView，代码如下：

```
<TextView
   android:id="@+id/textView"
   android:layout_width="wrap_content"
   android:layout_height="wrap_content"
   android:text="@string/admin"
   android:textSize="50dp"
   tools:layout_editor_absoluteX="80dp"
tools:layout_editor_absoluteY="343dp" />
```

在 activity_user.xml 文件中同样添加一个 TextView，代码与之类似。activity_admin.xml 文件对应的样式如图 9-19 所示。

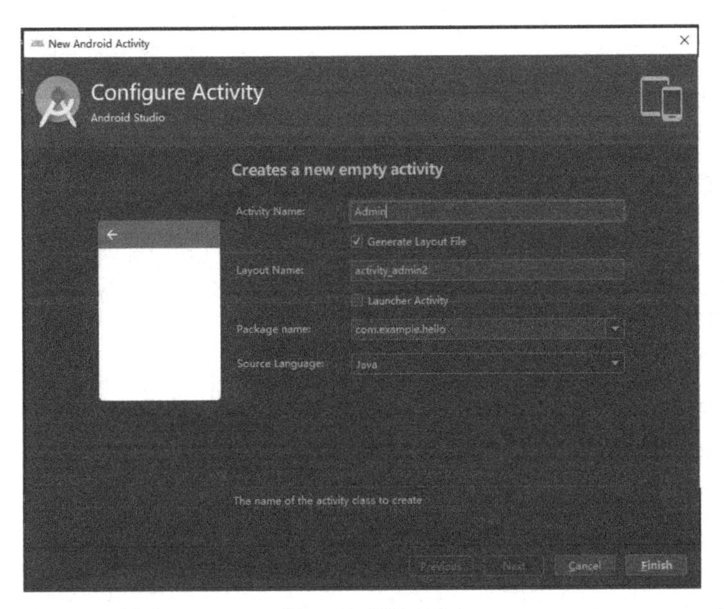

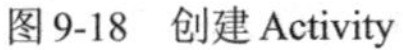

图 9-18 创建 Activity

图 9-19 activity_admin.xml 文件对应的样式

在添加完上面两个布局文件后，AndroidManifest.xml 文件会自动在 Application 标签内添加两行配置项，具体配置如下：

```
<activity android:name=".User"></activity>
<activity android:name=".Admin" />
```

所有的页面布局都需要在该配置项下添加，早期的版本可能会需要手动添加该配置项，而新版本的 Android Studio 集成开发环境可帮助开发人员自动添加。

3．字符串资源

在前面的布局文件中，会看到类似 @string/ 这样开头的属性，它们都在 strings.xml 文件中定义。strings.xml 文件的内容如下：

```
<resources>
   <string name="App_name">Hello</string>
   <string name="action_settings">Settings</string>
   <string name="entry">进入</string>
   <string name="privilege">权限：</string>
   <string name="admin">管理员页面</string>
   <string name="user">普通用户页面</string>
</resources>
```

这样即可在该文件中统一管理所有字符串常量。这种管理方法既统一，又可以复用。

4．编写代码

这里要实现的功能是，若在图 9-16 所示界面的编辑框中输入“admin”，则进入 activity_admin.xml 对应的布局（管理员页面），若输入其他的字符串，则进入 activity_user.xml 对应的布局（普通用户页面）。其代码流程比较简单。

在 MainActivity.java 中的 onCreate 方法尾部加入以下的代码即可。

```
// 关联布局中的“进入”按钮
Button btn = (Button)findViewById(R.id.entry);
// 设置“进入”按钮的单击事件
btn.setOnClickListener(new View.OnClickListener() {
   @Override
   public void onClick(View v) {
      // 关联局部中的编辑框
      EditText privilege = (EditText)findViewById(R.id.privilege);

      // 判断编辑框的输入
      if (privilege.getText().toString().equals("admin")) {
         // 若输入 admin 字符串，则进入 activity_admin 页面
         startActivity(new Intent(MainActivity.this, Admin.class));
      } else {
         // 若输入其他字符串，则进入 activity_user 页面
         startActivity(new Intent(MainActivity.this, User.class));
      }
   }
});
```

添加完上述代码后启动模拟器并运行 App 即可查看效果。

5．生成 Release 版本

Android 生成的 App 也分为 Debug 版本和 Release 版本，刚才直接生成的是 Debug 版本的 App，下面来生成一个 Release 版本的 App。生成 Release 版本的 App 需要对配置做一个简单的修改。

在 Android Studio 的菜单栏中选择“Build”→“Generate Signed Bundle or APK”选项，弹出图 9-20 所示的对话框。

在图 9-20 中选中“APK”单选按钮，单击“Next”按钮，进入图 9-21 所示的界面。在图 9-21 中单击“Create new”按钮，在弹出的“New Key Store”对话框中创建一个 Key Store，

如图 9-22 所示。在图 9-22 的“Password”和“Confirm”编辑框中输入密码和确认密码，这里输入“123456”，读者可以按照自己的想法输入。将全部内容输入完毕后，单击“OK”按钮，返回图 9-21 所示的界面。此时，图 9-21 所示界面中的输入框已经设置完毕，单击“Next”按钮，进入图 9-23 所示的界面，单击“Finish”按钮即可。

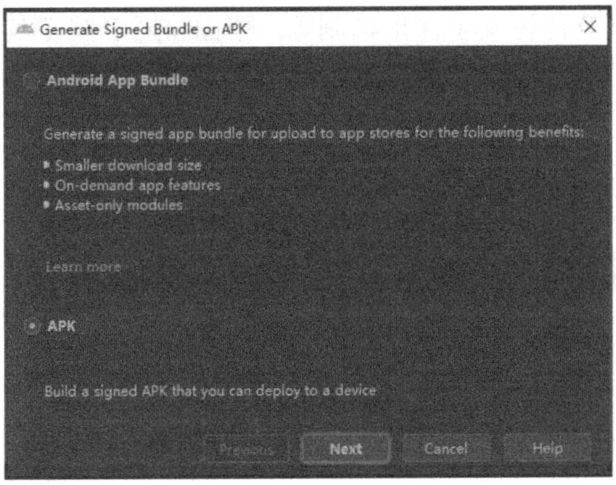

图 9-20 “Generate Signed Bundle or APK”对话框

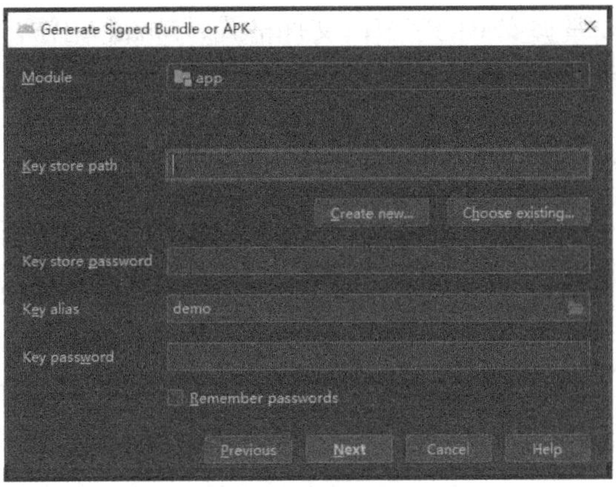

图 9-21 单击“Create new”按钮

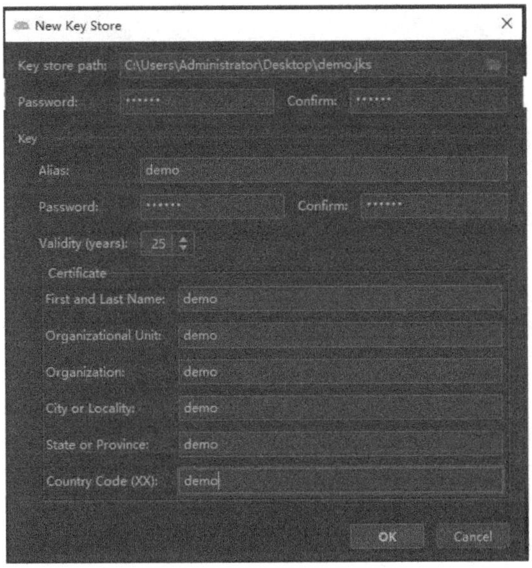

图 9-22 “New Key Store”对话框

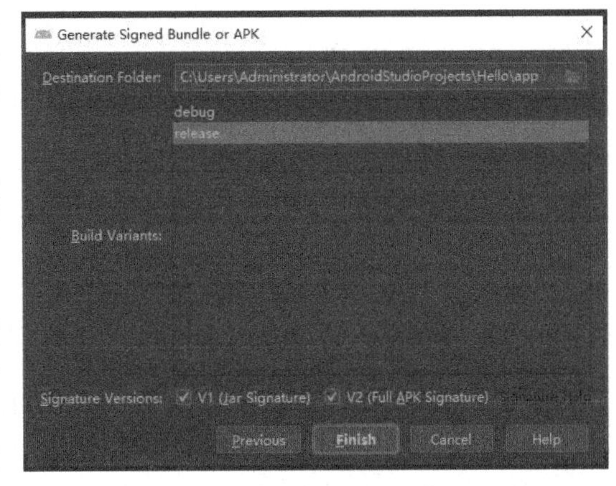

图 9-23 完成界面

稍等片刻，会在 app/release/ 目录下出现 app-release.apk 文件，Release 版本的文件比 Debug 版本的文件稍小。在磁盘中找到该文件，双击就可以将其安装到个人的安卓模拟器中（编者本地安装了“网易 MuMu”，因此该 App 会安装在网易 MuMu 中），进行测试会发现同样可以正常使用。

至此，用来进行逆向分析的 App 制作完成，虽然该 App 比较简单，但并不影响入门逆向工程。

9.3 简单逆向安卓程序

逆向安卓程序要掌握安卓 App 开发的相关知识，这一点是毋庸置疑的。除此之外，还需要掌握安卓的字节码文件格式、Smali 语法，以及各种安全保护机制等。下面将对一些工具进行简单演示。

9.3.1 Android Killer 工具

Android Killer 是一款功能很强大的安卓 APK 文件逆向分析工具，可以对 APK 文件进行反编译，可以修改 Smali 代码，还可以对修改后的文件再次进行打包。Android Killer 启动界面如图 9-24 所示。

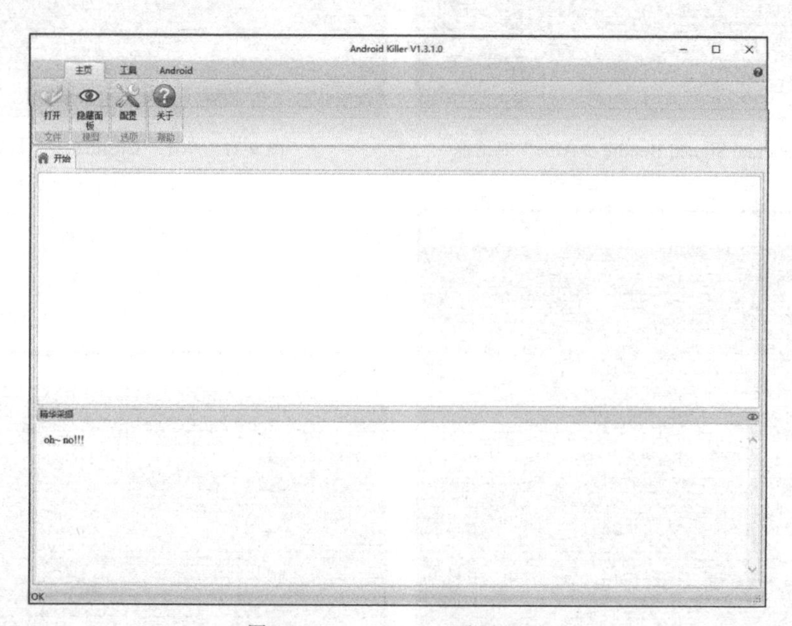

图 9-24 Android Killer 启动界面

将前面手写的 app-release 拖动到 Android Killer 工具中，Android Killer 即开始对 APK 文件进行反编译。Android Killer 反编译完成后的界面如图 9-25 所示，可以看到熟悉的 res 目录，还有对逆向分析非常重要的 smali 目录。可以通过双击打开 smali 目录下的.smali 文件，以查看反编译后的文件。

1. Android Killer 工具介绍

Android Killer 工具有 3 个大的工具栏，分别是“主页”“工具”和“Android”。

“主页”工具栏包括“打开”“隐藏面板”“配置”和“关于”4 个选项卡。其中，在“配置”选项卡中可以设置 JDK 的安装路径、签名、代码颜色、字体等相关配置。

“工具”工具栏可以进行编码转换、MD5 查看器、文件搜索器、自定义、APK 签名、APK 查壳和伪加解密等设置。

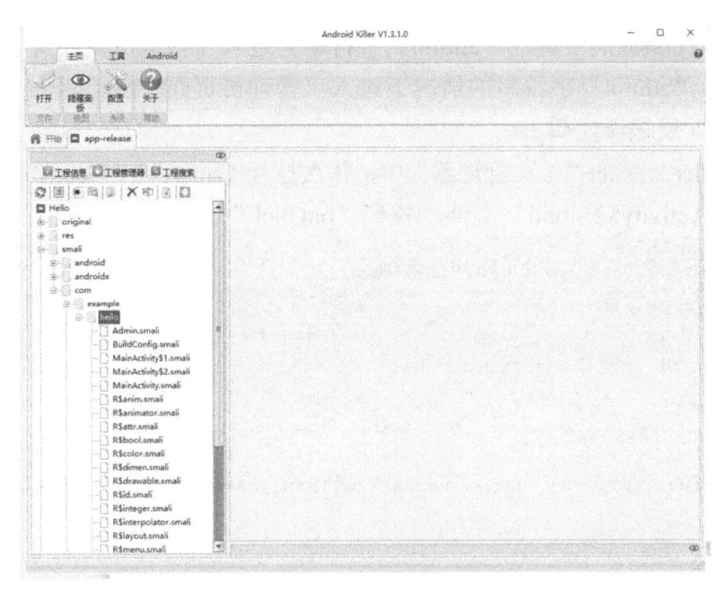

图 9-25 Android Killer 反编译完成后的界面

“Android”工具栏可以进行编译、批量编译、字符串、方法声明、插入代码管理器、APKTOOL 管理器、APK 安装管理器、安装、卸载、运行等设置。

本章后面会使用其中的部分功能，读者可以自行熟悉以上各项功能的使用。

2．Android Killer 内置工具

Android Killer 工具的功能非常强大，它整合了多款优秀的工具，如 adb、apktool、dex2jar 和 jd-gui。打开 Android Killer 安装目录，在安装目录的 bin 目录下可以看到这 4 款工具。这里分别介绍一下这些工具的作用。

adb 是 Android Debug Bridge 的缩写，是 PC 端连接 Android 手机（或者模拟器）的一款命令行工具。它是 Android SDK 中自带的工具。adb 有很多参数，可以通过直接运行 adb 来进行查看。这里只列举几个常用的参数，其具体功能如下。

- adb devices：用来查看计算机连接的 Android 设备和模拟器。
- adb install：安装 App 到 Android 设备或模拟器中。
- adb uninstall：从 Android 设备或模拟器中卸载 App。

apktool 主要用于逆向 APK 文件，它可以解压其中的资源文件、反编译 DEX 文件等。apktool 也是通过命令行来进行操作的，其参数可以通过运行 apktool.bat 文件进行查看。其常用的参数如下。

- apktool d：反编译 APK 文件。
- apktool b：将反编译的项目重新打包。
- dex2jar：将扩展名为.dex 的文件转换为扩展名为.jar 的文件。
- jd-gui：反编译.jar 文件为 Java 代码的工具。

9.3.2 修改 app-release 文件

前面已经通过 Android Killer 反编译了 app-release 文件，现在将对其进行简单的修改。在

App 正常操作下，在编辑框中输入“admin”字符串会进入“管理员页面”，下面将修改 App 文件，以在不输入“admin”字符串的情况下进入“管理员页面”。

1．阅读 Smali 反编译代码

在 Android Killer 左侧的“工程管理器”中，依次打开“smali”→“com”→“example”→“hello”→“MainActivity$2.smali”文件，找到“onClick”方法。其代码如下：

```
    # virtual methods
    .method public onClick(Landroid/view/View;)V
        .locals 2

        .line 40
        iget-object p1, p0, Lcom/example/hello/MainActivity$2;->this$0:Lcom/example/hello/
MainActivity;

        const v0, 0x7f080078

        invoke-virtual {p1, v0}, Lcom/example/hello/MainActivity;->findViewById(I)Landroid
/view/View;

        move-result-object p1

        check-cast p1, Landroid/widget/EditText;

        .line 43
        invoke-virtual {p1}, Landroid/widget/EditText;->getText()Landroid/text/Editable;

        move-result-object p1

        invoke-virtual {p1}, Ljava/lang/Object;->toString()Ljava/lang/String;

        move-result-object p1

        const-string v0, "admin"

        invoke-virtual {p1, v0}, Ljava/lang/String;->equals(Ljava/lang/Object;)Z

        move-result p1

        if-eqz p1, :cond_0

        .line 45
        iget-object p1, p0, Lcom/example/hello/MainActivity$2;->this$0:Lcom/example/hello/
        MainActivity;

        new-instance v0, Landroid/content/Intent;

        const-class v1, Lcom/example/hello/Admin;

        invoke-direct {v0, p1, v1}, Landroid/content/Intent;-><init>(Landroid/content/Context;
        Ljava/lang/Class;)V

        invoke-virtual {p1, v0}, Lcom/example/hello/MainActivity;->startActivity(Landroid
        /content/Intent;)V

        goto :goto_0

        .line 48
        :cond_0
        iget-object p1, p0, Lcom/example/hello/MainActivity$2;->this$0:Lcom/example/hello/
        MainActivity;

        new-instance v0, Landroid/content/Intent;

        const-class v1, Lcom/example/hello/User;
```

```
    invoke-direct {v0, p1, v1}, Landroid/content/Intent;-><init>(Landroid/content/Context;
Ljava/lang/Class;)V

    invoke-virtual {p1, v0}, Lcom/example/hello/MainActivity;->startActivity(Landroid/
content/Intent;)V

    :goto_0
    return-void
.end method
```

在上面的代码中，.line 43 下有一行 const-string v0, "admin"代码，该代码下方第 3 行处有一行 if-eqz p1, :cond_0 代码。其意思暂时无法理解也没有关系，先回到 Android Studio 中打开 MainActivity.java 文件查看第 43 行的代码，如图 9-26 所示。从中可以看到这是一个 if 语句，if 判断的条件是进行字符串比较。当比较的两个字符串相等时，执行第 45 行代码；当比较的两个字符串不相等时，执行第 48 行代码。

再来看 Smali 代码中的 if-eqz p1, :cond_0 代码，:cond_0 在.line 48 下方，说明:cond_0 表示字符串比较不成功时，会执行的位置。这样，Smali 代码对照源代码，就对上面 onCreate 方法代码的执行流程有了一个简单的了解。

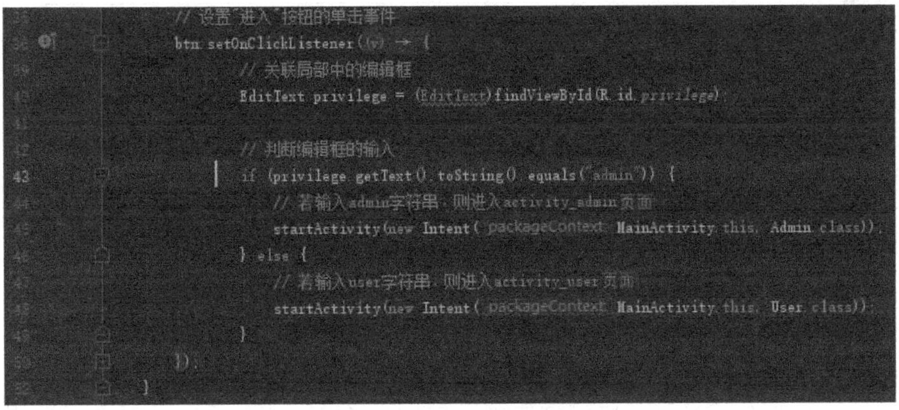

图 9-26　MainActivity 文件第 43 行的代码

2. 修改 Smali 代码

了解了 Smali 代码的流程后，就可以对其进行修改从而实现在不输入“admin”字符串的情况下同样进入“管理员页面”的功能。整个修改过程相当简单，只须修改一行 Smali 代码。

在 Smali 代码中，关键的判断代码 if-eqz 就是是否能够进入“管理员页面”的“核心”代码，对其进行修改即可。if-eqz 对比 Java 代码来考虑，意思是如果比较结果为 0，则跳转到后面指定的标签处。将其修改为与其相反的指令即可，这里将其修改为 if-nez 就可以达到改变程序执行流程的效果。在 Android Killer 中直接进行修改，修改后的代码为 if-nez p1, :cond_0，这样就完成了修改。

这种只修改跳转指令就能达到破解目的的破解方式称为“暴力破解”。

3. 重新打包修改后的程序

Smali 文件修改后无法直接看到效果，需要将修改后的 Smali 文件及相关资源重新打包。

在 Android Killer 的工具栏中选择“Android”→“编译”选项后，Android Killer 就开始使用 apktool 重新对文件进行编译打包。Android Killer 的提示信息如下：

```
当前 Apktool 使用版本：Android Killer Default APKTOOL
正在编译 APK，请稍等...
>I: Using Apktool 2.5.0
>I: Smaling smali folder into classes.dex...
>I: Building resources...
>I: Building apk file...
>I: Copying unknown files/dir...
>I: Built apk...
APK 编译完成！
正在对 APK 进行签名，请稍等...
APK 签名完成！
----------------------------
APK 所有编译工作全部完成！！！
生成路径：
file:G:\android\AndroidKiller_v1.3.1\projects\app-release\Bin\App-release_killer.apk
```

看到生成的提示“APK 所有编译工作全部完成!!!”后，可以通过选择“Android”→“安装”选项将重新打包的 APK 文件安装到 Android Killer 连接的模拟器上，如图 9-27 所示。

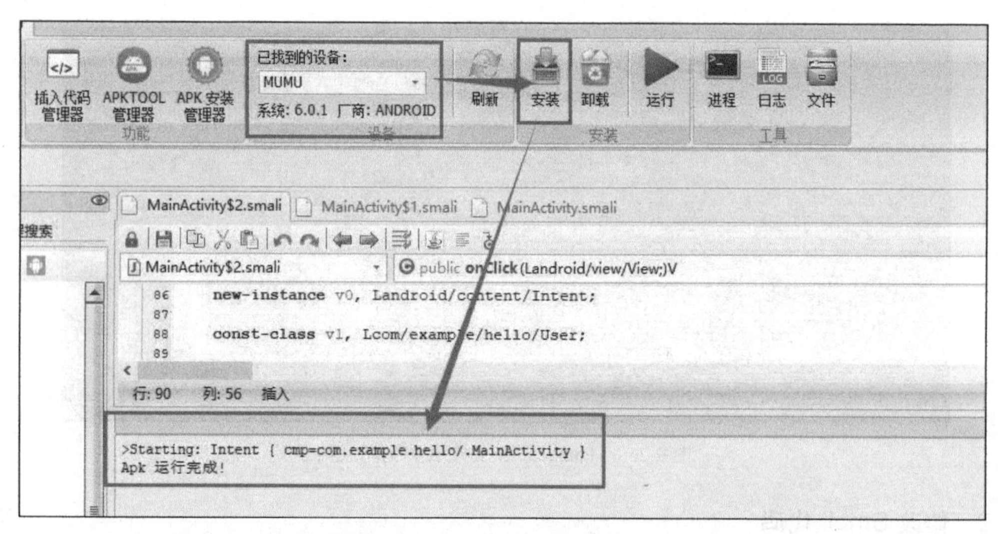

图 9-27　将重新打包的 APK 文件安装到 Android Killer 连接的模拟器上

在网易 MuMu 模拟器（编者本地默认的模拟器）上进行测试，在编辑框中输入除“admin”之外的任意字符串，单击“进入”按钮，发现可以成功进入“管理员页面”。

注意：有时候可能 Android Killer 无法找到已经连接的设备，即模拟器。可以通过单击“刷新”按钮进行查找。如果无法找到网易 MuMu 模拟器，则可以通过网易 MuMu 的安装目录下的工具来进行处理。具体代码如下：

```
D:\Program Files\MuMu\emulator\nemu\vmonitor\bin> .\adb_server.exe connect
127.0.0.1:7555
adb server is out of date.  killing...
* daemon started successfully *
connected to 127.0.0.1:7555
```

9.4 Android Studio 调试 Smali 代码

在上一节中，我们使用 Android Killer 对用 Android Studio 开发好的 APK 程序进行了反编译，它反编译了相应的资源文件、配置文件，并反汇编生成了 Smali 代码。可以通过阅读反汇编生成的 Smali 代码来了解安卓程序的内部实现。但是程序并不是从上向下顺序执行的，而是根据代码、状态、条件、上下文环境等来决定执行不同的分支、流程。因此，静态地阅读 Smali 源码时稍显难懂（其实作为程序员，阅读自己的代码来修改漏洞也比较困难，何况阅读的是反汇编后的代码），如果能够通过调试来理解 Smali 代码，则更加容易直观地了解程序流程的变化、代码的跳转，以及运行时变量的当前值等。

本节就来介绍如何通过 Android Studio 来调试 Smali 代码。

9.4.1 Smalidea 插件的安装

Smalidea 是 IntelliJ Idea 和 Android Studio 中关于 Smali 语言的一款插件，目前其新版本为 0.06，该版本是 2021 年 03 月 02 日发布的，项目地址为 https://github.com/JesusFreke/smalidea。根据其 Readme 文件的描述来看，其具备的功能包含但不限于语法高亮、错误提示、字节码级别的调试等，包括断点、Smali 指令级单步、支持跳转等功能。

Smalidea 0.06 的下载地址为 https://bitbucket.org/JesusFreke/smalidea/downloads/，这里使用的是 0.05 版本，下载地址为 https://bitbucket.org/JesusFreke/smali/downloads/。Smalidea 0.05 只有 11.9MB，将其下载到本地即可。Smalidea 下载页面如图 9-28 所示。

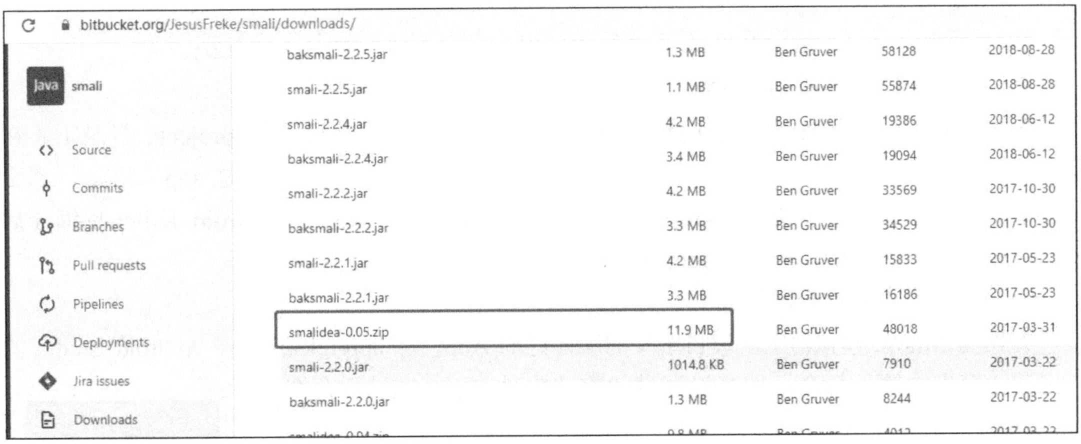

图 9-28　Smalidea 下载页面

将其下载后，打开 Android Studio，选择“File”→“Settings”选项，进入 Settings 界面，选择“Plugins”→“Install Plugin from Disk”选项，选择下载的“Smalidea”插件进行安装，如图 9-29 所示。安装完成后重启 Android Studio 即可。

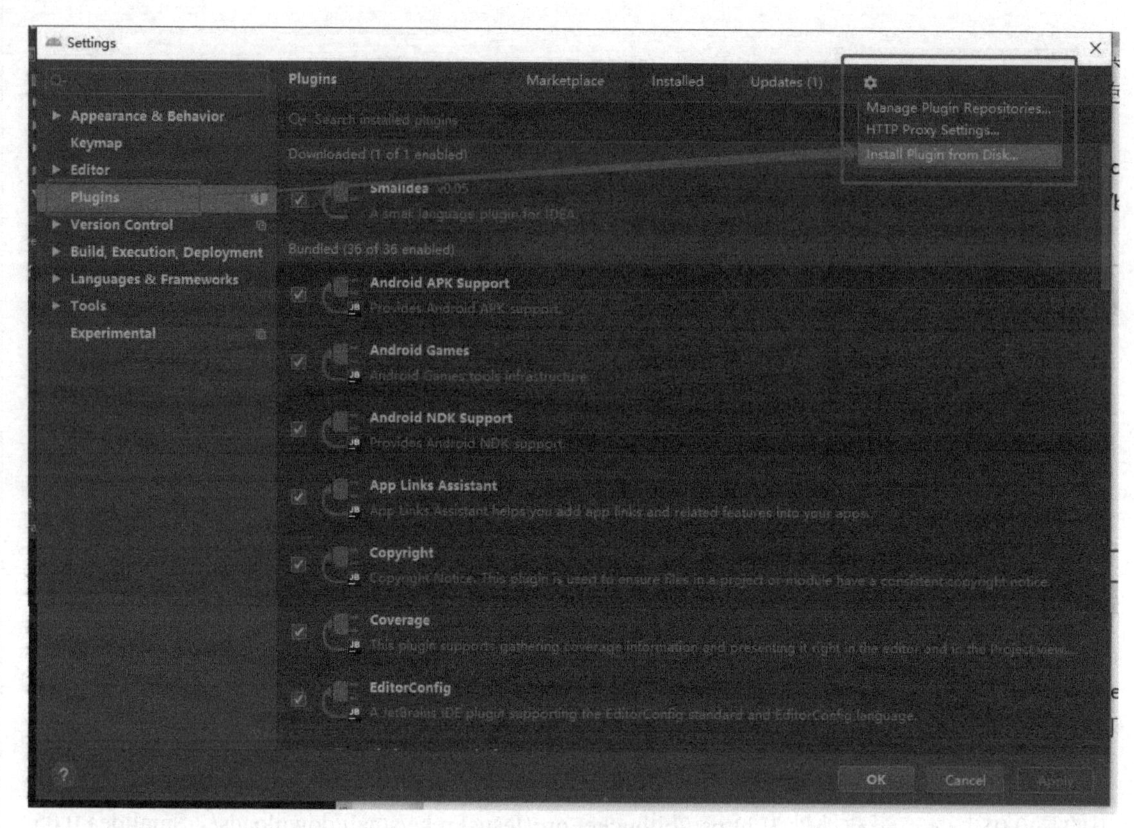

图 9-29 选择安装插件

9.4.2 调试 Smali 代码

插件安装完成后，通过几个简单步骤就可以调试反汇编后的 Smali 代码。

1. 打开反汇编的 Smali 项目

Android Killer 反编译后的项目存放在 Android Killer 安装目录的 projects 目录下。在 projects 目录下有以 App 名称命名的目录。之前我们反编译的 App 名称是 app-release，那么就会有一个 app-release 目录。app-release 目录下的 Project 目录就是 Android Killer 反编译后的有 Smali 代码的目录，使用 Android Studio 打开该目录。

2. 以调试的方式启动 App

在网易 MuMu 模拟器上安装自定义的编译好的 App，即 app-release。在 Android Studio 的 Terminal 窗口中输入命令，使其以调试的方式启动 app-release，命令如下：

```
>adb shell am start -D -n com.example.hello/.MainActivity
Starting: Intent { cmp=com.example.hello/.MainActivity }
```

app-release 在网易 MuMu 模拟器中启动并等待调试器附加到该进程上，如图 9-30 所示。此时，app-release 处于等待调试的状态。

3. 配置 Android Studio 远程调试

在 Android Studio 菜单栏中依次选择“Run”→“Edit Configurations”选项，弹出“Run/Debug Configurations”对话框。在该对话框的左上角单击“+”按钮，在弹出的下拉列表中选择

“Remote”选项，如图 9-31 所示。

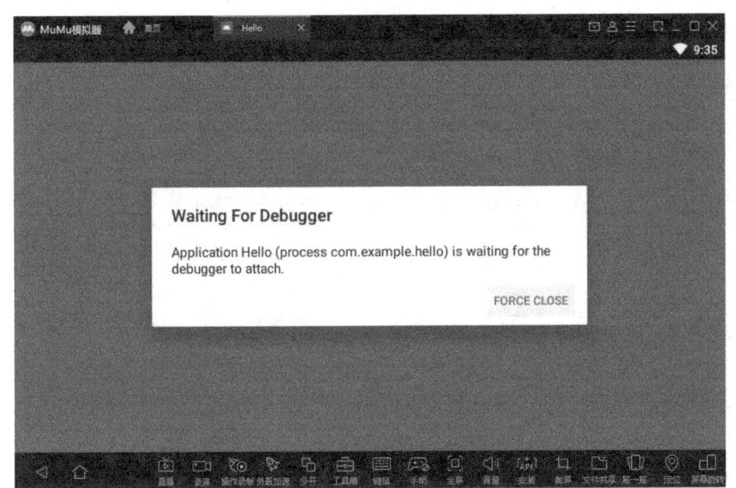

图 9-30 等待调试器附加到进程上

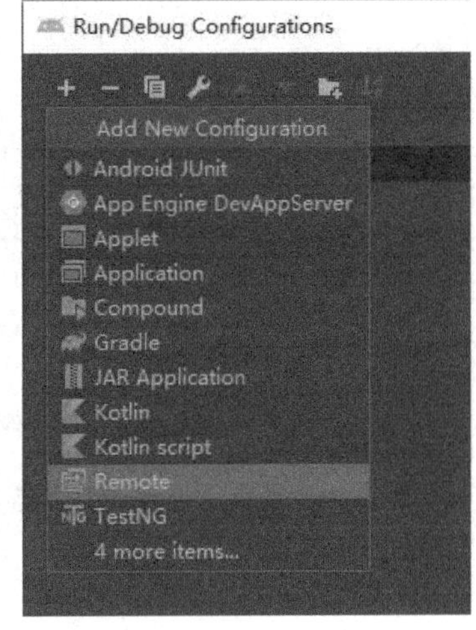

图 9-31 添加远程调试

添加远程调试后，在该界面的右侧进行具体配置，如图 9-32 所示。

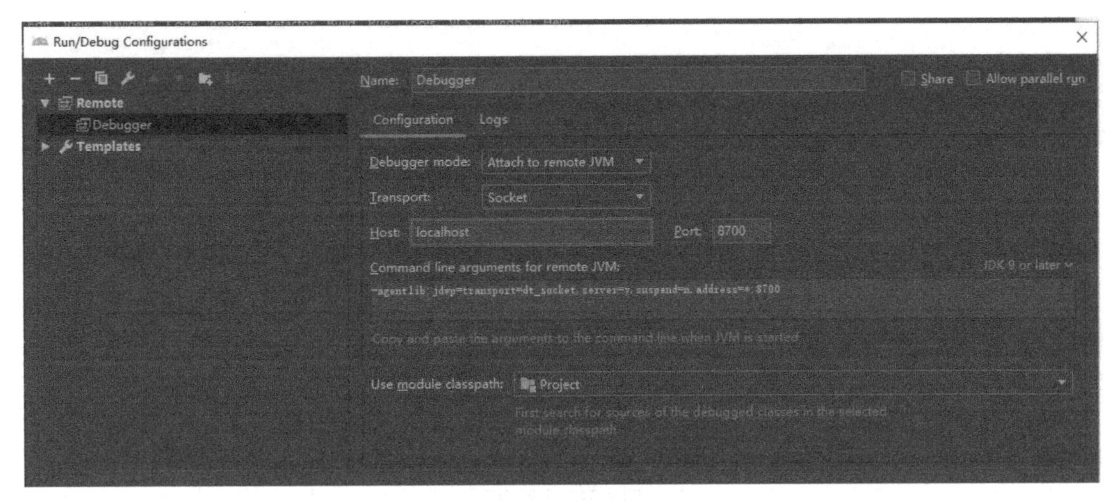

图 9-32 远程调试配置

其中，Port 是 App 的调试端口号，该端口号一般是 8700，但并非绝对是 8700。在 Terminal 中输入命令 monitor，启动 Android Device Monitor 工具，如图 9-33 所示。

从图 9-33 的 Devices 子窗口中可以看到网易 MuMu 模拟器中启动的进程列表，列表项前面有一个“虫子”图标标识的就是以调试方式启动的等待调试的进程。它的调试端口号为 8700，如果读者在此处显示的非 8700，则在图 9-32 所示界面的“Port”编辑框中输入显示的端口号即可。

配置完成后，打开 Smali 的文件，此处编者打开的是 smali/com/example/hello/MainActivity$2.smali 文件。在 onClick 方法的入口处下断点，如图 9-34 所示。

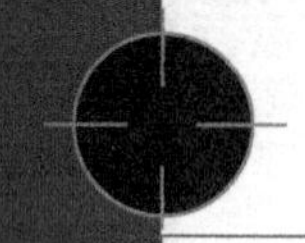

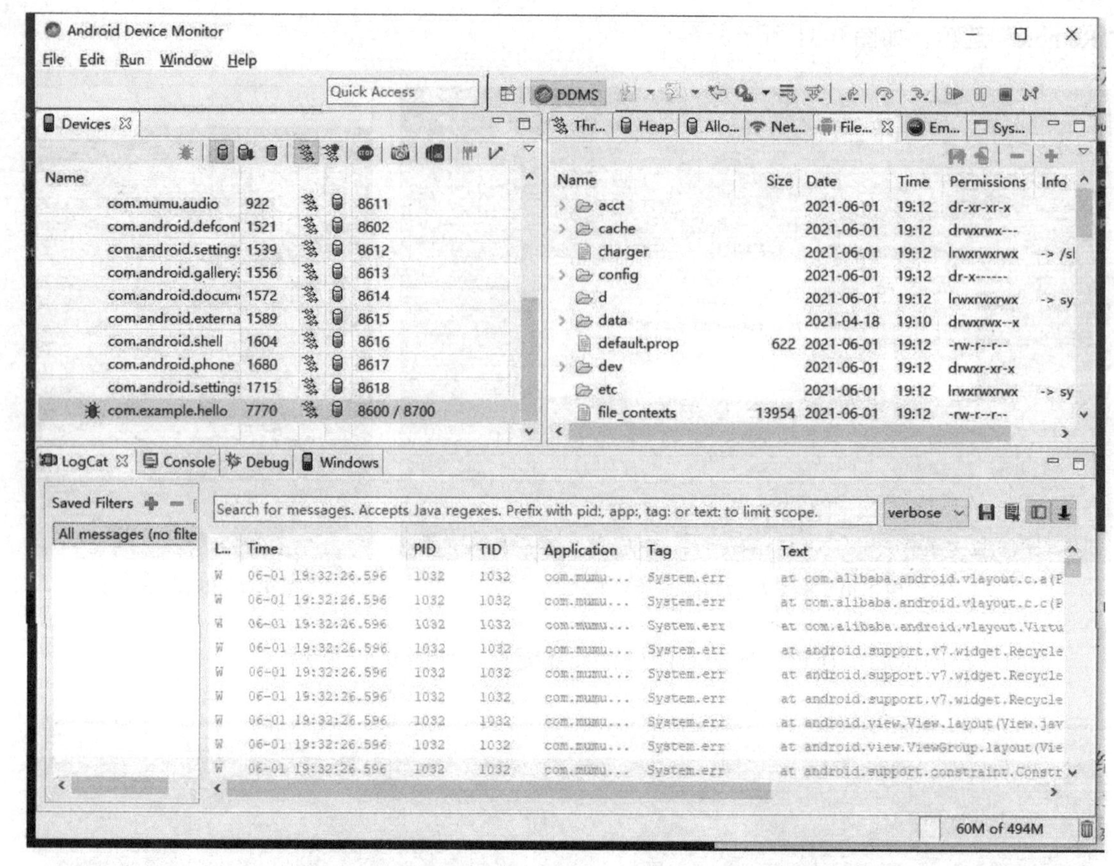

图 9-33 Android Device Monitor 工具

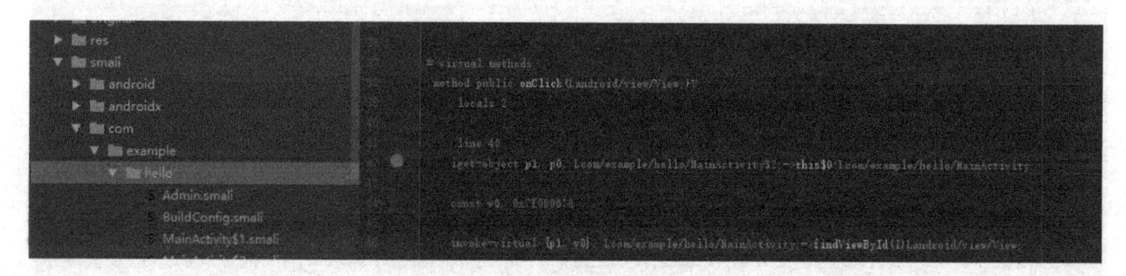

图 9-34 下断点

完成上述操作后，在菜单栏中选择“Run”→“Debug Debugger”选项，或者单击工具栏中的“Debug Debugger”按钮，如果操作和配置都正确，则 Android Studio 会附加到要调试的 App 的进程上，同时可以看到程序停在了下断点的 Smali 代码上。此时，可以通过单步步入（按 F7 键）、单步步过（按 F8 键）来调试 Smali 代码。

9.5 Android App 其他逆向工具简介

这里再来简单介绍几款 Android 常用的逆向分析工具，作为本章的结束。

9.5.1 JEB 工具

1．JEB 的界面

JEB 是一款强大的安卓 APK 逆向分析工具。JEB 安装好后，在它的安装目录下分别有 jeb_linux.sh、jeb_macos.sh 和 jeb_wincon.bat 3 个文件，它们是不同操作系统的启动程序，分别对应 Linux、macOS 和 Windows 操作系统。这里运行 jeb_wincon.bat 文件启动 JEB，首次启动时速度可能稍慢。

启动 JEB 后，打开编译的 APK 文件，使用 JEB 进行分析后，会显示图 9-35 所示的信息。

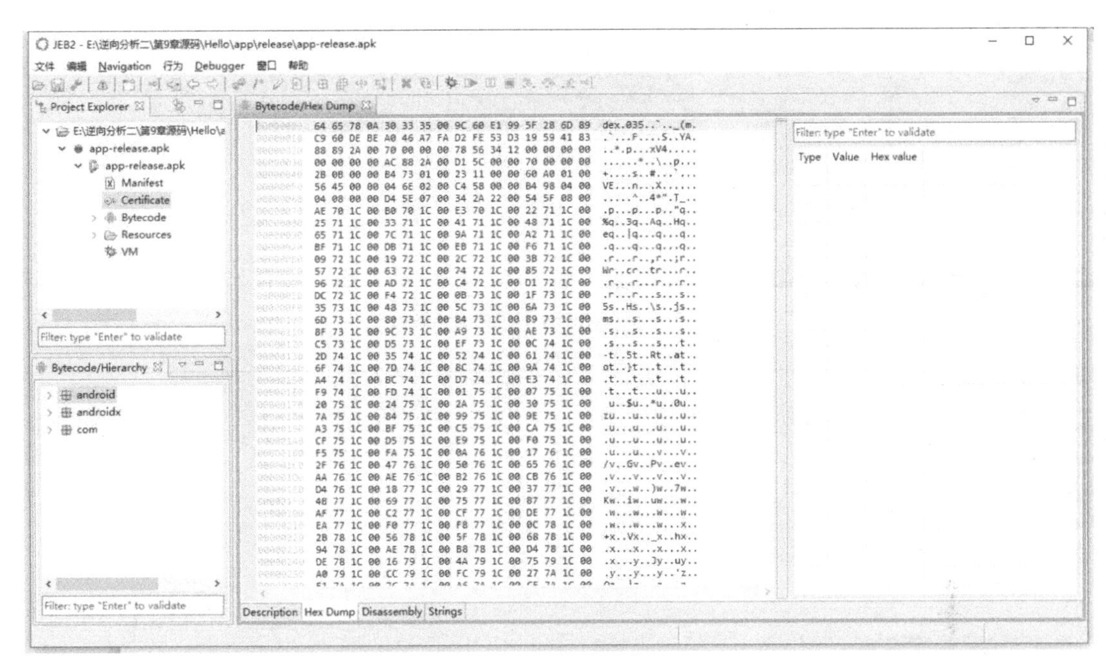

图 9-35 JEB 界面显示信息

图 9-35 左上部分是 Project Explorer，用于浏览项目的结构，如 Manifest、Certificate、Bytecode 等；左下部分是 Bytecode/Hierarchy，用来查看 APK 文件中的类文件。这里通过 Bytecode/Hierarchy 来查看编写的程序，如图 9-36 所示。

从图 9-36 中可以看到，在 Bytecode/Hierarchy 中打开 MainActivity 类，右侧会显示 MainActivity 对应的 Smali 代码（Smali 代码将在后续章节中进行介绍）。在右侧的 Smali 代码中可以看到有一个 onCreate 方法，将光标定位到 onCreate 方法体内后右键单击，在弹出的快捷菜单中选择“Decompile”选项，JEB 会进行分析，并显示对应的 Java 代码，如图 9-37 所示。

通过图 9-37 中的 Java 代码来了解 APK 中的具体功能实现就方便多了。

2．JEB 常用功能及快捷键

1）跟踪

下面介绍几个 JEB 的常用功能，这些功能和 IDA 的功能类似。在图 9-37 中，将光标定位到 Admin.class 上，双击或按 Enter 键，即可进入 Admin.class 类文件的代码。

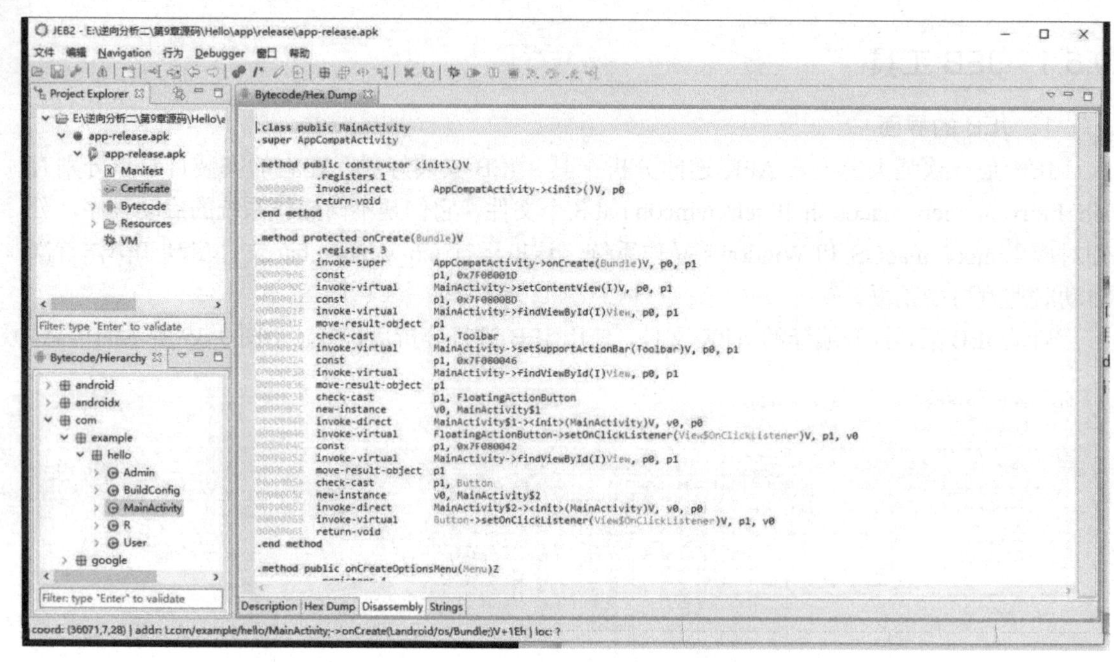

图 9-36　MainActivity 对应的 Bytecode

```
package com.example.hello;

import android.content.Intent;
import android.os.Bundle;
import android.view.Menu;
import android.view.MenuItem;
import android.view.View$OnClickListener;
import android.view.View;
import androidx.appcompat.app.AppCompatActivity;
import com.google.android.material.snackbar.Snackbar;

public class MainActivity extends AppCompatActivity {
    public MainActivity() {
        super();
    }

    protected void onCreate(Bundle arg2) {
        super.onCreate(arg2);
        this.setContentView(2131427357);
        this.setSupportActionBar(this.findViewById(2131230909));
        this.findViewById(2131230790).setOnClickListener(new View$OnClickListener() {
            public void onClick(View arg3) {
                Snackbar.make(arg3, "Replace with your own action", 0).setAction("Action", null).show();
            }
        });
        this.findViewById(2131230786).setOnClickListener(new View$OnClickListener() {
            public void onClick(View arg3) {
                if(MainActivity.this.findViewById(2131230840).getText().toString().equals("admin")) {
                    MainActivity.this.startActivity(new Intent(MainActivity.this, Admin.class));
                }
                else {
                    MainActivity.this.startActivity(new Intent(MainActivity.this, User.class));
                }
            }
        });
    }

    public boolean onCreateOptionsMenu(Menu arg3) {
```

图 9-37　JEB 将 Smali 代码翻译为 Java 代码

2）交叉引用

在进入 Admin.class 类文件后，在类名 Admin 处右键单击，在弹出的快捷菜单中选择“Cross-references”选项，或直接按 X 键，弹出“Cross References”对话框，如图 9-38 所示。

从图 9-38 中可以看出，一共有两处引用了 Admin.class 类文件。双击“Cross References”

对话框中的列表项，可以跳转到相应的引用位置，如双击 Index 为 0 的项，会回到刚才的位置。

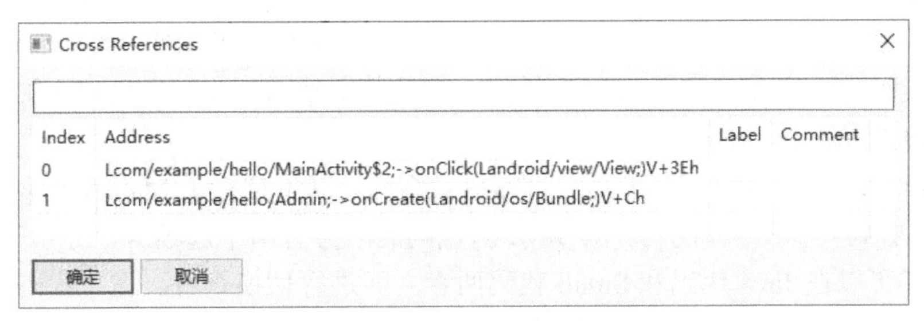

图 9-38 “Cross References”对话框

3）添加注释

在分析代码的过程中，可以一边进行分析，一边进行注释。将光标定位到要注释的代码行处，按/键，会弹出“备注”对话框，如图 9-39 所示，在其中可添加相关注释。

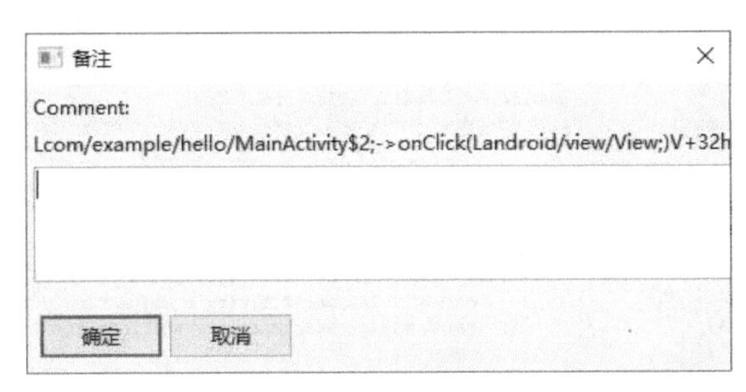

图 9-39 “备注”对话框

4）重命名变量

JEB 反汇编的 Java 代码中的变量名并不一定是有意义的变量名，当对代码进行分析后可以对代码中的变量名进行重命名，这样更方便对代码的阅读。将光标定位到指定的变量名上，按 N 键即可为变量重命名。重命名某一个变量后，JEB 会自动修改代码中同一个变量的变量名。

关于 JEB 的功能还有很多，有兴趣的读者可自行学习了解。

9.5.2 jadx 工具

1. jadx 工具简介

jadx 是一款开源的 DEX 到 Java 的反汇编工具。根据 GitHub 上 Readme 的介绍，jadx 是开源的、从 Android DEX 或 APK 反编译成 Java 源码的命令行和 GUI 工具。

jadx 主要的特点如下：将 Dalvik 字节码从 APK、DEX、AAR 和 ZIP 文件反编译为 Java 类文件；可以解码 resources.arsc 中的 AndroidManifest.xml 和其他资源文件等。jadx 支持高亮显示反编译的代码、跳转到声明等功能。

2. jadx 工具界面

在 GitHub 上下载 jadx 源码的 ZIP 压缩包并解压，或者直接使用 git clone 命令将源码克隆到本地。进入 jadx 源码目录，打开一个命令行窗口，输入命令构建 jadx 可执行文件，命令

如下：

```
gradlew.bat dist
```

执行完构建命令之后，在 jadx 目录下会多出一个 build 目录，进入该目录后运行该目录下的 jadx-gui-dev.exe 文件，进入 jadx 主界面，打开前面使用 Android Studio 生成的 APK 文件，如图 9-40 所示。

在图 9-40 中，整个窗口的左侧是项目的目录结构，这里打开了 MainActivity 的源码，在窗口右侧可以看到其 Java 源代码。其 Java 源代码的下方有两个选项卡，分别是“代码”和“Smali”，这样可以在 Java 代码和 Smali 代码两者之间进行切换查看。在“代码”选项卡中，可以对代码进行重命名、跳转到声明和添加注释等操作。

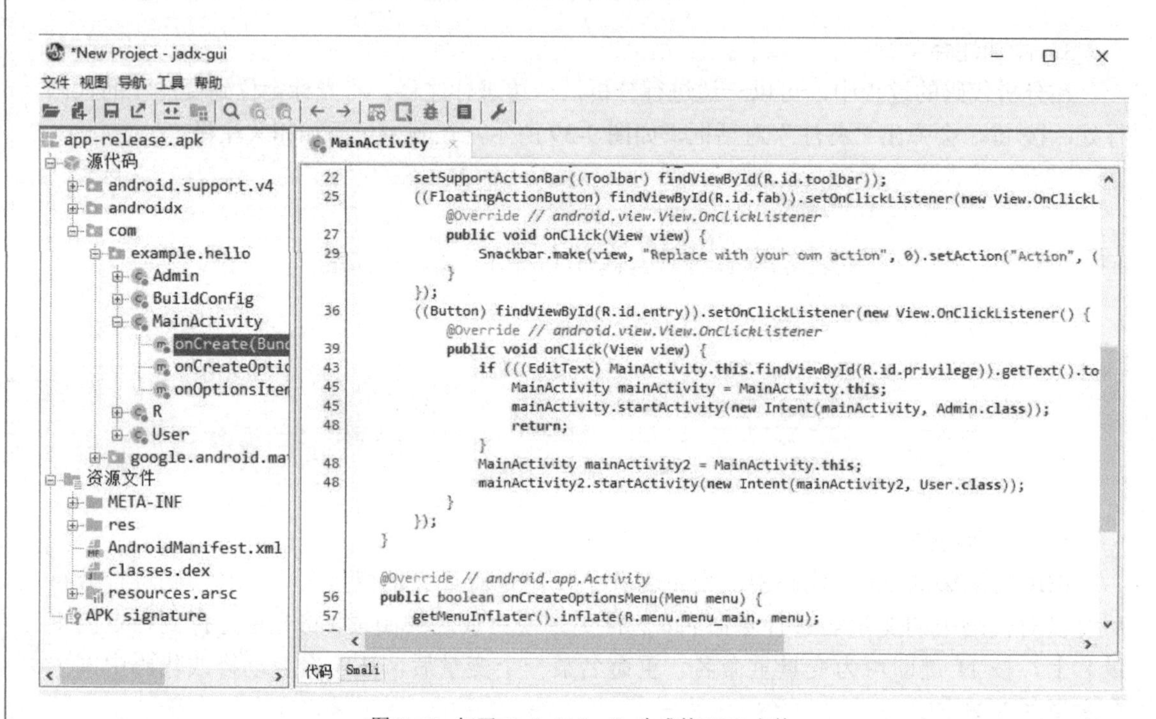

图 9-40　打开 Android Studio 生成的 APK 文件

jadx 还支持对 Smali 代码的调试、单步、设置断点、修改寄存器的值、修改类属性等相关功能。

关于 jadx 的详细用法读者可自行练习掌握。

9.5.3　Android 逆向助手

1．Android 逆向助手界面

Android 逆向助手是一款轻巧的且功能强大的逆向工具。它支持反编译 APK、重打包 APK、签名 APK、提取 DEX、替换 DEX 等功能。这里不再逐一介绍，其主界面如图 9-41 所示。

2．Android 逆向助手整合的工具

Android 逆向助手之所以能支持如此多的功能，是因为它整合了众多优秀的逆向工具。Android 逆向助手的目录下有一个 lib 目录，打开该目录可以看到 apktool、dex2jar、jd-gui、 dexdump 等工具。

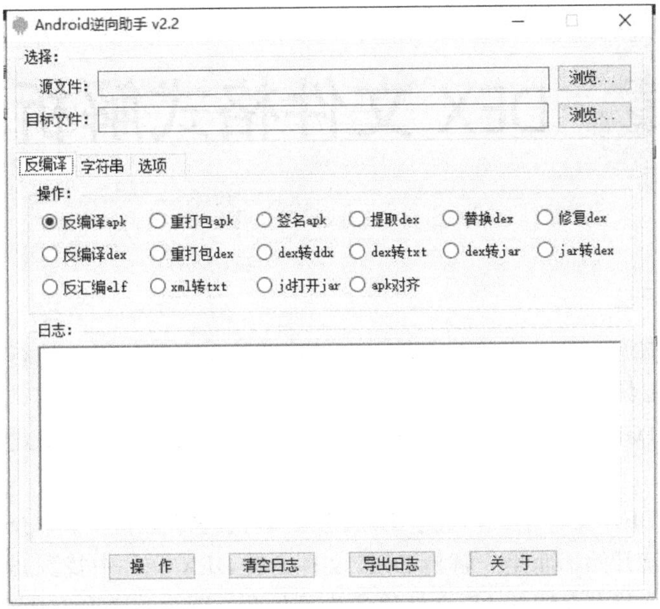

图 9-41 Android 逆向助手主界面

9.6 总结

本章介绍了 Android Studio 的安装，并开发了一个简单的 Android App，最后介绍了如何通过 Android Killer 来修改简单的 Android App。对于逆向工程而言，工具非常重要，“工欲善其事，必先利其器”的道理在这里也适用。但是使用 Android Killer 时，会遇到各种各样的问题。此时，可以直接使用 Android Killer 中整合的几款工具，如 ApkTool。除此而外，本章还简单地介绍了使用 Smalidea 插件在 Android Studio 中调试 Smali 代码的方法。

第10章 DEX 文件格式解析

前面介绍 PC 端逆向时，涉及的不外乎文件格式、反汇编代码、动态调试、静态分析、加壳、脱壳和逆向工具等。安卓系统中的 App 逆向分析也涉及这些内容。本书对于安卓系统中的逆向主要涉及 Dalvik 虚拟机中的可执行文件格式，即 DEX 文件格式，以及它的反汇编代码。

本章主要介绍 DEX 文件格式，关于 DEX 反汇编代码将在下一章中介绍。毕竟反汇编并非从文件的首字节就开始，而是先解析 DEX 文件，在 DEX 文件中找到属于代码的部分后再进行反汇编，前面章节中介绍的 PE 文件格式也是如此。因此，这里先从 DEX 文件格式的解析讲起。

10.1 DEX 文件解析

本书前面的章节中已介绍过 Windows 中可执行文件格式的结构，即 PE 文件格式。本节将介绍安卓系统中 Dalvik 虚拟机中可执行文件的格式，即 DEX 文件格式。除了介绍 DEX 文件格式外，本节还会制作一个 DEX 文件格式解析器。

10.1.1 准备一个待解析的 DEX 文件

在完成一个安卓可执行文件格式解析器前，先要准备一个安卓可执行文件以进行分析。对 DEX 文件格式的数据结构进行逐一分析，对其整个结构有一个大体的了解后，就可以手写一个 DEX 解析器了。整个过程与 PE 文件格式的逆向分析很类似。对于文件格式的解析，无非就是对文件格式中相关数据结构的定位和输出，因此，了解数据结构后，只须简单地调用文件操作 API 函数即可实现解析器的开发。

什么是 DEX 文件呢？它是运行在安卓虚拟机平台上的可执行文件。在安卓平台上，应用程序大多以 Java 语言作为开发语言。了解 Java 语言的读者应该知道，在用 Java 语言编写完代码后，编译生成的是一种“字节码”文件，并非真正的可以被操作系统加载和运行的二进制文件。由于它不能直接被操作系统加载和运行，所以在字节码文件和操作系统之间就存在一台虚拟机。Java 语言相较于 C 和 C++ 语言来说，最大的特点就是跨平台。Java 代码生成的字节码在各个平台上都是一样的，不同操作系统的底层是不一样的。虚拟机向上解析一致的 Java 字节码，向下兼容不同的操作系统，这样虚拟机就起到了承上启下的作用。在 PC 平台，无论是 Windows、Linux 操作系统还是 macOS 都具备 JDK，JDK 中包含了 JRE，也就是 Java 运行时环境，即 Java 虚拟机，也称为 JVM。Java 语言被称为跨平台的语言，而 JVM 也被称为跨语言的平台。因为目前并不只有 Java 语言开发的程序在 JVM 上运行，其他的语言，如 Scala、Kotlin 等开发的程序也运行在 JVM 上，所以 JVM 才被称为跨语言的平台（如果读者自己开发的语言经过编译后能生成兼容 JVM 的字节码，则其也可以运行在 JVM 上）。在安卓系统中，并没有使用 PC 端的 Java 虚拟机，而是设计了专门的虚拟机——Dalvik 虚拟机。

因为 JVM 虚拟机和 Dalvik 虚拟机有所不同，所以它们字节码的格式也有所相同。在 PC 端中，用 Java 编译完成的字节码是.class 文件；在安卓系统中，其字节码的格式为 .dex。.dex 格式的设计比 .class 格式更方便解析。.class 文件的格式和数据在组织上是一体的，因此，编者认为 .class 文件的解析比 .dex 文件的解析要复杂一些。与此相对应，.dex 文件的设计对头部、数据索引和数据都进行了归类，解析起来远没有 .class 文件那么复杂。

注意： 字节码严格来说是虚拟机解析的指令部分，而这里指的是整个编译后产生的文件。

下面介绍一下获得 DEX 文件的方法。

1．从 APK 中提取 DEX 文件

前面的内容中已经说明，APK 文件是一个打包过的文件，其中包含了安卓程序运行所需的配置文件、资源文件和 DEX 可执行文件等。读者可以从网络中下载一个 APK 文件，或者使用上一章中采用 Android Studio 集成开发环境编译生成的 APK 文件。将得到的 APK 文件的扩展名由.apk 修改为.rar（或者.zip），这样即可通过解压缩工具（如 WinRAR）打开。打开该 RAR 文件后即可看到 APK 中打包的相关文件，如图 10-1 所示。

名称	压缩前	压缩后	类型
.. (上级目录)			文件夹
META-INF			文件夹
res			文件夹
AndroidManifest.xml	2.4 KB	1 KB	XML 文件
classes.dex	2.7 MB	1.1 MB	DEX 文件
resources.arsc	343.8 KB	343.8 KB	ARSC 文件

图 10-1　打开 APK 文件

从图 10-1 中可以看到打开的压缩文件中有 res 目录、AndroidManifest.xml、classes.dex 文件等，将 classes.dex 文件解压缩，就得到了稍后要分析的 DEX 文件。

注意： 其实 Word、Excel、PPT 等文件也可以通过修改扩展名来查看其打包的资源，只不过其中并没有所需的 DEX 文件。

通过 Android Studio 也可以看出 APK 文件是一个压缩文件，在 Android Studio 中双击打包好的 APK 文件即可打开该文件，如图 10-2 所示。

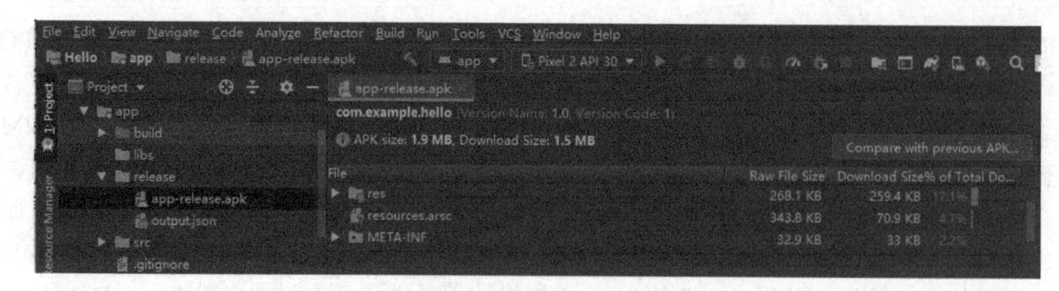

图 10-2 通过 Android Studio 打开 APK 文件

2. 通过.class 文件转换 DEX 文件

通过从 APK 文件中解压缩获得的 DEX 文件体积通常比较大，对于逆向入门而言，较大的文件在进行文件格式分析时并不方便。在分析文件格式时，首先会从整体上了解文件格式的结构，再了解文件结构中的各个组成部分。而如果文件体积较大，分析文件格式的各个组成部分时就比较耗费时间，从而导致无法快速地了解文件的整体结构。因此，为了在分析文件格式时，既掌握文件格式的整体结构，又快速地完成对各个组成部分的分析，就需要得到一个体积较小的 DEX 文件。

可以先编写一段简短的代码，再将其编译连接生成一个体积较小的.class 文件，最后将.class 文件转换为 DEX 文件，整个过程大体分为以下 3 个步骤。

1）编写一段简单的 Java 代码

在任意文本编辑器中输入 Java 代码，代码如下：

```
public class HelloWorld {
   public static void main(String[] args) {
      System.out.println("hello world");
   }
}
```

上面是一段简单的 Java 代码，将该代码保存为 HelloWorld.java 文件。

2）编译连接生成.class 文件

编译连接 Java 源码需要安装 JDK，JDK 的安装比较简单，下载 JDK 安装包，并将安装目录配置到系统的环境变量中就可以通过 javac.exe 文件来对 Java 源码进行编译了。

在命令行中编译 Java 文件，编译方法如下：

```
d:\TestDex> javac -version
javac 1.8.0_201
d:\TestDex> javac HelloWorld.java
d:\TestDex> java HelloWorld
hello world
```

上述代码中有 3 条命令，第一条命令是查看 javac 的版本，javac 是用来将 .java 文件编译为 .class 文件的命令，由 JDK 提供；第二条命令通过 javac 编译 HelloWorld.java 文件为 HelloWorld.class 文件；第三条命令是 java 命令，同样由 JDK 提供，用于执行.class 文件。

注意：使用 java 命令执行 HelloWorld.class 文件时，不需要输入 .class 扩展名。因为 java 命令需要知道的是类名，而非.class 文件。

3）转换.class 文件为 DEX 文件

将 Java 的.class 文件转换为 DEX 文件时，需要用到 Android SDK 提供的 dx 工具。Android SDK 在安装 Android Studio 时就进行了安装，编者的本地目录为 C:\Users\Administrator\AppData\

Local\Android\Sdk\build-tools\30.0.3。通过该目录下的dx.bat文件即可将.class文件转换为DEX文件。

切换到 C:\Users\Administrator\AppData\Local\Android\Sdk\build-tools\30.0.3 目录（如果该目录在环境变量中，则无须切换），执行以下命令：

```
d:\TestDex> dx --dex --output=HelloWorld.dex HelloWorld.class
```

这样就得到了一个体积非常小的 DEX 文件供我们学习分析使用。

最后，通过adb命令来验证生成的DEX文件是否可以执行，adb命令也需要在Android Studio中安装，编者的本地目录为C:\Users\Administrator\AppData\Local\Android\Sdk\platform-tools。切换到该目录（如果该目录在环境变量中，则无须切换），执行以下命令：

```
d:\TestDex> adb push HelloWorld.dex /sdcard/
HelloWorld.dex: 1 file pushed, 0 skipped. 0.5 MB/s (744 bytes in 0.002s)
d:\TestDex> adb shell dalvikvm -cp /sdcard/HelloWorld.dex HelloWorld
hello world
```

可以看到，通过 dx 生成的 DEX 文件可以被顺利执行。

10.1.2 DEX 文件格式详解

在上一小节中介绍了如何得到一个体积较小的 DEX 文件，接下来就使用它来完成 DEX 文件格式的分析。前面章节分析 Windows 操作系统中的 PE 文件格式时选择使用 C32Asm 这款十六进制分析工具，本小节分析DEX文件格式选择使用010 Editor这款十六进制分析工具。C32Asm 默认具备解析 PE 文件格式的功能，而不具备解析 DEX 文件格式的功能。虽然 010 Editor 也不具备解析 DEX 文件的功能，但是 010 Editor 提供的模板功能中提供了解析 DEX 文件格式的脚本，下载该模板文件并运行即可使用该功能。

1．010 Editor 模板

选择 010 Editor 是因为它提供了很多二进制文件格式的解析模板，包括解析 DEX 文件格式的模板。打开 010 Editor 工具，其主界面如图 10-3 所示。

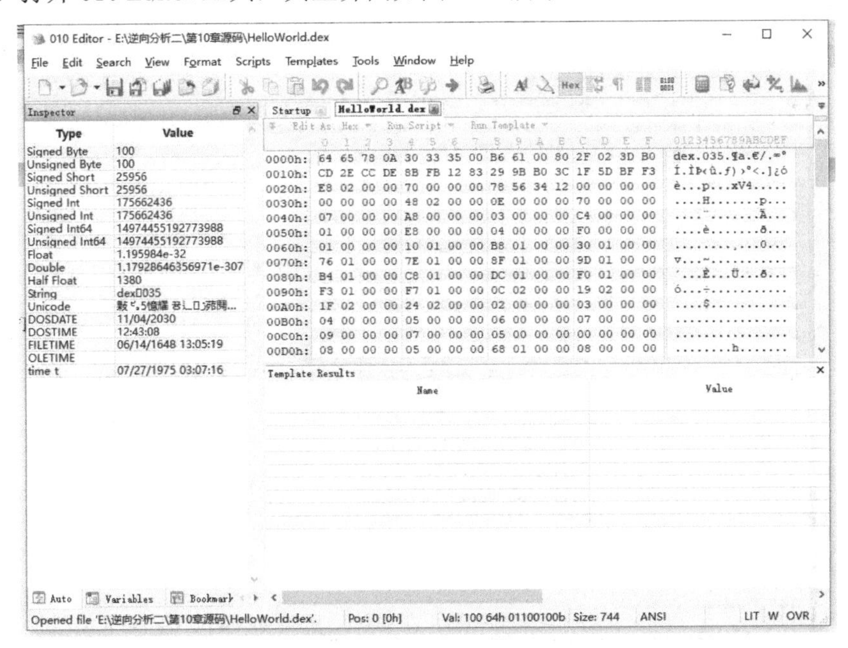

图 10-3 010 Editor 主界面

图 10-3 所示为 010 Editor 打开 HelloWorld.dex 文件后的主界面。在 010 Editor 中选择 “Templates”→“Online Templates Repository”选项，将会打开一个在线模板列表，列表中的 DEX.bt 就是要下载的用来解析 DEX 文件格式的模板，将其保存至 010 Editor 安装目录的“010 Editor_602\010 Editor\Data”文件夹中即可，如图 10-4 所示。

https://www.sweetscape.com/010editor/repository/templates/

AndroidTrace.bt	Define a template for parsing dmtrace.trace files.	More Info...
AndroidVBMeta.bt	Android vbmeta partition template	More Info...
BPlist.bt	Template for parsing Apple Binary Property List format.	More Info...
Cryptfs.bt	Parse the Cryptfs footer from encrypted drives (specifically Android)	More Info...
DEX.bt	A template for analyzing Dalvik VM (Android) DEX files.	More Info...
DMP.bt	Template to parse the header of a Microsoft memory dump file (DMP) as produced by the debugger and kernel crashdump facility. Note there are two different DMP formats and see MiniDump.bt for ID bytes MDMP.	More Info...
FUTX.bt	Interpret user accounting information exposed by FreeBSD as /var/run/utx.active, which uses a custom on-disk format called futx. It differs from the in-memory representation specified in POSIX known as utmpx.	More Info...

图 10-4　010 Editor 在线模板列表

下载模板后，重新启动 010 Editor，打开生成的 HelloWorld.dex 文件，010 Editor 会自动匹配模板到 DEX 文件进行解析，并将解析的结果显示出来。如果未进行解析，则可以选择“Templates”→“Open Template”选项，在弹出的文件对话框中选择“DEX.bt”文件，此时会打开一个新的窗口；再次选择“Templates”→“Run Template”选项，即可对打开的 HelloWorld.dex 文件进行解析，并对解析的不同数据进行着色高亮显示。通过不同的颜色可以直观地了解各种不同的数据，如图 10-5 所示。

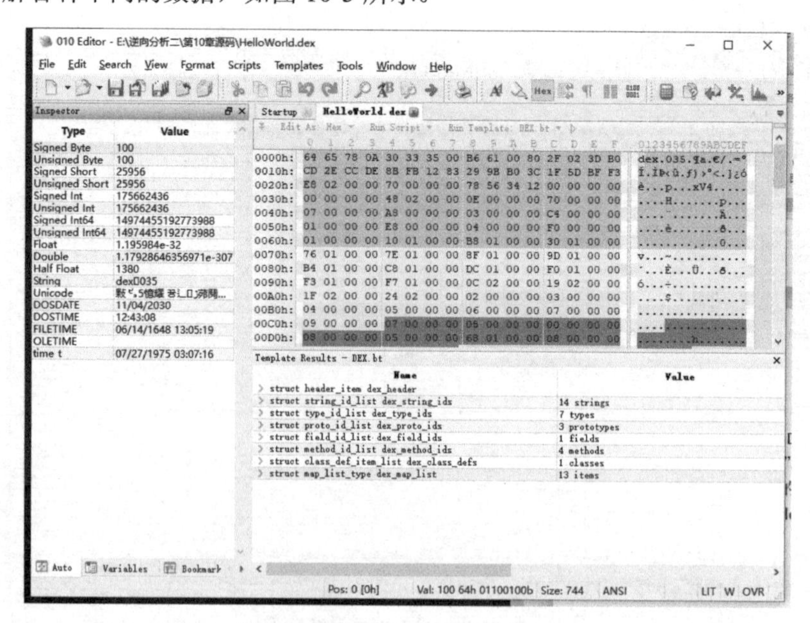

图 10-5　解析 DEX 文件的 010 Editor

在开始学习 DEX 文件格式解析时，有参考和对照非常有帮助，就像在学习 Windows 操作系统中的 PE 文件格式时，使用 LordPE 等解析工具去对照学习会方便很多一样，至少这能确认解析正确与否。使用 010 Editor 可以直接查看十六进制数据，以及解析后的数据内容，这也是编者选择 010 Editor 的一大原因。

2. 整体认识 DEX 文件格式

DEX 文件格式的结构大体分为 3 部分，第一部分是 DEX 头部，第二部分是 DEX 数据索引，第三部分是 DEX 数据，如图 10-6 所示。

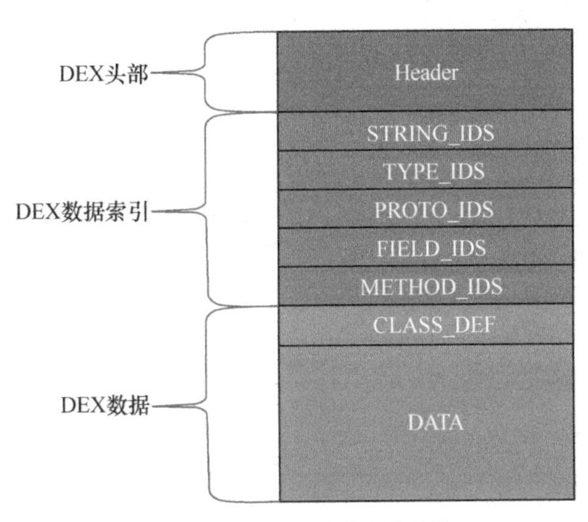

图 10-6　DEX 文件格式的结构

DEX 头部会给出一些 DEX 文件的基本信息，如文件的字节序、校验和、签名等，还会给出数据索引所在的偏移和索引包含的数据量。例如，在 Header 部分会给出 STRING_IDS 的文件偏移地址和文件中包含多少个 STRING_ID 的相关信息。

DEX 数据索引给出了具体资源数据所在的文件偏移地址。例如，STRING_IDS 中保存了具体 STRING 数据所在的文件偏移地址。

DEX 头部、DEX 数据索引和 DEX 数据的关系大致如图 10-7 所示。

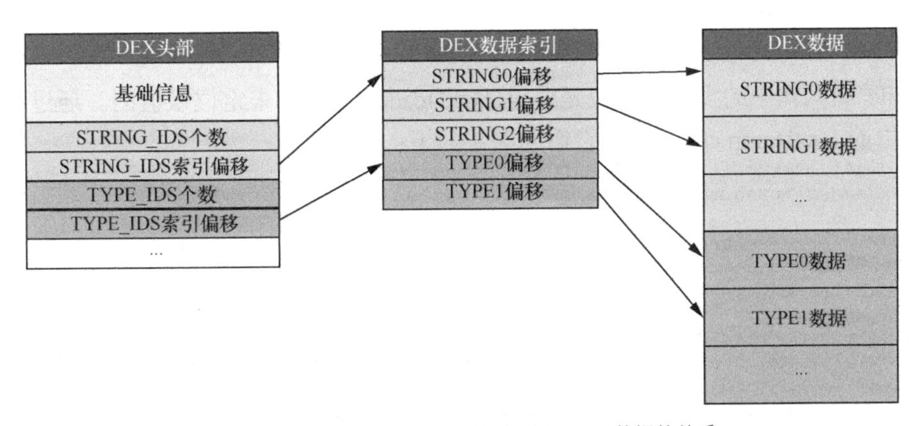

图 10-7　DEX 头部、DEX 数据索引和 DEX 数据的关系

如果图 10-6 是 DEX 文件格式的平面结构，那么图 10-7 就是 DEX 文件格式通过索引的

方式而展现的立体结构。从这两张图的对应关系可以发现 DEX 文件要比 PE 文件的文件格式简单得多。

DEX 文件格式的定义如下：

```
struct DexFile {
    const DexHeader*    pHeader;
    const DexStringId*  pStringIds;
    const DexTypeId*    pTypeIds;
    const DexFieldId*   pFieldIds;
    const DexMethodId*  pMethodIds;
    const DexProtoId*   pProtoIds;
    const DexClassDef*  pClassDefs;
    const DexLink*      pLinkData;
    const DexClassLookup* pClassLookup;
    const void*        pRegisterMApool;
    const u1*          baseAddr;
    int              overhead;
};
```

该结构体和前面的图 10-6 稍有不同，因为图 10-6 表示的是 DexFile 结构体中的 DexHeader 部分。DexHeader 结构体的定义如下：

```
struct DexHeader {
    u1  magic[8];
    u4  checksum;
    u1  signature[kSHA1DigestLen];
    u4  fileSize;
    u4  headerSize;
    u4  endianTag;
    u4  linkSize;
    u4  linkOff;
    u4  mapOff;
    u4  stringIdsSize;
    u4  stringIdsOff;
    u4  typeIdsSize;
    u4  typeIdsOff;
    u4  protoIdsSize;
    u4  protoIdsOff;
    u4  fieldIdsSize;
    u4  fieldIdsOff;
    u4  methodIdsSize;
    u4  methodIdsOff;
    u4  classDefsSize;
    u4  classDefsOff;
    u4  dataSize;
    u4  dataOff;
};
```

DexFile 结构体中的大部分字段是通过 DexHeader 结构体来定位赋值的。通过查看安卓系统源码中的 DexDump.cpp，可知它们的关系如下：

```
void dexFileSetupBasicPointers(DexFile* pDexFile, const u1* data) {
    DexHeader *pHeader = (DexHeader*) data;

    pDexFile->baseAddr = data;
    pDexFile->pHeader = pHeader;
    pDexFile->pStringIds = (const DexStringId*) (data + pHeader->stringIdsOff);
    pDexFile->pTypeIds = (const DexTypeId*) (data + pHeader->typeIdsOff);
    pDexFile->pFieldIds = (const DexFieldId*) (data + pHeader->fieldIdsOff);
    pDexFile->pMethodIds = (const DexMethodId*) (data + pHeader->methodIdsOff);
    pDexFile->pProtoIds = (const DexProtoId*) (data + pHeader->protoIdsOff);
    pDexFile->pClassDefs = (const DexClassDef*) (data + pHeader->classDefsOff);
    pDexFile->pLinkData = (const DexLink*) (data + pHeader->linkOff);
}
```

可以发现，通过 DexFile 结构体的成员变量获取不同属性的数据要比通过 DexHeader 操作容易一些。

DexFile 结构体定义在安卓系统源码的 dalvik/libdex/DexFile.h 文件中。如何找到该文件呢？打开安卓官网，找到其源码页面，如图 10-8 所示。

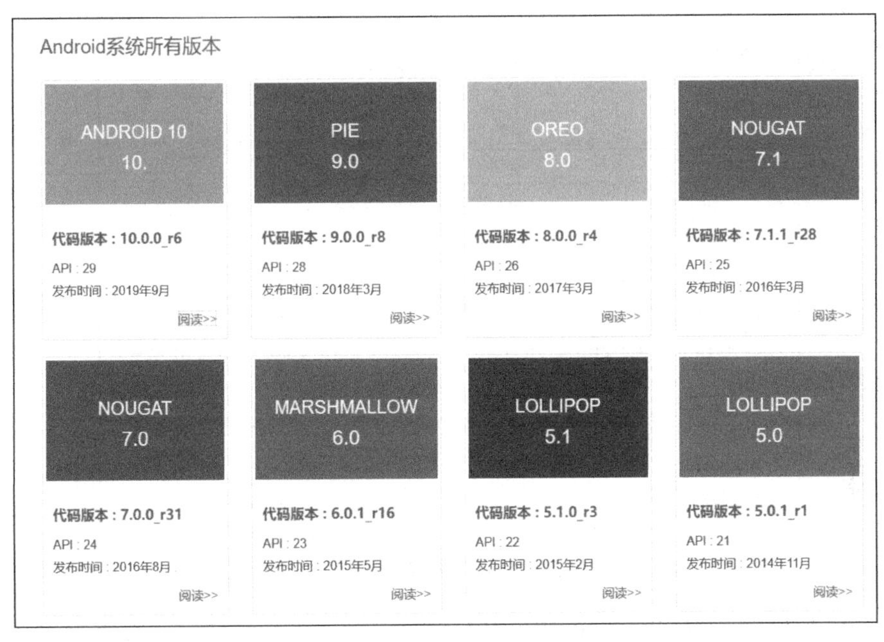

图 10-8 Android 源码页面

选择代码版本“10.0.0_r6”（这是编者的选择，读者可以任意选择），进入图 10-9 所示的页面。可以看到，图 10-9 中给出了 dalvik 目录的说明，该目录是 Dalvik 的 Java 虚拟机目录。进入该目录后，选择 libdex 目录，即 DEX 相关的库，如图 10-10 所示，会看到相应的源码，打开“DexFile.h”头文件搜索即可找到 DexFile 结构体。

根目录

24个文件夹，4个文件 ♡收藏此目录

..

bootable	启动引导程序的源码	-	打开 目录树
dalvik	dalvik的Java虚拟机	-	打开 目录树
device	设备相关代码和编译脚本	-	打开 目录树
pdk	平台开发套件	-	打开 目录树
cts	android兼容性测试套件	-	打开 目录树
art	google在4.4后加入用来代替Dalvik的运行时环境	-	打开 目录树
sdk	sdk及模拟器	-	打开 目录树

图 10-9 选择根目录页面

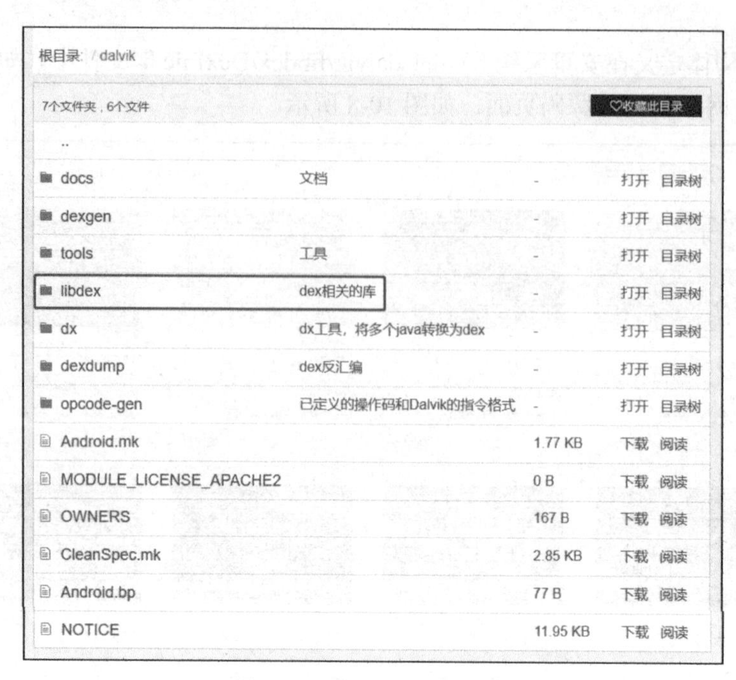

图 10-10　选择 DEX 相关的库

前面给出了 DEX 文件的整体结构，并给出了如何查看安卓系统源码的方法。读者可以通过此方法查找自己想要了解和熟悉的安卓系统的源码，以及安卓系统相关开发工具的源码，从而对安卓系统的源码进行深入了解。

3．DEX 文件中的数据类型

安卓系统的内核都是用 C++语言实现的，但是 Dalvik 目录的源码中并没有直接使用 C++的数据类型，而是将 C++语言中原本的一些基础数据类型进行了重定义。下面在 DexFile.h 头文件中随意选择一个数据结构的定义来进行查看，代码如下：

```
struct DexOptHeader {
    u1  magic[8];

    u4  dexOffset;
    u4  dexLength;
    u4  depsOffset;
    u4  depsLength;
    u4  optOffset;
    u4  optLength;

    u4  flags;
    u4  checksum;
};
```

DexOptHeader 数据结构中类似 u1、u4 的数据类型在 C++语言中是没有的，这些数据类型被重定义过。在 DexFile.h 头文件中可以找到相关数据类型的定义，具体如下：

```
typedef uint8_t          u1;
typedef uint16_t         u2;
typedef uint32_t         u4;
typedef uint64_t         u8;
typedef int8_t           s1;
```

```
    typedef int16_t           s2;
    typedef int32_t           s4;
    typedef int64_t           s8;
```

可以看到 u1、u2、u4 和 u8 这些数据类型是无符号的整数，数据类型宽度分别是 1 字节、2 字节、4 字节和 8 字节；s1、s2、s4 和 s8 这些数据类型是有符号的整型，宽度分别是 1 字节、2 字节、4 字节和 8 字节。

注意：为什么需要这么定义呢？因为 C++语言的基础数据类型在不同平台上的长度可能会发生变化，如在 32 位平台上和在 64 位平台上基础数据类型的长度不一定相同。又如，C 语言规定 int 类型不能比 short 类型的长度短，int 类型不能比 long 类型的长度长，具体长度依赖于实现的平台。因为这些数据类型在不同平台上的长度不一致，直接使用这些数据类型就可能给系统带来潜在的问题。但是将这些基础的数据类型重定义后，在源码中使用重定义后的数据类型，当 C++语言基础数据类型长度发生变化时，只须修改 typedef 即可，而使用其余重定义后的数据类型是无须修改的。

例如，在 16 位的 C 语言中，int 类型是 16 位的，要使用的也是 16 位长度的变量，那么 int 类型是没有问题的。但是在 32 位操作系统中，int 类型的长度成为了 32 位，若仍然希望使用 16 位长度的变量，则会无法使用 int 类型。但是如果在代码中直接使用 int 类型，那么修改起来会非常麻烦，因为要修改的地方可能很多。

但是如果在 16 位的 C 语言中使用类似 typedef int u2 这样的定义，而代码中定义的变量也使用 u2，那么当换成 32 位的 C 语言时，只须将 typedef int u2 改成 typedef short int u2 即可。

简单来说，C 和 C++ 的基础数据类型需要依赖具体的编译器实现，从而导致了代码移植问题。而这样定义后就有了固定的字节数。JVM 也是如此，为了支持跨平台，必须有明确的数据长度。

解析 DEX 文件格式时，还有一种数据类型 LEB128（Little Endian Base 128），它也分为有符号类型和无符号类型，分别是 sleb128、uleb128 和 uleb128p1。LEB128 由 1～5 字节组成一个 32 位数据。至于每个 32 位数据是由一字节表示还是由两字节组合表示，取决于第一字节的最高位，如果第一字节的最高位为 1，那么需要使用第二字节。同理，如果第二字节的最高位也是 1，就需要使用第三字节。对于 LEB128 类型的数据，可以使用安卓系统中提供的算法进行读取，该代码在/dalvik/libdex/Leb128.h 文件中。读取 sleb128 和 uleb128 数据类型的函数有两个，分别是 readSignedLeb128()和 readUnsignedLeb128()。

readSignedLeb128() 函数的实现如下：

```
DEX_INLINE int readSignedLeb128(const u1** pStream) {
   const u1* ptr = *pStream;
   int result = *(ptr++);

   if (result <= 0x7f) {
      result = (result << 25) >> 25;
   } else {
      int cur = *(ptr++);
      result = (result & 0x7f) | ((cur & 0x7f) << 7);
      if (cur <= 0x7f) {
         result = (result << 18) >> 18;
      } else {
         cur = *(ptr++);
         result |= (cur & 0x7f) << 14;
```

```
            if (cur <= 0x7f) {
                result = (result << 11) >> 11;
            } else {
                cur = *(ptr++);
                result |= (cur & 0x7f) << 21;
                if (cur <= 0x7f) {
                    result = (result << 4) >> 4;
                } else {
                    cur = *(ptr++);
                    result |= cur << 28;
                }
            }
        }
    }

    *pStream = ptr;
    return result;
}
```

readUnsignedLeb128() 函数的实现如下：

```
DEX_INLINE int readUnsignedLeb128(const u1** pStream) {
    const u1* ptr = *pStream;
    int result = *(ptr++);

    if (result > 0x7f) {
        int cur = *(ptr++);
        result = (result & 0x7f) | ((cur & 0x7f) << 7);
        if (cur > 0x7f) {
            cur = *(ptr++);
            result |= (cur & 0x7f) << 14;
            if (cur > 0x7f) {
                cur = *(ptr++);
                result |= (cur & 0x7f) << 21;
                if (cur > 0x7f) {
                    cur = *(ptr++);
                    result |= cur << 28;
                }
            }
        }
    }

    *pStream = ptr;
    return result;
}
```

在分析 DEX 文件格式时，遇到 LEB128 类型的数据时，直接调用 readSignedLeb128()或 readUnsignedLeb128() 函数读取数据即可。在这两个函数中，最关键的就是判断当前字节是否大于 0x7F，0x7F 是最高位不为 1 的最大值，0x7F 转换为二进制为 0111 1111，当大于 0x7F 时，说明当前最高位为 1，需要移动指针到下一字节。其具体的实现并不复杂，如果有地方一时难以理解，则使用单步调试来仔细观察每行代码的执行情况即可。

4．分析 DEX 各结构体数据结构

前面已经从整体上认识了 DEX 文件格式，并对其中使用的数据类型进行了说明，接下来将会使用前面自行编译生成的 .DEX 文件来进行 DEX 文件格式的分析。

1）DexHeader 结构体

安卓系统源码的/dalvik/libdex/DexFile.h 头文件中给出了 DexHeader 结构体的定义，该结

构体中描述了 DEX 文件的基本信息，并给出了各种数据索引的数量和偏移地址。该结构体是整个 DEX 文件的索引，因此对它的解析至关重要。该结构体的定义如下：

```
struct DexHeader {
    u1  magic[8];
    u4  checksum;
    u1  signature[kSHA1DigestLen];
    u4  fileSize;
    u4  headerSize;
    u4  endianTag;
    u4  linkSize;
    u4  linkOff;
    u4  mapOff;
    u4  stringIdsSize;
    u4  stringIdsOff;
    u4  typeIdsSize;
    u4  typeIdsOff;
    u4  protoIdsSize;
    u4  protoIdsOff;
    u4  fieldIdsSize;
    u4  fieldIdsOff;
    u4  methodIdsSize;
    u4  methodIdsOff;
    u4  classDefsSize;
    u4  classDefsOff;
    u4  dataSize;
    u4  dataOff;
};
```

DexHeader 结构体在宏观上描述了 DEX 文件的信息，下面对该结构体中的字段进行说明。

- magic：表示 DEX 文件的标识与版本号。
- checksum：表示 DEX 文件的文件校验和，它使用 alder32 算法校验文件。
- signature：表示 DEX 文件的签名，该签名使用 SHA-1 哈希算法。
- fileSize：表示 DEX 文件的大小。
- headerSize：表示 DEX 文件头部的大小。
- endianTag：表示文件的字节序。

其他部分基本为以 Size 和 Off 结尾命名的字段变量，以 Size 结尾命名的变量表示相关类型数据的数量，以 Off 结尾命名的变量表示相关数据索引在文件中的偏移地址。例如，stringIdsSize 表示 string 相关数据的数量，stringIdsOff 表示 string 相关数据索引所在文件中的偏移地址。注意，这里给出的并不是 string 相关数据在文件中的偏移地址，而是 string 相关数据索引在文件中的偏移地址。如果对索引的概念模糊了，可以重新阅读图 10-7。

使用 010 Editor 打开前面自行编译后转换生成的 DEX 文件，用具体数据对照 DexHeader 结构体的定义进行分析。使用 010 Editor 打开 DEX 文件后，DexHeader 对应的数据如图 10-11 所示，010 Editor 对 DexHeader 数据的解析如图 10-12 所示。

图 10-11 是 DexHeader 数据结构中的十六进制数据，图 10-12 是 010 Editor 对 DexHeader 数据的解析，一共包含 6 列数据，分别是 Name（字段名称）、Value（字段值）、Start（开始位置）、Size（长度）、Color（颜色，该字段忽略）和 Comment（注释、备注）。

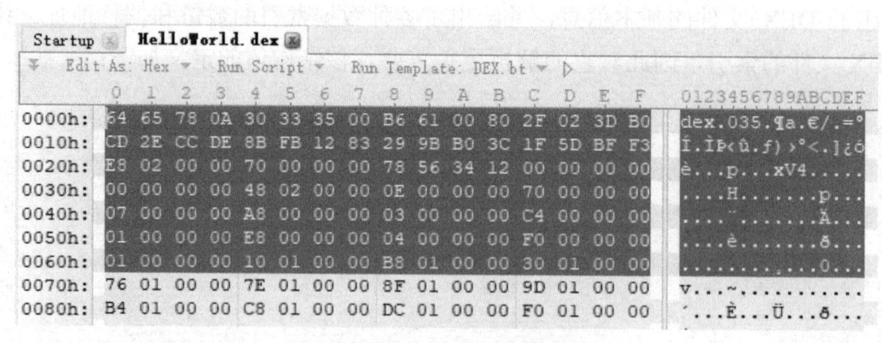

图 10-11 DexHeader 对应的数据

Name	Value	Start	Size	Color	Comment
struct header_item dex_header		0h	70h	Fg: Bg:	Dex file header
struct dex_magic magic	dex 035	0h	8h	Fg: Bg:	Magic value
uint checksum	800061B6h	8h	4h	Fg: Bg:	Alder32 checksum of rest of file
SHA1 signature[20]	2F023DB0CD2ECCDE8BFB1283299BB03C1F5DBFF3	Ch	14h	Fg: Bg:	SHA-1 signature of rest of file
uint file_size	2E8h	20h	4h	Fg: Bg:	File size in bytes
uint header_size	70h	24h	4h	Fg: Bg:	Header size in bytes
uint endian_tag	12345678h	28h	4h	Fg: Bg:	Endianness tag
uint link_size	0h	2Ch	4h	Fg: Bg:	Size of link section
uint link_off	0h	30h	4h	Fg: Bg:	File offset of link section
uint map_off	248h	34h	4h	Fg: Bg:	File offset of map list
uint string_ids_size	Eh	38h	4h	Fg: Bg:	Count of strings in the string ID list
uint string_ids_off	70h	3Ch	4h	Fg: Bg:	File offset of string ID list
uint type_ids_size	7h	40h	4h	Fg: Bg:	Count of types in the type ID list
uint type_ids_off	A8h	44h	4h	Fg: Bg:	File offset of type ID list
uint proto_ids_size	3h	48h	4h	Fg: Bg:	Count of items in the method prototype ID list
uint proto_ids_off	C4h	4Ch	4h	Fg: Bg:	File offset of method prototype ID list
uint field_ids_size	1h	50h	4h	Fg: Bg:	Count of items in the field ID list
uint field_ids_off	E8h	54h	4h	Fg: Bg:	File offset of field ID list
uint method_ids_size	4h	58h	4h	Fg: Bg:	Count of items in the method ID list
uint method_ids_off	F0h	5Ch	4h	Fg: Bg:	File offset of method ID list
uint class_defs_size	1h	60h	4h	Fg: Bg:	Count of items in the class definitions list
uint class_defs_off	110h	64h	4h	Fg: Bg:	File offset of class definitions list
uint data_size	1B8h	68h	4h	Fg: Bg:	Size of data section in bytes
uint data_off	130h	6Ch	4h	Fg: Bg:	File offset of data section

图 10-12 010 Editor 对 DexHeader 数据的解析

按照 DexHeader 结构体的字段对数据进行整理，整理后如表 10-1 所示。

表 10-1 对 DexHeader 数据字段的整理

字段	偏移地址	长度	值
magic	0x0	0x8	64 65 78 0A 30 33 35 00
checksum	0x8	0x4	B6 61 00 80
signature	0x0C	0x14	2F 02 3D B0 CD 2E CC DE 8B FB 12 83 29 9B B0 3C 1F 5D BF F3
fileSize	0x20	0x4	E8 02 00 00
headerSize	0x24	0x4	70 00 00 00
endianTag	0x28	0x4	78 56 32 12
linkSize	0x2C	0x4	00 00 00 00
linkOff	0x30	0x4	00 00 00 00
mapOff	0x34	0x4	48 02 00 00
stringIdsSize	0x38	0x4	0E 00 00 00
stringIdsOff	0x3C	0x4	70 00 00 00
typeIdsSize	0x40	0x4	07 00 00 00
typeIdsOff	0x44	0x4	A8 00 00 00
protoIdsSize	0x48	0x4	03 00 00 00

续表

字段	偏移地址	长度	值
protoIdsOff	0x4C	0x4	C4 00 00 00
fieldIdsSize	0x50	0x4	01 00 00 00
fieldIdsOff	0x54	0x4	E8 00 00 00
methodIdsSize	0x58	0x4	04 00 00 00
methodIdsOff	0x5C	0x4	F0 00 00 00
classDefsSize	0x60	0x4	01 00 00 00
classDefsOff	0x64	0x4	10 01 00 00
dataSize	0x68	0x4	B8 01 00 00
dataOff	0x6C	0x4	30 01 00 00

表 10-1 给出了 DexHeader 结构体各个字段的值，下面对部分字段的值进行说明。

- magic：该字段的值是一个字符串，为“dex 035”。

源代码中给出了该字段的定义，但源代码中将该定义分成了两部分，定义如下：

```
#define DEX_MAGIC        "dex\n"
#define DEX_MAGIC_VERS_37  "037\0"
#define DEX_MAGIC_VERS_38  "038\0"
#define DEX_MAGIC_VERS_39  "039\0"
#define DEX_MAGIC_VERS  "036\0"
#define DEX_MAGIC_VERS_API_13  "035\0"
```

该源码在 DexFile.h 头文件中，从源码中可以看出 magic 字段分为 magic 和 version 两部分，分别是 DEX_MAGIC 和 DEX_MAGIC_VERS_*。

- headerSize：该字段是文件头的大小，也就是 DexHeader 的大小，目前该字段的值是“70”，表示它的大小是 0x70 字节。从表 10-1 中可以看出，该结构体最后一个字段的位置是 0x6C，长度为 4 字节，那么其占用的大小是 0x70 字节。
- endianTag：表示字节序，在这里表示小尾字节序。

以上就是对 DexHeader 的说明。这里说明一点，有很多读者会问，将这样的数据整理成表格是否有意义？答案是肯定的。对于第一次接触文件格式的读者而言，将数据整理成表格学习更加直观，当遇到问题时，可以查看表格进行回顾和分析。对于学习和掌握文件格式而言，能通过观察二进制文件直接解析文件格式，或直接通过十六进制编辑器手动完成一个具体的文件是一种很好的学习实践的方法。此外，DEX 文件格式中有很多索引值，整理成表格可以方便根据索引进行查阅和分析。

2）DexMapItem 结构体

介绍完 endianTag 属性后，下面要解析 DexHeader 中×××Size 和×××Off 形式的属性。在 endianTag 后面是 linkSize 和 linkOff，这两个字段在当前的 DEX 文件中是 0，暂且不做处理。接下来是 mapOff，DexHeader 结构体中的 mapOff 是 DexMapList 的偏移地址，Dalvik 虚拟机在解析 DEX 文件后会按照 MapItem 映射 DEX 文件。

DexMapList 结构体定义如下：

```
struct DexMapList {
   u4  size;
```

```
    DexMapItem list[1];
};
```

该结构体的属性说明如下。

- size：表示 DexMapList 中 DexMapItem 结构体的数量。
- list：表示它是一个 DexMapItem 数组，这里定义数组的大小是 1。C 语言和 C++ 语言并不对数组进行越界检查，因此将其数组的大小定义为 1，并通过越界访问来达到访问任意多个数组元素的目的。这种设计思路在 C 语言和 C++ 语言中比较常见，在前面学习 Windows 的 PE 文件格式时，导入函数名称表中也有这样的设计。

DexMapItem 是每一部分的类型、偏移的具体描述。DexMapItem 结构体定义如下：

```
struct DexMapItem {
    u2 type;
    u2 unused;
    u4 size;
    u4 offset;
};
```

DexMapItem 是映射后每一部分的描述或索引。它与 DexHeader 中的 xxxSize 和 xxxOff 类似。DexMapItem 中保存的是数据的类型、size（大小）和 offset（偏移）。

- type：类型编码。该编码在安卓系统的源代码中定义了一套枚举值，枚举值都以 kDexType 开头。
- unused：未被使用，可能是用于结构体对齐，或者用于保留。
- size：所指向类型数据的数量，同 DexHeader 中×××Size。
- offset：所指向类型数据在文件内的偏移，同 DexHeader 中的×××Off。

对于类型编码 type 枚举值的定义如下：

```
enum {
    kDexTypeHeaderItem               = 0x0000,
    kDexTypeStringIdItem             = 0x0001,
    kDexTypeTypeIdItem               = 0x0002,
    kDexTypeProtoIdItem              = 0x0003,
    kDexTypeFieldIdItem              = 0x0004,
    kDexTypeMethodIdItem             = 0x0005,
    kDexTypeClassDefItem             = 0x0006,
    kDexTypeCallSiteIdItem           = 0x0007,
    kDexTypeMethodHandleItem         = 0x0008,
    kDexTypeMapList                  = 0x1000,
    kDexTypeTypeList                 = 0x1001,
    kDexTypeAnnotationSetRefList     = 0x1002,
    kDexTypeAnnotationSetItem        = 0x1003,
    kDexTypeClassDataItem            = 0x2000,
    kDexTypeCodeItem                 = 0x2001,
    kDexTypeStringDataItem           = 0x2002,
    kDexTypeDebugInfoItem            = 0x2003,
    kDexTypeAnnotationItem           = 0x2004,
    kDexTypeEncodedArrayItem         = 0x2005,
    kDexTypeAnnotationsDirectoryItem = 0x2006,
};
```

按照 DexMapList 和 DexMapItem 两个结构体来对这部分数据进行解析。

首先，需要从 DexHeader 中查看 DexMapList 所在的偏移，该值在 DexHeader 中的 MapOff 字段中保存，参照表 10-1 可以发现 MapOff 的值为 0x248，根据该值将得到 DexMapList 的数据。

其次，在文件偏移地址 0x248 处查看 DexMapList 中的 size 字段，以确定 DexMapItem 数据的数量，如图 10-13 所示。

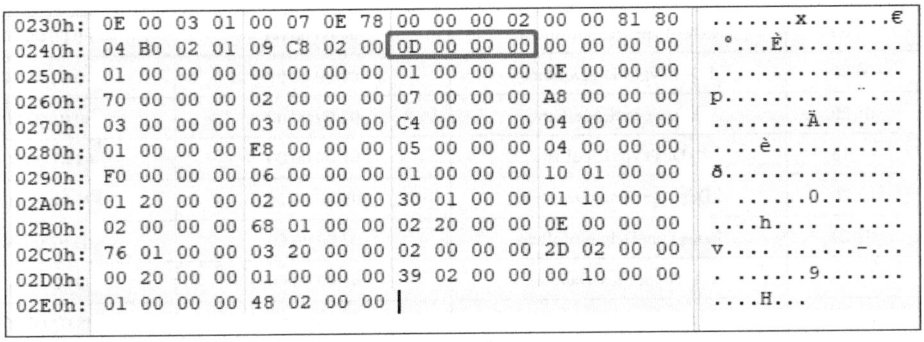

```
0230h: 0E 00 03 01 00 07 0E 78 00 00 00 02 00 00 81 80  .......x.......€
0240h: 04 B0 02 01 09 C8 02 00 0D 00 00 00 00 00 00 00  .°...È..........
0250h: 01 00 00 00 00 00 00 00 01 00 00 00 0E 00 00 00  ................
0260h: 70 00 00 00 02 00 00 00 07 00 00 00 A8 00 00 00  p...........¨...
0270h: 03 00 00 00 03 00 00 00 C4 00 00 00 04 00 00 00  ........Ä.......
0280h: 01 00 00 00 E8 00 00 00 05 00 00 00 04 00 00 00  ....è...........
0290h: F0 00 00 00 06 00 00 00 01 00 00 00 10 01 00 00  ð...............
02A0h: 01 20 00 00 02 00 00 00 30 01 00 00 01 10 00 00  . ......0.......
02B0h: 02 00 00 00 68 01 00 00 02 20 00 00 0E 00 00 00  ....h.... ......
02C0h: 76 01 00 00 03 20 00 00 02 00 00 00 2D 02 00 00  v.... ......-...
02D0h: 00 20 00 00 01 00 00 00 39 02 00 00 00 10 00 00  . ......9.......
02E0h: 01 00 00 00 48 02 00 00                          ....H...
```

图 10-13 DexMapList 的 size 字段

从图 10-13 中可以看出，文件偏移地址 0x248 处的值为 0xD，也就是 DexMapList 的 Size 字段的值为 13，即该值的后面有 13 个 DexMapItem 结构体。也就是说，图 10-13 中文件偏移地址 0x248 后的数据都是 DexMapItem 数据。010 Editor 对 DexMapItem 数据的解析如图 10-14 所示。

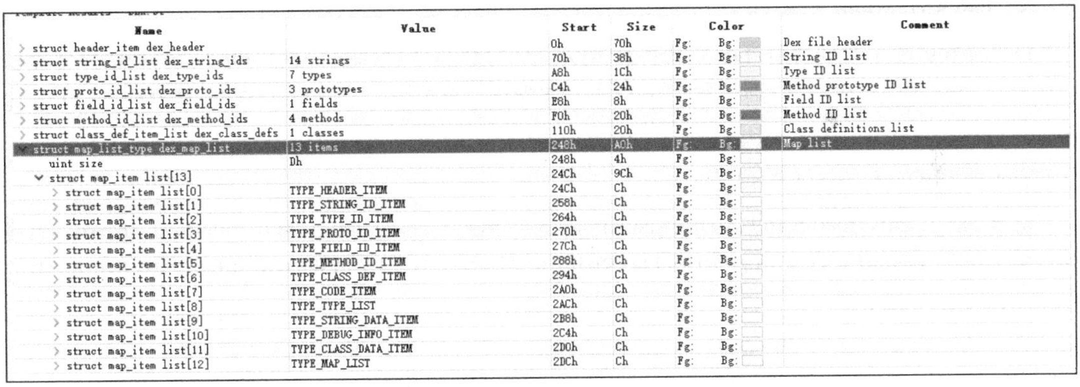

Name	Value	Start	Size	Color		Comment
struct header_item dex_header		0h	70h	Fg:	Bg:	Dex file header
struct string_id_list dex_string_ids	14 strings	70h	38h	Fg:	Bg:	String ID list
struct type_id_list dex_type_ids	7 types	A8h	1Ch	Fg:	Bg:	Type ID list
struct proto_id_list dex_proto_ids	3 prototypes	C4h	24h	Fg:	Bg:	Method prototype ID list
struct field_id_list dex_field_ids	1 fields	E8h	8h	Fg:	Bg:	Field ID list
struct method_id_list dex_method_ids	4 methods	F0h	20h	Fg:	Bg:	Method ID list
struct class_def_item_list dex_class_defs	1 classes	110h	20h	Fg:	Bg:	Class definitions list
struct map_list_type dex_map_list	13 items	248h	A0h	Fg:	Bg:	Map list
uint size	Dh	248h	4h	Fg:	Bg:	
struct map_item list[13]		24Ch	9Ch	Fg:	Bg:	
struct map_item list[0]	TYPE_HEADER_ITEM	24Ch	Ch	Fg:	Bg:	
struct map_item list[1]	TYPE_STRING_ID_ITEM	258h	Ch	Fg:	Bg:	
struct map_item list[2]	TYPE_TYPE_ID_ITEM	264h	Ch	Fg:	Bg:	
struct map_item list[3]	TYPE_PROTO_ID_ITEM	270h	Ch	Fg:	Bg:	
struct map_item list[4]	TYPE_FIELD_ID_ITEM	27Ch	Ch	Fg:	Bg:	
struct map_item list[5]	TYPE_METHOD_ID_ITEM	288h	Ch	Fg:	Bg:	
struct map_item list[6]	TYPE_CLASS_DEF_ITEM	294h	Ch	Fg:	Bg:	
struct map_item list[7]	TYPE_CODE_ITEM	2A0h	Ch	Fg:	Bg:	
struct map_item list[8]	TYPE_TYPE_LIST	2ACh	Ch	Fg:	Bg:	
struct map_item list[9]	TYPE_STRING_DATA_ITEM	2B8h	Ch	Fg:	Bg:	
struct map_item list[10]	TYPE_DEBUG_INFO_ITEM	2C4h	Ch	Fg:	Bg:	
struct map_item list[11]	TYPE_CLASS_DATA_ITEM	2D0h	Ch	Fg:	Bg:	
struct map_item list[12]	TYPE_MAP_LIST	2DCh	Ch	Fg:	Bg:	

图 10-14 010 Editor 对 DexMapItem 数据的解析

通过图 10-14 可以看出，010 Editor 已经对 DexMapItem 数据进行了解析，可以看到每个 DexMapItem 数据项的类型、长度和偏移。

这里通过图 10-13 来对各个 DexMapItem 数据进行整理，整理后如表 10-2 所示。

表 10-2 对 DexMapItem 数据字段的整理

序号	值	类型	个数	偏移
0	00 00	kDexTypeHeaderItem	01 00 00 00	00 00 00 00
1	01 00	kDexTypeStringIdItem	0E 00 00 00	70 00 00 00
2	02 00	kDexTypeTypeIdItem	07 00 00 00	A8 00 00 00

续表

序号	值	类型	个数	偏移
3	03 00	kDexTypeProtoIdItem	03 00 00 00	C4 00 00 00
4	04 00	kDexTypeFieldIdItem	01 00 00 00	E8 00 00 00
5	05 00	kDexTypeMethodIdItem	04 00 00 00	F0 00 00 00
6	06 00	kDexTypeClassDefItem	01 00 00 00	10 01 00 00
7	01 20	kDexTypeCodeItem	02 00 00 00	30 01 00 00
8	01 10	kDexTypeTypeList	02 00 00 00	68 01 00 00
9	02 20	kDexTypeStringDataItem	0E 00 00 00	76 01 00 00
10	03 20	kDexTypeDebugInfoItem	02 00 00 00	2D 02 00 00
11	00 20	kDexTypeClassDataItem	01 00 00 00	39 02 00 00
12	00 10	kDexTypeMapList	10 00 00 00	48 02 00 00

DexMapItem 结构体中给出了 DexHeader 的位置，同时给出了一些数据索引的偏移，如 String、Type、Proto 等，这些内容在 DexHeader 头部和索引位置也有给出，但是 DexMapItem 给出的更为全面。

使用 DexHeader 和 DexMapItem 结构体数组都可以解析 DEX 文件，如果只是解析相对重要的结构体，那么按照 DexHeader 结构体进行解析即可；如果要解析得更为全面一些，则可以通过 DexMapItem 结构体数组进行解析。读者可以根据具体情况自行选择。

3）DexStringItem 结构体

DexStringItem 结构体在 DEX 文件中也是一个数组，该数组保存了 DEX 文件中所有需要的字符串。DexStringItem 结构体被 DexStringId 索引，而该索引由 DexHeader 中的 stringIdsOff 给出。此外，也可以通过遍历 DexMapItem 数组中类型为“kDexTypeStringIdItem”的元素中的 offset 得到 DexStringId 的位置。

这里通过 DexHeader 的 stringIdsOff 得到其偏移，该 stringIdsOff 的值为 0x70。通过 DexHeader 的 stringIdsSize 可以知道 DexStringId 的数量为 14。DexStringId 在 010 Editor 中的数据如图 10-15 所示。

```
0070h: 76 01 00 00 7E 01 00 00 8F 01 00 00 9D 01 00 00  v...~...........
0080h: B4 01 00 00 C8 01 00 00 DC 01 00 00 F0 01 00 00  ´...È...Ü...ð...
0090h: F3 01 00 00 F7 01 00 00 0C 02 00 00 19 02 00 00  ó...÷...........
00A0h: 1F 02 00 00 24 02 00 00 02 00 00 00 03 00 00 00  ....$...........
```

图 10-15　DexStringId 在 010 Editor 中的数据

这里给出的 DexStringId 结构体定义如下：

```
struct DexStringId {
   u4 stringDataOff;
};
```

该结构体只有一个字段，即 stringDataOff，其指向字符串数据在文件中的偏移。

下面给出 DexStringItem 结构体的定义，定义如下：

```
Struct DexStringItem {
   uleb128 size;
```

```
    ubyte  data;
};
```

- uleb128：表示字符串的长度，前面内容中已经介绍过 ULEB128 类型。
- data：表示字符串，字符串以 C 或 C++语言的 NULL（\0）结尾。该字符串并非传统的 ASCII 字符串，而是 MUTF-8 编码字符串，MUTF-8 编码类似 UTF-8 编码但又稍有不同，这里不做过多解释。

注意：该结构体并非由 DexFile.h 给出，而是编者根据 010 Editor 模板解析的结果自行定义的。

DEX 文件中的字符串资源通过 DexStringId 进行索引，一个索引对应一个字符串，即一个索引对应一个 DexStringItem。在 010 Editor 中查看 DexStringId 和 DexStringItem 的相关数据，如图 10-16、图 10-17 和图 10-18 所示。

```
0070h: 76 01 00 00 7E 01 00 00 8F 01 00 00 9D 01 00 00  v...~...........
0080h: B4 01 00 00 C8 01 00 00 DC 01 00 00 F0 01 00 00  ´...È...Ü...ð...
0090h: F3 01 00 00 F7 01 00 00 0C 02 00 00 19 02 00 00  ó...÷...........
00A0h: 1F 02 00 00 24 02 00 00 02 00 00 00 03 00 00 00  ....$...........
```

图 10-16　DexStringId 数组在 010 Editor 中的数据

```
0170h: 01 00 00 00 06 00 06 3C 69 6E 69 74 3E 00 0F 48  .......<init>..H
0180h: 65 6C 6C 6F 57 6F 72 6C 64 2E 6A 61 76 61 00 0C  elloWorld.java..
0190h: 4C 48 65 6C 6C 6F 57 6F 72 6C 64 3B 00 15 4C 6A  LHelloWorld;..Lj
01A0h: 61 76 61 2F 69 6F 2F 50 72 69 6E 74 53 74 72 65  ava/io/PrintStre
01B0h: 61 6D 3B 00 12 4C 6A 61 76 61 2F 6C 61 6E 67 2F  am;..Ljava/lang/
01C0h: 4F 62 6A 65 63 74 3B 00 12 4C 6A 61 76 61 2F 6C  Object;..Ljava/l
01D0h: 61 6E 67 2F 53 74 72 69 6E 67 3B 00 12 4C 6A 61  ang/String;..Lja
01E0h: 76 61 2F 6C 61 6E 67 2F 53 79 73 74 65 6D 3B 00  va/lang/System;.
01F0h: 01 56 00 02 56 4C 00 13 5B 4C 6A 61 76 61 2F 6C  .V..VL..[Ljava/l
0200h: 61 6E 67 2F 53 74 72 69 6E 67 3B 00 0B 68 65 6C  ang/String;..hel
0210h: 6C 6F 20 77 6F 72 6C 64 00 04 6D 61 69 6E 00 03  lo world..main..
0220h: 6F 75 74 00 07 70 72 69 6E 74 6C 6E 00 01 00 07  out..println....
```

图 10-17　DexStringItem 数组在 010 Editor 中的数据

Name	Value	Start	Size	Color		Comment
struct header_item dex_header		0h	70h	Fg:	Bg:	Dex file header
struct string_id_list dex_string_ids	14 strings	70h	38h	Fg:	Bg:	String ID list
struct string_id_item string_id[0]	<init>	70h	4h	Fg:	Bg:	String ID
struct string_id_item string_id[1]	HelloWorld.java	74h	4h	Fg:	Bg:	String ID
struct string_id_item string_id[2]	LHelloWorld;	78h	4h	Fg:	Bg:	String ID
struct string_id_item string_id[3]	Ljava/io/PrintStream;	7Ch	4h	Fg:	Bg:	String ID
struct string_id_item string_id[4]	Ljava/lang/Object;	80h	4h	Fg:	Bg:	String ID
struct string_id_item string_id[5]	Ljava/lang/String;	84h	4h	Fg:	Bg:	String ID
struct string_id_item string_id[6]	Ljava/lang/System;	88h	4h	Fg:	Bg:	String ID
struct string_id_item string_id[7]	V	8Ch	4h	Fg:	Bg:	String ID
struct string_id_item string_id[8]	VL	90h	4h	Fg:	Bg:	String ID
struct string_id_item string_id[9]	[Ljava/lang/String;	94h	4h	Fg:	Bg:	String ID
struct string_id_item string_id[10]	hello world	98h	4h	Fg:	Bg:	String ID
struct string_id_item string_id[11]	main	9Ch	4h	Fg:	Bg:	String ID
struct string_id_item string_id[12]	out	A0h	4h	Fg:	Bg:	String ID
struct string_id_item string_id[13]	println	A4h	4h	Fg:	Bg:	String ID

图 10-18　010 Editor 对 DexStringItem 数组的解析

对 DexStringItem 数据进行整理，整理后如表 10-3 所示。

表 10-3　　对 DexStringItem 数据的整理

序号	偏移	长度	数据	字符串
0	76 01 00 00	0x06	3C 69 6E 69 74 3E 00	<init>
1	7E 01 00 00	0x0F	48 65 6C 6C 6F 72 6C 64 2E 6A 61 76 61 00	HelloWorld.java
2	8F 01 00 00	0x0C	4C 48 65 6C 6C 6F 57 6F 72 6C 64 3B 00	LHelloWorld;
3	9D 01 00 00	0x15	4C 6A 61 76 61 2F 69 6F 2F 50 72 69 6E 74 53 74 72 65 61 6D 3B 00	Ljava/io/PrintStream
4	B4 01 00 00	0x12	4C 6A 61 76 61 2F 6C 61 6E 67 2F 4F 62 6A 65 63 74 3B 00	Ljava/lang/Object;
5	C8 01 00 00	0x12	4C 6A 61 76 61 2F 6C 61 6E 67 2F 63 74 72 69 6E 67 3B 00	Ljava/lang/String;
6	DC 01 00 00	0x12	4C 6A 61 76 61 2F 6C 61 6E 67 2F 53 79 73 74 65 6D 3B 00	Ljava/lang/System;
7	F0 01 00 00	0x01	56 00	V
8	F3 01 00 00	0x02	56 4C 00	VL
9	F7 01 00 00	0x13	5B 4C 6A 61 76 61 2F 6C 61 6E 67 2F 53 74 72 69 6E 67 3B 00	[Ljava/lang/String;
10	0C 02 00 00	0x0B	68 65 6C 6C 6F 20 77 6F 72 6C 64 00	Hello world
11	19 02 00 00	0x04	6D 61 69 6E 00	main
12	1F 02 00 00	0x03	6F 75 74 00	out
13	24 02 00 00	0x07	70 72 69 6E 74 6C 6E 00	println

在表 10-3 的“字符串”列中可以看到很多熟悉的字符串。在对 Windows 程序进行逆向分析时，可以使用字符串作为分析的入手特征，或者使用 Windows API 函数作为分析的入手特征。从表 10-3 的“字符串”列中可以看到 DEX 程序中的数据字符串，如“HelloWorld”，也可以看到 DEX 程序中调用的函数，如“println”。因此，掌握了 DexStringItem 数组后，即使靠猜测，也会对程序有一个大致的了解。当然，复杂的程序肯定不可能单单通过字符串去了解，还需要对这些字符串进行合理的组合，用于了解更多的信息。

表 10-3 中的第一列是序号列或索引列，因为在后面的数据结构中引用字符串时使用的就是该表的序号，所以该表对 DEX 文件的解析至关重要。

4）DexTypeId 结构体

按照 DexHeader 来看，DexStringItem 后是 DexTypeId 索引，它们由 typeIdsSize 和 typeIdsOff 给出。typeIds 给出了程序中所使用的所有的数据类型。该数据结构的定义如下：

```
struct DexTypeId {
    u4  descriptorIdx;     /* index into stringIds list for type descriptor */
};
```

通过 DexHeader 的 typeIdsSize 得到 typeId 的数量是 7，其文件偏移地址为 0xA8。DexTypeId 结构体中只有一个属性 descriptorIdx，该属性的值是 DexStringItem 中的索引值。先来看一下 010 Editor 中的数据和 010 Editor 对数据的解析，如图 10-19 和图 10-20 所示。

```
00A0h: 1F 02 00 00 24 02 00 00 02 00 00 00 03 00 00 00  ....$...........
00B0h: 04 00 00 00 05 00 00 00 06 00 00 00 07 00 00 00  ................
00C0h: 09 00 00 00 07 00 00 00 05 00 00 00 00 00 00 00  ................
```

图 10-19　010 Editor 中的 DexTypeId 数据

Name	Value	Start	Size	Color		Comment
> struct header_item dex_header		0h	70h	Fg:	Bg:	Dex file header
> struct string_id_list dex_string_ids	14 strings	70h	38h	Fg:	Bg:	String ID list
∨ struct type_id_list dex_type_ids	7 types	A8h	1Ch	Fg:	Bg:	Type ID list
> struct type_id_item type_id[0]	HelloWorld	A8h	4h	Fg:	Bg:	Type ID
> struct type_id_item type_id[1]	java.io.PrintStream	ACh	4h	Fg:	Bg:	Type ID
> struct type_id_item type_id[2]	java.lang.Object	B0h	4h	Fg:	Bg:	Type ID
> struct type_id_item type_id[3]	java.lang.String	B4h	4h	Fg:	Bg:	Type ID
> struct type_id_item type_id[4]	java.lang.System	B8h	4h	Fg:	Bg:	Type ID
> struct type_id_item type_id[5]	void	BCh	4h	Fg:	Bg:	Type ID
> struct type_id_item type_id[6]	java.lang.String[]	C0h	4h	Fg:	Bg:	Type ID

图 10-20　010 Editor 对 DexTypeId 数据的解析

从图 10-19 中可以看到，第一个 DexTypeId 数据是 0x00000002，该值是 DexStringItem 数组的索引，索引的下标从 0 开始。使用 0x00000002 这个索引值在表 10-3 中进行查找，其对应的字符串为“LHelloWorld;”，以此类推。

对 DexTypeId 数据进行整理，整理后如表 10-4 所示。

表 10-4　对 DexTypeId 数据的整理

序号	偏移	值	对应的字符串
0	00 A8	02 00 00 00	LHelloWorld;
1	00 AC	03 00 00 00	Ljava/io/PrintStream;
2	00 B0	04 00 00 00	Ljava/lang/Object;
3	00 B4	05 00 00 00	Ljava/lang/String;
4	00 B8	06 00 00 00	Ljava/lang/System;
5	00 BC	07 00 00 00	V
6	00 C0	09 00 00 00	[Ljava/lang/String;

通过该表，再次说明将 DEX 结构整理成表格非常明智，而 Windows 的 PE 文件格式没有这样的引用，因此无须整理成表格。

表 10-4 中出现了 3 种类型，分别是 L 类型、V 类型和[类型。Dalvik 中的数据类型可以分为基本数据类型和引用数据类型（实际上，Java 语言及大部分语言中都有基本数据类型和引用数据类型）两种。安卓的系统文档中给出了类型的描述，如表 10-5 所示。

表 10-5　类型的描述

类型	描述
V	void，只作为返回值时有效
Z	Boolean
B	Byte
S	Short
C	Char
I	Int
J	Long
F	Float
D	Double
Lfully/qualified/Name;	Java 类的完全限定名，表示 Java 类的类型
[descriptor	数组

在代码中也可以找到相关的转换函数，源码在 dalvik/dexdump/DexDump.cpp 下，代码如下：

```
static const char* primitiveTypeLabel(char typeChar)
{
   switch (typeChar) {
   case 'B':   return "byte";
   case 'C':   return "char";
   case 'D':   return "double";
   case 'F':   return "float";
   case 'I':   return "int";
   case 'J':   return "long";
   case 'S':   return "short";
   case 'V':   return "void";
   case 'Z':   return "boolean";
   default:
            return "UNKNOWN";
   }
}
```

5）DexProtoId 结构体

下面继续介绍 DexHeader 结构体，DexTypeId 下方是 DexProtoId 结构体，它由 protoIdsSize 和 protoIdsOff 给出。它表示 Java 语言中的方法原型，定义如下：

```
struct DexProtoId {
   u4  shortyIdx;
   u4  returnTypeIdx;
   u4  parametersOff;
};
```

DexProtoId 结构体中一共有 3 个属性，下面分别进行介绍。

- shortyIdx：指向 DexStringIds 列表的索引。
- returnTypeIdx：指向 DexTypeIds 列表的索引，它是方法返回值的类型。
- parametersOff：指向 DexTypeList 结构体的偏移。

从 parametersOff 参数可以看出，对于方法原型来说，无法通过 DexProtoId 一个结构体进行完整描述，因而通过 parametersOff 字段引入了另一个结构体，即 DexTypeList。对于方法，如果有参数，那么 parametersOff 将是参数的列表；如果无参数，那么 parametersOff 的值为 0。DexTypeList 结构体的定义如下：

```
struct DexTypeList {
   u4  size;
   DexTypeItem list[1];
};
```

DexTypeList 结构体中有两个属性，下面分别进行介绍。

- size：表示参数的数量。
- list：表示参数列表。参数列表仍然是一个 DexTypeItem 结构体。

DexTypeItem 结构体的定义如下：

```
struct DexTypeItem {
   u2  typeIdx;
};
```

DexTypeItem 结构体只有一个参数，该参数是 typeIds 的索引。

至此，DexProtoId 相关结构体介绍完毕。在 DEX 文件中，对于方法原型而言，一个方法原型需要使用 3 个结构体才能完整描述，读者可以自行绘制其关联关系图了解结构体之间的关系。结合实例即可完整地解析这部分数据。先来看一下 010 Editor 工具对 DexProtoId 数组的解析，如图 10-21 所示。

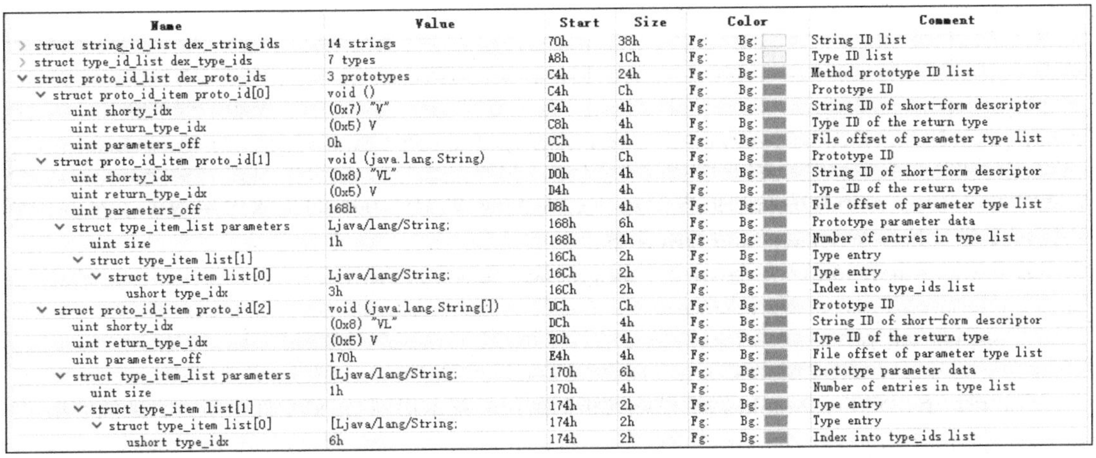

Name	Value	Start	Size	Color	Comment
› struct string_id_list dex_string_ids	14 strings	70h	38h	Fg: Bg:	String ID list
› struct type_id_list dex_type_ids	7 types	A8h	1Ch	Fg: Bg:	Type ID list
⌄ struct proto_id_list dex_proto_ids	3 prototypes	C4h	24h	Fg: Bg:	Method prototype ID list
⌄ struct proto_id_item proto_id[0]	void ()	C4h	Ch	Fg: Bg:	Prototype ID
uint shorty_idx	(0x7) "V"	C4h	4h	Fg: Bg:	String ID of short-form descriptor
uint return_type_idx	(0x5) V	C8h	4h	Fg: Bg:	Type ID of the return type
uint parameters_off	0h	CCh	4h	Fg: Bg:	File offset of parameter type list
⌄ struct proto_id_item proto_id[1]	void (java.lang.String)	D0h	Ch	Fg: Bg:	Prototype ID
uint shorty_idx	(0x8) "VL"	D0h	4h	Fg: Bg:	String ID of short-form descriptor
uint return_type_idx	(0x5) V	D4h	4h	Fg: Bg:	Type ID of the return type
uint parameters_off	168h	D8h	4h	Fg: Bg:	File offset of parameter type list
⌄ struct type_item_list parameters	Ljava/lang/String;	168h	6h	Fg: Bg:	Prototype parameter data
uint size	1h	168h	4h	Fg: Bg:	Number of entries in type list
⌄ struct type_item list[1]		16Ch	2h	Fg: Bg:	Type entry
⌄ struct type_item list[0]	Ljava/lang/String;	16Ch	2h	Fg: Bg:	Type entry
ushort type_idx	3h	16Ch	2h	Fg: Bg:	Index into type_ids list
⌄ struct proto_id_item proto_id[2]	void (java.lang.String[])	DCh	Ch	Fg: Bg:	Prototype ID
uint shorty_idx	(0x8) "VL"	DCh	4h	Fg: Bg:	String ID of short-form descriptor
uint return_type_idx	(0x5) V	E0h	4h	Fg: Bg:	Type ID of the return type
uint parameters_off	170h	E4h	4h	Fg: Bg:	File offset of parameter type list
⌄ struct type_item_list parameters	[Ljava/lang/String;	170h	6h	Fg: Bg:	Prototype parameter data
uint size	1h	170h	4h	Fg: Bg:	Number of entries in type list
⌄ struct type_item list[1]		174h	2h	Fg: Bg:	Type entry
⌄ struct type_item list[0]	[Ljava/lang/String;	174h	2h	Fg: Bg:	Type entry
ushort type_idx	6h	174h	2h	Fg: Bg:	Index into type_ids list

图 10-21　010 Editor 对 DexProtoId 数组的解析

解析 DexProtoId 相关数据，仍然从 DexHeader 结构体的 protoIdsSize 和 protoIdsOff 字段开始，从 DexHeader 结构体中可以看到 protoIdsSize 的值为 3，表示有 3 个 DexProtoIds；protoIdsOff 给出了 DexProtoId 所在的文件偏移，其文件偏移地址为 0xC4。

文件偏移地址 0xC4 处的数据如图 10-22 所示。

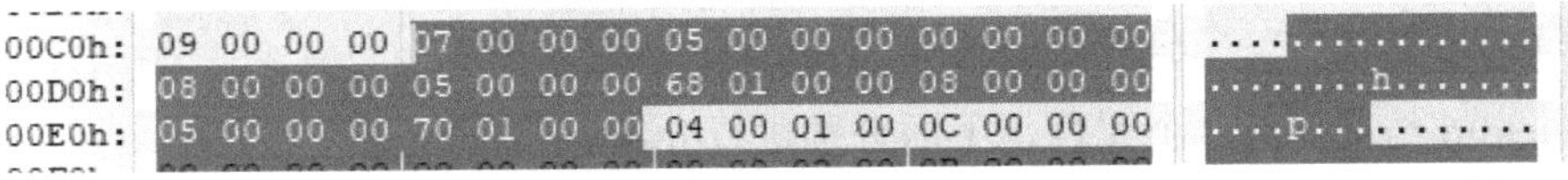

```
00C0h: 09 00 00 00 07 00 00 00 05 00 00 00 00 00 00 00  ................
00D0h: 08 00 00 00 05 00 00 00 68 01 00 00 08 00 00 00  ........h.......
00E0h: 05 00 00 00 70 01 00 00 04 00 01 00 0C 00 00 00  ....p...........
```

图 10-22　文件偏移地址 0xC4 处的数据

按照图 10-22 中选中的数据对该部分内容进行解析，如表 10-6 所示。

表 10-6　DexProtoId 的解析

shortyIdx		returnTypeIdx		parametersOff
08 00 00 00	V	05 00 00 00	V	00 00 00 00
09 00 00 00	VL	05 00 00 00	V	68 01 00 00
09 00 00 00	VL	05 00 00 00	V	70 01 00 00

表 10-6 只是对 DexProtoId 进行了解析，但是仍未解析相应的参数，即需要根据 parametersOff 值找到相关参数的描述。索引为 0 的 DexProtoId 是无参的，因为它的 parametersOff 值为 0。因此，只须观察索引 1 和索引 2 处的数据即可，如图 10-23 所示。

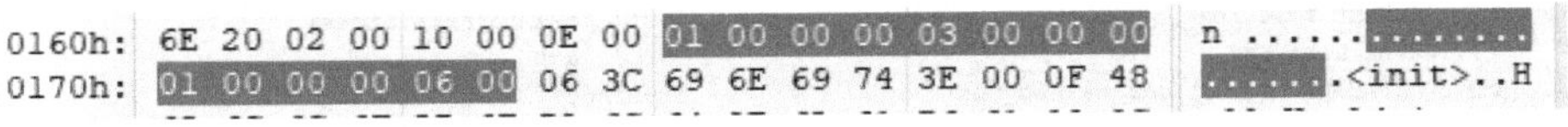

```
0160h: 6E 20 02 00 10 00 0E 00 01 00 00 00 03 00 00 00  n ..............
0170h: 01 00 00 00 06 00 06 3C 69 6E 69 74 3E 00 0F 48  .......<init>..H
```

图 10-23　索引 1 和索引 2 处的数据

根据图 10-23 对表 10-6 的索引 1 和索引 2 参数进行整理，整理后如表 10-7 所示。

表 10-7　　对 DexProtoId 参数的解析

原型声明	返回值类型	参数个数	参数	
VL	V	01 00 00 00	03 00	Ljava/lang/String;
VL	V	01 00 00 00	06 00	[Ljava/lang/String;

进行到这一步，已经可以看到很多更为具体的内容了，下面以索引 1 为例进行介绍。其原型声明为 VL，表示方法返回值类型是 V，即 void 类型；方法的参数类型为 L，表示它是一个 Java 类，这个类是 java.lang.String 类。

由上面的分析可以构造出索引 1 方法的原型，其伪代码如下：

```
void (Ljava/lang/String) {
   return void;
}
```

由此可以看出将 DexProtoId 数据结构解析后就已经基本得到 DEX 文件中所有方法的原型了。

6）DexFieldId 结构体

DexProtoId 结构体后是 DexFieldIds 结构体，它会给出 DEX 文件中的所有 field，即所有的属性。DexFieldId 结构体由 DexHeader 结构体的 fieldIdsSize 和 fieldIdsOff 字段给出，这两个值表示 DexFieldId 的数量和偏移。

下面来查看一下 DexFieldId 结构体的定义，定义如下：

```
struct DexFieldId {
   u2  classIdx;
   u2  typeIdx;
   u4  nameIdx;
};
```

DexFieldId 结构体有 3 个属性，下面分别进行介绍。

- classIdx：表示该 field 所属的 class，该值是 DexTypeIds 中的一个索引。
- typeIdx：表示该 field 的类型，该值也是 DexTypeIds 中的一个索引。
- nameIdx：表示该 field 的名称，该值是 DexStringIds 中的一个索引。

010 Editor 中的 DexFieldId 数据以及对该数据的解析分别如图 10-24 和图 10-25 所示。

```
00E0h: 05 00 00 00 70 01 00 00 04 00 01 00 0C 00 00 00   ....p.........
```

图 10-24　010Editor 中的 DexFieldId 数据

Name	Value
> struct header_item dex_header	
> struct string_id_list dex_string_ids	14 strings
> struct type_id_list dex_type_ids	7 types
> struct proto_id_list dex_proto_ids	3 prototypes
∨ struct field_id_list dex_field_ids	1 fields
∨ struct field_id_item field_id	java.io.PrintStream java.lang.System.out
ushort class_idx	(0x4) java.lang.System
ushort type_idx	(0x1) java.io.PrintStream
uint name_idx	(0xC) "out"
> struct method_id_list dex_method_ids	4 methods

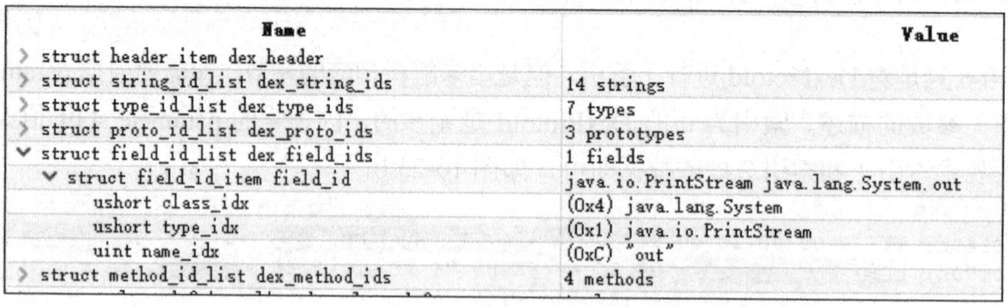

图 10-25　010 Editor 对 DexFieldId 数据的解析

解析 DexFieldId 同样从 fieldIdsSize 和 fieldIdsOff 开始，它们的值分别是 1 和 0xE8。也就是说，该 DEX 文件中只有一个 DexFieldId，且其文件偏移地址为 0xE8。DexFieldId 解析后如表 10-8 所示。

表 10-8　DexFieldId 解析

序号	classIdx	typeIdx	nameIdx
0	04 00	01 00	0C 00 00 00
	Ljava/lang/System;	Ljava/io/PrintStream;	out

从表 10-8 中可以看出，其属性为 out，类型为 java.io.PrintStream，所属的类是 java.lang.System。其定义如下：

```
package java.lang;

public final class System {
   public final static PrintStream out; }
```

其中，out 是 java.lang 包下的 System 类中的属性，在 JDK 中定义。

7）DexMethodId 结构体

DexFieldId 下是 DexMethodId 结构体，该结构体索引 DEX 文件中的所有 Method。该结构体的定义如下：

```
struct DexMethodId {
   u2  classIdx;
   u2  protoIdx;
   u4  nameIdx;
};
```

该结构体的字段共有 3 个，下面分别进行介绍。

- classIdx：表示该方法所属的类，它是 DexTypeIds 的索引。
- protoIdx：表示该方法的原型，它是 DexProtoIds 的索引。
- nameIdx：表示该方法的名称，它是 DexStringIds 的索引。

010 Editor 中的 DexMethodId 数据以及对该数据的解析分别如图 10-26 和图 10-27 所示。

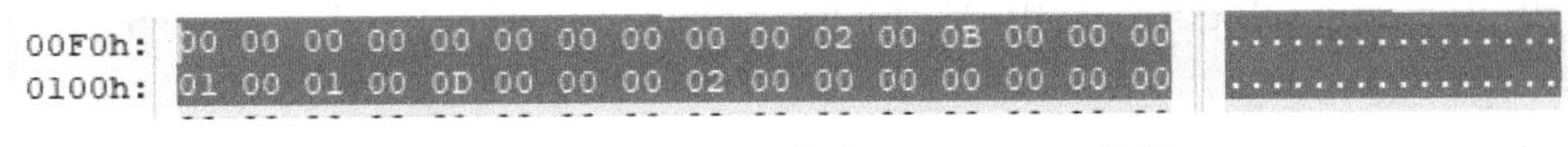

图 10-26　010 Editor 中的 DexMethodId 数据

Name	Value	Start	Size	Color	Comment
struct header_item dex_header		0h	70h	Fg: Bg:	Dex file header
struct string_id_list dex_string_ids	14 strings	70h	38h	Fg: Bg:	String ID list
struct type_id_list dex_type_ids	7 types	A8h	1Ch	Fg: Bg:	Type ID list
struct proto_id_list dex_proto_ids	3 prototypes	C4h	24h	Fg: Bg:	Method prototype ID list
struct field_id_list dex_field_ids	1 fields	E8h	8h	Fg: Bg:	Field ID list
struct method_id_list dex_method_ids	4 methods	F0h	20h	Fg: Bg:	Method ID list
struct method_id_item method_id[0]	void HelloWorld.<init>()	F0h	8h	Fg: Bg:	Method ID
ushort class_idx	(0x0) HelloWorld	F0h	2h	Fg: Bg:	Type ID of the class that defines this…
ushort proto_idx	(0x0) void ()	F2h	2h	Fg: Bg:	Prototype ID for this method
uint name_idx	(0x) "<init>"	F4h	4h	Fg: Bg:	String ID for the method's name
struct method_id_item method_id[1]	void HelloWorld.main(java.lang.String[])	F8h	8h	Fg: Bg:	Method ID
ushort class_idx	(0x0) HelloWorld	F8h	2h	Fg: Bg:	Type ID of the class that defines this…
ushort proto_idx	(0x2) void (java.lang.String[])	FAh	2h	Fg: Bg:	Prototype ID for this method
uint name_idx	(0xB) "main"	FCh	4h	Fg: Bg:	String ID for the method's name
struct method_id_item method_id[2]	void java.io.PrintStream.println(java.lang.String)	100h	8h	Fg: Bg:	Method ID
ushort class_idx	(0x1) java.io.PrintStream	100h	2h	Fg: Bg:	Type ID of the class that defines this…
ushort proto_idx	(0x1) void (java.lang.String)	102h	2h	Fg: Bg:	Prototype ID for this method
uint name_idx	(0xD) "println"	104h	4h	Fg: Bg:	String ID for the method's name
struct method_id_item method_id[3]	void java.lang.Object.<init>()	108h	8h	Fg: Bg:	Method ID
ushort class_idx	(0x2) java.lang.Object	108h	2h	Fg: Bg:	Type ID of the class that defines this…
ushort proto_idx	(0x0) void ()	10Ah	2h	Fg: Bg:	Prototype ID for this method
uint name_idx	(0x) "<init>"	10Ch	4h	Fg: Bg:	String ID for the method's name

图 10-27　010 Editor 对 DexMethodId 数据的解析

解析DexMethodId同样从methodIdsSize和methodIdsOff开始，它们的值分别是4和0xF0。也就是说，该DEX文件中有4个DexMethodIds，且其位于文件偏移地址0xF0处。其解析后如表10-9所示。

表 10-9 DexMethodId 解析

序号	classIdx	protoIdx	nameIdx
0	00 00	00 00	00 00 00 00
	LHelloWorld;	V	<init>
1	00 00	02 00	0B 00 00 00
	LHelloWorld;	VL	main
2	01 00	01 00	0D 00 00 00
	Ljava/io/PrintStream;	VL	println
3	02 00	00 00	00 00 00 00
	Ljava/lang/Object;	V	<init>

按照表10-9整理相应的方法，其整理后如表10-10所示。

表 10-10 整理后的方法

序号	方法
0	LHelloWorld;-><init>V
1	LHelloWorld;->main([Ljava/lang/String;]V
2	Ljava/io/PrintStream;->println(Ljava/lang/String)V
3	Ljava/lang/Object;-><init>V

从表10-10中整理出了4种方法，这4种方法属于3个类，分别是HelloWorld、java.io.PrintStream和java.lang.Object。HelloWorld类是我们自己编写的类，其他两个类是JDK中的类。

至此，所有的索引介绍完毕，字符串、类型、方法原型、字段、方法这些关键的信息都已经从0开始为索引建立好了相应的表格。读者可以发觉，建立表格的过程是逐步熟悉DEX文件格式的过程，也是一个烦琐的过程。刚开始学习逆向时，有必要逐字节地去理解它们的含义和作用，这样才能打牢基础，方便以后使用工具。

8）DexClassDef结构体

DexClassDef是DexHeader中给出的最后一个重要的结构体，由DexHeader结构体的classDefsSize和classDefsOff字段给出。DexClassDef结构体定义如下：

```
struct DexClassDef {
   u4  classIdx;
   u4  accessFlags;
   u4  superclassIdx;
   u4  interfacesOff;
   u4  sourceFileIdx;
   u4  annotationsOff;
```

```
    u4  classDataOff;
    u4  staticValuesOff;
};
```

该结构体中的属性包含了其他结构体的索引、偏移等，下面分别进行介绍。

- classIdx：表示 class 的类型。该值只能是类，不能是数组或基本类型，它是一个 DexTypeIds 索引值。
- accessFlags：表示类的访问类型。它是以 ACC_开头的枚举值，在 DexFile.h 中的定义如下。

```
enum {
    ACC_PUBLIC       = 0x00000001,
    ACC_PRIVATE      = 0x00000002,
    ACC_PROTECTED    = 0x00000004,
    ACC_STATIC       = 0x00000008,
    ACC_FINAL       = 0x00000010,
    ACC_SYNCHRONIZED = 0x00000020,
    ACC_SUPER       = 0x00000020,
    ACC_VOLATILE     = 0x00000040,
    ACC_BRIDGE       = 0x00000040,
    ACC_TRANSIENT    = 0x00000080,
    ACC_VARARGS      = 0x00000080,
    ACC_NATIVE       = 0x00000100,
    ACC_INTERFACE    = 0x00000200,
    ACC_ABSTRACT     = 0x00000400,
    ACC_STRICT       = 0x00000800,
    ACC_SYNTHETIC    = 0x00001000,
    ACC_ANNOTATION    = 0x00002000,
    ACC_ENUM        = 0x00004000,
    ACC_CONSTRUCTOR   = 0x00010000,
    ACC_DECLARED_SYNCHRONIZED =
                    0x00020000,
    ACC_CLASS_MASK =
        (ACC_PUBLIC | ACC_FINAL | ACC_INTERFACE | ACC_ABSTRACT
               | ACC_SYNTHETIC | ACC_ANNOTATION | ACC_ENUM),
    ACC_INNER_CLASS_MASK =
        (ACC_CLASS_MASK | ACC_PRIVATE | ACC_PROTECTED | ACC_STATIC),
    ACC_FIELD_MASK =
        (ACC_PUBLIC | ACC_PRIVATE | ACC_PROTECTED | ACC_STATIC | ACC_FINAL
               | ACC_VOLATILE | ACC_TRANSIENT | ACC_SYNTHETIC | ACC_ENUM),
    ACC_METHOD_MASK =
        (ACC_PUBLIC | ACC_PRIVATE | ACC_PROTECTED | ACC_STATIC | ACC_FINAL
               | ACC_SYNCHRONIZED | ACC_BRIDGE | ACC_VARARGS | ACC_NATIVE
               | ACC_ABSTRACT | ACC_STRICT | ACC_SYNTHETIC | ACC_CONSTRUCTOR
               | ACC_DECLARED_SYNCHRONIZED),
};
```

- superclassIdx：表示 superclass 的类型，即父类的类型。它是一个 DexTypeIds 索引值。
- interfacesOff：表示接口的偏移地址，即接口的偏移地址。该偏移处的值是 DexTypeList 类型的结构体。对于 Java 来说，只能继承一个父类，而可以实现多个接口。
- sourceFileIdx：表示源代码的字符串，该值是 DexStringIds 的索引值。
- annotationsOff：表示该 class 的注解，该值是其在文件中的偏移值。该偏移处是 DexAnnotationsDirectoryItem 结构体，该结构体的定义如下：

```
struct DexAnnotationsDirectoryItem {
    u4  classAnnotationsOff;
```

```
    u4  fieldsSize;
    u4  methodsSize;
    u4  parametersSize;
};
```

注解是 Java 开发中的一项重要功能，但是该 Java 代码中并没有使用到注解，因此该 DEX 中没有 DexAnnotationsDirectoryItem 结构体，它不作为本章的讨论内容。

- classDataOff：表示 class 数据，该值是其在文件中的偏移值，该偏移处是 DexClassData 结构体（该结构体定义在 DexClass.h 头文件中，它并没有定义在 DexFile.h 头文件中）。该结构体的定义如下：

```
struct DexClassData {
   DexClassDataHeader header;
   DexField*          staticFields;
   DexField*          instanceFields;
   DexMethod*         directMethods;
   DexMethod*         virtualMethods;
};
```

DexClassData 中共有 5 个字段，下面分别进行介绍。

- header：表示其后 4 个字段的数量，它是 DexClassDataHeader 结构体。该结构体的定义如下：

```
struct DexClassDataHeader {
   u4 staticFieldsSize;
   u4 instanceFieldsSize;
   u4 directMethodsSize;
   u4 virtualMethodsSize;
};
```

该结构体中的数量以 ULEB128 进行存储，这通过源码可以看出，代码如下：

```
DEX_INLINE void dexReadClassDataHeader(const u1** pData,
       DexClassDataHeader *pHeader) {
   pHeader->staticFieldsSize = readUnsignedLeb128(pData);
   pHeader->instanceFieldsSize = readUnsignedLeb128(pData);
   pHeader->directMethodsSize = readUnsignedLeb128(pData);
   pHeader->virtualMethodsSize = readUnsignedLeb128(pData);
}
```

- staticFields：表示静态字段，它是一个 DexField 结构体。
- instanceFields：表示实例字段，它是一个 DexField 结构体。
- directMethods：表示直接方法，它是一个 DexMethod 结构体。
- virtualMethods：表示虚方法，它是一个 DexMethod 结构体。

下面分别看一下 DexField 结构体和 DexMethod 结构体的定义。DexField 结构体的定义如下：

```
struct DexField {
   u4 fieldIdx;
   u4 accessFlags;
};
```

- fieldIdx：表示在 DexFieldIds 列表中的索引。
- accessFlags：表示字段的访问标识符，访问标识符在前面已经给出了定义，即以 ACC_ 开头定义的标识。

DexMethod 结构体定义如下：

```
struct DexMethod {
   u4 methodIdx;
   u4 accessFlags;
   u4 codeOff;
};
```

- methodIdx：表示 DexMethodIds 列表的索引。
- accessFlags：表示方法的访问标识。
- codeOff：表示指向 DexCode 结构的偏移地址。

DexCode 结构体包含具体类方法中的信息，包括寄存器的个数、参数个数、指令个数、指令等信息。DexCode 定义在 DexFile.h 头文件中。该结构体的定义如下：

```
struct DexCode {
   u2  registersSize;
   u2  insSize;
   u2  outsSize;
   u2  triesSize;
   u4  debugInfoOff;
   u4  insnsSize;
   u2  insns[1];
};
```

- registersSize：表示使用寄存器的个数。
- insSize：表示参数的个数。
- outsSize：表示调用其他方法时使用的寄存器的个数。
- triesSize：表示异常处理的个数，即 try...catch 的个数。
- debugInfoOff：表示调试信息在文件中的偏移。
- insnsSize：表示该方法中包含指令的数量，以字为单位。
- insns：表示该方法中的指令的起始位置。

介绍完上面的各个结构体之后，DexClassDef 结构体还有最后一个属性（即 staticValuesOff）需要进行说明。

- staticValuesOff：表示该 class 中的静态数据，该值是在其文件中的偏移值。该偏移处是 DexEncodedArray 结构体。该结构体的定义如下：

```
struct DexEncodedArray {
   u1  array[1];
};
```

staticValuesOff 的值为 0，因此 DexEncodedArray 结构体不作为本节的重点进行介绍。

至此，DexClassDef 结构体介绍完毕。DexClassDef 结构体中最重要的部分就是 DexClassData 结构体，由 DexClassData 结构体又引出了 DexClassDataHeader 结构体、DexField 结构体、DexMethod 结构体和 DexCode 结构体。

下面通过 010 Editor 查看对 DexClassDef 结构体和 DexClassData 结构体的解析，如图 10-28 和图 10-29 所示。

解析数据时同样从 classDefsOff 和 classDefSize 开始，classDefsOff 的值为 0x110，classDefSize 的值为 1，说明在该 DEX 文件中只有 1 个 DexClassDef 结构体，其文件偏移地址为 0x110。

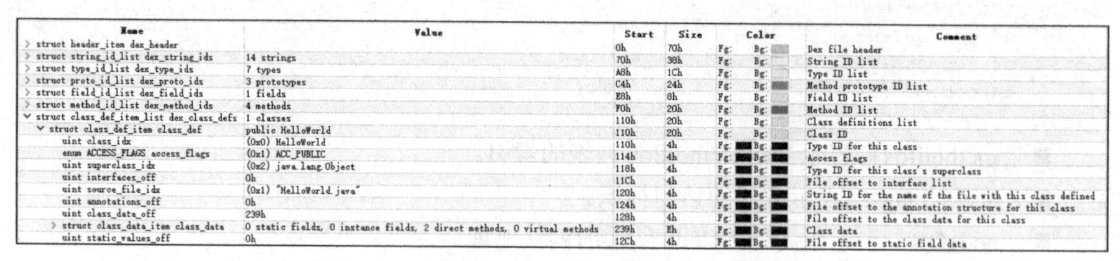

Name	Value	Start	Size	Color	Comment
struct header_item dex_header		0h	70h	Fg: Bg:	Dex file header
struct string_id_list dex_string_ids	14 strings	70h	38h	Fg: Bg:	String ID list
struct type_id_list dex_type_ids	7 types	A8h	1Ch	Fg: Bg:	Type ID list
struct proto_id_list dex_proto_ids	3 prototypes	C4h	24h	Fg: Bg:	Method prototype ID list
struct field_id_list dex_field_ids	1 fields	E8h	8h	Fg: Bg:	Field ID list
struct method_id_list dex_method_ids	4 methods	F0h	20h	Fg: Bg:	Method ID list
struct class_def_item_list dex_class_defs	1 classes	110h	20h	Fg: Bg:	Class definitions list
struct class_def_item class_def	public HelloWorld	110h	20h	Fg: Bg:	Class ID
uint class_idx	(0x0) HelloWorld	110h	4h	Fg: Bg:	Type ID for this class
enum ACCESS_FLAGS access_flags	(0x1) ACC_PUBLIC	114h	4h	Fg: Bg:	Access flags
uint superclass_idx	(0x2) java.lang.Object	118h	4h	Fg: Bg:	Type ID for this class's superclass
uint interfaces_off	0h	11Ch	4h	Fg: Bg:	File offset to interface list
uint source_file_idx	(0x1) "HelloWorld.java"	120h	4h	Fg: Bg:	String ID for the name of the file with this class defined
uint annotations_off	0h	124h	4h	Fg: Bg:	File offset to the annotation structure for this class
uint class_data_off	239h	128h	4h	Fg: Bg:	File offset to the class data for this class
struct class_data_item class_data	0 static fields, 0 instance fields, 2 direct methods, 0 virtual methods	239h	Eh	Fg: Bg:	Class data
uint static_values_off	0h	12Ch	4h	Fg: Bg:	File offset to static field data

图 10-28　010 Editor 对 DexClassDef 结构体的解析

struct encoded_method_list direct_methods	2 methods	23Dh	Ah	Fg: Bg:	Encoded sequence of direct methods
struct encoded_method method[0]	public constructor void HelloWorld.<init>()	23Dh	6h	Fg: Bg:	Encoded method
struct uleb128 method_idx_diff	0x0	23Dh	1h	Fg: Bg:	Method ID for this method, represented as the difference f…
ubyte val	0h	23Dh	1h	Fg: Bg:	uleb128 element
struct uleb128 access_flags	(0x10001) ACC_PUBLIC ACC_CONSTRUCTOR	23Eh	3h	Fg: Bg:	Access flags
ubyte val[0]	81h	23Eh	1h	Fg: Bg:	uleb128 element
ubyte val[1]	80h	23Fh	1h	Fg: Bg:	uleb128 element
ubyte val[2]	4h	240h	1h	Fg: Bg:	uleb128 element
struct uleb128 code_off	0x130	241h	2h	Fg: Bg:	File offset to the code for this method
ubyte val[0]	B0h	241h	1h	Fg: Bg:	uleb128 element
ubyte val[1]	2h	242h	1h	Fg: Bg:	uleb128 element
struct code_item code	1 registers, 1 in arguments, 1 out arguments, 0 tries, 4 instructions	130h	18h	Fg: Bg:	Code structure for this method
ushort registers_size	1h	130h	2h	Fg: Bg:	Number of registers used by this code
ushort ins_size	1h	132h	2h	Fg: Bg:	Number of words of incoming arguments for this code's method
ushort outs_size	1h	134h	2h	Fg: Bg:	Number of words of outgoing arguments for this code's method
ushort tries_size	0h	136h	2h	Fg: Bg:	Number of try_item entries for this code
uint debug_info_off	22Dh	138h	4h	Fg: Bg:	File offset for the debug information
struct debug_info_item debug_info		22Dh	5h	Fg: Bg:	Debug information for this method
struct uleb128 line_start	0x1	22Dh	1h	Fg: Bg:	Initial value for state machine 'line' register
ubyte val	1h	22Dh	1h	Fg: Bg:	uleb128 element
struct uleb128 parameters_size	0x0	22Eh	1h	Fg: Bg:	Number of encoded parameter names
ubyte val	0h	22Eh	1h	Fg: Bg:	uleb128 element
struct debug_opcode opcode[0]	DBG_SET_PROLOGUE_END	22Fh	1h	Fg: Bg:	A debug opcode
enum DBG_OPCODE opcode	DBG_SET_PROLOGUE_END (7h)	22Fh	1h	Fg: Bg:	Debug opcode
struct debug_opcode opcode[1]	Special opcode: line + 0, address + 0	230h	1h	Fg: Bg:	A debug opcode
enum DBG_OPCODE opcode	Eh	230h	1h	Fg: Bg:	Debug opcode
struct debug_opcode opcode[2]	DBG_END_SEQUENCE	231h	1h	Fg: Bg:	A debug opcode
enum DBG_OPCODE opcode	DBG_END_SEQUENCE (0h)	231h	1h	Fg: Bg:	Debug opcode
uint insns_size	4h	13Ch	4h	Fg: Bg:	Size of instruction list, in 16-bit code units
ushort insns[4]		140h	8h	Fg: Bg:	Instruction
ushort insns[0]	1070h	140h	2h	Fg: Bg:	Instruction
ushort insns[1]	3h	142h	2h	Fg: Bg:	Instruction
ushort insns[2]	0h	144h	2h	Fg: Bg:	Instruction
ushort insns[3]	Eh	146h	2h	Fg: Bg:	Instruction
struct encoded_method method[1]	public static void HelloWorld.main(java.lang.String[])	243h	4h	Fg: Bg:	Encoded method

图 10-29　010 Editor 对 DexClassData 结构体的解析

按照前面的方式，将 DEX 文件中的数据建立成一张一张的表格来进行分析。

表 10-11　DexClassDef 结构体解析

字段	数据	解析
classIdx	00 00 00 00	LHelloWorld;
accessFlags	01 00 00 00	ACC_PUBLIC
superclassIdx	02 00 00 00	Ljava/lang/Object;
interfacesOff	00 00 00 00	
sourceFileIdx	01 00 00 00	HelloWorld.java
annotationsOff	00 00 00 00	
classDataOff	39 02 00 00	
staticValuesOff	00 00 00 00	

从表 10-11 中可以看出，类名为 HelloWorld，类的访问类型为 public，类的父类是 java.lang.Object，类所属的文件是 HelloWorld.java。类数据的文件偏移地址为 0x23A，其他字段都为 0，表示未使用。由此可以定义 HelloWorld.java 代码如下：

```
public HelloWorld extend java.lang.Object {

}
```

实际上，所有的 Java 类都会默认继承 java.lang.Object，因此以上类可以定义如下：

```
public HelloWorld {

}
```

按照类数据的文件偏移地址 0x239 解析 DexClassData。在解析之前先明确 DexClassDef 相关结构体的关系，如图 10-30 所示。图 10-30 是 DexClassDef 各数据结构之间的关系，并非数据组织的方法。根据图 10-30 来解析 DexClassData 的相关数据，DexClassData 结构体的相关结构体有 3 个（本书中只介绍了 3 个），因此按照其相关结构体来整理相关表格。

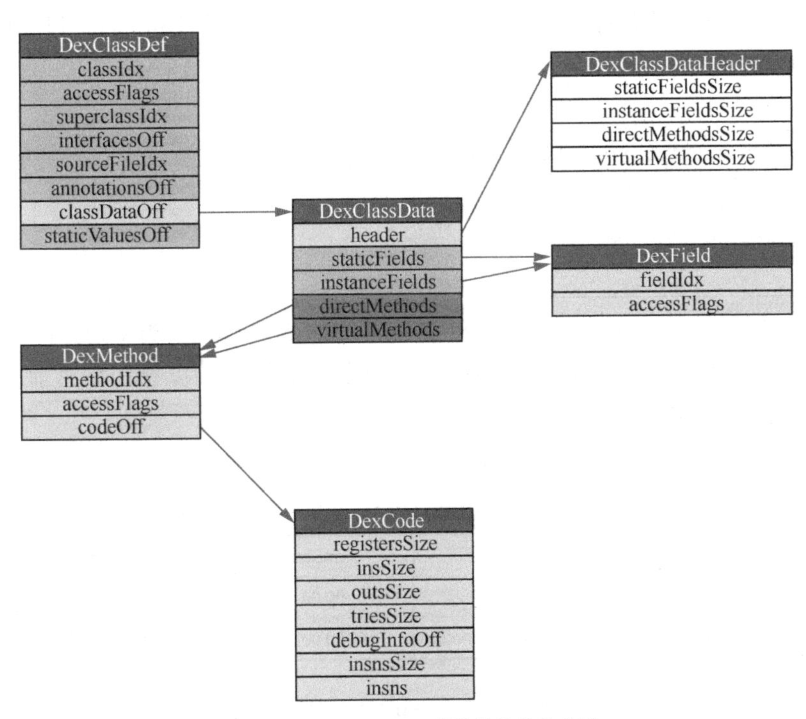

图 10-30 DexClassDef 相关结构体的关系

DexClassDataHeader 结构体解析如表 10-12 所示。

表 10-12 DexClassDataHeader 结构体解析

字段	数据
staticFieldsSize	00
instanceFieldsSize	00
directMethodsSize	02
virtualMethodsSize	00

从表 10-12 中可以看出，除了 directMethodsSize 字段为 2 以外，其余的字段均为 0。这说明，这里只须解析 directMethods 对应的 DexMethod 结构体即可，如表 10-13 所示。

表 10-13　　directMethods 对应的 DexMethod 结构体解析

methodIdx	accessFlags	codeOff
00	81 80 04	B0 02
01	09	C8 02

表 10-13 中，“methodIdx”列中索引 0 根据表 10-9 得知为 LHelloWorld;-><init>V，索引 1 根据表 10-9 得知为 LHelloWorld;->main(Ljava/lang/String;)V。81 80 04 为索引 0 的访问标识，该标识的值为 ULEB 类型，转换后为 0x10001，其标识为 ACC_CONSTRUCTOR 和 ACC_PUBLIC；09 为索引 1 的访问标识，其标识为 ACC_STATIC 和 ACC_PUBLIC。因此，其定义如下：

```
public HelloWorld
{
    public constructor void <init> {
    }

    public static void main(String[]) {
    }
}
```

解析中 DexMethod 结构体下的 codeOff 结构体的偏移是 ULEB 类型的，并非直接给出的。这里的值按照 010 Editor 的值进行对照即可，如果想尝试手动转换，则可参考前面关于 ULEB 读取的代码，这里不再进行介绍。

DexCode 结构体解析如表 10-14 所示。

表 10-14　　DexCode 结构体解析

registersSize	insSize	outsSize	triesSize	debugInfoOff	insnsSize
01 00	01 00	01 00	00 00	2D 02 00 00	04 00 00 00
03 00	01 00	02 00	00 00	32 02 00 00	08 00 00 00

至此，关于 DEX 文件的格式介绍完毕。DEX 文件格式从总体上看没有 PE 文件格式那么复杂，请读者自行解析一遍，以便加深印象。

10.2　实现 DEX 文件格式解析工具

解析 DEX 文件的工作应该由工具自动完成。本节将通过 VS 2015 新建一个控制台工程，并实现一款简易的 DEX 文件解析工具的构建。

10.2.1　解析工具所需的结构体

对于解析 DEX 文件而言，需要准备一些安卓系统文件，这些文件都可以从安卓系统的源码的/dalvik/dexdump/目录下的 DexDump.cpp 文件中，以及/dalvik/libdex/目录下的所有 .h 文件和.cpp 文件中获取。这些文件中有大量参考代码，以及各种数据结构和宏定义等，其实 DexDump 本身就是一款强大的 DEX 文件解析及反汇编工具。

这里的代码中只有两个文件，分别是 DexDump.cpp（这里阅读时要注意区分）和 DexParse.h 文件，将需要的数据结构和一些常量定义放入 DexParse.h 头文件，把代码放入 DexDump.cpp 文件。

10.2.2 解析 DEX 文件

对于 DEX 文件，按照 DEX 文件格式逐步解析即可，可以参考 DexDump.cpp 文件来实现想要的工具。

1. 打开与关闭 DEX 文件

解析 DEX 文件的前提是打开它，下面仿照 DexDump.cpp 文件编写 DEX 文件。DexDump 程序有很多参数，在 DexDump 中要对参数进行一些设置，并使用 process()函数进行处理。这里的代码也依照此来进行编写。当然，这里也需要将相关函数替换为 Windows 中的 API 函数。DEX 文件代码如下：

```
#include <windows.h>

#include "DexParse.h"

static const char* gProgName = "HelloWorld.dex";

struct FileMap
{
   HANDLE hFile;
   HANDLE hMap;
   LPVOID lpBase;
};


/* 打开文件，并创建文件映射 */
void dexOpenAndMap(const char * fileName, FileMap *map)
{
   map->hFile = CreateFile(fileName,
      GENERIC_READ, FILE_SHARE_READ,
      NULL, OPEN_EXISTING,
      FILE_ATTRIBUTE_NORMAL, NULL);
   map->hMap = CreateFileMapping(map->hFile,
      NULL, PAGE_READONLY,
      0, 0, NULL);
   map->lpBase = MapViewOfFile(map->hMap,
      FILE_MAP_READ, 0, 0,
      NULL);
}

/* 关闭文件，并关闭文件映射 */
void sysReleaseShmem(FileMap *map)
{
   UnmapViewOfFile(map->lpBase);
   CloseHandle(map->hMap);
   CloseHandle(map->hFile);
}

int process(const char* fileName)
{
```

```
    FileMap map;

    dexOpenAndMap(fileName, &map);

    if (map.lpBase)
    {
        sysReleaseShmem(&map);
    }

    return 0;
}

int main(int argc, char* const argv[])
{
    process(gProgName);
}
```

在上述代码中，首先要打开DEX文件，然后创建文件内存映射，解析DEX文件的代码主要位于MapViewOfFile()函数和UnmapViewOfFile()函数之间。

2. DEX文件头部

解析DEX文件时，需要对DEX文件头部进行解析。解析DEX文件头部时，安卓系统提供了一个函数，其函数定义如下：

```
DexFile* dexFileParse(const u1* data, size_t length, int flags)
```

该函数有3个参数，第一个参数是DEX文件数据的起始位置，第二个参数是DEX文件的长度，第三个参数用于告诉dexFileParse()函数是否需要进行校验和的验证。对于当前阶段而言，不需要第三个参数，因此可以对该函数进行删减。修改后的代码如下：

```
DexFile* dexFileParse(const u1* data, size_t length)
{
    DexFile* pDexFile = NULL;
    const u1* magic;
    int result = -1;

    // 检查文件长度
    if (length < sizeof(DexHeader)) {
        goto bail;
    }
    printf("文件长度为：%d \r\n", length);

    pDexFile = (DexFile*)malloc(sizeof(DexFile));
    if (pDexFile == NULL)
        goto bail;
    memset(pDexFile, 0, sizeof(DexFile));
    if (memcmp(data, DEX_OPT_MAGIC, 4) == 0) {
        magic = data;
        if (memcmp(magic + 4, DEX_OPT_MAGIC_VERS, 4) != 0) {
            goto bail;
        }
        data += pDexFile->pOptHeader->dexOffset;
        length -= pDexFile->pOptHeader->dexOffset;
        if (pDexFile->pOptHeader->dexLength > length) {
            goto bail;
        }
        length = pDexFile->pOptHeader->dexLength;
    }
```

```
    // 设置 DEX 文件的指针
    dexFileSetupBasicPointers(pDexFile, (const u1*)data);

    // 检查 DEX 文件的有效性
    if (!dexHasValidMagic(pDexFile))
    {
      printf("dex not has valid magic\r\n");
    }
    else
    {
      printf("dex has valid magic\r\n");
    }
    result = 0;

  bail:
    if (result != 0 && pDexFile != NULL) {
      dexFileFree(pDexFile);
      pDexFile = NULL;
    }
    return pDexFile;
  }
```

该函数首先判断文件的长度，然后初始化 DEX 文件的部分基础指针，最后校验 DEX 文件的合法性。

dexFileParse()函数中调用了另外一个函数来对 DEX 文件的各个属性偏移及长度进行赋值，即 dexFileSetupBasicPointers()函数。该函数的函数体如下：

```
void dexFileSetupBasicPointers(struct DexFile* pDexFile, const u1* data) {
  DexHeader *pHeader = (DexHeader*)data;

  pDexFile->baseAddr = data;
  pDexFile->pHeader = pHeader;
  pDexFile->pStringIds = (const DexStringId*)(data + pHeader->stringIdsOff);
  pDexFile->pTypeIds = (const DexTypeId*)(data + pHeader->typeIdsOff);
  pDexFile->pFieldIds = (const DexFieldId*)(data + pHeader->fieldIdsOff);
  pDexFile->pMethodIds = (const DexMethodId*)(data + pHeader->methodIdsOff);
  pDexFile->pProtoIds = (const DexProtoId*)(data + pHeader->protoIdsOff);
  pDexFile->pClassDefs = (const DexClassDef*)(data + pHeader->classDefsOff);
  pDexFile->pLinkData = (const DexLink*)(data + pHeader->linkOff);
}
```

从 dexFileSetupBasicPointers()函数中可以看出，其他各个结构体的索引已经在这里全部读取出来了，在后面具体解析其他数据结构时，它会很方便地被使用。检查 DEX 文件的有效性的函数代码如下：

```
bool dexHasValidMagic(const struct DexFile* pDexFile)
{
  const DexHeader* pHeader = pDexFile->pHeader;

  const u1* magic = pHeader->magic;
  const u1* version = &magic[4];

  if (memcmp(magic, DEX_MAGIC, 4) != 0) {
    return false;
  }

  if ((memcmp(version, DEX_MAGIC_VERS, 4) != 0) &&
    (memcmp(version, DEX_MAGIC_VERS_API_13, 4) != 0) &&
```

```
        (memcmp(version, DEX_MAGIC_VERS_37, 4) != 0) &&
        (memcmp(version, DEX_MAGIC_VERS_38, 4) != 0) &&
        (memcmp(version, DEX_MAGIC_VERS_39, 4) != 0)) {

        return false;
    }

    return true;
}
```

dexFileParse()函数中使用malloc()函数申请了一块堆空间，这块空间在解析完成后需要手动进行释放。在安卓系统的源码中也定义了一个函数以方便使用，即dexFileFree()函数。该函数的定义如下：

```
void dexFileFree(DexFile* pDexFile)
{
    if (pDexFile == NULL)
        return;

    free(pDexFile);
}
```

该函数很简单，判断指针是否为NULL，不为NULL时直接调用free()函数释放空间。

上面介绍了dexFileParse()函数的代码，通过调用该函数就可以开始解析DEX文件的第一步了，代码如下：

```
    dexOpenAndMap(fileName, &map);

    DWORD dwSize = GetFileSize(map.hFile, NULL);

    DexFile *pDexFile = dexFileParse((const u1 *)map.lpBase, (size_t)dwSize);
```

上述代码中通过调用dexFileParse()函数得到了指向DexFile结构体的指针pDexFile。DexFile结构体的定义如下：

```
struct DexFile {
    const DexOptHeader* pOptHeader;
    const DexHeader*   pHeader;
    const DexStringId*  pStringIds;
    const DexTypeId*   pTypeIds;
    const DexFieldId*   pFieldIds;
    const DexMethodId*  pMethodIds;
    const DexProtoId*   pProtoIds;
    const DexClassDef*  pClassDefs;
    const DexLink*     pLinkData;
    const DexClassLookup* pClassLookup;
    const void*       pRegisterMapPool;      // RegisterMapClassPool
    const u1*         baseAddr;
    int             overhead;
};
```

这里编写程序时关心结构体中DexHeader到DexClassDef之间的字段属性即可。

注意：之后解析的代码中会用到返回的pDexFile指针，因此之后所编写的代码必须位于调用dexFileFree()函数的代码之前。

关于数据的分析就介绍到这里，后续内容除了适当讲解代码以外，不再对DEX文件进行说明，有不明白的地方可以翻阅前面的内容。

在安卓源码的DexDump.cpp的process方法中调用了processDexFile()函数，这里继续沿用其方法名，但不再仿照它，因为它的代码较多，不便于通篇阅读。processDexFile() 函数的定义如下：

```
void processDexFile(DexFile *pDexFile)
{
}
```

在 processDexFile()函数中，先输出 DEX 文件标识符，代码如下：

```
printf("Opened '%s', DEX version '%.3s'\r\n", gProgName,
    pDexFile->pHeader->magic + 4);
```

再输出 DEX 文件头，该代码可以直接照搬安卓源码中的 dumpFileHeader()函数，代码如下：

```
void dumpFileHeader(const DexFile *pDexFile)
{
    char sanitized[sizeof(pDexFile->pHeader->magic) * 2 + 1];

    const DexHeader *pHeader = pDexFile->pHeader;

    printf("DEX file header:\n");
    asciify(sanitized, pHeader->magic, sizeof(pHeader->magic));
    printf("magic               : '%s'\n", sanitized);
    printf("checksum            : %08x\n", pHeader->checksum);
    printf("signature             : %02x%02x...%02x%02x\n",
        pHeader->signature[0], pHeader->signature[1],
        pHeader->signature[kSHA1DigestLen - 2],
        pHeader->signature[kSHA1DigestLen - 1]);
    printf("file_size             : %d\n", pHeader->fileSize);
    printf("header_size           : %d\n", pHeader->headerSize);
    printf("link_size             : %d\n", pHeader->linkSize);
    printf("link_off            : %d (0x%06x)\n",
        pHeader->linkOff, pHeader->linkOff);
    printf("string_ids_size     : %d\n", pHeader->stringIdsSize);
    printf("string_ids_off      : %d (0x%06x)\n",
        pHeader->stringIdsOff, pHeader->stringIdsOff);
    printf("type_ids_size       : %d\n", pHeader->typeIdsSize);
    printf("type_ids_off        : %d (0x%06x)\n",
        pHeader->typeIdsOff, pHeader->typeIdsOff);
    printf("proto_ids_size        : %d\n", pHeader->protoIdsSize);
    printf("proto_ids_off       : %d (0x%06x)\n",
        pHeader->protoIdsOff, pHeader->protoIdsOff);
    printf("field_ids_size      : %d\n", pHeader->fieldIdsSize);
    printf("field_ids_off       : %d (0x%06x)\n",
        pHeader->fieldIdsOff, pHeader->fieldIdsOff);
    printf("method_ids_size     : %d\n", pHeader->methodIdsSize);
    printf("method_ids_off      : %d (0x%06x)\n",
        pHeader->methodIdsOff, pHeader->methodIdsOff);
    printf("class_defs_size     : %d\n", pHeader->classDefsSize);
    printf("class_defs_off      : %d (0x%06x)\n",
        pHeader->classDefsOff, pHeader->classDefsOff);
    printf("data_size             : %d\n", pHeader->dataSize);
    printf("data_off            : %d (0x%06x)\n",
        pHeader->dataOff, pHeader->dataOff);
    printf("\n");
}
```

编译并运行该文件，其结果如图 10-31 所示。

在图 10-31 中，所有的_off 数据都以十进制和十六进制两种表示方式分别给出，这样既方便在 010 Editor 中进行查看，又方便逆向者阅读。

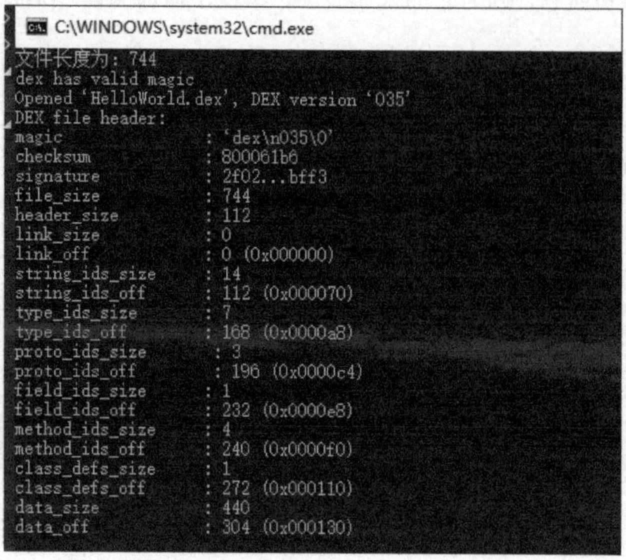

```
C:\WINDOWS\system32\cmd.exe
文件长度为: 744
dex has valid magic
Opened 'HelloWorld.dex', DEX version '035'
DEX file header:
magic              : 'dex\n035\0'
checksum           : 800061b6
signature          : 2f02...bff3
file_size          : 744
header_size        : 112
link_size          : 0
link_off           : 0 (0x000000)
string_ids_size    : 14
string_ids_off     : 112 (0x000070)
type_ids_size      : 7
type_ids_off       : 168 (0x0000a8)
proto_ids_size      : 3
proto_ids_off       : 196 (0x0000c4)
field_ids_size     : 1
field_ids_off      : 232 (0x0000e8)
method_ids_size    : 4
method_ids_off     : 240 (0x0000f0)
class_defs_size    : 1
class_defs_off     : 272 (0x000110)
data_size          : 440
data_off           : 304 (0x000130)
```

图 10-31 输出 DEX 文件头信息的结果

3．解析 DexMapList 相关数据

DexMapList 由 DexHeader 的 mapOff 给出，但程序中不用直接从 DexHeader 结构体中取，因为在安卓系统中已经给出了相关的函数，即 dexGetMap()。该函数的代码如下：

```
DEX_INLINE const DexMapList* dexGetMap(const DexFile* pDexFile) {
   u4 mapOff = pDexFile->pHeader->mapOff;

   if (mapOff == 0) {
      return NULL;
   } else {
      return (const DexMapList*) (pDexFile->baseAddr + mapOff);
   }
}
```

dexGetMap()函数通过前面返回的 pDexFile 指针来定位 DexMapList 的文件偏移地址。

注意： 在实际的代码中，需要将 DEX_INLINE 宏删除，或者按照安卓系统源码中的定义进行重定义。

通过 dexGetMap()函数获得 DexMapList 的指针后，解析时就可以对 DexMapList 进行遍历了。这里定义一个自定义函数来进行遍历，代码如下：

```
void PrintDexMapList(DexFile *pDexFile)
{
   const DexMapList *pDexMapList = dexGetMap(pDexFile);

   printf("DexMapList:\r\n");
   printf("TypeDesc\t\t type unused size offset\r\n");

   for ( u4 i = 0; i < pDexMapList->size; i ++ )
   {
      switch (pDexMapList->list[i].type)
      {
         case 0x0000:printf("kDexTypeHeaderItem");break;
         case 0x0001:printf("kDexTypeStringIdItem");break;
         case 0x0002:printf("kDexTypeTypeIdItem");break;
```

```
            case 0x0003:printf("kDexTypeProtoIdItem");break;
            case 0x0004:printf("kDexTypeFieldIdItem");break;
            case 0x0005:printf("kDexTypeMethodIdItem");break;
            case 0x0006:printf("kDexTypeClassDefItem");break;
            case 0x1000:printf("kDexTypeMapList");break;
            case 0x1001:printf("kDexTypeTypeList");break;
            case 0x1002:printf("kDexTypeAnnotationSetRefList");break;
            case 0x1003:printf("kDexTypeAnnotationSetItem");break;
            case 0x2000:printf("kDexTypeClassDataItem");break;
            case 0x2001:printf("kDexTypeCodeItem");break;
            case 0x2002:printf("kDexTypeStringDataItem");break;
            case 0x2003:printf("kDexTypeDebugInfoItem");break;
            case 0x2004:printf("kDexTypeAnnotationItem");break;
            case 0x2005:printf("kDexTypeEncodedArrayItem");break;
            case 0x2006:printf("kDexTypeAnnotationsDirectoryItem");break;
        }

        printf("\t %04X %04X %08X %08X\r\n",
            pDexMapList->list[i].type,
            pDexMapList->list[i].unused,
            pDexMapList->list[i].size,
            pDexMapList->list[i].offset);
    }
}
```

在 processDexFile()函数中调用该函数时，只要将前面得到的指向 DexFile 结构体的指针传给该函数即可。查看该部分解析后的输出，如图 10-32 所示。

```
DexMapList:
TypeDesc                   type unused size offset
kDexTypeHeaderItem         0000 0000 00000001 00000000
kDexTypeStringIdItem       0001 0000 0000000E 00000070
kDexTypeTypeIdItem         0002 0000 00000007 000000A8
kDexTypeProtoIdItem        0003 0000 00000003 000000C4
kDexTypeFieldIdItem        0004 0000 00000001 000000E8
kDexTypeMethodIdItem       0005 0000 00000004 000000F0
kDexTypeClassDefItem       0006 0000 00000001 00000110
kDexTypeCodeItem           2001 0000 00000002 00000130
kDexTypeTypeList           1001 0000 00000002 00000168
kDexTypeStringDataItem     2002 0000 0000000E 00000176
kDexTypeDebugInfoItem      2003 0000 00000002 0000022D
kDexTypeClassDataItem      2000 0000 00000001 00000239
kDexTypeMapList    1000 0000 00000001 00000248
```

图 10-32　DexMapList 解析后的输出

图 10-32 中有 5 列数据，第一列是类型，即 kDexType×××Item；第二列是类型对应的值；第三列未使用；第四列是该类型的数量；第五列是该类型在 DEX 文件中的偏移。可以看出图 10-32 中已经完整给出了整个 DEX 文件中各个数据类型的分布。

4．解析 StringIds 相关数据

StringIds 的解析也非常简单，这里直接给出了一个自定义函数，代码如下：

```
void PrintStringIds(DexFile *pDexFile)
{
    printf("DexStringIds:\r\n");

    for ( u4 i = 0; i < pDexFile->pHeader->stringIdsSize; i ++ )
    {
        printf("%d.%s \r\n", i, dexStringById(pDexFile, i));
    }
}
```

该自定义函数中调用了 dexStringById()函数，即通过索引值来得到字符串。该函数的定义如下：

```
DEX_INLINE const char* dexGetStringData(const DexFile* pDexFile,
      const DexStringId* pStringId) {
   const u1* ptr = pDexFile->baseAddr + pStringId->stringDataOff;
   while (*(ptr++) > 0x7f) /* empty */ ;

   return (const char*) ptr;
}
DEX_INLINE const DexStringId* dexGetStringId(const DexFile* pDexFile, u4 idx) {
   assert(idx < pDexFile->pHeader->stringIdsSize);
   return &pDexFile->pStringIds[idx];
}
DEX_INLINE const char* dexStringById(const DexFile* pDexFile, u4 idx) {
   const DexStringId* pStringId = dexGetStringId(pDexFile, idx);
   return dexGetStringData(pDexFile, pStringId);
}
```

这 3 个函数都是从安卓源码中直接复制过来使用的，dexGetStringId()函数用来获取字符串在文件中的偏移，dexGetStringData()函数用来获取字符串。

在 processDexFile()函数中调用编者的自定义函数，其输出如图 10-33 所示。

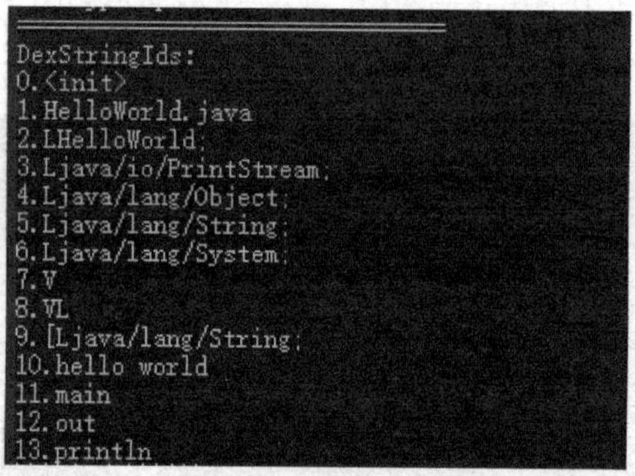

```
DexStringIds:
0.<init>
1.HelloWorld.java
2.LHelloWorld;
3.Ljava/io/PrintStream;
4.Ljava/lang/Object;
5.Ljava/lang/String;
6.Ljava/lang/System;
7.V
8.VL
9.[Ljava/lang/String;
10.hello world
11.main
12.out
13.println
```

图 10-33　StringIds 解析后的输出

图 10-33 所示为解析该 DEX 文件后的字符串，后面的很多结构都会使用字符串资源的索引。

5．解析 TypeIds 相关数据

解析 TypeIds 和解析字符串类似，前面已经详细分析过 DEX 文件，因此这里直接给出了代码。首先，编写一个自定义函数用来进行遍历，代码如下：

```
void PrintTypeIds(DexFile *pDexFile)
{
   printf("DexTypeIds:\r\n");

   for ( u4 i = 0; i < pDexFile->pHeader->typeIdsSize; i ++ )
   {
      printf("%d %s \r\n", i, dexStringByTypeIdx(pDexFile, i));
   }
}
```

代码中调用了一个关键函数 dexStringByTypeIdx()，该函数由安卓系统源码提供。其实现如下：

```
DEX_INLINE const DexTypeId* dexGetTypeId(const DexFile* pDexFile, u4 idx) {
   assert(idx < pDexFile->pHeader->typeIdsSize);
```

```
        return &pDexFile->pTypeIds[idx];
    }
    DEX_INLINE const char* dexStringByTypeIdx(const DexFile* pDexFile, u4 idx) {
        const DexTypeId* typeId = dexGetTypeId(pDexFile, idx);
        return dexStringById(pDexFile, typeId->descriptorIdx);
    }
```

dexStringByTypeIdx()函数中调用了 dexGetTypeId()和 dexStringById()两个函数，该函数的代码也非常简单，先获取偏移，再获取数据，都是针对地址进行计算。

在 processDexFile()函数中调用编者的自定义函数，其输出如图 10-34 所示。

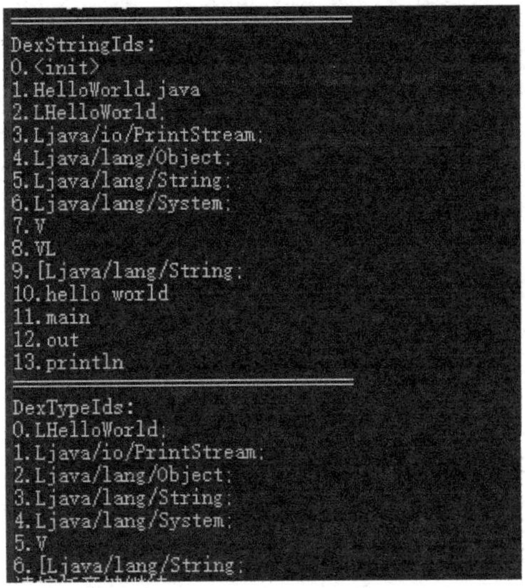

```
DexStringIds:
0.<init>
1.HelloWorld.java
2.LHelloWorld;
3.Ljava/io/PrintStream;
4.Ljava/lang/Object;
5.Ljava/lang/String;
6.Ljava/lang/System;
7.V
8.VL
9.[Ljava/lang/String;
10.hello world
11.main
12.out
13.println

DexTypeIds:
0.LHelloWorld;
1.Ljava/io/PrintStream;
2.Ljava/lang/Object;
3.Ljava/lang/String;
4.Ljava/lang/System;
5.V
6.[Ljava/lang/String;
```

图 10-34　TypeIds 解析后的输出

图 10-34 所示为 TypeIds 对应的字符串索引的值，其与字符串列表的区别是，该部分显示的都是数据类型或者类名，如 V 表示 void、Ljava/lang/Object 表示 Java 中的类。

6．解析 ProtoIds 相关数据

ProtoIds 是方法的原型或方法的声明，即提供了方法的返回值类型、参数个数，以及参数的类型。对于 DexProtoIds 的解析，先对原始数据进行解析，再将其简单还原为可以直接阅读的方法原型。

```
    void PrintProtoIds(DexFile *pDexFile)
    {
        printf("DexProtoIds:\r\n");

        printf("原始信息\r\n");
        // 对数据的解析
        for (u4 i = 0; i < pDexFile->pHeader->protoIdsSize; i++)
        {
            const DexProtoId *pDexProtoId = dexGetProtoId(pDexFile, i);
            // 输出原始数据
            printf("%08X %08X %08X \r\n", pDexProtoId->shortyIdx, pDexProtoId->returnTypeIdx,
            pDexProtoId->parametersOff);
            // 输出对应的 TypeId
            printf("%s %s\r\n",
                dexStringById(pDexFile, pDexProtoId->shortyIdx),
                dexStringByTypeIdx(pDexFile, pDexProtoId->returnTypeIdx));

            // 获得参数列表
            const DexTypeList *pDexTypeList = dexGetProtoParameters(pDexFile, pDexProtoId);

            u4 num = pDexTypeList != NULL ? pDexTypeList->size : 0;
            // 输出参数
            for (u4 j = 0; j < num; j++)
            {
                printf("%s ", dexStringByTypeIdx(pDexFile, pDexTypeList->list[j].typeIdx));
            }
            printf("\r\n");
        }

        printf("\r\n");
```

```
    printf("简单解析\r\n");
    // 对解析数据的简单还原
    for (u4 i = 0; i < pDexFile->pHeader->protoIdsSize; i++)
    {
       const DexProtoId *pDexProtoId = dexGetProtoId(pDexFile, i);
       printf("%s", dexStringByTypeIdx(pDexFile, pDexProtoId->returnTypeIdx));
       printf("(");

       // 获得参数列表
       const DexTypeList *pDexTypeList = dexGetProtoParameters(pDexFile, pDexProtoId);

       u4 num = pDexTypeList != NULL ? pDexTypeList->size : 0;
       // 输出参数
       for (u4 j = 0; j < num; j++)
       {
          printf("%s\b, ", dexStringByTypeIdx(pDexFile, pDexTypeList->list[j].typeIdx));
       }

       if (num == 0)
       {
          printf(");\r\n");
       }
       else
       {
          printf("\b\b);\r\n");
       }
    }
}
```

该自定义函数中有两个 for 循环，其内容基本一致。第一个循环完成了数据的解析，第二个循环将数据简单地解析为方法的原型。

这里只对第一个 for 循环进行说明。ProtoIds 是方法的原型，DexProtoId 的定义如下：

```
struct DexProtoId {
   u4  shortyIdx;
   u4  returnTypeIdx;
   u4  parametersOff;
};
```

前面已经详细介绍过这个结构体，下面进行简单回顾。第一个字段是方法原型的短描述，第二个字段是方法原型的返回值，第三个字段指向参数列表。因此，可以看到，在两个 for 循环中仍然嵌套着一个 for 循环，外层的循环用来解析方法原型，内层的循环用来解析方法原型中的参数列表。在循环体内，同样调用了两个从安卓源码中复制的代码。

先通过 dexGetProtoId()函数来获得 ProtoIds，再通过 dexGetProtoParameters()函数获得相应 ProtoId 的参数。这两个函数的定义如下：

```
DEX_INLINE const DexProtoId* dexGetProtoId(const DexFile* pDexFile, u4 idx) {
   assert(idx < pDexFile->pHeader->protoIdsSize);
   return &pDexFile->pProtoIds[idx];
}
DEX_INLINE const DexTypeList* dexGetProtoParameters(
   const DexFile *pDexFile, const DexProtoId* pProtoId) {
   if (pProtoId->parametersOff == 0) {
      return NULL;
   }
   return (const DexTypeList*)
      (pDexFile->baseAddr + pProtoId->parametersOff);
}
```

在 processDexFile()函数中调用编者的自定义函数，其输出如图 10-35 所示。

从图 10-35 中可以看出，该 DEX 文件中有 3 个方法原型，这里简单说明一下 ProtoIds 中的 shortyIdx 的含义，以第二个方法原型为例。

第二个方法原型采用 V(Ljava/lang/String);形式，其简短描述是 VL。V 表示返回值类型，L 就是第一个参数的类型。再举一个例子，如果其简短描述为 VII，那么返回值类型就是 V，其有两个参数，第一个参数是 I 类型，第二个参数也是 I 类型。

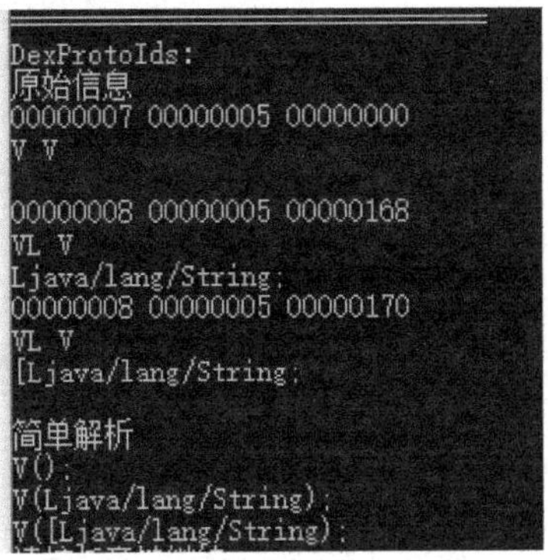

图 10-35　ProtoIds 解析后的输出

还可以对 V、Ljava/lang/String 和[Ljava/lang/String 进行进一步解析。同样从安卓源码的 DexDump.cpp 中照搬两个函数，代码如下：

```
static const char* primitiveTypeLabel(char typeChar)
{
   switch (typeChar) {
   case 'B':   return "byte";
   case 'C':   return "char";
   case 'D':   return "double";
   case 'F':   return "float";
   case 'I':   return "int";
   case 'J':   return "long";
   case 'S':   return "short";
   case 'V':   return "void";
   case 'Z':   return "boolean";
   default:
      return "UNKNOWN";
   }
}
static char* descriptorToDot(const char* str)
{
   int targetLen = strlen(str);
   int offset = 0;
   int arrayDepth = 0;
   char* newStr;
   while (targetLen > 1 && str[offset] == '[') {
      offset++;
      targetLen--;
   }
   arrayDepth = offset;

   if (targetLen == 1) {
      str = primitiveTypeLabel(str[offset]);
      offset = 0;
      targetLen = strlen(str);
   }
   else {
      if (targetLen >= 2 && str[offset] == 'L' &&
         str[offset + targetLen - 1] == ';')
      {
         targetLen -= 2;
         offset++;
      }
   }
```

```
    newStr = (char*)malloc(targetLen + arrayDepth * 2 + 1);
    int i;
    for (i = 0; i < targetLen; i++) {
        char ch = str[offset + i];
        newStr[i] = (ch == '/') ? '.' : ch;
    }
    while (arrayDepth-- > 0) {
        newStr[i++] = '[';
        newStr[i++] = ']';
    }
    newStr[i] = '\0';

    return newStr;
}
```

修改上面的自定义函数 PrintProtoIds()，在输出返回值和参数值的位置调用 descriptorToDot() 函数进行解析即可，其输出如图 10-36 所示。

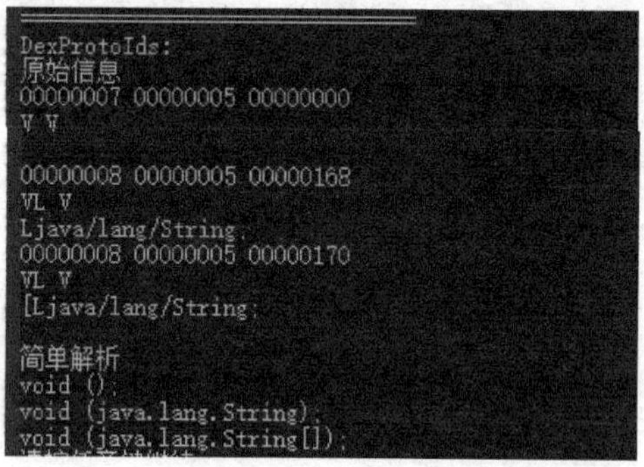

```
DexProtoIds:
原始信息
00000007 00000005 00000000
V V

00000008 00000005 00000168
VL V
Ljava/lang/String;
00000008 00000005 00000170
VL V
[Ljava/lang/String;

简单解析
void ();
void (java.lang.String);
void (java.lang.String[]);
```

图 10-36 修改后的 ProtoIds 解析的输出

在上述代码中，primitiveTypeLabel()函数解析了基础数据类型，descriptorToDot()函数解析了数组与 Java 类的完全限定名。比较图 10-36 和图 10-35，可以发现图 10-36 在简单解析上稍显直观。

7. 解析 FieldIds 相关数据

FieldIds 的解析相对于 ProtoIds 而言简单许多。其代码如下：

```
const DexFieldId* dexGetFieldId(const DexFile* pDexFile, u4 idx) {
    return &pDexFile->pFieldIds[idx];
}

void PrintFieldIds(DexFile *pDexFile)
{
    printf("DexFieldIds:\r\n");

    for (u4 i = 0; i < pDexFile->pHeader->fieldIdsSize; i++)
    {
        const DexFieldId *pDexFieldId = dexGetFieldId(pDexFile, i);

        printf("%04X %04X %08X \r\n", pDexFieldId->classIdx, pDexFieldId->typeIdx,
        pDexFieldId->nameIdx);
        printf("%s %s %s\r\n",
            dexStringByTypeIdx(pDexFile, pDexFieldId->classIdx),
            dexStringByTypeIdx(pDexFile, pDexFieldId->typeIdx),
```

```
            dexStringById(pDexFile, pDexFieldId->nameIdx));
    }
}
```

Field 是类中的属性，DexFieldIds 中的类属性有 3 个字段，分别是属性所属的类、属性类型和属性名。

在 main()函数中调用编者的自定义函数，其输出如图 10-37 所示。

图 10-37 FieldIds 解析后的输出

out 是属性名，它的类型是 java.io.PrintStream，该属性在 java.lang.System 类中，这是 JDK 提供的类库。它在 JDK 中的定义如下：

```
package java.lang;

import java.io.*;

public final class System {
    public final static PrintStream out; }
```

8. 解析 MethodIds 相关数据

MethodIds 的解析也分为两部分，第一部分是对数据的解析，第二部分是根据 ProtoIds 来简单还原方法。DexMethodId 中给出了方法所属的类、对应的原型及方法名。在解析 ProtoIds 时，只有方法的原型，并没有给出方法所属的类及方法名。在还原方法时，只有借助 ProtoIds 才能完整地还原。

解析 MethodIds 的代码如下：

```
const DexMethodId* dexGetMethodId(const DexFile* pDexFile, u4 idx) {
    return &pDexFile->pMethodIds[idx];
}

void PrintMethodIds(DexFile *pDexFile)
{
    printf("DexMethodIds:\r\n");

    // 对数据的解析
    for (u4 i = 0; i < pDexFile->pHeader->methodIdsSize; i++)
    {
        const DexMethodId *pDexMethodId = dexGetMethodId(pDexFile, i);
        printf("%04X %04X %08X \r\n", pDexMethodId->classIdx, pDexMethodId->protoIdx,
        pDexMethodId->nameIdx);
        printf("%s %s \r\n",
            dexStringByTypeIdx(pDexFile, pDexMethodId->classIdx),
            dexStringById(pDexFile, pDexMethodId->nameIdx));
    }

    printf("\r\n");

    // 根据 ProtoIds 来简单还原方法
    for (u4 i = 0; i < pDexFile->pHeader->methodIdsSize; i++)
    {
        const DexMethodId *pDexMethodId = dexGetMethodId(pDexFile, i);
        const DexProtoId  *pDexProtoId = dexGetProtoId(pDexFile, pDexMethodId->protoIdx);
```

```
        printf("%s ", dexStringByTypeIdx(pDexFile, pDexProtoId->returnTypeIdx));
        printf("%s\b.", dexStringByTypeIdx(pDexFile, pDexMethodId->classIdx));
        printf("%s", dexStringById(pDexFile, pDexMethodId->nameIdx));
        printf("(");

        // 获得参数列表
        const DexTypeList *pDexTypeList = dexGetProtoParameters(pDexFile, pDexProtoId);

        u4 num = pDexTypeList != NULL ? pDexTypeList->size : 0;
        // 输出参数
        for (u4 j = 0; j < num; j++)
        {
            printf("%s\b, ", dexStringByTypeIdx(pDexFile, pDexTypeList->list[j].typeIdx));
        }

        if (num == 0)
        {
            printf(");");
        }
        else
        {
            printf("\b\b);");
        }

        printf("\r\n");
    }

    printf("\r\n");

    // 根据 ProtoIds 来简单还原方法
    for (u4 i = 0; i < pDexFile->pHeader->methodIdsSize; i++)
    {
        const DexMethodId *pDexMethodId = dexGetMethodId(pDexFile, i);
        const DexProtoId  *pDexProtoId = dexGetProtoId(pDexFile, pDexMethodId->protoIdx);

        printf("%s ", descriptorToDot(dexStringByTypeIdx(pDexFile, pDexProtoId->
        returnTypeIdx)));
        printf("%s.", descriptorToDot(dexStringByTypeIdx(pDexFile, pDexMethodId->
        classIdx)));
        printf("%s", descriptorToDot(dexStringById(pDexFile, pDexMethodId->nameIdx)));
        printf("(");

        // 获得参数列表
        const DexTypeList *pDexTypeList = dexGetProtoParameters(pDexFile, pDexProtoId);

        u4 num = pDexTypeList != NULL ? pDexTypeList->size : 0;
        // 输出参数
        for (u4 j = 0; j < num; j++)
        {
            printf("%s, ", descriptorToDot(dexStringByTypeIdx(pDexFile, pDexTypeList->
            list[j].typeIdx)));
        }

        if (num == 0)
        {
            printf(");");
        }
        else
        {
            printf("\b\b);");
        }
```

```
        printf("\r\n");
    }
}
```

解析数据时，只是输出了数据对应的字符串，而还原方法时，是借助 ProtoIds 完整地还原了方法。

同样，在 main()函数中调用自定义函数，其输出如图 10-38 所示。

在图 10-38 中，第一个空行上方是原始数据的解析，中间部分是直接使用字符串进行输出，第二个空行下方是调用 descriptorToDot 方法显示的输出。

解析 ProtoIds 时有 3 个方法原型，而解析 MethodIds 时有 4 种方法，第 1 种方法与第 4 种方法的原型是相同的，但是所属的类不相同。

使用第 2 种方法来进行一个简单说明，V LHelloWorld.main([Ljava/lang/String]);。其中，V 表示方法的返回值类型为 void，LHelloWorld 是方法所在的类，main 是方法名，[Ljava/lang/String 是该方法参数的类型，表示一个 String 类型。

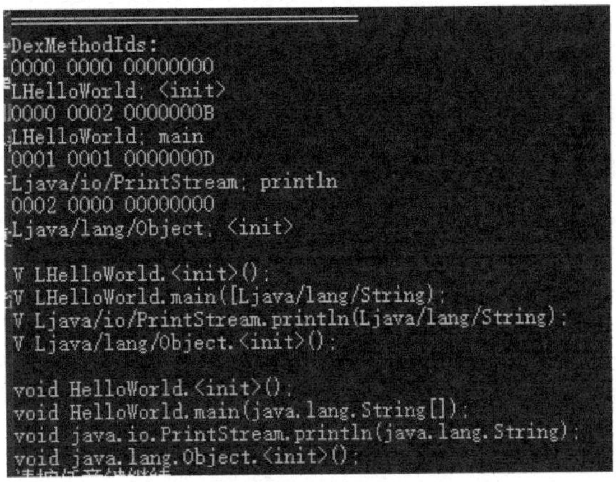

```
DexMethodIds:
0000 0000 00000000
LHelloWorld; <init>
0000 0002 0000000B
LHelloWorld; main
0001 0001 0000000D
Ljava/io/PrintStream; println
0002 0000 00000000
Ljava/lang/Object; <init>

V LHelloWorld.<init>();
V LHelloWorld.main([Ljava/lang/String);
V Ljava/io/PrintStream.println(Ljava/lang/String);
V Ljava/lang/Object.<init>();

void HelloWorld.<init>();
void HelloWorld.main(java.lang.String[]);
void java.io.PrintStream.println(java.lang.String);
void java.lang.Object.<init>();
```

图 10-38　MethodIds 解析后的输出

9．解析 DexClassDef 相关数据

解析 DexClassDef 最为复杂，因为它会先解析类相关的内容，类相关的内容包含类所属的文件、类中的属性、类中的方法及方法中的字节码等内容。虽然复杂，但是它只是前面每个部分和其余部分的组合，因此只是代码比较多，并非难以理解。其具体代码如下：

```
void PrintClassDef(DexFile *pDexFile)
{
    for (u4 i = 0; i < pDexFile->pHeader->classDefsSize; i++)
    {
        const DexClassDef *pDexClassDef = dexGetClassDef(pDexFile, i);
        // 类所属的源文件
        printf("SourceFile : %s\r\n", dexGetSourceFile(pDexFile, pDexClassDef));
        // 类和父类
        // 因为 DEX 文件没有接口，所以这里没有编写此部分
        // 具体解析时需要根据实际情况而定
        printf("class %s\b externs %s\b { \r\n",
            dexGetClassDescriptor(pDexFile, pDexClassDef),
            dexGetSuperClassDescriptor(pDexFile, pDexClassDef));

        const u1 *pu1 = dexGetClassData(pDexFile, pDexClassDef);
        DexClassData *pDexClassData = dexReadAndVerifyClassData(&pu1, NULL);

        // 类中的属性
        for (u4 z = 0; z < pDexClassData->header.instanceFieldsSize; z++)
        {
            const DexFieldId *pDexField = dexGetFieldId(pDexFile, pDexClassData->
            instanceFields[z].fieldIdx);
            printf("%s %s\r\n",
                dexStringByTypeIdx(pDexFile, pDexField->typeIdx),
                dexStringById(pDexFile, pDexField->nameIdx));
```

```
        }

        // 类中的方法
        for (u4 z = 0; z < pDexClassData->header.directMethodsSize; z++)
        {
            const DexMethodId *pDexMethod = dexGetMethodId(pDexFile, pDexClassData->
            directMethods[z].methodIdx);
            const DexProtoId  *pDexProtoId = dexGetProtoId(pDexFile, pDexMethod->protoIdx);
            printf("\t%s ", dexStringByTypeIdx(pDexFile, pDexProtoId->returnTypeIdx));
            printf("%s\b.", dexStringByTypeIdx(pDexFile, pDexMethod->classIdx));
            printf("%s", dexStringById(pDexFile, pDexMethod->nameIdx));

            printf("(");

            // 获得参数列表
            const DexTypeList *pDexTypeList = dexGetProtoParameters(pDexFile, pDexProtoId);

            u4 num = pDexTypeList != NULL ? pDexTypeList->size : 0;
            // 输出参数
            for (u4 k = 0; k < num; k++)
            {
                printf("%s\b v%d, ", dexStringByTypeIdx(pDexFile, pDexTypeList->list[k].
                typeIdx), k);
            }

            if (num == 0)
            {
                printf(")");
            }
            else
            {
                printf("\b\b)");
            }

            printf("{\r\n");

            // 方法中具体的数据
            const DexCode *pDexCode = dexGetCode(pDexFile, (const DexMethod *)&pDexClassData->
            directMethods[z]);
            printf("\t\tregister:%d \r\n", pDexCode->registersSize);
            printf("\t\tinsnsSize:%d \r\n", pDexCode->insSize);
            printf("\t\tinsSize:%d \r\n", pDexCode->outsSize);

            // 方法的字节码
            printf("\t\t// ByteCode ...\r\n\r\n");
            printf("\t\t//");

            for (u2 x = 0; x < pDexCode->insnsSize; x++)
            {
                printf("%04X ", pDexCode->insns[x]);
            }

            printf("\r\n");

            printf("\t}\r\n\r\n");
        }

        printf("}\r\n");
    }
}
```

在代码中逐步对类进行了解析，即对类所属的源文件、类的名称、类的父类、类的属性、类的方法及类的字节码逐步进行了解析。除了方法中的数据在前面的代码中没有介绍之外，其余代码前面都已经介绍过。对于类方法中的数据，只要按照 DexCode 进行解析即可，可参考前面给出的 DexCode 结构体。

```
SourceFile : HelloWorld.java
class LHelloWorld externs Ljava/lang/Object {
        V LHelloWorld.<init>(){
                register:1
                insnsSize:1
                insSize:1
                // ByteCode ...

                //1070 0003 0000 000E
        }

        V LHelloWorld.main([Ljava/lang/String v0){
                register:3
                insnsSize:1
                insSize:2
                // ByteCode ...

                //0062 0000 011A 000A 206E 0002 0010 000E
        }
}
```

图 10-39　DexClassDef 解析后的输出

代码中调用了很多安卓源码中的函数（具体调用了 DumpDex.cpp 文件），读者可自行将其复制到代码中使用。

在 main()函数中调用编者的自定义函数，其输出如图 10-39 所示。

在图 10-39 中，还剩一部分字节码没有进行解析，这部分内容留到下一章介绍。

10.3　小结

本章介绍了安卓系统中关于 DEX 文件的解析，并手写了一款 DEX 文件解析工具。对于安卓系统的解析，主要参考安卓系统的 DexClass.h、DexClass.cpp、DexFile.h、DexFile.cpp 这 4 个文件即可。如果需要了解 DEX 文件的反编译，则可在这 4 个文件的基础上学习 DexOpcodes.h、DexOpcodes.cpp、InstrUtils.h、InstrUtil.cpp 和 DexDump.cpp 文件。希望本章能使读者对 DEX 文件的结构有所掌握。

第11章 Dalvik 指令解析

第 9 章通过 Android Killer 等工具对 APK 或 DEX 文件进行了反汇编。Dalvik 虚拟机中的反汇编代码也被称作 Smali 语言，它有自己的语法及指令格式。第 10 章中介绍了 DEX 文件格式的结构。本章将介绍 Smali 语言相关知识，并在第 10 章的基础上，完成一款简单的反汇编工具的编写，即实现一款将 DEX 字节码反汇编为 Smali 语言的工具。

11.1 Smali 文件结构

11.1.1 文件结构

1. 类和内部类

打开 Android Killer 反编译的项目，在 smali/android/com/example/目录下有前面手写的 Java 类文件，其中包括 Admin.smali、MainActivity$1.smali、MainActivity$2.smali、MainActivity.smali 和 User.smali 这 5 个 .smali 文件。回顾在第 9 章中创建的项目，我们只编写了 3 个 Java 类文件，分别是 Admin.java、MainActivity.java 和 User.java。其中，Admin.smali 文件和 Admin.java 文件对应，User.smali 文件和 User.java 文件对应，MainActivity.smali 文件和 MainActivity.java 文件对应。其实 MainActivity$1.smali 和 MainActivity$2.smali 这两个文件同样与 MainActivity.java 文件对应。MainActivity$1 和 MainActivity$2 是 MainActivity 类中的两个内部类。

先来回顾一下第 9 章中手写的 Java 代码，代码如下：

```
@Override
protected void onCreate(Bundle savedInstanceState) {
   // ……

   FloatingActionButton fab = findViewById(R.id.fab);
   fab.setOnClickListener(new View.OnClickListener() {
      @Override
      public void onClick(View view) {
         // ……
      }
   });

   // 关联布局中的“进入”按钮
   Button btn = (Button)findViewById(R.id.entry);
   // 设置“进入”按钮的单击事件
```

```
        btn.setOnClickListener(new View.OnClickListener() {
            @Override
            public void onClick(View v) {
                // ……
            }
        });
    }
```

在 onCreate()方法中，为按钮设置了单击监听器，在监听器中分别进行了两次 new View.OnClickListener()事件。两次 new View.OnClickListener()事件相当于创建了两个内部类，而这两个内部类就是 MainActivity$1 和 MainActivity$2。

由此可以确认，由 Java 编写的类和反汇编生成的 Smali 文件是一一对应的，其中，如果 Smali 文件名中含有 $ 符号，则表示该 Smali 文件是一个内部类，并没有与之对应的、单独的 Java 类文件，而是包含在 $ 符号前所描述的 Java 类文件中。

2. Smali 代码结构

Smali 代码有其固定的格式，根据其固定格式可以在整体上对 Smali 代码有大致的认识。其代码结构如图 11-1 所示。

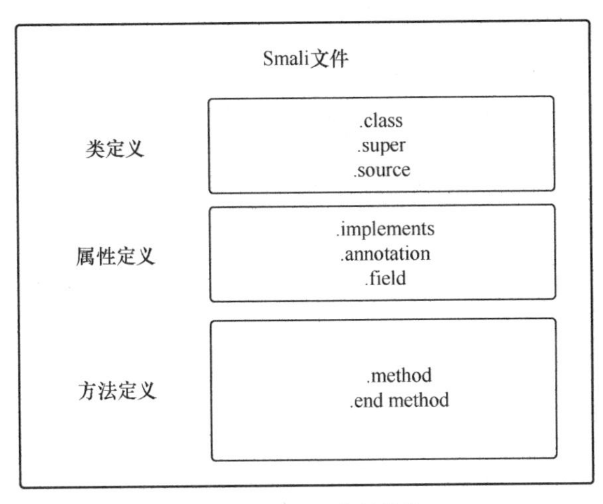

图 11-1 Smali 代码结构

从图 11-1 中可以看出，一个 .smali 文件大致分为 3 部分，第一部分是类定义，第二部分是属性定义，第三部分是方法定义。从 Android Killer 中复制出一部分 Smali 代码进行具体查看。这里分别复制 MainActivity.smali 和 MainActivity$2.smali 两个文件的代码。

MainActivity.smali 文件的代码如下：

```
.class public Lcom/example/hello/MainActivity;
.super Landroidx/appcompat/app/AppCompatActivity;
.source "MainActivity.java"


# direct methods
.method public constructor <init>()V

.end method


# virtual methods
```

```
.method protected onCreate(Landroid/os/Bundle;)V

.end method

.method public onCreateOptionsMenu(Landroid/view/Menu;)Z

.end method

.method public onOptionsItemSelected(Landroid/view/MenuItem;)Z

.end method
```

MainActivity$2.smali 文件的代码如下：

```
.class Lcom/example/hello/MainActivity$2;
.super Ljava/lang/Object;
.source "MainActivity.java"

# interfaces
.implements Landroid/view/View$OnClickListener;


# annotations
.annotation system Ldalvik/annotation/EnclosingMethod;
   value = Lcom/example/hello/MainActivity;->onCreate(Landroid/os/Bundle;)V
.end annotation

.annotation system Ldalvik/annotation/InnerClass;
   accessFlags = 0x0
   name = null
.end annotation


# instance fields
.field final synthetic this$0:Lcom/example/hello/MainActivity;


# direct methods
.method constructor <init>(Lcom/example/hello/MainActivity;)V

.end method


# virtual methods
.method public onClick(Landroid/view/View;)V

.end method
```

这两个文件的文件格式基本一致。对于 MainActivity.smali 和 MainActivity$2.smali 文件，两者头部均由.class、.super 和 .source 组成。其中，.class 表示当前类的类名，.super 表示其父类的类名，.source 表示当前类的文件名。根据 MainActivity.Smali 文件来看，它们的文件名为 MainActivity.java，类名为 MainActivity，父类的类名为 AppCompatActivity。

这部分内容相当于类的定义或者描述，并不会涉及具体可执行的代码，根据这部分定义，可以写出其对应的 Java 代码。其定义如下：

```
package com.example.hello;

import androidx.appcompat.app.AppCompatActivity;

public MainActivity extends AppCompatActivity {

}
```

在类定义的下方是属性的定义，包含了 .implements、.annotation 和 .field 等相关属性。其中，.implements 表示当前类实现的接口，.annotation 表示注解，.field 表示类的属性。在这几个标签上方都有一个以“#”开头的描述，这是 Smali 语言中的注释。从这些注释也可以看出，它们分别是 interfaces、annotations 和 fields。

其中，implements 是类实现的接口，MainActivity$2 中实现了 View 类下的 OnClickListener 的接口，代码如下：

```
Button btn = (Button)findViewById(R.id.entry);
// 设置“进入”按钮的单击事件
btn.setOnClickListener(new View.OnClickListener() {
    @Override
    public void onClick(View v) {
```

以上代码是第 9 章中 MainActivity.java 文件中的代码，在设置按钮单击事件时，我们使用了 new View.OnClickListener()。其中，View 是一个 class，OnClickListener 是一个 interface。其代码如下：

```
@UiThread
public class View implements Drawable.Callback, KeyEvent.Callback,
        AccessibilityEventSource {

    ......
    public interface OnClickListener {
        void onClick(View v);
    }
```

从上述代码可以看出，View 是一个 class，OnClickListener 是一个 interface，该 interface 中只有一个 onClick() 方法的定义。同样，在第 9 章的 MainActivity.java 代码中，new View.OnClickListener 中实现了 onClick() 方法。

在.implements 后是.annotation，annotation 意思是注解，注解在 Java 语言中是非常常用的、非常重要的一个概念，可以提高开发效率、简化代码。在该 Smali 文件中，第一个注解如下：

```
.annotation system Ldalvik/annotation/EnclosingMethod;
    value = Lcom/example/hello/MainActivity;->onCreate(Landroid/os/Bundle;)V
.end annotation
```

该注解是一个封闭类，封闭类在当前类中定义了匿名类。当前的 MainActivity$2 就是一个匿名类，它的封闭类是 MainActivity。

另一个注解如下：

```
.annotation system Ldalvik/annotation/InnerClass;
    accessFlags = 0x0
    name = null
.end annotation
```

该注解说明该类是一个内部类，即 InnerClass。

前面设置按钮的监听器时，new View.OnClickListener() 就是一个匿名的内部类。

属性定义下方就是方法定义，方法定义使用 .method 和 .end method 来进行定义，该部分是真正的代码部分，因此此部分稍后进行介绍。

11.1.2 数据类型

Smali 中的数据类型在第 10 章中已经介绍过，因此这里只做一个简单的回顾。这里直接使用第 10 章的数据类型表，如表 11-1 所示。

表 11-1 类型描述

类型	含义
V	void，只作为返回值时有效
Z	Boolean
B	Byte
S	Short
C	Char
I	Int
J	Long
F	Float
D	Double
Lfully/qualified/Name;	Java 类的完全限定名，表示 Java 类的类型
[descriptor	数组

11.1.3 函数定义

在.smali 文件中，函数通过.method 和.end method 定义。通过 Android Killer 查看到的内容并不是特别详细，在第 10 章中介绍 DexCode 结构体时，有对其细节的介绍，如 register、insnsSize 等，而此处 Android Killer 中并没有给出。读者可以自行回顾相关内容。

在 .method 和 .end method 之间的就是.smali 文件真正的代码部分了。在分析程序时需要对 Smali 代码进行逐条翻译及理解（当然，其实只看个人感兴趣的关键代码即可）。但想要能够读懂 Smali 代码的前提是掌握 Smali 指令，下面简单介绍一下 Smali 的指令。

11.2 Smali 指令介绍

前面介绍过 Smali 运行在 Delvik 虚拟机中，Delvik 虚拟机和 JVM 类似，提供了托管运行的环境，能够代替程序员处理容易出错的代码，并且可以自动进行内存管理与垃圾回收等。Smali 指令相当于安卓应用程序的汇编级代码，但是它提供了更为简单、丰富且强大的指令。下面针对 Smali 指令进行简单介绍。

11.2.1 Smali 格式介绍

在安卓官网中找到 4.0.4_r2.1 的 Android 系统源码，打开/dalvik/docs/dalvik-bytecode.html 文件，可以查看安卓指令。该文档中给出了安卓的汇编指令与二进制的对应关系，并给出了指令的详细说明。该文档中具体给出了两部分的内容，分别是总体设计和指令集的摘要。

1．总体设计

在总体设计中，给出了 Dalvik VM 模型的介绍、调用约定、指令流中的存储单元，以及助记符的介绍等。例如，参数按照目的操作数、源操作数的顺序，部分操作码有明确的名称后缀来指示其操作类型等，还给出了指令格式的链接。

其中，指令格式对于将字节码反汇编为 Smali 代码非常重要。先来看看常用的指令格式，格式列表如下：

```
# Regular formats
format 10t 20t 30t
format 10x
format 11n 21s 21h 31i 51l
format 11x
format 12x 22x 23x 32x  # See note, above.
format 21c 31c
format 21t 31t
format 22b 22s
format 22c
format 22t
format 35c 3rc
format 45cc 4rcc

# Optimized formats
format 00x
format 20bc
format 22cs
format 35mi
format 35ms
format 3rmi
format 3rms
```

格式的具体说明可以通过 /dalvik/docs/instruction-formats.html 链接提供的文档找到。在文档的 Format IDs 中有格式的详细描述。大多数格式由 3 个字符组成，通常是两个数字和一个字母，如 35c。其中，第一个字符 3 表示由 3 个 16 位的字节码组成，第二个字符 5 表示该指令格式中最多包含 5 个寄存器（注意是最多包含 5 个寄存器，因为相同的指令格式可能对应不通的 Smali 指令，不同的 Smali 指令所使用的寄存器个数是不同的），第三个字符 c 表示是一个 16 位或 32 位的常量池索引。Smali 指令格式如表 11-2 所示。

表 11-2　Smali 指令格式

助记符	宽度	意义
b	8	8 位有符号立即数
c	16，32	常量池索引
f	16	接口常量（仅被静态链接使用）
h	16	有符号立即数（32 位或 64 位值的高位；低位都是 0）
i	32	有符号立即数，或 32 位单浮点数
l	64	有符号立即数，或 64 位双精度浮点数
m	16	方法常量（仅被静态链接使用）
n	4	半字节立即数
s	16	短整型立即数
T	8，16，32	分支目标
x	0	无其他数据

以上格式在指令中都会给出，如move vA,vB这条指令的格式为12x，说明该指令由1个16位字节码组成，最多包含两个寄存器，没有其他数据。在instruction-formats.html文档的最后一节“The Formats”中会给出所有指令格式的描述。

具体指令的设计在此不做过多介绍，当对指令有了一定的了解后，自然就会对这些指令的规则有所了解。

2．指令集摘要

在dalvik-bytecode.html文件中，上半部分介绍了指令的总体设计，下半部分介绍了指令的摘要，指令摘要中给出了操作码、格式、助记符、参数描述和指令的说明。

从dalvik-bytecode.html文件中可以看出，Dalvik指令有两百多条，这些指令经过分类后实则没有那么多，因为同一个指令根据不同的操作数会有不同的字节码。例如，move是数据移动指令，类似汇编语言中的mov，但是Dalvik中的move有多种表示形式，如move、move/from16、move-wide、move-wide/from16等，因此，在众多形式中，只要能够记住move的作用，其他指令就会很容易记住。

11.2.2 常用指令分类

虽然Smali指令有两百多条，但是实际需要记忆的并没有那么多。我们对常用指令进行了分类，以便于读者进行记忆（实际上，其在文档中也是经过分类的）。

1．nop指令

nop指令是不做处理指令，字节码为00。

2．move指令

move指令是数据移动指令，字节码从01到0D，其中包括move、move/from16、move/16、move-wide、move-wide/from16、move-wide/16、move-object、move-object/from16、move-object/16、move-result、move-result-wide、move-result-object和move-exception。

3．return指令

return指令是方法结束时用于返回的指令，字节码从0E到11，其中包括return-void、return、return-wide和return-object 4条指令。

4．const指令

const指令是数据定义指令，如对数值、字符串的赋值等操作，字节码从12到1C，其中包括const/4、const/16、const、const/high16、const-wide/16、const-wide/32、const-wide、const-wide/hight16、const-string、const-string/jumbo和const-class。

5．数组操作指令

数组操作指令在整个列表中并不是连续的，这里不再给出其字节码范围。数组相关指令包括array-length、new-array、filled-new-array、filled-new-array/range、fill-array-data、new-array/jumbo、filled-new-array/jumbo。这些指令见名知意，这里不再过多介绍。

除了获取数组的长度、创建新的数组、填充数组等操作外，还需要根据数组的不同类型来存取具体的数组元素。此部分指令被定义为arrayop，它不是一个单独的指令，而是分为aget和aput两组指令。aget用于获取数组中的元素，aput用于给数组的元素赋值。aget包含aget-wide、aget-object、aget-boolean、aget-byte、aget-char和aget-short，且aget本身也是一个指令。aput 包含 aput-wide、aput-object、aput-object、aput-byte、aput-char 和 aput-short，和 aget 一样，aput 本身也是一个指令。aget 和 aput 两组指令的字节码从 3E 到 43。

6．跳转指令

跳转指令分为无条件跳转指令、条件跳转指令和分支跳转指令 3 种，无条件跳转指令、条件跳转指令与汇编语言类似。

其中，无条件跳转指令包括 goto、goto/16 和 goto/32，字节码从 29 到 3A；分支跳转指令包括 packed-switch 和 sparse-switch，字节码分别是 2B 和 2C。

条件跳转指令 if-test 是一组指令，包括 if-eq、if-ne、if-lt、if-ge、if-gt 和 if-le，字节码从 32 到 37。if-testz 同样是一组指令，包括 if-eqz、if-nez、if-ltz、if-gez、if-gtz 和 if-lez，字节码从 38 至 3D。无论是在 PC 端还是在安卓端，在暴力破解时，都会涉及条件跳转指令。修改跳转指令已经在第 9 章中介绍过，这里不再赘述。

7．比较指令

比较指令一共有 5 条，分别是 cmpl-float、cmpg-float、cmpl-double、cmpg-double 和 cmp-long。它们的字节码从 2D 到 31。

8．属性操作指令

属性分为实例属性和静态属性，其表面区别就是在定义属性时是否使用 static 进行修饰。操作实例属性使用 iinstanceop 相关的指令；操作静态属性使用 sstaticop 相关的指令。无论是 iinstanceop 还是 sstaticop 相关指令都分为 get 和 put 两种操作，分别用来对属性进行读取和赋值操作。

iinstanceop 指令包括 iget、iget-wide、iget-object、iget-boolean、iget-byte、iget-char、iget-short、iput、iput-wide、iput-object、iput-boolean、iput-byte、iput-char 和 iput-short；除此之外，还有与 iget 和 iput 类似的一组指令，即 iget/jumbo、iget-wide/jumbo、iget-object/jumbo、iget-boolean/jumbo、iget-byte/jumbo、iget-char/jumbo 和 iget-short/jumbo，以及 iput/jumbo、iput-wide/jumbo、iput-object/jumbo、iput-boolean/jumbo、iput-byte/jumbo、iput-char/jumbo 和 iput-short/jumbo。

sstaticop 指令包括 sget、sget-wide、sget-object、sget-boolean、sget-byte、sget-char、sget-short、sput、sput-wide、sput-object、sput-boolean、sput-byte、sput-char 和 sput-short。sstaticop 与 iinstanceop 类似，也有一组字节码后缀为 /jumbo 的指令，这里不再对此进行介绍。

9．方法调用指令

根据方法调用的指令来看，方法有 5 种，分别是虚方法、父类方法、直接方法、静态方法和接口方法，其对应的指令分别是 invoke-virtual（invoke-virtual/range、invoke-virtual/jumbo）、invoke-super（invoke-super/range、invoke-virtual/jumbo）、invoke-direct（invoke-direct/range、invoke-direct/jumbo）、invoke-static（invoke-static/range、invoke-static/jumbo）和 invoke-interface（invoke-interface/range、invoke-interface/jumbo）。

10．数值转换指令

数值转换指令在 dalvik-bytecode 中被定义为 unop 类型的指令，指令的字节码从 7B 到 8F。该部分的指令分为求补、求反和类型转换。其中，求补和求反指令有 neg-int、not-int、neg-long、not-long、neg-float 和 neg-double；类型转换指令有 int-to-long、int-to-float、

int-to-double、long-to-int、long-to-float、long-to-double、float-to-int、float-to-long、float-to-double、double-to-int、double-to-long、double-to-float、int-to-byte、int-to-char 和 int-to-short。

11．数值运算指令

数值运算指令大致分为 4 组，分别是 90～AF 的 binop vAA,vBB,vCC，B0～CF 的 binop/2addr vA,vB，D0～D7 的 binop/lit16 vA,vB,#+CCCC，以及 D8～E2 的 binop/lit8 vAA, vBB, #+CC。

其中，binop vAA,vBB,vCC 表示对 8 位寄存器的 vBB 和 8 位寄存器的 vCC 进行运算，并将计算结果放入 vAA；binop/2addr vA,vB 表示对 4 位寄存器的 vA 和 4 位寄存器的 vB 进行运算，并将计算结果放入 vA；binop/lit16 vA,vB,#+CCCC 表示对 4 位寄存器的 vB 和 16 位的有符号整数常量 #+CCCC 进行运算，将运算结果放入 vA；binop/lit8 vAA, vBB, #+CC 表示对 8 位寄存器的 vBB 和 8 位有符号整数常量#+CC 进行运算，并将运算结果放入 vAA。

来看几个具体的指令，如 binop vAA, vBB, vCC 的指令包括 add-int、sub-int、mul-int、div-int、rem-int、and-int、or-int、xor-int、shl-int、shr-int 和 ushr-int，除了 int 类型外，还有 long、float 和 double 类型；再如，binop/2addr vA, vB 的指令包括 add-int/2addr、sub-int/2addr、mul-int/2addr、div-int/2addr、rem-int/2addr 等。关于 binop/lit16 和 binop/lit8 指令不再举例，读者自行查看 dalvik-bytecode.html 文档即可。

11.2.3 代码阅读

前面大体对 Smali 的指令进行了介绍，下面来阅读一段简单的 Smali 代码。

1．onClick 的 Smali 代码

这里直接使用第 9 章的示例程序通过 Android Killer 反编译生成的 Smali 代码。打开 MainActivity$2.smali，并阅读 onClick 方法的 Smali 代码。该段代码如下：

```
# virtual methods
.method public onClick(Landroid/view/View;)V
    .locals 2

    .line 40
    iget-object p1, p0, Lcom/example/hello/MainActivity$2;->this$0:Lcom/example/hello/
    MainActivity;

    const v0, 0x7f080078

    invoke-virtual {p1, v0}, Lcom/example/hello/MainActivity;->findViewById(I)Landroid
    /view/View;

    move-result-object p1

    check-cast p1, Landroid/widget/EditText;

    .line 43
    invoke-virtual {p1}, Landroid/widget/EditText;->getText()Landroid/text/Editable;

    move-result-object p1

    invoke-virtual {p1}, Ljava/lang/Object;->toString()Ljava/lang/String;
```

```
    move-result-object p1

    const-string v0, "admin"

    invoke-virtual {p1, v0}, Ljava/lang/String;->equals(Ljava/lang/Object;)Z

    move-result p1

    if-eqz p1, :cond_0

    .line 45
    iget-object p1, p0, Lcom/example/hello/MainActivity$2;->this$0:Lcom/example/hello/
    MainActivity;

    new-instance v0, Landroid/content/Intent;

    const-class v1, Lcom/example/hello/Admin;

    invoke-direct {v0, p1, v1}, Landroid/content/Intent;-><init>(Landroid/content/
    Context;Ljava/lang/Class;)V

    invoke-virtual {p1, v0}, Lcom/example/hello/MainActivity;->startActivity(Landroid/
    content/Intent;)V

    goto :goto_0

    .line 48
    :cond_0
    iget-object p1, p0, Lcom/example/hello/MainActivity$2;->this$0:Lcom/example/hello/
    MainActivity;

    new-instance v0, Landroid/content/Intent;

    const-class v1, Lcom/example/hello/User;

    invoke-direct {v0, p1, v1}, Landroid/content/Intent;-><init>(Landroid/content/
    Context;Ljava/lang/Class;)V

    invoke-virtual {p1, v0}, Lcom/example/hello/MainActivity;->startActivity(Landroid/
    content/Intent;)V

    :goto_0
    return-void
.end method
```

以上代码是编者从 Android Killer 中复制出来的，通过阅读该段 Smali 代码来加强前面 Smali 指令的学习。上述代码是一个完整的方法，可以看到整段代码在.method 和.end method 之内。在方法中，可以看到.line 40、.line 43 和.line 45，它们表示其以下的 Smali 代码对应源码所在的行数。这里以每个 .line 标识来进行阅读。

2．Smali 代码的阅读

对上面的代码逐行进行阅读，以进一步学习和掌握 Smali 的语法。

先来看方法的定义，定义如下：

```
.method public onClick(Landroid/view/View;)V
.end method
```

上述方法的方法名是 onClick，它的返回值是 V，前面已介绍过，V 表示 void 类型，它有一个参数，参数的类型为 android.view.View；同样，前面介绍过 L 表示 Java 类的完全限定名。来看一下第 9 章源码中的内部类的定义，定义如下：

```
public void onClick(View v) {
}
```

再查看第 40 行代码，即 .line 40，代码如下：

```
.line 40
iget-object p1, p0, Lcom/example/hello/MainActivity$2;->this$0:Lcom/example/hello/
MainActivity;

const v0, 0x7f080078

invoke-virtual {p1, v0}, Lcom/example/hello/MainActivity;->findViewById(I)Landroid
/view/View;

move-result-object p1

check-cast p1, Landroid/widget/EditText;
```

上面共有 5 行 Smali 代码，我们来逐行进行分析。

iget-object 是属性操作指令，其格式为 iget-object vA,vB,field@CCCC。其中，vA 表示目标寄存器，vB 表示对象寄存器，field@CCCC 表示 16 位的实例字段引用。

const 用来定义程序中使用到的常量或变量，其格式为 const vAA,#+BBBBBBBB。其中，vAA 表示 8 位目标寄存器，#+BBBBBBBB 表示任意 32 位常量。

invoke-virtual 是方法调用指令，其格式为 invoke-kind {vC, vD, vE, vF, vG}, method@BBBB。其中，{vC, vD, vE, vF, vG}表示可能用到的寄存器，最多有 5 个；method@BBBB 表示方法引用。

move-result-object 是将最近的方法调用结果放入寄存器，其格式为 move-result-object vAA。其中，vAA 表示 8 位目标寄存器。

check-cast 表示将对象引用转换为指定的类型，其格式为 check-cast vAA,type@BBBB。其中，vAA 表示 8 位寄存器，type@BBBB 表示类型引用。它表示将 vAA 寄存器的引用对象转换为 type@BBBB 的类型。

至此，.line 40 处 Smali 指令的含义介绍完毕，将这部分 Smali 代码写为伪代码来进行表示，代码如下：

```
.line 40
(MainActivity)p1 = p0->this$0;

v0 = 0x7f080078;

(View)p1 = p1->findViewById(v0);

(EditText)p1 = (EditText)p1;
```

其中，代码中的 this$0 表示当前内部类的外层类。

.line 40 的 Smali 代码对应的伪代码大体为这种形式。下面来看其实际代码，代码如下：

```
EditText privilege = (EditText)findViewById(R.id.privilege);
```

接着查看.line 43 的 Smali 代码。

```
.line 43
invoke-virtual {p1}, Landroid/widget/EditText;->getText()Landroid/text/Editable;

move-result-object p1

invoke-virtual {p1}, Ljava/lang/Object;->toString()Ljava/lang/String;
```

```
    move-result-object p1

    const-string v0, "admin"

    invoke-virtual {p1, v0}, Ljava/lang/String;->equals(Ljava/lang/Object;)Z

    move-result p1

    if-eqz p1, :cond_0
```

在上面的 Smali 代码中，大部分指令已经在 .line 40 中出现过并进行了介绍，if-eqz 在.line 40 中不存在，所在这里对其进行简单介绍。

if-eqz 是条件跳转指令，其格式为 if-eqz vAA,+BBBB。其中，vAA 表示要测试的 8 位寄存器，+BBBB 表示一个有符号的 16 位偏移。该指令的意思是如果 vAA 中的值为 0，则跳转到+BBBB 的偏移处。

将.line 43 的 Smali 代码写为伪代码，代码如下：

```
    .line 43
    Editable p1 = p1->getText();
    String p1 = p1->toString();

    v0 = "admin";

    (Boolean)p1 = p1->equals(v0);

    if p1 == 0 {
```

查看一下 .line 43 所对应的 Java 的源码，代码如下：

```
    if (privilege.getText().toString().equals("admin")) {
```

对比源代码和 Smali 代码可以发现，在源代码中可以连续使用“.”来调用方法，而在实际的 Smali 代码中，调用一次方法，返回一个值，再用返回值继续调用方法。

上面的伪代码是否有看起来奇怪的地方呢？在源代码中，使用 String 的 equals 方法来进行两个字符串的比较，当两个字符串相等时，equals 方法返回 true，反之返回 false。在上面的伪代码中，if p1 == 0 会执行紧随其后的代码，但是 if-eqz 指令表示在等于 0 时需要跳转，因此，这里的伪代码是错误的，不应该是 if p1 == 0，而应该是 p1 != 0。正确的伪代码应该如下：

```
    .line 43
    Editable p1 = p1->getText();
    String p1 = p1->toString();

    v0 = "admin";

    (Boolean)p1 = p1->equals(v0);

    if p1 != 0 {
```

继续查看后面的 Smali 代码，.line 45 的 Smali 代码如下：

```
    .line 45
    iget-object p1, p0, Lcom/example/hello/MainActivity$2;->this$0:Lcom/example/hello/
MainActivity;

    new-instance v0, Landroid/content/Intent;

    const-class v1, Lcom/example/hello/Admin;

    invoke-direct {v0, p1, v1}, Landroid/content/Intent;-><init>(Landroid/content/Context;
Ljava/lang/Class;)V

    invoke-virtual {p1, v0}, Lcom/example/hello/MainActivity;->startActivity(Landroid
```

```
/content/Intent;)V

    goto :goto_0
```

在.line 45 对应的 Smali 指令中需要了解一下 new-instance 和 goto 指令。

new-instance 指令用于创建一个指定类的实例，并将实例的引用赋值给目标寄存器。它的格式为 new-instance vAA, type@BBBB。其中，vAA 是一个 8 位的目标寄存器，type@BBBB 是类型的索引。

goto 指令是无条件跳转指令，其格式为 goto + vAA。其中，vAA 是一个 8 位有符号分支偏移量，指令要求偏移量不能为 0。

第 45 行的伪代码分析如下：

```
    .line 45
    (MainActivity)p1 = p0->this$0
    v0 = new Intent();
    v1 = new Admin();
    v0-><init>(p1, v1);
    p1->startActivity(v0);
```

下面来看一下 .line 48 的 Smali 代码，代码如下：

```
    .line 48
    :cond_0
    iget-object p1, p0, Lcom/example/hello/MainActivity$2;->this$0:Lcom/example/hello/
MainActivity;

    new-instance v0, Landroid/content/Intent;

    const-class v1, Lcom/example/hello/User;

    invoke-direct {v0, p1, v1}, Landroid/content/Intent;-><init>(Landroid/content/Context;
Ljava/lang/Class;)V

    invoke-virtual {p1, v0}, Lcom/example/hello/MainActivity;->startActivity(Landroid
/content/Intent;)V

    :goto_0
    return-void
```

上述指令与 .line 45 指令完全相同，可以直接写出其伪代码。

```
    .line 48
    p1 = p0->this$0;
    v0 = Intent():
    v1 = User();
    v0-><init>(p1, v1);
    p1->startActivity(v0);
    }

    return-void
```

对上面的伪代码进行组合，完整的伪代码如下：

```
    public void onClick(View) {
       .line 40

       MainActivity p1;
       MainActivity$2 p0;

       p1 = p0->this$0;

       v0 = 0x7f080078;

       (View)p1 = p1->findViewById(v0);

       (EditText)p1 = (EditText)p1;
```

```
    .line 43
    Editable p1 = p1->getText();
    String p1 = p1->toString();

    v0 = "admin";

    (Boolean)p1 = p1->equals(v0);

    if p1 != 0 {
       .line 45
       (MainActivity)p1 = p0->this$0
       v0 = new Intent();
       v1 = new Admin();
       v0-><init>(p1, v1);
       p1->startActivity(v0);
    } else {
       .line 48
       p1 = p0->this$0;
       v0 = Intent():
       v1 = User();
       v0-><init>(p1, v1);
       p1->startActivity(v0);
    }

    return-void
}
```

其中，if 代码处即是分析程序时需要注意的地方，代码如下：

```
// 判断编辑框的输入
if (privilege.getText().toString().equals("admin")) {
   // 若输入 admin 字符串，则进入 activity_admin
   startActivity(new Intent(MainActivity.this, Admin.class));
} else {
   // 若输入 user 字符串，则进入 activity_user
   startActivity(new Intent(MainActivity.this, User.class));
}
```

当编写代码使用 equals 为真时，则执行 if 块中的代码，否则执行 else 块中的代码；而生成的 Smali 代码是 equals 为假时跳转，其实它们的道理是一样的。

11.3　完成 DEX 文件格式最后部分的解析

第 10 章中分析过 DEX 文件格式，但是对于其中的字节码部分并没有进行介绍，只是进行了简单的输出。本节来介绍关于字节码的部分。

11.3.1　DexCode 结构体的回顾

关于 DEX 文件的字节码部分，需要先回顾一下 DexCode 结构体，该结构体的定义如下：

```
struct DexCode {
   u2  registersSize;
   u2  insSize;
   u2  outsSize;
   u2  triesSize;
   u4  debugInfoOff;
   u4  insnsSize;
   u2  insns[1];
};
```

其中，各个属性的说明如下。

- registersSize：表示使用寄存器的个数。
- insSize：表示参数的个数。
- outsSize：表示调用其他方法时使用的寄存器数量。
- triesSize：表示异常处理的个数，即 try...catch 的个数。
- debugInfoOff：表示调试信息在文件中的偏移。
- insnsSize：表示该方法中包含指令的数量，以字为单位。
- insns：表示该方法中的指令。

这里需要关注的是 insnsSize 和 insns 两个属性，其需要字节码的长度及第一个字节码的起始位置。这里需要将这些字节码翻译成相应的 Smali 指令。

11.3.2 字节码转 Smali 指令

先来回顾一下第 10 章中的图 10-39，即 DexClassDef 解析后的输出，如图 11-2 所示。该图中有一个类，即 HelloWorld，该类中有两个方法，分别是 init 和 main 方法。init 方法中的字节码是 1070 0003 0000 000E，main 方法中的字节码是 0062 0000 011A 000A 206E 0002 0010 000E。接下来将学习字节码格式，并将字节码转为 Smali 指令。

```
SourceFile : HelloWorld.java
class LHelloWorld externs Ljava/lang/Object {
        V LHelloWorld.<init>() {
                register:1
                insnsSize:1
                insSize:1
                // ByteCode ...

                //1070 0003 0000 000E
        }

        V LHelloWorld.main([Ljava/lang/String v0) {
                register:3
                insnsSize:1
                insSize:2
                // ByteCode ...

                //0062 0000 011A 000A 206E 0002 0010 000E
        }
}
```

图 11-2　DexClassDef 解析后的输出

翻译上面的字节码需要两份文档，分别是 dalvik-bytecode 和 instruction-formats。在翻译字节码时，dalvik-bytecode 文档是字节码对应的指令，需要知道指令对应的数据，因此需要使用 instruction-formats 文档通过字节码来翻译其对应的数据。

1. init 方法中字节码的翻译

init 方法不是我们编写的代码，它是默认的构造方法。先来了解一下 init 方法中的字节码，这部分的字节码为 1070 0003 0000 000E，一共有 4 个 16 位字，按小尾方式进行排列。解析字节码时从第一个 16 位字开始。查看指令时，取第一个 16 位字的低 8 位。例如，1070 的指令是 70，则从 1070 的 70 开始进行逐字节解析。

首先，通过 dalvik-bytecode 来查询 70 所对应的指令及指令格式。根据 dalvik-bytecode 文档可知 70 对应的指令为 invoke-direct，对应的指令格式为 35c。35c 的含义如下：

- 3 表示该指令由 3 个 16 位字组成；
- 5 表示该指令最多会使用 5 个寄存器；
- c 根据表 11-2 的说明，表示为对应的常量池索引。

由此可知，该指令由 3 个 16 位字组成，那么该指令对应的完整字节码为 1070 0003 0000。查看 instruction-formats 文档，找到 35c 对应的格式，格式为 A|G|op BBBB F|E|D|C，共有 7 种表示方式。这 7 种表示方式如下：

```
[A=5] op {vC, vD, vE, vF, vG}, meth@BBBB
[A=5] op {vC, vD, vE, vF, vG}, type@BBBB
[A=4] op {vC, vD, vE, vF}, kind@BBBB
[A=3] op {vC, vD, vE}, kind@BBBB
[A=2] op {vC, vD}, kind@BBBB
[A=1] op {vC}, kind@BBBB
[A=0] op {}, kind@BBBB
```

对照指令格式来解析 1070 0003 0000 这 3 个 16 位字。其中，A|G|op 对应 1070，此处 A=1、G=0、op=70，这里 A 表示使用的寄存器数量，该指令只使用了一个寄存器。因此，只查看对应[A=1] op {vC},kind@BBBB 的表示方式即可。BBBB 表示 kind@BBBB，而 kind@BBBB 需要在 dalvik-bytecode 中进行查看。在指令 70 上可以看到，其指令形式为 invoke-kind {vC, vD, vE, vF, vG}, method@BBBB，那么 kind@BBBB 表示在 method 常量池中查找 0003。回顾一下第 10 章中的图 10-38，即 MethodIds 解析后的输出，如图 11-3 所示。

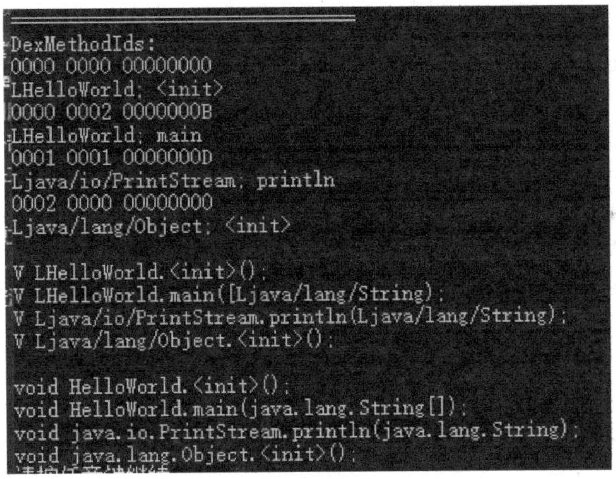

```
DexMethodIds:
0000 0000 00000000
LHelloWorld; <init>
0000 0002 0000000B
LHelloWorld; main
0001 0001 0000000D
Ljava/io/PrintStream; println
0002 0000 00000000
Ljava/lang/Object; <init>

V LHelloWorld.<init>();
V LHelloWorld.main([Ljava/lang/String);
V Ljava/io/PrintStream.println(Ljava/lang/String);
V Ljava/lang/Object.<init>();

void HelloWorld.<init>();
void HelloWorld.main(java.lang.String[]);
void java.io.PrintStream.println(java.lang.String);
void java.lang.Object.<init>();
```

图 11-3 MethodIds 解析后的输出

从图 11-3 中可以看出，Method@0003 是 Ljava/lang/Object;<init>。

F|E|D|C 对应字节码 0000，即 vC、vD、vE 和 vF 都是 0。对于指令[A=1]，只需要一个寄存器，即 vC，因此这里的寄存器对应为 v0。

至此，1070 0003 0000 字节码翻译完毕，这部分字节码对应的指令如下：

```
invoke-direct {v0}, method@0003(Ljava/lang/Object;<init>V)
```

通过安卓 SDK 提供的工具 dexdump 来反汇编进行查看，对应的结果如下：

```
000140: 7010 0300 0000                    |0000: invoke-direct {v0}, Ljava/lang/Object;
.<init>:()V // method@0003
```

可以看到，我们自行翻译的字节码与 dexdump 反汇编的结果相同。

init 方法中的字节码长度为 4，即 4 个 16 位字，目前已经翻译完成 3 个 16 位字，还剩一个16位字，即000E。下面以同样的方式来进行翻译。同样根据dalvik-bytecode文档来进行查找，0E字节码对应的指令为return-void，其指令格式为10x，具体表示如下。

- 1：表示该指令只有一个16位字。
- 0：表示不使用寄存器。
- X：表示无额外数据。

在instruction-formats文档中查找10x对应的格式，其格式为ØØ|op，那么该字节码翻译只有指令。使用dexdump来查看该字节码，对应的结果如下：

```
000146: 0e00                                    |0003: return-void
```

至此，init方法的字节码翻译完毕。该字节码一共有4个16位字，翻译后有两条对应的Smali指令，分别如下：

```
invoke-direct {v0}, method@0003(Ljava/lang/Object;<init>V)
return-void
```

dexdump中给出的Smali代码如下：

```
000140: 7010 0300 0000                          |0000: invoke-direct {v0}, Ljava/lang/Object;.
<init>:()V // method@0003
000146: 0e00                                    |0003: return-void
```

2．main方法中字节码的翻译

接下来翻译main方法中的字节码。main方法中的字节码比init方法中的字节码稍多，main方法中的字节码为0062 0000 011A 000A 206E 0002 0010 000E，同样按照前面的方法进行翻译，从0062开始。

查看dalvik-bytecode中62代表的指令为sget-object，它对应的指令格式为21c。21c代表的含义如下。

- 2：表示该指令有2个16位字。
- 1：表示该指令有1个寄存器。
- c：根据表11-2表示为对应的常量池索引。

根据这些信息，可知该指令完整的字节码为0062 0000。其中，62对应的指令格式为sstaticop vAA, field@BBBB；21c对应的指令格式为AA|op BBBB。它有3种表示方式，分别如下：

```
op vAA, type@BBBB
op vAA, field@BBBB
op vAA, string@BBBB
```

接下来解析0062 0000，其中，62是sget-object，00表示v0，0000表示字段（属性）常量池索引的0号索引。先来回顾一下第10章中的图10-37，即DexFieldIds解析后的输出，如图11-4所示。

图11-4　DexFieldIds解析后的输出

由此可知，0062 0000翻译后的Smali指令如下：

```
sget-object v0, field@0000(java.lang.System.out.PrintStream)
```

再通过dexdump来查看该字节码对应的Smali代码，代码如下：

```
    000158: 6200 0000                          |0000: sget-object v0, Ljava/lang/System;
.out:Ljava/io/PrintStream; // field@0000
```

字节码剩余部分 011A 000A 206E 0002 0010 000E 仍未翻译，继续从 011A 开始翻译。通过 dalvik-bytecode 文档来查看 1A 对应的指令，1A 对应的指令为 const-string，其指令格式为 21c。21c 的具体含义前面已经介绍过，这里不再赘述。

根据指令格式，可知该指令有 2 个 16 位字，该指令完整的字节码为 011A 000A。1A 对应的指令格式为 const-string vAA,string@BBBB；21c 对应的指令格式为 AA|op BBBB，它有 3 种表示方式，分别如下：

```
op vAA, type@BBBB
op vAA, field@BBBB
op vAA, string@BBBB
```

接下来解析 011A 000A，其中，1A 是 const-string，01 表示 v1，000A 表示字符串常量池的第 10 号索引（十六进制的 A 是十进制的 10）。先来回顾一下第 10 章中的图 10-33，即 StringIds 解析后的输出，如图 11-5 所示。

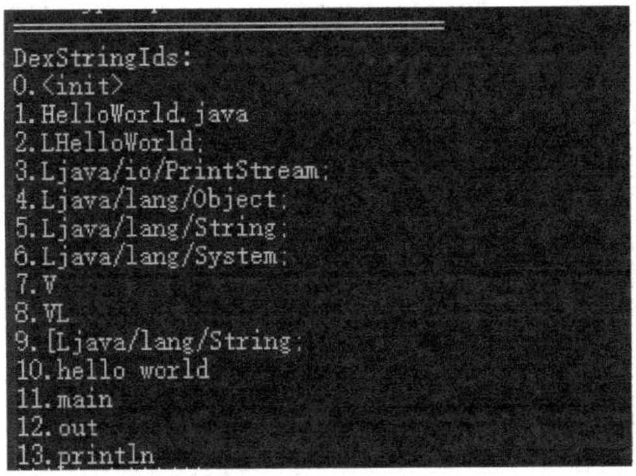

```
DexStringIds:
0.<init>
1.HelloWorld.java
2.LHelloWorld;
3.Ljava/io/PrintStream;
4.Ljava/lang/Object;
5.Ljava/lang/String;
6.Ljava/lang/System;
7.V
8.VL
9.[Ljava/lang/String;
10.hello world
11.main
12.out
13.println
```

图 11-5　StringIds 解析后的输出

从图 11-5 中可以看出，String 常量池的 10 号索引是字符串“hello world”。因此，011A 000A 对应的 Smali 代码如下：

```
const-string v1, string@000A(hello world)
```

查看一下 dexdump 的输出，代码如下：

```
00015c: 1a01 0a00           |0002: const-string v1, "hello world" // string@000a
```

继续查看剩余字节码，剩余字节码为 206E 0002 0010 000E，从 6E 开始翻译。通过 dalvik-bytecode 文档查看 6E 对应的指令为 invoke-virtual，其指令格式为 35c。35c 的具体含义在前面已介绍过，这里不再赘述。

由此可知，该指令由 3 个 16 位字组成，因此，该指令对应的完整字节码为 206E 0002 0010。查看 instruction-formats 文档，找到 35c 对应的格式为 A|G|op BBBB F|E|D|C，它有 7 种表示方式，分别如下：

```
[A=5] op {vC, vD, vE, vF, vG}, meth@BBBB
[A=5] op {vC, vD, vE, vF, vG}, type@BBBB
[A=4] op {vC, vD, vE, vF}, kind@BBBB
[A=3] op {vC, vD, vE}, kind@BBBB
[A=2] op {vC, vD}, kind@BBBB
[A=1] op {vC}, kind@BBBB
[A=0] op {}, kind@BBBB
```

其中，206E 对应 A|G|op，A=2，说明指令中使用了两个寄存器，G=0，op 为 invoke-virtual。

因此，只查看对应[A=2] op {vC, vD}, kind@BBBB 的表示方式即可。BBBB 表示 kind@BBBB，而 kind@BBBB 需要在 dalvik-bytecode 中进行查看。在指令 6E 中可以看到，其指令形式为 invoke-kind {vC, vD, vE, vF, vG}, meth@BBBB，那么 kind@BBBB 就是在 method 常量池中查找 0002 号索引。回顾一下第 10 章中的图 10-38，即 MethodIds 解析后的输出，如图 11-3 所示。从图 11-3 中可以看出，method@0002 是 Ljava/io/PrintStream;println，F|E|D|C 对应字节码的 0010，此处表示 vC 为 0、vD 为 1，因为这里只使用了两个寄存器，其他不需要考虑。

至此，206E 0002 0010 的字节码翻译完毕，其对应的 Smali 指令如下：

```
invoke-virtual {v0, v1}, method@0002(Ljava/io/PrintStream;println)
```

同样使用 dexdump 来查看其对应的 Smali 指令，对应的结果如下：

```
    000160: 6e20 0200 1000                      |0004: invoke-virtual {v0, v1}, Ljava/io/
PrintStream;.println:(Ljava/lang/String;)V // method@0002
```

剩余的 000E 在分析 init 方法时已经介绍过了，这里不再进行分析。

因此，main 方法中的字节码翻译后的 Smali 代码如下：

```
sget-object v0, field@0000(java.lang.System.out.PrintStream)
sosnt-string v1, string@000A(hello world)
invoke-virtual {v0, v1}, method@0002(Ljava/io/PrintStream;println)
return-void
```

与 dexdump 给出的 Smali 代码进行对照，其代码如下：

```
    000158: 6200 0000                   |0000: sget-object v0, Ljava/lang/System;.out:Ljava/
io/PrintStream; // field@0000
    00015c: 1a01 0a00                   |0002: const-string v1, "hello world" // string@000a
    000160: 6e20 0200 1000              |0004: invoke-virtual {v0, v1}, Ljava/io/PrintStream;
.println:(Ljava/lang/String;)V // method@0002
    000166: 0e00                        |0007: return-void
```

至此，关于 init 方法和 main 方法的字节码翻译完毕。本节提到了两个文档 dalvik-bytecode 和 instruction-formats，也反复使用这两个文档分析了指令的格式，如 21c、35c 和 10x。希望读者能够根据字节码自行查阅这两个文档将字节码翻译为对应的 Smali 指令。

11.3.3 反汇编功能的实现

在第 10 章的“解析 DexClassDef 相关数据”小节中，解析了方法中的各个属性，并原样输出了字节码，如图 11-2 所示。要实现反汇编功能，输出字节码的代码后还要解析字节码，将字节码翻译为相应的 Smali 指令代码。

在安卓系统的 DexDump.cpp 源码中，用来进行反汇编的函数是 dumpBytecodes()。该函数的定义如下：

```
void dumpBytecodes(DexFile* pDexFile, const DexMethod* pDexMethod);
```

该函数有两个参数，分别是 DexFile 指针和要反汇编的具体方法的指针（DexMethod*）。在前面解析 DexClassDef 相关数据的代码中，添加对该函数的调用，代码如下：

```
void PrintClassDefNew(DexFile *pDexFile)
{
   for (u4 i = 0; i < pDexFile->pHeader->classDefsSize; i++)
   {
      const DexClassDef *pDexClassDef = dexGetClassDef(pDexFile, i);
      // 类所属的源文件
      printf("SourceFile : %s\r\n", dexGetSourceFile(pDexFile, pDexClassDef));
      // 类和父类
      // 因为 DEX 文件没有接口，所以这里没有编写相关代码
      // 具体解析时需要根据实际情况而定
```

```
        // ......
        // 省略部分代码

        // 类中的属性

        // ......
        // 省略部分代码

        // 类中的方法
        for (u4 z = 0; z < pDexClassData->header.directMethodsSize; z++)
        {

            // ......
            // 省略部分代码

            // 获得参数列表
            const DexTypeList *pDexTypeList = dexGetProtoParameters(pDexFile, pDexProtoId);

            u4 num = pDexTypeList != NULL ? pDexTypeList->size : 0;
            // 输出参数
            // ......
            // 省略部分代码


            // 方法中具体的数据
            // ......
            // 省略部分代码


            // 方法的字节码
            printf("\t\t// ByteCode ...\r\n\r\n");
            printf("\t\t//");

            for (u2 x = 0; x < pDexCode->insnsSize; x++)
            {
                printf("%04X ", pDexCode->insns[x]);
            }

            printf("\r\n");

            // 反汇编该方法中的字节码
            dumpBytecodes(pDexFile, (const DexMethod *)&pDexClassData->directMethods[z]);

            printf("\r\n");

            printf("\t}\r\n\r\n");
        }

        printf("}\r\n");
    }
}
```

上述代码中，加粗的部分就是调用 dumpBytecodes()函数的位置。下面来看一下 dumpBytecodes()函数的具体实现，代码如下：

```
void dumpBytecodes(DexFile* pDexFile, const DexMethod* pDexMethod)
{
    const DexCode* pCode = dexGetCode(pDexFile, pDexMethod);
```

```
    const u2* insns;
// 解析字节码的当前位置
    int insnIdx = 0;
    // 获取该方法字节码的起始地址
    insns = pCode->insns;

    // 循环解析字节码
    while (insnIdx < (int)pCode->insnsSize) {
        int insnWidth;
        DecodedInstruction decInsn;
        u2 instr;
        instr = get2LE((const u1*)insns);
        if (instr == kPackedSwitchSignature) {
            insnWidth = 4 + get2LE((const u1*)(insns + 1)) * 2;
        }
        else if (instr == kSparseSwitchSignature) {
            insnWidth = 2 + get2LE((const u1*)(insns + 1)) * 4;
        }
        else if (instr == kArrayDataSignature) {
            int width = get2LE((const u1*)(insns + 1));
            int size = get2LE((const u1*)(insns + 2)) |
                (get2LE((const u1*)(insns + 3)) << 16);
            insnWidth = 4 + ((size * width) + 1) / 2;
        }
        else {
            // 查表获取字节码对应的指令枚举
            Opcode opcode = dexOpcodeFromCodeUnit(instr);
            // 查表获取指令对应的长度
            insnWidth = dexGetWidthFromOpcode(opcode);
            if (insnWidth == 0) {
                fprintf(stderr,
                    "GLITCH: zero-width instruction at idx=0x%04x\n", insnIdx);
                break;
            }
        }

        // 解码 insns 指向的字节码
        // 将解码后的内容填充至 decInsn 中
        dexDecodeInstruction(insns, &decInsn);
        // 输出指令
        dumpInstruction(pDexFile, pCode, insnIdx, insnWidth, &decInsn);

        // 下一条指令的起始地址
        insns += insnWidth;
        // 已解析的字节码个数
        insnIdx += insnWidth;
    }
}
```

dumpBytecodes()函数的功能是将字节码翻译成 Smali 代码。该函数的主要流程是通过 while 循环解析字节码并输出，代码如下：

```
void dumpBytecodes(DexFile* pDexFile, const DexMethod* pDexMethod)
{
    const DexCode* pCode = dexGetCode(pDexFile, pDexMethod);

    const u2* insns;
```

```
    // 解析字节码的当前位置
    int insnIdx = 0;
    // 获取该方法字节码的起始地址
    insns = pCode->insns;

    // 循环解析字节码
    while (insnIdx < (int)pCode->insnsSize) {
        if insnWidth = 4 + ((size * width) + 1) / 2;
        else if insnWidth = 2 + get2LE((const u1*)(insns+1)) * 4;
        else if insnWidth = 4 + get2LE((const u1*)(insns+1)) * 2;
        // 查表获取指令对应的长度
        else insnWidth = dexGetWidthFromOpcode(opcode);

        // 解码 insns 指向的字节码
        // 将解码后的内容填充至 decInsn 中
        dexDecodeInstruction(insns, &decInsn);
        // 输出指令
        dumpInstruction(pDexFile, pCode, insnIdx, insnWidth, &decInsn);

        // 下一条指令的起始地址
        insns += insnWidth;
        // 已解析的字节码个数
        insnIdx += insnWidth;
    }
}
```

以上是将原 dumpBytecodes 缩减后的代码，此时可以很容易地看出该函数的整个结构是获取指令长度、解码当前的字节码、输出指令，以及得到下一条指令字节码的起始地址和记录已经解析的字节码个数。

下面将详细介绍该函数中的重要流程。

1．dexGetCode()函数

在 dumpBytecodes()函数的开始处，通过 dexGetCode()函数获取该 DEX 文件中当前被解析方法的信息，如当前解析的是 DEX 文件中的 init 方法或者是 main 方法。在获取的信息中包括字节码的起始位置和字节码的长度这两个关键信息。获得字节码的起始位置和字节码的长度后，即可通过 while 循环来对字节码进行解析。dexGetCode()函数的代码如下：

```
const DexCode* dexGetCode(const DexFile* pDexFile,
    const DexMethod* pDexMethod)
{
    if (pDexMethod->codeOff == 0)
        return NULL;
    return (const DexCode*)(pDexFile->baseAddr + pDexMethod->codeOff);
}
```

2．DecodeInstruction 结构体

在 while 循环中，通过当前解析字节码的位置和字节码的长度来判断循环是否继续。在 while 循环中有一个关键的结构体定义，即 decInsn 变量，它是 DecodeInstruction 结构体的变量，该结构体的定义如下：

```
struct DecodedInstruction {
    u4      vA;
    u4      vB;
    u8      vB_wide;
    u4      vC;
```

```
    u4     arg[5];
    Opcode  opcode;
    InstructionIndexType indexType;
};
```

该结构体通过 while 循环中的 dexDecodeInstruction()函数进行填充，填充后通过 dumpInstruction()函数进行格式化输出。对于用户而言，dexDecodeInstruction()函数是将字节码翻译为 Smali 指令代码的关键函数。

3．dexDecodeInstruction()函数

在 dexDecodeInstruction()函数中将会填充 DecodeInstruction 结构体，填充该结构体需要具体的指令、指令格式，以及指令中操作数对应的各种类型的索引。要获得指令、指令格式，以及指令中操作数的索引，只须知道具体的指令对应的字节码。

例如，字节码 0x70 对应的指令是 INVOKE_DIRECT，那么通过 INVOKE_DIRECT 可以轻松地了解该指令的格式，以及指令中操作数所对应的索引类型。这 3 个步骤通过简单的查表操作即可完成。先来看一下 dexDecodeInstruction()函数的代码，代码如下：

```
void dexDecodeInstruction(const u2* insns, DecodedInstruction* pDec)
{
    u2 inst = *insns;
    // 获取对应的指令
    Opcode opcode = dexOpcodeFromCodeUnit(inst);
    // 获取对应的指令格式
    InstructionFormat format = dexGetFormatFromOpcode(opcode);
    // OP 对应的指令
    pDec->opcode = opcode;
    // 获取指定操作码的指令索引类型
    pDec->indexType = dexGetIndexTypeFromOpcode(opcode);

    switch (format) {
    case kFmt10x:       // op
        pDec->vA = INST_AA(inst);
        break;

    // 省略部分代码

    case kFmt20bc:
    case kFmt21c:
    case kFmt22x:
        pDec->vA = INST_AA(inst);
        pDec->vB = FETCH(1);
        break;

    // 省略部分代码

    case kFmt35c:
    case kFmt35ms:
    case kFmt35mi:
    {
        u2 regList;
        int count;
        pDec->vA = INST_B(inst);
        // BBBB FETCH(1)相当于是 insns[1]
        pDec->vB = FETCH(1);
        regList = FETCH(2);
```

```
        count = pDec->vA;
        switch (count) {
        case 5: {
            if (format == kFmt35mi) {
                goto bail;
            }
            pDec->arg[4] = INST_A(inst);
            FALLTHROUGH_INTENDED;
        }
        case 4: pDec->arg[3] = (regList >> 12) & 0x0f; FALLTHROUGH_INTENDED;
        case 3: pDec->arg[2] = (regList >> 8) & 0x0f; FALLTHROUGH_INTENDED;
        case 2: pDec->arg[1] = (regList >> 4) & 0x0f; FALLTHROUGH_INTENDED;
        case 1: pDec->vC = pDec->arg[0] = regList & 0x0f; break;
        case 0: break;
        default:
            goto bail;
        }
    }
    break;

    // 省略部分代码

    default:
        break;
    }

bail:
    ;
}
```

在上述代码中，通过 dexOpcodeFromCodeUnit()函数、dexGetFormatFromOpcode()函数和 dexGetIndexTypeFromOpcode()函数分别获取了字节码对应的指令、指令对应的格式和指令操作数的索引类型。

dexOpcodeFromCodeUnit()函数、dexGetFormatFromOpcode()函数和 dexGetIndexTypeFromOpcode 函数都是通过简单的查表操作实现的。手动翻译字节码需要借助 dalvik-bytecode 和 instruction-formats 两个文档实现。下面来看一下这 3 个函数的源码。

先来看一下 dexOpcodeFromCodeUnit()函数的源码，代码如下：

```
Opcode dexOpcodeFromCodeUnit(u2 codeUnit) {
    int lowByte = codeUnit & 0xff;
    return (Opcode)lowByte;
}
```

该函数是通过字节码来进行查表从而获得指令的，代码中的 Opcode 是一个枚举类型，通过该枚举类型可以得到指令对应的枚举值。该枚举类型的定义如下：

```
enum Opcode {
    // BEGIN(libdex-opcode-enum); GENERATED AUTOMATICALLY BY opcode-gen
    // ......
    OP_RETURN_VOID = 0x0e,
    // ......
    OP_CONST_STRING = 0x1a,
    // ......
    OP_SGET_OBJECT = 0x62,
    // ......
    OP_INVOKE_VIRTUAL = 0x6e,
    // ......
```

```
    OP_INVOKE_DIRECT = 0x70,
    // ……
    // END(libdex-opcode-enum)
};
```

由于 Opcode 枚举值过于长，编者只保留了前面手动翻译过的指令供读者参考。

dexGetFormatFromOpcode()和 dexGetIndexTypeFromOpcode()这两个函数是通过 dexOpcodeFromCodeUnit 函数的返回值来作为参数的，这两个函数同样可以通过简单的查表实现。这两个函数的定义如下：

```
DEX_INLINE InstructionFormat dexGetFormatFromOpcode(Opcode opcode)
{
   assert((u4) opcode < kNumPackedOpcodes);
   return (InstructionFormat) gDexOpcodeInfo.formats[opcode];
}
DEX_INLINE InstructionIndexType dexGetIndexTypeFromOpcode(Opcode opcode)
{
   assert((u4) opcode < kNumPackedOpcodes);
   return (InstructionIndexType) gDexOpcodeInfo.indexTypes[opcode];
}
```

dexGetFormatFromOpcode()函数和 dexGetIndexTypeFromOpcode()函数都访问了 gDexOpcodeInfo 这个结构体变量，该结构体的定义如下：

```
struct InstructionInfoTables {
   u1*              formats;
   u1*              indexTypes;
   OpcodeFlags*       flags;
   InstructionWidth*  widths;
};
```

对于目前的代码而言，只关注其中的 formats、indexTypes 和 widths 即可。

- formats：表示指令的格式。
- indexTypes：表示指令的操作数索引的类型。
- widths：表示指令的长度。

该结构体的赋值也很简单，代码如下：

```
static u1 gInstructionFormatTable[kNumPackedOpcodes] = {
   kFmt10x,  kFmt12x,  kFmt22x,  kFmt32x,  kFmt12x,  kFmt22x,  kFmt32x,
   kFmt12x,  kFmt22x,  kFmt32x,  kFmt11x,  kFmt11x,  kFmt11x,  kFmt11x,
   kFmt10x,  kFmt11x,  kFmt11x,  kFmt11x,  kFmt11n,  kFmt21s,  kFmt31i,

   // 省略更多定义
};
static u1 gInstructionIndexTypeTable[kNumPackedOpcodes] = {
   kIndexNone,        kIndexNone,        kIndexNone,
   kIndexNone,        kIndexNone,        kIndexNone,
   kIndexNone,        kIndexNone,        kIndexNone,
   kIndexNone,        kIndexNone,        kIndexNone,
   kIndexNone,        kIndexNone,        kIndexNone,
   kIndexNone,        kIndexNone,        kIndexNone,

   // 省略更多定义
};
static InstructionWidth gInstructionWidthTable[kNumPackedOpcodes] = {
   1, 1, 2, 3, 1, 2, 3, 1, 2, 3, 1, 1, 1, 1, 1, 1,
   1, 1, 1, 2, 3, 2, 2, 3, 5, 2, 2, 3, 2, 1, 1, 2,
```

```
    2, 1, 2, 2, 3, 3, 3, 1, 1, 2, 3, 3, 3, 2, 2, 2,
    // 省略更多定义
};

InstructionInfoTables gDexOpcodeInfo = {
    gInstructionFormatTable,
    gInstructionIndexTypeTable,
    gOpcodeFlagsTable,
    gInstructionWidthTable
};
```

可以看到 gDexOpcodeInfo 变量的赋值是通过几个数组实现的。因此，dexGetFormatFromOpcode()函数和 dexGetIndexTypeFromOpcode()函数的实现就是通过查询预先设置好的表来完成的。这些表定义在 dalvik-bytecode 和 instruction-formats 文档中，这样代码和文档也就联系到一起了。

dexDecodeGetInstruction()函数经过查表后，就进入了一个较大的 switch…case 部分，该部分是根据不同的指令格式来进行解析的一个过程。例如，前面分析过 35c、21c 和 10x 这样的指令格式，在给出的代码中，编者只保留了这 3 个指令格式的解析代码，可以结合前面对字节码的翻译来了解 switch…case 中的代码。

先来看一下 10x 格式的解析，代码如下：

```
    case kFmt10x:       // op
        pDec->vA = INST_AA(inst);
        break;
```

10x 格式的解析很简单，打开 instruction-formats 文档，其对应的 10x 格式如下：

```
ØØ|op          10x           op
```

从指令的表示方式可以看出，16 位字节码中，高 8 位未使用，低 8 位是指令。解析代码中的 INST_AA(inst) 只是取了高 8 位的数据，代码如下：

```
#define INST_AA(_inst)      ((_inst) >> 8)
```

在前面的内容中，000E 是 10x 格式的字节码，其中 0E 表示 return-void，而高位 00 未使用。至此，10x 格式解析完毕。

再看一下 21c 格式的解析，代码如下：

```
    case kFmt20bc:      // [opt] op AA, thing@BBBB
    case kFmt21c:       // op vAA, thing@BBBB
    case kFmt22x:       // op vAA, vBBBB
        pDec->vA = INST_AA(inst);
        pDec->vB = FETCH(1);
        break;
```

从代码中可以看出，20bc、21c 和 22x 这 3 种格式都使用了相同的解析方式。先来看一下 21c 格式的指令格式，指令格式如下：

```
AA|op BBBB   21c   op vAA, type@BBBB     check-cast
                   op vAA, field@BBBB    const-class
                   op vAA, string@BBBB   const-string
```

从指令的表示方式可以看出，2 个 16 位的字节码中，第一个 16 位的高 8 位表示 AA 寄存器，低 8 位表示指令；第二个 16 位表示一个 BBBB，即一个 16 位的偏移，该偏移可能是 type@BBBB、field@BBBB 或者 string@BBBB 的一种。具体是哪一种，通过 Opcode 调用 dexGetIndexTypeFromOpcode()函数来进行查表可知。这个函数在前面已经介绍过了。

在上述代码中，同样有一个以前未见过的宏定义，即 FETCH。其定义如下：

```
#define FETCH(_offset)      (insns[(_offset)])
```

在前面的内容中，011A 000A 为 21c 格式的字节码，其中 1A 表示 const-string，而 01 通

过 INST_AA 可以看出其表示 v1，FETCH(1) 表示取 011A 000A 的第一个 16 位字（从 0 开始），而第一个 16 位字为 000A。至此，21c 格式的指令解析完毕。至于它是 type@BBBB、field@BBBB，还是 string@BBBB，并不是在格式解析这里完成的。

最后解析代码中相对复杂的 35c 格式，解析代码如下：

```
case kFmt35c:           // op {vC, vD, vE, vF, vG}, thing@BBBB
    case kFmt35ms:      // [opt] invoke-virtual+super
    case kFmt35mi:      // [opt] inline invoke
    {
        u2 regList;
        int count;
        pDec->vA = INST_B(inst);
        // BBBB FETCH(1)相当于是 insns[1]
        pDec->vB = FETCH(1);
        regList = FETCH(2);
        count = pDec->vA;

        switch (count) {
        case 5: {
            if (format == kFmt35mi) {

                goto bail;
            }
            pDec->arg[4] = INST_A(inst);
            FALLTHROUGH_INTENDED;
        }
        case 4: pDec->arg[3] = (regList >> 12) & 0x0f; FALLTHROUGH_INTENDED;
        case 3: pDec->arg[2] = (regList >> 8) & 0x0f; FALLTHROUGH_INTENDED;
        case 2: pDec->arg[1] = (regList >> 4) & 0x0f; FALLTHROUGH_INTENDED;
        case 1: pDec->vC = pDec->arg[0] = regList & 0x0f; break;
        case 0: break;
        default:
            goto bail;
        }
    }
    break;
```

同样，先来看一下 35c 的指令格式，其指令格式如下：

```
A|G|op BBBB F|E|D|C  35c  [A=5] op {vC, vD, vE, vF, vG}, meth@BBBB
                          [A=5] op {vC, vD, vE, vF, vG}, type@BBBB
                          [A=4] op {vC, vD, vE, vF}, kind@BBBB
                          [A=3] op {vC, vD, vE}, kind@BBBB
                          [A=2] op {vC, vD}, kind@BBBB
                          [A=1] op {vC}, kind@BBBB
                          [A=0] op {}, kind@BBBB
```

再使用对应的字节码来了解这部分的内容，前面介绍过 1070 0003 0000 是 35c 格式的字节码。70 是指令 invoke-direct。INST_B(inst)用来获取指令中的 A，查看 INST_B 对应的代码，代码如下：

```
#define INST_B(_inst)       ((u2)(_inst) >> 12)
```

可以看到，INST_B 取 1070 的高 4 位，取到的值为 1，对于 35c 格式，只考察[A = 1]的指令形式即可。

代码中的 INST_B 获取了 A，FETCH(1) 获取了 BBBB，此时的 BBBB 为 0003，FETCH(2) 则获取了 F|E|D|C，对于 F|E|D|C 而言，其均为 0。此后进入了 switch…case，在 switch…case 中根据获取到的 count（也就是 pDec->vA）来判断使用了几个寄存器，对于[A=1]来说，只使

用了 1 个寄存器。因此，只查看 case 1 分支即可。但可以观察到 case 2～case 5 都没有 break。也就是说，使用的寄存器数量大于 1 时，会执行大于 1 个的 case 分支。每个分支都解析一个寄存器，直到 case 1 进行 break 操作为止。在 case 1 中，regList 与 0x0F 进行异或操作，取了该值的低 4 位，赋值给了 pDec->vC 和 pDec->arg[0]，实际最后输出反汇编的 Smali 代码时使用的是 arg[0]，而非 vC。到此，35c 格式解析完毕。

4．dexDumpInstruction()函数

dexDumpInstruction()函数是本节要介绍的最后一个函数，在 dumpBytecodes()函数中调用 dexDumpInstruction 函数的代码如下：

```
dumpInstruction(pDexFile, pCode, insnIdx, insnWidth, &decInsn);
```

dumpInstruction()函数中的参数前面都已经介绍过，对于 dumpInstruction()函数而言，最重要的参数是 decInsn，即 dexDecodeInstruction()函数解析后的指令填充的 DecodeInstruction 结构体。下面来看一下 dumpInstruction()函数的代码，代码如下：

```
void dumpInstruction(DexFile* pDexFile, const DexCode* pCode, int insnIdx,
    int insnWidth, const DecodedInstruction* pDecInsn)
{
    // insns 指向字节码
    const u2* insns = pCode->insns;
    int i;

    printf("%06zx:", ((u1*)insns - pDexFile->baseAddr) + insnIdx * 2);

    // 输出字节码
    for (i = 0; i < 8; i++) {
        if (i < insnWidth) {
            if (i == 7) {
                printf(" ... ");
            }
            else {
                const u1* bytePtr = (const u1*)&insns[insnIdx + i];
                printf(" %02x%02x", bytePtr[0], bytePtr[1]);
            }
        }
        else {
            fputs("     ", stdout);
        }
    }

    if (pDecInsn->opcode == OP_NOP) {
        // 省略的 if…else
    }
    else {
        // 查表输出指令
        printf("|%04x: %s", insnIdx, dexGetOpcodeName(pDecInsn->opcode));
    }

    char* indexBuf = NULL;
    if (pDecInsn->indexType != kIndexNone) {
        // 指令参数的构建
        indexBuf = indexString(pDexFile, pDecInsn, 200);
    }

    switch (dexGetFormatFromOpcode(pDecInsn->opcode)) {
    case kFmt10x:
        break;

    // 省略的 case 分支

    case kFmt21c:
```

```
        case kFmt31c:
            printf(" v%d, %s", pDecInsn->vA, indexBuf);
            break;

        // 省略的 case 分支

        case kFmt35c:
        case kFmt35ms:
        case kFmt35mi:
        {
            // 输出指令中的寄存器列表
            fputs(" {", stdout);
            for (i = 0; i < (int)pDecInsn->vA; i++) {
                if (i == 0)
                    printf("v%d", pDecInsn->arg[i]);
                else
                    printf(", v%d", pDecInsn->arg[i]);
            }
            printf("}, %s", indexBuf);
        }
        break;

        // 省略的 case 分支

        default:
            printf(" ???");
            break;
        }

        putchar('\n');

        free(indexBuf);
}
```

dumpInstruction()函数会先将字节码的地址输出，再通过 for 循环输出字节码，最后通过 switch…case 输出不同指令格式的反汇编好的 Smali 代码。同样，上述代码中只保留了 10x、21c 和 35c 3 个分支。其代码比较简单，这里不再进行详细介绍。

从图 11-6 中可以看出，这里在第 10 章的基础上进一步完善了对字节码的反汇编功能，当然，所有的反汇编功能代码都是修改自安卓系统中提供的 DumpDex.cpp 文件。此外，若想了解 DumpDex.cpp 文件，则需要了解前面提到的两个文档。

```
SourceFile : HelloWorld.java
class HelloWorl externs java.lang.Objec {
        void HelloWorld.<init>() {
                register:1
                insnsSize:1
                insSize:1
                // ByteCode ...

                //1070 0003 0000 000E
000140: 7010 0300 0000                          |0000: invoke-direct {v0}, Ljava/lang/Object;.<init>:()V // method@0003
000146: 0e00                                    |0003: return-void

        }

        void HelloWorld.main(java.lang.String[] v0) {
                register:3
                insnsSize:1
                insSize:2
                // ByteCode ...

                //0062 0000 011A 000A 206E 0002 0010 000E
000158: 6200 0000                               |0000: sget-object v0, Ljava/lang/System;.out:Ljava/io/PrintStream; // field@0000
00015c: 1a01 0a00                               |0002: const-string v1, "hello world" // string@000a
000160: 6e20 0200 1000                          |0004: invoke-virtual {v0, v1}, Ljava/io/PrintStream;.println:(Ljava/lang/String;)V // method@0002
000166: 0e00                                    |0007: return-void

        }
}
```

图 11-6　输出 Smali 代码

至此，对 DEX 文件格式和反汇编功能的解析就基本完成了，更详细的解析读者可以参考文档来自行分析和实现。

11.4 总结

本章在第 10 章解析 DEX 文件的基础上，介绍了 Smali 文件的结构、Smali 的基础语法，以及将 Smali 翻译为伪代码的方法；介绍了将字节码反汇编为 Smali 指令代码的方法，并通过代码将字节码反汇编为 Smali 指令代码。

参考文献

[1] 段钢. 加密与解密. 3 版. 北京：电子工业出版社，2008.
[2] 王艳平. Windows 程序设计. 北京：人民邮电出版社，2005.